国家自然科学基金项目(No. 51304102) 资助

矿井运输设备系统特性及关键技术研究

张东升　师建国　著

煤炭工业出版社

·北　京·

内 容 提 要

本书结合煤矿生产的现场实际，对矿井运输设备的结构设计、静力学、动力学特性、关键部件的力学特性以及相关控制系统特性进行了详细的阐述。全书共分为两篇：第 1 篇为带式输送机的结构设计分析、力学特性分析以及控制理论分析，主要介绍了通用带式输送机和特种带式输送机的相关结构、设计方法及力学特性分析；第 2 篇为矿井辅助运输设备，其中包括矿井辅助运输设备的工作原理、结构特点、技术参数、选型计算及设备控制技术等内容。

本书可作为地矿特色类院校机械类、近机械类专业及采矿专业的工具书使用，也可供有关科研、设计单位及企业的技术人员学习参考使用。

前　言

近年来，随着我国经济的飞速发展，推动了各行各业的发展速度，煤矿企业作为国民经济的支柱型产业之一，其发展速度更是飞快。与此同时，大部分煤矿企业的生产效能较以往也有了非常明显的提高。但是由于一些煤矿的井下运输系统存在一些问题，从而使煤炭生产受到影响，这不仅直接影响了企业的经济效益，还间接影响了我国煤炭的年产量。煤矿井下运输系统是确保矿井高产、高效的重要基础之一，系统运输能力的高低直接影响煤矿的煤炭生产效能，同时还在一定程度上影响煤矿企业的整体经济效益。本着理论与实际应用相结合、同时兼顾专业通用性的原则，本专著在撰写过程中着重以当前国内外矿井运输设备发展的新技术为背景，紧密结合矿井运输设备的最新成果，突出了最新的结构设计、技术特点及应用，列举了典型情况下的矿井运输设备的静力学、动力学特性分析。

通常意义上的矿井运输设备主要包括：带式输送机、矿井辅助运输设备等，本专著围绕近些年带式输送机和矿井辅助运输设备的发展及研究现状，结合前期科研基础，从力学特性、控制系统特性两个不同角度论述相关研究内容。全书共分为两篇：第1篇为带式输送机的结构设计分析、力学特性分析以及控制理论分析，主要介绍了通用带式输送机和特种带式输送机的相关结构、设计方法及力学特性分析；第2篇为矿井辅助运输设备，其中包括矿井辅助运输设备的工作原理、结构特点、技术参数、选型计算及设备控制技术等内容。

本专著由张东升、师建国撰写。参加各章节撰写的人员有毛君、何凡、徐广明等；硕士研究生张志峰、张猛、李维强、倪雪、毕俊伟、王佳鸣、郭昊、郭吉咪、刘晰、李岩等为本专著的撰写做了大量工作，在此表示感谢。本专著的撰写过程中，著者参考了国内相关专著及大量文献，在此谨向有关作者表示由衷的感谢。本书的出版得到了国家自然科学基金项目（No. 51304102）、山东交通学院"攀登计划"重点科研创新团队的资助。

由于著者水平有限，书中难免有疏漏和不足之处，恳切希望广大读者批评指正。

著　者

2018 年 10 月

目　　录

第 1 篇

带式输送机

第 1 篇

悬浮剂方法

1　绪　　论

1.1　通用带式输送机简介

1.1.1　带式输送机应用概况

带式输送机是一种能够连续运输的设备，它既可以输送散装物料，如煤炭、矿石等，又可以输送包装好的整件物料。由于它具有运输能力高、运输阻力小、耗电量低、运行平稳、在运输途中对物料的损伤小等优点而被广泛应用于国民经济的各个部门。在矿井巷道内通过带式输送机运送煤炭、矿石等物料，对提高矿井的现代化生产程度作用重大。大型带式输送机具有大运量、长距离、大功率、高带速等特征，多采用高驱动功率和强力输送带。与其他运输方式相比，大型带式输送机有以下几点优势。

1. 环保效益显著

大型带式输送机解决了物料在沿途运输过程中的粉尘污染，且其运转平稳，极大地降低了噪声污染；在头部转运点，物料转运所产生的粉尘采用除尘设备清除，因此大型带式输送机是输送散状物料最佳的环保设备。

2. 经济效益好

大型带式输送机设备集中、供电单一，容易实现全自动化，输送机运行的全过程处于中央控制室的计算机监视之中，只需要几个运行人员控制和巡视，因此人工费用低；带式输送机能耗低，其绝大部分时间处于满负荷的连续运行而极少空转，因此其能耗大都做了有用功且效率高，而不像汽车运输那样存在回程空运而消耗能耗。另外，带式输送机维护费用也低，与其他运输设备（如汽车）相比，其零部件简单，经久耐用，便于维修。带式输送机总的运输费用比汽车低，随物料提升高度的增加运营费用降低更明显。表 1-1 中对年运量 2500 万 t 的项目就普通带式输送机运输、大型带式输送机运输、汽车集港运输 3 种运输方案的运行费用进行了比较。

表 1-1　几种运输运送费用比较

项　目	普通带式输送机运输方案	大型带式输送机运输方案	汽车集港运输方案
运行费用（2500×10^4 t·km）/万元	3750（1.5 元/t·km）	3625（1.45 元/t·km）	20000（8 元/t·km）
人工管理费/（8 万元·人$^{-1}$·年$^{-1}$）	200（25 人）	120（15 人）	含在运费中
备品、备件费/万元	721.5	650	含在运费中
预提大修费/（万元·年$^{-1}$）	220	115	含在运费中
日常维护费/（万元·年$^{-1}$）	85	70	含在运费中
其他/万元	100	90	含在运费中
年运行费用小计/万元	5076.5	4670	20000

3. 可靠性高

大型带式输送机不受天气等外部环境的影响，一天内根据需要可随时运行，保证用户需要。

4. 安全性高

大型带式输送机通常是在密闭空间（通道）里工作，而操作运行人员在中央控制室，不会接触运行中的输送带，同时输送机本身有自动保护装置，对人员安全性较高，而不像汽车运输那样，受人为因素影响较大，安全性较低。

5. 使用范围广

大型带式输送机适用于所有的带式输送机适用的行业。国内已经投入使用的部分典型大型带式输送机见表1-2。随着电力行业坑口电厂的逐步推广建设，大型带式输送机必将成为其最主要的输送方式之一。

表1-2 大型带式输送机应用实例

使用地点	物料	运量/(t·h⁻¹)	带宽/mm	机长/m	带速/(m·s⁻¹)	驱动功率/kW	软启动方式	拉紧形式	输送带型号	制造单位	时间
晋城煤矿	原煤	2500	1400	7600	4	3×800	CST	电动	st2000	沈矿	2001
天津港	煤	6600	1800	8984	5.6	4×1750	变频调速	重锤+绞车	st3150	大陆公司、华电	2002
天津港	焦炭	2000	1600	7600	3.6	4×400	变频调速	电动绞车	st1000	克虏伯、中港	2002
驻马店水泥厂	石灰石	1600	1200	8140	3.5	5×560	CST	液压拉紧	st2500	衡阳	2004
盘固水泥厂	石灰石	1500	1200	4258	2.5	3×355	YOXCS调速型耦合器	液压+绞车	st2500	沈矿	2004
向家坝水电站	砂石	3000	1200	8298	4	4×900	调速型耦合器	液压+绞车	st3150	沈矿	2004
榆泉煤矿	煤	2000	1400	6726	4	3×710	CST		st3150	山矿	2003
官地矿	煤	900	1200	5600	3.5	3×630	CST				2003

1.1.2 带式输送机现存问题

在如今发达的工业体系中，对应用广泛的大型带式输送机进行深入研究已经迫在眉睫。大型带式输送机系统在实际工作中存在的一系列动力学相关的问题直接影响到输送机的正常工作，这类问题主要表现如下：

（1）带式输送机启动或制动过猛，引起输送带瞬间张力过大，导致系统运行不稳定，可靠性降低，出现输送带打滑、撕裂、跑偏、物料外泄等问题，以及导致滚筒、轴承、托辊等部件的损坏，影响输送机的正常运转。

（2）输送带在运行时产生各方向的振动，包括侧向振动、横向振动和纵向振动等，由此导致运送的物料振动、撒落，输送带跑偏，输送机托辊的使用寿命降低。

（3）输送带在驱动滚筒上打滑或振动，导致输送机无法启动。

（4）多电机驱动的功率不平衡和启动无顺序问题。

带式输送机在启动时产生的加速度会引起电动机功率增加，输送带强度增加，结构件载荷增加。在突然停车时加速度过大，张力波的振荡引发动态振动，对于水平带式输送机会引起局部应力过低，输送带下垂，造成输送带撕裂、托辊破坏及物料外泄；对于倾斜带式输送机则会引起制动滚筒两侧高、低应力比过大，造成输送带打滑，导致输送带逆转并沿斜面下滑。

上述问题都需要采用动力学分析的方法加以解决。目前，澳大利亚、美国、法国、意大利等国家在动态分析研究方面处于国际领先地位，它们各自都开发了动态分析软件，并在多台大型带式输送机的设计中应用，取得了满意的效果。而国内在这方面的研究还存在一些不足。

由于现在大型带式输送机系统的分析与设计理论尚不完善，采用目前规范的设计方法，实际工作时运行事故时有发生，如：元电厂外输煤系统发生了滚筒窜轴事故，直接影响到设备的稳定运行（图1-1）；山西某煤矿2 km输送机发生飞车事故，致使制动系统全部损坏；陕西大柳塔煤矿416 km输送机出现拉紧重锤冲顶事故；平朔煤矿2 km输送机出现制动事故；哥伦比亚北不列颠一条带式输送机出现输送带张力过低的问题，造成输送带撕裂和托辊损坏。这些事故大多数都与输送机的动力学问题有关，尤其是目前研究较少的侧向动力学领域，需要在今后的研究中多加重视。

图 1-1　带式输送滚筒窜轴事故

　　显然，针对大型带式输送机在研究设计及工作中存在的问题，应该采取一些科学有效的方法和措施对其进行理论实验研究，并加以控制，以满足实际生产工作的需要。

1.1.3　侧向动力学研究的意义

1. 带式输送机的动态特性

　　对于带式输送机，传统的研究方法是将输送带看作刚性体，认为输送带各质点的位移、速度、加速度是随时间同时变化的，并通过牛顿刚体运动学计算出相应的张力，对输送机进行动力学分析。该分析方法无法满足实际设计所要求的精度，计算的结果也会出现较大的误差，没能体现出带式输送机自身固有的动态特性，只可以满足对小运量、短距离带式输送机的设计精度要求。实际上，这种方法主要侧重于系统静力学特性方面的分析与计算，而对动力学特性的考虑明显不足。输送带其实是具有黏弹性的，即速度、加速度和动张力在输送带上的传递过程是需要一段时间的，因此输送带各质点的速度、加速度和动张力均是时间的函数，即具有动态特性。

　　带式输送机的动态特性主要表现在以下几个方面：

　　（1）横向振动。由于物料的重力和输送带自重的原因，输送带运行时在两托辊组间存在悬垂度。如果输送机系统设计不合理，在沿垂直于水平面的方向上产生的较大横向振动会对整机（特别是重锤张紧装置）造成十分严重的损坏。

　　（2）纵向振动。带式输送机启动、制动以及稳定运行过程中，会受到驱动力、制动力、摩擦阻力等一系列外力的作用，进而产生沿输送带运行方向的纵向振动现象。

　　（3）侧向振动。带式输送机在正常运行时，如果输送带受到沿输送带侧截面的外力扰动时，会产生沿输送带法线方向的侧向振动，该振动会引起输送带的跑偏，并因此导致输送带磨损、物料撒落等现象。为了避免这一现象，在输送机系统中有时要安装不同类型的调心托辊，而这就会使得输送机的成本加大；立辊强制调偏的输送机会增加输送机的摩擦阻力，增加输送带磨损，降低输送带的寿命，甚至引起火灾。

　　（4）物料冲击。在通过导料溜槽向输送机装料的过程中，物料在一定的高度落下时，重力势能转化为动能，对输送带产生较大的冲击，特别是当物料的形状不规则时，如煤炭，将会对输送带的表面产生较大的破坏。

　　（5）运行冲击。输送机在运行到水平转弯段或是铅垂面内等复杂段时，会产生对托辊组的冲击力，并对整机系统产生影响，该问题是目前带式输送机设计中较难解决的实际问题。

2. 大型带式输送机动态特性研究的意义

　　大型带式输送机整个系统良好的静、动特性是实现输送机安全、可靠、稳定运行的重要前提。大型带式输送机的动态特性相对于低速、短距离的带式输送机表现得非常明显，已成为大型带式输送机研究的核心问题。现今，国外对其相当重视，投入了大量的物力和财力进行研究并取得了一定的成果，为其输送机的发展提供了理论依据。而目前国内由于对输送机动态特性的认识还不足，导致大型带式输送机的制造成本较高，这大大制约了我国输送机行业的发展水平。

大型带式输送机在启动、制动等非稳定工况下，输送带各点的速度、加速度和张力变化很大，对输送机产生巨大的瞬时冲击，造成输送带和接头断裂，降低传动装置等元部件的疲劳寿命。由此可见，带式输送机动态特性的分析对提高输送机运行的可靠性意义重大。另外，对动态设计的研究也可以降低带式输送机设计和运行成本。在国外，苏联、德国、澳大利亚、美国、南非、波兰、日本等，都对动态分析技术进行了深入的研究，取得了可喜的成果，有的已在实际工程中得到应用。应用动态分析技术来对大型带式输送机进行优化设计，最直接、最明显的经济效益是较大幅度地降低输送带的安全系数，安全系数最小可达4.8，通常，在传统设计中安全系数为 8.0~10.0。输送带费用约占大型带式输送机费用的 35%~45%，所以对带式输送机动态特性进行全面深入的研究将大大节省设备费用。

3. 大型带式输送机的侧向动力学研究的意义

对于带式输送机本身产生的横向振动和纵向振动，现在已有学者做过研究，如杨振兴通过建立带式输送机横向和纵向振动的 Vigot 模型和振动方程，分析其振动情况；朱春水通过对输送机进行虚拟样机建模，在选定模型的基础上，对输送带的横向振动理论和纵向振动理论进行了深入的分析，并校核了系统的稳定性。但是，目前对于带式输送机侧向振动的研究较少。而随着带式输送机功率的不断增加，运动速度的不断提高，带式输送机的侧向运动的稳定性及其预测逐渐被人们重视。要更好地发挥带式输送机的作用，提高工作效率，降低运行成本，对输送带侧向运动的跑偏应当有严格的限制。输送带的侧向运动对输送机的工作性能影响很大，振荡型的侧向运动会增加输送带和托辊磨损，增大输送带的运行阻力，大幅度的振荡又会产生严重的撒料和刮边。目前在矿山运转的带式输送机绝大部分都存在比较严重的振荡型侧向跑偏问题。

可见，对带式输送机进行侧向动力学特性研究的意义重大，需要更加全面透彻地分析带式输送机的动态特征，选择更加优化的性能参数指标，最终设计出安全可靠的高性能带式输送机。我国的带式输送机有数万条，基于以上思想，若能成功对其进行侧向动力学特征分析，并采用正确的控制策略，则可带来不可估量的经济效益。

1.2 带式输送机动力学研究现状

1.2.1 国内外带式输送机整机动力学研究现状

苏联、德国、美国、日本等国较早开展了带式输送机动力学的研究。在 20 世纪 60 年代苏联主要是在简化的力学模型上进行解析分析，提出了第一个带式输送机非稳定状态运行期间动态分析的计算公式。1967 年，苏联学者分析了应力波在输送带中的传播特性，并且考虑实际工况下应力波传播中受到的各种干扰，对其进行了大量的分析研究。德国汉诺威工业大学的 Vierling、Oehmen、Funke 等人进行了一系列的研究工作。对输送带进行动态分析时提到了材料的力学性质，并在解析计算中把以前的刚性模型改为黏弹性模型，这是最早的关于输送带的黏弹性特性的研究。Funke 对许多露天煤矿的大型钢丝绳芯输送带进行验算，改进了测量标准。1973 年形成了以行波理论为基础的动态分析方法，并开始实际应用。澳大利亚的 Harrison 博士、美国的 Nordell 博士和波兰的 T. W. Zur 博士以及南非、加拿大等国的科研人员也开始了研究工作。1974 年，德国汉诺威工业大学的 Funke 等人对带式输送机的多种动力学模型进行了比较研究，首次得出了一种更加符合实际的带式输送机动力学方程。1984 年 3 月，Harrison 论述了输送带弯曲理论和带式输送机启动、制动时瞬时弹性力的分析方法。同年，美国的 Nordell 和 Gozda 研究了带式输送机启动、制动时的瞬时张力和有限单元法仿真弹力特性。1994 年，有限元分析方法被荷兰的 G.Lodewijks 引入带式输送机动力学模型中，使四参数输送带模型成为输送带单元的主要有限元模型，分析求解中得到了比较理想的效果。同年，澳大利亚的 A.Harrison 在分析仿真中再次把输送带看作刚性板模型做了有限元分析，同时分析了输送带的纵向拉伸特性。1995 年，荷兰的 G.Lodewijk 在论文《高带速带式输送机的设计》中，对托辊阻力进行了大量研究，分析了作为黏弹性体的输送带在运行中的变形特性。1996 年，Harrison 博士又提出一种用于分布质量和弹性及具体边界条件的长距离输送带纵向振动问题的封闭形式的分析方法。2000 年美国的 S.M.Pritchard 等提出用阻抗模型理论来研究输送带的动态特性。

　　国内，大型带式输送机动力学研究起步较晚。国内对带式输送机的研究起步较晚，初期为了满足生产需要还是以外购为主。小型输送机的设计可以通过经验公式计算来求解所需的张紧力以满足分析设计需要。随着输送机的发展，带速、长度以及运载量不断加大，这种计算方法造成的误差越来越大，并且无法分析输送机运行中的应力变化，很难精确计算出最大、最小张力出现的位置，这使得传统设计方法已经无法满足设计需要了。计算机的发展和有限元分析方法的引入，在我国 20 世纪 90 年代煤炭工业蓬勃发展的背景下，使分析设计方法得到了很大的改进。很多高等院校和研究人员都投入到输送机的动力学分析中来，理论和实践都保证了复杂的输送机工况和输送带应力可以采用有限元分析方法进行分析。约从 20 世纪 80 年代初开始，才有对带式输送机动态分析方面的研究，尤其是进入 90 年代，很多研究人员都投入到动态分析研究上。1980 年，东北工学院（现东北大学）的于忠升等人第一次在输送机设计中引入了有限元方法用以分析滚筒幅板。但这种分析方法，除了需要自己编制算法程序外，还无法考虑摩擦影响，只是一种方法上的创新，在实际使用中难度很大。太原重型机械学院于 1986 年便开始对带式输送机输送带的黏弹性及整机运动的动态过程进行研究，尤其是对输送机的黏弹性理论的研究比较深入。进入 21 世纪以来，国内学者对输送机动力学问题进行了大量的研究。2001 年，侯友夫建立了带式输送机的物理模型与数学模型，并根据模型编制了可用于动态分析的计算机软件。2002 年，李玉谨将输送机看作黏弹性进行分析，给出了这种模型的微分方程并找到了一种输送带张力的计算方法，可以分析不同工况下输送带应力变化。同年，2002 年，太原理工大学的赵娜，利用 VB 语言以及 MATLAB 软件编制计算程序，对带式输送机建立了整机的离散模型，分析了带式输送机启动过程的动态特性，其仿真实验结果和实验数据基本一致。2007 年，上海师范大学的李光布等人，对输送机的垂度进行了研究，得出了非线性动力学微分方程。以三电机驱动系统为实验分析对象，建立整体数学模型，设计了仿真软件 BDS，使用该软件对带式输送机的动态特性进行数值仿真模拟，结果与国外专家的计算结果相近。2008 年，董大仟在带式输送机系统动力学分析的基础上，考虑了拉紧装置的刚度，建立了带式输送机有限元的力学和数学模型，以及系统的运动微分方程的解法。2010 年，王繁生对带式输送机柔性多体动力学分析方法进行了系统研究，建立了完整的带式输送机柔性多体动力学分析模型。

1.2.2　国内外带式输送机横向、纵向动力学研究现状

　　带式输送机中的横向振动，指的是输送带在横截面上的振动，分析研究这种振动，可以了解输送带在托辊之间的振动规律，用以评价输送机在纵向运送物料过程中的稳定性，并为托辊和拉紧装置的布置提供依据。带式输送机在运行中存在纵向振动，对这种振动的分析研究可用于了解输送带纵向的速度、加速度、位移以及动张力的分布规律。输送带是黏弹性体，启动和制动过程属于非稳定工况，输送带中各点的速度、加速度、位移以及动张力都具有动态特性，是一个时间函数。对于短距、低速的输送机，这一动态过程不是很明显，只需要将输送带看作刚性体分析就能满足分析设计需要了，但对于长距、高速、重载的输送机，这种动态过程会严重影响输送机的性能，因此，应该通过对输送带的动力学方程来分析解决设计问题，以满足设计需要。

　　目前，关于带式输送机横向、纵向动力学的研究主要有：1989 年，李云海提出了带式输送机横向振动的理论分析及稳定性条件。1992 年，梁兆正将输送带简化为正交各向异形板，建立了输送带横向振动的数学模型；得出了输送带横向振动固有频率与有关参数的关系。1996 年，梁兆正又对带式输送机输送带横向振动的理论进行了分析、试验和应用。1999 年，张媛建立了基于连续单元的带式输送机纵向动态分析数学模型，求出这一非齐次混合边界条件问题振动解，并进行计算机仿真。2004 年尚欣将柔性体概念引入带式输送机纵向振动连续模型虚拟样机和带式输送机横向振动虚拟样机的建立中，并对这两种虚拟样机进行了振动仿真分析，分析结果显示，虽然建立带式输送机纵向振动连续模型和横向振动连续模型虚拟样机进行仿真分析，可以比现有方法得到更多的动态参数，但

是，并不能超越现有方法的研究范围。2009 年，朴香兰为了避免输送带发生共振，求解了输送带横向振动固有频率，利用弹性薄板理论，研究了输送带在纵向张力作用下的横向振动问题，根据板的对称性，运用了叠加原理，把方程展成多重级数形式，建立了边界条件（S-F-S-F）下的叠加解，导出了输送带的固有频率计算公式，最后，通过算例与单三角级数解法进行了比较，两组数据非常接近，证明了该方法的有效性。2013 年，杨振兴分析了带式输送机工作的各种工况，对拉紧装置的设计要求做了对比分析，同时研究各种模型下输送带的振动方程，并以所建立仿真模型为例建立了输送带的横向振动方程，建立了冲击载荷作用下 ZJ-120/45D 变频调速自动拉紧装置的传递函数。同年，肖占方研究分析了输送带静动特性和黏弹性基本特征，建立了输送带纵向振动和横向振动方程，推导出输送带等效弹性模量，采用 Kelvin-Voigt 模型建立了输送带离散动态模型和动力学方程，确定出拉紧装置、驱动装置、改向装置和制动装置的动态模型和动力学方程。

1.2.3 国内外侧向动力学研究现状

带式输送机的侧向振动是指输送机在正常运行时，输送带受到沿输送带侧截面的外力扰动，沿输送带法线方向产生的振动。但是，从能够检索到的文献来看，国内还未见到有关带式输送机侧向动力学的研究报道。国内外学者在其他大型机械设备上所做的侧向动力学方面的研究，也能为本书提供一定的借鉴，下面列出了国内近几年在其他大型机械设备上所做的比较典型的侧向动力学方面的研究工作。2005 年，曾长操基于导向机构运动机理，建立了整车的多体动力学模型，仿真分析了以稳定速度通过曲线轨道时车辆的侧向动力学性能。2006 年，通过推导轮胎侧向力模型，将车辆的垂向运动与侧向运动进行了联立，建立了不平路面转向行驶的车辆侧向稳定性分析模型；应用鲁棒控制理论，设计了六自由度车辆垂向与侧向运动的集成控制器，并分别对随机路面和脉冲路面输入的稳态圆周转向操纵和 Fishhook 瞬态转向操纵的车辆侧向稳定性进行了分析。同年，宋洋针对强侧向风下高速旅客列车运行安全性问题，利用 SIMPACK 软件建立了三车三维动力学仿真模型，分析了侧向风对列车在直道和曲线上动力学性能的影响。2012 年，晁黎波对驱动防滑同侧向稳定性控制的协调控制算法进行了研究，提出了基于驱动轮目标滑转率的协调算法；仿真结果表明，该算法能提高车辆驱动工况的加速性能和侧向稳定性能。2013 年，王前做出了基于 MF2002 轮胎模型的三自由度四轮 FSAE 赛车模型的侧向动力学相平面图与平衡点分岔图，确定了赛车在不同输入下的稳定状态。

纵观带式输送机动力学方面的研究，在理论分析方面，采用线性动力学理论进行研究的较多，而采用非线性振动理论分析研究的极少；对整机动力学和启动特性方面的研究在近几年出现了较多相关文献，对整机动力学的研究朝着柔性多体动力学方向发展。对输送机整机动力学的研究近年来比较多，但是当具体涉及带式输送机横向、纵向、侧向振动时研究却较少，特别是侧向动力学的研究还未检索到相关文献。

2 输送带引发侧向运动的激励源

2.1 输送带本身引起的激励

2.1.1 输送带本身质量存在缺陷产生输送带张力分布不均

输送带材质不均、输送带不直和钢绳芯带横向成槽性能差等缺陷，如帆布输送带出厂有"海带边"的情况；钢丝绳芯输送带可能使钢丝绳的初张力不等；输送带上、下覆胶厚度不均；输送带使用较长时间后，产生老化变形、边缘磨损。这些都会使输送带两侧边所受拉力不一致而导致跑偏。图2-1所示为输送带缺陷引起跑偏的示意图。

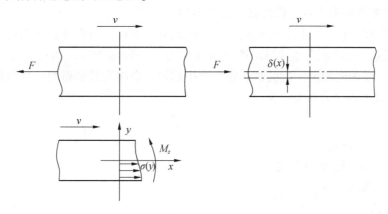

图 2-1 输送带缺陷引起跑偏的示意图

由于输送带截面上张力分布不均，对输送带的中心线有弯矩作用，其定量解释如下：

$$M_z = \int_{-\frac{B}{2}}^{\frac{B}{2}} \sigma(y) \cdot y \mathrm{d}y \tag{2-1}$$

式中　　M_z——输送带的截面上的转矩；

　　　　B——输送带带宽；

　　$\sigma(y)$——输送带截面的应力。

由于在输送带的截面上有M_z的作用，使得该段输送带向张力小的一边跑偏$\delta(x)$。如果把输送带看成是弹性体，不计其他力的作用，则有

$$EJ \frac{\partial^2 \delta}{\partial x^2} + M_z = 0 \tag{2-2}$$

式中　　E——截面抗弯刚度；

　　　　J——横截面对中心主轴的惯性矩。

2.1.2 输送带接头不对中，造成输送带两边张力不对称

输送带接头不对中，造成输送带两边张力不均匀，输送带会向张紧力大的一边跑偏。如果整条输送带由多段输送带硫化连接而成，如果每个接头都存在误差，且有的接头左偏，有的接头右偏，会造成输送带有的段左侧受力大，有的段右侧受力大，在同一点观察输送带左右跑偏，做蛇形运动，如果接头误差都是一侧的则会造成输送带向一侧恒定跑偏。如图2-2所示，由于张力不同使输送带产生一个弯矩，引起一个跑偏量δ。其定量解释为

$$\begin{cases} M_z = M_1 - M_2 \\ M_1 = \int_0^{b_1} F_1 y \, dy \\ M_2 = \int_0^{b_2} F_2 y \, dy \end{cases} \tag{2-3}$$

式中　b_1、b_2——接头处截面张力距输送带中心线距离；

　　　　F_1、F_2——输送带接头处左右张力。

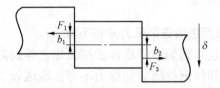

图 2-2　接头不对中引起的跑偏

2.1.3　温度场的分布不均引起输送带的张力分布不均

由于输送带是黏弹性体，对温度变化敏感，温度场分布不均，也会造成输送带受热不均，导致输送带两侧老化不一致，从而导致输送带两侧边所受拉力不一致而跑偏，如输送带一个侧边受阳光照射，当光线强烈时，受阳光照射一侧的输送带会产生松弛，会向光线照射的一侧跑偏。

温度与所受应力之间的关系表示为

$$\tau = \tau_0 e^{\frac{\Delta H - \gamma\sigma}{RT}} \tag{2-4}$$

式中　τ——松弛时间表征；

　　　　ΔH——运动单元的运动活化能；

　　　　T——热力学温度，K；

　　　　R——气体常数；

　　　　σ——应力；

　　　　τ_0——常数；

　　　　γ——比例系数。

以上种种都是由于输送带本身结构特性产生的激励，其表现的结果均为在输送带断面上产生拉力分布不均，对输送带的中心线有弯矩作用。产生的原因是，这种因素引起的跑偏往往都是恒跑偏量的稳定运行，严重时会出现向一侧有较大的跑偏量，引起撒料、刮边和撕裂现象，输送带磨损严重时甚至引发火灾。其力矩 M_z 使输送带产生 δ 偏移量是恒定的，其偏移量沿线分布规律如图 2-3 所示。

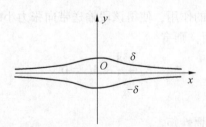

图 2-3　在转矩 M_z 作用下的跑偏规律

2.2　回转托辊引起的激励

2.2.1　托辊转动不灵活引起跑偏

以槽形三托辊为例，设两个侧托辊转动阻力不同，特别当有一个不转时，如图 2-4 所示，输送带

将受到一个转矩 M_z，并产生一个跑偏 δ，转矩为

$$\begin{cases} M_z = M_1 - M_2 \\ M_1 = \int_a^{b_1} F_1(y)y\mathrm{d}y \\ M_1 = \int_a^{b_2} F_2(y)y\mathrm{d}y \end{cases} \tag{2-5}$$

式中，$b_1 - b_2 = 2\delta$；$F_1(y)$、$F_2(y)$ 分别为输送带与左右托辊间沿托辊轴线分布阻力。

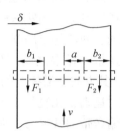

图 2-4　托辊倾斜引起的跑偏

力矩 M_z 使输送带产生 δ 偏移量，同输送带本身结构产生的偏移一样是恒定的，其偏移量沿线分布规律如图 2-3 所示。

2.2.2　托辊轴线与输送带中心线不垂直

在安装中，如果托辊的轴线不与输送带中心线垂直，在输送带运行时就会产生垂直于输送带运行方向的侧向推力，如托辊前倾，则引起指向中心线的复位力；如果向后倾斜，则会引起跑偏力。

1. 托辊前倾

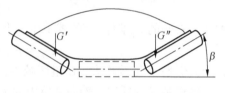

以三托辊组为例，图 2-5 所示为将两侧托辊安装成前倾的示意图，当输送机运行时，输送带运行速度 v 和运行方向相同，两侧托辊的圆周的线速度 v_{tg} 垂直于托辊的回转中心线。输送带和托辊之间产生相对运动，输送带相对托辊的速度为 v_r，其方向是沿托辊的轴线方向指向输送带的外侧，由于有相对运动，托辊与输送带相互之间就会产生一对摩擦力作用，托辊对输送带的摩擦力，沿托辊轴线向内。

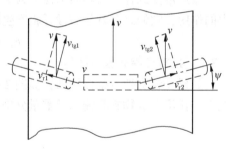

图 2-5　托辊前倾

若托辊组关于输送机中心线对称，设两侧托辊承受的输送带和货载的质量分别为 G'、G''，输送带受到托辊的轴向摩擦力为 F_1、F_2。

$$\begin{cases} F_1 = \mu_0 G'\cos\alpha\cos\beta \\ F_2 = \mu_0 G''\cos\alpha\cos\beta \end{cases} \tag{2-6}$$

将 F_1、F_2 分解为纵向力 F_{1z}、F_{2z} 和侧向力 F_{1c}、F_{2c}

$$\begin{cases} F_{1z} = \mu_0 G'\cos\alpha\cos\beta\sin\psi \\ F_{2z} = \mu_0 G''\cos\alpha\cos\beta\sin\psi \end{cases} \tag{2-7}$$

$$\begin{cases} F_{1c} = \mu_0 G'\cos\alpha\cos\beta\cos\psi \\ F_{2c} = \mu_0 G''\cos\alpha\cos\beta\cos\psi \end{cases} \tag{2-8}$$

式中　μ_0——承载托辊与输送带的轴向滑动摩擦因数；

$\quad\quad\alpha$——输送机倾角；

$\quad\quad\psi$——前倾角；

$\quad\quad\beta$——托辊槽角。

托辊前倾能够产生利于纠偏的跑偏恢复力，但其产生的负面效应也不容忽视。输送带受到托辊的轴向摩擦力为 F_1、F_2，纵向力 F_{1z}、F_{2z} 和输送带运动方向相反，它们之和就是前倾托辊产生的运行阻力即前倾阻力 F_f：

$$F_f = \mu_0 (G' + G'') \cos\alpha \cos\beta \sin\psi \tag{2-9}$$

这个前倾阻力，是由于托辊前倾引起的，会增加输送机运行的能耗。

2. 托辊后倾

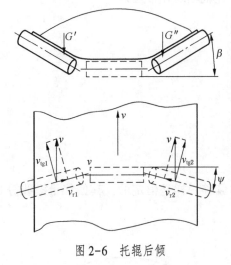

图 2-6 所示为三托辊组托辊后倾示意图，是将两侧托辊安装成后倾的，当输送机运行时，输送带运行速度 v 和运行方向相同，两侧托辊的圆周的线速度 v_{tg} 垂直于托辊的回转中心线。输送带和托辊之间产生相对运动，输送带相对托辊的速度为 v_r，其方向是沿托辊的轴线方向指向输送带的中心，由于存在相对运动，托辊与输送带相互之间就会产生一对摩擦力，托辊对输送带的摩擦力，沿托辊轴线向外。

若托辊组关于输送机中心线对称，设两侧托辊承受的输送带和货载的质量分别为 G'、G''，输送带受到托辊的轴向摩擦力为 F_1、F_2 见式（2-6）。

输送机不发生跑偏时，作用在左侧托辊上背离输送机纵向中心线的侧向力 F_{1c} 与右侧的 F_{2c} 相等，相互抵消。如果输送带向左发生跑偏，就会使左侧托辊上侧向力 F_{1c} 随着 G' 的增大而

图 2-6 托辊后倾

增大，右侧的 F_{2c} 随着 G'' 的减小而减小，F_{1c} 大于 F_{2c}。产生一个向左的合力，称之为跑偏力。

$$F_{偏} = F_{1c} - F_{2c} = \mu_0 (G' - G'') \cos\alpha \cos\beta \cos\psi \tag{2-10}$$

这个力促使 G' 继续增大，G'' 继续减小，造成输送带的跑偏越来越严重。

输送带受到托辊的轴向摩擦力为 F_1、F_2，纵向力 F_{1z}、F_{2z} 和输送带运动方向相同，起减小运行阻力的作用，它们之和就是后倾托辊产生的推动力，其表达式与前倾阻力相同：

$$F_t = \mu_0 (G' + G'') \cos\alpha \cos\beta \sin\psi \tag{2-11}$$

2.2.3 托辊支架有整体倾斜

如果托辊支架有整体倾斜，如图 2-7 所示，则输送带会产生向右偏移 δ。设在平衡位置时，作用在 3 个托辊上的物料和输送带重量分别为 G_1、G_2 和 G_3，托辊架的倾斜角为 λ，静态 δ 由下式解出：

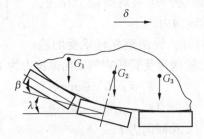

图 2-7 托辊支架倾斜引起的跑偏

$$G_1 \sin(\beta + \lambda) + G_2 \sin\lambda - G_3 \sin(\beta - \lambda) - \mu_0 G_1 \cos(\beta + \lambda) - \mu_0 G_2 \cos\lambda - \mu_0 G_3 \cos(\beta - \lambda) - k\delta = 0$$
$$\tag{2-12}$$

2.3 机架引起的激励

机架安装的水平度不够，如凹弧变坡，尤其是在回空段，输送带受纵向张力作用，托辊对输送带的正压力减小，由此托辊与输送带的摩擦力减小而造成输送带易跑偏。当输送带达到飘带的临界状态

时，输送带与托辊间几乎没有摩擦力，在输送带上物料重量分布不均匀或输送带横向受力不均的情况下，输送带就很容易跑偏。如遇到大风天气时还会将回空段输送带吹偏。

2.3.1 机架有水平弯曲时，对输送带产生的侧向激励

在输送带的张力作用下，弯曲段输送带的受力情况如图 2-8 所示，其两端张力方向有一个夹角，输送带单元的合力不平衡，将产生一个向心力。平面转弯带式输送机托辊组结构与布置的特点就是产生一个向外的离心力，以平衡输送带张力的向心合力，根据力的平衡确定曲率半径。图 2-8 所示为输送带水平转弯示意图。设转弯曲率半径为 R，每一个托辊间距所对圆心角为 $\Delta\alpha$，输送带的速度为 v，其方向与曲线的切线方向相同。在此曲线段，不使托辊轴线方向与曲线法线方向一致，而是有一个安装支撑角 β。由于此角的存在，输送带速度与托辊旋转的线速度之间产生了相对滑移速度 Δv；托辊给予输送带的摩擦力 F'_R 应与 Δv 的方向相反。

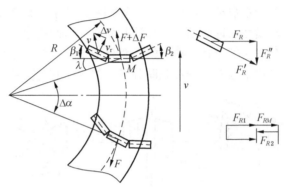

R—曲率半径，m；$\Delta\alpha$—托辊间距所对应圆心角，rad；v—输送带速度，m/s；Δv—托辊面切线速度，m/s；

v_r—相对滑动速度，m/s；F'_R—托辊作用于输送带的摩擦力，N；F_R—F'_R 在离心方向的投影，N；

F''_R—F'_R 在切线方向的投影，N；F—输送带张力，N；ΔF—经 $\Delta\alpha$ 角后输送带张力增量，N；

β_1、λ、β_2—3 个托辊的安装支持角，rad；F_{R1}、F_{RM}、F_{R2}—3 个托辊给予输送带的离心摩擦力，N

图 2-8 输送带水平弯曲示意图

2.3.2 输送带的受力分析

将输送带分成三部分，输送带受的力有：物料对它的摩擦力和正压力；托辊对它的切向摩擦力和法向支持力；输送带自身的重力；向心拉紧。输送带的受力分析如图 2-9 所示。图中 $f_{G1}=f_{B1}$，$f_{GM}=f_{BM}$，$f_{G2}=f_{B2}$；$N_{G1}=N_{B1}$，$N_{GM}=N_{BM}$，$N_{G2}=N_{B2}$；$F_{R1}=\mu_1 N_1$，$F_{RM}=\mu_M N_M$，$F_{R2}=\mu_2 N_2$；μ_i（$i=1,M,2$）为托辊与输送带间的摩擦因数，它们分别与各自托辊上的载荷和托辊前倾角有关。

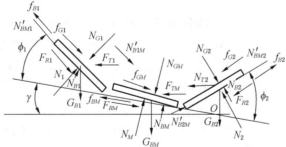

N_{G1}、N_{GM}、N_{G2}—物料给予输送带的正压力，N；f_{G1}、f_{GM}、f_{G2}—物料给予输送带的摩擦力，N；

f_{B1}、f_{BM}、f_{B2}—输送带给予其上物料的摩擦力，N；N_{B1}、N_{BM}、N_{B2}—输送带给予其上物料的法向支持力，N；

G_{B1}、G_{BM}、G_{B2}—三部分输送带的重力，N；N_1、N_M、N_2—托辊给予输送带的支持力，N；

F_{T1}、F_{TM}、F_{T2}—三部分输送带所受的向心拉力，N；F_{R1}、F_{RM}、F_{R2}—托辊

给予输送带的摩擦力，N；N'_{B1M}、N'_{BM1}、N'_{B2M}、N'_{BM2}—三部分输送带间的相互作用力，N，

且 $N'_{B1M}=N_{BM1}$，$N'_{B2M}=N'_{BM2}$；ϕ_1、ϕ_2—内、外侧槽角；γ—内曲线抬高角

图 2-9 输送带的受力分析

规定受力平衡的坐标为：托辊轴线方向向外为正，托辊法向方向向上为正。将输送带三部分力按轴向和法向分解得3个方程组：

$$\begin{cases} -F_{T1}\cos(\phi_1+\gamma)+f_{G1}+F_{R1}+G_{B1}\sin(\phi_1+\gamma)-N'_{BM1}=0 \\ -F_{T1}\sin(\phi_1+\gamma)-N_{G1}+N_1-G_{B1}\cos(\phi_1+\gamma)\cdot k_s=0 \end{cases} \tag{2-13}$$

$$\begin{cases} -F_{T2}\cos(\phi_2-\gamma)-f_{G2}-F_{R2}-G_{B2}\sin(\phi_2-\gamma)+N'_{BM2}=0 \\ F_{T2}\sin(\phi_2-\gamma)-N_{G2}+N_2-G_{B2}\cos(\phi_2-\gamma)\cdot k_s=0 \end{cases} \tag{2-14}$$

$$\begin{cases} -F_{TM}\cos\gamma+f_{GM}+N'_{B1M}\cos\phi_1+F_{RM}+G_{BM}\sin\gamma+N'_{B2M}\cos\phi_2=0 \\ -F_{TM}\sin\gamma-N_{GM}-N'_{B1M}\sin\phi_1+N_M-G_{BM}\cos\gamma\cdot k_M+N'_{B2M}\sin\phi_2=0 \end{cases} \tag{2-15}$$

方程组（2-13）至方程组（2-15）中，k_s、k_M 分别是输送带与侧托辊和中间托辊的载荷分配系数。根据文献［28］中分配系数分布图，对于侧托辊 k_s 大于1，对于中间托辊 k_M 小于1。在槽角不变时，随着成槽性的增加，两个系数都趋近于1；当成槽性不变时，成槽角越大，两系数越远离1。

物料在槽形托辊中运行时横截面近似是一个弦弧截面和梯形面的组合，也就是物料横向是一个整体，将其横截面按对应托辊分成三部分时，在力的平衡分析中，应考虑三部分间有一个相互作用的内力，以前的研究中没有考虑过这个因素。槽形截面分成三部分，其受力关系如图2-10所示。

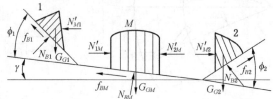

N_{B1}、N_{BM}、N_{B2}—输送带给予其上物料的法向支持力，N；f_{B1}、f_{BM}、f_{B2}—输送带给予其上物料的摩擦力，N；

G_{G1}、G_{GM}、G_{G2}—三部分物料的重力，N；N'_{1M}、N'_{M1}、N'_{2M}、N'_{M2}—三部分物料之间的相互作用力，N，且 $N'_{1M}=N'_{M1}$，$N'_{2M}=N'_{M2}$

图2-10　物料受力分析

三部分物料之间的内力 N'_{M1}，N'_{1M}；N'_{2M}，N'_{M2} 是与它们之间的分界面有关的。由于物料具有一定的流动性。我们这里认为内力的产生是由于物料中侧向内应力的作用结果。

$$N'_{M1}=N'_{1M}=\frac{1}{2}h_1\sigma_{r1}\rho d\alpha=\frac{1}{2}h_1^2\rho_G g\rho d\alpha \tag{2-16}$$

$$N'_{M2}=N'_{2M}=\frac{1}{2}h_2\sigma_{r2}\rho d\alpha=\frac{1}{2}h_2^2\rho_G g\rho d\alpha \tag{2-17}$$

2.4　物料偏载引起的激励

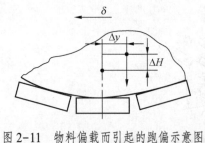

物料偏载引起输送带跑偏。在输送带上物料的质心位置为 $(\Delta y, \Delta H)$，如图 2-11 所示，则在物料重力的作用下，输送带向左偏移 δ 值，这样可以根据力的平衡条件解出 δ 值，设右侧托辊上物料的重量为 G_1，左侧托辊上物料的重量为 G_2，物料推移输送带向左跑偏的力为

$$F_{推}=(G_1-G_2)\sin\beta-(G_1+G_2+G'_1+G'_2)\cos\beta\mu_0-(G+G')\mu_0 \tag{2-18}$$

图2-11　物料偏载而引起的跑偏示意图

式中　G'_1、G'_2——输送带在两个侧托辊上的重量，

　　　G、G'——中间托辊上物料的重量及输送带重量，

　　　μ_0——托辊与输送带间滑动摩擦因数。

设输送带跑偏为 δ，此恢复力为

$$F_{复}=\frac{2\delta q_d\sin\beta}{B}+k\delta \tag{2-19}$$

式中 q_d——输送带的单位长度质量；

k——输送带跑偏的恢复力系数，通常是非线性的。

由于 $F_推 = F_复$，可得出 δ：

$$\delta = \frac{(G_1 - G_2)\sin\beta - (G_1 + G_2 + G'_1 + G'_2)\cos\beta\mu_0 - (G - G')\mu_0}{\dfrac{2q_d\sin\beta}{B} + k} \qquad (2-20)$$

式中 k——输送带跑偏的恢复力系数，通常是非线性的。

2.5 驱动滚筒和改向滚筒引起的激励

2.5.1 头、尾滚筒的轴线与输送机中心线不垂直

头部驱动滚筒或尾部改向滚筒的轴线与输送机中心线不垂直，造成输送带在头部滚筒或尾部改向滚筒处跑偏。如图 2-12 所示，滚筒偏斜时，输送带在滚筒两侧的松紧度不一致，沿宽度方向上所受的牵引力 F_q 也就不一致，成递增或递减趋势，这样就会使输送带附加一个向递减方向的移动力 F_y，导致输送带向松侧跑偏，即所谓的"跑松不跑紧"。

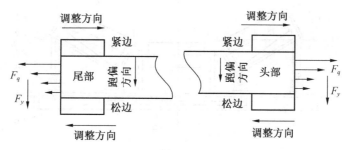

图 2-12 滚筒处跑偏的受力

2.5.2 滚筒外表面加工误差、粘料或磨损不均

滚筒外表面加工误差、粘料或磨损不均造成直径大小不一，输送带会向直径较大的一侧跑偏。即所谓的"跑大不跑小"。其受力情况如图 2-13 所示。输送带的牵引力 F_q 产生一个向直径大侧的移动分力 F_y，在分力 F_y 的作用下，输送带产生偏移。

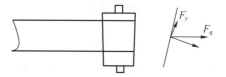

图 2-13 滚筒直径大小不一的受力情况

2.6 控制输送带跑偏的向心力源

2.6.1 托辊前倾式

沿输送机线路，槽形侧托辊前倾一个角度 ψ，一般情况下 $\phi = 2° \sim 3°$，由于前倾角的存在，产生附加阻力 F_1、F_2，其值表示为：$F_1 = \mu_0 G'$，$F_2 = \mu_0 G''$。垂直于输送带运行方向的分力 F_{a1}、F_{a2}（图 2-14），其中 $F_{a1} = F_1\cos\phi\sin\beta$，$F_{a2} = F_2\cos\phi\sin\beta$。则纠偏力计算如下：

$$\Delta F = F_{a1} - F_{a2} = \mu_0 G'\cos\phi\sin\beta - \mu_0 G''\cos\phi\sin\beta \qquad (2-21)$$

式中 G'、G''——作用在两侧托辊上物料及输送带的重量；

ϕ——输送机线路倾角；

μ_0——摩擦因数；

β——托辊安装支角。

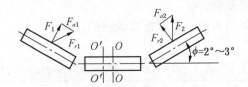

图 2-14 托辊前倾调偏受力分析

2.6.2 锥形双向调心托辊

锥形双向调心托辊机理如图 2-15 所示，当输送带跑偏时，输送带中心线 $O'O'$，与输送机中心线 OO 不再重合。锥形双向调心托辊的锥形角使输送带上的重量产生轴向力 F_{a1}、F_{a2}，其值表示为 $F_{a1} = G_1\mu_0$，$F_{a2} = G_2\mu_0$。此时 $F_{a1} > F_{a2}$ 或 $F_{a2} > F_{a1}$，依跑偏方向而定。纠偏力 ΔF 可按下式近似计算：

$$\Delta F = (F_{a1} - F_{a2})\cos\beta\cos\varphi \tag{2-22}$$

这里，G_1 和 G_2 分别为作用在两个锥形托辊上的重量（物料和输送带重量和）；φ 为输送带跑偏后锥形辊轴线与水平线的夹角。这种托辊调偏效果较好，但对输送带的磨损较大。

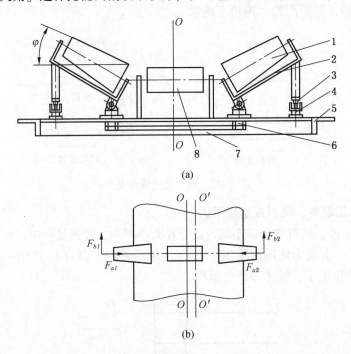

1—锥形侧辊；2—侧托辊架；3—小滚轮；4—高度调整架；5—支撑架；6—联动器；7—联动杆；8—中心辊

图 2-15 锥形双向调心托辊机理

2.6.3 立辊式自动调心托辊

当输送带跑偏时，输送带中心线 $O'O'$ 与输送机中心线 OO 不再重合。跑偏到一定量时，输送带碰到某一侧的挡边轮，挡边轮施以正压力 N 和摩擦力 f，这两个力作用的结果使上横梁绕 k 点逆时针转动 β 角。输送带给 3 个辊子与运动力方向一致的力 F，F 可以分解为使辊子绕自己轴线转动的力 F_r 和使辊子轴向移动的力 F_a，其结构原理如图 2-16 所示，辊子作用给输送带的反力使输送带复位，则纠偏力 ΔF 按下式计算：

$$F_a = \Delta F = F_r\tan\beta \tag{2-23}$$

2.6.4 曲线回转体侧辊型自动调心托辊组

曲线回转体侧辊型自动调心托辊组的结构原理如图 2-17 所示。这种调心托辊的工作原理是当输送带向左跑偏时，左侧曲线立辊与输送带接触，产生旋转力矩：

$$M = Fb \tag{2-24}$$

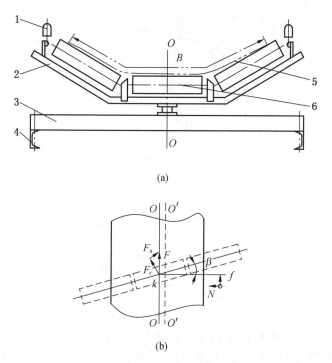

(a)

(b)

1—立辊；2—转动支架；3—固定横梁；4—机架；5—输送带；6—托辊

图 2-16 立辊式自动调心托辊结构原理图

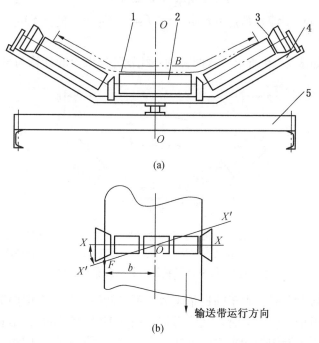

(a)

输送带运行方向

(b)

1—输送带；2—托辊；3—曲线侧辊；4—转动支架；5—固定横梁

图 2-17 曲线回转体侧辊型自动调心托辊组的结构原理图

此力矩使调心托辊组绕转轴转动。其纠偏力的计算同立辊式调心托辊组，这里 F 是曲线立辊有阻尼摩擦力，b 是 F 力到转轴的距离。

2.6.5 悬挂式调心托辊

悬挂式调心托辊受力分析如图 2-18 所示，这种调心托辊主要用于水平弯曲带式输送机的转弯处。

悬挂调心托辊对输送带侧向跑偏产生横向恢复力：

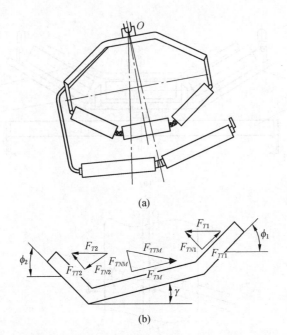

(a)

(b)

F_{T1}、F_{TT1}、F_{TN1}—内侧输送带所受的向心力、切向分力和法向分力，N；F_{T2}、F_{TT2}、T_{TN2}—外侧输送带所受的

向心力、切向分力和法向分力，N；F_{TM}、F_{TTM}、F_{TNM}—中间输送带所受的向心力、切向分力和法向分力，N

图 2-18 悬挂式调心托辊受力分析

$$F_{TT} = F_{TT1} + F_{TTM} + F_{TT2} \tag{2-25}$$

式中，$F_{TT1} = F_{T1}\cos(\phi_1 + \gamma)$；$F_{TTM} = F_{TM}\cos\gamma$；$F_{TT2} = F_{T2}\cos(\phi_2 - \gamma)$。

2.6.6 吊挂串形托辊组

这种调心托辊结构如图 2-19 所示。这两种调心托辊的纠偏力的计算与悬挂式调心托辊相似。

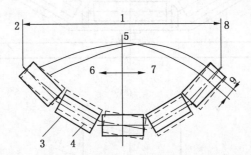

1—跨度；2—弯曲段外侧；3—偏移前托辊位置；4—偏移后托辊位置；

5—输送带中心；6、7—阻力、推力；8—输送带段内侧；9—偏移量

图 2-19 吊挂串形托辊组的调偏原理和结构

当输送带元件通过弯曲段时，由于输送带张力的不平衡促使输送带向曲率半径中心产生位移。这些不平衡的张力形成了所谓的动力向量。当输送带在托辊上横向移动时，由重力和摩擦力产生的反作用力对输送带位移产生了不断增加的阻力。这些阻力形成了所谓的阻力向量。因为动力向量和阻力向量的方向相反，所以当这对力的向量大小相等时，输送带达到了平衡条件，其位移就停止了。这些方法适用于刚性托辊的计算方法，同样也适用于应用悬挂托辊的水平弯曲段。水平弯曲段的设计在于寻找输送机和弯曲段设计参数的组合，这一组合应使输送带在托辊上的移动达到平衡位置，而实际上对输送带的边缘没有限制，必须采用下式按特殊操作条件计算动力：

$$Q_x = T\frac{R}{R^2 - \left(X - \dfrac{L_0}{2}\right)}$$

式中　T——输送带在弯曲段 X 位置处的实际张力；

　　　Q——促使输送带元件向曲率半径中心位移的动力向量；

　　　L——弯曲段的弧长。

2.7　输送带和物料自身的定心力

输送带向左发生跑偏，就会使左侧托辊上侧向力 F_{1c} 随着 G' 的增大而增大，右侧的 F_{2c} 随着 G'' 的减小而减小，F_{1c} 大于 F_{2c}，此时会产生一个向右的合力，称之为恢复力：

$$F_{复} = F_{1c} - F_{2c} = \mu_0(G' - G'')\cos\alpha\cos\beta\cos\varphi \tag{2-26}$$

恢复力将输送带向右推移，当作用在两侧托辊上 G' 与 G'' 相等时，$F_{复}$ 为零，推移停止。可见输送带跑偏后恢复力 $F_{复}$ 是由输送带和物料在托辊上的重力分力决定的，对于有定心托辊的输送机，纠偏力单独计入，在槽形托辊或"V"形托辊上，假定输送带向左侧跑偏量为 δ，对于槽形三节托辊，近似计算：

$$F_{复} = c_1\delta \tag{2-27}$$

$$c_1 = \frac{\cos\alpha\sin\beta}{\cos\varphi} \cdot 2l_T\rho g(l_p - l')\cos^2\beta\sin(\beta + \varphi) \tag{2-28}$$

式中　　　ρ——物料的密度，kg/m^3；

　　l_p、l'——中间托辊长度和侧托辊为受载部分长度；

　　　　φ——物料在托辊上的动安息角。

3 输送带侧向运行的动力学模型

3.1 输送带的侧向运动方程

第2章分析输送带侧向运动激励源及其作用机理，要想研究带式输送机的侧向动力学特性，需要建立其侧向运动方程。

首先做如下基本假设：

（1）假定输送带无恢复力和摩擦阻力，输送带看成是在两端固定了的纵向梁；

（2）输送带沿托辊横向移动时不受阻力作用；

（3）两端的滚筒能保证输送带稳定运行不产生侧向位移，亦即输送带的两端作为固定端：$y_{(0)} = 0$ 和 $y_{(L)} = 0$；

（4）输送带各截面中心主轴在同一平面（xOy 平面）内，且在此平面做侧向运动，应用材料力学的平面假设，忽略剪切变形的影响。截面绕中性轴的转动比之侧向位移也小得多，可先不予考虑。

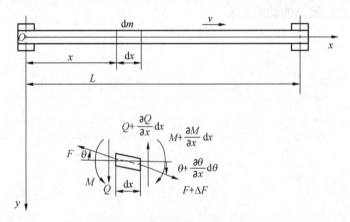

图 3-1 输送带侧向运动模型

如图 3-1 所示建立坐标系，以 $y(x, t)$ 表示输送带的侧向位移，是截面位置 x 和时间 t 的二元函数。以 ρ_d 和 ρ_w 分别表示输送带与承载物料的密度，E 为截面的抗弯刚度，J 为横截面对中心主轴的惯性矩，输送带和物料的横截面积分别为 A_d 和 A_w，输送带的纵向运行速度为 v_0，作用在输送带横截面上张力为 $F(x)$，带式输送机长度为 L。

从输送带上 x 处截取长为 dx 的微元段，其质量为 dm。

$$dm = (\rho_d A_d + \rho_w A_w) dx = (q_d + q_w) dx \tag{3-1}$$

式中 q_d、q_w——输送机输送带、物料的线密度。

微元段 dx 上面有剪力 $Q(x, t)$、弯矩 $M(x, t)$ 和张力 $F(x, t)$ 的作用，图 3-1 中所有的力均按正方向表示。

根据牛顿第二运动定律，微元段 dx 在 y 方向的运动方程为

$$dm \frac{d^2 y}{dt^2} = Q - \left(Q + \frac{\partial Q}{\partial x} dx\right) + \left[F(x) + dF(x)\right]\left(\theta + \frac{\partial \theta}{\partial x} dx\right) - F(x)\theta \tag{3-2}$$

联立式（3-1）和式（3-2），并令 $q_d' = q_d + q_w$，整理得

$$q_d' \frac{d^2 y}{dt^2} dx = Q - \left(Q + \frac{\partial Q}{\partial x} dx\right) + \left[F(x) + dF(x)\right]\left(\theta + \frac{\partial \theta}{\partial x} dx\right) - F(x)\theta \tag{3-3}$$

由于忽略截面转动的影响，微元段 dx 的转动方程为

$$M + \frac{\partial M}{\partial x}dx - M - Qdx = 0$$

化简得

$$Q = \frac{\partial M}{\partial x} \tag{3-4}$$

根据材料力学的平面假设得弯矩与挠度关系为

$$M = EJ\frac{\partial^2 y}{\partial x^2} \tag{3-5}$$

根据材料力学的平面假设得挠度与转角关系为

$$\theta = \frac{\partial y}{\partial x} \tag{3-6}$$

将式（3-4）~式（3-6）代入式（3-3），整理得

$$q'_d\frac{d^2 y}{dt^2} = -EJ\frac{\partial^4 y}{\partial x^4} + \frac{\partial\left[F(x)\dfrac{\partial y}{\partial x}\right]}{\partial x} \tag{3-7}$$

输送带张力 $F(x)$ 是沿 x 轴方向呈弱非线性变化，可近似认为

$$F(x) = F_0 + kx \tag{3-8}$$

式中　F_0——输送带起始点的张力；

$$k = (q_d + q_w + q_t)\omega_1 \tag{3-9}$$

　　　q_d——输送机上单位长度的物料重量；

　　　q_w——输送机上单位长度的输送带重量；

　　　q_t——输送机上单位长度的托辊转动部分等效重量；

　　　ω_1——输送带的运行阻力系数。

在此情况下得到

$$\frac{\partial}{\partial x}\left[F(x)\frac{\partial y}{\partial x}\right] = \frac{\partial}{\partial x}\left[(F_0 + kx)\frac{\partial y}{\partial x}\right] = k\frac{\partial y}{\partial x} + (F_0 + kx)\frac{\partial^2 y}{\partial x^2} \tag{3-10}$$

将式（3-10）代入式（3-7），得

$$q'_d\frac{d^2 y}{dt^2} = -EJ\frac{\partial^4 y}{\partial x^4} + k\frac{\partial^2 y}{\partial x^2} + (F_0 + kx)\frac{\partial y}{\partial x} \tag{3-11}$$

考虑输送带在 x 轴和 y 轴方向的速度关系，按全微分方程可得

$$\frac{dy}{dt} = \frac{\partial y}{\partial t} + \frac{\partial y}{\partial x}\frac{dx}{dt} \tag{3-12}$$

$$\frac{d^2 y}{dt^2} = \frac{\partial^2 y}{\partial t^2} + 2\frac{\partial^2 y}{\partial t\partial x}\frac{dx}{dt} + \frac{\partial^2 y}{\partial x^2}\left(\frac{dx}{dt}\right)^2 \tag{3-13}$$

考虑到 $\dfrac{dx}{dt} = v_0$，输送带在 y 轴方向上的运动速度和加速度分别为

$$\frac{dy}{dt} = \frac{\partial y}{\partial t} + v_0\frac{\partial y}{\partial x} \tag{3-14}$$

$$\frac{d^2 y}{dt^2} = \frac{\partial^2 y}{\partial t^2} + 2v_0\frac{\partial^2 y}{\partial x\partial t} + v_0^2\frac{\partial^2 y}{\partial x^2} \tag{3-15}$$

于是可将式（3-11）改写成下面的形式：

$$q'_d\left(\frac{\partial^2 y}{\partial t^2} + 2v_0\frac{\partial^2 y}{\partial t\partial x} + v_0^2\frac{\partial^2 y}{\partial x^2}\right) = -EJ\frac{\partial^4 y}{\partial x^4} + k\frac{\partial y}{\partial x}\frac{\partial^2 y}{\partial x^2} + (F_0 + kx)\frac{\partial^2 y}{\partial x^2} \tag{3-16}$$

3.2 输送带的侧向力分析

方程（3-16）就是根据输送带在 y 轴方向跑偏且无侧向力的前提下推导出来的。

3.2.1 转动位移引起的复位力

实际上，输送带在托辊上运行某一角度时必然产生随转角 θ 大小的变化而变化的 y 轴方向的力 F'_y（图3-2），一般可近似认为 F_θ 与输送带在托辊上转角 θ 的正弦 $\sin\theta$ 成正比。由于输送带跑偏时的转角不大，可认为 $\sin\theta \approx \tan\theta = \theta = \dfrac{\partial y}{\partial x}$，因此：

$$F'_y = b_1 \frac{\partial y}{\partial x} \tag{3-17}$$

式中　b_1——输送带偏斜引起的等效均布力的强度系数。

在图3-1所示坐标系统中，当 θ 角为正时力的 F'_y 指向如图3-2所示，其实质为一种复位力。

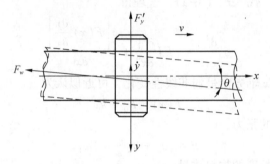

图3-2　输送带的复位力

式（3-17）所描述的 F'_y 与输送带在托辊组上的转角 θ 的关系是近似的。有研究表明，F'_y 是非线性的，一般形式描述为

$$F'_y = b_1 \frac{\partial y}{\partial x} + b_2 \left(\frac{\partial y}{\partial x}\right)^2 + b_3 \left(\frac{\partial y}{\partial x}\right)^3 + \cdots \tag{3-18}$$

式中　b_i——强度系数，与托辊组的形式（刚性或悬挂）有关。

3.2.2 重力重新分布引起的复位力

除了由式（3-18）确定的力 F'_y 以外，输送带跑偏时同时产生与输送带跑偏方向总是相反的力 F''_y，此力的大小由输送带跑偏时它和物料在侧托辊上重新分布的那部分重量决定。

在槽形托辊或"V"形托辊上，假定输送带向左侧跑偏量为 y，则左右两侧托辊上物料和输送带的重量为 G_1 和 G_2，则 $F_复$ 为

$$F_复 = F''_y = (G_1 - G_2)\sin\beta\cos\alpha \tag{3-19}$$

1. 固定式槽形三节托辊的 F''_y

固定式槽形三节托辊的 F''_y 可近似计算：

$$F''_y = c_1 y \tag{3-20}$$

$$c_1 = \frac{\sin\beta\cos\alpha}{\cos\varphi} 2l_\eta\rho g(l_p - l')\cos^2\beta\sin(\beta + \varphi) \tag{3-21}$$

式中　ρ——物料的密度，kg/m^3；

　　　l_p——中间托辊长度；

　　　l'——侧托辊未受载部分长度；

　　　φ——物料在托辊上的动安息角；

　　　β——侧托辊的倾角。

当 $B = 1200$ mm 和 $\rho = 1000$ kg/m^3 时，$c_1 = 2000$ N/m。

2. 固定机架悬挂式托辊侧向力 F_y''

在固定机架悬挂托辊上，侧向力 F_y'' 包括两部分：由物料重新分布引起的侧向力 F_{y1}''，以及由于托辊在平面内偏斜引起的力 F_{y2}''。

托辊由于铰接，输送带跑偏时外形发生变形，F_{y1}'' 需由下式确定：

$$F_{y1}'' = G_2 \sin\gamma\cos\gamma - G_1\sin\alpha\cos\alpha - G_3\sin\beta\cos\beta \tag{3-22}$$

式中　$G_1 = \dfrac{1}{2}(l_p - l' - y')^2(\sin\alpha\cos\alpha + \cos^2\alpha\tan\varphi)l_\eta\rho$；

　　　$G_2 = \dfrac{1}{2}(l_p - l' + y')^2(\sin\gamma\cos\gamma + \cos^2\gamma\tan\varphi)l_\eta\rho$；

　　　$G_3 = G_0 - G_1 - G_2$；

　　　α、β、γ——托辊在垂直平面内的倾角，可由对铰接点拟定的力矩方程确定。

F_{y1}'' 一般表达式如下：

$$F_{y1}'' = a_1'y + a_2'y^2 + a_3'y^3 + \cdots \tag{3-23}$$

式中　a_i'——多项式系数，当 $B = 1200$ mm 和 $\rho = 1000$ kg/m^3 时，$a_1' = 1000$ N/m。

铰接式悬挂托辊组除了平面形状发生变化之外，还沿输送带跑偏方向倾斜；加之跑偏时托辊上的载荷不对称，由此使输送带产生倾斜。位于输送带跑偏一侧的侧托辊倾角 γ 大于另一侧托辊的倾角 β，导致中间托辊发生偏转，并产生调心力。

确定托辊的偏转角度时，需通过求解力矩方程来确定。

作用力 F_{y2}'' 的表达式如下：

$$F_{y2}'' = a_1''y + a_2''y^2 + a_3''y^3 + \cdots \tag{3-24}$$

式中　a_i''——多项式系数，当 $B = 1200$ mm 和 $\rho = 1000$ kg/m^3 时，$a_1'' = 3000$ N/m。

将式（3-23）、式（3-24）相加得

$$F_y'' = F_{y1}'' + F_{y2}'' = (a_1' + a_1'')y + (a_2' + a_2'')y^2 + (a_3' + a_3'')y^3 + \cdots \tag{3-25}$$

令 $a_i = a_i' + a_i''$，整理如下：

固定机架悬挂式托辊侧向力 F_y'' 的一般表达式为

$$F_y'' = a_1y + a_2y^2 + a_3y^3 + \cdots \tag{3-26}$$

忽略高次项，其线性表达式为

$$F_y'' = a_1y \tag{3-27}$$

式中　a_1——线性强度系数，4000 N/m。

对于串挂三、五节托辊，复位力 $F_复$ 的计算在文献［75］已有详细论述，并配有图表可供查用。

3.2.3　输送带复位力的一般形式

进一步的分析证明，输送带的复位力是非线性的，对空载输送带可近似看成是线性的，对固定托辊组有载状态为弱非线性，而对于串挂多节托辊组则是强非线性的，综合以上分析可以将复位力写成更一般的形式：

$$F_复 = \sum_{i=1}^{n} a_i y^i + \sum_{j=1}^{m} b_j\left(\frac{\partial y}{\partial x}\right)^j \tag{3-28}$$

式中符号含义同前面公式，与托辊结构有关。

3.2.4　输送带运行过程中侧向摩擦阻力

当物料及输送带做侧向移动时，输送带及其上面的物料与托辊之间，会产生摩擦阻力，单位长度输送带的摩擦阻力：

$$F_摩 = q_d'g\,\mathrm{sgn}\left(\frac{\mathrm{d}y}{\mathrm{d}t}\right)\mu_0 \tag{3-29}$$

3.2.5　输送带运行阻力的侧向分力

输送带沿偏斜托辊的方向运动（图 3-2）时，在输送带与托辊的接触点上，存在与输送带运动方向相反的输送带的阻力 F_w。输送带运行阻力 F_w 的侧向分力：

$$F_{wy} = F_w \tan\theta \tag{3-30}$$

与跑偏速度 $\dfrac{\mathrm{d}y}{\mathrm{d}t}$ 成正比。

由于带速 v 通常要比跑偏速度 $\dfrac{\mathrm{d}y}{\mathrm{d}t} = \dot{y}$ 大得多，所以 $\tan\theta = \dfrac{\dot{y}}{v_0}$。

式（3-30）可改写为

$$F_{wy} = \frac{F_w}{v_0} \frac{\mathrm{d}y}{\mathrm{d}t} \tag{3-31}$$

3.2.6　输送带黏弹特性引起的耗散力

假定物料与输送带的侧向运动符合 Vogit 模型，单位长度输送带阻尼产生的耗散力为

$$F_\eta = \eta EJ \frac{\partial}{\partial t}\left(\frac{\partial^4 y}{\partial x^4}\right) \tag{3-32}$$

式中　η——Vogit 模型伏格特阻尼系数。

3.3　输送带侧向运动的普遍动力方程

考虑各种侧向力的影响，将式（3-28）~式（3-31）以及式（3-32）代入式（3-16），并将有关项展开，整理得

$$q'_\mathrm{d}\left(\frac{\partial^2 y}{\partial t^2} + 2v_0 \frac{\partial^2 y}{\partial t \partial x} + v_0^2 \frac{\partial^2 y}{\partial x^2}\right) = -EJ\frac{\partial^4 y}{\partial x^4} + k\frac{\partial y}{\partial x} + (F_0 + kx)\frac{\partial^2 y}{\partial x^2} - q'_\mathrm{d}\mathrm{sgn}\left(\frac{\mathrm{d}y}{\mathrm{d}t}\right)\mu_0 -$$

$$\eta EJ\frac{\partial}{\partial t}\left(\frac{\partial^4 y}{\partial x^4}\right) - \frac{F_w}{v_0}\frac{\mathrm{d}y}{\mathrm{d}t} - \sum_{i=1}^{n}\left[a_i y^i + b_i\left(\frac{\partial y}{\partial x}\right)^i\right] \tag{3-33}$$

这是输送带侧向运动的普遍动力方程式。这个方程是以承载段为研究对象得出的，输送带空载段的侧向运动的动力方程可由此简化式（3-33）得到。

3.4　输送带侧向运动方程模态分析

3.4.1　输送带侧向运动方程简化

在方程（3-33）中，k 是输送带单位长度的运行阻力，一般情况下 $k \ll F_0$，而摩擦阻力项 $q'_\mathrm{d}\mathrm{sgn}\left(\dfrac{\mathrm{d}y}{\mathrm{d}t}\right)\mu_0$ 也可以忽略不计，更一般的还将看成是黏性阻尼，将其改写为 $c\dfrac{\mathrm{d}y}{\mathrm{d}t}$，输送带运行阻力的侧向分力也可忽略不计，$\dfrac{\partial^2 y}{\partial t \partial x}$、$\dfrac{\partial}{\partial t}\left(\dfrac{\partial^4 y}{\partial x^4}\right)$ 比较小，也可先忽略不计，复位力取一次近似，即 $F_\text{复} = a_1 y$，阻尼耗散力，在做了这些近似处理后，方程（3-33）的近似表达式简化为

$$EJ\frac{\partial^4 y}{\partial x^4} - (F_{(0)} - q'_d v_0^2)\frac{\partial^2 y}{\partial x^2} + q'_\mathrm{d}\frac{\partial^2 y}{\partial t^2} + a_1 y = 0 \tag{3-34}$$

3.4.2　输送带侧向运动方程的固有频率

设方程的解为

$$y(x, t) = \sum_m X_m(t) T_m(t) \tag{3-35}$$

根据边界条件，可令

$$X_m(t) = A_m \sin\left(\frac{m\pi}{l}x\right)$$

这样可得出：

$$EJ \sum_m \left(\frac{m\pi}{l}\right)^4 A_m \sin\left(\frac{m\pi}{l}x\right) T_m(t) + (F_{(0)} - q_d'v_0^2) \sum_m \left(\frac{m\pi}{l}\right)^2 A_m \sin\left(\frac{m\pi}{l}x\right) T_m(t) +$$

$$q_d' \sum_m A_m \sin\left(\frac{m\pi}{l}x\right) T_m''(t) + a_1 \sum_m A_m \sin\left(\frac{m\pi}{l}x\right) T_m(t) = 0 \tag{3-36}$$

上式两边同乘 $\sin\left(\frac{n\pi}{l}x\right)$，并在 $[0, l]$ 区间内积分，根据振型正交性原则：

$$\int_0^l \sin\left(\frac{m\pi}{l}x\right) \sin\left(\frac{n\pi}{l}x\right) \mathrm{d}x = \begin{cases} \dfrac{l}{2} & n = m \\ 0 & n \neq m \end{cases} \tag{3-37}$$

可得出：

$$EJ \sum_m \left(\frac{m\pi}{l}\right)^4 A_m T_m(t) \frac{l}{2} + (F_{(0)} - q_d'v_0^2) \sum_m \left(\frac{m\pi}{l}\right)^2 A_m T_m(t) \frac{l}{2} +$$

$$q_d' \sum_m A_m T_m''(t) \frac{l}{2} + a_1 \sum_m A_m T_m(t) \frac{l}{2} = 0 \tag{3-38}$$

这样得出关于 $T_m(t)$ 的二阶微分方程为

$$q_d' T_m''(t) + \left[EJ\left(\frac{m\pi}{l}\right)^4 + (F_{(0)} - q_d'v_0^2)\left(\frac{m\pi}{l}\right)^2 + a_1\right] T_m(t) = 0 \tag{3-39}$$

上式又可写成：

$$\left.\begin{aligned} T_m''(t) + \omega_m^2 T_m(t) = 0 \\ \omega_m^2 = \frac{EJ\left(\dfrac{m\pi}{l}\right)^4 + (F_{(0)} - q_d'v_0^2)\left(\dfrac{m\pi}{l}\right)^2 + a_1}{q_d'} \end{aligned}\right\} \tag{3-40}$$

这样有

$$\omega_m = \frac{m\pi}{l} \sqrt{\frac{(F_{(0)} - q_d'v_0^2)}{q_d'} + \frac{EI}{q_d'}\left(\frac{m\pi}{l}\right)^2 + \frac{a_1}{q_d'}\left(\frac{l}{m\pi}\right)^2} \tag{3-41}$$

$$T_m(t) = B_m \sin(\omega_m t + \varphi_m) \tag{3-42}$$

振动系统微分方程的解为

$$y_{(m, t)} = \sum_m A_m \sin\left(\frac{m\pi}{l}x\right) B_m \sin(\omega_m t + \varphi_m) \tag{3-43}$$

ω_m 是输送带侧向振动的固有频率，如果 $\omega_m^2 > 0$，则系统是稳定的，相反则是不稳定的，由此可以得出输送带的恢复力系数与带速、张力间的关系。

$$\omega_m^2 = \frac{EJ\left(\dfrac{m\pi}{l}\right)^4 + (F_{(0)} - q_d'v_0^2)\left(\dfrac{m\pi}{l}\right)^2 + a_1}{q_d'} > 0 \tag{3-44}$$

令常数 $\frac{m\pi}{l} = k_1$，式（3-44）可改写为

$$k_1^4 EJ + k_1^2 (F_0 - q_d'v_0^2) + a_1 > 0 \tag{3-45}$$

分析式（3-45），可得：

（1）增大输送带的侧向抗弯刚度 EJ、提高输送带的初张力 F_0 和恢复力强度系数 a_1，有利于带式输送机的侧向稳定，输送带许用速度 v_0 可以相应提高，相反则许用速度 v_0 要降低。

（2）短距离带式输送机张力 F_0 和抗弯刚度 EJ 是起决定性作用的，而对长距离带式输送机，则恢复力 a_1 是起决定性作用的。

4 输送带侧向动力特征数值仿真

4.1 输送带侧向运动的有限元模型

第3章讨论了输送带侧向动力方程，由于输送带的受力较复杂，对侧向运行的定量分析需采用有限元法。将输送带沿纵向划分为 n 个质量段，每个质点所占区段的长度为 l_i，每个质点的质量为 m_i，则输送带侧向运动有限元动力模型如图4-1所示，质点 m_i 受力图如图4-2所示。

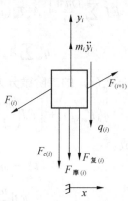

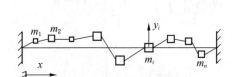

图4-1 输送带侧向运动有限元动力模型   图4-2 质点 m_i 受力图

如图4-2所示，质点 m_i 在 y_i 方向上受到阻尼力 $F_{c(i)} = c\dot{y}$、惯性力 $m_i\ddot{y}_i$、输送带张力的分力、输送带恢复力 $F_{复(i)}$，输送带摩擦力 $F_{摩(i)}$ 以及剪切力 $q_{(i)}$ 而平衡，将惯性力 $m_i\ddot{y}_i$、输送带张力的分力、输送带恢复力 $F_{复(i)}$，输送带摩擦力 $F_{摩(i)}$ 以及剪切力 $q_{(i)}$ 都是与各个质量块位置有关的量，简记为 $f(y_i, y_{i-1}, y_{i+1}, \cdots)$，得到质点的动力方程为

$$m_i\ddot{y}_i + c_i\dot{y}_i + f(y_i, y_{i-1}, y_{i+1}, \cdots) = 0 \qquad (4-1)$$

式中，$\ddot{y}_i = \dfrac{\mathrm{d}^2 y_i}{\mathrm{d}t^2}$，根据前文可知：

$$\frac{\mathrm{d}y_i}{\mathrm{d}t} \Rightarrow \frac{\partial y_i}{\partial t} + v_0 \frac{\partial y_i}{\partial x} \rightarrow \dot{y}_i + v_0 \frac{\partial y_i}{\partial x} = \dot{y}_i + v_0 \frac{y_{i+1} + y_{i-1}}{2l_i}$$

$$\frac{\mathrm{d}^2 y_i}{\mathrm{d}t^2} \Rightarrow \frac{\partial^2 y_i}{\partial t^2} + 2v_0 \frac{\partial^2 y_i}{\partial x \partial t} + v_0^2 \frac{\partial^2 y_i}{\partial x^2} \rightarrow \ddot{y}_i + 2v_0 \frac{\partial^2 y_i}{\partial x \partial t} + v_0^2 \frac{\partial^2 y_i}{\partial x^2}$$

$$= \dot{y}_i + 2v_0 \frac{\dot{y}_{i+1} + \dot{y}_{i-1}}{2l_i} + v_0^2 \frac{1}{l_i^2}(y_{i+1} - 2y_i + y_{i-1})$$

将上式的变换关系代入式（4-1）中，可得出：

$$m_i\ddot{y}_i + c_i\dot{y}_i + m_i\frac{v_0}{l_i}(\dot{y}_{i+1} - \dot{y}_{i-1}) + \frac{m_i v_0^2}{l_i^2}(y_{i+1} - y_i + y_{i-1}) +$$

$$\frac{c_i v_0}{2l_i}(y_{i+1} - y_{i-1}) + f(y_i, y_{i-1}, y_{i+1}, \cdots) = 0 \qquad (4-2)$$

当 $i = 1$ 时，

$$
\begin{cases}
\dfrac{\mathrm{d}y_1}{\mathrm{d}t} \Rightarrow \dot{y}_1 + \dfrac{v_0 y_1}{l_1} \\[3mm]
\dfrac{\mathrm{d}^2 y_1}{\mathrm{d}t^2} \Rightarrow \ddot{y}_1 + \dfrac{v_0}{l_1}\dot{y}_1 + \dfrac{v_0^2}{l_1^2}y_1 m_1 \ddot{y}_1 + c_1 \dot{y}_1 + m_1 \dfrac{v_0}{l_1}(\dot{y}_2 - \dot{y}_0) + \dfrac{m_1 v_0^2}{l_1^2}(y_2 - y_1 + y_0) + \\[3mm]
\qquad \dfrac{c_1 v_0}{2l_1}(y_2 - y_0) + f(y_1,\ y_0,\ y_2,\ \cdots) = 0
\end{cases}
\tag{4-3}
$$

当 $i=n$ 时，

$$
\begin{cases}
\dfrac{\mathrm{d}y_n}{\mathrm{d}t} \Rightarrow \dot{y}_n + \dfrac{v_0 y_n}{l_n} \\[3mm]
\dfrac{\mathrm{d}^2 y_n}{\mathrm{d}t^2} \Rightarrow \ddot{y}_n + \dfrac{v_0}{l_n}\dot{y}_n + \dfrac{v_0^2}{l_n^2}y_n m_n \ddot{y}_n + c_n \dot{y}_n + m_n \dfrac{v_0}{l_n}(\dot{y}_{n+1} - \dot{y}_{n-1}) + \dfrac{m_n v_0^2}{l_n^2}(y_{n+1} - y_n + y_{n-1}) + \\[3mm]
\qquad \dfrac{c_n v_0}{2l_n}(y_{n+1} - y_{n-1}) + f(y_n,\ y_{n-1},\ y_{n+1},\ \cdots) = 0
\end{cases}
\tag{4-4}
$$

4.2　质点的复位力

函数 $f(y_i,\ y_{i+1},\ y_{i-1},\ \cdots)$ 是复位力表达式，它由以下 4 个主要部分构成。

（1）输送带张力产生的复位力 $f_i'(x,\ \dot{y}_i)$。

$$
f_i'(x,\ \dot{y}_i) = F_{(i+1)} \cdot \frac{y_{i+1} - y_i}{l_{i+1}} + F_{(i)} \cdot \frac{y_i - y_{i-1}}{l_i}
\tag{4-5}
$$

（2）输送带弯曲刚度产生的剪切力 $f_i''(x,\ \ddot{y})$。

根据 $q_{剪} = EJ \dfrac{\partial^4 y}{\partial x^4}$ 得知，在第 i 个质量处有：

$$
f_i''(x,\ \ddot{y}) = q_{剪} = \frac{EJ}{l_i^4}\big[6y_i - 4(y_{i+1} + y_{i-1}) + (y_{i+2} + y_{i-2})\big]
\tag{4-6}
$$

考虑输送带的边界条件，定义两个虚拟质量 m_0 和 m_{n+1}。确定边界条件：

$$
\begin{cases}
y_0 = y_{n+1} = \dot{y}_0 = \dot{y}_{n+1} = \ddot{y}_0 = \ddot{y}_{n+1} = 0 \\
y_{-1} = -y_1 \\
y_{n+2} = -y_n
\end{cases}
\tag{4-7}
$$

（3）摩擦阻力 $f_i'''(\dot{y}_i)$。

当物料及输送带做侧向移动时与托辊之间会产生摩擦阻力：

$$
f_i'''(\dot{y}_i) = q_d' l_i \mu_0 g \,\mathrm{sgn}(\dot{y}_i) = m_i \mu_0 g \,\mathrm{sgn}(\dot{y}_i)
\tag{4-8}
$$

（4）输送带的复位力 $f_i''''(y,\ \dot{y},\ \cdots)$。

这项本身又包括两部分，其一是由于输送带和物料的重力引起的复位力，其二是调心托辊产生的纠偏力，在这里取 $f_i''''(y_i,\ \dot{y}_i)$ 的表达式为

$$
f_i''''(y,\ \dot{y}) = \sum_{j=1}^{m} a_j y_i^{\ j}
\tag{4-9}
$$

4.3　输送带侧向有限元动力方程

将式（4-3）~式（4-8）各式代入动力微分方程式（4-2）中，整理得

$$
m_i \ddot{y}_i - m_i \frac{v_0}{l_i}\dot{y}_{i-1} + c_i \dot{y}_i + m_i \frac{v_0}{l_i}\dot{y}_{i+1} + \frac{EJ}{l_i^4}y_{i-2} + \left(\frac{m_i v_0^2}{l_i^2} - \frac{c_i v_0}{2l_i} - \frac{4EJ}{l_i^4} - \frac{F_{(i)}}{l_i}\right)y_{i-1} +
$$

$$\left(\frac{6EJ}{l_i^4} - \frac{m_i v_0^2}{l_i^2} + \cdot \frac{F_{(i)}}{l_i} - \frac{F_{(i+1)}}{l_{i+1}}\right) y_i + \left(\frac{m_i v_0^2}{l_i^2} + \frac{c_i v_0}{2l_i} + \frac{F_{(i+1)}}{l_{i+1}} - \frac{4EJ}{l_i^4}\right) y_{i+1} +$$

$$\frac{EJ}{l_i^4} y_{i+2} + m_i \mu_0 g \, \mathrm{sgn}(\dot{y}_i) + \sum_{j=1}^{m} a_j y_i^j = 0 \qquad (4\text{-}10)$$

有限元动力方程的一般形式:

$$\ddot{y}_i + A_{1i}\dot{y}_{i-1} + A_{2i}\dot{y}_i + A_{3i}\dot{y}_{i+1} + B_{1i}y_{i-2} + B_{2i}y_{i-1} + B_{3i}y_i +$$

$$B_{4i}y_{i+1} + B_{5i}y_{i+2} + g\mu_0 \mathrm{sgn}(\dot{y}_i) + \sum_{j=1}^{m} \frac{a_j y_i^j}{m_i} = \frac{F_i(t)}{m_i} \qquad (4\text{-}11)$$

式中: $A_{1i} = -\dfrac{v_0}{l_i}$; $A_{2i} = \dfrac{c_i}{m_i}$; $A_{3i} = -A_1$; $B_{1i} = \dfrac{EJ}{m_i l_i^4}$; $B_{2i} = \dfrac{\dfrac{m_i v_0^2}{l_i^2} - \dfrac{c_i v_0}{2l_i} - \dfrac{4EJ}{l_i^4} - \dfrac{F_{(i)}}{l_i}}{m_i}$; $B_{3i} = \dfrac{\dfrac{6EJ}{l_i^4} + \dfrac{F_i}{l_i} - \dfrac{2m_i v_0^2}{l_i^2} - \dfrac{F_{i+1}}{l_{i+1}}}{m_i}$;

$B_{4i} = \dfrac{\dfrac{m_i v_0^2}{l_i^2} + \dfrac{c_i v_0}{2l_i} + \dfrac{F_{i+1}}{l_{i+1}} - \dfrac{4EJ}{l_i^4}}{m_i}$; $B_{5i} = B_{1i}$; $F_i(t)$ 是作用在第 i 个质量上的扰动力。

4.4　系统状态方程

为了仿真方便, 采用等质量等长度单元, 令 $l_i = \mathrm{const} = \Delta l$, $m_i = m$。

将质点的序号按 1, 3, 5, 7, …, $2n-1$ 的方式排列, 这样系统的动力微分方程变为

$$\ddot{y}_i + A_{1i}\dot{y}_{i-2} + A_{2i}\dot{y}_i + A_{3i}\dot{y}_{i+2} + B_{1i}y_{i-4} + B_{2i}y_{i-2} + B_{3i}y_i +$$

$$B_{4i}y_{i+2} + B_{5i}y_{i+4} + g\mu_0 \mathrm{sgn}(\dot{y}_i) + \sum_{j=1}^{m} \frac{a_j y_i^j}{m_i} = \frac{F_i(t)}{m_i} \qquad (4\text{-}12)$$

系统的状态方程为

$$\begin{cases} \dot{y}_i = y_{i+1} \\[2mm] \dot{y}_{i+1} = \dfrac{F_i(t)}{m_i} - \Bigg[A_1 y_{i-1} + A_2 y_{i+1} + A_3 y_{i+3} + B_1 y_{i-4} + B_2 y_{i-2} + \\[3mm] \qquad\qquad B_3 y_i + B_4 y_{i+2} + B_5 y_{i+4} + g\mu_0 \mathrm{sgn}(y_{i+1}) + \sum\limits_{j=1}^{m} \dfrac{a_j y_i^j}{m_i} \Bigg] \\[3mm] i = 1, 3, 5, 7, \cdots, 2n-1 \end{cases} \qquad (4\text{-}13)$$

式中, $F_i = F_0 + \dfrac{1}{2} kli$, 为输送带的纵向张力, 其他符号同前。

计算机仿真带式输送机的侧向运动稳定性, 就是求出在各种可能的情况下方程 (4-11) 的数值解。由于这个特点, 因而对方程中变量及参数的构成可在一个较宽的范围内选择, 以便确定系统产生不稳定运行的临界扰动或使系统处在 "0" 逐渐稳定的恢复力的大小, 确保系统处在稳定状态下运行。

4.5　仿真分析实例

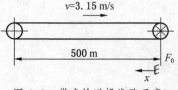

图 4-3　带式输送机线路示意

设某带式输送机线路如图 4-3 所示。带式输送机总长度为 500 m, 带速 $v = 3.15$ m/s, 运量 $q = 750$ t/h, 上托辊为刚性槽型托辊, 间距 $l_T = 1.2$ m, 托辊转动部分质量为 22 kg。回空段的托辊形式为平型托辊, 间距 $l_T = 3$ m, 托辊转动部分质量为 17.1 kg。输送带为钢绳芯 st1250 型, 带宽 1200 mm, 输送带张力 $F_0 = 35000 \sim 60000$ N。托辊的

运行阻力系数 $\omega_K = \omega_{zh} = 0.03$。

对于槽形托辊其复位力按线性规律计入，调心托辊的纠偏力也近似按线性规律计入。

将输送机划分为每 10 m 一段，这样承载侧和回空侧都被划分出 50 个单元，

$$q_d = 25.3(\text{kg/m}) \qquad q_w = \frac{Q}{3.6v_0} = \frac{750}{3.6 \times 3.15} = 66.14(\text{kg/m})$$

单位长度输送带托辊转动部分质量：

$$q_{zh} = \frac{m_{th}}{l_{Tzh}} = \frac{22}{1.2} = 18.33(\text{kg/m}) \qquad q_k = \frac{m_{th}}{l_{Tzh}} = 57.1(\text{kg/m})$$

输送带运行阻力为

$$F(x) = F_0 + kx = F_0 + \omega_k(q_d + q_w + q_{zh})x = F_0 + 9.3x \quad (\text{当 } x \leq 500 \text{ 或在空边})$$

$$F(x) = F_0 + k \cdot L + k'(x - 500) = F_0 + k \cdot L + \omega_k(q_d + q_w + q_{zh})(x - 500)x$$

$$= F_0 + 4650 + 32.93(x - 500) \quad (\text{当 } x > 500 \text{ 或在重段})$$

重段

$$m_i = m = (q_d + q_w)l_i = 914.4(\text{kg})$$

回空侧

$$m_i = m = q_d l_i = 253(\text{kg})$$

$c_i = c = 200\ \text{Ns/m}$，$\mu_0 = 0.3$，物料的恢复力同纠偏力之和以 a_1y 的形式计入。

假定输送带存在某个侧向推力 $F_{i(0)} = F_{i0}$ 使输送带偏离中心线或某个初始扰动，使 $y_{i0} = \delta_i$。

在编制模拟程序输出时，考虑到下面的坐标变换关系：

$$y(i) \Rightarrow y(i) + v_0 \frac{\partial y(i)_0}{\partial x}\Delta t \Rightarrow y(i) \mid t + v_0 \frac{\partial y(i)}{\partial x}\bigg|_{t-\Delta t} \cdot \Delta t \tag{4-14}$$

4.6 仿真结果分析

4.6.1 承载侧输送带有初始跑偏仿真

仿真条件：带式输送机速度 $v_0 = 3.15$ m/s，总长度 $L = 500$ m，划分的单位长度 $l_i = 10$ m，输送带的初张力为 40000 N，重段，输送带单位长度上的自动定心力强度 $a_i = 130$ N/m，阻尼力系数 $c_i = 820$ Ns/m，初始扰动（跑偏量）$\delta = y_{(10)} = -0.1$ m $= -10$ cm 作用在距离尾部滚筒 100 m 处。

图 4-4 所示为在承载侧输送带有初始跑偏 $\delta = y_{(10)} = -0.1$，$m = -10$ cm 的模拟结果。从图 4-4a 至图 4-4d 中可以看出模拟结果为：最大跑偏量为初始给定值 $y_{0\text{max}} = -0.1$ m，经过约 18 s，这种初始扰动的影响消失了，影响区域在 60~300 m 的区段内。这种情况影响输送带时间较短，不同于输送带接头偏斜引起的输送带跑偏。

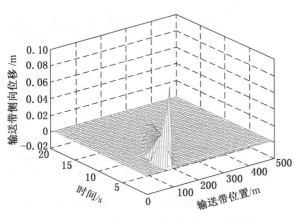

(a) 输送带上各点的侧向位移随时间变化情况

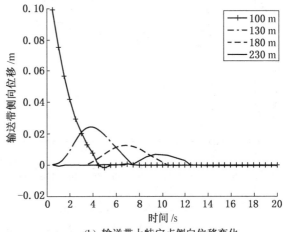

(b) 输送带上特定点侧向位移变化

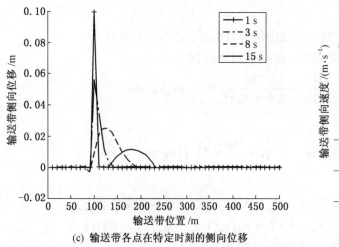

(c) 输送带各点在特定时刻的侧向位移

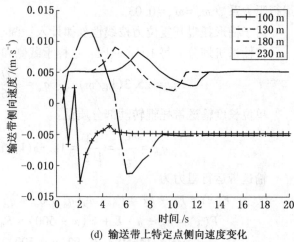

(d) 输送带上特定点侧向速度变化

图 4-4 承载侧输送带有初始跑偏 $\delta = y_{(10)} = -0.1$ m，$m = -10$ cm 的模拟结果

4.6.2 承载侧作用常扰动力的仿真结果

图 4-5a~图 4-5d 所示为在承载侧距离尾部滚筒 100 m 处有一个常扰动力 $F_{(100)} = 1230$ N 作用的模拟结果。

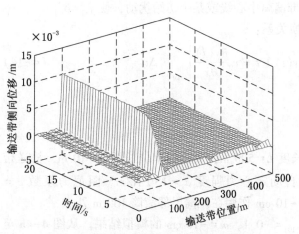

(a) 输送带上各点的侧向位移随时间变化情况

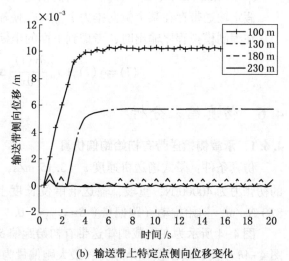

(b) 输送带上特定点侧向位移变化

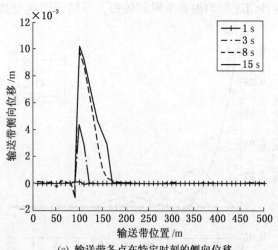

(c) 输送带各点在特定时刻的侧向位移

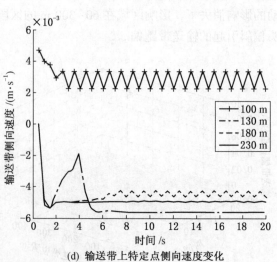

(d) 输送带上特定点侧向速度变化

图 4-5 承载侧距离尾部滚筒 100 m 处有一个常扰动力 $F_{(100)} = 1230$ N 作用的模拟结果

仿真参数：$a_i = 230$ N/m，$c_i = 410$ Ns/m，其余参数同图 4-4。

仿真工况：沿带式输送机线路上均匀布置有稳定式自动定心托辊组。

扰动的影响结果为 $y_{(10)\max} = 10.36$ mm，影响区段为 40～170 m。从图 4-5 中可以看出，在常力扰动下，具有稳定式自动定心托辊的输送带，属于大阻尼系统，处在标准稳定状态下运行。

4.6.3 空载侧输送带有常扰动力的仿真

仿真参数：输送带自动定心力强度为 $a_i = 1230$ N/m，阻尼 $c_i = 820$ Ns/m，输送带速度 $v_0 = 8$ m/s 和 $v_0 = 2.5$ m/s，回空侧输送带与头部滚筒分离点 100 m 处作用常扰动力 -1230 N。

仿真工况：带式输送机沿线安装稳定式自动定心托辊。

图 4-6 所示为常扰动力出现在回空侧输送带与头部滚筒分离点 100 m 处，输送带速度 $v_0 = 8$ m/s 时常扰动力作用的结果，模拟结果为 $|y_{\max}| = 18.25$ mm，影响区域为 70～170 m，输送带处在标准稳定状态下运行。

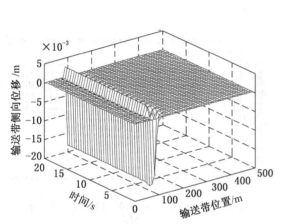

(a) 输送带上各点的侧向位移随时间变化情况

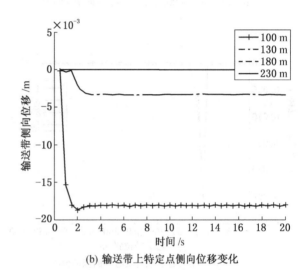

(b) 输送带上特定点侧向位移变化

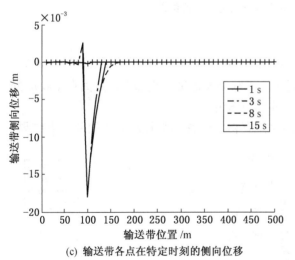

(c) 输送带各点在特定时刻的侧向位移

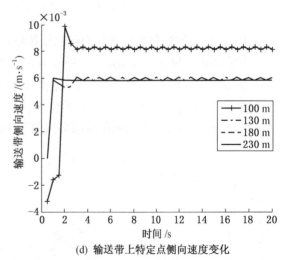

(d) 输送带上特定点侧向速度变化

图 4-6　$v_0 = 8$ m/s 回空侧 100 m 处常扰动力作用的结果

图 4-7 所示为 $v_0 = 2.5$ m/s 时空载侧 100 m 处常扰动力作用的结果，输送带的最大跑偏 $|y_{\max}| = 25.33$ mm，影响区段为 80～150 m，输送带仍处在标准稳定状态下运行。分析图 4-6、图 4-7 可知，在其他条件不变时，随着输送带运行速度的增大，输送带的跑偏位移减小，影响范围增大。

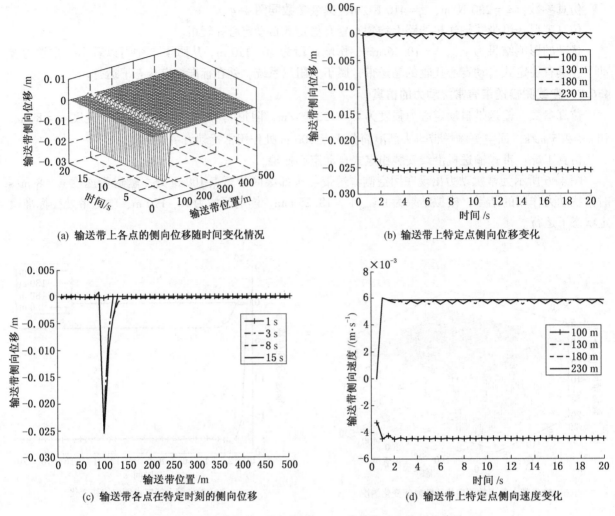

(a) 输送带上各点的侧向位移随时间变化情况

(b) 输送带上特定点侧向位移变化

(c) 输送带各点在特定时刻的侧向位移

(d) 输送带上特定点侧向速度变化

图 4-7 $v_0 = 2.5$ m/s 时空载侧 100 m 处常扰动力作用的结果

4.6.4 承载侧输送带有常扰动力和初始位移的仿真

仿真参数：输送带自动定心力强度为 $a_i = 130$ N/m，阻尼 $c_i = 820$ Ns/m，输送带速度 $v_0 = 3.15$ m/s。

仿真工况：带式输送机沿线安装稳定式自动定心托辊，承载侧输送带与头部滚筒分离点 100 m 处受到常扰动力 $F_{(10)} = -1230$ N 和初始位移 $y_{(10)} = -0.1$ m 的共同作用。

图 4-8 所示为在承载侧距离尾部滚筒为 100 m 处同时具有初始位移和常扰动力作用的仿真结果，

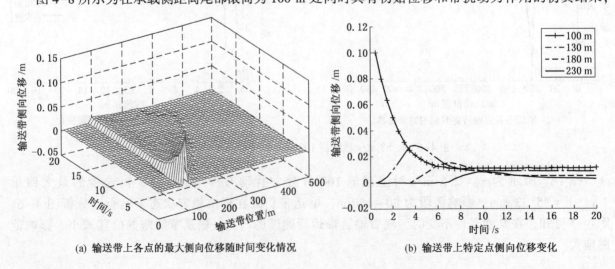

(a) 输送带上各点的最大侧向位移随时间变化情况

(b) 输送带上特定点侧向位移变化

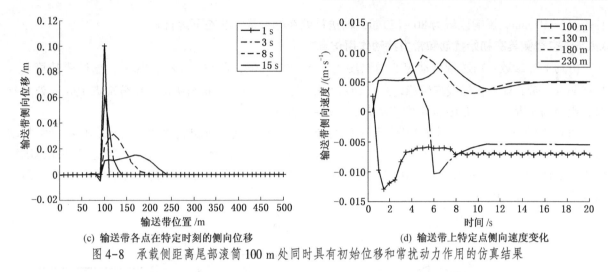

(c) 输送带各点在特定时刻的侧向位移　　　　　(d) 输送带上特定点侧向速度变化

图 4-8　承载侧距离尾部滚筒 100 m 处同时具有初始位移和常扰动力作用的仿真结果

此时影响区域超过了 70~140 m 范围，比图 4-4、图 4-5 中有所增加，最大位移超过了 $y_{0\max} = 0.1$ m，图中可明显地看出这两种扰动的叠加过程。

4.6.5　空载侧具有初始扰动作用仿真

仿真参数：输送带自动定心力强度为 $a_i = 1230$ N/m，阻尼 $c_i = 410$ Ns/m，输送带速度 $v_0 = 3.15$ m/s。

仿真工况：带式输送机沿线安装稳定式自动定心托辊，回空侧输送带与头部滚筒分离点 100 m 处具有初始扰动的工况，$y_{(10)} = 0.10$ m。

图 4-9 所示为在空载侧输送带与头部滚筒分离点 100 m 处具有初始扰动的工况，仿真结果为

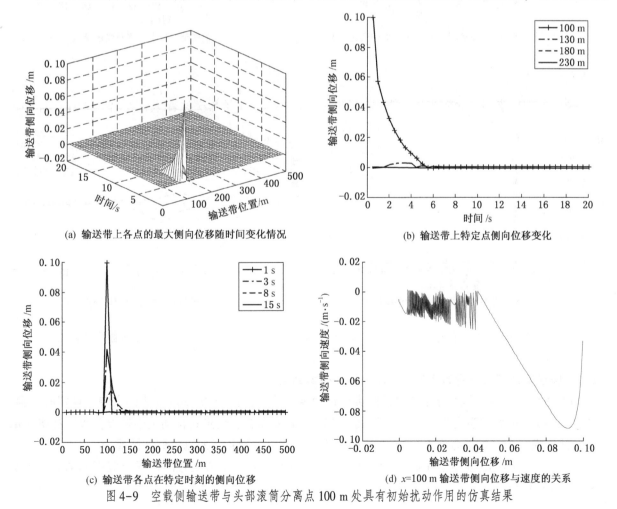

(a) 输送带上各点的最大侧向位移随时间变化情况　　　(b) 输送带上特定点侧向位移变化

(c) 输送带各点在特定时刻的侧向位移　　　　　(d) $x=100$ m 输送带侧向位移与速度的关系

图 4-9　空载侧输送带与头部滚筒分离点 100 m 处具有初始扰动作用的仿真结果

$|y_{max}|=10$ mm，影响区域为80~150 m，输送带处在标准稳定状态下运行。

4.6.6 空载侧具有初始扰动和常力扰动作用仿真

仿真工况参数：输送带自动定心力强度为 $a_i=1230$ N/m，阻尼 $c_i=820$ Ns/m，输送带速度 $v_0=3.15$ m/s。带式输送机沿线安装稳定式自动定心托辊，回空侧输送带与头部滚筒分离点100 m处具有初始扰动的工况 $y_{(10)}=0.10$ m 和常扰动力 $F_{(10)}=-1230$ N。

图4-10所示为在空载侧输送带与头部滚筒分离点100 m处具有初始扰动 $y_{(10)}=0.10$ m 和常扰动力 $F_{(10)}=-1230$ N 的工况，仿真结果为 $|y_{max}|=120$ mm，影响区域为80~340 m，输送带处在标准稳定状态下运行。由图4-10可以看出，尽管在稳定式自动定心托辊作用下输送带很快回到原位，但其跑偏量 y_{max} 达到120 mm。

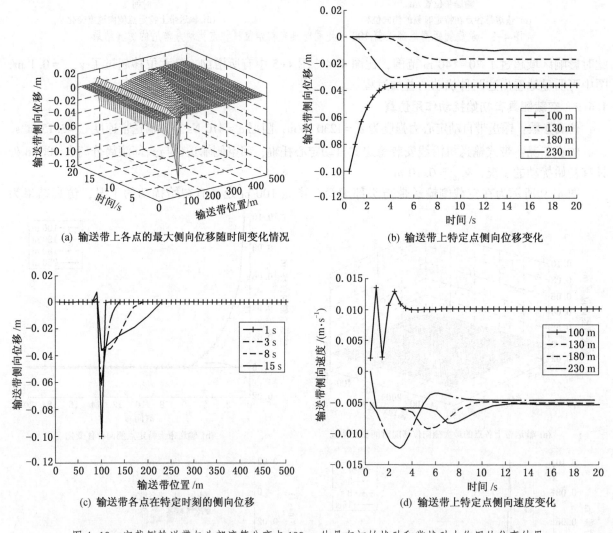

(a) 输送带上各点的最大侧向位移随时间变化情况

(b) 输送带上特定点侧向位移变化

(c) 输送带各点在特定时刻的侧向位移

(d) 输送带上特定点侧向速度变化

图4-10 空载侧输送带与头部滚筒分离点100 m处具有初始扰动和常扰动力作用的仿真结果

4.6.7 输送机线路上布置有3种不同调心托辊模拟结果

仿真条件：在输送机线路上布置不同类型自动定心装置，在 $L=0$~200 m 之间安装自动定心托辊，在 $L=200$~360 m 之间没有调心托辊，在360~500 m之间布置有稳定式自动定心托辊，假定在机尾部110 m处出现一个常扰动力为 $F=-1130$ N 的作用，观察输送带各点的侧向移动情况。

图4-11~图4-13模拟了在输送机线路上布置不同类型自动定心装置的情况对应不同的定心力输送带的跑偏情况。

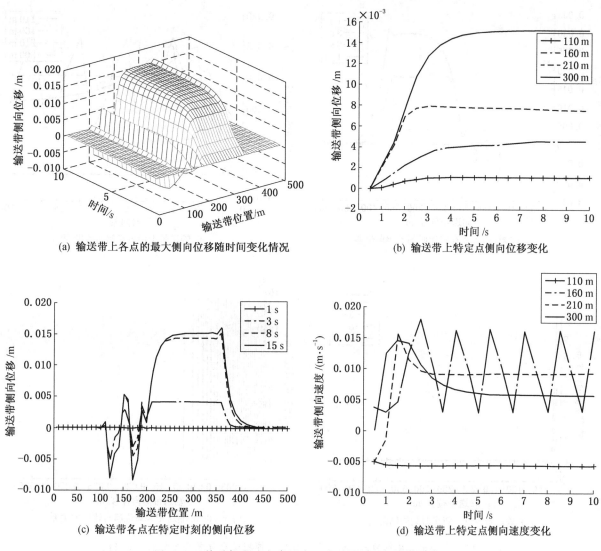

(a) 输送带上各点的最大侧向位移随时间变化情况

(b) 输送带上特定点侧向位移变化

(c) 输送带各点在特定时刻的侧向位移

(d) 输送带上特定点侧向速度变化

图4-11　输送机线路上布置有3种不同调心托辊模拟结果

从图4-11中可看出在100~200 m，输送带出现左右摆动情况，在200~360 m输送带出现向一侧跑偏较严重的情况，而在360 m之后，由于稳定式自动调心托辊的作用，输送带很快复位，实现对中运行，模拟结果可以看出｜y_{max}｜≈17.23 mm。

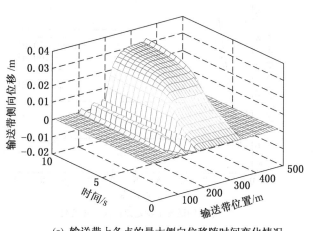

(a) 输送带上各点的最大侧向位移随时间变化情况

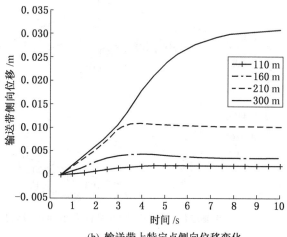

(b) 输送带上特定点侧向位移变化

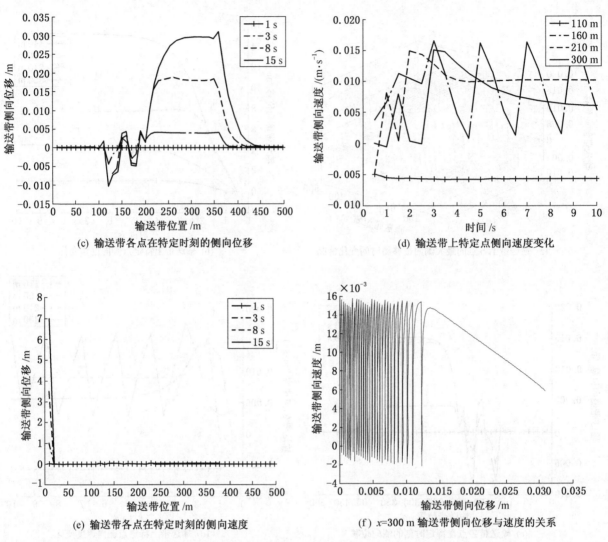

(c) 输送带各点在特定时刻的侧向位移

(d) 输送带上特定点侧向速度变化

(e) 输送带各点在特定时刻的侧向速度

(f) $x=300$ m 输送带侧向位移与速度的关系

图 4-12　自动定心托辊的定心力下降 1/2 后的模拟结果（其余参数同图 4-11）

图 4-12 所示为将图 4-11 中输送带自动定心力强度下降 1/2 的情况，从中可以看出，在无定心托辊的区段里输送带跑偏量很大，$|y_{max}|\approx 6.53$ mm。

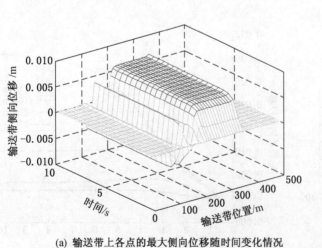

(a) 输送带上各点的最大侧向位移随时间变化情况

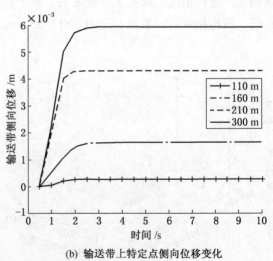

(b) 输送带上特定点侧向位移变化

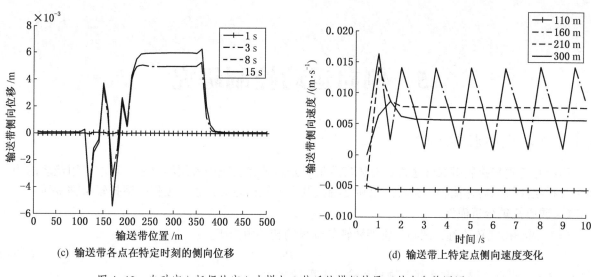

(c) 输送带各点在特定时刻的侧向位移

(d) 输送带上特定点侧向速度变化

图 4-13 自动定心托辊的定心力增加 2 倍后的模拟结果（其余参数同图 4-11）

对比以上三图可知，输送带的自动定心力增加能够有效减小输送带的跑偏。

5 侧向运动控制研究

5.1 自动调心托辊

用调心托辊来控制带式输送机的输送带跑偏，是目前在实践中常用的方法，目前应用最多的为自动定心托辊曲线回转体侧辊型调心托辊和立辊式调心托辊，定心托辊在工作时绕托辊架轴旋转。

5.1.1 调心托辊分析模型

（1）调心托辊转动时，调心托辊架转轴处轴承的转动阻力 F_ω：

$$F_\omega = P\omega \tag{5-1}$$

式中 P——调心托辊自重及其上物料和输送带重量之和；

ω——调心托辊架转轴处轴承的转动阻力系数。

转动阻力产生的阻力矩：

$$M_\omega = F_\omega r = P\omega r \tag{5-2}$$

式中 r——调心托辊架转轴的半径。

（2）调心托辊可以绕托辊组的中心线回转，输送带跑偏时，假定输送带偏移 δ 后，托辊受到一转矩作用：

$$M_1 = q\frac{B}{2} \cdot 2\delta\omega = Bq\delta\omega \tag{5-3}$$

式中 B——带宽；

q——作用在托辊上单位宽度上的载荷，$q = \dfrac{(q_d + q_w)l_T}{B}$。

此时调心托辊对应转角为 θ，则有附加力矩：

$$M_2 = q\frac{B}{2}\sin\theta \cdot 2\delta\omega\sin\theta = Bq\delta\omega\sin^2\theta \tag{5-4}$$

由于转角很小，可以认为 $\sin\theta = \theta$，则：

$$M_2 = Bq\delta\omega\theta^2 \tag{5-5}$$

定义 G 为调心托辊承受的载荷，$G = Bq$。代入式（6-1）和式（6-3），并整理得

$$M = G\omega(1 + \theta^2)\delta \tag{5-6}$$

考虑调心托辊的惯性力矩，得到调心托辊组的动力方程为

$$I\ddot{\theta} + M_\omega - M = 0 \tag{5-7}$$

式中 I——调心托辊的转动惯量。

忽略摩擦力矩，化简方程为

$$\ddot{\theta} = \frac{P\delta}{I}\theta + \frac{P}{I}\left(\delta - \frac{\omega B}{2} - \omega y\right) = K\theta + K\left[1 - \frac{\left(\frac{B}{2} + y\right)\omega}{\delta}\right] \tag{5-8}$$

在 $t=0$ 时 θ 及 $\dfrac{\mathrm{d}\theta}{\mathrm{d}t}$ 皆为零的初始条件下，方程（6-8）的解为

$$\theta(t) = \left[1 - \frac{\left(\frac{B}{2} + \delta\right)\omega}{\Delta}\right](\mathrm{ch}\sqrt{k}\,t - 1) \tag{5-9}$$

当 $t\to\infty$ 时，$\theta\to\infty$，θ 角的增大只受调心托辊立辊或曲线挡辊限制。

当输送带跑偏时若不考虑轴承的摩擦力矩，则调心托辊转过允许的最大角度的时间：

$$t_p = \dfrac{\mathrm{arch}\left[\dfrac{\theta_{\max}}{1-\left(\dfrac{B}{2}+\gamma\right)\dfrac{\omega}{\delta}}+1\right]}{\sqrt{\dfrac{P\delta}{I}}}$$

$$= \pm\dfrac{1}{\sqrt{\dfrac{P\Delta}{I}}}\ln\left\{\dfrac{\theta_{\max}\delta}{\delta-\left(\dfrac{B}{2}+\gamma\right)\omega}+1+\sqrt{\dfrac{\theta_{\max}\delta}{\delta-\omega\left(\dfrac{B}{2}+\gamma\right)}\left[\dfrac{\theta_{\max}\delta}{\delta-\omega\left(\dfrac{B}{2}+\gamma\right)}+2\right]}\right\} \quad (5-10)$$

调心托辊由于有摩擦转矩存在，有一个死区，即输送带跑偏引起的转矩 M 小于 M_ω 时，调心托辊不转动；M 大于 M_ω 时，调心托辊开始转动，随着 θ 增加而增加。摩擦阻力矩越大，输送带的跑偏越大，在调心托辊的作用下，输送带返回中心位置，但输送带不会停留在中心位置，而是越过中心向另一侧继续运动，直到 M 大于 M_ω 的条件不满足为止。此时调心托辊的特性如图 5-1 所示。

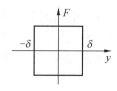

图 5-1　调心托辊的特性

5.1.2　自动调心托辊动力方程

曲线回转体侧辊型自动调心托辊动力方程：

$$\begin{cases} I\ddot{\theta}+M_\omega-M=0 \\ M=\begin{cases} G\omega(1+\theta^2)\delta & \delta\leqslant[\delta] \\ G\omega(1+\varphi^2)\delta+F_Q\cdot b & \delta>[\delta] \end{cases} \end{cases} \quad (5-11)$$

式中　$[\delta]$——输送带对中时侧边与曲线侧轴间的距离；

　　　b——曲线侧辊到托辊架轴间的水平距离；

　　　F_Q——曲线侧辊与输送带间的摩擦力。

立辊式调心托辊动力方程：

$$\begin{cases} I\ddot{\theta}+M_\omega-M=0 \\ M=\begin{cases} G\omega(1+\theta^2)\delta & \delta\leqslant[\delta] \\ G\omega(1+\theta^2)\delta+P_N(a+\omega_1 b) & \delta>[\delta] \end{cases} \end{cases} \quad (5-12)$$

式中　P_N——输送带给立辊的推力；

　　　a——立辊轴线到托辊轴线间的距离；

　　　b——平行输送带方向立辊轴线平面到托辊架转轴间的距离；

　　　ω_1——立辊转动的阻力系数。

现场观察发现，当输送带跑偏尚未触及曲线侧辊时，托辊机架基本上不转动，因为此时摩擦力矩 $p\omega r$ 同输送带给转动轴的力矩 M 相平衡，只有跑偏到一定程度时，力矩 M 才能大于摩擦力矩 $p\omega r$。因而没有立辊或曲线侧辊的调心托辊组是不行的，起不到纠偏作用。

考虑托辊架在初始转角 $\theta=0°$ 的条件下，输送带跑偏与托辊架转角之间的关系为

$$\theta=\begin{cases} 0 & \delta\leqslant[\delta] \\ k[\delta-[\delta]] & \delta>[\delta] \end{cases} \quad (5-13)$$

这里 k 是几何换算关系的比例系数，更精确地分析得知

$$\theta=\begin{cases} 0 & \delta\leqslant[\delta] \\ \theta'-\arccos\dfrac{(\delta-[\delta])+b}{\sqrt{a^2+b^2}} & \delta>[\delta] \end{cases}$$

$$\theta' = \arctan \frac{a}{b}$$

5.1.3 自动调心托辊特性

调心托辊组的转角与调心力间的关系近似为

$$F = G(k_1\theta + k_2\theta^2 + k_3\theta^3) \tag{5-14}$$

式中　　　　　　G——作用在调心托辊组上的荷载，$G = (q_d + q_w)l_T$；

k_1、k_2、k_3——向心力按托辊转角 θ 泰勒级数展开所取的系数。

实验证明，调心托辊的调心力与转角的关系按图5-2所示规律变化，从而得知，调心力随转角的增大而增大，当转角超过某值 φ_{max} 后，调心力开始下降。实验测得对光面调心托辊组 $\varphi_{max} \approx 15°$。

调心托辊组每一个转角，与输送带某一确定位置的跑偏值：

$$F = G(k_1\delta + k_2\delta^2 + k_3\delta^3) \tag{5-15}$$

在一般情况下，自动调心托辊组有一定的滞后，即当输送带跑偏时向心力不是立刻就发生，而要延误 $[\delta]$ 值。$[\delta]$ 的大小决定于调心托辊组的结构参数。

然而如前所述，调心托辊组工作时存在着滞后，因此向心力与跑偏量之间的关系式应写成下面形式：

$$F = f(\delta) = G(k_1'\delta_\Delta + k_2'\delta_\Delta^2 + k_3'\delta_\Delta^3)$$

$$\delta_\Delta = \begin{cases} \delta - [\delta] & \delta > [\delta] \\ 0 & -[\delta] \leqslant \delta \leqslant [\delta] \\ \delta - [\delta] & \delta > -[\delta] \end{cases} \tag{5-16}$$

对于这两种调心托辊组，调心力与输送带跑偏量的关系如图5-3所示。正是由于这种滞后特性，使用这种调心托辊很容易引起输送带的振荡，如果输送带侧向阻尼及自定力较大，可以抑制这种振荡，但在带式输送机的回空段，这种振荡更容易出现，在装有这种调心托辊的区段，输送带有来回摆动的现象。

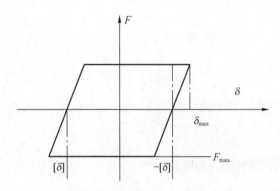

图5-2　调心托辊的调心力特性

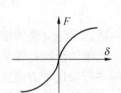

图5-3　稳定型的自动定心托辊的调偏性能

5.1.4 稳定型的自动定心托辊调偏性能

稳定型的自动定心托辊的调偏性能如图5-3所示，这种托辊组的调心特性为

$$F = G(k_1\delta + k_2\delta^2 + k_3\delta^3) \tag{5-17}$$

实现调心托辊自动稳定工作的方法是尽可能保证调心托辊的转角 φ 与输送带跑偏量 δ 间有线性关系，且没有滞后特性。这样就要保证式 (5-17) 的系数 k_1、k_2 和 k_3 是常系数。

5.1.5 自动调偏装置调偏性能

输送带跑偏的强力自动纠正保护装置中采用了电动机作为动力源，由测偏立轴机构实现输送带跑偏的自动跟踪，伺服机构实现了输送带跑偏量与输送带调心托辊转角的对应，当输送带向某一侧跑偏

一个微小量 δ_0 时，伺服杆在测偏立辊的带动下向相反方向移动一个位移 δ_1，根据杆长的几何比 $\delta_1 = k_1\delta_0$，$k_1 < 1$ 这个系数是比较关键的，在设计中需要充分研究。它能反映系统的灵敏度。伺服杆推动控制盒中的控制杆，控制杆与伺服杆一起平动，控制杆的运动，控制电动机的正反转及停机。图5-4所示为输送带跑偏自动强力纠正保护装置，图5-5所示为输送带跑偏自动纠正机构伺服控制原理。工作原理如下，当输送带向右跑偏时，输送带边缘推动调偏装置的立辊向右移动一个相同的距离，立辊在弹簧的作用下始终与输送带边缘抵触，立辊轴绕 O 点转动，推动伺服杆向左移动，移动的距离为

$$\delta_1 = k\delta_0 = \frac{a_1}{a_2} \cdot \delta_0 \tag{5-18}$$

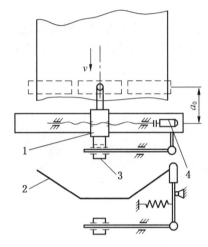

1—螺旋；2—输送带；3—控制盒；4—电动机

图5-4　输送带跑偏自动强力纠正保护装置

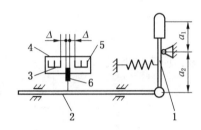

1—测偏立辊；2—伺服杆；3—左触点；4—控制盒；
5—右触点；6—碳刷

图5-5　输送带跑偏自动纠正机构伺服控制原理

如果 $\delta_1 > \Delta$，则触点使电控系统的左路接通，电动机正转，使螺母向左移动一个 δ_1 距离，由于控制盒固定在螺母上，因而也一起向左移动，使触点同左控制电路断开，电动机停机调心托辊架顺时针转动一个角度 θ_0，实现调偏；当输送带恢复到中心位置时，在弹簧力的作用下，立辊轴反向转动，带动伺服杆向右移动，触点接通右电路，电机反转，使调心托辊组回到原来的平衡位，从而避免出现调心滞后。

下面讨论立辊及伺服机构几何参数的计算，参数 a_0、a_1、a_2、Δ 都标注在图中，设输送带的跑偏量为 δ_0，则调心托辊的转动角度为 θ_0。

$$\begin{cases} \theta_0 = \arctan \dfrac{\dfrac{a_2}{a_1} \cdot \theta_0 - \Delta}{a_0} & \delta_0 \geqslant \dfrac{a_1}{a_2}\Delta \\ \theta_0 = 0 & \delta_0 < \dfrac{a_1}{a_2}\Delta \end{cases} \tag{5-19}$$

一般情况下 θ_0 比较小，自动调心托辊组的转角一般小于10°，近似计算时可取：

$$\theta_0 \approx \frac{\dfrac{a_1}{a_2}\delta_0 - \Delta}{a_0} 57.3 = \frac{57.3}{a_0}\left(\frac{a_2}{a_1}\delta_0 - \Delta\right) \tag{5-20}$$

设计中，$\Delta = 10$ mm，$\dfrac{a_1}{a_2} = 0.5$，$a_0 = 350$ mm；所以有 $\theta_0 = 1.53$ ($0.5\delta_0 - \Delta$)，输送带跑偏量 δ 与转角 θ_0 的关系如图5-6所示。

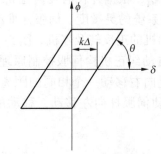

图 5-6 强力自动纠偏装置转角与输送带跑偏量的关系

$$k = \frac{a_1}{a_2}\theta = \arctan\frac{57.3a_2}{a_1a_2} \qquad (5-21)$$

改变 Δ 和 $\frac{a_1}{a_2}$ 的值，就可以改变系统的滞后特性。

考虑到减少电机的启动频率，故 $k \cdot \Delta$ 的值应保证输送带无摆动情况下的最大值。

在实验中当 $k \cdot \Delta \leqslant 3.5$ cm 时，没有观测到输送带有较明显的摆动。

在 5.1.4 中对这种调心机构做了动态分析，结果证明它能实现带式输送机的侧向准稳定运行。

设计中的另一方面问题是应保证立辊机构的稳定性，以防止输送带运行时出现共振现象。

设复位弹簧的刚度为 k_0，托辊伺服杆等变位到输送带与立辊接触点的质量为 m，则立辊机构的固有频率为

$$\omega = \left(\frac{a_3}{a_1}\right)^2\frac{k_0}{m}$$

避免共振，应满足下式

$$\left|\frac{v}{\pi d} - \sqrt{\left(\frac{a_3}{a_1}\right)^2\frac{k_0}{m}}\right| \geqslant 0.1\frac{v}{\pi d} \qquad (5-22)$$

5.2 调心托辊调偏控制的动态性能分析

5.2.1 带式输送机基本参数

以大型工矿装备研究中心实验室带式输送机实验台为基础，研究带式输送机的控制问题，带式输送机基本参数如下。

驱动滚筒用 DTYⅡ型电动滚筒，拉紧装置采用液压拉紧。

带式输送机总长度 $L=22$ m，带速 $v=3.15$ m/s，运量 $Q=460$ t/h，上托辊为钢性槽型托辊，间距 $l_T=1.2$ m，上托辊质量为 16.6 kg，转动部分质量为 9.03 kg，回空段的托辊形式为平型托辊，间距 $l_T=3$ m，下托辊质量为 13.7 kg，转动部分质量为 7.14 kg，输送带为帆布带，带宽 $B=0.65$ mm，每米质量 $q_d=8.9$ kg/m，输送带张力 $F_0=3500\sim6000$ N，输送机的运行阻力系数 $\omega_K=\omega_{2h}=0.03$，对于槽形托辊其复位力按线性规律计入，调心托辊的纠偏力按调心托辊调心特性计入。

将输送机划分为每 1 m 一段，这样承载侧和回空侧都被划分出 22 个单元。

$$q_d = 8.9(\text{kg/m})$$

$$q_w = \frac{450}{3.6 \times 3.15} = 39.68(\text{kg/m})$$

单位长度输送带托辊转动部分质量 $q_{zh}=\dfrac{9.03}{1.2}=7.53(\text{kg/m})$，$q_k=7.14/3=2.38(\text{kg/m})$。

输送带运行阻力为

$$F(x) = F_0 + kx = F_0 + 3.4x \quad (\text{当 } 11 < x \leqslant 22 \text{ 或在空段})$$

$$F(x) = F_0 + 3.4 \times 11 + k'(x-11) = F_0 + 37.4 + 16.83(x-11) \quad (\text{当 } x > 22 \text{ 或在重段})$$

$$F(x) = F_0 + 3.4 \times 11 + 16.83 \times 22 + kx \quad (\text{当 } x \leqslant 11 \text{ 在空段})$$

重段 $m_i = m = 16.43$ kg+39.68 kg，空段 $m_i = m = 12.28$ kg，$\mu_0 = 0.3$。

带式输送机线路及调心托辊组的安装位置如图 5-7 所示。

5.2.2 跑偏控制采用对比研究

（1）该输送机在 $x=2$ m 强制跑偏 0.05 m，该输送机不安装调心托辊的动态分析结果如图 5-8 所

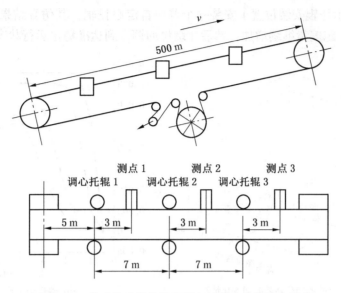

图 5-7 带式输送机线路及调心托辊组的安装位置

示。输送带在自身恢复力的作用下,形成了相对稳定运行,属于工作稳定型。

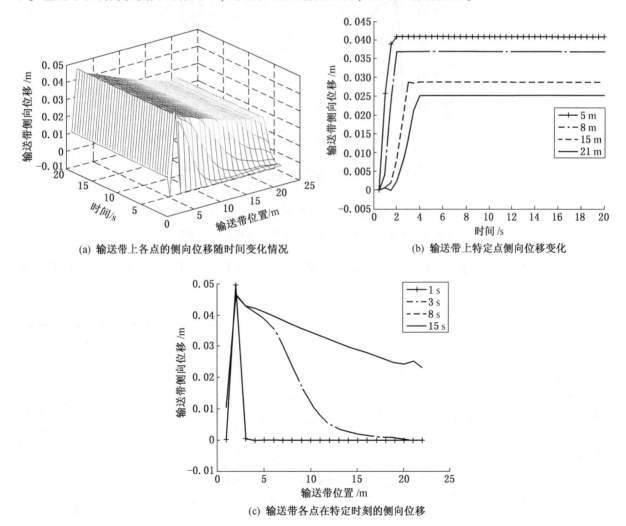

(a) 输送带上各点的侧向位移随时间变化情况

(b) 输送带上特定点侧向位移变化

(c) 输送带各点在特定时刻的侧向位移

图 5-8 实验输送机尾部 2 m 处有 0.05 m 的恒跑偏的仿真结果

（2）在图 5-7 所示托辊安装位置 1 安装一个普通自定心托辊，其仿真结果如图 5-9 所示。由于调心托辊的滞后特性，跑偏量继续增加，然后才缓慢回调，到达准稳定运行状态。

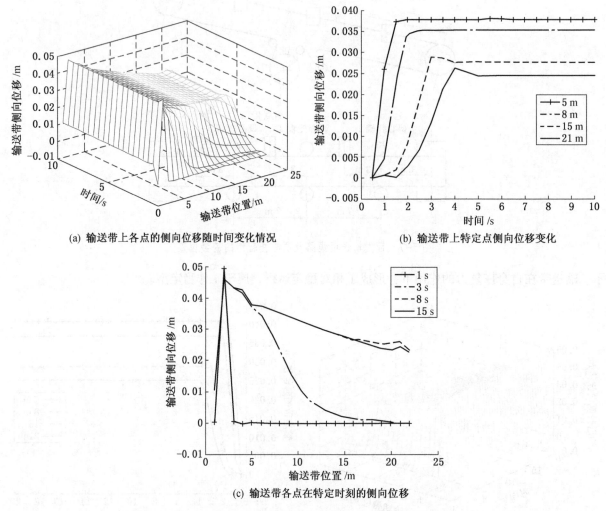

(a) 输送带上各点的侧向位移随时间变化情况

(b) 输送带上特定点侧向位移变化

(c) 输送带各点在特定时刻的侧向位移

图 5-9　承载侧距机尾部 5 m 处装调心托辊的仿真结果

（3）在图 5-7 所示的托辊安装位置 1 和 2 各安装一个普通自定心托辊，其仿真结果如图 5-10 所示。

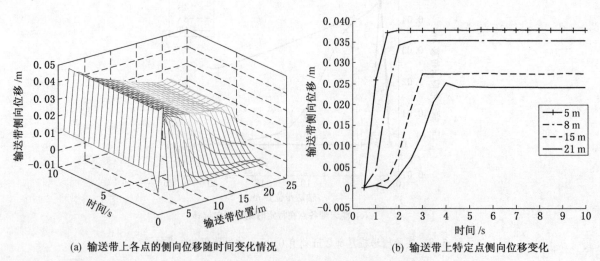

(a) 输送带上各点的侧向位移随时间变化情况

(b) 输送带上特定点侧向位移变化

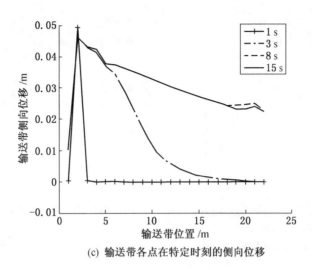

(c) 输送带各点在特定时刻的侧向位移

图 5-10 承载侧距机尾部 5 m、12 m 处装调心托辊的仿真结果

（4）在图 5-7 所示托辊安装位置 1、2 和 3 处各安装一个普通自定心托辊，其仿真结果如图 5-11 所示。

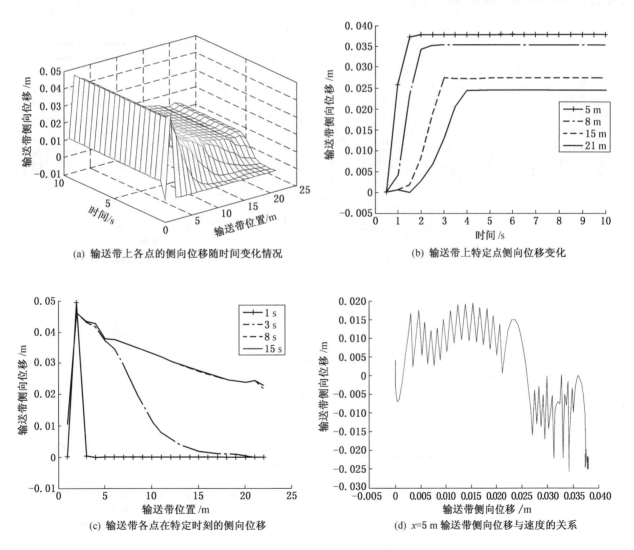

(a) 输送带上各点的侧向位移随时间变化情况

(b) 输送带上特定点侧向位移变化

(c) 输送带各点在特定时刻的侧向位移

(d) x=5 m 输送带侧向位移与速度的关系

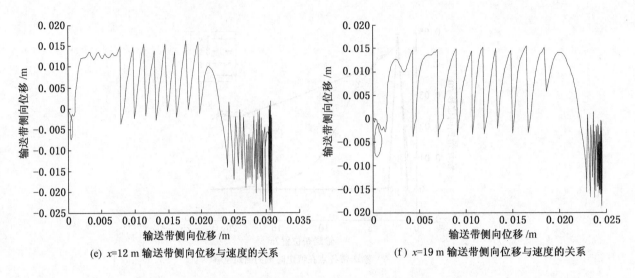

(e) $x=12$ m 输送带侧向位移与速度的关系   (f) $x=19$ m 输送带侧向位移与速度的关系

图 5-11　承载侧 3 台调心托辊的仿真结果

（5）安装 3 个自动纠偏装置的仿真结果如图 5-12 所示，在承载侧距机尾部 5、12 m 处装自动调心托辊的仿真结果如图 5-13 所示。

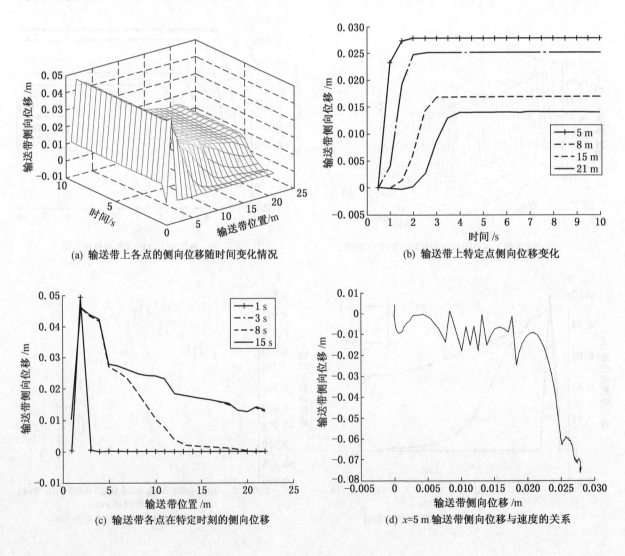

(a) 输送带上各点的侧向位移随时间变化情况   (b) 输送带上特定点侧向位移变化

(c) 输送带各点在特定时刻的侧向位移   (d) $x=5$ m 输送带侧向位移与速度的关系

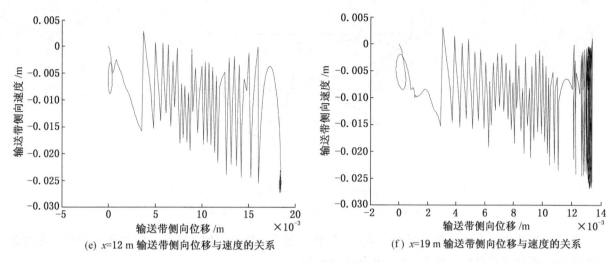

(e) $x=12\,m$ 输送带侧向位移与速度的关系　　(f) $x=19\,m$ 输送带侧向位移与速度的关系

图 5-12　承载侧装 3 个自动纠偏装置的仿真结果

从图 5-3～图 5-13 中可以看出，输送机在安装普通调心托辊以后，能起到一定调心作用，使系统工作为准稳定运行，也可以看出普通调心托辊的调心滞后性，调心托辊数量增加有利于提高系统稳定性。调心托辊属于工作稳定型（图 5-14 中曲线 1）。

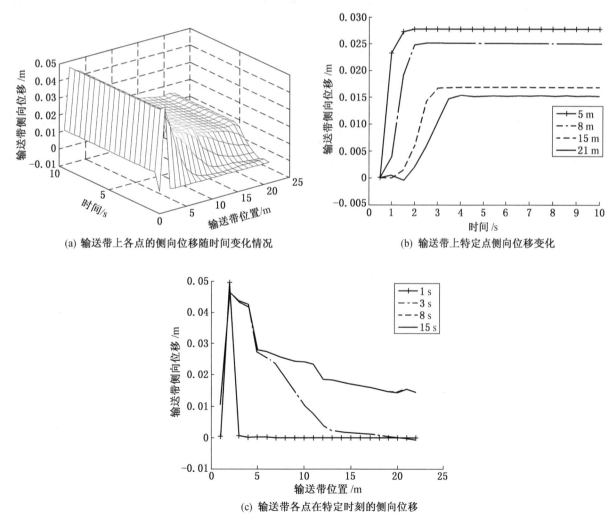

(a) 输送带上各点的侧向位移随时间变化情况　　(b) 输送带上特定点侧向位移变化

(c) 输送带各点在特定时刻的侧向位移

图 5-13　承载侧距机尾部 5、12 m 处装自动调心托辊的仿真结果

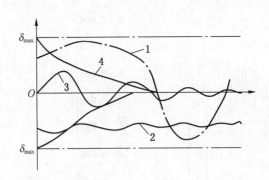

1—工作稳定型；2—恒跑偏稳定型；3—"0"型渐进稳定型；4—标准稳定型

图5-14 输送带中某点运动规律及稳定性示意图

自动纠偏装置极大地改变了调心托辊的滞后性，能够较快地纠偏，降低系统的侧向位移，增加数量能够提高控制的稳定性，属于"0"型渐进稳定型。

6 蛇形移动输送机结构方案研究

6.1 确定原理方案

方案设计阶段是设计的重要组成部分，是设计者接到任务后，进行产品设计的第一步。方案设计的任务是根据设计任务要求明细表规定的目标，找出一个（或多个）设计方案（即原理解）。方案设计从质的方面决定了设计水平，它对设计的最终成果（产品）的先进性和创造性起着关键性的作用。

方案设计的基本过程，是在明确设计任务要求的基础上，通过对任务的抽象进一步认识问题的本质。接着进行透彻的功能分析与综合，建立系统的功能结构，进而寻找实现各功能元的物理学作用原理，然后运用发散性思维进行大胆创新，为每个功能元对应的物理学原理建立相应的构件库，并进行组合使其能实现总的功能，这就是设计任务的解决方案。经过具体比较得到原理解即方案设计的方法进程，力求思维开阔，激发创新，以及提出尽可能多的方案进行比较、优化和技术经济评价，以便获得最佳的设计方案。

在进行方案设计之前，分析产品设计要求，运用创造性思维提出解决某具体问题的可行性思路，形成设计思想。例如，如何把矿石从山上运到山下。设计者凭借已有的知识性经验，创造性地提出各种各样的解决办法，如建立架空索道、用带式输送机、斗式输送机、利用斜面自行滑下、用汽车运输等。这样就产生了一系列设想，经过选择，找出最可行的、最出色的设想加以具体化。方案设计就是把"设想"（原理方案构思）具体化，拟定出产品的构造模型，用图纸和文字表达出来。

6.1.1 原理方案设计

原理方案设计的一般工作步骤如图6-1所示。方案设计的步骤重视功能原理设计，针对某一确定的功能要求，寻求一些物理效应并借助某些原理来求得实现该功能目标的解法原理。方案设计过程是动态优化的过程，需要不断补充和更新信息，因此需要反复修改完善。

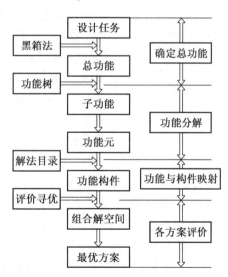

图6-1 方案设计步骤

6.1.2 设计任务的抽象

蛇形移动输送机主要应用在以下场所：

（1）煤炭开采时。由于煤层分布不均匀、不连续以及巷道多起伏、多转弯，使得固定式输送机很难满足连续运输的要求，蛇形输送机机头小车配置一台小型破碎机，可以悬挂或者跟随在连续采煤机后，实现掘、装、运的连续作业，可以提高效率。

（2）煤矿塌方时。对被困井下人员及物资的及时快速救援，是保障人民群众生命和财产安全的根本途径。在这种情况下，可以在蛇形移动输送机前段配置小型纵向掘进设备进行掘进救援，并及时将掘进的土方运出。同时可以将一些救援物资及时地送到矿工被困地点，为营救工作争取宝贵的时间。

（3）车间内非固定路线运输。

（4）仓储非直线性运输。

（5）抢险救灾等特种场合运输。

（6）非固定装卸载地点运输。

（7）抗洪抢险时，可以利用蛇形移动输送机沿江运输砂石，修筑防洪大堤。

综上所述，蛇形移动输送机的工作环境及工作过程如图 6-2 所示。

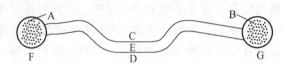

A—待运输的散体物料，比如粮食、沙石、煤炭、食品、药品、包裹及进出口货物等；B—运输完毕的散体物料；
C、D—障碍物群，比如建筑物、巷道壁、车间工作区域等；E—运输路径；F—散料运输的出发地；G—散料运输的目的地

图 6-2 蛇形输送机工作过程示意图

由图 6-2 可知，首先，输送机由仓库或完成工作任务的地点，沿着曲折路线行驶到达运输路径E，并且保持和路径 E 同样的弯曲状态，以便避开障碍物群 C 和 D；输送机行驶电机停止，散料输送电机启动，输送机开始连续地将等待运输的散体物料 A，由出发地 F 经由曲折的运输路径 E，输送到达目的地 G，从而完成物料运输任务；同时运输过程为可逆过程。最后，散料输送电机停止，行驶电机启动，输送机驶离运输路径 E，返回仓库或到达下一个运输路径，执行下一个散体物料输送任务。

利用系统工程的黑箱法，确定蛇形移动输送机的总功能。

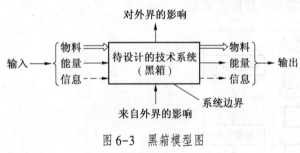

图 6-3 黑箱模型图

黑箱法：对于所设计的机械产品，在求解前如同仅知输入量和输出量而不知其内部结构的一个"黑箱"。用"黑箱"来表达技术过程的任务范围，是把设计任务抽象化的一种方法，它不需要涉及具体的解决方案，就能知道所设计的机械产品的基本功能和主要约束条件，突出了设计中的主要矛盾，使设计者的视野更为宽广，思维不易受到某些框框的束缚。黑箱模型如图 6-3 所示。

图 6-3 中，方框内部为待设计的技术系统，方框即为系统边界，通过系统的输入和输出，使系统和环境联系起来。模型中利用了柯勒的"能量流、信息流、物料流"概念，将能量、信息、物料看作输入和输出的 3 种基本要素。能量可以是机械能、热能、电能、化学能、光能、核能等，也可以是它们的某一具体分量，例如，内燃机将燃料的化学能转换为机械能，核电站将核能转换为电能。物料可以是气体、液体或各种形式的固体，如毛坯、原材料、半成品零部件、成品等，也可以是粉尘、磨屑、泥沙等待处理物。系统将它们实行结合、分离、移动、气液转换或混合等，如机床将多余物料从工件上分离，输送带实现物料的搬运等。信息可以是各种测量值、指令、数据、图像等，信息的载体可以是机械量、电量、化学量等，信息的形式可以是模拟量，也可以是数字量。系统将它们加工、处理和转换，如凸轮机构将转动量信息转化为直线运动量信息，计算机进行数据处理，A/D 转换器将

模拟量转换为数据量信息，数字式电视机将数字信息转化为图像等。

黑箱模型可以被视为能量、信息、物料3种基本要素的处理系统，有时3种要素并存，如现代加工中心和自动化生产线；有时只存在能量和信息，如电动机和电视机。即待开发系统可以是单纯的机构、仪器或设备，也可以是二元机械或三元机械。

在分析蛇形移动输送机工作环境及其工作过程的基础上，用系统工程的黑箱法确定蛇形移动输送机的总功能，如图6-4所示。

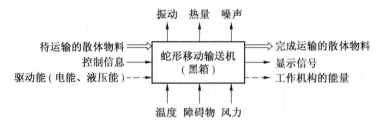

图6-4 蛇形移动输送机黑箱模型图

从图6-4可以看出，蛇形移动输送机系统的输入为待运输的散体物料，输出为完成运输的散体物料。因此，蛇形移动输送机对其作用对象（散体物料）的作用过程是使其由出发地，经由曲折的运输路径到达目的地。即蛇形移动输送机的总功能概括为，实现散体物料的灵活快速运输。

6.1.3 总功能的分解

1. 拟订分功能

一般情况下，系统都比较复杂，难以直接求得满足总功能的结构方案，为了更好地寻求解法，可按系统分解的方法，把蛇形移动输送机系统的总功能分解为比较简单的分功能，其输入量和输出量关系更为明确。转换所需的物理原理比较单一，结构化后所需零件数量较少，因而较易求解。一般分解到能直接找到解法的分功能（或功能元）为止。

在蛇形移动输送机设计中，以煤矿开采过程中的连续运输为例，说明其功能分解过程。此工况下，蛇形移动输送机作为连续采煤机配套设备，将开采的原煤沿着曲折巷道向外运输。随着开采过程的延续，输送机还要实现对采掘机械的灵活跟进。在这一过程中，输送机在向前移动的同时，还要根据巷道的曲折情况，灵活转弯。蛇形移动输送机的功能分解如图6-5所示。

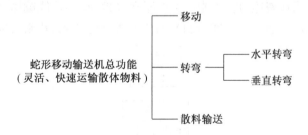

图6-5 蛇形移动输送机的功能分解图

由图6-5可知，蛇形移动输送机的总功能分解为3个分功能：移动（分功能1）、转弯（分功能2）、散料输送（分功能3）。而"转弯"分功能又可以进一步分解为两个分功能：水平转弯（分功能1）、垂直转弯（分功能2）。因此蛇形移动输送机的总功能最终分解为4个功能元：移动（功能元1）、水平转弯（功能元2）、垂直转弯（功能元3）、散料输送（功能元4）。

2. 建立功能结构

反映分功能或功能元之间的逻辑结合关系叫作功能结构。功能结构反映了各分功能（功能元）之间的关系、走向和顺序。其结合形式如图6-6所示。

通过上述分析，可以得出蛇形移动输送机系统的功能结构图如图6-7所示。

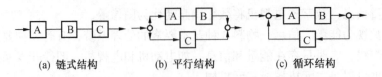

(a) 链式结构　　　　(b) 平行结构　　　　(c) 循环结构

图 6-6　蛇形移动输送机功能结构图

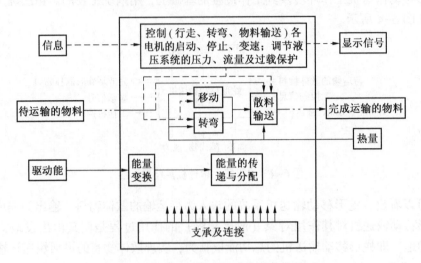

图 6-7　蛇形移动输送机系统功能结构图

由图 6-7 可以得出，输送机"移动"分功能与"转弯"分功能构成平行结构，而输送机"移动"分功能、"转弯"分功能又与"散料输送"分功能构成链式结构。

6.1.4　确定原理方案解

通过前面的分析，确定了蛇形移动输送机系统的总功能、分功能和功能元之间的关系，那么怎样才能实现这些功能呢？这就是分功能或功能元的求解问题。

分功能求解的完整过程是从基础科学揭示的一般科学原理开始。经过应用研究探明具体的技术原理，然后寻求实现该技术原理的技术手段及主要结构。由于课题的难易程度不同，分功能求解不一定表现出上述全部的典型过程。为了简单起见。把科学原理、技术原理一起称作工作原理。这样，分功能求解的基本思路可以简明地表述为：功能—工作原理（效应）—功能载体（构件）。

蛇形移动输送机"移动"功能元（功能元 1）对应的效应及实现该功能元的物理结构如图 6-8 所示。

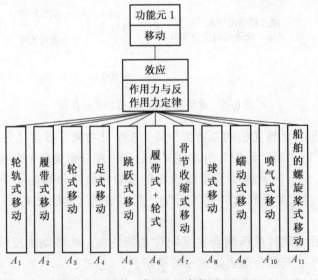

图 6-8　功能元 1 求解图

蛇形移动输送机"水平转弯"功能元（功能元2）对应的效应及实现该功能元的物理结构如图6-9所示。

蛇形移动输送机"垂直转弯"功能元（功能元3）对应的效应及实现该功能元的物理结构如图6-10所示。

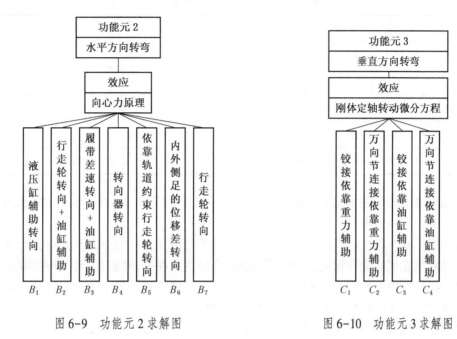

图 6-9 功能元 2 求解图　　　　　图 6-10 功能元 3 求解图

蛇形移动输送机"散料输送"功能元（功能元4）对应的效应及实现该功能元的物理结构如图6-11所示。

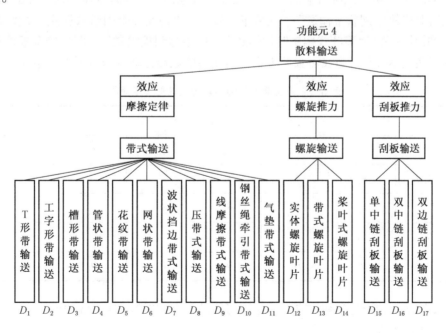

图 6-11 功能元 4 求解图

通过以上分析已经找出了实现蛇形移动输送机各分功能的技术物理效应和功能载体，如果再把这些功能载体根据功能结构进行合理组合，可得到实现总功能的各个总体方案。在进行蛇形移动输送机方案构思时，利用形态学方法建立形态学矩阵（又称模幅箱），这对于开拓思路、探求科学的创新方案是有效的。形态学矩阵中将系统的各个分功能作为目标标记，分功能的各种解法列为目标特征。蛇形移动输送机的形态学矩阵见表6-1。

表6-1 蛇形移动输送机的形态学矩阵

功能元	解　　法																
	1	2	3	4	5	6	7	8	9	10	11	12	13	14	15	16	17
移动	A_1	A_2	A_3	A_4	A_5	A_6	A_7	A_8	A_9	A_{10}	A_{11}						
水平转弯	B_1	B_2	B_3	B_4	B_5	B_6	B_7										
垂直转弯	C_1	C_2	C_3	C_4													
散料输送	D_1	D_2	D_3	D_4	D_5	D_6	D_7	D_8	D_9	D_{10}	D_{11}	D_{12}	D_{13}	D_{14}	D_{15}	D_{16}	D_{17}

由蛇形移动输送机的形态学矩阵可知，系统可能的组合方案数 $N = 11 \times 7 \times 4 \times 17 = 5236$（种），不同的组合可以得到不同的方案。

通过形态学矩阵虽然可以得到许多方案，但不难发现既不是所有的方案都具有实际意义，也不是所有的结构元件都能互相匹配和相互适应，所以在组合时往往在一开始就应舍弃一些明显不合理或意义不大的方案，把精力集中在那些合理的、可行的组合上。然后从物理学原理上的相容性、技术经济效益、功率、速度、尺寸等参数方面对组合方案进行评价寻优。

通过对蛇形移动输送机各功能元所对应的构件库进行分析研究，发现"移动"功能元对应的"足式移动""骨节收缩式移动""跳跃式移动""球式移动""蠕动式移动""喷气式移动""船舶的螺旋桨式移动"，"水平方向转弯"功能元所对应的"依靠内外侧足的位移差转弯""依靠转向器转向"，"垂直方向转弯"功能元所对应的"铰接依靠油缸辅助""万向节连接依靠油缸辅助"，"散料输送"功能元所对应的"网状带输送""气垫带式输送""钢丝绳牵引带式输送""实体螺旋叶片输送""带式螺旋叶片输送""桨叶式螺旋叶片输送""单中链刮板输送""双中链刮板输送""双边链刮板输送"属于明显不合理或意义不大的方案。简化后的蛇形移动输送机形态学矩阵见表6-2。

表6-2 简化后的蛇形移动输送机形态学矩阵

功能元	解　　法							
	1	2	3	4	5	6	7	8
移动	A_1	A_2	A_3	A_6				
水平转弯	B_1	B_2	B_3	B_5	B_7			
垂直转弯	C_1	C_2						
散料输送	D_1	D_2	D_3	D_4	D_5	D_7	D_8	D_9

由蛇形移动输送机的形态学矩阵可知，系统可能的组合方案数 $N = 4 \times 5 \times 2 \times 8 = 320$（种），不同的组合可以得到不同的方案。

6.1.5 设计方案的评价

组合方案的优劣必须通过评价才能得到评判。在信息比较缺乏的情况下，用解释法计算比较困难，层次分析法和动态规划方法结合起来称为动态规划的寻优评价模型，是一种实用的方法。

1. 层次分析法及确定专家权重

假设有 n 个对象 s_1，s_2，$\cdots$，s_n，要获得每个对象的权重，分别对 n 个对象进行两两比较，评比的值用 b_{ij} 表示，评分的结果用判断矩阵的元素来表示：

$$B = \begin{bmatrix} b_{11} & b_{12} & \cdots & b_{1n} \\ b_{21} & b_{22} & \cdots & b_{2n} \\ \vdots & \vdots & \vdots & \vdots \\ b_{n1} & b_{n2} & \cdots & b_{nn} \end{bmatrix}$$

其中，

$$b_{ij} = \frac{1}{b_{ji}}$$

计算判断矩阵每一行元素的乘积：

$$M_i = \prod_{j=1}^{n} b_{ij} \quad (i = 1,\ 2,\ \cdots,\ n)$$

下面计算 M_i 的 n 次方根。

$$\overline{W_i} = M_i^{1/n}$$

对向量 $\overline{W_i} = [\,\overline{W_1},\ \overline{W_2},\ \cdots,\ \overline{W_n}\,]$ 归一化处理，即：

$$W_i = \frac{\overline{W_i}}{\sum\limits_{j=1}^{n} \overline{W_j}} \quad (i = 1,\ 2,\ \cdots,\ n) \tag{6-1}$$

其中，W_i 为 S_i 对象的权重。

设有 n 个专家，通过权威大小、业务熟练程度、知识的广度三方面衡量他们意见的重要程度(表6-3)。

表6-3　专家权重评分

	权威大小评分	业务熟练程度评分	知识的广度评分	总分
专家1	p_{11}	p_{12}	p_{13}	p_1
专家2	p_{21}	p_{22}	p_{23}	p_2
$\vdots$	$\vdots$	$\vdots$	$\vdots$	$\vdots$
专家n	p_{n1}	p_{n2}	p_{n3}	p_n

注：$p_1 = p_{11} + p_{12} + p_{13}$，$p_2 = p_{21} + p_{22} + p_{23}$，$p_n = p_{n1} + p_{n2} + p_{n3}$。

专家组的判断矩阵为

$$\begin{bmatrix} \dfrac{p_1}{p_1} & \dfrac{p_1}{p_2} & \cdots & \dfrac{p_1}{p_n} \\[2ex] \dfrac{p_2}{p_1} & \dfrac{p_2}{p_2} & \cdots & \dfrac{p_2}{p_n} \\[2ex] \vdots & \vdots & \ddots & \vdots \\[2ex] \dfrac{p_n}{p_1} & \dfrac{p_n}{p_2} & \cdots & \dfrac{p_n}{p_n} \end{bmatrix}$$

运用层次分析法，通过计算可得各专家的权重：W_1，W_2，$\cdots$，W_n。

2. 原理方案解权重

各原理方案解在整个输送机设计中的重要程度有差别，为了使动态规划寻优方法获得的最优方案更合理，需要确定各原理方案解权重。

首先专家对各原理方案解进行两两比较获得各原理方案解的判断矩阵，第 n 个专家对各原理方案解的评分见表6-4。

表6-4 原理方案解评分

解	A_1	A_2	A_3	A_6	B_1	B_2	B_3	B_5	B_7	C_1	C_2	D_1	D_2	D_3	D_4	D_5	D_7	D_8	D_9
分	f_{n1}	f_{n2}	f_{n3}	f_{n4}	f_{n5}	f_{n6}	f_{n7}	f_{n8}	f_{n9}	f_{n10}	f_{n11}	f_{n12}	f_{n13}	f_{n14}	f_{n15}	f_{n16}	f_{n17}	f_{n18}	f_{n19}

注：f_{ni}（$i=1$，2，…，19）表示专家 n 对各原理方案解的评分。

利用层次分析法可得第 n 个专家对各原理方案解计算出的权重：e_{n1}，e_{n2}，…，e_{n19}；其中 e_{nj}（$j=$ 1，2，…，19）表示第 n 个专家对第 j 个原理方案解计算出的权重。最后根据专家不同的权重，计算出各原理方案解权重的平均值为

$$g_k = \sum_{i=1}^{n} W_i e_{ik} \quad (k = 1,\ 2,\ \cdots,\ 19) \tag{6-2}$$

式中　　n——专家数量；

W_i——第 i 个专家权重；

e_{ik}——第 i 个专家对第 k 个原理方案解所计算出的权重。

3. 相邻原理方案解间的结合性评分

在动态规划的网络图中，相邻功能元所映射的原理方案解称为相邻原理方案解。该项评分用于动态规划寻优时的指标函数。评分采用十分制，用 C_{kmn} 表示相邻构件间的结合性评分值。

$$C_{kmn} = \sum_{i=1}^{p} W_i e_{ikmn} \tag{6-3}$$

式中　　m——第 k 个功能元所映射的构件号；

n——第 $k-1$ 个功能元所映射的构件号；

C_{kmn}——第 k 个功能元所映射的第 m 个原理方案解与第 $k-1$ 个功能元所映射的第 n 个原理方案解的结合性评分；

e_{ikmn}——第 i 个专家对第 k 个功能元所映射的第 m 个原理方案解与第 $k-1$ 个功能元所映射的第 n 个原理方案解的结合性评分。

4. 动态规划寻优

在蛇形移动输送机结构方案动态规划问题中，将输送机总功能分解得出的 4 个功能元视为相互联系的 4 个不同阶段，每一阶段的功能元所映射的不同原理方案解作为状态。阶段及状态的具体含义如图 6-8~图 6-11 所示。下面以各原理方案解的权重与相邻原理方案解结合性评分相乘积之和最大为目标函数，用动态规划的逆序解法的方法对解法空间进行寻优。蛇形移动输送机结构方案动态规划问题状态转移图如图 6-12 所示。

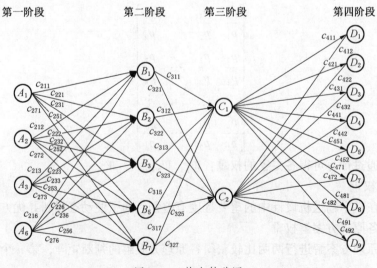

图 6-12　状态转移图

第一步：确定第三阶段的最优决策。由状态 C_1、C_2 出发的最优决策分别为

$$f_3(C_1) = \max \begin{cases} \mathrm{d}(C_1D_1) \\ \mathrm{d}(C_1D_2) \\ \mathrm{d}(C_1D_3) \\ \mathrm{d}(C_1D_4) \\ \mathrm{d}(C_1D_5) \\ \mathrm{d}(C_1D_7) \\ \mathrm{d}(C_1D_8) \\ \mathrm{d}(C_1D_9) \end{cases} \qquad f_3(C_2) = \max \begin{cases} \mathrm{d}(C_2D_1) \\ \mathrm{d}(C_2D_2) \\ \mathrm{d}(C_2D_3) \\ \mathrm{d}(C_2D_4) \\ \mathrm{d}(C_2D_5) \\ \mathrm{d}(C_2D_7) \\ \mathrm{d}(C_2D_8) \\ \mathrm{d}(C_2D_9) \end{cases}$$

式中，$f_3(C_1)$、$f_3(C_2)$ 表示由状态 C_1、C_2 出发的最优决策；$\mathrm{d}(C_iD_j)$（$j=1$，2，3，4，5，7，8，9）表示由状态 C_i 出发到达状态 D_j 的最长距离；$\mathrm{d}(C_iD_j) = g_iC_{4ji}$，其中 g_i 表示原理方案解 C_i 的权重，C_{4ji} 表示 D_j 与 C_i 的相互结合性评分。

第二步：确定第二阶段的最优决策。由状态 B_1、B_2、B_3、B_5、B_7 出发的最优决策分别为

$$f_2(B_1) = \max \begin{cases} \mathrm{d}(B_1C_1) + f_3(C_1) \\ \mathrm{d}(B_1C_2) + f_3(C_2) \end{cases} \qquad f_2(B_2) = \max \begin{cases} \mathrm{d}(B_2C_1) + f_3(C_1) \\ \mathrm{d}(B_2C_2) + f_3(C_2) \end{cases}$$

$$f_2(B_3) = \max \begin{cases} \mathrm{d}(B_3C_1) + f_3(C_1) \\ \mathrm{d}(B_3C_2) + f_3(C_2) \end{cases} \qquad f_2(B_5) = \max \begin{cases} \mathrm{d}(B_5C_1) + f_3(C_1) \\ \mathrm{d}(B_5C_2) + f_3(C_2) \end{cases}$$

$$f_2(B_7) = \max \begin{cases} \mathrm{d}(B_7C_1) + f_3(C_1) \\ \mathrm{d}(B_7C_2) + f_3(C_2) \end{cases}$$

式中，$\mathrm{d}(B_iC_j)$（$j=1$，2）表示由状态 B_1 出发到达状态 C_j 的最长距离；$\mathrm{d}(B_iC_j) = g_5C_{3ji}$，其中 g_5 表示 B_i 的权重，C_{3ji} 表示 C_j 与 B_i 的相互结合性评分。

第三步：确定第一阶段的最优决策。由状态 A_j（$j=1$，2，3，6）出发的最优决策为

$$f_2(A_j) = \max \begin{cases} \mathrm{d}[A_jB_1 + f_2(B_1)] \\ \mathrm{d}[A_jB_2 + f_2(B_2)] \\ \mathrm{d}[A_jB_3 + f_2(B_3)] \\ \mathrm{d}[A_jB_5 + f_2(B_5)] \\ \mathrm{d}[A_jB_7 + f_2(B_7)] \end{cases}$$

蛇形移动输送机最优结构方案为

$$y = \max\{f_2(A_1), f_2(A_2), f_2(A_3), f_2(A_6)\}$$

6.2 主要部件的结构及参数的确定

6.2.1 输送带的结构

输送带的结构是由橡胶制成的覆盖胶包裹在带芯骨架的上、下两面，用隔离层粘接物将覆盖胶与带芯黏合在一起。输送带的寿命由输送的物料和使用条件决定，对输送带的要求如下：

（1）具有足够的抗张强度和弹性模量，伸长率低。

（2）强度和宽度要满足各行各业的需要。

（3）要有柔性，但伸长率有一定限制。

（4）承载输送带的覆盖胶能满足冲击负荷的冲击，耐磨性好，耐疲劳性高。

T 形输送带的结构如图 6-13 所示，输送带的结构与普通输送带相似，也分为覆盖层、带芯层和隔离层三部分。唯一不同的是在输送带的底面加上一条驱动导轨，带的断面呈 T 形。驱动导轨是驱动轮直接驱动的部分，应该有足够的强度，故驱动导轨内要有骨架。由于输送带的特殊性，需要专用的

模具进行硫化。

6.2.2 输送能力的计算

T形输送带的有效宽度和输送带上物料的最大横截面积如图6-14所示，为保证正常输送条件下不撒料，输送带上允许的最大物料横截面积 S 按下式计算。

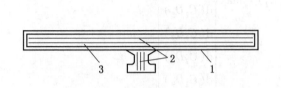

1—覆盖胶；2—带芯；3—隔离层粘接物

图6-13 T形输送带结构图

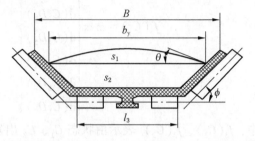

图6-14 T形输送带的有效宽度和输送带上物料的最大横截面积

$$S = S_1 + S_2 \tag{6-4}$$

$$S_1 = \left[l_3 + (b_y - l_3)\cos\phi \right]^2 \frac{\tan\theta}{6} \tag{6-5}$$

$$S_2 = \left(l_3 + \frac{b_y - l_3}{2}\cos\phi \right) \left(\frac{b_y - l_3}{2}\sin\phi \right) \tag{6-6}$$

式中　b_y——输送带有效宽度，m，$B \leqslant 2$ m 时，$b_y = 0.9B - 0.05$，$B \geqslant 2$ m 时，$b_y = B - 0.25$；

　　　l_3——中间辊长度，m；

　　　θ——物料的运行堆积角。

在已知输送带宽度的情况下，输送机的工作能力可由下式计算：

$$I_V = Svk \tag{6-7}$$

$$I_m = Svk\rho \tag{6-8}$$

式中　I_V——输送能力，m^3/s；

　　　I_m——输送能力，kg/s；

　　　k——倾斜系数（倾斜输送机面积折减系数）；

　　　ρ——物料的堆积密度（松散密度），kg/m^3；

　　　v——输送带速度，m/s；

　　　S——输送带上物料横截面积，m^2。

6.2.3 托辊直径及间距的确定

1. 托辊的结构

用4个1组的托辊，侧托辊和平托辊分别为两个，驱动导轨在两平托辊间通过，并左、右两侧保持一定的距离，结构如图6-15所示。这种结构虽然复杂，但有托辊尺寸小、承载性能好、结构尺寸紧凑等优点，故此种方案较合理。

回程托辊用一个平托辊即可，与普通带式输送机中的托辊完全一样，结构如图6-16所示。

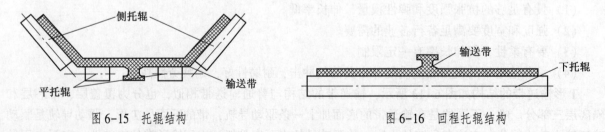

图6-15 托辊结构

图6-16 回程托辊结构

2. 托辊的直径

托辊的直径与托辊的转数有关，选用托辊直径的一般规则是：托辊的转数最大不应超过 600 r/min，如果带速已经确定，就可以确定允许的最小托辊直径。由于加工精度和辊体材料的不均匀，托辊本身存在着一个偏心距，转速越大则托辊振动越大，当输送带的自由振动频率接近于或等于输送带的强迫振动频率时，将产生共振，从而破坏了输送机的正常工作。

如果把输送带看成是张紧的弹性绳，则输送带的自振频率（1/s）为

$$f_1 = \frac{1}{2l_t}\sqrt{\frac{s}{q + q_d}} \tag{6-9}$$

托辊的强迫振动频率（1/s）为

$$f_2 = \frac{v}{\pi d_f} \tag{6-10}$$

于是共振托辊直径（m）为

$$d_f = \frac{2l_t v}{\pi}\left(\frac{s}{q + q_d}\right)^{-\frac{1}{2}} \tag{6-11}$$

式中 l_t——托辊间距，m；

q——物料线密度，kg/m，对于回空分支取 $q=0$；

q_d——输送带线密度，kg/m；

s——输送带张力，N。

在设计时应分别计算有载分支和空载分支最小张力和最大张力时的托辊直径，并使其选用的托辊直径远离共振直径。托辊的长度选取方法与普通带式输送机相同。

3. 托辊的间距

输送带在自重和载荷的作用下，会出现一定挠度，如果挠度过大，货载会产生振动、物件下滑、增加阻力等现象。因此，对输送带的最大挠度需要有一定的限制。

当输送带以正常负荷运行时，垂度满足：

$$f_c = \frac{g(q + q_d)l_{ti}\cos\beta}{8S_i} = \frac{g(q + q_d)l_{t(i+1)}\cos\beta}{8S_{(i+1)}} \tag{6-12}$$

式中 l_{ti}、$l_{t(i+1)}$——第 i 个与第 $(i+1)$ 个托辊的间距，m；

S_i、$S_{(i+1)}$——相应于第 i 个与第 $(i+1)$ 个托辊处的输送带张力，N；

f_c——输送带在托辊间的容许垂度，垂度的最大值不超过 0.03，ISO 规定 $f_c = 0.01 \sim 0.025$，速度越大，f_c 应越小。

由式（6-12），得

$$S_{(i+1)} = \frac{l_{t(i+1)}}{l_{ti}}S_i \tag{6-13}$$

又 $S_{(i+1)} = S_i + a_Z l_{t(i+1)}$，于是，有

$$a_Z l_{t(i+1)} = \frac{l_{t(i+1)} - l_{ti}}{l_{ti}}S_i \tag{6-14}$$

由式（6-12），得

$$S_i = \frac{g(q + q_d)l_{ti}\cos\beta}{8f_c} \tag{6-15}$$

把式（6-15）代入式（6-14），得出相邻托辊间距为

$$l_{t(i+1)} = C_t l_{ti} \tag{6-16}$$

式中，

$$C_t = \cfrac{1}{1 - \cfrac{8f_c}{g(q + q_d)\cos\beta}a_z} \tag{6-17}$$

把 $a_z = [(q + q_d + q_t')\omega'\cos\beta + (q + q_d)\sin\beta]g$ 代入 C_t 的表达式中，整理后得

$$C_t = \cfrac{1}{1 - 8f_c(\omega' + \tan\beta) - \cfrac{8f_c\omega'q_t'}{q + q_d}} \tag{6-18}$$

在用于水平和近水平运输时，托辊的密度 q_t' 远小于物料与输送带线密度之和（$q + q_d$），故 $\dfrac{\omega'q_t'}{q + q_d}$ 远小于 1；在用于倾斜运输时，$\tan\beta\omega'$，故为求稳妥和便于计算简化，取

$$C_t = \cfrac{1}{1 - 8f_c(\omega' + \tan\beta)} \tag{6-19}$$

则托辊的间距可表示为

$$l_{t1} = C_1^0 l_{t1} \qquad l_{t2} = C_1^1 l_{t1} \qquad l_{t3} = C_1^2 l_{t1} \quad \cdots \quad l_{ti} = C_1^{(i-1)} l_{t1}$$

故任一托辊间距与初始托辊间距（m）的关系为

$$l_{ti} = C_1^{(i-1)} l_{t1} \tag{6-20}$$

式中 l_{t1}——初始托辊间距，m。

6.2.4 滚筒的结构

传动滚筒是传递带式输送机功率的圆柱形筒，而改向滚筒仅作为引导输送带改变方向的圆柱形筒。改向滚筒不承担转矩，结构比较简单，而主动滚筒和驱动装置相连，是带式输送机最重要的部件，其结构要复杂一些。

T 形带输送机的传动滚筒和改向滚筒的内部结构与普通带式输送机一样，这里只说明一下传动滚筒和改向滚筒的外部结构。由于输送带截面呈 T 形，故在滚筒表面应设计一凹形槽使驱动导轨通过，其结构如图 6-17 所示。

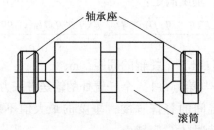

图 6-17 滚筒结构图

输送带在进入滚筒前已经承受拉伸应力的作用，进入滚筒后又增加了附加弯曲应力。输送带在周期运行中，其张力大的区域为高张力区。滚筒的直径应按高张力区的张力计算，并且认为进入滚筒前或退出滚筒后输送带的张力可达到输送带静张力的许用值。为了分析问题方便，首先定义如下参数：

ε——带芯的拉伸应变；

ε_d——带芯的拉断应变；

ε_e——带芯的许用应变；

ε_w——带芯外层的附加拉伸应变；

ε_z——带芯外层总应变；

δ''——输送带内侧覆盖层厚度，mm；

δ_0——输送带层芯总厚度，mm；

R_1、R_2——带芯内侧与外侧绕行半径，m；

D——滚筒直径，m；

θ——输送带在滚筒上的包角，rad；

C_W——滚筒直径与带芯层总厚之比。

对于层芯结构的输送带，芯层厚与滚筒直径的关系可通过下面的推导得到。带芯内层许用应变为

$$\varepsilon_e = \frac{\varepsilon_d}{m_0} \tag{6-21}$$

带芯外层总应变为

$$\varepsilon_Z = \varepsilon_e + \varepsilon_w \tag{6-22}$$

带芯内侧绕行半径为

$$R_1 = \frac{D}{2} + \delta'' \tag{6-23}$$

带芯外侧绕行半径为

$$R_2 = \frac{D}{2} + \delta_0 + \delta'' \tag{6-24}$$

带芯外层附加拉伸应变为

$$\varepsilon_W = \frac{R_2\theta - R_1\theta}{R_1\theta} = \frac{\delta_0}{\frac{D}{2} + \delta''}$$

为简化计算，取 $\delta'' = 0$，则

$$\varepsilon_W = \frac{2\delta_0}{D} \tag{6-25}$$

把式（6-21）和式（6-25）代入式（6-22），则

$$\varepsilon_Z = \frac{\varepsilon_d}{m_0} + \frac{2\delta_0}{D} \tag{6-26}$$

为保证应变不致过大，据式（6-26），得

$$D \geqslant \frac{2}{\varepsilon_Z - \frac{\varepsilon_d}{m_0}} \delta_0 = C_W \delta_0 \tag{6-27}$$

式中

$$C_W = \frac{2}{\varepsilon_Z - \frac{\varepsilon_d}{m_0}}$$

C_W 值的选取原则见表 6-5。

表6-5 C_W 值 表

芯层材料	棉	聚酰胺（尼龙）	棉/聚酰胺	棉/聚酯	聚酯（的确良）
C_W 值	80	90	90	98	108

6.2.5 分散驱动电动机的布置及功率选择

1. 驱动部的结构及安装

为了降低托辊架的高度、减小驱动单元的占用空间，电动机及减速机构可以做成一体，安装在"H"型机架上。两个电动机之间可以用弹性连接装置，保证两个驱动轮对驱动导轨有足够的压力，其安装示意图如图 6-18 和图 6-19 所示。驱动装置与"H"型机架的连接可方便安装和拆卸，出现故障可及时退出运行，而不影响整机的运转。"H"型中间的横梁有助于加强托辊架的强度。

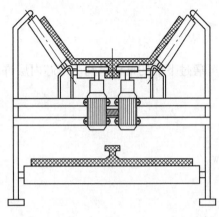 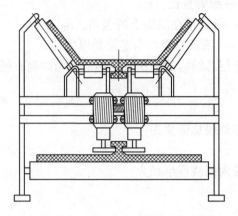

图 6-18　承载分支电动机安装示意图　　　　图 6-19　回空分支电动机安装示意图

2. 输送机总功率的确定及分配

输送机在工作过程中传递的总圆周力可表示为

$$F = (a_Z + a_K)L \tag{6-28}$$

在这里，忽略了附加阻力、特种主要阻力和特种附加阻力。在设计时，可根据输送机实际的工作情况决定总圆周力 F 的表达式。则输送机所需电动机总功率可表示为

$$P = FvK_b10^3/\eta \tag{6-29}$$

即

$$P = (a_Z + a_K)LvK_b10^3/\eta \tag{6-30}$$

式中　L——输送机的总长度，m；

　　　　v——带速，m/s；

　　　　η——机械传动效率；

　　　　K_b——电动机特性差异与物料不均匀性的备用系数，$K_b = 1.15 \sim 1.2$。

依据输送机传递功率的大小和电动机功率系列来选择主驱动电动机和驱动单元电动机的功率。分散驱动单元数为

$$n' = \frac{P - P_z}{P_0} \tag{6-31}$$

则分散驱动电动机的总台数为

$$n = 2n' = \frac{2(P - P_z)}{P_0} \tag{6-32}$$

式中　P_z——主电动机的功率，kW；

　　　　P_0——分散驱动单元电动机的总功率，kW。

3. 分散驱动单元间距的确定

分散驱动单元一般遵循等间距布置原则，但每一段内输送带的最大张力值要不大于输送带的许用张力，同时在承载段，每一驱动段内的最小张力值还要不小于输送带承载分支最小张力点的许用张力。所以一般情况下，可由输送带的许用张力和承载分支最小张力点的许用张力来检验分散驱动单元的间距是否合理。

由前面的分析，两驱动单元间的张力可表示为 $S_{(i+1)} = S_i + W_i - F_{di}$。在承载段，有

$$S_{(i+1)} = S_i + W_i - F_{di} \leqslant S_e \tag{6-33}$$

即

$$S_i + a_Z L_Z - F_{di} \leqslant S_e \tag{6-34}$$

所以

$$L_Z \leqslant \frac{S_e - S_i + F_{di}}{a_Z}$$ (6-35)

式中 S_e——输送带的许用张力，N；

L_Z——承载段驱动单元的间距，m；

a_Z——承载分支输送带的线阻力，N/m。

在回空分支可以采取同样的方法来确定分散驱动单元的间距。

6.3 输送机三维样机设计

蛇形移动输送机结构设计和总体设计主要是通过三维设计、分析软件 Pro/E 建立输送各个零件的实体模型库，并对关键零件进行有限元分析优化，然后将零件组装得到输送机各部件的三维实体模型图，并进行尺寸干涉检查和结构分析以及运动分析，优化其结构最终得到蛇形移动输送机三维实体虚拟样机模型。其过程如图 6-20 所示。

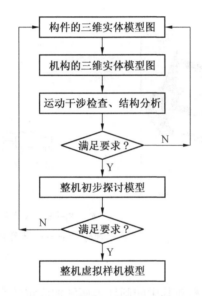

图 6-20 结构三维设计流程图

按照上述设计思路最终得到的输送机整机虚拟样机模型如图 6-21 所示、截面图如图 6-22 所示。

图 6-21 整机三维样机图

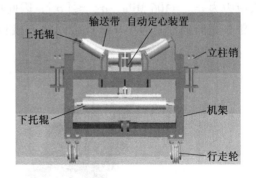

图 6-22 截面图

6.4 关键部件的有限元分析

利用 Pro/E 软件建立万向节、销轴、机架三维模型，导入 ANSYS 分析窗口，利用 ANSYS 自带的自适应网格进行网格划分，如图6-23~图6-25所示。材料选择材料库中的45号钢，其材料属性为各向同性材料，弹性模量为215 GPa，泊松比为0.3；确定载荷和边界条件，万向节是各小车彼此之间的连接机构，输送带预紧后，对机架进行受力分析，如图6-26所示。

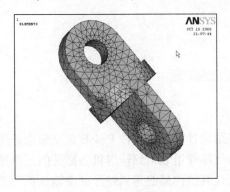

图 6-23 万向节网格图

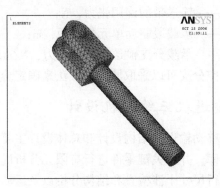

图 6-24 销轴网格图

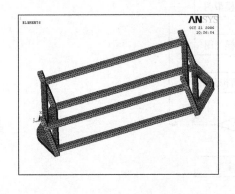

图 6-25 小车网格图

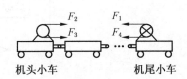

F_1、F_4—驱动滚筒受到的输送带紧边张力、松边张力；

F_2、F_3—导向滚筒受到的输送带紧边张力、松边张力

图 6-26 机架受力分析图

根据万向节的受力情况，约束是在其中间圆柱表面施加固定约束条件。对万向节加载后，求解得到的应力云图如图6-27所示。万向节的材料为45号钢，其抗拉强度$\sigma_b = 600$ MPa，安全系数$n = 5$，得其许用应力为$[\sigma] = 120$ MPa，从图6-27中可以看出，万向节的高应力区主要集中在孔的内侧，最大应力为$\sigma_{max} = 106$ MPa、$\sigma_{max} \leqslant [\sigma]$，因此材料强度满足要求。

销轴是转向油缸与小车彼此之间的连接机构，输送机转弯过程中，对销轴进行受力分析，如图6-28所示。

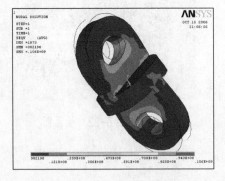

图 6-27 万向节应力云图

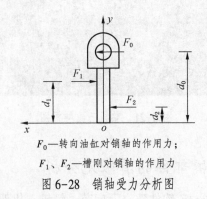

F_0—转向油缸对销轴的作用力；

F_1、F_2—槽刚对销轴的作用力

图 6-28 销轴受力分析图

根据销轴的受力情况约束是在其中间圆柱表面施加固定约束条件。对销轴加载后，求解得到的应力云图 6-29 所示。

销轴的材料为 45 号钢，其抗拉强度 $\sigma_b = 600$ MPa，安全系数 $n = 5$，得其许用应力为 $[\sigma] = 120$ MPa，从图 6-29 中可以看出，销轴的高应力区主要集中在孔的内侧，最大应力为 $\sigma_{max} = 115$ MPa、$\sigma_{max} \leqslant [\sigma]$，因此材料强度满足要求。

对小车进行受力分析，如图 6-30 所示。

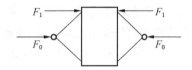

F_0—输送带预紧力；
F_1—转向油缸对销轴的作用力

图 6-29 销轴应力云图　　　　图 6-30 小车受力分析图

根据小车的受力情况，约束是在其底面施加固定约束条件。对小车加载后，求解得到的应力云图如图 6-31 所示。小车的材料为 45 号钢，其抗拉强度 $\sigma_b = 600$ MPa，安全系数 $n = 4$，得其许用应力为 $[\sigma] = 150$ MPa，从图 2-31 中可以看出，小车的高应力区主要集中在与转向油缸对应的连杆处以及连接架处，最大应力为 $\sigma_{max} = 133$ MPa、$\sigma_{max} \leqslant [\sigma]$，因此材料强度满足要求。

图 6-31 小车应力云图

7 蛇形移动输送机摩擦驱动原理研究

蛇形移动输送机由于其独特的结构和新颖的驱动方式，使其具备了普通带式输送机所不具备的特点，其优点主要表现如下。

(1) 由于输送带的T形结构与摩擦轮驱动，有效地随机确定输送带的运行轨迹，可以实现普通带式输送机无法达到的小曲率水平转弯，扩大了对输送线路的适用范围，同时具有防跑偏功能。设计中，不必采取特殊的措施来防止输送带的跑偏，在凹曲线段，有防止飘带的功能。

(2) 输送带每经过一次中间驱动单元，张力就有所降低，因而可以允许以低级的输送带代替高强度输送带，这样也能降低成本。这在目前我国高强度输送带规格较少的情况下，可用价格低廉、较低强度等级的普通带式输送机作长距离、大运量的运输，从而延长带式输送机的长度和加大运量。

(3) 可以减少中转环节，从而可以减少中转站，以降低投资；可以降低物料的粉碎率；可以简化运输系统；由于不经转载，可以减少故障发生点。

(4) 驱动装置的各部分尺寸可以大大减小，在搬运和安装上都比较方便，可不需井下吊装设备，特别在煤矿井下，由于驱动装置布置相对较低，不需庞大的硐室，可以减少煤矿井下开采量，这对加快建井速度和节约投资都有一定意义。

(5) 由于T形带输送机的转弯是通过驱动轮对输送带的推力来实现的，所以在整个输送机全长上，可根据需要实现多点转弯。如果在托辊架上安装驱动装置和行走装置，就可以实现输送机的蛇形行走。这是其他类型的带式输送机所不具备的功能，这也为扩展其应用领域奠定了基础。

7.1 摩擦驱动数学模型的建立

在驱动处，驱动轮以一定的压力与驱动导轨接触，以保证产生足够的静摩擦力。由于输送带是弹性体，在驱动导轨上有一凹陷如图7-1所示。

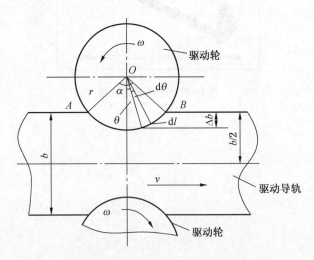

图7-1 驱动轮工作区受力图

在图7-1中，采用下列含义符号：

α——驱动轮压入驱动导轨时在驱动轮上产生的包角，这里定义为压入包角，rad；

AB——压入包角对应的驱动轮弧长，定义为压入弧，mm；

$\overline{AB}$——压入弧对应的弦长，定义为压入弦长，mm；

r——驱动轮的半径，mm；

h——驱动轮厚度，mm；

b——驱动导轨厚度，mm；

Δb——驱动轮压入驱动导轨时的压陷量，mm。

工作时，两侧驱动轮与驱动导轨间的受力情况相同，为分析问题方便，现取其中一侧驱动轮为研究对象。如图 7-2 所示，在驱动轮与驱动导轨的接触面上取 dl 弧长的单元进行分析。

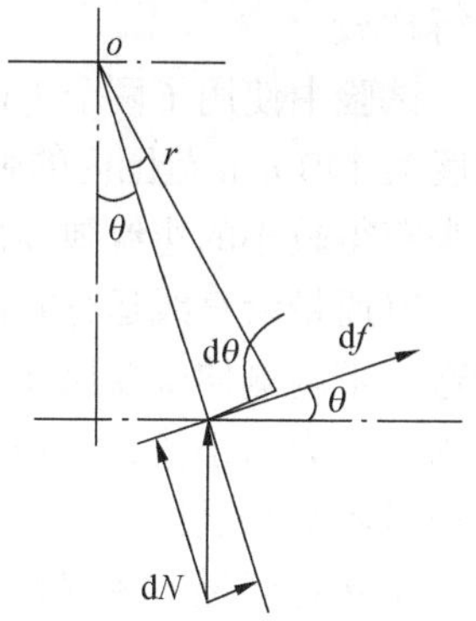

当驱动轮以一定的压力紧压驱动导轨时，弧 dl 段产生的支反力为

图 7-2 dl 弧长的单元受力图

$$dN = \sigma dlh = \sigma hrd\theta \tag{7-1}$$

则 dl 段产生的摩擦力为

$$dF_f = fdN\cos\theta \tag{7-2}$$

式中 σ——dl 段处的压应力，MPa；

θ——dl 段的偏角，rad；

f——驱动轮和驱动导轨间的静摩擦因数。

假设两个驱动轮作用于驱动导轨的压力相等，则驱动导轨沿宽度方向的中间平面不发生变形。所以 dl 段所受的应力 σ 可以表示为

$$\sigma = E_0\varepsilon = E_0\frac{V_b}{\frac{1}{2}b} \tag{7-3}$$

式中 E_0——驱动导轨材料的横向压缩弹性模量，MPa，驱动导轨的材料为橡胶材料；

V_b——dl 处对应的输送带纵向压缩量。

在 $\left[-\dfrac{\alpha}{2}, \dfrac{\alpha}{2}\right]$ 内对 dN 积分，得

$$N = \int_{-\frac{\alpha}{2}}^{\frac{\alpha}{2}} dN = \int_{-\frac{\alpha}{2}}^{\frac{\alpha}{2}} \frac{2r^2E_0\left(\cos\theta - \cos\dfrac{\alpha}{2}\right)}{b}hd\theta \tag{7-4}$$

整理得

$$N = \frac{2r^2E_0h}{b}\left(2\sin\frac{\alpha}{2} - \alpha\cos\frac{\alpha}{2}\right) \tag{7-5}$$

式中 N——驱动轮对驱动导轨的正压力，N。

7.2 驱动效率分析

文献 [15] 对摩擦驱动装置进行了研究，分析了摩擦力随压力的变化规律和影响因素，得出了工作区域的滑移指数特性曲线，并实验测得了接触区域的压应力分布与横向应力分布规律，详细实验结果可以参见文献 [15]。该文献同时还研究了摩擦轮的驱动效率，以下列举出一些实验和分析结果。

在转弯半径固定时，即使使用复杂的数学方法也不能完全描述输送带，因此有必要对各种不同的转弯半径进行综合测试，为达到这个目的，安装了总长为 20 m 的弯曲输送带。实验所用的带式输送机由 16 个弯曲连接的小段组成，每段长度大约为 1 m，外加一个驱动装置和一个张紧装置。调整小段使其和相邻段的最大角度为 6°，即最小的弯曲半径为 10 m，该带式输送机除了安装滚筒驱动装置外，还配备了两个驱动摩擦轮，分别安装在第 4 段和第 13 段，以便直接对两个驱动系统

进行比较。

　　试验中使用了两个 1 m 带宽的双层织物输送带。带 1 的弹性模量为 4414 N/mm；对于带 2，两边宽度为 140 mm 范围内的弹性模量为 2710 N/mm，中间弹性模量为 3170 N/mm。通过改变两边织物结构来获得较小的边缘弹性模量。

　　普通带沿直线运行时截面平坦，宽度方向结构一样，所以牵引力产生的输送带伸长也均匀。水平转弯的带内侧伸长要比外侧伸长小。假设伸长沿宽度方向线性分布。在输送带有水平转弯时，尽管弯曲内部张力为正值，但是内部形成一条宽度为 b_0 的区域，该区域能增加带的松弛。如图 7-3 所示。假设带不能承受压力，当 $b_0 > 0$ 时，牵引力沿宽度 $B - b_0$ 方向分布。宽度方向的伸长尺寸和分配规律决定于转弯半径、带宽和牵引力大小。牵引力将影响 b_0 的大小，当牵引力为零时，由于没有拉应力作用在带内，未伸长部分位于带的外边缘。这种情况下带的弯曲只能导致带的松弛。这说明带外部最大伸长值的限制不能确定转弯的最小半径，因为可以通过改变有伸长点的带的组成和性质来使带能够承受任意小的转弯半径。结果是增加了内部边缘的松弛，而此松弛可以导致运输货物的散落，并且降低运量、增加运行阻力。此外，外部边缘的伸长会导致外部离开托辊，尽管运输货物重量可以抵消这部分作用效果，但是最后会导致在空载段脱离托辊，也会使导轨有脱出导向轮的趋势。可以通过降低牵引力的方式减小带的翘起，但是这种方式也将增加内部的松弛。

　　图 7-4 所示为不同弯曲半径时带 2 的伸长测量值。对于弯曲半径为 258 m，牵引力为 4 kN 时，伸长都是正值。图中还可以清晰地看出降低弯曲半径，b_0 值增加。半径降低到 82 m 之前，带 2 外部边缘的伸长随着半径减小而增加。随着半径继续降低，带外部边缘的伸长开始降低，原因是外部槽型区域的翘起。这种情况下减小转弯半径不会降低伸长，因为此时带外部边缘有往转弯中心移动的趋势，从而导致带外边缘与托辊的脱离。图中负的伸长实际表示带的缩短。

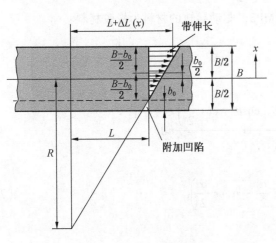

图 7-3　带理论伸长示意

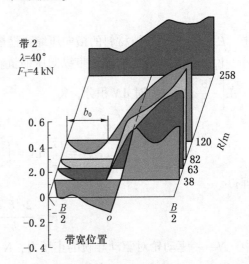

图 7-4　不同曲率半径带伸长的实测

　　图 7-5 所示为带 2 与带 1 伸长的分布对比图，其中带 1 具有较大的整体弹性模量；前面提到的带 2，带两侧的弹性模量小于中心的弹性模量，其结果使 b_0 减小。另外带 2 中产生外边缘翘起，半径更大，时间更早，牵引力更小；相比之下，带 1 在弯曲段外侧伸长的分布近似为线性分布，这表明整个带只有轻微地离开托辊。造成的原因是带 1 较大的横向刚度。小曲率的水平弯曲中较高的横向刚度是非常重要的因素。对于这里面讨论的输送带，预应力值决定于输送带最大允许松弛。

　　前面提到的直线部分带的松弛至少保持 1% 以上，这样意味着运量为 1000 t/h 的输送带 1 和带 2，最小的转弯半径为 100~150 m。对于横向刚度较大的带 1 而言，转弯角度大概为 3°~4°，允许的转弯半径大概为 40 m。假设有一输送带具有像带 1 那样的横向刚度、带 2 那样较低的层间弹性模量，那么该输送带能完成小于 100 m 的转弯半径和更大的整体转弯角度。

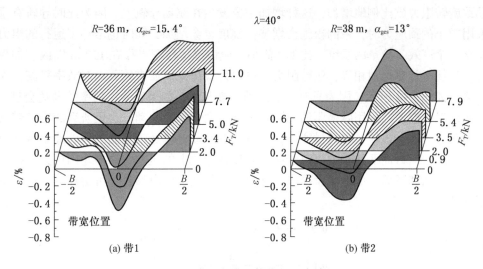

图 7-5 带 1 与带 2 的伸长分布对比

输送带若转弯半径为 10~50 m 时，必须具有不同的横向特性：中间部分应该有较大的层间弹性模量以保证输送带伸长尽可能小，两侧应该有较好的弹性。一种降低转弯半径内侧边缘松弛的方法是将带的边缘处进行预拉伸。转弯时，内侧的输送带边缘不需要完全恢复到原始长度，外侧边缘较直线运行时进一步被拉长。为了验证这一假设，对带 1 进行一下简单的修改，称为带 3。在带 1 的边缘每间隔 1 m 切一个梯形槽。梯形槽当输送带平放未拉伸时，外边缘长度为 200 mm，用外部长度仅为 160 mm 的橡胶块填充以达到预拉伸的目的。为了提高横向刚度，在新展开点埋有薄的金属条。

由于这里提到的导向轮和驱动轮所产生的附加阻力，在其他类型输送机中不存在，由于其输送带的特殊性使阻力沿长度方向的分布也与普通阻力有所区别。对于托辊而言，不提供任何带的导向作用，运行阻力主要是由于导向轮在转弯过程中产生的，而且是以牵引力为参变量的。图 7-6 以试验测定率为基础，这个图只适用于两个导向轮不相互挤压的情况，这种情况下实际运行阻力要更大些。当所有导向轮都压入导轨 2 mm，提供了足够的运行阻力，这表明，对于这样的输送带而言，需要增加特殊的驱动装置或者增加驱动力来平衡增加的附加阻力。托辊的运行阻力主要由旋转阻力和挠曲阻力组成。为了比较不同输送带的摩擦因数，分离出一托辊组来测量这个阻力。图 7-7 中看出对于带 1 和带 2 而言，空载直线时的摩擦因数近似相等；对于转弯半径为 36、38 m 的带 1 而言，由于其内部松弛较大，因此摩擦因数比带 2 大；使用带 3 时，尽管转弯角度相比带 1、带 2 的 15.4°、13° 变成 29°，还是获得了较小的摩擦因数 f_0；可见小半径转弯时预应力非常重要。随着预应力增加，系数 f_0 也可能增加，因为转弯时托辊也提供了转向时的导向作用。带外边缘的翘起导致带对其他托辊应力的增加。

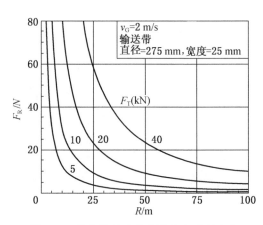

图 7-6 导向轮运动阻力随曲率半径变化

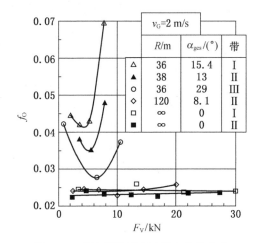

图 7-7 理论摩擦因数随预应力的变化

这可能会导致旋转阻力成比例地增加，这种增加主要发生在驱动导轨上，因为此时导轨有垂直弯曲的趋势，当采用较小的预应力时，带的松弛会增加，挠度也会增加，同时也增加了运行的阻力系数。

为了建立一个高效、简单的系统，比如 f 值小，应该选择转弯半径在 120 m 以内。如果这种情况下摩擦因数与直线运行时近似相等，运行阻力就可以计算出来。皮带轮驱动时效率较高，大致为摩擦轮驱动的 2 倍，如图 7-8 所示。因为只有 1/3 的动力被利用，如果安装小功率的马达会进一步提高效率。根据这些结果，应该在采用摩擦驱动的同时配备一两个滚筒驱动。这里研究的输送带具有比普通输送带更好的转弯特性，该输送带通过摩擦轮进行分散驱动，输送带下面的导轨除了传递驱动力外还有导向作用。输送带运行需要的动力决定于摩擦轮压在导轨上的压力、摩擦轮圆周力、接触区域的摩擦特性以及由于挠曲和摩擦造成的能量损失。摩擦轮在导轨上的滑移是不可避免的，这也降低了摩擦轮的整体驱动效率。

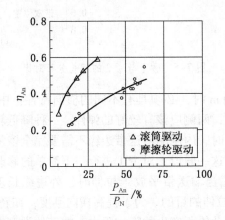

图 7-8　滚筒驱动与摩擦轮驱动效率对比

通过在一个摩擦轮里面安装传感器来测量接触区域轮轨间的压缩和横向应力。同时获得接触区域的尺寸和位置等信息。最小转弯半径不是决定于材料的许用应力，而是决定于输送带满载时的形状。较大的横向刚度和较低的层间弹性模量是提高输送带转弯特性的两个重要特性。由于这样设计的带式输送机的牵引力很低，所以要使用它是可行的。对于带有曲线的输送带而言，希望获得和直线运行时相同的运量，实用普通输送带时最小转弯半径为 100~150 m。整体的转弯角度也非常小。为了实现 10~15 m 的小曲率弯曲，使用特殊结构的输送带很有必要。文献 [15] 试验中采用了特制输送带实现了 10 m 的转弯半径。由于导向轮产生的阻力为输送带运行主要阻力。表明摩擦轮驱动较滚筒驱动效率低，建议在短系统中采用，可以使驱动装置经过一个或两个尾部滚筒。

8 蛇形移动输送机运动学分析与仿真研究

8.1 系统的运动学模型

8.1.1 构建运动学传递方程

在分析输送机运动学问题时，重点确定各个行走小车之间的运动规律和轨迹跟踪规律，一些结构和约束对所研究问题影响很小，所以在研究时对所研究问题进行了以下基本假设：

（1）输送机在平面上运动。

（2）行走轮不打滑。

（3）各小车关于其纵向轴线对称。

（4）车体是刚体。

（5）各小车彼此连接的关节无摩擦。

（6）输送机低速慢行。

（7）输送机转弯曲率半径较大，各小车质心处侧偏角很小忽略不计。各小车质心处的速度方向沿其各自纵向轴线方向。

将蛇形移动输送机看成是多刚体系统，分别建立系统参考坐标系（参考基）XOY 及各小车附体坐标系（连体基）$x_i o_i y_i$，其中 $i=1，2，3，\cdots，n$。系统参考坐标系（XOY）与大地固连。各小车附体坐标系 $x_i o_i y_i$，其中 $i=1，2，3，\cdots，n$ 分别与各小车固连。$o_i(i=1，2，\cdots，n)$ 为各小车的质心。$x_i(i=1，2，\cdots，n)$ 沿各小车纵向轴线方向。将输送机各小车视为刚体，经过上述简化的蛇形移动输送机运动学模型如图 8-1 所示。

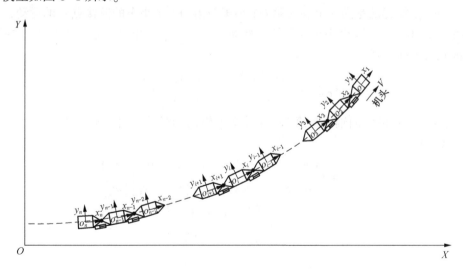

图 8-1 蛇形移动输送机运动学模型图

选定 $\{x_i y_i \theta_i\}$ 作为第 i 个小车的位形描述，其中 $\{x_i，y_i\}$ 表示第 i 个小车质心在系统参考坐标系 $\{XOY\}$ 下的坐标，θ_i 表示第 i 个小车纵向轴线与系统参考坐标系 X 轴的夹角。第 i 个小车与其前后小车的连接关系及各小车的尺寸如图 8-2 所示。

图 8-2 中符号含义：

B_i、A_i——第 i 个小车与第 $i-1$ 个小车和第 $i+1$ 个小车的铰接点；

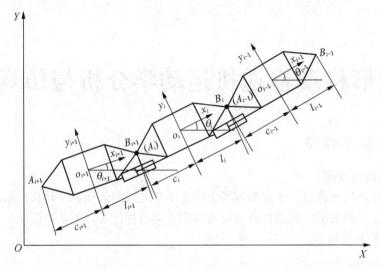

图 8-2 第 i 个小车与其前后小车的连接关系图

c_i、l_i——A_i、B_i 点到第 i 个小车质心 o_i 的距离;

θ_i——第 i 个小车纵向轴线与系统参考坐标系 X 轴的夹角。

蛇形移动输送机各小车作平面运动, 由平面刚体运动规律可得如下关系:

$$v_{A(i)} = \begin{bmatrix} v_i \\ -c_i\omega_i \end{bmatrix} = \begin{bmatrix} 1 & 0 \\ 0 & -c_i \end{bmatrix} \times \begin{bmatrix} v_i \\ \omega_i \end{bmatrix} \tag{8-1}$$

$$v_{B(i)} = \begin{bmatrix} v_i \\ l_i\omega_i \end{bmatrix} = \begin{bmatrix} 1 & 0 \\ 0 & l_i \end{bmatrix} \times \begin{bmatrix} v_i \\ \omega_i \end{bmatrix} \tag{8-2}$$

式中 v_i——第 i 个小车与第 $i-1$ 个小车的铰接点 B_i 的线速度;

ω_i——第 i 个小车的角速度。

由于 $v_{A(i)}$、$v_{B(i+1)}$ 描述的是同一个点 (第 i 个小车与第 $i+1$ 个小车的铰接点) 的运动, 只是相对于不同的坐标系。$v_{A(i)}$ 相对于第 i 个小车的附体坐标系 $x_io_iy_i$, $v_{B(i+1)}$ 相对于第 $i+1$ 个小车的附体坐标系 $x_{i+1}o_{i+1}y_{i+1}$。因此有下列关系

$$v_{B(i+1)} = \begin{bmatrix} \cos(\varphi_i) & -\sin(\varphi_i) \\ \sin(\varphi_i) & \cos(\varphi_i) \end{bmatrix} v_{A(i)} \tag{8-3}$$

式中 φ_i——第 i 个小车的纵向轴线与第 $i+1$ 个小车的纵向轴线的夹角 $\varphi_i = \theta_i - \theta_{i+1}$。

由以上几式可得

$$v_{B(i+1)} = \begin{bmatrix} \cos(\varphi_i) & -\sin(\varphi_i) \\ \sin(\varphi_i) & \cos(\varphi_i) \end{bmatrix} \begin{bmatrix} 1 & 0 \\ 0 & -c_i \end{bmatrix} \begin{bmatrix} v_i \\ \omega_i \end{bmatrix} \tag{8-4}$$

$$v_{B(i+1)} = \begin{bmatrix} 1 & 0 \\ 0 & l_{i+1} \end{bmatrix} \begin{bmatrix} v_{i+1} \\ \omega_{i+1} \end{bmatrix} \tag{8-5}$$

整理可得

$$\begin{bmatrix} v_{i+1} \\ \omega_{i+1} \end{bmatrix} = \begin{bmatrix} 1 & 0 \\ 0 & l_{i+1} \end{bmatrix}^{-1} \begin{bmatrix} \cos(\varphi_i) & -\sin(\varphi_i) \\ \sin(\varphi_i) & \cos(\varphi_i) \end{bmatrix} \begin{bmatrix} 1 & 0 \\ 0 & -c_i \end{bmatrix} \begin{bmatrix} v_i \\ \omega_i \end{bmatrix} \tag{8-6}$$

整理可得

$$\begin{bmatrix} v_{i+1} \\ \omega_{i+1} \end{bmatrix} = \begin{bmatrix} \cos(\varphi_i) & c_i\sin(\varphi_i) \\ \dfrac{\sin(\varphi_i)}{l_{i+1}} & -\dfrac{c_i\cos(\varphi_i)}{l_{i+1}} \end{bmatrix} \begin{bmatrix} v_i \\ \omega_i \end{bmatrix} \tag{8-7}$$

记

$$R_i = \begin{bmatrix} \cos(\varphi_i) & c_i\sin(\varphi_i) \\ \dfrac{\sin(\varphi_i)}{l_{i+1}} & -\dfrac{c_i\cos(\varphi_i)}{l_{i+1}} \end{bmatrix}$$

$$T_n = R_n R_{n-1} \cdots R_2 R_1$$

$$\begin{bmatrix} v_n \\ \omega_n \end{bmatrix} = T_{n-1}\begin{bmatrix} v_1 \\ \omega_1 \end{bmatrix} \tag{8-8}$$

另外，在全局坐标系中可以求出

$$\begin{bmatrix} \dot{x}_n \\ \dot{y}_n \\ \dot{\theta}_n \end{bmatrix} = \begin{bmatrix} v_n\cos(\theta_n) \\ v_n\sin(\theta_n) \\ \omega_n \end{bmatrix} \tag{8-9}$$

v_1、ω_1 的求法可由对机头小车的运动分析得出，机头小车的运动模型如图 8-3 所示。

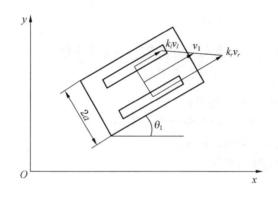

图 8-3 机头小车运动模型图

图 8-3 中符号含义：

a——机头小车机架半宽度；

v_l——面向机头小车前进方向左侧履带前进速度；

v_r——面向机头小车前进方向右侧履带前进速度；

k_l、k_r——面向机头小车前进方向左右侧履带相对于地面实际滑动参数，目的是引入一个履带与地面相互作用的估计；

v_1——机头小车质心速度，$v_1 = \dfrac{k_r v_r + k_l v_l}{2}$；

θ_1——机头小车纵向轴线与 x 轴的夹角。

综上所述，蛇形移动输送机系统运动学模型为

$$\begin{cases} \begin{bmatrix} v_{i+1} \\ \omega_{i+1} \end{bmatrix} = \begin{bmatrix} \cos(\varphi_i) & c_i\sin(\varphi_i) \\ \dfrac{\sin(\varphi_i)}{l_{i+1}} & -\dfrac{c_i\cos(\varphi_i)}{l_{i+1}} \end{bmatrix}\begin{bmatrix} v_i \\ \omega_i \end{bmatrix} \\[4mm] \begin{bmatrix} v_1 \\ \omega_1 \end{bmatrix} = \begin{bmatrix} \dfrac{k_l v_l + k_r v_r}{2} \\ \dfrac{k_r v_r - k_l v_l}{2a} \end{bmatrix} \end{cases} \tag{8-10}$$

8.1.2　运动学特性研究

系统的实际运输路径可能是直线路径、曲线路径，或者二者叠加。直线路径可以归结为曲线路径的特殊情况（曲率无穷大）。因此，下面我们着重研究输送机走曲线路径时的运动特性。

输送机向前行驶时，当第 i 小车从直线运动过渡到圆周运动时，第 $i+1$ 小车的运动也将由直线过渡到圆，两小车纵向轴线之间的夹角将指数级收敛到稳定状态值。蛇形移动输送机从直线运动过渡到圆周运动时，第 i 小车、第 $i+1$ 小车的数学力学简化模型如图 8-4 所示。

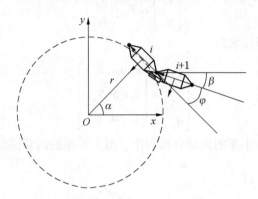

图 8-4　小车的数学力学简化模型图

图 8-4 中符号含义：

β——第 $i+1$ 小车纵向轴线与 x 轴夹角；

φ——第 i 小车纵向轴线与第 $i+1$ 小车纵向轴线夹角；

α——第 i 小车纵向轴线与 x 轴所成的角；

r——输送机做圆周运动的轨道半径。

由几何关系可得

$$90° - \alpha = \beta + \varphi \tag{8-11}$$

式（8-11）等号两边同时对时间 t 求导，可得

$$\frac{d\beta}{dt} + \frac{d\varphi}{dt} = -\frac{d\alpha}{dt} \tag{8-12}$$

整理可得

$$\frac{d\varphi}{dt} = -\frac{d\beta}{dt} - \frac{d\alpha}{dt} \tag{8-13}$$

由圆周运动公式可得

$$v_1 = r\frac{d\alpha}{dt} \tag{8-14}$$

由前边运动学递推公式得

$$\frac{d\beta}{dt} = \frac{v_1}{l_2}\sin(\varphi_1) - \frac{c_1\omega_1}{l_2}\cos(\varphi_1) \tag{8-15}$$

由以上几式可得

$$\frac{d\varphi}{dt} = -\frac{v_1}{l_2}\sin(\varphi_1) + \frac{c_1\omega_1}{l_2}\cos(\varphi_1) - \frac{v_1}{r} \tag{8-16}$$

$$\frac{d\alpha}{dt} = \frac{v_1}{r} \tag{8-17}$$

由以上两式可得

$$\frac{d\varphi}{d\alpha} = \frac{c_1\omega_1 r}{l_2 v_1}\cos(\varphi_1) - \frac{r}{l_2}\sin(\varphi_1) - 1 \tag{8-18}$$

设方程的平衡点为 φ^*。令 $x=\varphi-\varphi^*$，

$$\frac{\mathrm{d}x}{\mathrm{d}\alpha} = \frac{c_1\omega_1 r}{l_2 v_1}\cos(x) - \frac{r}{l_2}\sin(x) - 1 \tag{8-19}$$

由 Liapunov 线性化方法将方程关于平衡点线性化，得到

$$\frac{\mathrm{d}x}{\mathrm{d}\alpha} = \frac{\partial\left[\dfrac{c_1\omega_1 r}{l_2 v_1}\cos(x) - \dfrac{r}{l_2}\sin(x) - 1\right]}{\partial x} \tag{8-20}$$

整理可得

$$\frac{\mathrm{d}x}{\mathrm{d}\alpha} = -\frac{r}{l_2}x \tag{8-21}$$

解方程得

$$x = x(0)\mathrm{e}^{-\frac{r}{l_2}\alpha} \tag{8-22}$$

其中，$x(0)=x_{\alpha=0}$。

对上式取极限可得

$$\lim_{\alpha\rightarrow+\infty} x = 0 \tag{8-23}$$

所以，输送机向前行驶时，当第 i 小车从直线运动过渡到圆周运动时，第 $i+1$ 小车的运动也将由直线过渡到圆，两小车纵向轴线之间的夹角将指数级收敛到稳定状态值。

输送机向前行驶时，设第 i 小车沿着一个半径为 r_i 的圆运动时，则第 $i+1$ 小车的运动路线将收敛到半径为 $r_{i+1}=\sqrt{r_i^2+c_i^2-l_{i+1}^2}$ 的圆上（图 8-5）。

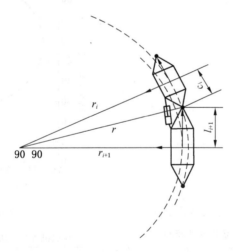

图 8-5 相邻小车的运动半径关系图

图 8-5 中：

c_i——第 $i+1$ 小车与第 i 小车的铰接点到第 i 小车质心的距离；

l_{i+1}——第 $i+1$ 小车与第 i 小车的铰接点到第 $i+1$ 小车质心的距离。

由上面分析可以看出：

（1）当 $c_i>l_{i+1}$ 时，$r_{i+1}>r_i$，即在做圆运动时，第 $i+1$ 小车处于外圆。

（2）当 $c_i<l_{i+1}$ 时，$r_{i+1}<r_i$，即在做圆运动时，第 $i+1$ 小车处于内圆。

（3）当 $c_i=l_{i+1}$ 时，$r_{i+1}=r_i$，即在做圆运动时，第 $i+1$ 小车与第 i 小车的运动轨迹理论上是重合的。

当第 i 小车沿着一个半径为 r_i 的圆运动时，第 $i+1$ 小车与第 i 小车的铰接点将沿着一个半径比 r_i 稍大的圆周运动。设铰接点的运动半径为 r，由前面分析可知第 $i+1$ 小车也将做圆周运动，设其运动半径为 r_{i+1}。r_i、r 及 r_{i+1} 的关系如图 8-5 所示。

由几何关系可得：

$$r_i^2 + c_i^2 = r_{i+1}^2 + l_{i+1}^2 \tag{8-24}$$

从而可得第 $i+1$ 小车的运动半径 r_{i+1} 为

$$r_{i+1} = \sqrt{r_i^2 + c_i^2 - l_{i+1}^2} \tag{8-25}$$

8.2 系统运动学仿真

建立起来的运动学方程是非线性方程，且是非完整系统，很难用解析方法求出封闭解，而需采用数值计算方法来求解。由于龙格-库塔法精度较高，且计算量相对较少，仿真算法选用龙格-库塔法。下面以 5 节小车（包含机头小车、机尾小车）的蛇形移动输送机为例，利用 MATLAB 软件 Simulink 模块对蛇形输送机系统进行运动仿真。

仿真输入参数：直线段：$v_l = v_r = 0.1$ m/s；曲线段：$v_l = 0.0945$ m/s；$v_r = 0.1045$ m/s；$a = 0.5$ m；$c_1 = l_2 = c_2 = l_3 = c_3 = l_4 = c_4 = 1$ m；初始位置：初始时刻各小车纵向轴线与 x 轴夹角均为 $\pi/2$ 即 $\theta_i = \pi/2$ （$i = 1, 2, 3, 4, 5$）蛇形移动输送机初始位置与姿态如图 8-6 所示。将以上参数输入 MATLAB 软件 Simulink 模块蛇形移动输送机运动学仿真模型中，仿真结果如图 8-7 至图 8-12 所示。

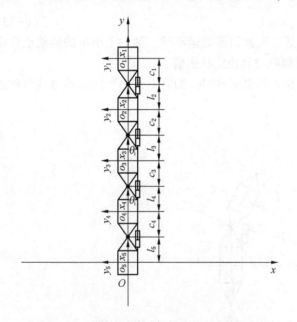

图 8-6　蛇形移动输送机初始位置与姿态图

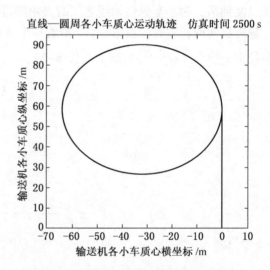

图 8-7　质心轨迹图

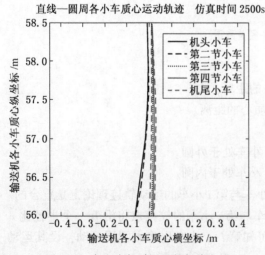

图 8-8　直线路径到圆弧局部放大图

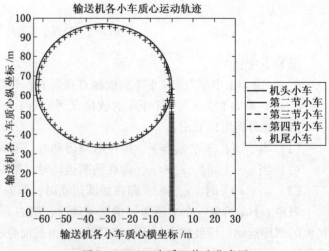

图 8-9　$l_5 = 8$ 各质心轨迹仿真图

图 8-7 中，输送机向前行驶时，当第 i 小车从直线运动过渡到圆周运动时，第 $i+1$ 小车的运动也将由直线过渡到圆，两小车纵向轴线之间的夹角将指数级收敛到稳定状态值。从而验证了以上理论的正确性。当 $c_1=l_2=c_2=l_3=c_3=l_4=c_4=l_5=1$ m 时，各个小车的运动轨迹曲率半径均相同。从而证明该系统运动规律满足所述规律。

由图 8-9 可知，当机头小车由直线路径运动到曲线路径时，各小车依次由直线路径进入曲线路径，并且最终运动曲率半径均保持不变，说明前后两小车纵向轴线夹角衰减到稳定值。图 8-9 中，除了 l_5 不同，其他参数均相同，第五节车质心轨迹满足前面叙述的运动规律。

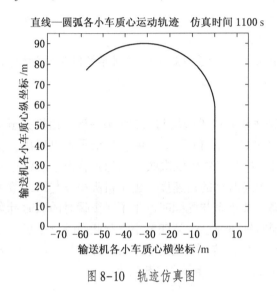

图 8-10 轨迹仿真图

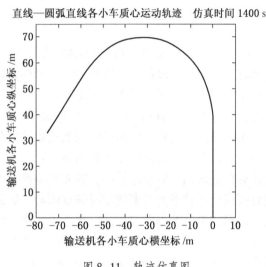

图 8-11 轨迹仿真图

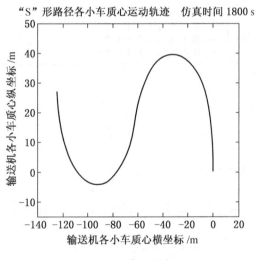

图 8-12 轨迹仿真图

图 8-10~图 8-12 所示分别为 $c_1=l_2=c_2=l_3=c_3=l_4=c_4=l_5=1$ m 时机头小车依次沿直线—圆弧、直线—圆弧—直线、"S" 形路径的仿真结果。这些结果证明蛇形移动输送机机头与机架间运动关系满足前面叙述的运动规律。说明机架有很好的轨迹跟踪能力，由于结构的特殊性，需要转向油缸的配合实现，关于油缸的转向特性下节介绍。

8.3 输送机转向油缸运动学与仿真分析

蛇形移动输送机由于结构的特殊性，在转弯过程中，各小车之间产生相对转动需克服输送带初张力和转弯附加张力。设计时考虑输送带外边缘最大张力、内边最小张力，以及输送机侧向稳定性确定输送机最小转弯半径，可以利用机械限位装置保证机架间最大转角。若使输送机转弯时机架转角可控，不仅可以提高输送机行走时的通过能力，而且可以保证输送机在有条件的任意弯曲状态下完成输送任务。鉴于以上原因，在机架上端左侧增设辅助转向油缸，右侧采用弹簧压杆来平衡和适应弯曲变化。

8.3.1 典型工况下小车相对转角仿真

由 8.1.2 节对蛇形输送机运动学传递方程的推导可知，第 $i+1$ 小车的速度矩阵可以表示为第 i 小车的速度矩阵与传递矩阵的乘积，设传递矩阵为 T_i，则有

$$T_i = \begin{bmatrix} \cos(\varphi_i) & c_i\sin(\varphi_i) \\ \dfrac{\sin(\varphi_i)}{l_{i+1}} & \dfrac{-c_i\cos(\varphi_i)}{l_{i+1}} \end{bmatrix} \tag{8-26}$$

其中，φ_i 为小车相对转角。在 MATLAB 软件中的 Simulink 模块中建立蛇形输送机系统的运动学模型，并对其进行仿真，可以得出输送机小车相对转角随时间的变化规律。

1. 机头小车运动轨迹为直线-圆弧

仿真输入参数及 MATLAB 软件中 Simulink 模块中输送机系统模型均与 8.3.1 节一致。由机头至机尾，各小车彼此之间相对转角随时间变化规律的仿真曲线如图 8-13 所示。由仿真结果可以看出，从总的趋势看，各小车之间的相对转角 $\varphi_i(i=1,2,3,4)$ 按时间先后依次收敛到稳定状态值。输送机由直线运动进入曲线运动过程中，首先机头小车产生一个逆时针的角速度，由于机头小车与第二节小车彼此铰接，铰接点为二者的相对速度瞬心，因此，第二节小车与此同时产生了一个瞬时的顺时针角速度，同理，第三节小车与此同时产生了一个瞬时的逆时针角速度，第四节小车与此同时产生了一个瞬时的顺时针角速度，第五节小车与此同时产生了一个瞬时的逆时针角速度。因而此时 $\varphi_1>0$ 且 φ_1 逐渐增大；$\varphi_2<0$ 且 φ_2 逐渐减小；$\varphi_3>0$ 且 φ_3 逐渐增大；$\varphi_4<0$ 且 φ_4 逐渐减小。

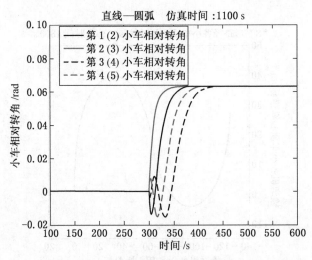

图 8-13 小车相对转角仿真图 1

当第二节小车进入曲线轨道时，产生逆时针角速度，由于第二、三节小车彼此铰接，铰接点为二者的相对速度瞬心，因此，第三节小车与此同时产生了一个瞬时的顺时针角速度，同理，第四节小车与此同时产生了一个瞬时的逆时针角速度，第五节小车与此同时产生了一个瞬时的顺时针角速度，因而此时 φ_1 保持原有运动趋势不变；$\varphi_2>0$ 且 φ_2 逐渐增大；$\varphi_3<0$ 且 φ_3 逐渐减小；$\varphi_4>0$ 且 φ_4 逐渐增加。

当第三节小车进入曲线轨道时，产生逆时针角速度，由于第三节小车与第四节小车彼此铰接，铰接点为二者的相对速度瞬心，因此，第四节小车与此同时产生了一个瞬时的顺时针角速度，同理，第五节小车与此同时产生了一个瞬时的逆时针角速度，因而此时 φ_1、φ_2 保持原有运动趋势不变；$\varphi_3>0$ 且 φ_3 逐渐增大；$\varphi_4<0$ 且 φ_4 逐渐减小。蛇形移动输送机系统在上述运动过程中，各小车的角速度随

时间变化情况如图 8-14 所示。其中，横轴表示时间；每一列表示对应小车进入转弯时各小车角速度的方向；每一行表示对应小车在各小转弯时的角速度方向的变化情况。

2. 机头小车运动轨迹为直线–圆弧–直线

仿真输入参数及 MATLAB 软件中 Simulink 模块中输送机系统模型均与 8.3.3 节一致。由机头至机尾，各小车彼此之间相对转角随时间变化规律的仿真曲线如图 8-15 所示。输送机由直线进入圆弧阶段仿真结果分析与各个小车运动轨迹曲率半径均相同时的仿真结果分析类似。输送机由圆弧阶段进入直线阶段，各小车彼此之间纵向轴线之间的夹角指数级收敛到稳定值。输送机由曲线运动进入直线运动过程中，首先，机头小车产生一个顺时针的瞬时角速度矢量，此角速度矢量与机头小车原有的角速度失量相叠加，使得机头小车逆时针的角速度逐渐减小。由于机头小车与第二节小车彼此铰接，铰接点为二者的相对速度瞬心，因此，第二节小车与此同时产生了一个瞬时的逆时针角速度。同理，第三节小车与此同时产生了一个瞬时的顺时针角速度，第四节小车与此同时产生了一个瞬时的逆时针角速度，第五节小车与此同时产生了一个瞬时的顺时针角速度。因而此时 $\varphi_1 > 0$ 且 φ_1 逐渐减小；$\varphi_2 > 0$ 且 φ_2 逐渐增加；$\varphi_3 > 0$ 且 φ_3 逐渐减小；$\varphi_4 > 0$ 且 φ_4 逐渐增加。

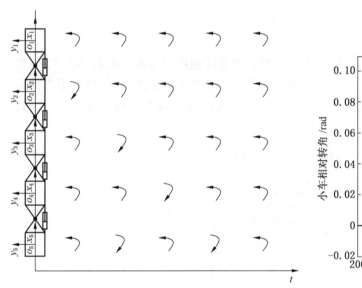

图 8-14 小车角速度变化图 1

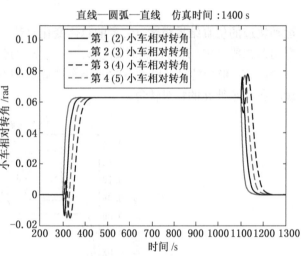

图 8-15 小车相对转角仿真图 2

机头小车进入直线轨道，开始平行移动，与此同时，第二节小车在机头小车的牵引下，逐渐进入曲线轨道与直线轨道的过渡阶段，产生一个顺时针的瞬时角速度矢量，此角速度矢量与第二节小车原有的角速度失量相叠加，使得第二节小车逆时针的角速度逐渐减小。由于第二节小车与第三节小车彼此铰接，铰接点为二者的相对速度瞬心，因此，第三节小车与此同时产生了一个瞬时的逆时针角速度。同理，第四节小车与此同时产生了一个瞬时的顺时针角速度，第五节小车与此同时产生了一个瞬时的逆时针角速度。因而此时 $\varphi_1 > 0$ 并且 φ_1 逐渐减小；$\varphi_2 > 0$ 且 φ_2 逐渐减小；$\varphi_3 > 0$ 且 φ_3 逐渐增加；$\varphi_4 > 0$ 且 φ_4 逐渐减小；直到 φ_1、φ_2、φ_3、φ_4 均减小到零，整个蛇形输送机系统完成由曲线轨道向直线轨道的过渡，开始沿直线轨道整体平动。

蛇形输送机系统在上述运动过程中，各小车的角速度随时间变化情况如图 8-16 所示。其中：横轴表示时间；"—"表示与之相对应的小车在此瞬时做直线平动。

3. 机头小车运动轨迹为"S"形

仿真输入参数及 MATLAB 软件中 Simulink 模块中输送机系统模型均与 8.3.1 节一致。由机头至机尾，各小车彼此之间相对转角随时间变化规律的仿真曲线如图 8-17 所示。输送机沿着"S"形路径行驶时各小车质心运动轨迹的仿真结果与输送机沿着"直线—圆弧—直线"路径行驶时各小车质心

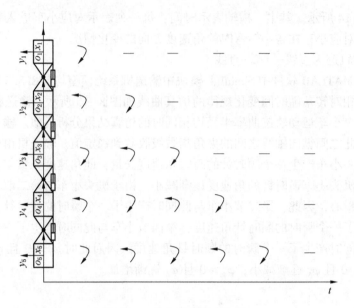

图 8-16　小车角速度变化图 2

运动轨迹的仿真结果相比,二者的总体变化趋势一致。二者的主要区别在于后者在由第一段"S"形弯向第二段"S"形弯过渡时 φ_1、φ_2、φ_3、φ_4 的变化幅度较大。这是由于输送机在由"S"形弯的第一段向 S"形弯的第二段过渡时各小车彼此的相对转角要大于输送机由"圆弧"路径向"直线"过渡时各小车彼此的相对转角。

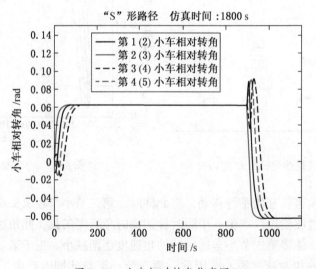

图 8-17　小车相对转角仿真图 3

蛇形移动输送机系统在上述运动过程中,各小车的角速度随时间变化情况如图 8-18 所示。

8.3.2　小车相对转角与活塞位移的运动学方程

输送机转弯过程中,第 i 小车与第 $i+1$ 小车之间的相对转角与它们之间转向油缸活塞位移之间满足关系式

$$\delta_i = c_i \varphi_i \tag{8-27}$$

$$c_i = \frac{s_i a_{i+1} + s_{i+1} a_i}{\sqrt{s_i^2 + s_{i+1}^2 + a_i^2 + a_{i+1}^2 + 2(s_i s_{i+1} - a_i a_{i+1})}} \tag{8-28}$$

式中　　φ_i——第 i 小车与第 $i+1$ 小车之间的相对转角;

　　　　a_i——第 i 小车的半宽度;

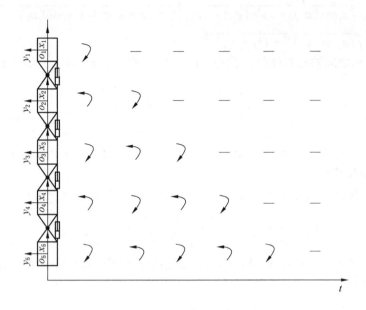

图 8-18 小车角速度变化图 3

a_{i+1}——第 $i+1$ 小车的半宽度；

s_i——第 i 小车与第 $i+1$ 小车的铰接点到第 i 小车的距离；

s_{i+1}——第 i 小车与第 $i+1$ 小车的铰接点到第 $i+1$ 小车的距离。

证明：第 i 小车与第 $i+1$ 小车之间铰接转向机构的简化模型如图 8-19 所示。以第 i 小车与第 $i+1$ 小车的铰接点 O 为坐标原点，建立平面直角坐标系 xOy。

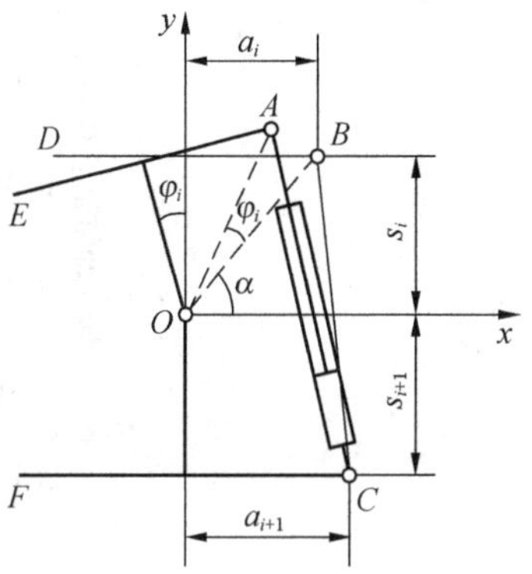

图 8-19 中符号含义：

a_i、a_{i+1}——第 i 小车、第 $i+1$ 小车的机架半宽度；

OBD、OAE——第 i 小车转动前（后）的位置；

O——第 i 小车与第 $i+1$ 小车之间的铰接点。

图 8-19 相邻小车转向机构
的简化模型图

设 OB 长度为 L：

$$L = \sqrt{a_i^2 + s_i^2} \tag{8-29}$$

由图 8-19 可得 A、B、C 三点坐标分别为

$$\begin{cases} x_A = L\cos(\alpha + \varphi_i) \\ y_A = L\sin(\alpha + \varphi_i) \end{cases} \tag{8-30}$$

$$\begin{cases} x_B = L\cos\alpha \\ y_B = L\sin\alpha \end{cases} \tag{8-31}$$

$$\begin{cases} x_C = a_{i+1} \\ y_C = -s_{i+1} \end{cases} \tag{8-32}$$

由两点间距离公式得

$$\begin{cases} L_{AC} = \sqrt{(x_A - x_C)^2 + (y_A - y_C)^2} \\ L_{BC} = \sqrt{(x_B - x_C)^2 + (y_B - y_C)^2} \end{cases} \tag{8-33}$$

所以有：

$$\begin{cases} L_{AC} = \sqrt{[a_i\cos(\varphi_i) - s_i\sin(\varphi_i) - a_{i+1}]^2 + [s_i\cos(\varphi_i) + a_i\sin(\varphi_i) + s_{i+1}]^2} \\ L_{BC} = \sqrt{(a_i - a_{i+1})^2 + (s_i + s_{i+1})^2} \end{cases} \quad (8\text{-}34)$$

由于输送机各小车之间的相对转角 φ 较小（$\varphi \le 5°$），取 $\sin(\varphi_i) \approx \varphi_i$，$\cos(\varphi_i) \approx 1$，整理可得油缸活塞位移：

$$\delta_i = L_{AC} - L_{AB} = \left(\frac{s_i a_{i+1} + s_{i+1} a_i}{\sqrt{s_i^2 + s_{i+1}^2 + a_i^2 + a_{i+1}^2 + 2(s_i s_{i+1} - a_i a_{i+1})}}\right)\varphi_i \quad (8\text{-}35)$$

由式（8-35）不难看出，当几何参数确定时，油缸活塞位移正比于机架间夹角。

8.3.3 转向油缸活塞位移仿真

由式（8-35）可知转向油缸活塞位移与相应的小车相对转角成正比，设比例常数为 k，则有

$$k = \frac{s_i a_{i+1} + s_{i+1} a_i}{\sqrt{s_i^2 + s_{i+1}^2 + a_i^2 + a_{i+1}^2 + 2(s_i s_{i+1} - a_i a_{i+1})}} \quad (8\text{-}36)$$

取 $a_i = a_{i+1} = 0.5$，$s_i = s_{i+1} = 0.5$，解得 $k = 0.5$。由此可以做出输送机转向油缸活塞位移的仿真曲线如图 8-20~图 8-22 所示。

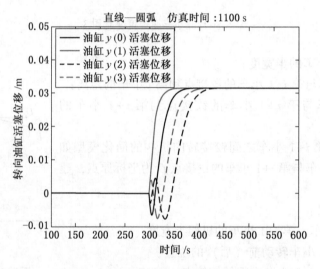

图 8-20 油缸活塞位移仿真图 1

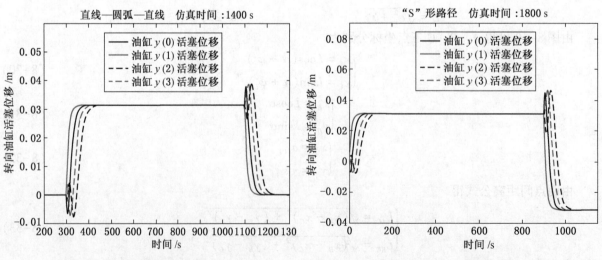

图 8-21 油缸活塞位移仿真曲线图 2   图 8-22 油缸活塞位移仿真图 3

8.4 转向控制方法研究

当采用前轮转向时，需要较大的通道宽度，越过障碍物的能力很差，后面机架的行走轮转弯半径减小，要求的通道宽度也越宽；机架数量越大，整机长度越长，则最后的机尾小车内轮的转弯半径就越小。根本原因是牵引车与机架、机架与机架间的轨迹重合度差。为提高输送机的机动性能，改进其转向机构，设计轨迹跟踪控制器，控制其轨迹跟踪能力，使后面行走轮的轨迹最大限度地与行走小车的行走轨迹重合，这也是提高输送机通过能力的关键。机头小车与机架以及各个机架间增加两个辅助转向油缸，牵引车的前、后桥轮距中点、铰接点、机架中心点为转向运算控制的关键点，牵引车的输入转向角和转向油缸的伸缩量为控制量。设输送机在平整路面低速匀速行驶，且没有侧滑；在机头小车拖动行驶时，分别记录牵引车的转向输入角、转向时刻及行走时间，从而计算牵引小车行走轮走过的轨迹，将其作为后面机架的期望路径，利用控制器控制机架轮的运动轨迹，使其趋近于牵引车行走轮的运动轨迹。

控制方案为：建立整机虚拟样机→记录牵引车转弯角度→计算牵引车轨迹→计算各转向油缸对应伸出时间与位移→控制器控制辅助转向→完成轨迹跟踪。

8.4.1 蛇形移动输送机运动学三维模型的建立

利用 PRO/E 软件建立蛇形移动输送机整体机架的虚拟样机模型如图 8-23 所示。

8.4.2 转向油缸活塞伸出位移的计算

设蛇形移动输送机在 xOz 平面内运动，仿真的任意时刻 t 输送机第 i 个小车对应的转向油缸位置坐标如图 8-24 所示。

图 8-23 整体机架的运动学三维模型

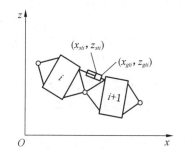

图 8-24 转向油缸坐标

图 8-24 中符号含义：

x_{sti}、z_{sti}——t 时刻第 i 小车对应的转向油缸活塞的位置坐标；

x_{gti}、z_{gti}——t 时刻第 i 小车对应的转向油缸缸筒的位置坐标。

设仿真初始时刻，活塞与缸筒的位置坐标分别为 (x_{sti}^0, z_{sti}^0)、(x_{gti}^0, z_{gti}^0)，活塞与缸筒之间的距离为 k_0，则有

$$k_0 = \sqrt{(x_{sti}^0 - x_{gti}^0)^2 + (z_{sti}^0 - z_{gti}^0)^2}$$

设在仿真过程中的任意时刻 t，活塞与缸筒之间的距离为 k，则有

$$k = \sqrt{(x_{sti} - x_{gti})^2 + (z_{sti} - z_{gti})^2}$$

设在仿真过程中的任意时刻 t，输送机第 i 小车所对应的转向油缸活塞伸出位移为 δ_i，则有

$$\delta_i = k - k_0$$

整理得

$$\delta_i = \sqrt{(x_{sti} - x_{gti})^2 + (z_{sti} - z_{gti})^2} - \sqrt{(x_{sti}^0 - x_{gti}^0)^2 + (z_{sti}^0 - z_{gti}^0)^2}$$

8.4.3 转向油缸活塞伸出位移仿真

令输送机虚拟样机沿着"S"形路径运动，机头小车及第一节中间小车对应的转向油缸活塞伸出

位移随时间变化规律如图 8-25 所示。

从总的趋势来看，蛇形输送机的转向油缸活塞先伸出，后缩回。其中转向油缸伸出的最大位移为 30 mm，缩回的最大位移为 20 mm 左右，前 3 s 输送机沿直线行驶，转向油缸活塞位移为 0 mm；从 3~8 s 的过程中，输送机由直线路径向着曲线路径过渡，转向油缸活塞位移逐渐增加；8~15 s 的过程中，输送机各小车做等曲率运动，转向油缸活塞位移维持在 30 mm 不变，即输送机已经完全进入曲线路径行驶；15~19 s 过程中，输送机在由"S"形路径的前一半圆弧轨迹向着后一半圆弧轨迹过渡，转向油缸活塞位移由 30 mm 减小至 0 mm，并且反向增加至 20 mm 左右；19 s 以后输送机已经完全进入"S"形路径的后一半圆弧轨迹行驶，各转向油缸位移保持不变。

令输送机虚拟样机沿着直线—圆弧—直线路径运动，机头小车及第一节中间小车对应的转向油缸活塞伸出位移随时间变化规律如图 8-26 所示。

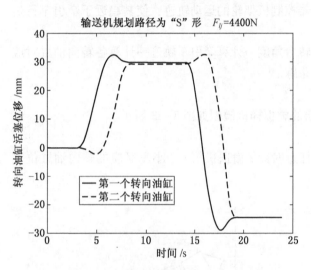

图 8-25　输送机虚拟样机沿"S"形路径
运动时活塞伸出规律

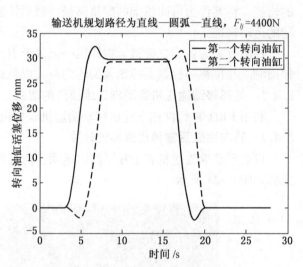

图 8-26　输送机虚拟样机沿直线—圆弧—
直线路径运动时活塞伸出规律

从总的趋势来看，蛇形移动输送机的转向油缸活塞先伸出，后缩回。其中转向油缸伸出的最大位移为 30 mm；前 3 s 输送机沿直线行驶，转向油缸活塞位移为 0 mm；从 3~8 s 的过程中，输送机正在由直线路径向着圆弧路径过渡，转向油缸活塞位移逐渐增加；8~15 s 的过程中，输送机各小车做等曲率运动，转向油缸活塞位移维持在 30 mm 不变，即输送机已经完全进入圆弧路径行驶；15~20 s 过程中，输送机在由圆弧路径向直线路径过渡，转向油缸活塞位移由 30 mm 减小至 0 mm；20 s 以后输送机已经完全进入直线路径行驶，各转向油缸位移保持为 0 mm 不变。

9 蛇形移动输送机的纵向动力学分析

9.1 输送带的特性分析及建立动力模型

"T"形输送带与普通输送带虽然截面有所区别，但纵向特性与普通输送带没有明显区别。假设带式输送机输送带的运行阻力由静张力来承担。将输送带挠度引起的刚度和阻尼看成是不变的，且为输送带元件刚度和阻尼的倍数，即

$$\begin{cases} k_{(i,2)} = \lambda k_{(i,1)} \\ c_{(i,2)} = \lambda c_{(i,1)} \end{cases} \tag{9-1}$$

这样，输送机输送带微元模型可以简化为单个 Vogit 模型，折算刚度和阻尼为

$$\begin{cases} k_{(i)} = \dfrac{k_{(i,1)} \cdot k_{(i,2)}}{k_{(i,1)} + k_{(i,2)}} = \dfrac{\lambda}{1+\lambda} k_{(i,1)} \\ c_{(i)} = \dfrac{c_{(i,1)} \cdot c_{(i,2)}}{c_{(i,1)} + c_{(i,2)}} = \dfrac{\lambda}{1+\lambda} c_{(i,1)} \end{cases} \tag{9-2}$$

9.1.1 驱动滚筒相遇点输送带微元动力学模型

对于驱动滚筒附近的输送带微元 m_0 动力学模型如图9-1所示。

以 m_0 为研究对象，对其进行受力分析如图9-2所示。

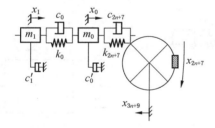
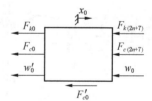

图9-1 m_0 动力学模型图　　图9-2 m_0 受力分析图

图9-2中参数为

$F_{k(2n+7)}$、F_{k0}——刚度系数分别为 k_{2n+7} 和 k_0 的弹簧对 m_0 的纵向作用力，$F_{k(2n+7)} = (x_0+x_{3n+9}-x_{2n+7})k_{2n+7}$，$F_{k0} = (x_0-x_1)k_0$；

$F_{c(2n+7)}$、F_{c0}——阻尼系数分别为 c_{2n+7} 和 c_0 的阻尼器对 m_0 的纵向作用力，$F_{c(2n+7)} = (\dot{x}_0+\dot{x}_{3n+9}-\dot{x}_{2n+7})c_{2n+7}$，$F_{c0} = (\dot{x}_0-\dot{x}_1)c_0$；

F'_{c0}——阻尼系数为 c'_0 的阻尼器对 m_0 的阻尼力 $F'_{c0} = c'_0\dot{x}_0$；

w_0——输送带运行阻力；

w'_0——转弯附加阻力。

由牛顿第二定律得

$$-F_{k(2n+7)} - F_{c(2n+7)} - F_{k0} - F_{c0} - F'_{c0} - w_0 - w'_0 = m_0\ddot{x}_0 \tag{9-3}$$

9.1.2 重载段中间任意输送带微元动力模型分析

中间段任意输送带微元 m_i 动力学模型如图9-3所示。

以 m_i 为研究对象，对其进行受力分析如图9-4所示。

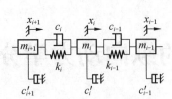 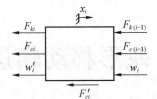

图9-3　m_i 动力学模型图　　　　　　图9-4　m_i 受力分析图

图9-4中参数为

$F_{k(i-1)}$、F_{ki}——刚度系数分别为 k_{i-1} 和 k_i 的弹簧对 m_i 的纵向作用力，$F_{k(i-1)} = (x_i - x_{i-1})k_{i-1}$，$F_{ki} = (x_i - x_{i+1})k_i$；

$F_{c(i-1)}$、F_{ci}——阻尼系数分别为 c_{i-1} 和 c_i 的阻尼器对 m_i 的纵向作用力，$F_{c(i-1)} = (\dot{x}_i - \dot{x}_{i-1})c_{i-1}$，$F_{ci} = (\dot{x}_i - \dot{x}_{i+1})c_i$；

F'_{ci}——阻尼系数为 c'_i 的阻尼器对 m_i 的阻尼力 $F'_{ci} = c'_i\dot{x}_i$；

w_i——输送带运行阻力；

w'_i——转弯附加阻力。

由牛顿第二定律得：

$$- F_{k(i-1)} - F_{c(i-1)} - F_{ki} - F_{ci} - F'_{ci} - w_i - w'_i = m_i\ddot{x}_i \tag{9-4}$$

9.1.3　改向滚筒相离点输送带微元模型

对于改向滚筒附近的输送带微元 m_{n+1} 的动力学模型如图9-5所示。

以 m_{n+1} 为研究对象，对其进行受力分析如图9-6所示。

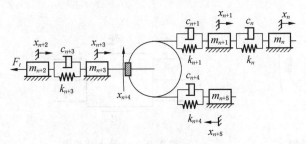 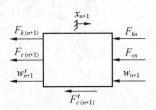

图9-5　m_{n+1} 动力学模型图　　　　　图9-6　m_{n+1} 受力分析图

图9-6中参数为

$F_{k(n+1)}$、F_{kn}——刚度系数分别为 k_{n+1} 和 k_n 的弹簧对 m_{n+1} 的纵向作用力，$F_{k(n+1)} = (x_{n+1} - x_{n+3} - x_{n+4})k_{n+1}$，$F_{kn} = (x_{n+1} - x_n)k_n$；

$F_{c(n+1)}$、F_{cn}——阻尼系数分别为 c_{n+1} 和 c_n 的阻尼器对 m_{n+1} 的纵向作用力，$F_{c(n+1)} = (\dot{x}_{n+1} - \dot{x}_{n+3} - \dot{x}_{n+4})c_{n+1}$，$F_{cn} = (\dot{x}_{n+1} - \dot{x}_n)c_n$；

$F'_{c(n+1)}$——阻尼系数为 c'_{n+1} 的阻尼器对 m_{n+1} 的阻尼力 $F'_{c(n+1)} = c'_{n+1}\dot{x}_{n+1}$；

w_{n+1}——输送带运行阻力；

w'_{n+1}——转弯附加阻力。

由牛顿第二定律得

$$- F_{kn} - F_{cn} - F_{k(n+1)} - F_{c(n+1)} - F'_{c(n+1)} - w_{n+1} - w'_{n+1} = m_{n+1}\ddot{x}_{n+1} \tag{9-5}$$

9.1.4　改向滚筒动力学模型

对于改向滚筒变位质量 m_{n+4} 的动力学模型如图9-7所示。

以 m_{n+4} 为研究对象,对其进行受力分析如图 9-8 所示。

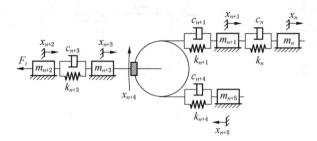 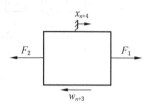

图 9-7　m_{n+4} 动力学模型图　　　　　图 9-8　m_{n+4} 受力分析图

图 9-8 中参数为

F_1——导向滚筒与输送带相遇点处输送带张力,$F_1 = (x_{n+1} - x_{n+3} - x_{n+4})k_{n+1} + (\dot{x}_{n+1} - \dot{x}_{n+3} - \dot{x}_{n+4})c_{n+1}$;

F_2——导向滚筒与输送带相离点处输送带张力,$F_2 = (x_{n+4} - x_{n+5} - x_{n+3})k_{n+4} + (\dot{x}_{n+4} - \dot{x}_{n+5} - \dot{x}_{n+3})c_{n+4}$。

改向滚筒处输送带张力如图 9-9 所示。

由牛顿第二定律得

$$F_1 - F_2 - c'_{n+4}\dot{x}_{n+4} = m_{n+4}\ddot{x}_{n+4} \qquad (9-6)$$

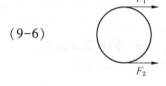

式中　w_{n+4}——导向滚筒旋转变位阻力 $w_{n+4} = c'_{n+4}\dot{x}_{n+4}$;

c'_{n+4}——导向滚筒旋转变位阻力系数。

图 9-9　F_1、F_2 图示

9.1.5　改向滚筒相遇点输送带单元模型

改向滚筒相遇点输送带单元 m_{n+5} 的动力学模型如图 9-10 所示。

以 m_{n+5} 为研究对象,对其进行受力分析如图 9-11 所示。

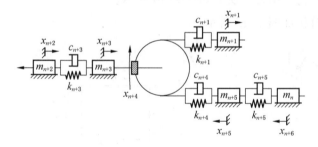 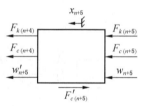

图 9-10　m_{n+5} 动力学模型图　　　　　图 9-11　m_{n+5} 受力分析图

图 9-11 中参数为

$F_{k(n+4)}$、$F_{k(n+5)}$——刚度系数分别为 k_{n+4} 和 k_{n+5} 的弹簧对 m_{n+5} 的纵向作用力,$F_{k(n+4)} = (x_{n+5} + x_{n+3} - x_{n+4})k_{n+4}$,$F_{k(n+5)} = (x_{n+5} - x_{n+6})k_{n+5}$;

$F_{c(n+4)}$、$F_{c(n+5)}$——阻尼系数分别为 c_{n+4} 和 c_{n+5} 的阻尼器对 m_{n+5} 的纵向作用力,$F_{c(n+4)} = (\dot{x}_{n+5} + \dot{x}_{n+3} - \dot{x}_{n+4})c_{n+4}$,$F_{c(n+5)} = (\dot{x}_{n+5} - \dot{x}_{n+6})c_{n+5}$;

$F'_{c(n+5)}$——阻尼系数为 c'_{n+5} 的阻尼器对 m_{n+5} 的阻尼力 $F'_{c(n+5)} = c'_{n+5}\dot{x}_{n+5}$。

由牛顿第二定律得

$$-F_{k(n+5)} - F_{c(n+5)} - F_{k(n+4)} - F_{c(n+4)} - F'_{c(n+5)} - w_{n+5} - w'_{n+5} = m_{n+5}\ddot{x}_{n+5} \qquad (9-7)$$

9.1.6　空载段中间输送带单元纵向动力学模型

对于输送带单元 m_{2n+6-i} 纵向动力学模型如图 9-12 所示。

以 m_{2n+6-i} 为研究对象,对其进行受力分析如图 9-13 所示。

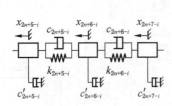 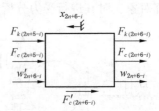

图 9-12　m_{2n+6-i} 动力学模型图　　　　图 9-13　m_{2n+6-i} 受力分析图

图 9-13 中参数为

$F_{k(2n+5-i)}$、$F_{k(2n+6-i)}$——刚度系数分别为 k_{2n+5-i} 和 $k_{(2n+6-i)}$ 的弹簧对 m_{2n+6-i} 的纵向作用力，$F_{k(2n+5-i)}=$ $(x_{2n+6-i}-x_{2n+5-i})k_{2n+5-i}$，$F_{k(2n+6-i)}=(x_{2n+6-i}-x_{2n+7-i})k_{2n+6-i}$；

$F_{c(2n+5-i)}$、$F_{c(2n+6-i)}$——刚度系数分别为 c_{2n+5-i} 和 c_{2n+6-i} 的弹簧对 m_{2n+6-i} 的纵向作用力，$F_{c(2n+5-i)}=$ $(x_{2n+6-i}-x_{2n+5-i})c_{2n+5-i}$，$F_{c(2n+6-i)}=(x_{2n+6-i}-x_{2n+7-i})c_{2n+6-i}$；

$F'_{c(2n+6-i)}$——阻尼系数为 c'_{2n+6-i} 的阻尼器对 m_{2n+6-i} 的阻尼力 $F'_{c(2n+6-i)}=c'_{2n+6-i}\dot{x}_{2n+6-i}$；

w_{2n+6-i}——输送带运行阻力；

w'_{2n+6-i}——转弯附加阻力。

由牛顿第二定律得

$$-F_{k(2n+6-i)}-F_{c(2n+6-i)}-F_{k(2n+5-i)}-F_{c(2n+5-i)}-$$
$$F'_{c(2n+6-i)}-w_{2n+6-i}-w'_{2n+6-i}=m_{2n+6-i}\ddot{x}_{2n+6-i} \tag{9-8}$$

9.1.7　驱动滚筒相离点输送带单元动力学模型

对于驱动滚筒处相离点输送带单元 m_{2n+6}，动力学模型如图 9-14 所示。

以 m_{2n+6} 为研究对象，对其进行受力分析如图 9-15 所示。

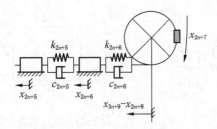 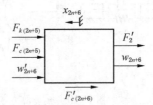

图 9-14　m_{2n+6} 动力学模型图　　　　图 9-15　m_{2n+6} 受力分析图

图 9-15 中参数为

$F_{k(2n+5)}$——刚度系数为 k_{2n+5} 的弹簧对 m_{2n+6} 的纵向作用力 $F_{k(2n+5)}=(x_{2n+6}-x_{2n+5})k_{2n+5}$；

$F_{c(2n+5)}$——阻尼系数为 c_{2n+5} 的阻尼器对 m_{2n+6} 的纵向作用力 $F_{c(2n+5)}=(\dot{x}_{2n+6}-\dot{x}_{2n+5})c_{2n+5}$；

$F'_{c(2n+6)}$——阻尼系数为 c'_{2n+6} 的阻尼器对 m_{2n+6} 的阻尼力 $F'_{c(2n+6)}=c'_{2n+6}\dot{x}_{2n+6}$；

w_{2n+6}——输送带运行阻力；

w'_{2n+6}——转弯附加阻力；

F'_2——驱动滚筒处输送带松边张力，$F'_2=[x_{2n+6}-x_{2n+7}-(x_{3n+9}-x_{2n+8})]k_{2n+6}+[\dot{x}_{2n+6}-\dot{x}_{2n+7}-(\dot{x}_{3n+9}-\dot{x}_{2n+8})]c_{2n+6}$。

由牛顿第二定律得

$$-F_{k(2n+5)}-F_{c(2n+5)}-F'_{c(2n+6)}-F'_2-w_{2n+6}-w'_{2n+6}=m_{2n+6}\ddot{x}_{2n+6} \tag{9-9}$$

9.2 拉紧装置机械动力学建模与分析

9.2.1 活塞的动力模型

对于活塞等效质量 m_{n+2}，动力学模型如图 9-16 所示。

以 m_{n+2} 为研究对象，对其进行受力分析如图 9-17 所示。

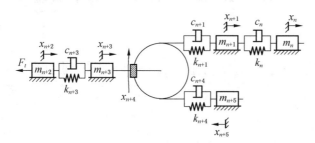
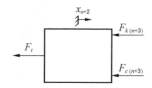

图 9-16 m_{n+2} 动力学模型图　　　　　图 9-17 m_{n+2} 受力分析图

图 9-17 中参数为

$F_{k(n+3)}$——刚度系数为 k_{n+3} 的弹簧对活塞的弹力 $F_{k(n+3)}=(x_{n+2}-x_{n+3})k_{n+3}$；

$F_{c(n+3)}$——阻尼系数为 c_{n+3} 的阻尼器对活塞的阻尼力 $F_{c(n+3)}=(\dot{x}_{n+2}-\dot{x}_{n+3})c_{n+3}$；

F_t——液压拉紧力。

则根据牛顿第二定律有

$$-F_{k(n+3)}-F_{c(n+3)}-F_t=m_{n+2}\ddot{x}_{n+2} \tag{9-10}$$

9.2.2 拉紧小车的动力模型

对于拉紧小车 m_{n+3}，其动力学模型如图 9-18 所示。

改向滚筒处输送带张力 F_1、F_2 如图 9-19 所示。

以 m_{n+3} 为研究对象，对其进行受力分析如图 9-19 所示。

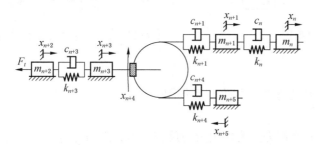
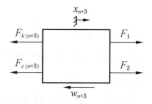

图 9-18 m_{n+3} 动力学模型图　　　　　图 9-19 m_{n+3} 受力分析图

图 9-19 中参数为

F_1——导向滚筒与输送带相遇点处输送带张力，$F_1=(x_{n+1}-x_{n+3}-x_{n+4})k_{n+1}+(\dot{x}_{n+1}-\dot{x}_{n+3}-\dot{x}_{n+4})c_{n+1}$；

F_2——导向滚筒与输送带相离点处输送带张力，$F_2=(x_{n+4}-x_{n+5}-x_{n+3})k_{n+4}+(\dot{x}_{n+4}-\dot{x}_{n+5}-\dot{x}_{n+3})c_{n+4}$；

w_{n+3}——拉紧小车运行阻力，$w_{n+3}=\mu m_{n+3}g$；

μ——拉紧小车运行阻力系数；

$F_{k(n+3)}$——刚度系数为 k_{n+3} 的弹簧对拉紧小车的弹力 $F_{k(n+3)}=(x_{n+3}-x_{n+2})k_{n+3}$；

$F_{c(n+3)}$——阻尼系数为 c_{n+3} 的阻尼器对拉紧小车的阻尼力 $F_{c(n+3)}=(\dot{x}_{n+3}-\dot{x}_{n+2})c_{n+3}$。

由牛顿第二定律得

$$-F_{k(n+3)}-F_{c(n+3)}+F_1+F_2-w_{n+3}=m_{n+3}\ddot{x}_{n+3} \tag{9-11}$$

9.2.3 输送带及拉紧装置整体动力模型

结合以上分析的输送带各部分以及拉紧装置的动力学模型，建立输送带部分的纵向整体动力学模型（与普通带式输送机模型相似），模型如图9-20所示。

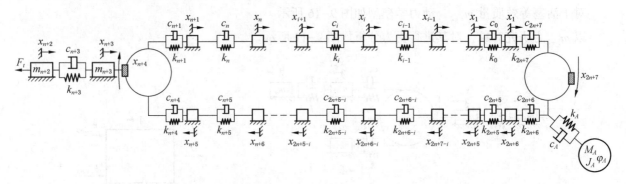

图9-20 输送带系统动力学模型图

9.3 机架纵向有限元动力学建模

机架动力学模型包括机头、中间架、机尾三部分建模。

9.3.1 机头小车的动力学模型

机头小车的动力学模型如图9-21所示。以机头小车为研究对象，对其进行受力分析如图9-22所示。

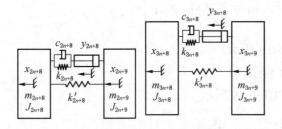

图9-21 机头小车动力学模型图

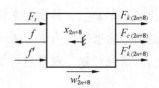

图9-22 机头小车受力分析图

图9-22中参数为

F_t——液压力，该力与活塞受到的液压力互为作用力与反作用力；

f——驱动力；

f'——摩擦力，该力与拉紧小车受到的摩擦力互为作用力与反作用力，$f' = m_{n+3}g\mu$；

$F_{k(2n+8)}$——刚度系数为k_{2n+8}的弹簧对机头小车的弹力，$F_{k(2n+8)} = (x_{2n+8} + \theta_{2n+8}L - x_{2n+9} - \theta_{2n+9}L - y_{2n+8})k_{2n+8}$；

$F'_{k(2n+8)}$——刚度系数为k'_{2n+8}的弹簧对机头小车的弹力，$F'_{k(2n+8)} = (x_{2n+8} - x_{2n+9})k'_{2n+8}$；

$F_{c(2n+8)}$——阻尼系数为c_{2n+8}的阻尼器对机头小车的阻尼力，$F_{c(2n+8)} = (\dot{x}_{2n+8} + \dot{\theta}_{2n+8}L - \dot{x}_{2n+9} - \dot{\theta}_{2n+9}L - \dot{y}_{2n+8})c_{2n+8}$。

以机头小车为研究对象，由牛顿第二定律得

$$f - F_t - f' - F_{k(2n+8)} - F_{c(2n+8)} - F'_{k(2n+8)} - w'_{2n+8} = m_{2n+8}\ddot{x}_{2n+8} \tag{9-12}$$

以机头小车质心为坐标圆点，由刚体定轴转动微分方程得

$$- F_{k(2n+8)}L - F_{c(2n+8)}L - K\theta_{2n+8} = I_{2n+8}\ddot{\theta}_{2n+8} \tag{9-13}$$

式中 L——机头小车半宽度（图9-23）；

K——机头小车导向滚筒受到的输送带恢复力刚度（图9-24）。

由 $k_{2n+8}\theta L^2 = K\theta$, 得

$$K = k_{2n+8}L^2$$

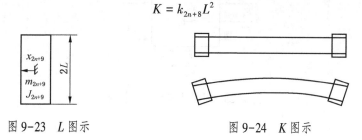

图 9-23 L 图示   图 9-24 K 图示

9.3.2 中间小车的动力模型

对于中间任意小车 $3n+9-i$, 动力学模型如图 9-25 所示。

以第 $3n+9-i$ 小车为研究对象, 对其进行受力分析如图 9-26 所示。

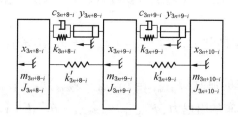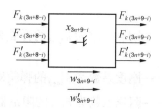

图 9-25 中间小车动力学模型图   图 9-26 中间小车受力分析图

图 9-26 中参数为

$F_{k(3n+8-i)}$——刚度系数为 k_{3n+8-i} 的弹簧对第 $3n+9-i$ 小车的弹力, $F_{k(3n+8-i)} = (x_{3n+9-i} + \theta_{3n+9-i}L + y_{3n+8-i} - x_{3n+8-i} - \theta_{3n+8-i}L)k_{3n+8-i}$;

$F'_{k(3n+8-i)}$——刚度系数为 k'_{3n+8-i} 的弹簧对第 $3n+9-i$ 小车的弹力, $F'_{k(3n+8-i)} = (x_{3n+9-i} - x_{3n+8-i})k'_{3n+8-i}$;

$F_{c(3n+8-i)}$——阻尼系数为 c_{3n+8-i} 的阻尼器对第 $3n+9-i$ 小车的阻尼力, $F_{c(3n+8-i)} = (\dot{x}_{3n+9-i} + \dot{\theta}_{3n+9-i}L + \dot{y}_{3n+8-i} - \dot{x}_{3n+8-i} - \dot{\theta}_{3n+8-i}L)c_{3n+8-i}$;

$F_{k(3n+9-i)}$——刚度系数为 k_{3n+9-i} 的弹簧对第 $3n+9-i$ 小车的弹力, $F_{k(3n+9-i)} = (x_{3n+9-i} + \theta_{3n+9-i}L - y_{3n+9-i} - x_{3n+10-i} - \theta_{3n+10-i}L)k_{3n+9-i}$;

$F'_{k(3n+9-i)}$——刚度系数为 k'_{3n+9-i} 的弹簧对第 $3n+9-i$ 小车的弹力, $F'_{k(3n+9-i)} = (x_{3n+9-i} - x_{3n+10-i})k'_{3n+9-i}$;

$F_{c(3n+9-i)}$——阻尼系数为 c_{3n+9-i} 的阻尼器对第 $3n+9-i$ 小车的阻尼力, $F_{c(3n+9-i)} = (\dot{x}_{3n+9-i} + \dot{\theta}_{3n+9-i}L - \dot{y}_{3n+9-i} - \dot{x}_{3n+10-i} - \dot{\theta}_{3n+10-i}L)c_{3n+9-i}$。

以第 $3n+9-i$ 小车为研究对象, 由牛顿第二定律得

$$-F_{k(3n+9-i)} - F_{c(3n+9-i)} - F_{k(3n+8-i)} - F_{c(3n+8-i)} - F'_{k(3n+8-i)} - F'_{k(3n+9-i)} - w_{3n+9-i} - w'_{3n+9-i} = m_{3n+9-i}\ddot{x}_{3n+9-i}$$

以第 $3n+9-i$ 小车质心为坐标圆点, 由刚体定轴转动微分方程得

$$-F_{k(3n+9-i)}L - F_{c(3n+9-i)}L - F_{k(3n+8-i)}L - F_{c(3n+8-i)}L = I_{3n+9-i}\ddot{\theta}_{3n+9-i} \tag{9-14}$$

9.3.3 机尾小车的动力模型

机尾小车动力学模型如图 9-27 所示, 以机尾小车为研究对象, 对其进行受力分析如图 9-28 所示。

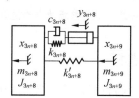

图 9-27 机尾小车动力学模型图

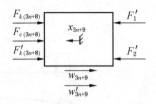

图 9-28 机尾小车受力分析图

图 9-28 中系数为

F_1'——驱动滚筒处输送带紧边张力，$F_1' = [x_{2n+7} - x_0 - (x_{3n+9} - x_{2n+8})]k_{2n+7} + [\dot{x}_{2n+7} - \dot{x}_0 - (\dot{x}_{3n+9} - \dot{x}_{2n+8})]c_{2n+7}$；

F_2'——驱动滚筒处输送带松边张力，$F_2' = [x_{2n+6} - x_{2n+7} - (x_{3n+9} - x_{2n+8})]k_{2n+6} + [\dot{x}_{2n+6} - \dot{x}_{2n+7} - (\dot{x}_{3n+9} - \dot{x}_{2n+8})]c_{2n+6}$；

$F_{k(3n+8)}$——刚度系数为 k_{3n+8} 的弹簧对机尾小车的弹力，$F_{k(3n+8)} = (x_{3n+9} + \theta_{3n+9}L + y_{3n+8} - x_{3n+8} - \theta_{3n+8}L)k_{3n+8}$；

$F_{k(3n+8)}'$——刚度系数为 k_{3n+8}' 的弹簧对机尾小车的弹力，$F_{k(3n+8)}' = (x_{3n+9} - x_{3n+8})k_{3n+8}'$；

$F_{c(3n+8)}$——阻尼系数为 c_{3n+8} 的阻尼器对机尾小车的阻尼力，$F_{c(3n+8)} = (\dot{x}_{3n+9} + \dot{\theta}_{3n+9}L + \dot{y}_{3n+8} - \dot{x}_{3n+8} - \dot{\theta}_{3n+8}L)c_{3n+8}$；

w_{3n+9}——输送带对机尾小车纵向作用力的合力；

w_{3n+9}'——机尾小车运行阻力。

以机尾小车为研究对象，由牛顿第二定律得

$$F_1' + F_2' - F_{k(3n+8)} - F_{c(3n+8)} - F_{k(3n+8)}' - w_{3n+9} - w_{3n+9}' = m_{3n+9}\ddot{x}_{3n+9}$$

以机尾小车质心为坐标圆点，由刚体定轴转动微分方程得

$$-F_{k(3n+8)}L - F_{c(3n+8)}L - K\theta_{3n+9} = I_{3n+9}\ddot{\theta}_{3n+9}$$

进行纵向动力学分析时，考虑各机架间的弹性变形，将各铰接连接等效为刚度较大的弹簧，同时考虑转向油缸的弹性和油液的可压缩性与黏性，可得具有输送能力的蛇行机器人机架部分的力学模型如图 9-29 所示。

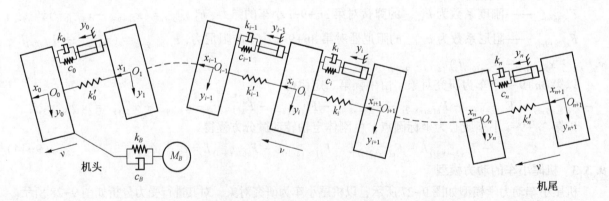

图 9-29 机架系统动力学模型图

9.4 机械部分的整体动力学建模

为了研究输送带与机架间纵向动力学特性的耦合，需结合前面章节的输送带系统及机架系统动力学模型，建立统一的整机动力学模型，整机动力学模型如图 9-30 所示。

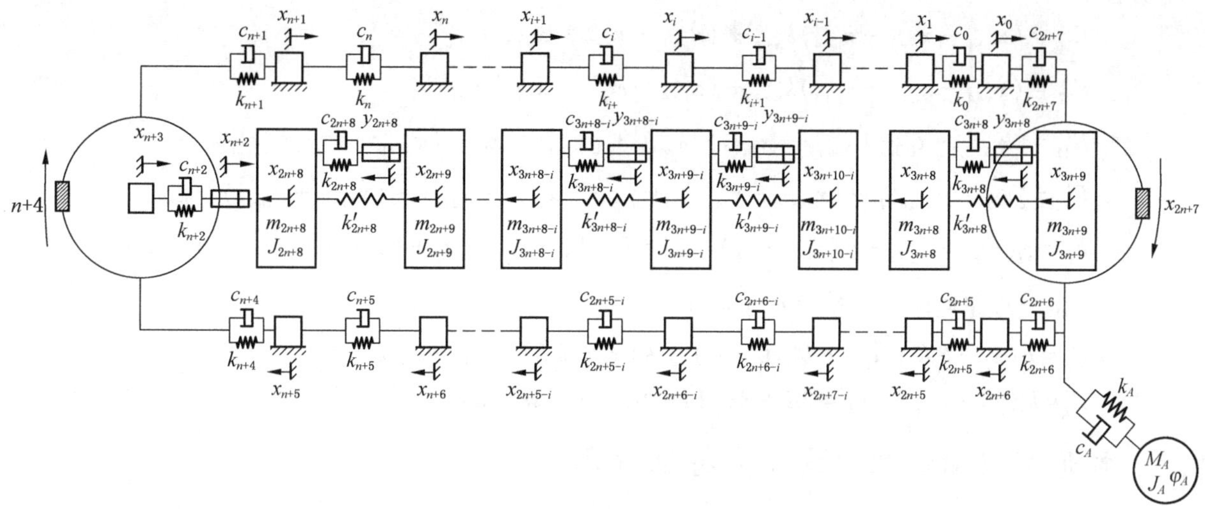

图 9-30 整机动力学模型图

该模型充分考虑了输送带与机架间的相互作用。其中包括输送带运行阻力与小车受到的输送带的纵向作用力；机头小车、机尾小车受到的输送带张力即为输送带系统在导向滚筒、驱动滚筒处输送带微元之间的相互作用力；各小车转动受到输送带恢复力的影响。

综上所述，对具有输送能力的蛇行机器人整机系统各单元进行受力分析。由牛顿第二定律可得具有输送能力的蛇形机器人整机系统的动力学方程组如下：

$$
\begin{cases}
m_0 \ddot{x}_0 - F_0 - F'_{11} + c'_0 \dot{x}_0 = -w_0 - w'_0 \\
\quad \vdots \\
m_{n+1} \ddot{x}_{n+1} + F_n + F_{11} + c'_{n+1} \dot{x}_{n+1} = -w_{n+1} - w'_{n+1} \\
m_{n+2} \ddot{x}_{n+2} + F_{n+3} = -F(t) \\
m_{n+3} \ddot{x}_{n+3} - F_{n+3} - F_{11} - F_{22} = -\mu m_{n+3} g \\
m_{n+4} \ddot{x}_{n+4} - F_{11} + F_{22} + c'_{n+4} \dot{x}_{n+4} = 0 \\
m_{n+5} \ddot{x}_{n+5} - F_{n+5} - F_{22} + c'_{n+5} \dot{x}_{n+5} = -w_{n+5} - w'_{n+5} \\
\quad \vdots \\
m_{2n+6} \ddot{x}_{2n+6} + F_{2n+5} + F'_{22} + c'_{2n+6} \dot{x}_{2n+6} = -w_{2n+6} - w'_{2n+6} \\
m_{2n+7} \ddot{x}_{2n+7} + \dfrac{c_A}{R_1}\left(\dfrac{\dot{x}_{2n+7}}{R_1} - \dot{\varphi}_A\right) + \dfrac{k_A}{R_1}\left(\dfrac{x_{2n+7}}{R_1} - \varphi_A\right) + c'_{2n+7} \dot{x}_{2n+7} + F'_{11} - F'_{22} = 0 \\
J_A \ddot{\varphi}_A + c_A(\dot{\varphi}_A - \dot{\varphi}_{2n+7}) + k_A(\varphi_A - \varphi_{2n+7}) = M_A \\
J_B \ddot{\varphi}_B + c_B(\dot{\varphi}_B - \dot{\varphi}) + k_B(\varphi_B - \varphi) = M_B \\
J \ddot{\varphi} + c_B(\dot{\varphi} - \dot{\varphi}_B) + k_B(\varphi - \varphi_B) = -fR \\
m_{2n+8} \ddot{x}_{2n+8} + F_{2n+8} + F'_{2n+8} + F_{11} + F_{22} = f - w_{2n+8} \\
J_{2n+8} \ddot{\theta}_{2n+8} + F_{2n+8} L + (K + K_{2n+8}) \theta_{2n+8} = 0 \\
\quad \vdots \\
m_{3n+9} \ddot{x}_{3n+9} - F_{3n+8} - F'_{3n+8} - F'_{11} - F'_{22} = -w_{3n+9} \\
J_{3n+9} \ddot{\theta}_{3n+9} - F_{3n+8} L + (K' + K_{3n+9}) \theta_{3n+9} = 0
\end{cases}
\tag{9-15}
$$

方程中

$$F_{11} = (x_{n+1} - x_{n+3} - x_{n+4})k_{n+1} + (\dot{x}_{n+1} - \dot{x}_{n+3} - \dot{x}_{n+4})c_{n+1}$$

$$F_{22} = (x_{n+4} - x_{n+5} - x_{n+3})k_{n+4} + (\dot{x}_{n+4} - \dot{x}_{n+5} - \dot{x}_{n+3})c_{n+4}$$

$$F'_{11} = [x_{2n+7} - x_0 - (x_{3n+9} - x_{2n+8})]k_{2n+7} + [\dot{x}_{2n+7} - \dot{x}_0 - (\dot{x}_{3n+9} - \dot{x}_{2n+8})]c_{2n+7}$$

$$F'_{22} = [x_{2n+6} - x_{2n+7} - (x_{3n+9} - x_{2n+8})]k_{2n+6} + [\dot{x}_{2n+6} - \dot{x}_{2n+7} - (\dot{x}_{3n+9} - \dot{x}_{2n+8})]c_{2n+6}$$

$$F_i = c_i(\dot{x}_{i+1} - \dot{x}_i) + k_i(x_{i+1} - x_i) \quad (i = 0,\ 1,\ \cdots,\ n,\ n+5,\ n+6,\ \cdots,\ 2n+5)$$

$$F_{n+3} = c_{n+3}(\dot{x}_{n+2} - \dot{x}_{n+3}) + k_{n+3}(x_{n+2} - x_{n+3})$$

$$F_j = c_j(\dot{x}_j + \dot{\theta}_j L - \dot{x}_{j+1} - \dot{\theta}_{j+1} L - \dot{y}_j) + k_j(x_j + \theta_j L - x_{j+1} - \theta_{j+1} L - y_j)$$

$$F'_j = k'_j(x_j - x_{j+1}) \quad (j = 2n+8,\ 2n+9,\ \cdots,\ 3n+8)$$

9.5　蛇形移动输送机纵向动力特性仿真

在 9.4 节讨论了利用有限元方法构建蛇形移动输送机纵向振动方程。分析中可以看出纵向动力学方程包括了 T 形输送带的纵向振动模型、驱动装置的动态特性、机架的纵向振动与摆动特性，根据输送机的实际工况与结构的特殊性，动力学仿真主要研究启动、制动、特殊载荷以及转向油缸动作工况的动力学特性。

蛇形移动输送机纵向动态特性仿真的参数设置：蛇形移动输送机总长 $L_0 = 12$ m，机架部分由 5 个小车构成，其中包含机头小车、3 个中间小车和机尾小车。机头小车长 $L = 4$ m，宽 $B = 1$ m，每个中间小车长 $L = 2$ m，宽 $B = 0.8$ m。机尾小车长 $L = 2$ m，宽 $B = 0.8$ m，每个中间小车质量 $m = 100$ kg，机尾小车质量 $m = 200$ kg，重载段输送带微元质量 $m_0 = 5$ kg，空载段输送带微元质量 $m_1 = 2$ kg，活塞质量 $m_h = 20$ kg，拉紧小车质量 $m_1 = 40$ kg，导向滚筒变位质量 $m_d = 30$ kg，输送带微元等效阻尼 $h_0 = 80$ Ns/mm，输送带微元内摩阻尼 $h_1 = 40$ Ns/mm，拉紧装置的等效阻尼 $h_2 = 4000$ Ns/mm，转向油缸阻尼系数 $c_0 = 3$ Ns/mm，驱动滚筒半径 $R_1 = 400$ mm，机头小车主动轮半径 $R = 60$ mm，滚筒的内摩阻尼 $h_3 = 10$ Ns/mm，输送带微元等效刚度 $w_0 = 80$ N/mm，拉紧装置的等效刚度 $w_1 = 2000$ N/mm，万向铰接刚度 $K_p = 2000$ N/mm，转向油缸刚度系数 $K_0 = 2000$ N/mm，机头机尾处输送带恢复力刚度 $K_1 = 45000$ N·mm，机架恢复力刚度 $K_2 = 450$ N·mm。

9.5.1　蛇形移动输送机启动时动力过程分析

1. 直接启动

图 9-31 所示为蛇形输送机输送带部分关键节点位置及相应的输送带张力。利用 9.4 节中构造的有限元模型和动力学微分方程，对输送机进行数值分析。直接启动工况是驱动装置由电动机+减速器+驱动滚筒组成，电动机一次加全电压的启动过程，初始条件为：初始时刻各输送带微元及各小车速度均为零。液压拉紧力 $F_{lj} = 4400$ N，输送机行走电动机不启动，转向油缸活塞不伸出，输送机驱动电机启动时间为 5~8.15 s。蛇形移动输送机直接启动过程特殊点输送带张力如图 9-32 所示。

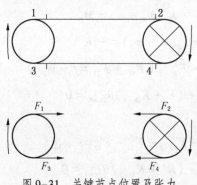

图 9-31　关键节点位置及张力

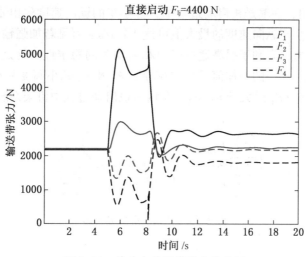

图 9-32   特殊点输送带张力仿真图

图 9-32 中参数含义：

$F_3(F_1)$——输送机导向滚筒与输送带相遇点（相离点）输送带张力；

$F_2(F_4)$——输送机驱动滚筒与输送带相遇点（相离点）输送带张力。

从图 9-32 中可以看出输送机启动前，特殊点输送带张力均为定值，并且 $F_3(F_1)$ 大于 $F_2(F_4)$，这是由于输送机拉紧后各输送带微元受到托辊阻力引起的。开始启动过程中，F_1、F_2 迅速增加，F_3、F_4 迅速减小，动张力系数为 $\lambda_d = 2.27$，（在图 9-31 中 2 点）并且 F_2 的增加幅度大于 F_1 的增加幅度，F_4 的减小幅度大于 F_3 的减小幅度，接着 F_1、F_2 又迅速减小，F_3、F_4 又迅速增加，最后 F_1、F_2 及 F_3、F_4 均趋于定值，并且 F_1、F_2 及 F_3、F_4 的最终稳定值具有如下关系：$F_2 > F_1 > F_3 > F_4$，这是由于 1 点、2 点处于输送带紧边，在输送机启动过程中，蛇形移动输送机的牵引力通过驱动滚筒首先传播到 1 点处，1 点和 2 点之间的输送带被绷紧。与此同时由于输送机驱动滚筒的旋转，使得 3 点和 4 点之间的输送带被瞬时放松，因此，开始启动过程中，F_1、F_2 迅速增加，F_3、F_4 迅速减小，由于牵引力产生的应力波首先传播到 1 点，由 1 点向 2 点传播的过程中，一部分牵引力用来克服输送带运行阻力，因此 F_2 的增加幅度大于 F_1 的增加幅度，同理，由于牵引力产生的应力波首先传播到 3 点，3 点首先张紧，因此 F_4 的减小幅度大于 F_3 的减小幅度。输送机稳定运行时，由于输送带运行阻力的存在，使得输送机驱动滚筒对 2、3、4 各点的牵引力值依次减小。

蛇形移动输送机直接启动过程小车纵向速度随时间变化规律如图 9-33 所示。

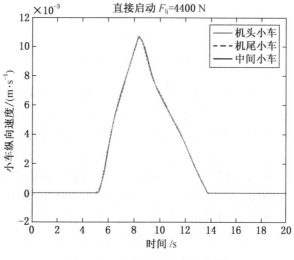

图 9-33   小车纵向速度仿真图

从图 9-33 中可以看出，在输送机启动过程中，各小车的纵向速度先由零开始迅速增加达到最大值后，又迅速减小到零，小车纵向速度的最大值可达 1 cm/s。可见若加强输送机的纵向移动稳定性，适当增加行走机构的附着力，有利于提高通过能力和启动时的稳定性。这是由于在输送机启动瞬时，F_2 迅速增加到 5000 N 左右，F_1 的增加值不足 3000 N，F_3 及 F_4 减小幅度差不多，均为 1000 N 左右。因此在输送机启动瞬时，F_2+F_4 远大于 F_1+F_3，在输送机启动过程中机架系统受力如图 9-34 所示。

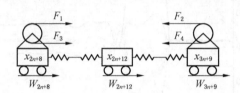

图 9-34 机架系统受力图示

图 9-34 中参数含义：

x_{2n+8}、w_{2n+8}——机头小车纵向位移（运行阻力）；

x_{2n+12}、w_{2n+12}——中间小车纵向位移（运行阻力）；

x_{3n+9}、w_{3n+9}——机尾小车纵向位移（运行阻力）。

由上述分析可知，在启动瞬时，机架系统受到的合力向前，因此，小车的速度为正，且逐渐增加。启动结束后，特殊点输送带张力趋于定值，机架系统受到向后的运行阻力，因此，此时各小车的速度逐渐减小至零。蛇形输送机直接启动过程小车角速度随时间变化规律如图 9-35 所示。输送机启动时间为 5~8.15 s。

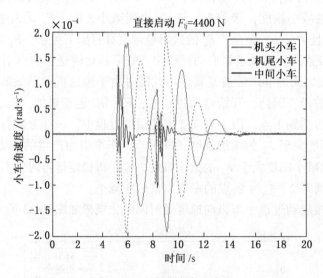

图 9-35 小车角速度仿真图

从上述分析中可以看出，在输送机启动过程中机头小车及机尾小车振幅较大，中间小车振动的特点是：频率较高，振幅较小，振幅衰减较快，并且中间小车只是在启动开始瞬时，以及启动结束瞬时振动较为激烈，在启动过程中振动十分微弱。这是由于在输送机启动过程中机头小车振动产生的纵波由机头向机尾传播，机尾小车振动产生的纵波由机尾向机头传播，二者在中间小车处相遇，相互抵消。当内侧输送带张力大于外侧输送带张力时，各小车的位置和姿态如图 9-36 所示。

当外侧输送带张力大于内侧输送带张力时，各小车的位置和姿态如图 9-37 所示。

因此，机头小车振动产生的纵波与机尾小车振动产生的纵波相差 $T/2$，二者在中间小车处相遇后叠加，振幅相互削弱，因此，中间小车振动频率较高，振幅较小且振幅衰减较快。

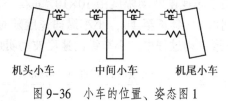

图 9-36 小车的位置、姿态图 1

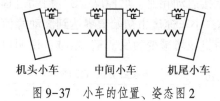

图 9-37 小车的位置、姿态图 2

2. 可控反"S"形启动

蛇形移动输送机直接启动与可控反"S"形启动过程特殊点输送带张力如图 9-38 所示。

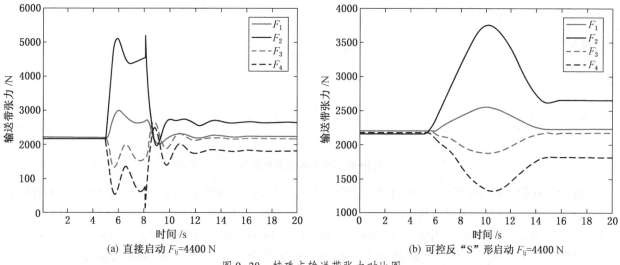

图 9-38 特殊点输送带张力对比图

与直接启动相比，可控反"S"形启动过程中，输送机驱动滚筒与输送带相遇点输送带张力 F_2 的波动峰值由 5000 N 下降到 3000 N 左右。动张力系数由 2.3 下降到 1.6。驱动滚筒与输送带相离点输送带张力 F_4 的波动最小值由几乎趋近于零提高到 1500 N 左右，其波动幅度由 2200 N 下降到不足 1000 N。输送机特殊点输送带张力由初始值达到最大值经历时间由 1 s 延长至 5 s。因此，与直接启动相比，可控反"S"形启动输送机的输送带张力波动明显减弱，即可控反"S"形启动可以显著减小电动机对输送机系统的冲击。蛇形输送机可控反"S"形启动过程中，小车纵向速度随时间变化规律如图 9-39 所示。

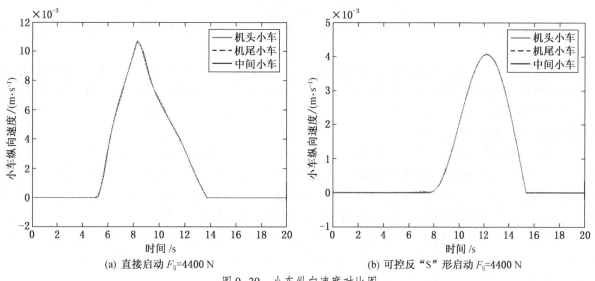

图 9-39 小车纵向速度对比图

与直接启动相比，可控反"S"启动过程中，输送机小车速度波动幅度由 10×10^{-3} m/s 下降到 4×10^{-3} m/s，小车速度由初始值零达到波动峰值，所需时间由 2 s 延长至 4 s，小车纵向速度随时间的变化规律由直线增减变为反"S"增减，说明可控反"S"形启动过程中，小车纵向速度波动明显减弱。

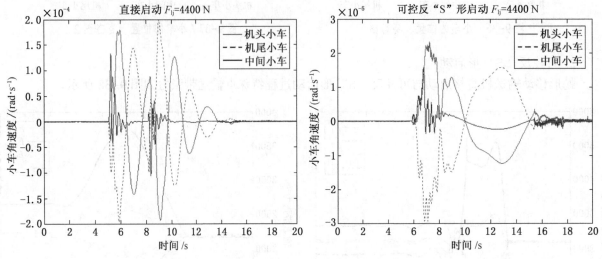

图 9-40　小车角速度对比图

蛇形移动输送机可控反"S"形启动过程中，小车角速度随时间变化规律如图 9-40 所示。与直接启动相比，可控反"S"形启动过程中，输送机机头小车速度波动幅度由 1.7×10^{-4} m/s 下降到 2×10^{-5} m/s，其速度波动幅度下降了 88%，中间小车速度波动幅度由 1.4×10^{-4} m/s 下降到 1.4×10^{-5} m/s，其速度波动幅度下降了 90%，机尾小车速度波动幅度由 2×10^{-4} m/s 下降到 3×10^{-5} m/s，其速度波动幅度下降了 85%。由上述分析可以得出，与直接启动相比，可控反"S"形启动过程中，各小车角速度波动明显减弱。

通过上述关于蛇形移动输送机直接启动与可控反"S"形启动的比较分析，可以得出如下结论：可控反"S"形启动可以显著减小电动机对输送机系统的冲击，使得输送机系统启动更平稳。

3. 具有预启动的可控反"S"形启动

此工况下，蛇形移动输送机驱动滚筒变位质量的速度随时间变化规律如下

$$
xv = \begin{cases} 0.05(t-5) & 7 > t \geqslant 5 \\ 0.1 & 10 > t \geqslant 7 \\ 0.1 + \dfrac{3.05}{10}(t-10) - \dfrac{3.05}{2\pi}\sin\left[\dfrac{2\pi}{10}(t-10)\right] & t \geqslant 20 \end{cases} \tag{9-16}
$$

蛇形移动输送机反"S"形启动与具有预启动的可控反"S"形启动过程特殊点输送带张力如图 9-41 所示。

与可控反"S"形启动过程相比，具有预启动的可控反"S"形启动过程中，输送机特殊点输送带张力的波动幅度有所下降，这表明具有预启动的可控反"S"形启动过程输送机特殊点输送带张力的波动更平缓。蛇形输送机反"S"形启动与具有预启动的可控反"S"形启动过程中小车纵向速度随时间变化规律如图 9-42 所示。

具有预启动的可控反"S"形启动过程中，输送机小车纵向速度的波动幅度为 3.7×10^{-3} m/s，可控反"S"形启动过程中输送机小车纵向速度的波动幅度为 4×10^{-3} m/s。比较二者可以看出，具有预启动的可控反"S"形启动过程中输送机小车纵向振动较弱。蛇形输送机反"S"形启动与具有预启动的可控反"S"形启动过程中，小车角速度随时间变化规律如图 9-43 所示。

可控反"S"形启动过程中，输送机小车角速度的最大波动幅度为 3×10^{-5} m/s，具有预启动的可控反"S"形启动过程中小车角速度的最大波动幅度为 2.8×10^{-5} m/s。比较二者可以发现，具有预启动的可控反"S"形启动过程中各小车摆振较微弱。

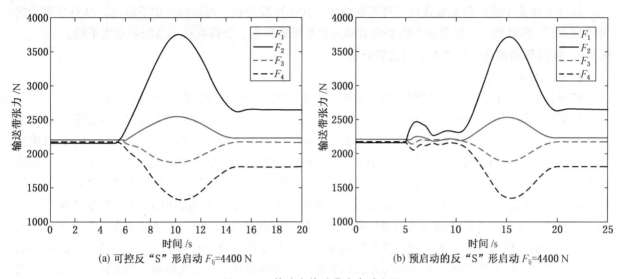

(a) 可控反 "S" 形启动 F_{1j}=4400 N　　　(b) 预启动的反 "S" 形启动 F_{1j}=4400 N

图 9-41　特殊点输送带张力对比图

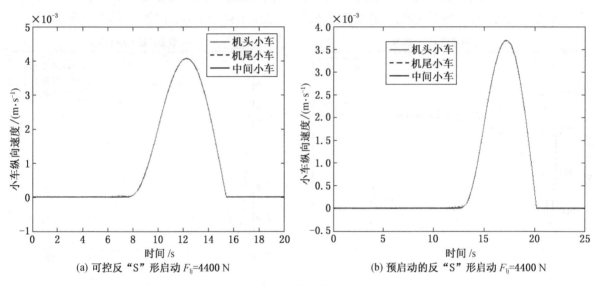

(a) 可控反 "S" 形启动 F_{1j}=4400 N　　　(b) 预启动的反 "S" 形启动 F_{1j}=4400 N

图 9-42　特殊点输送带张力对比图

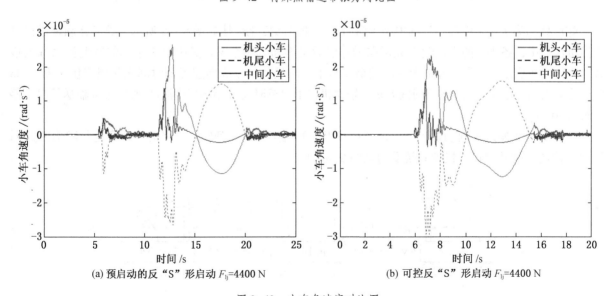

(a) 预启动的反 "S" 形启动 F_{1j}=4400 N　　　(b) 可控反 "S" 形启动 F_{1j}=4400 N

图 9-43　小车角速度对比图

通过上述关于蛇形移动输送机三种不同启动方式的比较分析，可以得出如下结论，具有预启动的可控反"S"形启动可以显著减小电动机对输送机系统的冲击，使得输送机系统启动更平稳。

9.5.2 蛇形移动输送机制动时动力过程分析

1. 自由停机

蛇形移动输送机自由停机过程特殊点处输送带张力随时间变化规律如图 9-44 所示。

蛇形移动输送机自由停机过程中，F_2 及 F_1 先迅速减小，然后波动着增大至最终稳定值。输送机导向滚筒与输送带相遇点处输送带张力 F_3 以及驱动滚筒与输送带相离点处输送带张力 F_4 先迅速增加，然后波动着减小至最终稳定值。其中 F_2 的波动最为剧烈，其动张力波动范围达到 1400 N，动张力系数可达 2.75。这是因为在输送机制动前，各输送带微元在驱动滚筒施加的驱动力作用下匀速运转，输送机开始制动后，作用在 x_{2n+8} 上的驱动力突然消失，x_{2n+8} 在阻力的作用下其速度急剧减小，从而导致驱动滚筒与输送带相遇点处输送带被突然放松，因此开始制动时 F_2 迅速减小，与此同时，由于 x_{2n+8} 速度的急剧减小，导致驱动滚筒与输送带相离点处输送带被突然绷紧，从而导致 F_4 迅速增加，由于输送机驱动滚筒附近胶带张力的迅速波动引起的应力波由机尾向机头传播，与此同时，由于输送带具有黏弹性，导致各输送带微元之间的速度差迅速减小，因此 F_1、F_3 的波动幅度要分别弱于 F_2、F_4 的波动幅度。与 2、3、4 各点相比，1 点处输送带微元所受运行阻力最大，因此 F_2 的波动最为剧烈。

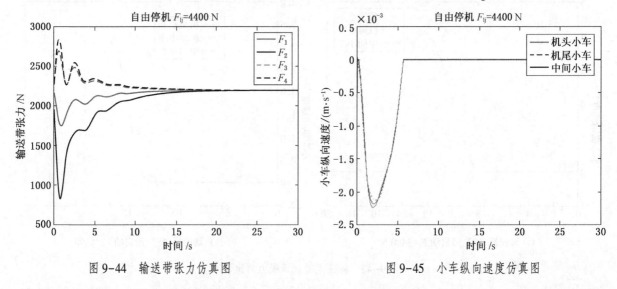

图 9-44 输送带张力仿真图　　　　图 9-45 小车纵向速度仿真图

蛇形移动输送机自由停机过程中小车纵向速度随时间变化规律如图 9-45 所示。蛇形移动输送机自由停机过程中，各小车的纵向速度先反向增加然后又逐渐减小至零。其中机头小车的速度波动幅度最大，中间小车次之，机尾小车的速度波动幅度最小。而且从小车纵向速度随时间变化规律仿真图 9-45 中还可以看出，各小车速度波动时间要短于输送机自由停机时间（小车速度波动时间：6 s 输送机自由停机时间 20 s）。

这是因为在输送机制动过程中，由各小车组成的机架系统受到输送带张力和自身运行阻力的共同作用。输送机制动过程中机架系统受力如图 9-46 所示。

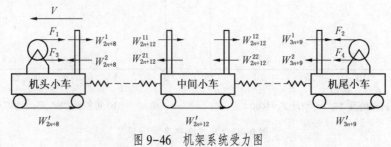

图 9-46 机架系统受力图

图 9-46 中参数含义：

W_{2n+8}^1、W_{2n+12}^{11}、W_{2n+12}^{12}、W_{3n+9}^1——重载段输送带对各小车的纵向力；

W_{2n+8}^2、W_{2n+12}^{21}、W_{2n+12}^{22}、W_{3n+9}^2——空载段输送带对各小车的纵向力；

W'_{2n+8}、W'_{2n+12}、W'_{3n+9}——各小车的运行阻力。

输送机开始制动后，F_1 减小到 1800 N；F_2 迅速减小到 800 N；F_3 增加到 2600 N；F_4 增加到 2700 N。导向滚筒受到的输送带张力明显大于驱动滚筒受到的输送带张力，因此各小车受到的合力指向机尾方向（负向），所以各小车的纵向速度反向增加，随着时间的推移，特殊点处输送带张力差值逐渐减小，当各小车的阻力大于输送带张力差时，各小车的速度沿正向增加至零。

蛇形移动输送机自由停机过程中，小车角速度随时间变化规律如图 9-47 所示。由图 9-47 可以看出，蛇形移动输送机自由停机过程中，机头小车、机尾小车振动比较激烈，中间小车的振动较弱，其结果分析与前述类似。

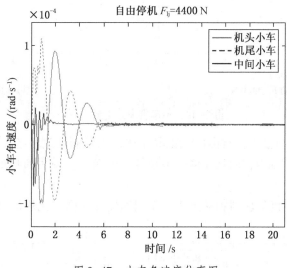

图 9-47 小车角速度仿真图

2. 加闸制动

蛇形移动输送机自由停机与加闸制动过程特殊点处输送带张力随时间变化规律如图 9-48 所示。由图 9-48 可以看出，与输送机自由停机工况相比，加闸制动过程特殊点处输送带张力波动明显激烈，其中驱动滚筒与输送带相遇点处输送带张力 F_2 波动最为激烈，其动张力系数由 2.75 提高到 7.5 左

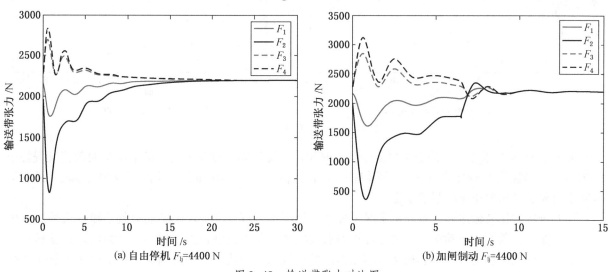

(a) 自由停机 F_{1j}=4400 N   (b) 加闸制动 F_{1j}=4400 N

图 9-48 输送带张力对比图

右，F_2 的波动最小值由 800 N 减小至 300 N。因此，在输送机加闸制动过程中，极易引起撒料现象。在保证工作效率的前提下，应控制好制动力大小，防止输送带过于激烈的振动。

蛇形移动输送机自由停机与加闸制动过程小车纵向速度随时间变化规律如图 9-49 所示。

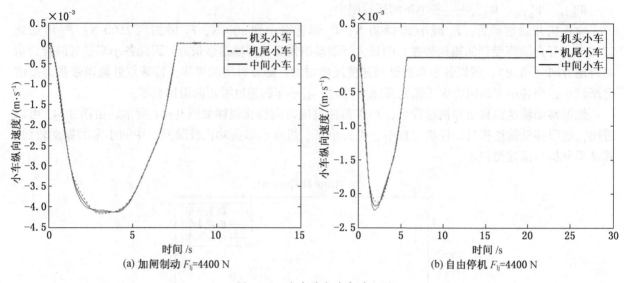

图 9-49　小车纵向速度对比图

由图 9-49 可以看出，与输送机自由停机工况相比，加闸制动过程各小车的纵向速度波动幅度由 $-2×10^{-3}$ m/s 增加至 $-4×10^{-3}$ m/s，而且速度峰值持续时间较长。说明加闸制动引起了机架更为强烈的振动。

蛇形移动输送机自由停机与加闸制动过程小车角速度随时间变化规律如图 9-50 所示。

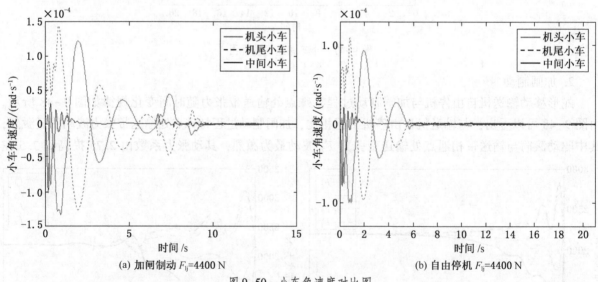

图 9-50　小车角速度对比图

由图 9-50 可以看出，与输送机自由停机工况相比，加闸制动过程机头、机尾小车的角速度振幅由 $1×10^{-4}$ rad/s 增加至 $1.5×10^{-4}$ rad/s，中间小车的角速度振幅由 $0.8×10^{-4}$ rad/s 增加至 $1×10^{-4}$ rad/s，说明加闸制动引起了各机架小车的强烈摆振。

综上所述，比较输送机自由停机工况及加闸制动工况，可以发现加闸制动引起了输送机输送带张力的强烈波动，其中，驱动滚筒与输送带相遇点处输送带张力波动最为剧烈，该点为输送机输送带的危险点。因此加闸制动极易引起输送带零张力及撒料现象。与此同时加闸制动引起了输送机机架系统中各小车更为强烈的纵向振动和摆振。而这又极易引起输送机侧向失稳。因此，在输送机加闸制动时，一定要控制好制动力的大小，以防止由于输送带张力波动过于剧烈引起零张力、撒料，以及由于机架系统各小车过于激烈的振动和摆振引起输送机侧向失稳。

9.5.3　蛇形移动输送机异常载荷工况动力过程分析

本节讨论输送机驱动滚筒处的输送带微元 x_{2n+7} 在 20 s 被突然卡死的情况。蛇形移动输送机自由停机过程特殊点处输送带张力随时间变化规律如图 9-51 所示。

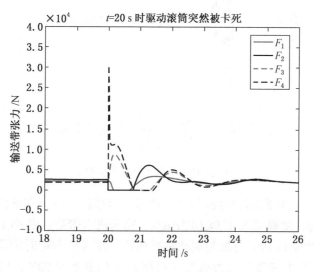

图 9-51　输送带张力仿真图

由图 9-51 可以看出，输送机卡带后，F_4 以及 F_3 迅速增加，其中 F_4 于卡带瞬时出现跳跃，并在此后短短的 3 s 时间内，出现两次较大的波动；F_2 以及 F_1 迅速减小出现零张力。其中 F_4 的波动幅度最大，其动张力系数可达 16 左右，这是因为当输送带微元 x_{2n+7} 被突然卡死瞬时，输送带微元 x_{2n+6} 的运动速度为 3.15 m/s。驱动滚筒与输送带相离点处输送带被迅速拉伸，从而导致 F_4 迅速增加。因此，输送机卡带后驱动滚筒与输送带相离点附近易引起断带现象，驱动滚筒与输送带相遇点附近易引起撒料现象。蛇形移动输送机卡带工况各小车纵向速度随时间变化规律如图 9-52 所示。

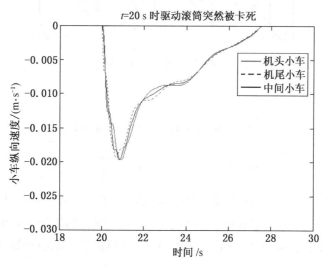

图 9-52　小车纵向速度仿真图

由图 9-52 可以看出，输送机卡带后，各小车的纵向速度先反向迅速增加，然后又波动着减小至零。小车的速度波动幅度为 0.02 m/s，说明输送机卡带后引起机架纵向振动。蛇形移动输送机卡带工况各小车角速度随时间变化规律如图 9-53 所示。

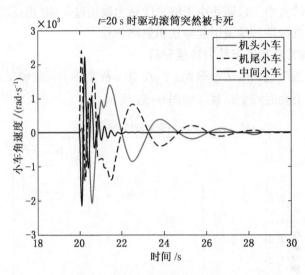

图9-53 小车角速度仿真图

由图9-53可以看出，与加闸制动过程相比，输送机卡带后，各小车的波动幅度明显加大，加闸制动过程各小车角速度的波动幅度为1.5×10^{-4} rad/s，输送机卡带后，各小车角速度的波动幅度达到2×10^{-3} rad/s，后者是前者的13倍。与加闸制动过程相比，输送机卡带时中间小车的角速度波动幅度明显加大，前者中间小车的角速度振幅为机头（机尾）小车振幅的60%，后者与机头（机尾）小车振幅相同。通过上述分析可以发现，异常载荷工况下，输送机机架振动最为剧烈。

9.6 转向油缸对纵向性能的影响

9.6.1 机头小车转向油缸伸出

仿真实例中，蛇形移动输送机各转向油缸的位置和编号如图9-54所示。

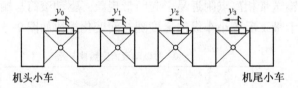

图9-54 转向油缸的布置示意图

转向油缸y_0伸出规律：

$$y_0 = \begin{cases} 0.04\sin(t-10) & 10 < t \leqslant 10 + \dfrac{\pi}{2} \\ 0.04 & 10 + \dfrac{\pi}{2} < t \end{cases} \tag{9-17}$$

蛇形移动输送机转向油缸y_0伸出工况，各小车纵向速度随时间变化规律如图9-55所示。由图9-55可以看出，转向油缸y_0伸出过程中，各小车纵向速度波动幅度为$6 \times 10^{-3} \sim 8 \times 10^{-3}$ m/s，其中，中间小车的波动幅度较小，机头小车的振幅最大，振动周期较长，说明在转向油缸y_0伸出过程中机头小车振动较为剧烈。

蛇形移动输送机转向油缸y_0伸出工况各小车角位移随时间变化规律如图9-56所示。

由图9-56可以看出，转向油缸y_0伸出过程中，机头小车逆时针转过的角度为0.045 rad，与此同时，各中间小车以及机尾小车顺时针转过的角度不足0.01 rad。前者是后者的近5倍。说明转向油缸y_0伸出可以实现机头小车右转，并且可以保证各中间小车以及机尾小车基本不动，如图9-57所示。

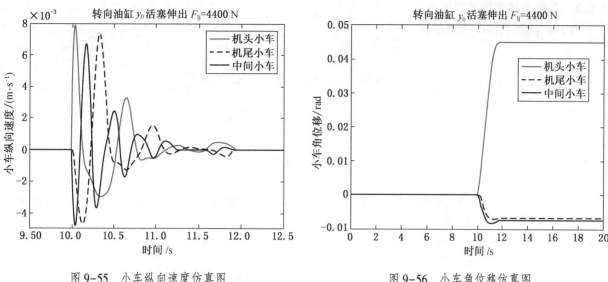

图 9-55 小车纵向速度仿真图　　　　图 9-56 小车角位移仿真图

同理，当转向油缸 y_0 缩回时，则可以实现机头小车左转，并且可以保证各中间小车以及机尾小车基本不动，如图 9-58 所示。

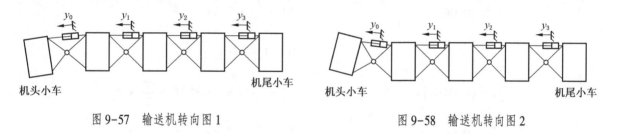

图 9-57 输送机转向图 1　　　　图 9-58 输送机转向图 2

蛇形移动输送机转向油缸 y_0 伸出工况各小车角速度随时间变化规律如图 9-59 所示。

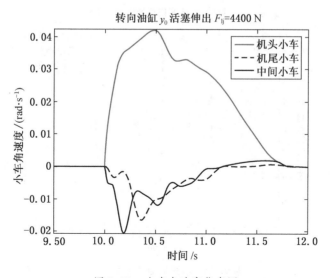

图 9-59 小车角速度仿真图

由图 9-59 可以看出，转向油缸 y_0 伸出过程中，机头小车的角速度波动幅度最大，其峰值可达 0.04 rad/s，机头至机尾各小车角速度的波动幅度依次递减，其中机尾小车的振幅仅达到 0.015 rad/s 左右。机头小车的振幅可达机尾小车振幅的 2.7 倍。

9.6.2 各转向油缸依次伸出

各转向油缸的伸出规律如下

$$
y_0 = \begin{cases} 0 & 0 \leq t \leq 10 \\ 0.04\sin(t-10) & 10 < t \leq 10+\dfrac{\pi}{2} \\ 0.04 & 10+\dfrac{\pi}{2} < t \end{cases} \tag{9-18}
$$

$$
y_1 = \begin{cases} 0 & 0 \leq t \leq 10+\dfrac{\pi}{2} \\ 0.04\sin\left(t-10-\dfrac{\pi}{2}\right) & 10+\dfrac{\pi}{2} < t \leq 10+\dfrac{\pi}{2}\times 2 \\ 0.04 & 10+\dfrac{\pi}{2}\times 2 < t \end{cases} \tag{9-19}
$$

$$
y_2 = \begin{cases} 0 & 0 \leq t \leq 10+\dfrac{\pi}{2}\times 2 \\ 0.04\sin\left(t-10-\dfrac{\pi}{2}\times 2\right) & 10+\dfrac{\pi}{2}\times 2 < t \leq 10+\dfrac{\pi}{2}\times 3 \\ 0.04 & 10+\dfrac{\pi}{2}\times 3 < t \end{cases} \tag{9-20}
$$

$$
y_3 = \begin{cases} 0 & 0 \leq t \leq 10+\dfrac{\pi}{2}\times 3 \\ 0.04\sin\left(t-10-\dfrac{\pi}{2}\times 3\right) & 10+\dfrac{\pi}{2}\times 3 < t \leq 10+\dfrac{\pi}{2}\times 4 \\ 0.04 & 10+\dfrac{\pi}{2}\times 4 < t \end{cases} \tag{9-21}
$$

蛇形移动输送机各转向油缸依次伸出工况，各小车纵向速度随时间变化规律如图9-60所示。

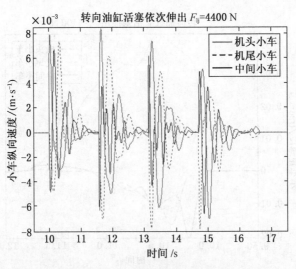

图9-60 小车纵向速度仿真图

由图9-60可以看出，转向油缸依次伸出过程中，各小车的纵向速度依次呈现出4个波动周期。在每一个波动周期中，各小车的纵向振动均表现为阻尼振动。这是因为各小车在纵向振动过程中，车轮受地面阻力作用，该阻力始终与小车的运动方向相反，因此使其振幅逐渐衰减。由图9-60还可以看出，在转向油缸 y_0、y_1、y_2、y_3 依次伸出过程中，各小车正向的振动幅度逐渐减小，其负向的振动幅度逐渐增大，这是因为在转向油缸依次伸出过程中，各小车纵向振动需要克服的正向阻力逐渐增大，而其需要克服的负向阻力逐渐减小。

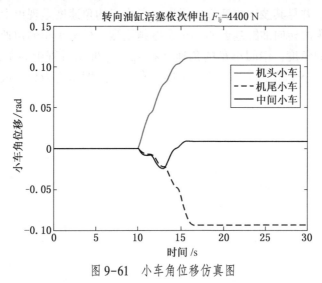

图 9-61　小车角位移仿真图

　　蛇形移动输送机各转向油缸依次伸出工况，各小车角位移随时间变化规律如图 9-61 所示。由仿真图可以看出，转向油缸依次伸出过程中，机头小车角位移为 0.12 rad，表明机头小车逆时针转动角度为 0.12 rad；中间小车角位移不足 0.005 rad，表明中间小车几乎没有转动；机尾小车角位移将近 -0.1 rad，表明机尾小车顺时针转动角度为 0.1 rad；说明转向油缸依次伸出可以实现输送机弯曲成弧形，如图 9-62 所示。

　　同理转向油缸依次缩回可以实现输送机向另一侧弯曲成弧形，如图 9-63 所示。

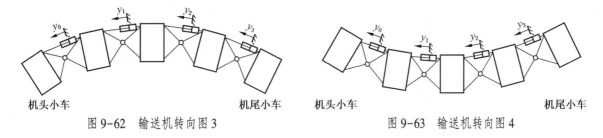

图 9-62　输送机转向图 3　　　　　　　　　图 9-63　输送机转向图 4

蛇形移动输送机各转向油缸依次伸出工况，各小车角速度随时间变化规律如图 9-64 所示。

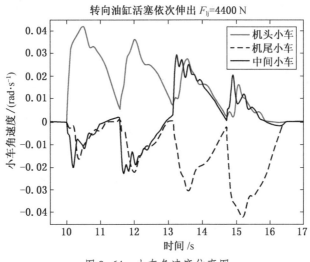

图 9-64　小车角速度仿真图

由图 9-64 可以看出，转向油缸依次伸出过程中，机头小车的角速度为正，并且其波动幅度依次递减；中间小车的角速度在转向油缸 y_0、y_1 伸出过程中为正，在转向油缸 y_2、y_3 伸出过程中为负；机尾小车的角速度为负，并且其波动幅度依次递增；各小车的角速度呈现出上述变化趋势表明，转向油缸依次伸出过程中，距离转向油缸越近的小车摆振越剧烈，机头小车的角速度始终为正，说明机头小车逆时针转过了一定的角度；中间小车的角速度在 y_0、y_1 伸出过程中为负，在转向油缸 y_2、y_3 伸出过程中为正，说明中间小车基本没有转动；机尾小车的角速度始终为负，说明机尾小车顺时针转过了一定的角度。

10 蛇形带式输送机简介及转弯 过程动力学分析

本章主要介绍蛇形带式输送机结构、功能、主要零部件及运行情况，并对蛇形带式输送机的结构进行静力学、动力学分析，引入系统状态参量，建立起输送机系统的非线性动力学模型。为后面章节的非线性转弯稳定性研究提供理论依据及模型基础。

10.1 蛇形带式输送机简介

10.1.1 蛇形带式输送机的工作原理

蛇形带式输送机不仅能够按照 S 形曲线进行布置，并且在运行过程中依旧能够继续运动，以确保综采面连续生产，完成不需要轨道、不需要基础设施情况下的动态运行。

现有蛇形带式输送机一般包括两种行走方式：轮胎及履带。本书研究的蛇形带式输送机选用的是轮胎运行方式。输送机整机系统包括数量不定的可以自由运行的四轮小车，而实际生产需求决定了小车数量，相邻小车之间依靠铰接形成一个整体，两小车之间安装能控制各节小车转向的液压油缸。蛇形带式输送机同普通带式输送机类似，能够根据不同需求配备不同形式的输送带，本书选用的是普通输送带，而且为保持输送带能够随小车一起运行弯曲，本书在输送带两侧安装压盘防止输送带跑偏。其整体结构如图 10-1 所示。

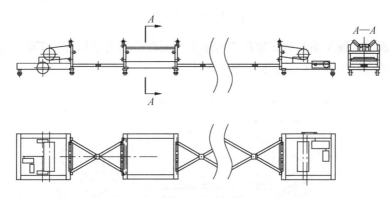

图 10-1 蛇形带式输送机整体结构示意图

10.1.2 蛇形带式输送机关键部分结构

带式输送机的一个关键结构是输送带纠偏装置，蛇形带式输送机也不例外，本书采用的输送带纠偏装置是压盘式输送带限位装置，能够有效地减少输送带工作过程中水平跑偏与飘带的现象，这能够在很大程度上降低输送带的撒料现象，并且该装置适用于普通的输送带，而本书所用的输送带也正是普通的输送带，从而不需要使用专门的 T 形输送带，简化了原有纠偏装置的结构，仅需通过压盘与支撑杆即可实现纠偏，效果更理想，极大地减少了运输设备的附加成本，提升了输送机的经济效益和运输效率。

采用倾斜托辊和水平托辊来运输物料，每个小车上分别有四组压盘限位装置，每组压盘限位装置有 4 个压盘分别作用于上、下托辊组，上、下托辊组各有两个压盘，上托辊组的压盘通过轴承连接在上支撑杆上，下托辊组的压盘通过轴承连接在下支撑杆上。每辆小车上的托辊都固定在机架横梁上，压盘限位器固定在机架纵梁上。上、下压盘分别固定在上、下支撑杆上,通过轴承连接,来保证输送带可以平滑地工作。输送带的张紧液压缸安装在机尾小车上,张紧液压缸提供了输送带的张紧力,并且通过拉力传感器智能地判断输送带是否需要张紧,当需要张紧时,张紧液压油缸伸出使得输送带具有张紧力。辊筒防滑层为一层吸附在从动辊筒外的橡胶薄层,有效防止了输送带打滑。机头小车机架尾端固定一托辊架,托辊架下部与三角形下连杆一端固定在一起,相邻两个三角形下连杆尖端用下连杆销轴活动铰接;在托辊架下部与三角形下连杆连接处的外侧分别固定两个转向油缸连杆座,两个转向油缸连杆一端和转向油缸连杆座用转向油缸连杆销轴铰接,另一端和固定在下一节机架小车的托辊架下部的转向油缸连杆座用销轴铰接。

下面介绍蛇形带式输送机的关键零部件:输送带、托辊和压盘。

1. 输送带

本书蛇形带式输送机因为每节小车都配备4个压盘来对输送带纠偏、张紧,所以本书研究的带式输送机的输送带选用普通输送带就能满足实际生产需求。输送带主要由3部分构成,最内层是通过带芯骨架组成的,带芯骨架起到提高输送带强度、保持其运输所需形状的作用,使输送带不易因为物料和摩擦力的影响而使形状发生变化;输送带的最外层由橡胶制成覆盖胶,起到防止输送带磨损,提高输送带使用寿命的作用;还有将最内层和最外层黏合在一起的隔离层黏结物,使得带芯骨架和橡胶覆盖层能够结合成一体,不会因为输送带的运输而使内外层分离,影响输送带寿命。输送带结构如图10-2所示。

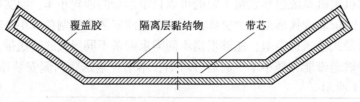

图10-2 输送带结构图

输送带的横截面积直接关系到带式输送机的运量,所以下面简单阐述一下输送带横截面积的计算公式,输送带上物料的最大横截面积如图10-3所示。

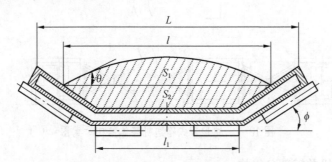

图10-3 输送带上物料的最大横截面积

由图10-3可得输送带运输有效横截面积为

$$S = S_1 + S_2 \tag{10-1}$$

其中:

$$S_1 = \left[l_1 + (l - l_1)\cos\phi \right]^2 \frac{\tan\theta}{6}$$

$$S_2 = \left(l_1 + \frac{l - l_1}{2}\cos\phi \right)\left(\frac{l - l_1}{2}\sin\phi \right)$$

式中　S——输送带上物料横截面积,m^2;

l——输送带有效宽度，m；

l_1——平托辊长度，m；

θ——物料的运行堆积角；

ϕ——侧托辊与水平方向的夹角。

2. 托辊

本书介绍的蛇形带式输送机的托辊由两个侧托辊、一个平托辊及一个下托辊组成，侧托辊、平托辊是保证输送带运输物料时能够以所需形状运行，提供摩擦力，保证运输过程，下托辊是保证输送带回程运行的托辊，如图 10-4 所示。

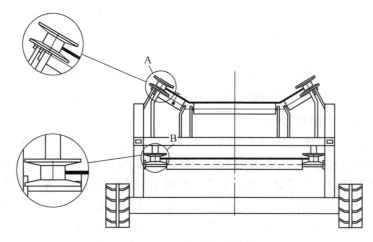

图 10-4　托辊布置与结构

3. 压盘

本书蛇形带式输送机输送带上所用压盘的主要作用是夹紧输送带，防止输送带在转弯处因为物料倾斜使得输送带内外侧所受摩擦力不同和输送带转弯过程中产生的离心力而跑偏。虽然压盘的使用能够在很大程度上防止输送带跑偏，达到纠偏的目的，但是它的存在会加大输送带磨损，降低输送带使用寿命，但其纠偏效果较好，加大输送带磨损的不足可以被忽略，所以我们才选用此种纠偏装置，其结构如图 10-5 所示。

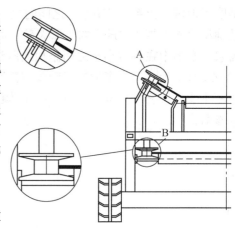

图 10-5　压盘结构图

10.1.3　蛇形带式输送机的主要应用

大型蛇形带式输送机现在一般应用在煤矿生产及抢险救灾中。而一般的中小型蛇形带式输送机现在已被较为广泛地用于工厂中进行较轻物料的运输。

国内现在开发的煤矿多为煤层较薄，但煤层多的煤矿，这就要求在开采过程中，输送机可以跟随采煤机上下运行，适应多煤层开采运输的需求。

如遇矿难，蛇形带式输送机可以配备小型纵向掘进设备作为救援设备深入矿井进行救援，能够快速将土石运出，避开障碍物，为被困人员提供必要物资给养，提高煤矿工作人员的生还概率，为大机器营救争取宝贵时间。

现在许多工厂在运输物料时，经常使用垂直弯曲的蛇形带式输送机，解决一个平面到另一个平面的运输问题，提高运输效率。

在抢险救灾时，因为障碍物较多，许多大型运输设备都无法运行，蛇形带式输送机，可以准确躲避障碍物，运送救灾物资及砂石等抗洪材料。运输效率高，能缓解灾情。

10.2 蛇形带式输送机转弯过程动力学分析

对于蛇形带式输送机进行非线性动力学的分析，首先要确定蛇形带式输送系统的小车结构、铰接方式、控制结构，本书对于各节小车在转弯处的控制采用的是各节小车之间添加液压油缸，通过控制液压油缸的伸缩量，达到控制输送机小车转弯的目的。和其他动力学分析相同，首先要运用牛顿经典力学对输送机小车进行静力学分析，研究各节小车之间的受力情况。然后，根据各节小车运行情况做相应动力学分析，列出各节小车的运动微分方程，根据各节小车的实际运行情况，忽略一些对系统小车影响较小的力，对一些参数进行简化，得到小车动力学方程。最后，通过各节小车之间的铰接关系，引入系统各状态参量，得到蛇形带式输送机的四自由度非线性动力学模型。在模型建立过程中要引入系统状态参量，状态参量选择得是否合适将直接影响到所建立的非线性动力学模型反映转弯过程的真实程度，状态参量一般都会选择直接影响输送机系统转弯过程的变量，对于输送机系统的非线性动力学分析来说十分重要。而所建立模型中的各小车受力情况需要根据经验和实际计算来确定，在输送机系统的非线性动力学分析中不可或缺，也占据重要地位。

10.2.1 转弯处非线性动力学特性分析

在生产实际中，蛇形带式输送机的节数通常依据实际工况中所需运输量和运输效率来选取，但是小车节数过多会使理论研究烦琐，计算量过大，这样很不利于理论分析。理论分析中通常把蛇形带式输送机系统的小车结构分成3个部分：机头小车、中间小车及机尾小车，中间小车数量需要由实际设备所需运行能力来确定，而在实际生产过程中很大程度上受到机头小车所能牵引的最大能力影响。本书假设只有机头小车配备动力源，作为主动力源带领其他小车行走，剩下小车不配备动力源。虽然增加中间小车的数量能够在一定程度上增加理论研究的精度，但是将大大增加运算量，而且各个中间小车所呈现的受力状态并无明显区别，没有重复运算的必要。所以，将3节小车当成研究对象，能够清晰明了地阐述出系统各节小车之间的关系，并且大大将运算过程变得简单。同时以3节小车为例能够准确反映蛇形带式输送机的实际状态，而且计算简洁，所得到的模型也相对简便，能够满足工程生产需求。本书中在各节小车之间添加液压油缸，通过液压油缸的伸缩对输送机小车进行转弯控制。图10-6a所示为3节小车横摆运动模型简图，图中显示各节小车的受力情况，清楚地显示出小车各运行基本参数；图10-6b所示为小车的倾斜运动模型简图，图中显示小车在纵向上的受力和其他基本参数。

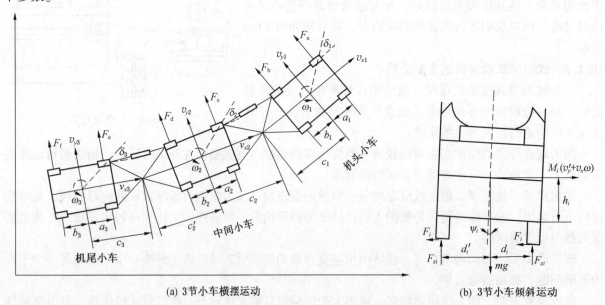

(a) 3节小车横摆运动   (b) 3节小车倾斜运动

图10-6　蛇形带式输送机四自由度动力学模型

根据图 10-6 建立机头小车、中间小车和机尾小车水平运动和横摆运动的微分方程，利用铰接点的力的约束条件约去不独立的变量，获得蛇形带式输送机的运动微分方程。

机头小车微分方程组，有：

$$
\begin{cases}
m_1(v'_{x1} - v_{y1}\omega_1) = F_{x1} - F_{xh1} - F_{缸1x} \\
m_1(v'_{y1} + v_{x1}\omega_1) = F_a + F_b - F_{yh1} - F_{缸1y} \\
I_{z1}\omega'_1 = a_1F_a - b_1F_b + c_1F_{yh1} + F_{缸1x}d \\
I_{x1}\psi''_1 + m_1(v'_{y1} + v_{x1}\omega_1) = m_1gh_1\psi_1 + F_{z1}d_1 - F_{z2}d_1
\end{cases}
\tag{10-2}
$$

中间小车微分方程组，有：

$$
\begin{cases}
m_2(v'_{x2} - v_{y2}\omega_2) = F_{xh1} + F'_{缸1x} - F_{缸2x} - F_{xh2} \\
m_2(v'_{y2} + v_{x2}\omega_2) = F_c + F_d + F_{yh1} + F'_{缸1y} - F_{yh2} - F_{缸2y} \\
I_{z2}\omega'_2 = a_2F_c - b_2F_d + c_2F_{yh1} + c'_2F_{yh2} - F'_{缸1x}d + F_{缸2x}d \\
I_{x2}\psi''_2 + m_1(v'_{y2} + v_{x2}\omega_2) = m_2gh_2\psi_2 + F_{z3}d_2 - F_{z4}d_2
\end{cases}
\tag{10-3}
$$

机尾小车微分方程组，有：

$$
\begin{cases}
m_3(v'_{x3} - v_{y3}\omega_3) = F_{xh2} + F'_{缸2x} \\
m_3(v'_{y3} + v_{x3}\omega_3) = F_e + F_f + F_{yh2} + F'_{缸2y} \\
I_{z3}\omega'_3 = a_3F_e - b_3F_f + c_3F_{yh2} - F'_{缸2x}d \\
I_{x3}\psi''_3 + m_3(v'_{y3} + v_{x3}\omega_3) = m_3gh_3\psi_3 + F_{z5}d_3 - F_{z6}d_3
\end{cases}
\tag{10-4}
$$

公式中各个参数含义见表 10-1。

表 10-1　符号含义对应表

符号	含义	符号	含义	符号	含义
m_1	机头小车质量	$F'_{缸2x}$	转向油缸 2 对机尾小车纵向作用力	a_2	中间小车前轴至质心距离
m_2	中间小车质量	$F_{缸2x}$	转向油缸 2 对中间小车纵向作用力	a_3	机尾小车前轴至质心距离
m_3	机尾小车质量	$F_{缸1y}$	转向油缸 1 对机头小车横向作用力	b_1	机头小车后轴至质心距离
v_{x1}	机头小车纵向速度	$F'_{缸1y}$	转向油缸 1 对中间小车横向作用力	b_2	中间小车后轴至质心距离
v_{x2}	中间小车纵向速度	$F_{缸2y}$	转向油缸 2 对中间小车横向作用力	b_3	机尾小车后轴至质心距离
v_{x3}	机尾小车纵向速度	$F'_{缸2y}$	转向油缸 2 对机尾小车横向作用力	c_2	中间小车质心至第一铰接点距离
v_{y1}	机头小车横向速度	θ	铰接转角	c'_2	中间小车质心至第二铰接点距离
v_{y2}	中间小车横向速度	F_a	机头小车前轮侧向力	c_3	机尾小车质心至第二铰接点距离
v_{y3}	机尾小车横向速度	F_b	机头小车后轮侧向力	I_{z1}	机头小车横摆转向惯量
ω_1	机头小车横摆角速度	F_c	中间小车前轮侧向力	I_{z2}	中间小车横摆转向惯量
ω_2	中间小车横摆角速度	F_a	机头小车前轮侧向力	I_{z3}	机尾小车横摆转向惯量
ω_3	机尾小车横摆角速度	F_b	机头小车后轮侧向力	I_{x1}	机头小车侧倾转向惯量
F_{x1}	机头小车轴向牵引力	F_c	中间小车前轮侧向力	I_{x2}	中间小车侧倾转向惯量
F_{xh1}	机头、中间小车铰接点轴向牵引力	F_d	中间小车后轮侧向力	I_{x3}	机尾小车侧倾转向惯量
F_{xh2}	中间、机尾小车铰接点轴向牵引力	F_e	机尾小车前轮侧向力	ψ_1	机头小车侧倾角度
$F_{缸1x}$	转向油缸 1 对机头小车纵向作用力	F_f	机尾小车后轮侧向力	ψ_2	中间小车侧倾角度
$F'_{缸1x}$	转向油缸 1 对中间小车纵向作用力	a_1	机头小车前轴至质心距离	ψ_3	机尾小车侧倾角度

表 10-1（续）

符号	含 义	符号	含 义	符号	含 义
F_{z1}	地面对机头小车内侧车轮支撑力	F_{z6}	地面对机尾小车外侧车轮支撑力	d_2	中间小车内、外侧车轮到小车轴心的距离
F_{z2}	地面对机头小车外侧车轮支撑力	h_1	机头小车垂直中心到轮胎距离	d_3	机尾小车内、外侧车轮到小车轴心的距离
F_{z3}	地面对中间小车内侧车轮支撑力	h_2	中间小车垂直中心到轮胎距离	δ_1	机头小车前轮转角
F_{z4}	地面对中间小车外侧车轮支撑力	h_3	机尾小车垂直中心到轮胎距离	δ_2	中间小车前轮转角
F_{z5}	地面对机尾小车内侧车轮支撑力	d_1	机头小车内、外侧车轮到小车轴心的距离	δ_3	机尾小车前轮转角

蛇形带式输送机正常运行过程中，因为其行驶速度较小，转弯半径较大，侧倾角不是导致系统失稳的主要状态量，所以其产生的侧倾失稳方程可以消去，忽略侧倾力对整机系统的影响。

机头小车动力学方程组，有：

$$
\begin{cases}
m_1(v'_{x1} - v_{y1}\omega_1) = F_{x1} - F_{xh1} - F_{缸1x} \\
m_1(v'_{y1} + v_{x1}\omega_1) = F_a + F_b - F_{yh1} - F_{缸1y} \\
I_{z1}\omega'_1 = a_1 F_a - b_1 F_b + c_1 F_{yh1} + F_{缸1x}d
\end{cases}
\tag{10-5}
$$

中间小车动力学方程组，有：

$$
\begin{cases}
m_2(v'_{x2} - v_{y2}\omega_2) = F_{xh1} + F'_{缸1x} - F_{缸2x} - F_{xh2} \\
m_2(v'_{y2} + v_{x2}\omega_2) = F_c + F_d + F_{yh1} + F'_{缸1y} - F_{yh2} - F_{缸2y} \\
I_{z2}\omega'_2 = a_2 F_c - b_2 F_d + c_2 F_{yh1} + c'_2 F_{yh2} - F'_{缸1x}d + F_{缸2x}d
\end{cases}
\tag{10-6}
$$

机尾小车动力学方程组，有：

$$
\begin{cases}
m_3(v'_{x3} - v_{y3}\omega_3) = F_{xh2} + F'_{缸2x} \\
m_3(v'_{y3} + v_{x3}\omega_3) = F_e + F_f + F_{yh2} + F'_{缸2y} \\
I_{z3}\omega'_3 = a_3 F_e - b_3 F_f + c_3 F_{yh2} - F'_{缸2x}d
\end{cases}
\tag{10-7}
$$

蛇形带式输送机在实际行驶过程中，运行速度均匀并且较为缓慢，因此各节小车的纵向行驶速度基本相同。而且为防止侧滑失稳的产生，行驶中，各节小车之间相对转角较小。因此，每节小车在铰接处速度基本相同，折叠角很小。所以各节小车满足以下关系：

$$
\begin{cases}
v_{x1} = v_{x2} = v_{x3} \\
v_{y2} = v_{x1}\theta_1 + v_{y1} - (c_1 + a_2 + b_2)\omega_1 + (a_2 + b_2)\theta'_1 \\
v_{y3} = v_{x2}\theta_2 + v_{y2} - (c_2 + a_3 + b_3)\omega_2 + (a_3 + b_3)\theta'_2 \\
F_{缸1x} = F'_{缸1x}, \quad F_{缸2x} = F'_{缸2x} \\
F_{缸1y} = F'_{缸1y}, \quad F_{缸2y} = F'_{缸2y}
\end{cases}
\tag{10-8}
$$

引入系统状态参量，令系统状态参量为 $[x_1, x_2, x_3, x_4, x_5]^T = [v_x, v_y, \omega, \theta', \theta]^T$，则有 $[x'_1, x'_2, x'_3, x'_4, x'_5]^T = [v'_x, v'_y, \omega', \theta'', \theta']^T$。其中除 v_x 是稳定输入值基本保持不变外，v_y、ω、θ'、θ 在转弯过程中均随时间变化，呈现出非线性变化规律。

所以小车的动力学模型可以写成：

$$
f(x) = \begin{bmatrix} x'_1 \\ x'_2 \\ x'_3 \\ x'_4 \\ x'_5 \end{bmatrix} = \begin{bmatrix}
a_{11}F_{x1} + a_{12}F_{xh1} + a_{13}F_{缸1x} + a_{14}F_{xh2} + a_{15}F_{缸2x} + x_2 x_3 \\
a_{21}(F_a + F_b) + a_{22}(F_c + F_d) + a_{23}(F_e + F_f) + a_{24}(F_{yh1} + F_{缸1y}) + a_{25}(F_{yh2} + F_{缸2y}) - x_1 x_3 \\
a_{31}(F_a + F_b) + a_{32}(F_c + F_d) + a_{33}(F_e + F_f) + a_{34}(F_{yh1} + F_{缸1x}) + a_{35}(F_{yh2} + F_{缸2x}) \\
a_{41}(F_a + F_b) + a_{42}(F_c + F_d) + a_{43}(F_e + F_f) + a_{44}(F_{yh1} + F_{缸1y}) + a_{45}(F_{yh2} + F_{缸2y}) \\
x_4
\end{bmatrix}
\tag{10-9}
$$

其中，

$$a_{11} = 1/m_1 \qquad a_{12} = -1/m_1 + 1/m_2 \qquad a_{13} = -1/m_1 + 1/m_2$$

$$a_{14} = -1/m_2 + 1/m_3 \qquad a_{15} = -1/m_2 + 1/m_3$$

$$a_{21} = 1/m_1 \qquad a_{22} = 1/m_2 \qquad a_{23} = 1/m_3 \qquad a_{24} = -1/m_1 + 1/m_2 \qquad a_{25} = -1/m_2 + 1/m_3$$

$$a_{31} = (a_1 - b_1)/I_{z1} \qquad a_{32} = (a_2 - b_2)/I_{z2} \qquad a_{33} = (a_3 - b_3)/I_{z3}$$

$$a_{34} = (c_1/I_{z1} + c_2/I_{z2}), \ (d/I_{z1} - d/I_{z2}) \qquad a_{35} = (c_2'/I_{z2} + c_3/I_{z3}), \ (d/I_{z2} - d/I_{z3})$$

$$a_{41} = [a_1 b_1^2 m_1 m_2 + (a_1 m_1 + b_1 m_2 + c_1 m_2) I_{z2} - a_1 m_1 I_{z1}]/S$$

$$a_{42} = [a_2 b_2^2 m_1 m_2 + (a_2 m_2 + b_2 m_2 + c_2 m_1 + c_2' m_3) I_{z2} - a_2 m_2 I_{z1}]/S$$

$$a_{43} = [a_3 b_3^2 m_2 m_3 + (a_3 m_3 + b_3 m_3 + c_3 m_3) I_{z3} - a_3 m_3 I_{z2}]/S$$

$$a_{44} = [-a_2 b_1 (c_1 + a_2) m_1 m_2 + (c_1 m_2 - b_1 m_2 - b_1 m_1) I_{z2} - a_2 m_2 I_{z1}]/S$$

$$a_{45} = \{(a_2 I_{z1} - c_1 I_{z2}) m_1 + b_2 [(m_1 + m_2) I_{z1} + c_1 (c_1 + a_2) m_1 m_2]\}/S$$

$$S = (a_2^2 I_{z1} + c_1^2 I_{z2}) m_1 m_2 + (m_1 + m_2) I_{z1} I_{z2}$$

至此，三节小车非线性动力学模型建立。

10.2.2　转弯处输送带动力学特性分析

相对于蛇形带式输送机各节小车转弯过程的复杂而言，蛇形带式输送机所配备的普通输送带质地均匀，受力稳定，蛇形带式输送机在转向过程中，输送带主要受到指向转弯半径的离心力、托辊的摩擦力、物料的重力等。所以在转弯过程中，以输送带为模型，考虑输送带与小车在转弯过程中的相互作用，分析转弯过程中小车及输送带的动力学特性，建立转弯处输送带的线性动力学模型。考虑到输送带的质地和受力情况，线性动力学模型已经能够较为准确地描述输送带在转弯过程中的力学特性，而且计算简单，适合应用于实际。

针对输送带这一黏弹特性，国内外常用的黏弹性模型主要有以下 3 种：Maxwell 模型、Vogit 模型、标准三参数模型，如图 10-7a~图 10-7c 所示。

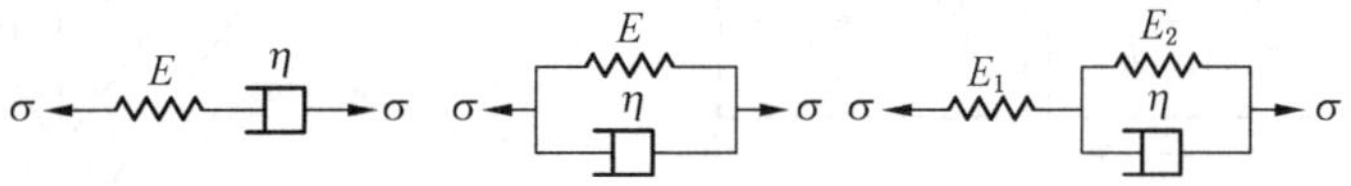

(a) Maxwell 模型　　　(b) Vogit 模型　　　(c) 标准三参数模型

图 10-7　输送带黏弹性模型

1. Maxwell 模型

Maxwell 模型同时被称为松弛模型，由弹簧和阻尼器串联组成，如图 10-7a 所示。通过分析可知，弹簧和阻尼器所受应力相同，所以弹簧形变是弹簧形变和阻尼器形变之和，表示为

$$\dot{\varepsilon} = \frac{\dot{\sigma}}{E} + \frac{\sigma}{\eta} \tag{10-10}$$

2. Vogit 模型

Vogit 模型同时被称为非松弛模型，由弹簧和阻尼器并联组成，如图 10-7b 所示，通过分析可知，弹簧和阻尼器所产生的应变相同，所以此模型应力为弹簧和阻尼器应力之和，表示为

$$\sigma = E\varepsilon + \eta\dot{\varepsilon} \tag{10-11}$$

3. 标准三参数模型

此模型由一个 Vogit 模型及一个弹簧串联而成，如图 10-7c 所示，通过分析可知其本构关系为

$$\dot{\varepsilon} + \frac{E_2}{\eta}\varepsilon = \frac{E_1 + E_2}{E_1}\frac{1}{\eta}\sigma + \frac{1}{E_1}\dot{\sigma} \tag{10-12}$$

对上述 3 种模型施加应变载荷响应和应力载荷响应，可以得出：Maxwell 模型只能模拟黏弹性元件对于应变的响应，无法模拟对于应力的响应；Vogit 模型则正好相反，只能模拟黏弹性元件对于应

力的响应；而标准三参数模型则能同时兼顾 Maxwell 模型和 Vogit 模型的作用，同时模拟黏弹性元件对于应力和应变的响应，而且随着元件数量的增加，其模拟效果也会越来越好。但是，对于整机的模型模拟计算，如果元件过多会大大增加计算量，增加难度，不利于整机的仿真模拟，所以应该选择合适的模型建立输送带的黏弹性模型。

权衡 3 种模型的模拟效果以及模型计算的难易程度，本书选用 Vogit 模型对整机进行动力学分析。

本书运用有限元分析法对输送带进行纵向动力学分析，选择 Vogit 模型作为输送带模型，将输送带环形切割成若干微小的小段，每个小段用 Vogit 模型来代替，输送带模型如图 10-8 所示。

对输送带进行动力学分析，可得第 i 段模型的动力学方程：

$$m_i x_i'' = k_{i-1}C + k_i(x_{i+1} - x_i) + c_{i-1}(x_{i-1}' - x_i') + c_i(x_{i+1}' - x_i') - f_1 \tag{10-13}$$

其中，

$$k_i = \frac{EB}{l_i} \qquad k_{i-1} = \frac{EB}{l_{i-1}} \qquad c_i = \frac{EB\tau}{l_i} \qquad c_{i-1} = \frac{EB\tau}{l_{i-1}}$$

其中，k_i 为第 i 单元的等效刚度系数；c_i 为第 i 单元的等效阻尼系数；x_i、x_i'、x_i'' 分别为第 i 段的位移、速度以及加速度；f_i 为第 i 段所受的阻力；E 为单位带宽的弹性模量；B 为第 i 单元的带宽；τ 为流变常数；l_i 为第 i 单元的长度。

下面建立转弯处输送带线性动力学模型，转弯过程中，输送带受力单元模型如图 10-9 所示，由模型可得以下数量关系：

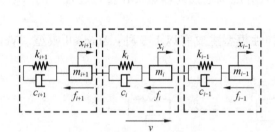

图 10-8　输送带微元段离散模型

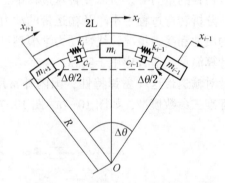

图 10-9　转弯过程中输送带受力单元模型

$$\varphi = \frac{\theta}{2} = \frac{l}{R} \tag{10-14}$$

$$s = x_{i-1}\cos\left(\frac{\theta}{2}\right) \tag{10-15}$$

$$v = v_{i-1}\cos\left(\frac{\theta}{2}\right) \tag{10-16}$$

其中，R 为转弯半径；l 为弧长；x_{i-1}、x_i、x_{i+1} 为位移分量；v_{i-1} 为速度；θ 为相邻单元对应圆心角度；s 为 i 方向上的位移；v 为 i 方向上的速度。

应用拉格朗日中值定理可以得到该蛇形输送机输送带在转弯过程中的动力学方程：

$$m_i v_i' = k_{i-1}\left[x_i - x_{i-1}\cos\left(\frac{\theta}{2}\right)\right] + k_i\left[x_i - \cos\left(\frac{\theta}{2}\right)\right] + c_{i-1}\left[x_i' - x_{i-1}'\cos\left(\frac{\theta}{2}\right)\right] + c_i\left[x_i' - x_{i+1}'\cos\left(\frac{\theta}{2}\right)\right] \tag{10-17}$$

因为输送机的转弯半径 R 远远大于弧长 l，相对应的转角 φ 数值较小，可将上述方程简化为

$$m_i v_i' = k_{i-1}(x_1 - x_{i-1}) + k_i(x_i - 1) + c_{i-1}(x_i' - x_{i-1}') + c_i(x_i' - x_{i+1}') \tag{10-18}$$

至此，建立起蛇形带式输送机转弯处输送带的线性动力学模型。

11　蛇形带式输送机转弯处非线性特性分析

11.1　蛇形带式输送机非线性动力学系统稳定性分析

根据第10章建立起的蛇形带式输送机非线性动力学模型，计算系统平衡点，进而得到平衡点处的 Jacobian 矩阵，根据 Jacobian 矩阵的特征方程，利用 Hurwitz 判据判断系统在奇异点的稳定性，为之后混沌运动的分析提供基础。

11.1.1　系统平衡点求解及分析

假设系统动力学行为是通过一阶微分方程自治系统（或动力学系统）曲线的方法进行模拟：$\dfrac{\mathrm{d}u}{\mathrm{d}t}=f(u)$，$f$：$U \rightarrow \mathbf{R}^n$ 其中，U 是 $\mathbf{R}^n$ 的开子集。假设 f 为一阶导数连续。在大多数特殊应用中，有 $\mathrm{div} f < 0$，其中 div 代表散度。同时，大多数情况下 f_j 是多项式。如果：$\mathbf{R}^n \rightarrow \mathbf{R}$ 是解析函数，解的初始值问题可以表示为：$u(t)=\exp(tV)u\mid_{\rightarrow u}$。对于一个足够小的 t，其中 V 是一个向量域：$V=f_1(u)\dfrac{\partial}{\partial u_1}+\cdots+f_n(u)\dfrac{\partial}{\partial u_n}$。

若满足式 $f(u^*)=0$，则点 $u^* \in U$ 被叫作动力系统的不动点（或者称为平衡点、驻点）。由于解的唯一性，故没有其他解曲线通过 u^*。设 Φ_t：$U \rightarrow \mathbf{R}^n$ 是与动力系统相关的流量。集合 $U \rightarrow \mathbf{R}^n$ 是一个开放的集合。对于每一个 $u \in U$，映射 $t \rightarrow \Phi(t,u)=\Phi_t(u)$ 是当 $t=0$ 时通过 u 的解。t 是定义在开区间上的。如果 u^* 是不动点 $\Phi(u^*)=u^*$ 对所有的 $t \in \mathbf{R}$ 成立，则叫 u^* 是向量域 f 上的奇异点。

假设 f 是线性的。记 $f(u)=Au$，A 是 $\mathbf{R}^n$ 上的一个线性操作数（方阵）。起始点 $0 \in \mathbf{R}^n$ 是一个不动点。当 $\lambda < 0$ 比特征向量的实部大时，解集 $\Phi_t(u)$ 近似接近于 0，且 $\mid \Phi_t(u) \mid \leqslant Ce^{\lambda t}$。常数 $C>0$。现在假设带有不动点 $0 \in \mathbf{R}^n$ 且在向量域内一阶可导。矩阵如下式所示：$A=Df(0) \equiv (\partial f/\partial u)(u=0)$。这个矩阵称为 f 在 0 点的线性部分。如果矩阵 A 的所有特征值都有一个负实部，则 0 是汇点。更一般的，若 $Df(u^*)$ 的所有特征值都有负实部，则不动点 u^* 是一个汇点。我们也称线性流量 e^{tA} 是个缩写式。当且仅当所有轨迹在 $t \rightarrow \infty$ 时都趋近于 0，0 是一个汇点。这就是渐近稳定性。进而，轨迹以指数方式接近汇点。

依据相平面分析法，研究蛇形带式输送机动力学系统稳态转向的重要特征点是其平衡点，系统小车动力学系统平衡点的求解方法运用遗传算法，遗传算法适合解决传统算法很难解决的复杂的非线性问题。对于10.2节建立的四自由度动力学模型，用遗传算法计算系统平衡点就是要找到最优点 (v_x,v_y,ω)，从而使得 v'_x、v'_y、ω' 这3个表达式的值为零，所以设定遗传算法的适应值函数为

$$\mathrm{FitnessValue} =\mid v'_x \mid +\mid v'_y \mid +\mid \omega' \mid \tag{11-1}$$

进而分析保持前轮转角不变的情况下，不同纵向速度对应的系统稳定平衡点。表11-1中列出蛇形带式输送机分别在 1、1.5、2 m/s 条件下，系统各变量的平衡点。系统各个参量平衡点的提出为之后输送系统的行驶稳定域估计提供理论基础。小车相关尺寸参数如下：$m_1=m_2=m_3=100$ kg，$a_1=a_2=a_3=0.75$ m，$b_1=b_2=b_3=0.75$ m，$c_1=c_2=c'_2=c_3=1$ m，$d=0.3$ m。

表 11-1 不同纵向速度条件下输送系统稳定平衡点

v_{x1}	稳定平衡点				系统状态参量变化率			
	v_{y1}	ω	θ'	θ	v'_{y1}	ω'	θ''	θ'
1	−0.0035	−0.2853	0	−0.7134	2.8539	−0.0273	0.1485	0
1.5	−0.0070	−0.2645	0	−0.4408	3.8476	−0.0301	0.1442	0
2	−0.0095	−0.2409	0	−0.3012	4.8199	−0.0397	0.1382	0

由表 11-1 可以看出，伴随纵向速度的增加，稳定平衡点 θ' 一直保持 0 不变，稳定平衡点 v_{y1} 渐渐减小，而稳定平衡点 ω 和 θ 渐渐增大；随着纵向速度的增加，系统状态参量变化率 v'_{y1} 逐渐增大，而系统状态参量变化率 ω' 和 θ'' 逐渐减小，系统状态参量变化率 θ' 依旧保持 0 不发生变化。所以能够由表 11-1 得到，前轮转角一定时，纵向速度越大，系统越容易失稳。

车辆行驶速度为 1.5 m/s，不同转角幅值条件下相应的车辆各状态参量随前轮转角幅值的变化情况如图 11-1 所示。

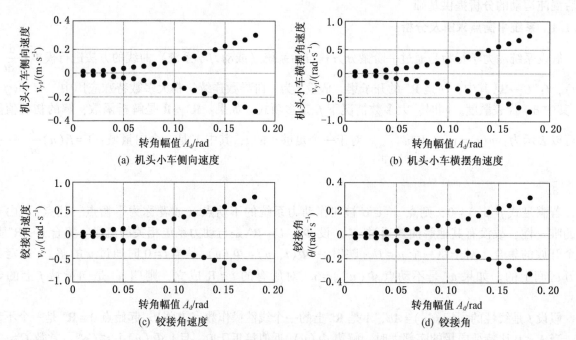

(a) 机头小车侧向速度 (b) 机头小车横摆角速度

(c) 铰接角速度 (d) 铰接角

图 11-1 输送机系统各状态参量平衡域范围随转角幅值变化情况

由图 11-1 可以明显看出，在一定速度下，转角幅值小于 0.38 rad 时，系统的各状态参量平衡域范围随转角幅值的增大而增大，并且呈现正负对称分布。当转角大于 0.38 rad 之后，输送系统发生非对称变化，如图 11-2 所示，说明输送机系统在 0.38 rad 处处于临界失稳状态，而当转角幅值增加到 0.4 rad 时，系统不存在平衡域，说明输送机系统已经处于失稳状态。

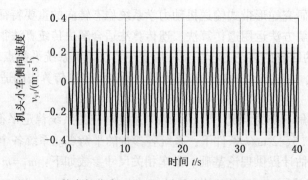

图 11-2 转角幅值为 0.38 rad 时系统平衡域的非对称变化

11.1.2　系统稳定性判断及分析

由 10.2 节可知，3 节小车的非线性动力学模型如下

$$f(x) = \begin{bmatrix} x'_1 \\ x'_2 \\ x'_3 \\ x'_4 \\ x'_5 \end{bmatrix} = \begin{bmatrix} a_{11}F_{x1} + a_{12}F_{xh1} + a_{13}F_{征1x} + a_{14}F_{xh2} + a_{15}F_{征2x} + x_{2x3} \\ a_{21}(F_a + F_b) + a_{22}(F_c + F_d) + a_{23}(F_e + F_f) + a_{24}(F_{yh1} + F_{征1y}) + a_{25}(F_{yh2} + F_{征2y}) - x_1x_3 \\ a_{31}(F_a + F_b) + a_{32}(F_c + F_d) + a_{33}(F_e + F_f) + a_{34}(F_{yh1} + F_{征1x}) + a_{35}(F_{yh2} + F_{征2x}) \\ a_{41}(F_a + F_b) + a_{42}(F_c + F_d) + a_{43}(F_e + F_f) + a_{44}(F_{yh1} + F_{征1y}) + a_{45}(F_{yh2} + F_{征2y}) \\ x_4 \end{bmatrix}$$

$$(11-2)$$

设 (X^e, δ_f^e)，且 $X^e = (v_{x1}^e, v_{y1}^e, \omega_1^e, \theta'^e, \theta^e)$ 为小车的一组平衡点，则非线性方程 $x' = f(x)$ 可以写为

$$x' = Ax + F(x, \delta_f) \tag{11-3}$$

当 $\delta_f \neq 0$ 的时候，小车在平衡点处的 Jacobian 矩阵为

$$A = D_x f(X, \delta_f)\,|_{(v_{x1}^e, v_{y1}^e, \omega_1^e, \theta'^e, \theta^e)} = \begin{bmatrix} A_{11} & A_{12} & A_{13} & A_{14} & A_{15} \\ A_{21} & A_{22} & A_{23} & A_{24} & A_{25} \\ A_{31} & A_{32} & A_{33} & A_{34} & A_{35} \\ A_{41} & A_{42} & A_{43} & A_{44} & A_{45} \\ A_{51} & A_{52} & A_{53} & A_{54} & A_{55} \end{bmatrix} \tag{11-4}$$

其中，

$$A_{11} = a_{11}\frac{\partial F_{x1}}{\partial x_1} + a_{12}\frac{\partial F_{xh1}}{\partial x_1} + a_{13}\frac{\partial F_{征1x}}{\partial x_1} + a_{14}\frac{\partial F_{xh2}}{\partial x_1} + a_{15}\frac{\partial F_{征2x}}{\partial x_1}$$

$$A_{12} = a_{11}\frac{\partial F_{x1}}{\partial x_2} + a_{12}\frac{\partial F_{xh1}}{\partial x_2} + a_{13}\frac{\partial F_{征1x}}{\partial x_2} + a_{14}\frac{\partial F_{xh2}}{\partial x_2} + a_{15}\frac{\partial F_{征2x}}{\partial x_2}$$

$$A_{13} = a_{11}\frac{\partial F_{x1}}{\partial x_3} + a_{12}\frac{\partial F_{xh1}}{\partial x_3} + a_{13}\frac{\partial F_{征1x}}{\partial x_3} + a_{14}\frac{\partial F_{xh2}}{\partial x_3} + a_{15}\frac{\partial F_{征2x}}{\partial x_3}$$

$$A_{14} = a_{12}\frac{\partial F_{xh1}}{\partial x_4} + a_{13}\frac{\partial F_{征1x}}{\partial x_4} + a_{14}\frac{\partial F_{xh2}}{\partial x_4} + a_{15}\frac{\partial F_{征2x}}{\partial x_4}$$

$$A_{15} = a_{12}\frac{\partial F_{xh1}}{\partial x_5} + a_{13}\frac{\partial F_{征1x}}{\partial x_5} + a_{14}\frac{\partial F_{xh2}}{\partial x_5} + a_{15}\frac{\partial F_{征2x}}{\partial x_5}$$

$$A_{21} = a_{21}\frac{\partial(F_a + F_b)}{\partial x_1} + a_{22}\frac{\partial(F_c + F_d)}{\partial x_1} + a_{23}\frac{\partial(F_e + F_f)}{\partial x_1} + a_{24}\frac{\partial(F_{yh1} + F_{征1y})}{\partial x_1} + a_{25}\frac{\partial(F_{yh2} + F_{征2y})}{\partial x_1}$$

$$A_{22} = a_{21}\frac{\partial(F_a + F_b)}{\partial x_2} + a_{22}\frac{\partial(F_c + F_d)}{\partial x_2} + a_{23}\frac{\partial(F_e + F_f)}{\partial x_2} + a_{24}\frac{\partial(F_{yh1} + F_{征1y})}{\partial x_2} + a_{25}\frac{\partial(F_{yh2} + F_{征2y})}{\partial x_2}$$

$$A_{23} = a_{21}\frac{\partial(F_a + F_b)}{\partial x_3} + a_{22}\frac{\partial(F_c + F_d)}{\partial x_3} + a_{23}\frac{\partial(F_e + F_f)}{\partial x_3} + a_{24}\frac{\partial(F_{yh1} + F_{征1y})}{\partial x_3} + a_{25}\frac{\partial(F_{yh2} + F_{征2y})}{\partial x_3}$$

$$A_{24} = a_{21}\frac{\partial(F_a + F_b)}{\partial x_4} + a_{22}\frac{\partial(F_c + F_d)}{\partial x_4} + a_{23}\frac{\partial(F_e + F_f)}{\partial x_4} + a_{24}\frac{\partial(F_{yh1} + F_{征1y})}{\partial x_4} + a_{25}\frac{\partial(F_{yh2} + F_{征2y})}{\partial x_4}$$

$$A_{25} = a_{21}\frac{\partial(F_a + F_b)}{\partial x_5} + a_{22}\frac{\partial(F_c + F_d)}{\partial x_5} + a_{23}\frac{\partial(F_e + F_f)}{\partial x_5} + a_{24}\frac{\partial(F_{yh1} + F_{征1y})}{\partial x_5} + a_{25}\frac{\partial(F_{yh2} + F_{征2y})}{\partial x_5}$$

$$A_{31} = a_{31}\frac{\partial(F_a + F_b)}{\partial x_1} + a_{32}\frac{\partial(F_c + F_d)}{\partial x_1} + a_{33}\frac{\partial(F_e + F_f)}{\partial x_1} + a_{34}\frac{\partial(F_{yh1} + F_{征1x})}{\partial x_1} + a_{35}\frac{\partial(F_{yh2} + F_{征2x})}{\partial x_1}$$

$$A_{32} = a_{31}\frac{\partial(F_a + F_b)}{\partial x_2} + a_{32}\frac{\partial(F_c + F_d)}{\partial x_2} + a_{33}\frac{\partial(F_e + F_f)}{\partial x_2} + a_{34}\frac{\partial(F_{yh1} + F_{征1x})}{\partial x_2} + a_{35}\frac{\partial(F_{yh2} + F_{征2x})}{\partial x_2}$$

$$A_{33} = a_{31} \frac{\partial(F_a + F_b)}{\partial x_3} + a_{32} \frac{\partial(F_c + F_d)}{\partial x_3} + a_{33} \frac{\partial(F_e + F_f)}{\partial x_3} + a_{34} \frac{\partial(F_{yh1} + F_{\text{缸}1x})}{\partial x_3} + a_{35} \frac{\partial(F_{yh2} + F_{\text{缸}2x})}{\partial x_3}$$

$$A_{34} = a_{31} \frac{\partial(F_a + F_b)}{\partial x_4} + a_{32} \frac{\partial(F_c + F_d)}{\partial x_4} + a_{33} \frac{\partial(F_e + F_f)}{\partial x_4} + a_{34} \frac{\partial(F_{yh1} + F_{\text{缸}1x})}{\partial x_4} + a_{35} \frac{\partial(F_{yh2} + F_{\text{缸}2x})}{\partial x_4}$$

$$A_{35} = a_{31} \frac{\partial(F_a + F_b)}{\partial x_5} + a_{32} \frac{\partial(F_c + F_d)}{\partial x_5} + a_{33} \frac{\partial(F_e + F_f)}{\partial x_5} + a_{34} \frac{\partial(F_{yh1} + F_{\text{缸}1x})}{\partial x_5} + a_{35} \frac{\partial(F_{yh2} + F_{\text{缸}2x})}{\partial x_5}$$

$$A_{41} = a_{41} \frac{\partial(F_a + F_b)}{\partial x_1} + a_{42} \frac{\partial(F_c + F_d)}{\partial x_1} + a_{43} \frac{\partial(F_e + F_f)}{\partial x_1} + a_{44} \frac{\partial(F_{yh1} + F_{\text{缸}1y})}{\partial x_1} + a_{45} \frac{\partial(F_{yh2} + F_{\text{缸}2y})}{\partial x_1}$$

$$A_{42} = a_{41} \frac{\partial(F_a + F_b)}{\partial x_2} + a_{42} \frac{\partial(F_c + F_d)}{\partial x_2} + a_{43} \frac{\partial(F_e + F_f)}{\partial x_2} + a_{44} \frac{\partial(F_{yh1} + F_{\text{缸}1y})}{\partial x_2} + a_{45} \frac{\partial(F_{yh2} + F_{\text{缸}2y})}{\partial x_2}$$

$$A_{43} = a_{41} \frac{\partial(F_a + F_b)}{\partial x_3} + a_{42} \frac{\partial(F_c + F_d)}{\partial x_3} + a_{43} \frac{\partial(F_e + F_f)}{\partial x_3} + a_{44} \frac{\partial(F_{yh1} + F_{\text{缸}1y})}{\partial x_3} + a_{45} \frac{\partial(F_{yh2} + F_{\text{缸}2y})}{\partial x_3}$$

$$A_{44} = a_{41} \frac{\partial(F_a + F_b)}{\partial x_4} + a_{42} \frac{\partial(F_c + F_d)}{\partial x_4} + a_{43} \frac{\partial(F_e + F_f)}{\partial x_4} + a_{44} \frac{\partial(F_{yh1} + F_{\text{缸}1y})}{\partial x_4} + a_{45} \frac{\partial(F_{yh2} + F_{\text{缸}2y})}{\partial x_4}$$

$$A_{45} = a_{41} \frac{\partial(F_a + F_b)}{\partial x_5} + a_{42} \frac{\partial(F_c + F_d)}{\partial x_5} + a_{43} \frac{\partial(F_e + F_f)}{\partial x_5} + a_{44} \frac{\partial(F_{yh1} + F_{\text{缸}1y})}{\partial x_5} + a_{45} \frac{\partial(F_{yh2} + F_{\text{缸}2y})}{\partial x_5}$$

$$A_{51} = 0 \qquad A_{52} = 0 \qquad A_{53} = 0 \qquad A_{54} = 1 \qquad A_{55} = 0$$

$$\frac{\partial(F_a + F_b)}{\partial x_1} = \frac{\partial(F_a + F_b)}{\partial x_1}\bigg|_{(v_{x1}^e, \, v_{y1}^e, \, \omega_1^e, \, \theta'^e, \, \theta^e)} = M_1^e \cdot N_1^e \cdot W_{11}^e$$

$$\frac{\partial(F_a + F_b)}{\partial x_2} = \frac{\partial(F_a + F_b)}{\partial x_2}\bigg|_{(v_{x1}^e, \, v_{y1}^e, \, \omega_1^e, \, \theta'^e, \, \theta^e)} = M_1^e \cdot N_1^e \cdot W_{12}^e$$

$$M_1^e = D_1 \sin\left\{ C_1 \arctan\left\{ B_1 \alpha_1^e - E_1 \left[B_1 \alpha_1^e - \arctan(B_1 \alpha_1^e) \right] \right\} \right\}$$

$$N_1^e = \frac{C_1}{1 + \left\{ B_1 \alpha_1^e - E_1 \left[B_1 \alpha_1^e - \arctan(B_1 \alpha_1^e) \right] \right\}^2} \qquad \alpha_1^e = \frac{v_{y1}^e + a_1 \omega_1^e}{v_{x1}}$$

$$W_{11}^e = \frac{B_1(1 - E_1)}{v_{x1}} + \frac{B_1 E_1}{v_{x1}[1 + (B_1 \alpha_1^e)^2]} \qquad W_{12}^e = \frac{a_1 B_1(1 - E_1)}{v_{x1}} + \frac{a_1 B_1 E_1}{v_{x1}[1 + (B_1 \alpha_1^e)^2]}$$

$$\frac{\partial(F_{yh1} + F_{\text{缸}1y})}{\partial x_1} = \frac{\partial(F_{yh1} + F_{\text{缸}1y})}{\partial x_1}\bigg|_{(v_{x1}^e, \, v_{y1}^e, \, \omega_1^e, \, \theta'^e, \, \theta^e)} = M_2^e \cdot N_2^e \cdot W_{21}^e$$

$$\frac{\partial(F_{yh1} + F_{\text{缸}1y})}{\partial x_2} = \frac{\partial(F_{yh1} + F_{\text{缸}1y})}{\partial x_2}\bigg|_{(v_{x1}^e, \, v_{y1}^e, \, \omega_1^e, \, \theta'^e, \, \theta^e)} = M_2^e \cdot N_2^e \cdot W_{22}^e$$

$$\frac{\partial(F_{yh1} + F_{\text{缸}1y})}{\partial x_3} = \frac{\partial(F_{yh1} + F_{\text{缸}1y})}{\partial x_3}\bigg|_{(v_{x1}^e, \, v_{y1}^e, \, \omega_1^e, \, \theta'^e, \, \theta^e)} = M_2^e \cdot N_2^e \cdot W_{23}^e$$

$$\frac{\partial(F_{yh1} + F_{\text{缸}1y})}{\partial x_4} = \frac{\partial(F_{yh1} + F_{\text{缸}1y})}{\partial x_4}\bigg|_{(v_{x1}^e, \, v_{y1}^e, \, \omega_1^e, \, \theta'^e, \, \theta^e)} = M_2^e \cdot N_2^e \cdot W_{24}^e$$

$$\frac{\partial(F_{yh1} + F_{\text{缸}1y})}{\partial x_5} = \frac{\partial(F_{yh1} + F_{\text{缸}1y})}{\partial x_5}\bigg|_{(v_{x1}^e, \, v_{y1}^e, \, \omega_1^e, \, \theta'^e, \, \theta^e)} = M_2^e \cdot N_2^e \cdot W_{25}^e$$

$$M_2^e = D_2 \sin\left\{ C_2 \arctan\left\{ B_2 \alpha_2^e - E_2 \left[B_2 \alpha_2^e - \arctan(B_2 \alpha_2^e) \right] \right\} \right\}$$

$$N_2^e = \frac{C_2}{1 + \left\{ B_2 \alpha_2^e - E_2 \left[B_2 \alpha_2^e - \arctan(B_2 \alpha_2^e) \right] \right\}^2} \qquad \alpha_2^e = \frac{v_{y1}^e - b_1 \omega_1^e}{v_{x1}}$$

$$W_{21}^e = \frac{B_2(1 - E_2)}{v_{x1}} + \frac{B_2 E_2}{v_{x1}[1 + (B_2 \alpha_2^e)^2]} \qquad W_{22}^e = \frac{(a_1 + b_1)B_1(1 - E_1)}{v_{x1}} + \frac{(a_1 + b_1)B_1 E_1}{v_{21}[1 + (B_1 \alpha_1^e)^2]}$$

$$W_{23}^{e} = \frac{(b_1 + a_2 + c_1)B_2(1 - E_2)}{v_{x1}} + \frac{(b_1 + a_2 + c_1)B_2E_2}{v_{x1}[1 + (B_2\alpha_2^{e})^2]}$$

$$W_{24}^{e} = \frac{(a_2 + b_2)B_2(1 - E_2)}{v_{x1}} + \frac{(a_2 + b_2)B_2E_2}{v_{x1}[1 + (B_2\alpha_2^{e})^2]} \qquad W_{25}^{e} = B_2(1 - E_2) + \frac{B_2E_2}{1 + (B_2\alpha_2^{e})^2}$$

$$\frac{\partial(F_c + F_d)}{\partial x_1} = \frac{\partial(F_c + F_d)}{\partial x_1}\bigg|_{(v_{x1}^{e},\, v_{y1}^{e},\, \omega_1^{e},\, \theta'^{e},\, \theta^{e})} = M_3^{e} \cdot N_3^{e} \cdot W_{31}^{e}$$

$$\frac{\partial(F_c + F_d)}{\partial x_2} = \frac{\partial(F_c + F_d)}{\partial x_2}\bigg|_{(v_{x1}^{e},\, v_{y1}^{e},\, \omega_1^{e},\, \theta'^{e},\, \theta^{e})} = M_3^{e} \cdot N_3^{e} \cdot W_{32}^{e}$$

$$M_3^{e} = D_3\sin\{C_3\arctan\{B_3\alpha_3^{e} - E_3[B_3\alpha_3^{e} - \arctan(B_3\alpha_3^{e})]\}\}$$

$$N_3^{e} = \frac{C_2}{1 + \{B_3\alpha_3^{e} - E_3[B_3\alpha_3^{e} - \arctan(B_3\alpha_3^{e})]\}^2} \qquad \alpha_3^{e} = \frac{v_{y2}^{e} + a_2\omega_2^{e}}{v_{x2}}$$

$$W_{31}^{e} = \frac{B_3(1 - E_3)}{v_{x2}} + \frac{B_3E_3}{v_{x2}[1 + (B_3\alpha_3^{e})^2]} \qquad W_{32}^{e} = \frac{a_2B_3(1 - E_3)}{v_{x2}} + \frac{a_2B_3E_3}{v_{x2}[1 + (B_3\alpha_3^{e})^2]}$$

$$\frac{\partial(F_{yh2} + F_{\text{轴}2y})}{\partial x_1} = \frac{\partial(F_{yh2} + F_{\text{轴}2y})}{\partial x_1}\bigg|_{(v_{x1}^{e},\, v_{y1}^{e},\, \omega_1^{e},\, \theta'^{e},\, \theta^{e})} = M_4^{e} \cdot N_4^{e} \cdot W_{41}^{e}$$

$$\frac{\partial(F_{yh2} + F_{\text{轴}2y})}{\partial x_2} = \frac{\partial(F_{yh2} + F_{\text{轴}2y})}{\partial x_2}\bigg|_{(v_{x1}^{e},\, v_{y1}^{e},\, \omega_1^{e},\, \theta'^{e},\, \theta^{e})} = M_4^{e} \cdot N_4^{e} \cdot W_{42}^{e}$$

$$\frac{\partial(F_{yh2} + F_{\text{轴}2y})}{\partial x_3} = \frac{\partial(F_{yh2} + F_{\text{轴}2y})}{\partial x_3}\bigg|_{(v_{x1}^{e},\, v_{y1}^{e},\, \omega_1^{e},\, \theta'^{e},\, \theta^{e})} = M_4^{e} \cdot N_4^{e} \cdot W_{43}^{e}$$

$$\frac{\partial(F_{yh2} + F_{\text{轴}2y})}{\partial x_4} = \frac{\partial(F_{yh2} + F_{\text{轴}2y})}{\partial x_4}\bigg|_{(v_{x1}^{e},\, v_{y1}^{e},\, \omega_1^{e},\, \theta'^{e},\, \theta^{e})} = M_4^{e} \cdot N_4^{e} \cdot W_{44}^{e}$$

$$\frac{\partial(F_{yh2} + F_{\text{轴}2y})}{\partial x_5} = \frac{\partial(F_{yh2} + F_{\text{轴}2y})}{\partial x_5}\bigg|_{(v_{x1}^{e},\, v_{y1}^{e},\, \omega_1^{e},\, \theta'^{e},\, \theta^{e})} = M_4^{e} \cdot N_4^{e} \cdot W_{45}^{e}$$

$$M_4^{e} = D_4\sin\{C_4\arctan\{B_4\alpha_4^{e} - E_4[B_4\alpha_4^{e} - \arctan(B_4\alpha_4^{e})]\}\}$$

$$N_4^{e} = \frac{C_4}{1 + \{B_4\alpha_4^{e} - E_4[B_4\alpha_4^{e} - \arctan(B_4\alpha_4^{e})]\}^2} \qquad \alpha_4^{e} = \frac{v_{y2}^{e} - b_2\omega_2^{e}}{v_{x2}}$$

$$W_{41}^{e} = \frac{B_4(1 - E_4)}{v_{x2}} + \frac{B_4E_4}{v_{x2}[1 + (B_4\alpha_4^{e})^2]} \qquad W_{42}^{e} = \frac{(a_2 + b_2)B_4(1 - E_4)}{v_{x2}} + \frac{(a_2 + b_2)B_4E_4}{v_{x2}[1 + (B_4\alpha_4^{e})^2]}$$

$$W_{43}^{e} = \frac{(b_2 + a_3 + c_2')B_4(1 - E_4)}{v_{x2}} + \frac{(b_2 + a_3 + c_2')B_4E_4}{v_{x2}[1 + (B_4\alpha_4^{e})^2]}$$

$$W_{44}^{e} = \frac{(a_3 + b_3)B_4(1 - E_4)}{v_{x2}} + \frac{(a_3 + b_3)B_4E_4}{v_{x2}[1 + (B_4\alpha_4^{e})^2]} \qquad W_{45}^{e} = B_4(1 - E_4) + \frac{B_4E_4}{1 + (B_4\alpha_4^{e})^2}$$

$$\frac{\partial(F_e + F_f)}{\partial x_1} = \frac{\partial(F_e + F_f)}{\partial x_1}\bigg|_{(v_{x1}^{e},\, v_{y1}^{e},\, \omega_1^{e},\, \theta'^{e},\, \theta^{e})} = M_5^{e} \cdot N_5^{e} \cdot W_{51}^{e}$$

$$\frac{\partial(F_e + F_f)}{\partial x_2} = \frac{\partial(F_e + F_f)}{\partial x_2}\bigg|_{(v_{x1}^{e},\, v_{y1}^{e},\, \omega_1^{e},\, \theta'^{e},\, \theta^{e})} = M_5^{e} \cdot N_5^{e} \cdot W_{52}^{e}$$

$$M_5^{e} = D_5\sin\{C_5\arctan\{B_5\alpha_5^{e} - E_5[B_5\alpha_5^{e} - \arctan(B_5\alpha_5^{e})]\}\}$$

$$N_5^{e} = \frac{C_5}{1 + \{B_5\alpha_5^{e} - E_5[B_5\alpha_5^{e} - \arctan(B_5\alpha_5^{e})]\}^2} \qquad \alpha_5^{e} = \frac{v_{y3}^{e} + a_3\omega_3^{e}}{v_{x3}}$$

$$W_{51}^{e} = \frac{B_5(1 - E_5)}{v_{x3}} + \frac{B_5E_5}{v_{x3}[1 + (B_5\alpha_5^{e})^2]} \qquad W_{52}^{e} = \frac{a_3B_5(1 - E_5)}{v_{x3}} + \frac{a_3B_5E_5}{v_{x3}[1 + (B_5\alpha_5^{e})^2]}$$

$$\frac{\partial(F_{yh1} + F_{\text{驱}1x})}{\partial x_1} = \frac{\partial(F_{yh2} + F_{\text{驱}2x})}{\partial x_1} = \frac{\partial(F_{yh1} + F_{\text{驱}1x})}{\partial x_1}\bigg|_{(v_{x1}^e,\ v_{y1}^e,\ \omega_1^e,\ \theta'^e,\ \theta^e)} = M_6^e \cdot N_6^e \cdot W_{61}^e$$

$$\frac{\partial(F_{yh1} + F_{\text{驱}1x})}{\partial x_2} = \frac{\partial(F_{yh2} + F_{\text{驱}2x})}{\partial x_2} = \frac{\partial(F_{yh1} + F_{\text{驱}1x})}{\partial x_2}\bigg|_{(v_{x1}^e,\ v_{y1}^e,\ \omega_1^e,\ \theta'^e,\ \theta^e)} = M_6^e \cdot N_6^e \cdot W_{62}^e$$

$$\frac{\partial(F_{yh1} + F_{\text{驱}1x})}{\partial x_3} = \frac{\partial(F_{yh2} + F_{\text{驱}2x})}{\partial x_3} = \frac{\partial(F_{yh1} + F_{\text{驱}1x})}{\partial x_3}\bigg|_{(v_{x1}^e,\ v_{y1}^e,\ \omega_1^e,\ \theta'^e,\ \theta^e)} = M_6^e \cdot N_6^e \cdot W_{63}^e$$

$$\frac{\partial(F_{yh1} + F_{\text{驱}1x})}{\partial x_4} = \frac{\partial(F_{yh2} + F_{\text{驱}2x})}{\partial x_4} = \frac{\partial(F_{yh1} + F_{\text{驱}1x})}{\partial x_4}\bigg|_{(v_{x1}^e,\ v_{y1}^e,\ \omega_1^e,\ \theta'^e,\ \theta^e)} = M_6^e \cdot N_6^e \cdot W_{64}^e$$

$$\frac{\partial(F_{yh1} + F_{\text{驱}1x})}{\partial x_5} = \frac{\partial(F_{yh2} + F_{\text{驱}2x})}{\partial x_5} = \frac{\partial(F_{yh1} + F_{\text{驱}1x})}{\partial x_5}\bigg|_{(v_{x1}^e,\ v_{y1}^e,\ \omega_1^e,\ \theta'^e,\ \theta^e)} = M_6^e \cdot N_6^e \cdot W_{65}^e$$

$$M_6^e = D_6 \sin\{C_6 \arctan\{B_6\alpha_6^e - E_6[B_6\alpha_6^e - \arctan(B_6\alpha_6^e)]\}\}$$

$$N_6^e = \frac{C_2}{1 + \{B_6\alpha_6^e - E_6[B_6\alpha_6^e - \arctan(B_6\alpha_6^e)]\}^2} \qquad \alpha_6^e = \frac{v_{y3}^e - c_2'\omega_3^e}{v_{x3}}$$

$$W_{61}^e = \frac{B_6(1 - E_6)}{v_{x3}} + \frac{B_6 E_6}{v_{x3}[1 + (B_6\alpha_6^e)^2]} \qquad W_{62}^e = \frac{(b_1 + a_2 + c_1)B_6(1 - E_6)}{v_{x6}} + \frac{(b_1 + a_2 + c_1)a_3 B_6 E_6}{v_{x6}[1 + (B_6\alpha_6^e)^2]}$$

$$W_{63}^e = \frac{(b_1 + a_2 + c_2)B_6(1 - E_6)}{v_{x3}} + \frac{(b_1 + a_2 + c_2)B_6 E_6}{v_{x3}[1 + (B_6\alpha_6^e)^2]}$$

$$W_{64}^e = \frac{(b_2 + a_3 + c_2')B_6(1 - E_6)}{v_{x3}} + \frac{(b_2 + a_3 + c_2')B_6 E_6}{v_{x3}[1 + (B_6\alpha_6^e)^2]}$$

$$W_{65}^e = \frac{(b_2 + a_3 + c_3)B_6(1 - E_6)}{v_{x3}} + \frac{(b_2 + a_3 + c_3)B_6 E_6}{v_{x3}[1 + (B_6\alpha_6^e)^2]}$$

Jacobian 矩阵 A 的特征方程为

$$\lambda^5 + c_1\lambda^4 + c_2\lambda^3 + c_3\lambda^2 + c_4\lambda + c_5 = 0 \tag{11-5}$$

其中，$c_1 \sim c_5$ 是关于系统状态参量和前轮转角的多项式，可以写成

$$\begin{cases} c_1 = -(A_{11} + A_{22} + A_{33} + A_{44}) \\ c_2 = A_{11}(A_{22} + A_{33} + A_{44}) - A_{12}A_{21} - A_{13}A_{31} - A_{14}A_{41} + \\ \qquad A_{22}(A_{33} + A_{44}) - A_{23}A_{32} - A_{24}A_{42} + A_{33}A_{44} - A_{34}A_{43} - A_{45} \\ c_3 = A_{45}(A_{11} + A_{22} + A_{33}) - A_{15}A_{41} - A_{25}A_{42} - A_{35}A_{43} + \\ \qquad A_{11}(A_{23}A_{32} - A_{22}A_{33}) + A_{12}(A_{24}A_{33} - A_{23}A_{34}) + A_{13}(A_{24}A_{31} - \\ \qquad A_{21}A_{34}) + A_{14}(A_{22}A_{31} - A_{21}A_{32}) \\ c_4 = A_{45}(A_{11} + A_{22} + A_{33}) - A_{15}A_{41} - A_{25}A_{42} - A_{35}A_{43} + \\ \qquad A_{11}(A_{23}A_{32} - A_{22}A_{33}) + A_{12}(A_{24}A_{33} - A_{23}A_{34}) + A_{13}(A_{24}A_{31} - \\ \qquad A_{21}A_{34}) + A_{14}(A_{22}A_{31} - A_{21}A_{32}) \\ c_5 = A_{11}(A_{35}A_{42} - A_{32}A_{45}) + A_{12}(A_{34}A_{41} - A_{31}A_{44}) + \\ \qquad A_{13}(A_{35}A_{43} - A_{33}A_{45}) + A_{14}(A_{42}A_{34} - A_{32}A_{44}) \end{cases} \tag{11-6}$$

根据 Hurwitz 判据

$$\begin{cases} \Delta_1 = c_1 > 0 \\ \Delta_2 = c_1c_2 - c_3 > 0 \\ \Delta_3 = c_3(c_1c_2 - c_3) > 0 \\ \Delta_4 = c_3c_4(c_1c_2 - c_3) > 0 \\ \Delta_5 = c_3c_4c_5(c_1c_2 - c_3) > 0 \end{cases} \tag{11-7}$$

当 $c_1 \sim c_5$ 满足式（11-7）时，特征方程（11-5）的所有根均存在负实部，此时非线性动力学系统在平衡点（$\boldsymbol{X}^{\mathrm{e}}$，$\delta_f^{\mathrm{e}}$）处是渐进稳定的；当 $c_1 \sim c_5$ 不满足式（11-7）并且 $c_5 \neq 0$ 时，特征方程（11-5）存在正实部的特征根，这时非线性动力学系统在平衡点（$\boldsymbol{X}^{\mathrm{e}}$，$\delta_f^{\mathrm{e}}$）处是不稳定的；当 $c_1 \sim c_5$ 不满足式（11-7）并且 $c_5 = 0$ 的时候，特征方程（11-5）存在正零实部的特征根或者是零根，该情况表明系统的平衡点（$\boldsymbol{X}^{\mathrm{e}}$，$\delta_f^{\mathrm{e}}$）是一个奇异点，系统在奇异点处具有复杂的动力学行为，此时非线性系统的零解稳定性不能由 Jacobian 矩阵 $\boldsymbol{A}$ 来决定，此种情况较为复杂，在 11.2 节中详细介绍。

11.2　输送机系统稳态转向分岔特性分析

由 11.1 节可知，当 $c_1 \sim c_5$ 不满足式（11-7）并且 $c_5 = 0$ 的时候，特征方程（11-5）存在正零实部的特征根或者是零根，该情况表明系统的平衡点是一个奇异点，通过 Jacobian 矩阵 $\boldsymbol{A}$ 探究输送机非线性系统的零解稳定性已经不可行，因为类似本书所研究的高维系统奇异点研究较为复杂，需要对高维系统进行降维，才能便于对系统奇异点的分析研究。

对于系统存在的奇异点（$\boldsymbol{X}^{\mathrm{e}}$，$\delta_f^{\mathrm{e}}$），可以利用坐标变换将奇异点移至原点（0，0）处，也就是可以对系统进行非奇异线性变换，经过非奇异线性变换，（$\boldsymbol{X}^{\mathrm{e}}$，$\delta_f^{\mathrm{e}}$）系统的特征值、传递函数、可控性、可观测性等重要指标均不发生变化，此时奇异点满足

$$\begin{cases} \bar{\boldsymbol{X}} = \boldsymbol{X} - \boldsymbol{X}^{\mathrm{q}} \\ \bar{\delta}_f = \delta_f - \delta_f^q \end{cases} \tag{11-8}$$

将式（11-3）在原点处进行泰勒展开，与此同时将二阶以上的非线性项消去，此时式（11-3）化为

$$\bar{\boldsymbol{X}}' = \boldsymbol{A}\bar{\boldsymbol{X}} + F(\bar{\boldsymbol{X}}, \bar{\delta}_f) \tag{11-9}$$

其中，$\bar{\boldsymbol{X}} = (\bar{x}_1, \bar{x}_2, \bar{x}_3, \bar{x}_4, \bar{x}_5)^{\mathrm{T}} \in \mathbf{R}$ 是将坐标平移到原点后的状态参量，$\boldsymbol{A}$ 是系统在原点处的 Jacobian 矩阵。

因为奇异点虽然特殊但它依旧是平衡点，所以不用单独列出奇异点处的 Jacobian 矩阵，它的形式和平衡点（$\boldsymbol{X}^{\mathrm{e}}$，$\delta_f^{\mathrm{e}}$）处的没有任何区别。

而输送机系统的非线性项 $F(\bar{\boldsymbol{X}}, \bar{\delta}_f)$ 可以表示为

$$F(\bar{\boldsymbol{X}}, \bar{\delta}_f) = \begin{bmatrix} F_1(\bar{X}, \bar{\delta}_f) \\ F_2(\bar{X}, \bar{\delta}_f) \\ F_3(\bar{X}, \bar{\delta}_f) \\ F_4(\bar{X}, \bar{\delta}_f) \\ F_5(\bar{X}, \bar{\delta}_f) \end{bmatrix} \tag{11-10}$$

其中，

$$F_i(\bar{\boldsymbol{X}}, \bar{\delta}_f) = \frac{\partial f_i(\boldsymbol{X}^{\mathrm{q}}, \delta_f^{\mathrm{q}})}{\partial \delta_f}\bar{\delta}_f + \frac{\partial^2 f_i(\boldsymbol{X}^{\mathrm{q}}, \delta_f^{\mathrm{q}})}{2\partial \delta_f}\bar{X}^2 + \frac{\partial^2 f_i(\boldsymbol{X}^{\mathrm{q}}, \delta_f^{\mathrm{q}})}{\partial x_i \partial \delta_f}\bar{X} \cdot \bar{\delta}_f +$$
$$\frac{\partial^2 f_i(\boldsymbol{X}^{\mathrm{q}}, \delta_f^{\mathrm{q}})}{2\partial \delta_f^2}\bar{\delta}_f^2 \quad (i = 1, 2, 3, 4, 5)$$

$F(\bar{\boldsymbol{X}}, \bar{\delta}_f)$ 的具体表达式可以参考式（11-4）。

通过公式推导，能够看出公式复杂且数量多，尤其是式（11-4），所以只利用公式进行输送机非线性系统降维这一过程十分烦琐，不实用，可以通过将具体参数进行量化然后进行求解，这并不会影响降维过程，具有一般性。设输送机小车的初始速度为 1 m/s，由输送机系统小车相关参数，能够通过计算得出输送机系统的奇异点为（$\boldsymbol{X}^{\mathrm{q}}$，$\delta_f^{\mathrm{q}}$）=（-1.0429，0.1385，0，0.1259，0.1012），则系统在此奇异点处的 Jacobian 矩阵为

$$A = D_x f(X, \delta_f) \mid_{(v_{x1}^e, v_{y1}^e, \omega_1^e, \theta'^e, \theta^e)}$$

$$= \begin{bmatrix} -2.4569 & -14.4789 & 3.7843 & 5.5345 & -0.5231 \\ -1.8189 & -3.8321 & 6.1204 & -3.2312 & -3.8724 \\ -0.0921 & -0.2512 & 0.7864 & 0.7218 & 0.7456 \\ -0.5218 & 1.8178 & -2.5671 & -7.2112 & -9.4235 \\ 0 & 0 & 0 & 1 & 0 \end{bmatrix} \tag{11-11}$$

Jacobian 矩阵 A 的特征方程为

$$\lambda^5 + c_1\lambda^4 + c_2\lambda^3 + c_3\lambda^2 + c_4\lambda + c_5 = 0 \tag{11-12}$$

其中，$c_1 = 6.2134$；$c_2 = 27.3245$；$c_3 = 38.1320$；$c_4 = 49.2342$；$c_5 = 0$。

从而矩阵 A 的特征根为 $\lambda_1 = 0$；$\lambda_2 = -2.4114 + 3.4708i$；$\lambda_3 = -2.4114 - 3.4708i$；$\lambda_4 = -0.6953 + 1.5076i$；$\lambda_5 = -0.6953 - 1.5076i$，系统在 $(-1.0429, 0.1385, 0, 0.1259, 0.1012)$ 点处存在一个零特征根，一个负实根和一对负实部共轭负根，说明系统存在一维中心流形。

为了使 Jacobian 矩阵 A 对角化，引入非奇异线性变换 $\overline{X} = TY$，经过计算得

$$T = \begin{bmatrix} 0.0067 & -0.0324 & 0.0009 & 0.0023 & 0 \\ 0.0024 & 0.0468 & 0.0007 & -0.0478 & 0.0045 \\ 0.0065 & 0.0523 & 0.0298 & 0.0025 & 0.0023 \\ -0.0034 & 0.0237 & -0.0349 & 0.0109 & -0.1478 \\ 0.0029 & 0.0320 & -0.0218 & 0.9870 & 0.0312 \end{bmatrix} \tag{11-13}$$

进而满足 $\Lambda = T^{-1}AT$，其中：

$$\Lambda = \begin{bmatrix} 0 & 0 & 0 & 0 & 0 \\ 0 & -2.6699 & 0 & 0 & 0 \\ 0 & 0 & 0.7486 & -0.0023 & -0.0037 \\ 0 & 0 & 0.0023 & 0.7486 & 1.2706 \\ 0 & 0 & 0.0037 & 1.2706 & 0.7486 \end{bmatrix} \tag{11-14}$$

通过非奇异线性变换，之前的式 (11-3) 所示系统能够表示为

$$Y' = \Lambda Y + G(Y, \bar{\delta}_f) \tag{11-15}$$

其中，$G(Y, \bar{\delta}_f) = T^{-1}F(\overline{X}, \delta_f) = [g_1(Y, \bar{\delta}_f), g_2(Y, \bar{\delta}_f), g_3(Y, \bar{\delta}_f), g_4(Y, \bar{\delta}_f), g_5(Y, \bar{\delta}_f)]^T$

$g_1(Y, \bar{\delta}_f) = 0.0067y_1^2 + 0.0024y_2^2 + 0.0065y_3^2 - 0.0034y_4^2 + 0.0029y_5^2 - 2.4569y_1\bar{\delta}_f - 1.8189y_2\bar{\delta}_f - 0.0921\bar{\delta}_f - 0.5218\bar{\delta}_f^2$；

$g_2(Y, \bar{\delta}_f) = -0.0324y_1^2 + 0.0468y_2^2 + 0.0523y_3^2 - 0.0237y_4^2 + 0.0320y_5^2 - 14.4789y_1\bar{\delta}_f - 3.8321y_2\bar{\delta}_f - 0.2512\bar{\delta}_f + 0.18187\bar{\delta}_f^2$；

$g_3(Y, \bar{\delta}_f) = 0.0009y_1^2 + 0.0007y_2^2 + 0.0298y_3^2 - 0.0349y_4^2 - 0.0218y_5^2 + 3.7843y_1\bar{\delta}_f + 6.1204y_2\bar{\delta}_f + 0.7864\bar{\delta}_f - 2.5671\bar{\delta}_f^2$；

$g_4(Y, \bar{\delta}_f) = 0.0023y_1^2 - 0.0478y_2^2 + 0.0025y_3^2 + 0.0109y_4^2 + 0.9870y_5^2 + 5.5345y_1\bar{\delta}_f - 3.2312y_2\bar{\delta}_f + 0.7218\bar{\delta}_f - 7.2112\bar{\delta}_f^2$；

$g_5(Y, \bar{\delta}_f) = 0.0045y_2^2 + 0.0023y_3^2 - 0.1478y_4^2 + 0.0312y_5^2 - 0.5231y_1\bar{\delta}_f - 3.8724y_2\bar{\delta}_f + 0.7456\bar{\delta}_f - 9.4235\bar{\delta}_f^2$。

系统在 $\delta_f = 0.1012$ 处有零特征根，对应的特征向量为 $[1 \ 0 \ 0 \ 0 \ 0]^T$，能够发现此时 y_1 轴就是中心子空间 E^c。而稳定子空间 E^s 是由其余特征根的特征向量形成，即 $E^s = \text{span}\{[y_2, y_3, y_4, y_5]^T\}$。

令 $Y = [w_c,\ w_s]$；$w_c = y_1 \in E^c$；$w_s = [y_2,\ y_3,\ y_4,\ y_5]^T \in E^s$；$\Lambda = \begin{bmatrix} \Lambda_c & 0 \\ 0 & \Lambda_s \end{bmatrix}$；$\Lambda_c = 0$；$\Lambda_s =$

$$\begin{bmatrix} -2.6699 & & & \\ & 0.7486 & -0.0023 & -0.0037 \\ & 0.0023 & 0.7486 & 1.2706 \\ & 0.0037 & 1.2706 & 0.7486 \end{bmatrix},\ 则有$$

$$\begin{cases} w_c' = \Lambda_c w_c + G_c(w_c,\ w_s) \\ w_s' = \Lambda_s w_s + G_s(w_c,\ w_s) \end{cases} \tag{11-16}$$

在平衡点（0，0）处的领域内中心流形 W^c 从 y_1 轴（即中心子空间 E_c）向 y_2、y_3、y_4 以及 y_5 轴偏离的函数能够表达为

$$w_s = \begin{bmatrix} y_2 \\ y_3 \\ y_4 \\ y_5 \end{bmatrix} f = \left\{ \begin{bmatrix} h_2(y_1,\ \bar{\delta}_f) \\ h_3(y_1,\ \bar{\delta}_f) \\ h_4(y_1,\ \bar{\delta}_f) \\ h_5(y_1,\ \bar{\delta}_f) \end{bmatrix} \middle| \begin{array}{c} h_i(0,\ 0) = 0 \\ \dfrac{\partial h_i(0,\ 0)}{\partial y_1} = \dfrac{\partial h_i(0,\ 0)}{\partial \delta} = 0 \\ i = 2,\ 3,\ 4,\ 5 \end{array} \right\} \tag{11-17}$$

其中，

$$h_i(y_1,\ \bar{\delta}_f) = l_{i1}y_1^2 + l_{i2}y_1\bar{\delta}_f + l_{i3}\bar{\delta}_f^2 + o((y_1^2 + \bar{\delta}_f^2)^{3/2}) \tag{11-18}$$

将式（11-17）和式（11-18）代入（11-16）第二式中，整理后使 y_1 的同次项系数相等，能够得出

$$\begin{cases} y_2 = h_2(y_1,\ \bar{\delta}_f) = (-0.0004)y_1^2 - 0.0144y_1\bar{\delta}_f + o[(y_1^2 + \bar{\delta}_f^2)^{3/2}] \\ y_3 = h_3(y_1,\ \bar{\delta}_f) = 0.0003y_1^2 - 0.0043y_1\bar{\delta}_f + o[(y_1^2 + \bar{\delta}_f^2)^{3/2}] \\ y_4 = h_4(y_1,\ \bar{\delta}_f) = 0.0003y_1\bar{\delta}_f + o[(y_1^2 + \bar{\delta}_f^2)^{3/2}] \\ y_5 = h_5(y_1,\ \bar{\delta}_f) = 0.0003y_1^2 - 0.0043y_1\bar{\delta}_f + o[(y_1^2 + \bar{\delta}_f^2)^{3/2}] \end{cases} \tag{11-19}$$

将式（11-19）代入式（11-16）第一式中得到系统在中心流处的约化方程

$$y_1' = 0.0067y_1^2 - 0.0002y_1^2\delta_f - 2.4569y_1\delta_f - 0.0189y_1 - 0.0921\delta_f \tag{11-20}$$

式（11-20）满足非退化条件

$$\begin{cases} \left. \dfrac{\partial f(y_1,\ \delta_f)}{\partial} \right|_{(0,\ 0)} \neq 0 \\ \left. \dfrac{\partial^2 f(y_1,\ \delta_f)}{\partial y_1} \right|_{(0,\ 0)} \neq 0 \end{cases} \tag{11-21}$$

所以，式（11-9）在原点（0，0）、式（11-3）在 $(X^q,\ \delta_f^q) = (-1.0429,\ 0.1385,\ 0,\ 0.1259,\ 0.1012)$ 处发生鞍结分岔。忽略系统小车在向左和向右转向存在差异的情况下，能够得到系统在其相反点处（1.0429，-0.1385，0，-0.1259，-0.1012）同样能够发生鞍结分岔。通过 11.1 节的 Jacobian 矩阵 A，经过计算能够得到依据输送机系统平衡点随机头小车前轮转角的变化趋势，以及机头小车侧向速度及横摆角速度鞍结分岔情况（图11-3）。

从图11-3能够清晰地看出，系统在前轮转角达到约0.3 rad 的时候发生鞍结分岔，图中曲线分为两个部分，实线段表示在机头小车前轮转角变化过程中系统的状态参量稳定的分支，而虚线段则表示的是在机头小车前轮转角变化过程中系统的状态参量不稳定的分支。通过曲线的变化趋势可以知道，当机头小车的侧向速度和横摆角速度能够处于实线和虚线之间的区域内，输送机系统可以回到稳定分支并能够保持稳定；但是，一旦侧向速度和横摆角速度处于实线和虚线区域之外，一旦系统受到外界微小的干扰，系统很易产生失稳。

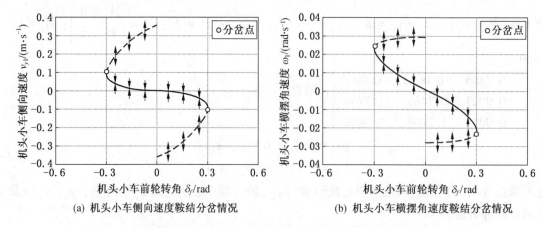

(a) 机头小车侧向速度鞍结分岔情况　　(b) 机头小车横摆角速度鞍结分岔情况

图 11-3　机头小车侧向速度及横摆角速度鞍结分岔情况

11.3　输送机系统非稳态转向混沌运动分析

当今研究领域基本上没有对蛇形带式输送系统在真实生产过程中是否存在混沌运动或是产生混沌的形式进行研究，更不要说是建立完备的系统理论体系。所以，首先要对蛇形带式输送系统是否存在混沌运动进行判断。

在非线性动力学系统研究中通常根据系统的动力学行为来判断系统是否是混沌运动。经过大量前人对于混沌理论的研究，对于混沌运动的辨别方法主要是通过 Lyapunov 指数、功率谱和 Poincaré 等数值特征来判断。如果系统运动中上面提到的数值特征中有一种或是多种满足特定的条件，这时我们就可以判断所研究的系统出现混沌运动。

本书主要介绍用于判断混沌运动频率较高的数值特征庞加莱截面，简要介绍其在判断过程中的应用。

根据第 10 章建立的动力学模型，总共有 5 个变量，对于此类变量较多的系统，其形成的相空间吸引子中的轨线及结构十分复杂，通过肉眼观察无法直接看出其所表现出的规律，为了能更方便快捷地通过图形得到吸引子的一些特征，通常会对吸引子进行简化处理，降低其复杂性。

通常，研究混沌动力学通常使用非线性自治微分方程。如下式所示

$$x_i' = f_i(x_1, x_2, \cdots, x_n) \quad (i = 1, 2, \cdots, n) \tag{11-22}$$

但是非线性自治微分方程较为复杂，通常使用扩大变量维数的方法使得非线性自治微分方程变为自治微分方程。根据前人研究可知，产生混沌的必要条件是存在非线性以及维数 $n > 2$。物理数学上常用时间离散的代数方程来描述混沌运动，如下式所示

$$x_{n+1} = f(x_n) \quad x_n = (x_n^1, x_n^2, \cdots, x_n^N) \tag{11-23}$$

如果给定如式（11-22）表示的 n 维系统的一条连续轨道，能够取 $n-1$ 维的超曲面：$F(x) = 0$。式（11-23）所表达的轨道会和超曲面 $F(x) = 0$ 产生多次相交。按照从上而下的方向统计轨道穿过超曲面的点：$x_1, x_2, \cdots, x_N$。

庞加莱映像是指由 x_n 映像到 x_{n+1} 的代数关系：$x_{n+1} = f(x_n)$，这一代数关系的公式虽然表达式较为简单，但 f 函数的具体表达形式很难得到，不过对于这一函数的存在性和唯一性毋庸置疑。对于 n 维微分方程，$x_{n+1} = f(x_n)$ 中的庞加莱映像是 $n-1$ 维，如图 11-4 所示。

另外一种经常使用的建立映像的方式是选取固定时间 T，间隔记录下式（11-22）所示系统的 x 的值，此种方式记录所得的 nT 时间的 x_n 和 $(n+1)T$ 时间的 x_{n+1} 同样满足庞加莱映像 $x_{n+1} = f(x_n)$，如图 11-5 所示。

对于式（11-22）表示的系统来说，不同的运动形式能表示为不同的 $x_{n+1} = f(x_n)$ 的庞加莱映像的不同特征。式（11-22）表示的系统的周期运动能和 $x_{n+1} = f(x_n)$ 的有限个交点相对应；而式（11-22）表示的系统的混沌运动和 $x_{n+1} = f(x_n)$ 的散乱而且无规律的映像点相对应。

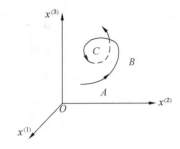

图 11-4 超曲面截取连续轨道所得的庞加莱映像 　　图 11-5 等时间间隔取点得到的离散映像

根据之前的研究能够知道，如果忽略机头小车的发动机反拖、外界环境对于整机系统感染等因素，考虑在较为理性的运行状态下，分析纵向速度的单车动力学系统所展现出对初始状态的敏感性和不确定性的混沌运动。所以，下面运用混沌数值识别方法对蛇形带式输送机动力学系统在非稳态周期转向条件下的运动形式和混沌问题做分析研究。

考虑纵向速度和前轮转角幅值变化的车辆动力学蛇形带式输送系统自治方程可表达为

$$
f(x) = \begin{bmatrix} x_1' \\ x_2' \\ x_3' \\ x_4' \\ x_5' \\ x_6' \\ x_7' \\ x_8' \end{bmatrix} = \begin{bmatrix} a_{11}F_{x1} + a_{12}F_{xh1} + a_{13}F_{\text{缸}1x} + a_{14}F_{xh2} + a_{15}F_{\text{缸}2x} + x_2x_3 \\ a_{21}(F_a + F_b) + a_{22}(F_c + F_d) + a_{23}(F_e + F_f) + a_{24}(F_{yh1} + F_{\text{缸}1y}) + a_{25}(F_{yh2} + F_{\text{缸}2y}) - x_1x_3 \\ a_{31}(F_a + F_b) + a_{32}(F_c + F_d) + a_{33}(F_e + F_f) + a_{34}(F_{yh1} + F_{\text{缸}1x}) + a_{35}(F_{yh2} + F_{\text{缸}2x}) \\ a_{41}(F_a + F_b) + a_{42}(F_c + F_d) + a_{43}(F_e + F_f) + a_{44}(F_{yh1} + F_{\text{缸}1y}) + a_{45}(F_{yh2} + F_{\text{缸}2y}) \\ x_4 \\ x_7\sin(\omega_d t) + \omega_d x_8\cos(\omega_d t) \\ 0 \\ x_7 \end{bmatrix}
$$

$$(11-24)$$

其中，$x_1 \sim x_8$ 分别表示机头小车纵向速度、机头小车侧向速度、机头小车横摆角速度、铰接角速度、铰接角、机头小车前轮转角、机头小车前轮转角幅值变化速度以及机头小车前轮转角幅值。

当机头小车以 1 m/s 的速度运行时，机头小车侧向速度 v_{y1}、横摆角速度 ω_1、铰接角 θ 随机头小车前轮转角幅值增大的变化情况如图 11-6~图 11-8 所示。

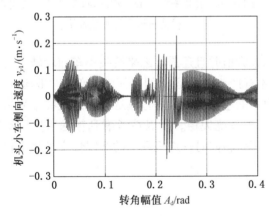
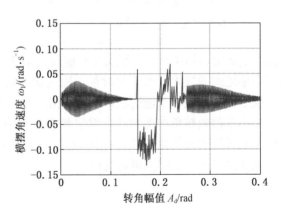

图 11-6 侧向速度随机头小车前轮转角幅值变化 　　图 11-7 横摆角速度随机头小车前轮转角幅值变化

通过图 11-6~图 11-8 能够看出，忽略机头小车前轮转角的约束和两节小车之间的铰接约束等约束的时候，如果机头小车前轮转角幅值较小的时候，输送机系统的上述状态参量在转角幅值增大的情况下能够发生稳定的准周期变化。进而，通过机头小车侧向速度—横摆角速度庞加莱界面图（图 11-

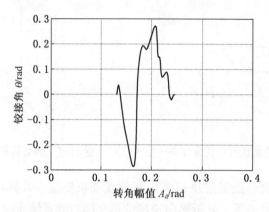

图 11-8 铰接角随机头小车前轮转角幅值变化

9)，我们能够得到：机头小车前轮转角幅值较小的时候，输送机系统处于稳定状态；当机头小车前轮转角幅值增大到 0.15 rad 时，输送机各节小车的运动已经呈不规律的周期性，变化范围出现不确定性。进而，通过机头小车侧向速度—横摆角速度庞加莱界面图（图 11-10）上点分布的无规律性能够得到：机头小车前轮转角幅值达到 0.15 rad 时，输送机系统处于混沌运动状态；机头小车前轮转角继续增大到约为 0.25 时，输送机系统重新恢复到稳定状态。

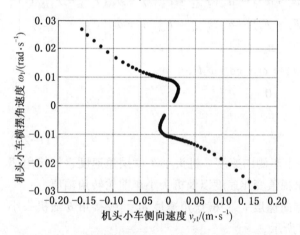

图 11-9　转角幅值 0~0.15 rad 机头小车侧向速度—
横摆角速度庞加莱界面图

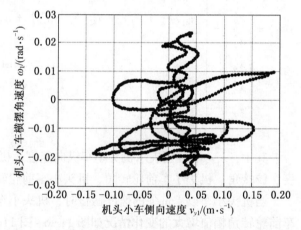

图 11-10　转角幅值 0.15~0.25 rad 机头小车侧向速度—
横摆角速度庞加莱界面图

　　由之前的分析结果可知，机头小车前轮转角达到较大值并且还需要忽略机头小车前轮转角的约束和两节小车之间的铰接等约束的时候，输送机系统才有产生混沌运动的可能性。但在实际运行过程中，铰接之类的约束对于输送机系统运行相当重要而不能忽略，而且一旦输送机系统处在临界失稳状态，机头小车前轮转角产生的微小增加都会导致输送机系统失稳。所以在考虑到输送机实际运行状况，对于本书所研究的蛇形带式输送系统而言，前轮正弦转向时输送机系统的非线性交叉耦合作用并不能导致输送机小车的混沌运动现象。

12 蛇形带式输送机转弯行驶稳定性分析

12.1 轮胎模型

12.1.1 Lyapunov 法理论

如果在中心流形 W^c 上平衡态 Lyapunov 稳定，则系统的平衡态也 Lyapunov 稳定。此外，如果平衡态在中心流形上渐进稳定，则原系统的平衡态也渐进稳定。如若在中心流形 W^c 上平衡态不稳定，则系统的平衡态也不稳定。

如果存在满足条件：① $V(0)=0$；② 若 $x \neq 0$，$V(0) > 0$；③ 在 $x \neq 0$ 处，$\dfrac{\mathrm{d}V(x)}{\mathrm{d}t} = \langle V'(x),\ Bx + G(x) \rangle \leqslant 0$，其中 $\langle\ \cdot\ ,\ \cdot\ \rangle$ 表示数量积的函数 $V(x)$，则平衡态 O 是 Lyapunov 稳定的。进一步，如果不等式 $\dfrac{\mathrm{d}V(x)}{\mathrm{d}t} = \langle V'(x),\ Bx + G(x) \rangle \leqslant 0$ 对所有 $x \neq 0$ 是严格的，则 D 内所有轨线当 $t \rightarrow +\infty$ 时都趋于 O，即平衡态 O 渐近稳定。

从实用的观点，Lyapunov 意义下的稳定性没有渐近稳定性来得重要。特别地，渐近稳定有简单的连续性论断，如果临界平衡态渐近稳定，那么任何附近系统的轨线也将收敛到原点的小领域并将永远停留在那里。轨线在这个小领域内的性态可以相当突出，但是在附近的系统的任何偏离零的轨线都必须保持很小，因为平衡态在临界参数值是渐近稳定的。

由在临界参数值平衡态的不稳定性也可得知关于所有邻近系统轨线性态的实用上重要的一般结论。即如果固定这样的平衡态的任意小 ε_0 邻域，那么对充分接近具有不稳定平衡态的原系统的任何系统，存在离开零不远于 ε_0 的初始条件，使得对应的轨线从原点离开一个有限距离。因此，如果原系统的临界平衡态 O 不稳定，则任何邻近系统对应的平衡态的吸引盆（只要它存在）都必须非常小。

Lyapunov 函数是稳定性理论的通用工具。稳定性是由构造一个 Lyapunov 函数或者证明它的存在性所组成，此外，它的应用不限于临界平衡态；例如在对结构稳定平衡态分析研究时，我们已经间接地证明了在 Jordan 基下向量的范数就是一个 Lyapunov 函数。

Lyapunov 函数有其简单的几何意义，特别是在渐近稳定的情况下。这里等位面 $V(0)=$ 常数是系统的无切曲面，即这些曲面上的向量场的方向指向原点。因此，所有的轨线必须进入任何曲面 $V(0)=$ 常数并收敛于平衡态 O。

12.1.2 轮胎坐标系

通常情况下，地面对于小车轮胎的作用力是蛇形带式输送机最重要的外力来源，地面和轮胎之间的摩擦力为蛇形带式输送系统各个小车在转弯过程中提供动力，所以分析小车轮胎受力对于蛇形带式输送机转向稳定性的分析具有重要意义。轮胎平面和地面的交线为 x 轴，车轮前进方向为正，y 轴和 x 轴相垂直，车轮左侧方向为正，x 轴和 y 轴相交的点是原点，过原点和地面垂直的线是 z 轴，向上为正，x、y、z 轴满足右手定则。车轮运动方向与 x 轴夹角 α 为轮胎侧偏角，逆时针方向为正。小车车轮坐标系如图 12-1 所示。

12.1.3 非线性轮胎模型

随着对轮胎模型的不断研究，国内外学者研究出许多经典实用的轮胎模型，如 Magic Formula 轮胎经验模型（Pacejka 魔术公式）、三次轮胎模型、轮胎的侧偏特性半经验模型等。现在学者在研究非线性轮胎模型的相关问题时，通常使用的是 Pacejka 魔术公式或三次轮胎模型。

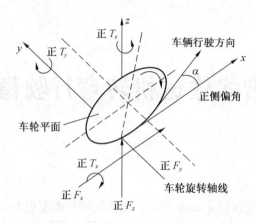

图 12-1 小车轮胎坐标系

Pacejka 魔术轮胎公式一般表示为

$$F_y = D\sin\{C\arctan\{B\alpha - E[B\alpha - \arctan(B\alpha)]\}\} \tag{12-1}$$

式中　　　　　　　　α——轮胎侧偏角；

　　B、C、D、E——刚度因子、形状因子、峰值因子和曲率因子。

利用 Pacejka 魔术公式的三阶泰勒展开式，可以将三次轮胎公式表示为

$$F_y = k_1\alpha - k_2\alpha^3 \tag{12-2}$$

其中，$k_1 = BCD$；$k_2 = DB^3\left(\dfrac{E}{3} + \dfrac{C}{3} + \dfrac{C^3}{6}\right)$。

由此，可以得到机头小车、中间小车及机尾小车各轴轮胎力为

Pacejka 魔术公式
$$\begin{cases}
F_{y1} = D\sin\{C\arctan\{B\alpha_1 - E[B\alpha_1 - \arctan(B\alpha_1)]\}\} \\
F_{y2} = D\sin\{C\arctan\{B\alpha_2 - E[B\alpha_2 - \arctan(B\alpha_2)]\}\} \\
F_{y3} = D\sin\{C\arctan\{B\alpha_3 - E[B\alpha_3 - \arctan(B\alpha_3)]\}\} \\
F_{y4} = D\sin\{C\arctan\{B\alpha_4 - E[B\alpha_4 - \arctan(B\alpha_4)]\}\} \\
F_{y5} = D\sin\{C\arctan\{B\alpha_5 - E[B\alpha_5 - \arctan(B\alpha_5)]\}\} \\
F_{y6} = D\sin\{C\arctan\{B\alpha_6 - E[B\alpha_6 - \arctan(B\alpha_6)]\}\}
\end{cases} \tag{12-3}$$

其中，α_1、α_2 分别是机头小车前、后轴车轮侧偏角；α_3、α_4 分别是中间小车前、后轴车轮侧偏角；α_5、α_6 分别是机尾小车前、后轴车轮侧偏角，可表示为

$$\begin{cases}
\alpha_1 = \arctan\left(\dfrac{v_{y1} + a_1\omega_1}{v_{x1}}\right) - s_1\psi_1 - \delta_1 \qquad \alpha_2 = \arctan\left(\dfrac{v_{y1} - b_1\omega_1}{v_{x1}}\right) - s_2\psi_1 \\[2mm]
\alpha_3 = \arctan\left(\dfrac{v_{y2} + a_2\omega_2}{v_{x2}}\right) - s_3\psi_2 \qquad \alpha_4 = \arctan\left(\dfrac{v_{y2} - b_2\omega_2}{v_{x2}}\right) - s_4\psi_2 \\[2mm]
\alpha_5 = \arctan\left(\dfrac{v_{y3} + a_3\omega_3}{v_{x3}}\right) - s_5\psi_3 \qquad \alpha_6 = \arctan\left(\dfrac{v_{y3} - b_3\omega_3}{v_{x3}}\right) - s_6\psi_3
\end{cases} \tag{12-4}$$

其中，s_1、s_2 分别为机头小车前、后轮侧倾转向系数；s_3、s_4 分别为中间小车前、后轮侧倾转向系数；s_5、s_6 分别为机尾小车前、后轮侧倾转向系数。

三次轮胎公式
$$\begin{cases}
F_{y1} = (k_{11}\alpha_1 - k_{21}\alpha_1^3)\cos\delta_1 \qquad F_{y2} = k_{12}\alpha_2 - k_{22}\alpha_2^3 \\
F_{y3} = k_{13}\alpha_3 - k_{23}\alpha_3^3 \qquad\qquad F_{y4} = k_{14}\alpha_4 - k_{24}\alpha_4^3 \\
F_{y5} = k_{15}\alpha_5 - k_{25}\alpha_5^3 \qquad\qquad F_{y6} = k_{16}\alpha_6 - k_{26}\alpha_6^3
\end{cases} \tag{12-5}$$

蛇形带式输送机系统小车轮胎的侧偏力-侧偏角曲线因子的取值，主要由小车的轮胎特性，如轮胎材料、结构、花纹、所受载荷等，以及实际运行路面条件，如路面材质、摩擦因数等确定。查阅相

关资料，取地面摩擦因数 $\mu = 0.60$（普通干燥工况路面），小车的刚度因子 B、形状因子 C、峰值因子 D 和曲率因子 E 取值见表 12-1。

表 12-1　输送系统小车轮胎相关侧偏力-侧偏角曲线因子

轮胎位置	刚度因子 B	形状因子 C	峰值因子 D	曲率因子 E
机头小车前轴	0.2315		−310.3750	−0.7676
机头小车后轴	0.2318		−371.9400	−0.7687
中间小车前轴	0.2318	1.65	−371.9400	−0.7687
中间小车后轴	0.2320		−433.3350	−0.7666
机尾小车前轴	0.2320		−433.3350	−0.7666
机尾小车后轴	0.2323		−494.5600	−0.7655

现对比采用 Pacejka 魔术公式及三次轮胎模型得到的各节小车前轴前轮侧偏角与侧偏力的关系如图 12-2 所示。

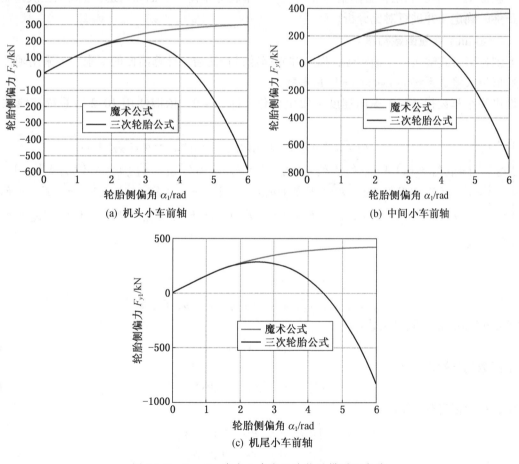

图 12-2　Pacejka 魔术公式和三次轮胎模型下各节
小车前轴前轮侧偏角和侧偏力的关系

对比两种不同轮胎模型下轮胎所受侧偏力随轮胎侧偏角变化曲线，由图 12-2 能够明显地看出，当轮胎侧偏角较小时，魔术公式和三次轮胎模型曲线基本重合，对于蛇形带式输送机，轮胎侧偏角较小时，运用上述两种模型均可。但是，在最关键的轮胎非线性区域，简单的三次轮胎公式不能很准确地表达轮胎的非线性特性。所以，虽然 Pacejka 魔术公式形式相对复杂，计算量也相对较大，但是对于轮胎非线性描述而言，Pacejka 魔术公式更为准确，更加接近轮胎的实际运行情况。

系统小车转向稳定性的外力影响因素主要有两个：地面对轮胎产生的侧偏力以及绕 x 轴的回正力矩。因为回正力矩相对于地面对轮胎产生的侧偏力对转向稳定性的影响较小，所以为了简化轮胎模型，本书不考虑绕 x 轴的回正力矩对转向稳定性的影响，主要考虑轮胎所受侧偏力对于系统小车转向稳定性的影响。

考虑到车辆在无制动力和驱动力条件下的转向稳定性问题，在对经典轮胎模型总结分析的基础上，最终采用国内外较为认可的 Pacejka 魔术公式。该模型表达式简单实用，并能够充分体现轮胎侧偏力随侧偏角的变化特性。

非稳态转向主要是指前轮转角正弦变化，其表达式为

$$\delta_f = A_d \sin(\omega_d t) \tag{12-6}$$

其中，A_d 为前轮转角正弦变化的幅值；ω_d 为前轮转角正弦变化的速率，$\omega_d = 2\pi f$，f 为变化频率。

12.2 蛇形带式输送机行驶稳定域边界条件

为了验证 12.1 节所选用轮胎模型的准确性，本节将分别使用 Pacejka 魔术公式和三次轮胎公式进行边界条件的确定，并进行对比分析。

12.2.1 Lyapunov 能量函数构建

考虑到蛇形带式输送机运输实际，以及建立函数过程简洁，计算简便的要求，现采用阿依捷尔曼法构建蛇形带式输送系统的 Lyapunov 能量函数。

假设机头小车运行过程中纵向速度不发生变化，即 $x_1' = 0$，依旧使用 10.2 节系统非线性动力学方程：

$$
f(x) = \begin{bmatrix} x_1' \\ x_2' \\ x_3' \\ x_4' \\ x_5' \end{bmatrix} = \begin{bmatrix} a_{11}F_{x1} + a_{12}F_{xh1} + a_{13}F_{缸1x} + a_{14}F_{xh2} + a_{15}F_{缸2x} + x_2x_3 \\ a_{21}(F_a + F_b) + a_{22}(F_c + F_d) + a_{23}(F_e + F_f) + a_{24}(F_{yh1} + F_{缸1y}) + a_{25}(F_{yh2} + F_{缸2y}) - x_1x_3 \\ a_{31}(F_a + F_b) + a_{32}(F_c + F_d) + a_{33}(F_e + F_f) + a_{34}(F_{yh1} + F_{缸1x}) + a_{35}(F_{yh2} + F_{缸2x}) \\ a_{41}(F_a + F_b) + a_{42}(F_c + F_d) + a_{43}(F_e + F_f) + a_{44}(F_{yh1} + F_{缸1y}) + a_{45}(F_{yh2} + F_{缸2y}) \\ x_4 \end{bmatrix} \tag{12-7}
$$

其中：

$$[x_1, x_2, x_3, x_4, x_5]^T = [v_x, v_y, \omega, \theta', \theta]^T$$

设正定的 Lyapunov 能量函数：

$$V(x) = x^T P x \tag{12-8}$$

能量函数的导数形式为

$$V'(x) = x'^T P x + x^T P x' \tag{12-9}$$

其中，P 为正定对称矩阵：

$$
P = \begin{bmatrix} p_{11} & p_{12} & p_{13} & p_{14} & p_{15} \\ p_{21} & p_{22} & p_{23} & p_{24} & p_{25} \\ p_{31} & p_{32} & p_{33} & p_{34} & p_{35} \\ p_{41} & p_{42} & p_{43} & p_{44} & p_{45} \\ p_{51} & p_{52} & p_{53} & p_{54} & p_{55} \end{bmatrix} \tag{12-10}
$$

并且矩阵 P 满足：

$$A^T P + PA = -I \tag{12-11}$$

其中，I 为单位矩阵；A 是系统在原点的 Jacobian 矩阵：

$$A = D_x f(x, \delta_f)\mid_{x=0} = \begin{bmatrix} A_{11} & A_{12} & A_{13} & A_{14} & A_{15} \\ A_{21} & A_{22} & A_{23} & A_{24} & A_{25} \\ A_{31} & A_{32} & A_{33} & A_{34} & A_{35} \\ A_{41} & A_{42} & A_{43} & A_{44} & A_{45} \\ A_{51} & A_{52} & A_{53} & A_{54} & A_{55} \end{bmatrix} \tag{12-12}$$

其中，

$A_{i1} = (a_{(i+1)1}k_{11}\cos\delta_1 + a_{(i+1)2}k_{12} + a_{(i+1)3}k_{13})/v_{x1}$　$(i=1, 2, 3, 4)$；

$A_{12} = [a_1 a_{11}k_{11}\cos\delta_1 - b_1 a_{12}k_{12} - (c_1 + a_2 + b_2)a_{13}k_{13}]/v_{x1} - v_{x1}$；

$A_{22} = [a_1 a_{21}k_{11}\cos\delta_1 - b_1 a_{22}k_{12} - (c_1 + a_2 + b_2)a_{23}k_{13}]/v_{x1}$；

$A_{32} = [a_1 a_{31}k_{11}\cos\delta_1 - b_1 a_{32}k_{12} - (c_1 + a_2 + b_2)a_{33}k_{13}]/v_{x1}$；

$A_{42} = [a_1 a_{41}k_{11}\cos\delta_1 - b_1 a_{42}k_{12} - (c_1 + a_2 + b_2)a_{43}k_{13}]/v_{x1}$；

$A_{i3} = (a_2 + b_2)a_{(i+1)3}k_{13}/v_{x1}$　$(i=1, 2, 3, 4)$；

$A_{i4} = a_{(i+1)3}k_{13}$　$(i=1, 2, 3, 4)$；

$A_{i5} = -3[a_1^2 a_{(i+1)1}k_{21}\cos\delta_1 + b_1^2 a_{(i+1)2}k_{22} + (a_2 + b_2)a_{(i+1)3}k_{23}]/v_{x1}^3$　$(i=1, 2, 3, 4)$；

$A_{51} = A_{52} = A_{53} = A_{55} = 0$；

$A_{54} = 1$。

考虑到魔术轮胎公式的复杂性，无法得到小车的 Lyapunov 能量函数 $V(x)$ 的完全展开式，所以只能根据式（12-9）~式（12-12），表达为

$$V(x) = 2(p_{12}x_1x_2 + p_{13}x_1x_3 + p_{14}x_1x_4 + p_{15}x_1x_5 + p_{23}x_2x_3 + p_{24}x_2x_4 + p_{25}x_2x_5 +$$
$$p_{34}x_3x_4 + p_{35}x_3x_5 + p_{45}x_4x_5) + p_{11}x_1^2 + p_{22}x_2^2 + p_{33}x_3^2 + p_{44}x_4^2 + p_{55}x_5^2 \tag{12-13}$$

$$V'(x) = A_{p1}F_a + A_{p2}F_b + A_{p3}F_c + A_{p4}F_d + A_{p5}F_e + A_{p6}F_f + A_{p7}x_2x_3 +$$
$$A_{p8}x_3^2 + A_{p9}x_3x_4 + A_{p10}x_3x_5 + A_{p11}x_2x_4 + A_{p12}x_4^2 + A_{p13}x_4x_5 \tag{12-14}$$

其中，

$A_{p1} = 2[(a_{11}p_{11} + a_{21}p_{12} + a_{31}p_{13} + a_{41}p_{14})x + (a_{11}p_{21} + a_{21}p_{22} + a_{31}p_{23} + a_{41}p_{24})y + (a_{11}p_{13} + a_{21}p_{23} + a_{31}p_{33} + a_{41}p_{43})z' + (a_{11}p_{14} + a_{21}p_{24} + a_{31}p_{34} + a_{41}p_{44})z]$；

$A_{p2} = 2[(a_{12}p_{11} + a_{22}p_{12} + a_{32}p_{13} + a_{42}p_{14})x + (a_{12}p_{21} + a_{22}p_{22} + a_{32}p_{23} + a_{42}p_{24})y] + (a_{12}p_{13} + a_{22}p_{23} + a_{32}p_{33} + a_{42}p_{43})z' + (a_{12}p_{14} + a_{22}p_{24} + a_{32}p_{34} + a_{42}p_{44})z]$；

$A_{p3} = 2[(a_{13}p_{11} + a_{23}p_{12} + a_{33}p_{13} + a_{43}p_{14})x + (a_{13}p_{21} + a_{23}p_{22} + a_{33}p_{23} + a_{43}p_{24})y] + (a_{13}p_{13} + a_{23}p_{23} + a_{33}p_{33} + a_{43}p_{43})z' + (a_{13}p_{14} + a_{23}p_{24} + a_{33}p_{34} + a_{43}p_{44})z]$；

$A_{p4} = 2[(a_{14}p_{11} + a_{24}p_{12} + a_{34}p_{13} + a_{44}p_{14})x + (a_{14}p_{21} + a_{24}p_{22} + a_{34}p_{23} + a_{44}p_{24})y] + (a_{14}p_{13} + a_{24}p_{23} + a_{34}p_{33} + a_{44}p_{34})z' + (a_{14}p_{14} + a_{24}p_{24} + a_{34}p_{34} + a_{44}p_{44})z]$；

$A_{p5} = 2[(a_{11}p_{12} + a_{21}p_{13} + a_{31}p_{14} + a_{41}p_{15})x + (a_{11}p_{22} + a_{21}p_{23} + a_{31}p_{24} + a_{41}p_{25})y] + (a_{11}p_{23} + a_{21}p_{33} + a_{31}p_{43} + a_{41}p_{53})z' + (a_{11}p_{24} + a_{21}p_{34} + a_{31}p_{44} + a_{41}p_{54})z]$；

$A_{p6} = 2[(a_{12}p_{12} + a_{22}p_{13} + a_{32}p_{14} + a_{42}p_{15})x + (a_{12}p_{22} + a_{22}p_{23} + a_{32}p_{24} + a_{42}p_{25})y] + (a_{12}p_{23} + a_{22}p_{33} + a_{32}p_{43} + a_{42}p_{53})z' + (a_{12}p_{24} + a_{22}p_{34} + a_{32}p_{44} + a_{42}p_{54})z]$；

$A_{p7} = 2a_{24}p_{11}$；$A_{p8} = 2a_{24}p_{12}$；$A_{p9} = 2(a_{24}p_{13} + p_{24})$；$A_{p10} = 2a_{24}p_{14}$；$A_{p11} = 2p_{14}$；

$A_{p12} = 2p_{34}$；$A_{p13} = 2p_{44}$。

小车相关参数如下：$\delta_f = 0.38$ rad，$m_1 = m_2 = m_3 = 100$ kg，$a_1 = a_2 = a_3 = 0.75$ m，$b_1 = b_2 = b_3 = 0.75$ m，$c_1 = c_2 = c_2' = c_3 = 1$ m，$d = 0.3$ m。将小车相关参数代入式（12-7）~式（12-9），不同行驶速度条件下 Lyapunov 能量函数对应的正定对称矩阵 P 见表 12-2。

表12-2 机头小车不同速度下对应的正定对称矩阵 $\boldsymbol{P}$

速度/ (m·s⁻¹)	正定对称矩阵 $\boldsymbol{P}$	速度/ (m·s⁻¹)	正定对称矩阵 $\boldsymbol{P}$
1	$\begin{bmatrix} -2.8225 & 2.7869 & 3.8327 & -5.5974 & -0.1738 \\ 2.7869 & -2.7518 & -3.7843 & 8.8257 & -0.5448 \\ 3.8327 & -3.7843 & -5.2044 & 1.2137 & 1.9649 \\ -5.5974 & 8.8257 & 1.2137 & -1.8859 & -4.5629 \\ -0.1738 & -0.5448 & 1.9649 & -4.5629 & -1.5487 \end{bmatrix}$	2	$\begin{bmatrix} -2.8225 & 2.7869 & 3.8327 & -4.5218 & -0.0731 \\ 2.7869 & -2.7518 & -3.7843 & 4.4648 & 0.2340 \\ 3.8327 & -3.7843 & -5.2044 & 6.1402 & 0.9078 \\ -4.5218 & 4.4648 & 6.1402 & -7.2442 & -3.8742 \\ -0.0731 & 0.2340 & 0.9078 & -3.8742 & -0.1619 \end{bmatrix}$
1.5	$\begin{bmatrix} -1.0080 & 9.9529 & 1.3688 & -1.8389 & -0.0701 \\ 9.9529 & -9.8273 & -1.3515 & 1.8157 & -0.2565 \\ 1.3688 & -1.3515 & -1.8586 & 2.4971 & 0.7864 \\ -1.8389 & 1.8157 & 2.4971 & -3.3548 & 0.7408 \\ -0.0701 & -0.2565 & 0.7864 & 0.7408 & -0.4243 \end{bmatrix}$		

采用三次轮胎公式建立轮胎模型所得到的正定矩阵 $\boldsymbol{P}$ 计算过程和结果与魔术公式所得结果相同，可以直接使用表12-2得到的正定矩阵 $\boldsymbol{P}$。与魔术公式的复杂性不同，三次轮胎公式相对简单，通过将式（12-10）及式（12-11）代入式（12-8）及式（12-9）中，可以得到小车的 Lyapunov 能量函数 $V(\boldsymbol{x})$ 的完全展开式。

$$V(\boldsymbol{x}) = (p_{11}x_1 + p_{21}x_2 + p_{31}x_3 + p_{41}x_4 + p_{51}x_5)x_1 + (p_{12}x_1 + p_{22}x_2 + p_{32}x_3 + p_{42}x_4 + p_{52}x_5)x_2 +$$
$$(p_{13}x_1 + p_{23}x_2 + p_{33}x_3 + p_{43}x_4 + p_{53}x_5)x_3 + (p_{14}x_1 + p_{24}x_2 + p_{34}x_3 + p_{44}x_4 + p_{54}x_5)x_4 +$$
$$(p_{15}x_1 + p_{25}x_2 + p_{35}x_3 + p_{45}x_4 + p_{55}x_5)x_5 \tag{12-15}$$

$$V'(\boldsymbol{x}) = (p_{11}x'_1 + p_{21}x'_2 + p_{31}x'_3 + p_{41}x'_4 + p_{51}x'_5)x_1 + (p_{12}x'_1 + p_{22}x'_2 + p_{32}x'_3 + p_{42}x'_4 + p_{52}x'_5)x_2 +$$
$$(p_{13}x'_1 + p_{23}x'_2 + p_{33}x'_3 + p_{43}x'_4 + p_{53}x'_5)x_3 + (p_{14}x'_1 + p_{24}x'_2 + p_{34}x'_3 + p_{44}x'_4 + p_{54}x'_5)x_4 +$$
$$(p_{15}x'_1 + p_{25}x'_2 + p_{35}x'_3 + p_{45}x'_4 + p_{55}x'_5)x_5 + (p_{11}x_1 + p_{21}x_2 + p_{31}x_3 + p_{41}x_4 + p_{51}x_5)x'_1 +$$
$$(p_{12}x_1 + p_{22}x_2 + p_{32}x_3 + p_{42}x_4 + p_{52}x_5)x'_2 + (p_{13}x_1 + p_{23}x_2 + p_{33}x_3 + p_{43}x_4 + p_{53}x_5)x'_3 +$$
$$(p_{14}x_1 + p_{24}x_2 + p_{34}x_3 + p_{44}x_4 + p_{54}x_5)x'_4 + (p_{15}x_1 + p_{25}x_2 + p_{35}x_3 + p_{45}x_4 + p_{55}x_5)x'_5$$
$$\tag{12-16}$$

12.2.2 输送机行驶稳定域边界条件确定

如若想要对输送机小车行驶稳定域进行估计，则我们必须要对 Lyapunov 能量函数 $V(\boldsymbol{x})$ 与 $V'(\boldsymbol{x})$ 的边界条件做相应的计算。根据 John 提出的方法，第一步，我们依据 Lyapunov 稳定性第二定理，得出 $V'(\boldsymbol{x}) \leq 0$ 可以作为系统渐进稳定性的充分条件，所以 $V'(\boldsymbol{x}) = 0$ 能够成为稳定域的一个边界条件；第二步，运用 Lagrange 法得出 $V(\boldsymbol{x})$ 刚好与 $V'(\boldsymbol{x}) = 0$ 相切时的切点，此时所求的切点所对应的 $V(\boldsymbol{x}) = V_c$ 是稳定域的另一个边界条件。

取 Lagrange 函数

$$L(\boldsymbol{x}, \lambda) = f(\boldsymbol{x}) + \lambda h(\boldsymbol{x}) \tag{12-17}$$

其中，

$$h(\boldsymbol{x}) = V'(\boldsymbol{x}) \tag{12-18}$$

则有，

$$\begin{cases} L_\lambda(\boldsymbol{x}, \lambda) = \dfrac{\partial L_\lambda(\boldsymbol{x}, \lambda)}{\partial \lambda} = h(\boldsymbol{x}) = 0 \\ L_{x_i}(\boldsymbol{x}, \lambda) = \dfrac{\partial f_i(\boldsymbol{x}, \lambda)}{\partial x_i} + \lambda \dfrac{\partial h_i(\boldsymbol{x}, \lambda)}{\partial x_i} = 0 \end{cases} \tag{12-19}$$

运用 John 法来确定稳定域边界条件的过程中存在以下问题：第一，依据 Lyapunov 稳定性第二定理，$V'(x)<0$ 只是系统渐进稳定性的充分条件而非充要条件，即系统稳定时也可能是 $V'(x)>0$，所以在计算输送机行驶稳定域时，只可以把 $V'(x)=0$ 作为边界参考条件；第二，运用 Lagrange 法来把 $V(x)$ 和 $V'(x)=0$ 的切点当成 $V(x)$ 的临界值点并没有十分可靠的依据，这一条件之所以能用来确定边界条件在很大程度上要依靠 $V'(x)<0$ 是系统渐进稳定的必要条件。但是实际情况并非这样，所以此方法求得的结果在很大程度上只是对输送机行驶稳定域的保守估计。因为 John 法存在较多的局限性，可以运用第 11 章对输送机系统能量转化特性的分析结果，确定 Lyapunov 能量函数 $V(x)$ 的临界值。

1. 运用魔术轮胎公式确定行驶稳定域边界条件

运用式（12-19）得到在不同速度条件下使用魔术轮胎公式得到 $V(x)$ 与 $V'(x)=0$ 的切点见表 12-3。

表 12-3　不同速度条件下使用魔术轮胎公式 $V(x)$ 与 $V'(x)=0$ 的切点

$v/(\mathrm{m \cdot s^{-1}})$	$x_2/(\mathrm{m \cdot s^{-1}})$	$x_3/(\mathrm{rad \cdot s^{-1}})$	$x_4/(\mathrm{rad \cdot s^{-1}})$	x_5/rad	V_c/J
1	−0.0035	0.2853	0	−0.7134	0.1195
1.5	−0.0070	0.2645	0	−0.4408	0.3009
2	−0.0095	0.2409	0	−0.3012	0.5756

机头小车以 1.5 m/s 匀速行驶，改变机头小车前轮转角对应的 Lyapunov 能量函数 $V(x)$ 的变化曲线如图 12-3 所示。

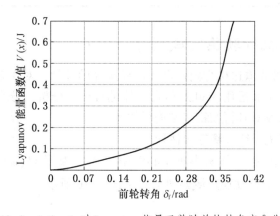

图 12-3　1.5 m/s 时 Lyapunov 能量函数随前轮转角变化曲线

由图 12-3 可知，机头小车以匀速行驶时，Lyapunov 能量函数 $V(x)$ 的值随着机头小车前轮转角的增加不断增大，直到前轮转角达到稳定状态临界值时，Lyapunov 能量函数 $V(x)$ 达到最大值，此时各小车处于 $V(x)$ 稳定状态的临界值，可作为蛇形带式输送系统行驶稳定域的边界条件。以此类推，可以得到机头小车不同速度条件下，带式输送系统 $V(x)$ 稳定状态的临界值和边界条件。综上，$V'(x)=0$ 可以作为输送机系统行驶稳定域的参考边界条件，$V(x)=V_c$ 为输送机系统行驶稳定域实际边界条件。

根据 12.1 节及本节的轮胎模型和 Lyapunov 能量函数 $V(x)$，当机头小车的行驶速度为 1、1.5、2 m/s 时，使用魔术轮胎公式建立的轮胎模型下，蛇形带式输送系统的稳定域的边界条件见表 12-4。

表 12-4　不同速度条件下运用魔术轮胎公式蛇形带式输送系统稳定域边界条件

速度/$(\mathrm{m \cdot s^{-1}})$	1	1.5	2
边界条件	$\begin{cases} V'(x)=0 \\ V(x)=0.1195 \end{cases}$	$\begin{cases} V'(x)=0 \\ V(x)=0.3009 \end{cases}$	$\begin{cases} V'(x)=0 \\ V(x)=0.5756 \end{cases}$

2. 运用三次轮胎公式确定行驶稳定域边界条件

运用式（12-19）得到在不同速度条件下使用三次轮胎公式得到 $V(x)$ 与 $V'(x)=0$ 的切点见表12-5。

表12-5 不同速度条件下使用三次轮胎公式 $V(x)$ 与 $V'(x)=0$ 的切点

$v/(\text{m}\cdot\text{s}^{-1})$	$x_2/(\text{m}\cdot\text{s}^{-1})$	$x_3/(\text{rad}\cdot\text{s}^{-1})$	$x_4/(\text{rad}\cdot\text{s}^{-1})$	x_5/rad	V_c/J
1	−0.0027	0.3124	0	−0.8256	0.0893
1.5	−0.0089	0.2956	0	−0.5623	0.2143
2	−0.0105	0.2768	0	−0.4278	0.3958

根据12.1节及本节的轮胎模型和 Lyapunov 能量函数 $V(x)$，当机头小车的行驶速度为1、1.5、2 m/s 时，使用三次轮胎公式建立的轮胎模型下，蛇形带式输送系统的稳定域的边界条件见表12-6。

表12-6 不同速度条件下运用三次轮胎公式蛇形带式输送系统稳定域边界条件

速度/$(\text{m}\cdot\text{s}^{-1})$	1	1.5	2
边界条件	$\begin{cases} V'(x)=0 \\ V(x)=0.0893 \end{cases}$	$\begin{cases} V'(x)=0 \\ V(x)=0.2143 \end{cases}$	$\begin{cases} V'(x)=0 \\ V(x)=0.3958 \end{cases}$

12.3 蛇形带式输送机行驶稳定域估计

通过12.2节对于蛇形带式输送机行驶稳定域边界条件的计算，对于输送机系统行驶稳定域有了一个相对直观的理论认识，下面运用 Matlab 仿真软件进行仿真分析，分别分析运用魔术公式和三次轮胎公式所得到的能量函数及对其行驶稳定域进行估计。

12.3.1 运用魔术轮胎公式进行行驶稳定域估计

将机头小车侧向速度 v_{y1} 转换为机头小车质心侧偏角 ψ_1，根据 $V'(x)=0$ 及 $V(x)=V_c$ 计算在1、1.5、2 m/s 速度条件下小车的行驶稳定域如图 12-4~图 12-6 所示。

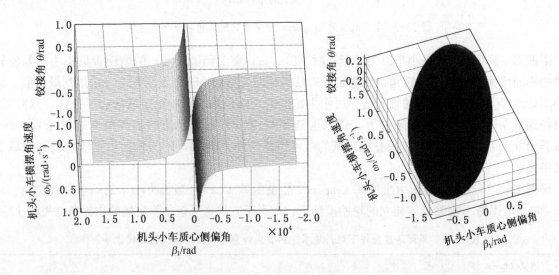

图12-4 $v_x=1$ m/s，$V'(x)=0$，$V(x)=V_c$ 运用魔术轮胎公式小车行驶稳定域

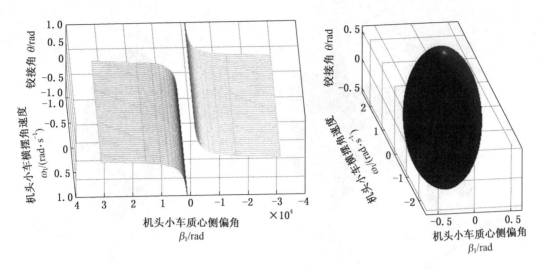

图 12-5　$v_x = 1.5$ m/s，$V'(\boldsymbol{x}) = 0$，$V(\boldsymbol{x}) = V_c$ 运用魔术轮胎公式小车行驶稳定域

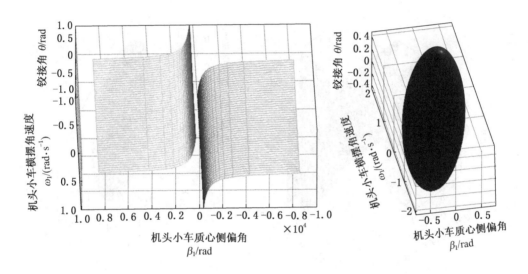

图 12-6　$v_x = 2$ m/s，$V'(\boldsymbol{x}) = 0$，$V(\boldsymbol{x}) = V_c$ 运用魔术轮胎公式小车行驶稳定域

由图 12-4~图 12-6 可以清楚地看出，运用魔术轮胎公式的时候，$V'(\boldsymbol{x}) = 0$ 形成了一对弧形曲面，这两个曲面将三维空间分成了 3 个部分，其中两个曲面之间的区域满足 $V'(\boldsymbol{x}) < 0$，而 $V(\boldsymbol{x}) = V_c$ 在空间中形成的曲面将三维空间分成了两个部分，生成的椭圆形曲面随 V_c 的取值增大而曲面的长轴逐渐增大。$V'(\boldsymbol{x}) = 0$ 生成的曲面和 $V(\boldsymbol{x}) = V_c$ 生成的曲面并不相切，只是存在相交的区域，所以 $V(\boldsymbol{x}) = V_c$ 生成的曲面还存在 $V'(\boldsymbol{x}) \geqslant 0$ 的区域，也就是说通过系统小车的系统能量转化特性获得的能量函数 $V(\boldsymbol{x}) = V_c$ 无法完全满足 $V'(\boldsymbol{x}) < 0$。因此 $V'(\boldsymbol{x}) < 0$ 是系统渐进稳定的充分条件，并非必要条件。通过上述分析能够得到，通过输送机系统小车的能量转化特性获得的稳定域边界条件是可靠的。

12.3.2　运用三次轮胎公式进行行驶稳定域估计

将机头小车侧向速度 v_{y1} 转换为机头小车质心侧偏角 ψ_1，根据 $V'(\boldsymbol{x}) = 0$ 及 $V(\boldsymbol{x}) = V_c$ 计算在 1、1.5、2 m/s 速度条件下小车的行驶稳定域如图 12-7~图 12-9 所示。

由图 12-7~图 12-9 可见，采用三次项轮胎公式时，$V'(\boldsymbol{x}) = 0$ 由类似于 3 个曲面形成一个不规则区域，$V(\boldsymbol{x}) = V_c$ 形成闭合的椭球区域并且与 $V'(\boldsymbol{x}) = 0$ 围成的区域相切，而 $V(\boldsymbol{x}) = V_c$ 形成的闭合椭球区域即车辆的行驶稳定域。

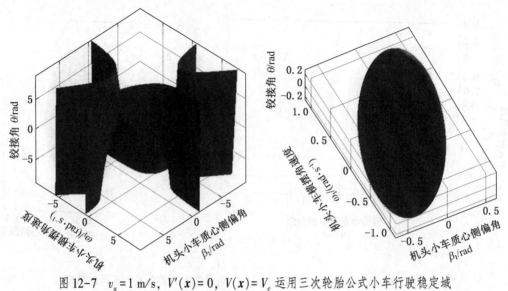

图 12-7　$v_x = 1$ m/s，$V'(x) = 0$，$V(x) = V_c$ 运用三次轮胎公式小车行驶稳定域

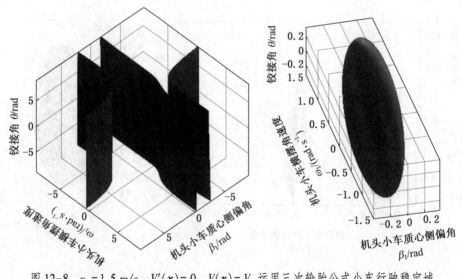

图 12-8　$v_x = 1.5$ m/s，$V'(x) = 0$，$V(x) = V_c$ 运用三次轮胎公式小车行驶稳定域

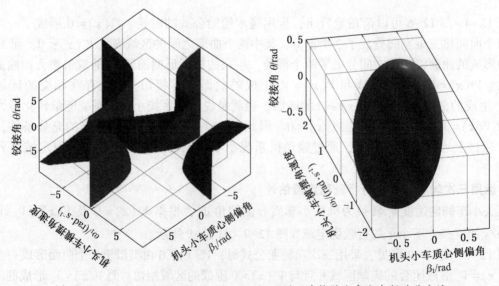

图 12-9　$v_x = 2$ m/s，$V'(x) = 0$，$V(x) = V_c$ 运用三次轮胎公式小车行驶稳定域

通过对比使用 Pacejka 魔术公式得到的系统小车行驶稳定域和使用三次轮胎公式得到的系统小车行驶稳定域，能够很明显地看出，魔术轮胎公式更能够准确地表达输送系统的非线性转弯行驶稳定域。所以，能够验证之前选用 Pacejka 魔术公式建立轮胎模型的正确性，因为 Pacejka 魔术公式可以更准确地表达轮胎的非线性特性和系统的渐进稳定区域。

通过运用轮胎 Pacejka 魔术公式建立起车辆动力学系统 Lyapunov 能量函数，然后运用系统能量转化特性确定车辆行驶稳定域是比较准确的，可以作为判断蛇形带式输送系统小车行驶状态和评价蛇形带式输送系统行驶稳定性的可靠依据。

通过非线性轮胎模型的建立、系统小车行驶稳定域的估计以及边界条件的确定，为以后蛇形带式输送机的转弯控制系统设计提供理论基础。

13 下行运输带式输送机制动动力学分析及设计计算

13.1 结构设计分析

13.1.1 输送带带速的选择

带式输送机运行速度主要取决于输送物料的物理特性、输送带需用应力及输送机运输能力，输送机运输能力大都取决于煤矿配煤能力，因此输送机额定输送能力恒定，在这种情况下减小输送带宽度并提高输送机运行速度，同样可以满足输送机系统的运输能力，这不仅缩小了输送机各部件的尺寸，而且降低了输送机设备成本，但是这种做法带来的弊端也是很明显的，高带速必定会加快输送机与旋转部件的磨损，进而影响输送机的使用寿命，而且高带速对输送机启动、制动可控性能要求较高，如果不能很好地解决输送物料与输送带在输送机加速启动、制动时可能带来的相对滑移问题，很可能会造成物料堆积、输送机跑偏等一系列问题，这也严重影响了输送机的可靠性，因此，带式输送机在设计时需充分考虑运行环境、运行速度、输送能力与输送机使用性能的关系，并按照实际需求来选用输送机各设计参数，具体设计时可遵循以下原则：

(1) 输送机运距较长、运输能力较大、带宽较大时，可选用高带速。

(2) 输送机倾角较大、运距较短时，应尽量选用低带速。

(3) 水平安装的带式输送机可选用高带速。

(4) 输送物料易磨损，易产生粉尘，输送机应选用低带速。

(5) 向上运输物料的输送机带速可适度高些，向下输送物料时带速应降低。

(6) 输送机配置卸料车时运行速度不应大于 2.5 m/s，特别是当输送机装有犁式卸料器时，带速不应大于 2 m/s。

(7) 输送机实际运行工况较为复杂，运行维护难度较大时应尽量选用低带速。

与物料特性有关的带速，可按表 13-1 选取。

表 13-1 输送机带速参考表

物料特性	带速/(m·s⁻¹) 带宽/mm			
	300/400	500/600	800/1000	1200/1400/1600
磨损性小的物料（原煤、盐等）	1.0~2.0	1.0~2.5	1.0~3.15	1.25~4.0
磨损性较大的中小块物料（矿石、硕石、炉渣等）	1.0~1.6	1.0~2.0	1.25~2.5	1.25~3.15
磨损性大的物料（大块矿石）			1.25~2.0	1.25~2.5

根据本书研究实例中下运带式输送机实际运行环境及输送能力，参考表 13-1，初步选取输送机带速为 3.15 m/s。

13.1.2 输送带带宽的计算

1. 按输送能力确定带宽

带式输送机输送能力决定于所选输送带宽度、物料堆积角等因素，其关系式为

$$Q = KB^2 v\gamma c \tag{13-1}$$

式中 Q——带式输送机额定运输能力，t/h；

$\quad\quad K$——物料断面系数，见表 13-2；

$\quad\quad B$——输送带宽度，mm；

$\quad\quad v$——带速，m/s；

$\quad\quad \gamma$——输送物料堆积容重，t/m^3；

$\quad\quad c$——输送机倾斜角度对输送量的影响系数（表 13-3）。

表 13-2 物料断面系数 K

堆积角	10°	20°	25°	30°	35°
K 值	316	385	422	458	496

表 13-3 倾斜系数 c

倾角 $\delta/(°)$	≤4	6	8	10	12	14
倾斜系数 c	1.0	0.98	0.97	0.96	0.93	0.91
倾角 $\delta/(°)$	16	18	20	22	24	25
倾斜系数 c	0.88	0.85	0.81	0.76	0.74	0.72

由于该输送机平均角度为 -25°，运行堆积角趋近于零，根据表 13-2 选取输送物料断面时堆积角按 10° 选取，在该煤矿生产能力确定的情况下，由式（13-1）计算可得所需带宽 B_1 为

$$B_1 = \sqrt{\frac{Q}{Kv\gamma c}} = \sqrt{\frac{1200}{316 \times 3.15 \times 0.9 \times 0.72}} = 1.36(\text{m})$$

2. 按输送物料的粒度确定带宽

如果按输送物料的粒度来选取输送带宽时，物料粒度直接就成为输送带宽度的决定性因素，该输送机运输原煤的物料粒度 $\alpha_{\max} = 0.3$ m，因此，该条件下输送带的宽度为

$$B_2 \geqslant 3\alpha_{\max} + 0.2 = 3 \times 0.3 + 0.2 = 1.1(\text{m})$$

上述两种情况下初选输送带宽范围为 $B = \{1000B_1, 1000B_2\}$，由于输送带强度和输送带宽度有关，输送带越宽其等级强度也越低，本书实例输送机下运倾角较大且运行工况较为复杂，为降低输送带等级强度，选用输送带宽度为 1.4 m。

13.1.3 初选输送带规格

输送带在输送机运行过程中不仅传递着个旋转部件之间的牵引力，而且承担着承载和运输物料的作用，这也使得输送带在输送过程中承受不同性质和大小的载荷，输送带应力状态极其复杂，因此输送带规格和类型的选择不仅影响输送带强度等级和输送机设备成本，也决定了输送机运行的可靠性能。

在本书研究实例中，输送机运行工况及环境较为明确，首先根据井下输送机防爆要求，输送带必须使用阻燃（难燃）输送带；其次，输送机运行倾角较大，对输送带强度等级和防物料滑动性能要求较高，因此选用摩擦因数和强度等级较大的带花纹的钢丝绳芯输送带，其规格为 ST/S3150，参考质量 $q_B = 40.4$ kg/m^2。

13.1.4 托辊的选择

托辊在带式输送机中使用量最大，主要用途是通过输送带来带动其旋转进而降低输送带运行的摩擦力，同时承载输送带和物料载荷，并在输送机运行过程中保证输送带满足垂度要求从而使物料被平稳运输。输送机中托辊质量可达到总质量的 30%~40%，所占输送机设备成本也是显而易见的，托辊的使用功能决定了它需在高速运转并且承担输送带和物料载荷的情况下与输送带接触，这些必然使得托辊部件极易损耗，因此，托辊设计方法、加工工艺水平及使用环境都直接影响着托辊使用的可靠性

和寿命。托辊摩擦阻力过大，就会加速输送带和托辊的磨损，同时会增加输送机因部件摩擦温度过高而导致煤粉爆炸的可能性，这也间接增加了输送机驱动功率和维修投入；国内托辊常规设计的使用寿命大约为20000~50000 h，在井下潮湿等运行条件下，托辊的使用寿命会降低。

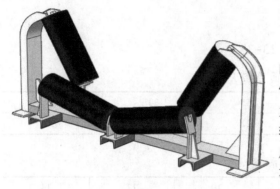

图 13-1　60°深槽型托辊组

1. 托辊的选择及作用

1）上托辊

如图13-1所示，用于输送机中承载输送带和物料的托辊称为上托辊，其布置形式和结构由输送物料的性质决定。本书中所涉及输送机因其输送倾角较大，为了增加摩擦阻力防止物料下滑，其托辊采用四节托辊交错布置来降低物料滚动的趋势，该深槽型托辊组底部使用两个对头布置、倾角为25°的托辊，两侧对称布置两个槽角为60°的托辊，4个托辊长度规格相同，增加了托辊的互换性。

2）下托辊

安装在回程段仅承载输送带的托辊称之为下托辊，其布置原理与上托辊相似，但是由于其承受载荷较小且与输送物料无关，其槽角往往很小，甚至有可能采用平托辊。

3）缓冲托辊

缓冲托辊属于特殊的部件，通常布置在输送机受料位置，用于减缓物料对输送带及机身的冲击，其布置形式与上托辊相同，只是在托辊的设计结构上增加了缓冲外圈。

4）调心托辊

前面曾多次提到输送带运行时因横截面不居中所带来的撒料等现象，这种现象伴随着运输物料不均匀、输送机机身铺设不平整等不可避免的缺陷随时都可能发生，而调心托辊组的布置很好地解决了输送带跑偏这一难题，而且无论采用机械调偏还是液压调偏，都大大减少了输送机的检修和维护成本。

2. 托辊间距

输送机对于托辊组布置的最基本的要求就是要满足输送带的最小垂度要求，因此，托辊组的布置间距应根据其布置位置和受力特点选用，例如，输送机受料段和凸弧段托辊组所承受载荷相比正常段复杂，所以需要增加托辊组数来分担这些载荷；输送机受料部及卸料部往往会增设诸多辅助设备，同样需要增设托辊组数量；承载分支托辊组间距应小于回程分支托辊组间距；但是，增加托辊组数量或者减小托辊组布置间距都会增加输送机设备成本，所以在满足输送机稳定运行的前提下，托辊组间距和数量应尽可能地少。表13-4列举了常用承载能力下承载分支和回程分支托辊组布置间距的推荐值。

表13-4　常用托辊组间距

堆积密度/(t·m⁻³)	上托辊间距/mm	下托辊间距/mm
≤1.6	1200	3000
>1.6	1000	3000

3. 托辊直径和长度

直径和长度是输送机托辊的两个重要参数，长度与带宽和托辊组布置形式有关，直径则与托辊轴承型号有关，而托辊组承载能力、布置间距、数量和输送带带速又决定了托辊轴承的承载能力和转速，原则上托辊转速不能超过600 r/min，表13-5列举了常用托辊转速、直径与输送带带速的选用推荐值。

表 13-5　常用托辊转速表

转速/(r·min⁻¹)	辊径/mm	带速/(m·s⁻¹)									
		0.8	1.0	1.25	1.6	2.0	2.5	3.15	4.0	5.0	6.5
89		172	215	268	344	429	537				
108		142	177	221	283	354	442	557			
133			144	180	230	287	359	453	575		
159			120	150	192	240	300	379	481	601	
194				123	158	197	246	310	394	492	
219								275	349	436	567

　　带式输送机的常规设计应按照 GB/T 990—1991《带式输送机托辊参数与尺寸》要求进行。托辊直径与输送带带宽的优先选用值见表 13-6。

表 13-6　托　辊　参　数　　　　　　　　　　　mm

托辊直径	带　宽							
	500	650	800	1000	1200	1400	1600	1800
89	√	√	√					
108		√	√	√	√	√		
133			√	√	√	√	√	√
159				√	√	√	√	√

　　根据表 13-5 和表 13-6 推荐的托辊直径优先级值，可以选择该输送机上托辊组间距为 1.2 m，下托辊组间距为 3 m；受料处和凸弧段上托辊组间距为 0.6 m，回程托辊组间距为 1.5 m；承载分支调心托辊组布置间距为 30 m，回程分支调心托辊组布置间距为 50 m；同时选取托辊直径为 133 mm，托辊轴承型号为 306 KA；$L_{上辊}=530$ mm，$L_{下辊}=1600$ mm。

13.1.5　带式输送机布置形式

　　如图 13-2 所示，根据输送机铺设巷道地势情况及输送机各特性点张力，该输送机代用尾部功率配比为 2∶1 的双滚筒驱动，并在输送机运行末端布置重锤张紧装置，这不仅降低了输送带的强度等级，同时保证了输送机拉紧力的恒定。

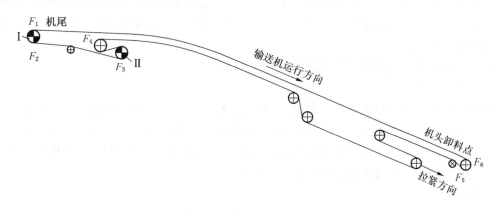

图 13-2　带式输送机布置图

13.1.6　带式输送机基本参数确定

　　1. 运送物料每米质量 q_G

　　由下面公式可得：

$$q_G = \frac{Q}{3.6v} = \frac{1200}{3.6 \times 3.15} = 105.8(\text{kg/m})$$

式中 Q——输送机额定输送能力，t/h；

v——输送带带速，m/s。

2. 输送带线质量 q_B

$$q_B = 40.4 \times 1.4 = 56.56(\text{kg/m})$$

3. 托辊旋转部分线质量

一个上托辊旋转部分的质量 $q'_{RO} = 9.5$ kg，$n = 4$。

则承载分支托辊每米旋转部分的质量 q_{RO}：

$$q_{RO} = \frac{n \times q'_{RO}}{a_0} = \frac{4 \times 9.5}{1.2} = 31.67(\text{kg/m})$$

一个下托辊旋转部分的质量 $q'_{RU} = 25$ kg，$n = 1$。

则回程分支托辊每米旋转部分的质量 q_{RU}：

$$q_{RU} = \frac{n \times q'_{RU}}{a_U} = \frac{1 \times 25}{3} = 8.33(\text{kg/m})$$

13.1.7 电机与减速器选型

1. 电机的选型

大倾角下运机的电机在输送机满载正常运行工况下处于发电状态，这就很可能使得发电功率比空载运行工况下电机驱动状态的功率要大，因此，为了防止输送机发生飞车事故，其电机功率型号应适当放大，驱动单元功率选取为 3×500 kW，同时电机配置变频控制功能，以满足电机在输送机满负荷运行和启（制）动要求，并实现实时智能化控制功能。

2. 减速器的选型

国内外带式输送机减速器各生产厂家产品的传动性能有所差异，因此，输送机减速器的配置在满足使用要求的前提下，必须对其传动速比和热功率进行核算：

$$i - \frac{n\pi D}{60v} = \frac{1485 \times 3.14 \times 1.4}{60 \times 3.15} = 34.54$$

式中 n——转速，取 1485；

D——齿轮直径，取 1.4。

该下运带式输送机设计时使用方已经对减速器生产厂家做了限制，选用了波顿公司生产的型号为 TSH170F-35.5C 的直角轴减速器，齿轮箱额定功率为 879 kW，热功率为 630 kW（带风扇冷却），满足此下运输送机使用要求。

13.1.8 软启（制）动装置与制动器的选择

1. 软启（制）动装置

本章中已经详细地对比和描述了各软启（制）动装置的特性，其中变频控制不仅可以满足下运机对调速功能的要求，也更加符合下运带式输送机不同运行工况下的软启动与恒减速制动需求，使输送机平稳可靠运行。不过尽管使用的变频器能使输送机恒减速制动，输送机在电机停运后还是会发生爬行现象，因此，向下运输输送机必须配置定车装置。

2. 制动器的选型

通过对各工况的特性点张力的计算，可以得出在满载条件下输送机电机功率为负值，这也表明在该运行工况下下运输送机的电机处于被动运行即发电状态。

根据制动力来计算制动力矩：

$$M = F_{制} \times \frac{D}{2} = 485360 \times \frac{1.4}{2} = 339752(\text{N} \cdot \text{m})$$

式中 $F_{制}$——制动力，取 485360 N。

根据驱动装置的布置要求，该下运机需按 1∶1 配置两台制动器，但在制动器实际选型时，其制动力矩按单台配置选用，即制动器选用系数为 2，这是处于安全性能的考虑，类似于一备一用的方案，因此，该下运机制动器制动力矩为 630000 N·m、型号为 KPZ-1800/6×200 的盘式可控制动装置。

13.1.9 拉紧装置的选择

拉紧装置是保证输送机最小垂度和不打滑条件的最基本的设备，下面将详细阐述螺旋式拉紧、重锤式拉紧、绞车拉紧和自动液压拉紧这四种拉紧型式的使用场合及使用性能，并根据各自使用特点选取该机的拉紧型式。

1. 螺旋式拉紧装置

螺旋拉紧装置通过调节拉紧架上的螺杆来拉动安装在滑架上的拉紧滚筒来改变输送带张紧力大小，结构简单，易于操作，但其调节行程较短，且调节过程只能先判断输送机的拉紧需求后再进行人工调节，只能用于运输长度小于 80 m 的小型带式输送机上。

2. 重锤式拉紧装置

重锤式拉紧装置其工作原理都是利用放在重载车上的重块组的重力或沿拉紧坡道方向的分力来提供输送机所需拉紧力，这种装置的优点在于重块组一旦配置完成后，拉紧装置提供的张紧力就是恒定的，而且可以实时调整输送带的伸缩量，缺点在于重块组重量的调整比较烦琐。

3. 绞车拉紧装置

绞车张紧是通过电机的正反转驱动旋转滚动缠绕和松开钢丝绳来实现输送带的张紧，智能化输送机往往可通过反馈机制来控制电机来实现张紧力的动态控制，但是该装置提供的张紧力有限。

4. 液压张紧装置

液压张紧装置通过由液压系统产生并作用于油缸的压力来施加对带式输送机的张紧作用，由于集机、电、液于一体，液压张紧装置所具备的性能也不言而喻，其信号处理灵活、控制精度高、响应速度快，易于实现输送机的智能化控制，大功率的输出特点更是适用于负载质量较大的场合。

该下运带式输送机中制动力选取最不利工况下制动力 88 kN，结合上述各张紧装置的使用性能和经济性能，在满足布置空间需求的前提下，优先选用车式重锤张紧装置。

13.2 力学特性分析

13.2.1 带式输送机动力学模型的建立

为了准确地对带式输送机进行动力学分析，设计人员在全面了解输送机使用要求和设计方法之后，再去确定带式输送机设计和运行的各项参数，在此基础上完成输送机的优化，尽可能降低输送机的成本。

带式输送机的物理模型及计算模型的建立往往因输送机系统布置形式的不同而有所差异，输送机各应力特性点的分析结果差别也较大。但是应力特性点在不同工况条件下的输送带张力及变形趋势相近，因此对于长运距的带式输送机在其驱动滚筒后布置自动拉紧装置可以充分观测出启（制）动工况的动态特性，这也间接证明了输送带动态特性方程及其求解的边界和初始条件的合理性和可行性。

理论分析和大量的实例证明，适当的启动时间能显著降低启动张力，降低带强，更减少了设备投资；尤其是长运距等工矿复杂的带式输送机，更应该配置可控或软启动设备来提高其启（制）动性能，以达到重载或空载启动工况下都能控制输送机的平稳启动。为了准确地掌握输送机在采用等加速度、正弦加速度等启动条件下，控制其启动时间下输送带各特性点张力，现在对带式输送机的运动方程进行求解。

13.2.2 输送带动力学模型的建立

输送带的主要功能是输送物料，而且还承担连接各传动部件的功能。使用条件、运输量、输送距离等不同的输送机，输送带的种类及强度等级也不尽相同，因此，输送带的合理选用也是输送机设计工作的关键。例如，钢绳芯输送带常被使用于承担井下原煤输出的煤矿主井带式输送机，而 PVG 或 PVC 整编芯带则被应用于自身限制较大的工作面可伸缩带式输送机。

按照带芯的不同，可以分为织物层芯和钢丝绳芯两大类，其中织物层芯输送带组成材质有棉、尼龙和维纶等多种类型，按照其结构的不同又被分为分层织物层芯和整编织物层芯两类，因此，不同种类和材质的输送带力学性能也不尽相同。在相同的输送带强度等级下，整编织物层芯输送带相比于分层织物层芯输送带具有更好的柔性和耐冲击性能，且厚度减小，这种类型输送带在使用过程中也不容易发生整编层断裂等现象，但是输送带的伸长率和拉紧行程也随之增大；由于钢丝绳芯输送带具有较高的抗拉强度和抗弯疲劳性能，抗冲击性能较好，从而缩短了输送机的张紧行程。

图 13-3　钢丝绳芯输送带

如图 13-3 所示，钢丝绳芯输送带一般由单层或多层钢丝绳组成，每个芯层都由等距离均布的钢丝绳和黏合性能较好的胶料黏结而成，因此这种类型的输送带兼具了钢丝绳的弹性和黏结胶料的非线性两个特点，根据其建立的力学模型也会因研究角度不同而不一，下面将重点通过多个角度来建立钢丝绳芯输送带的动力学模型。

1. 弹性体

如图 13-4 所示，根据钢丝绳芯输送带的结构组成特点，在建立其物理模型时如果忽略黏结胶料的弹塑性对输送带动态性能的影响，而将钢丝绳作为主要研究对象，则其物理模型完全可以视为完全弹性体，输送带许用应力用下式计算：

$$\sigma = E\varepsilon \tag{13-2}$$

式中　E——输送带的弹性模量，kg/m^2；

　　　ε——输送带允许最大伸长量，m。

2. Maxwell 液体模型

图 13-5 所示为串联一个弹性元件和一个阻尼元件的 Maxwell 高分子黏弹性模型，这种依据液体分层模型建立的输送带物理模型的特点是串联元件的应力相等，因此，该物理模型的总应变是两个元件应变之和。

图 13-4　钢丝绳芯输送带组成结构

图 13-5　Maxwell 模型

阻尼器力学关系式为

$$\sigma = \eta \dot{\varepsilon}_2 \tag{13-3}$$

式中　η——黏性系数，$Pa \cdot s$。

又 $\sigma = \sigma_1 = \sigma_2$，$\varepsilon = \varepsilon_1 + \varepsilon_2$，可以得出 Maxwell 数学模型：

$$\frac{d\varepsilon}{dt} = \frac{1}{E}\frac{d\sigma}{dt} + \frac{\sigma}{\eta} \tag{13-4}$$

对式（13-4）施加恒载荷，即 $\sigma = \sigma_0$，$d\sigma/dt = 0$ 时，式（13-4）简化为

$$\frac{\mathrm{d}\varepsilon}{\mathrm{d}t} = \frac{\sigma_0}{\eta} \tag{13-5}$$

由式（13-5）初始条件 $t=0$，$\varepsilon=\varepsilon_0$ 对该式进行求解可得

$$\varepsilon = \varepsilon_0 + \frac{\sigma_0}{\eta} \tag{13-6}$$

由式（13-6）可以看出，当式中应变 ε_0 与黏弹性系数 η 为常量时，该模型的应变在恒定力作用下与时间呈线性增加关系，因此模型的变形也随时间无限延伸，这显然不符合输送带的蠕变特性。

换个角度假设该模型的应变在模型施加载荷产生变形时不变，即 $\mathrm{d}\varepsilon/\mathrm{d}t=0$，此时式（13-4）转换为

$$\frac{\mathrm{d}\sigma}{\sigma} = -\frac{E}{\eta}\mathrm{d}t \tag{13-7}$$

再由式（13-7）的初始条件 $t=0$，$\sigma=\sigma_0$ 可得

$$\sigma = \sigma_0 \cdot \mathrm{e}^{-Et/\eta} \tag{13-8}$$

同样在式（13-8）中弹性模量 E 和黏弹性系数 η 均为常量，由式（13-8）可以明显地看出钢丝绳芯输送带 Maxwell 液体模型的应力在保持总应变不变的前提下与时间呈指数衰减关系并最终趋于平稳。这种关系完全符合钢丝绳芯输送带的黏弹性性质，也说明 Maxwell 液体模型可以模拟钢丝绳芯输送带的动力学特征。

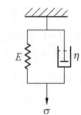

3. Kelvin 模型

如图 13-6 所示，Kelvin 模型与 Maxwell 液体模型区别在于，Kelvin 模型中将组成的弹簧元件和阻尼器元件连接由串联改为了并联，同时应力和应变关系也发生了变化，Kelvin 模型中各元件应变相等，总应力为两个元件应力总和，即模型中 $\varepsilon=\varepsilon_1=\varepsilon_2$，$\sigma=\sigma_1+\sigma_2$，同样可以得到 Kelvin 数学模型计算公式：

图 13-6　Kelvin 模型

$$\sigma = \sigma_1 + \sigma_2 = E\varepsilon + \eta\frac{\mathrm{d}\varepsilon}{\mathrm{d}t} \tag{13-9}$$

假设该模型受恒载荷作用，此时模型中 $\sigma=\sigma_0$，则式（13-9）简化为

$$\sigma_0 = E\varepsilon + \eta\frac{\mathrm{d}\varepsilon}{\mathrm{d}t} \tag{13-10}$$

再由式（13-10）初始条件 $t=0$，$\varepsilon=\varepsilon_0$，可将式（13-10）变换为

$$\varepsilon = \frac{\varepsilon_0}{E}(1-\mathrm{e})^{-Et/\eta} \tag{13-11}$$

根据输送带特性和模型特点将式（13-11）中应力 σ_0、弹性模量 E 和黏弹性系数 η 视为常量，Kelvin 模型的应变在恒定力作用下与时间呈逐渐增加关系并趋于平稳。这种数学关系类似于钢丝绳芯输送带的蠕变特性，因此 Kelvin 模型同样可以模拟输送带的蠕变特性。

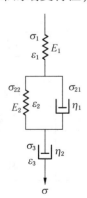

对上述模型更换初始条件，假设 Kelvin 模型在施加载荷产生一定形变时其应变不发生变化，即 $\mathrm{d}\varepsilon/\mathrm{d}t=0$，$\varepsilon=\varepsilon_0$，此时式（13-9）可简化为

$$\sigma = E\varepsilon_0 \tag{13-12}$$

分析式（13-12）时同样将弹性模量 E 当作常量，这更加直观地看出输送带应力与应变呈线性关系，初始条件中假设输送带应力也恒定，但输送带在实际工作时，其应力由于松弛特性会慢慢减缓并趋于稳定。

4. 固体弹性模型

固体弹性模型的结构如图 13-7 所示，模型同时串联了一个弹性元件和整个 Kelvin 模型中所含的各元件。该模型的物理特性是弹簧元件和串联的

图 13-7　固体弹性模型　Kelvin 元件模型整体的应力相等，但总应变是两个元件的应变总和，即 $\varepsilon=$

$\varepsilon_1 = \varepsilon_2$，$\sigma = \sigma_1 + \sigma_2$，此时固体弹性的数学模型为

$$\begin{cases} \sigma = E_1 \varepsilon_1 \\ \sigma = E_2 \varepsilon_2 + \eta \cdot \dot{\varepsilon}_2 \\ \varepsilon = \varepsilon_1 = \varepsilon_2 \end{cases} \tag{13-13}$$

固体弹性模型的方程还可以表示为

$$\sigma + p_1 \frac{\mathrm{d}\sigma}{\mathrm{d}t} = q_0 \varepsilon + q_1 \frac{\mathrm{d}\varepsilon}{\mathrm{d}t} \tag{13-14}$$

式（13-14）中，$p_1 = \dfrac{\eta}{E_1 + E_2}$，$q_0 = \dfrac{E_1 E_2}{E_1 + E_2}$，$q_1 = \dfrac{\eta E_1}{E_1 + E_2}$。

虽然固体弹性模型的数学方程不仅充分反映了钢丝绳芯输送带的力学特性，而且体现了钢丝绳芯输送带的黏弹特性，但是该微分方程的计算量成为制约该模型应用的重要因素，模型中各引用参数也难以参考和确定，因此上述钢丝绳芯输送带多种假设模型中，Kelvin 模型更为实用。

13.2.3 Kelvin 模型力学参数的确定

分析上述多种钢丝绳芯输送带模型的求解方程式，都将 E 和 η 视为常量，这两个参数的测量方法有动态拉伸和蠕变法等，方法虽不同，但这几种检测方法都是通过实验方法得到的。

表 13-7 中测定的弹性模量 E 和黏弹系数 η 等参数是由英国 Dunlop 橡胶输送带厂家根据 ISO 9856《输送带弹性模量的确定方法》所做的统计。表 13-8 是国内输送带生产厂家测定的各强度等级下的输送带加载载荷与破坏强度参数统计；表 13-9 同样是国内钢丝绳芯输送带生产厂家测定的输送带弹性模量 E、黏弹系数和滞后时间等参数的统计。

表13-7 Dunlop 输送带参数

带型	上覆盖胶厚度/mm	上覆盖胶厚度/mm	破坏强度/($kN \cdot m^{-1}$)	最大允许张力/kN	弹性模量/($kN \cdot m^{-1}$)
ST1000	5	5	1000	149.93	57690
ST1250	5	5	1250	187.41	72110
ST3150	7	7	3150	472.26	181730

表13-8 试件的加载载荷与破坏强度

带型	破坏强度/($kN \cdot m^{-1}$)	加载量/N		
		$f \times 0.5\%$	$f \times 2\%$	$f \times 10\%$
ST1000	50.5	250	1000	1000
ST1250	62.5	312.5	1250	6250
ST3000	150	750	3000	15000

表13-9 测 试 结 果

带型	弹性模量/($kN \cdot m^{-1}$)	黏性阻尼/($kN \cdot S \cdot mm^{-1}$)	滞后时间/s	备注
ST1000	40.388	7.615	0.18908	
ST1250	70.682	10.378	0.14681	剥胶
	30.831	6.395	0.20742	未剥胶
ST3150	102.062	14.498	0.14205	剥胶
	56.28	16.433	0.29198	未剥胶

对比上面列出的国内外输送带厂家的输送带特性统计表可以看出，虽然采用了相同的测定方法，

不同生产单位测定结果却不尽相同，而且国内诸多输送带生产单位对输送带弹性模量和黏弹性阻尼系数的重视程度不足，这也就给输送机动态特性分析增加了一定的不确定性。

13.2.4 带式输送机动力学模型的建立

前面已经着重说明了输送机动态特性的研究对于描述输送机工作过程的重要性，目前国内外对输送机动力学的研究主流分为有限元离散模型和微积分连续模型两大方向，尽管分析方法不同，但均能较全面地反映输送机的动态特性。

先从采用微积分建立的连续性模型分析，为了方便建立模型，对钢丝绳输送带材料及运动特性做以下的理想假设：

(1) 假设输送带上运输的物料均匀布置且连续。

(2) 假设输送机承载段、回程段托辊布置间距相等，且输送带运行速度不影响各托辊阻力系数。

(3) 假设输送带沿输送机运行方向上材料的各力学性能相同（各向同性）。

(4) 假设输送带在沿输送机方向上为一维杆件模型。

(5) 忽略输送带在输送机启制动时振动的影响。

(5) 假设输送机各滚筒均为刚性体。

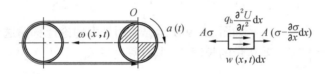

图 13-8 输送带力学模型

图 13-8 所示为上述假设后的输送带力学模型，将模型中传动滚筒与承载段输送带焦点 O 作为模型坐标原点，由此点距输送带运行相反方向 x 处截取输送带微段 $\mathrm{d}x$，对其进行受力分析，该输送带微段力学平衡方程为

$$A\sigma = q_{\mathrm{h}}\frac{\partial^2 U(x,\ t)}{\partial t^2}\mathrm{d}x + A\left(\sigma - \frac{\partial\sigma}{\partial x}\mathrm{d}\omega\right) + \omega(x,\ t)\mathrm{d}x \qquad (13-15)$$

整理后式 (13-15) 简化为

$$\frac{\partial^2 U(x,\ t)}{\partial t^2} - \frac{A\partial\sigma}{q_{\mathrm{h}}\partial x} = -\frac{\omega(x,\ t)}{q_{\mathrm{h}}} \qquad (13-16)$$

式中　　　　σ——任意横截面处的输送带应力，$\mathrm{N/m^2}$；

　　　　　　A——输送带横截面积，$\mathrm{m^2}$；

　　　　　　q_{h}——承载段、回程段输送带的质量，$\mathrm{kg/m}$，承载段 $q_{\mathrm{h}} = q_{\mathrm{G}} + q_{\mathrm{B}} + q_{\mathrm{RO}}$；回程段 $q_{\mathrm{h}} = q_{\mathrm{B}} + q_{\mathrm{RU}}$；

　　　　　　$U(x,\ t)$——输送带对应分析点的位移，m；

　　　　　　$\omega(x,\ t)$——单元长度输送带所受阻力，N。

其中，承载分支：

$$\omega(x,\ t) = (q_{\mathrm{G}} + q_{\mathrm{B}} + q_{\mathrm{RO}})g\mu_1\cos\beta \pm (q_{\mathrm{B}} + q_{\mathrm{RU}})g\sin\beta \quad (0 \leqslant x \leqslant L) \qquad (13-17)$$

式中　　　q_{G}——承载段物料的质量，$\mathrm{kg/m}$；

　　　　　q_{B}——输送带的质量，$\mathrm{kg/m}$；

　　　　　q_{RO}——承载段托辊旋转部分质量，$\mathrm{kg/m}$；

　　　　　q_{RU}——回程段托辊旋转部分质量，$\mathrm{kg/m}$。

回程分支：

$$\omega(x,\ t) = (q_{\mathrm{B}} + q_{\mathrm{RU}})g\mu_2\cos\beta \mp q_{\mathrm{B}}g\sin\beta \quad (L \leqslant x \leqslant 2L) \qquad (13-18)$$

式（13-17）和式（13-18）中"+"表示向上运输，"-"表示向下运输，将式（13-17）和式（13-18）分别代入式（13-16），可得

承载分支：

$$\omega(x,\ t)=\frac{\omega(x,\ t)}{q_{\mathrm{h}}}=\frac{(q_{\mathrm{G}}+q_{\mathrm{B}}+q_{\mathrm{RO}})g\mu_1\cos\beta\pm(q_{\mathrm{B}}+q_{\mathrm{RU}})g\sin\beta}{q_{\mathrm{G}}+q_{\mathrm{B}}+q_{\mathrm{RO}}}\quad(0\leqslant x\leqslant L)\quad(13\text{-}19)$$

回程分支：

$$\omega(x,\ t)=\frac{\omega(x,\ t)}{q_{\mathrm{h}}}=\frac{(q_{\mathrm{B}}+q_{\mathrm{RU}})g\mu_2\cos\beta\mp q_{\mathrm{B}}g\sin\beta}{q_{\mathrm{B}}+q_{\mathrm{RU}}}\quad(L\leqslant x\leqslant 2L)\quad(13\text{-}20)$$

最终式（13-16）简化可得输送带动态特性的动力学方程为

$$\frac{\partial^2 U}{\partial t^2}-\frac{A\partial\sigma}{q_{\mathrm{h}}\partial x}+\omega(x)=0\tag{13-21}$$

式（13-21）中的 U 代表了多重含义，包括输送带弹性变形 $u(x,\ t)$、输送带速度 $v(x,\ t)$ 产生的刚体位移和输送带张力改变输送带挠度而使输送带长度改变的变化量 ΔS 3 个形变量，式（13-22）为三者之间的微分方程：

$$U(x,\ t)=u(x,\ t)+\int_0^1 v(x,\ t)\mathrm{d}t+\Delta S\tag{13-22}$$

如图 13-9 所示，使用悬索理论计算输送带垂度较小时两托辊间输送带的长度 S，其计算见下式：

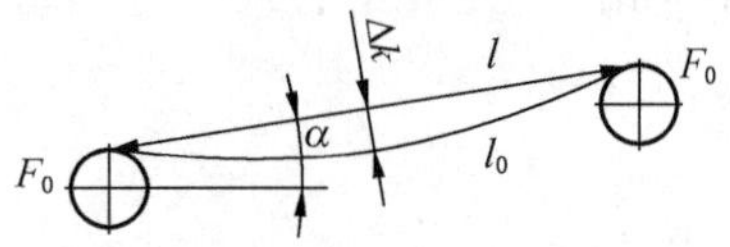

图 13-9 输送带下垂度

$$S=l+\frac{h^2}{2l}+\frac{q_{\mathrm{h}}^2 l^3}{24T^2\cos^4\beta}\tag{13-23}$$

则输送带长度改变的变化量 ΔS 为

$$\Delta S=\frac{q_{\mathrm{h}}^2 l^3}{24\cos^4\beta}\left[\frac{1}{T^2(x,\ t)}-\frac{1}{T_0^2(x,\ 0)}\right]_{\max}\tag{13-24}$$

$$=\frac{q_{\mathrm{h}}^2 l^3}{24\cos\beta}\left[\frac{1}{T^2(x,\ t)}-\frac{1}{T_0^2(x,\ 0)}\right]$$

输送带因垂度而产生的形变量 ε'' 为

$$\varepsilon''=\frac{\Delta S}{S}=\frac{q_{\mathrm{h}}^2 l^2}{24\cos\beta}\left[\frac{1}{T^2(x,\ t)}-\frac{1}{T_0^2(x,\ 0)}\right]\tag{13-25}$$

两组托辊间输送带垂度较小时可近似地认为 $S=l_0$，输送带总应变量的运动学关系式为

$$\varepsilon=\frac{\partial U}{\partial x}=\frac{\partial u}{\partial x}+\frac{q_{\mathrm{h}}^2 l^2}{24\cos\beta}\left[\frac{1}{T^2(x,\ t)}-\frac{1}{T_0^2(x,\ 0)}\right]=\varepsilon'+\varepsilon''\tag{13-26}$$

上述各输送带计算可以得出输送带黏弹性平衡方程式：

$$P\sigma=Q\varepsilon\tag{13-27}$$

式中，$P=\sum_{k=0}^m P_k\dfrac{\mathrm{d}^k}{\mathrm{d}t^k}$，$Q=\sum_{k=0}^n q_k\dfrac{\mathrm{d}^k}{\mathrm{d}t^k}$。

式（13-27）中 P、Q 代表的微分算子随黏弹性模型不同而不同，以 Kelvin 输送带模型为例，$P=1$，$Q=E+\eta\dfrac{\mathrm{d}}{\mathrm{d}t}$，则其微分方程简化为

$$\frac{\partial\varepsilon}{\partial t}=\frac{\partial^2 U}{\partial x\partial t}=\frac{\partial^2 u}{\partial x\partial t}-\frac{q_{\mathrm{h}}^2 l_0^2}{24\cos\beta}\left[\frac{1}{T^3(x,\ t)}\frac{\mathrm{d}T}{\mathrm{d}t}-\frac{1}{T_0^2(x,\ 0)}\frac{\mathrm{d}T_0}{\mathrm{d}t}\right]$$

$$=\frac{\partial^2 u}{\partial x\partial t}-\frac{q_{\mathrm{h}}^2 l_0^2}{24\cos\beta}\frac{1}{T^3(x,\ t)}\frac{\mathrm{d}T}{\mathrm{d}t}\tag{13-28}$$

$$\frac{\partial \varepsilon}{\partial t} = \frac{\partial^2 U}{\partial x^2} = \frac{\partial^2 u}{\partial x^2} - \frac{q_h^2 l_0^2}{24\cos\beta}\left[\frac{1}{T^3(x,\ t)}\frac{dT}{dt} - \frac{1}{T_0^3(x,\ 0)}\frac{dT_0}{dt}\right] \tag{13-29}$$

$$\frac{\partial^2 \varepsilon}{\partial t\partial x} = \frac{\partial^3 U}{\partial x^3 \partial t} = \frac{\partial^3 u}{\partial x^2 \partial t} - \frac{q_h^2 l_0^2}{24\cos\beta}\left[\frac{1}{T^4(x,\ t)}\frac{\partial^2 T}{\partial x\partial t}\right] \tag{13-30}$$

$$\frac{\partial \sigma}{\partial x} = \frac{E\partial \sigma}{\partial x} + \frac{\eta\partial^2 \varepsilon}{\partial x\partial t} = E\frac{\partial^2 u}{\partial x^2} - E\frac{q_h^2 l_0^2}{24\cos\beta}\left[\frac{1}{T^3(x,\ t)}\frac{dT}{dt} - \frac{1}{T_0^3(x,\ 0)}\frac{dT_0}{dx}\right] +$$
$$\frac{\eta\partial^3 u}{\partial x^2 \partial t} + \frac{\eta q_h^2 l_0^2}{24\cos\beta}\frac{1}{T^4(x,\ t)}\frac{\partial^2 T}{\partial x\partial t} \tag{13-31}$$

由式（13-31）可以求得

$$\frac{\partial^2 U}{\partial t^2} = \frac{\partial^2 u}{\partial t^2} + \frac{\partial v}{\partial t} + \frac{q_h^2 l_0^3}{24\cos\beta}\frac{1}{T^4(x,\ t)}\frac{\partial^2 T}{\partial t^2} \tag{13-32}$$

把式（13-31）、式（13-32）代入式（13-21）中，有

$$\frac{\partial^2 u}{\partial t^2} + \frac{\partial v}{\partial t} + \frac{q_h^2 l_0^3}{24\cos\beta}\frac{1}{T^4(x,\ t)}\frac{\partial^2 T}{\partial t^2} - \frac{AE}{q_h}\frac{\partial^2 u}{\partial x^2} + \frac{AE}{q_h}\frac{q_h^2 l_0^2}{24\cos\beta}\left[\frac{1}{T^3(x,\ t)}\frac{dT}{dt} - \frac{1}{T_0^3(x,\ 0)}\frac{dT_0}{dx}\right] -$$
$$\frac{A\eta}{q_h}\frac{\partial^3 u}{\partial x^2 \partial t} - \frac{\eta q_h A l_0^2}{24\cos\beta}\frac{1}{T^4(x,\ t)}\frac{\partial^2 T}{\partial x\partial t} + W(x) = 0 \tag{13-33}$$

式（13-33）所示输送机动力学方程已经将输送带挠度、阻力影响考虑在内，由于输送机托辊间距较小且钢丝绳芯输送带张力较大，其垂度对输送带动态特性的影响基本可以忽略，则式（13-33）可简化为

$$\frac{\partial^2 u}{\partial t^2} + \frac{\partial v}{\partial t} - \frac{AE}{q_h}\frac{\partial^2 u}{\partial x^2} - \frac{A\eta}{q_h}\frac{\partial^3 u}{\partial x^2 \partial t} + W(x) = 0 \tag{13-34}$$

在带式输送机的实际应用中，都是通过驱动装置实现等加速度启动或等减速度停车，式（13-34）中的微分关系$\frac{\partial v}{\partial t}$则反映了输送机启动、制动工况下输送机的加速度变化情况，下面按不同启动加速度方式对式（13-34）进行变换。

（1）输送机等加速度启动的加速度为a，则式（13-34）变为

$$\frac{\partial^2 u}{\partial t^2} - \frac{AE}{q_h}\frac{\partial^2 u}{\partial x^2} - \frac{A\eta}{q_h}\frac{\partial^3 u}{\partial x^2 \partial t} + W(x) + a = 0 \tag{13-35}$$

（2）输送机以正弦加速度启动，则输送机运行推荐速度为

$$v(t) = \frac{v}{2}\left(1 - \cos\frac{\pi t}{T}\right) \quad (0 \leqslant t \leqslant T) \tag{13-36}$$

式中　T——输送机启动加速时间，s；
　　　v——输送速度，m/s。

此时输送机正弦加速度计算：

$$\frac{dv}{dt} = \frac{\pi v}{2T}\sin\frac{\pi t}{T} \quad (0 \leqslant t \leqslant T) \tag{13-37}$$

将式（13-37）代入式（13-35），可得

$$\frac{\partial^2 u}{\partial t^2} - \frac{AE}{q_h}\frac{\partial^2 u}{\partial x^2} - \frac{A\eta}{q_h}\frac{\partial^3 u}{\partial x^2 \partial t} + W(x) + \frac{\pi v}{2T}\sin\frac{\pi t}{T} = 0 \tag{13-38}$$

13.2.5　带式输送机动力学模型边界和初始条件的建立

1. 输送机传动滚筒处

如图 13-10 所示，假设输送机在各工况条件下输送带与传动滚筒间都无滑动，此时，输送带位移

公式为

$$U(0, t) = U(2L, t) = U_0(t) \tag{13-39}$$

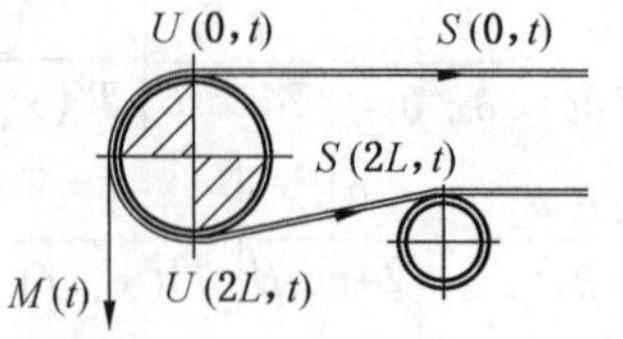

图 13-10 输送带位移条件

输送机位于传动滚筒处的力矩平衡方程为

$$\frac{J_q}{R_q} \frac{\partial^2 U_0(t)}{\partial t^2} + R_q[S(0, t) - S(2L, t)] = M(t) \tag{13-40}$$

式中　　$M(t)$——传动装置的转矩；

　　　　R_q——传动滚筒半径；

　　　　J_q——传动装置旋转部分的转动惯量；

　　$S(0, t)$——传动滚筒紧边张力；

　$S(2L, t)$——传动滚筒松边张力。

加速度和位移及时间的微分方程为

$$\frac{\partial^2 U(0, t)}{\partial t^2} = a(t) \tag{13-41}$$

式中　$a(t)$——传动滚筒表面的加速度。

2. 输送机拉紧滚筒处

带式输送机的张紧方式因其张紧原理及布置方式不同而分为很多种类，总体上有固定式和移动式两种类型，其中固定式又包含绞车张紧和螺旋张紧两种，移动式也有液压自动张紧和重力张紧两种。液压自动张紧装置中的电动绞车先通过钢丝绳将张紧小车按照张紧行程和张紧力预先张紧，当输送机液压系统失效时，系统可自锁进而保护输送机；而重力拉紧装置则是通过预先配置输送机张紧行程和张紧力所需的重力块来预张紧输送机。尽管工作原理及结构形式有所不同，但是这些类别中液压自动张紧和重力张紧最常用于长距离、大运量、大功率等运行工况较为复杂的带式输送机，因此，只分别讨论液压自动张紧和重力张紧方式的边界条件。

1）液压自动张紧方式

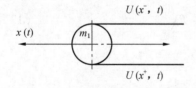

图 13-11 液压自动张紧装置力学模型

如图 13-11 所示，液压自动张紧是通过液压缸来提供输送机恒定张紧力的机液一体化的拉紧装置，由于液压缸内压力始终恒定，因此拉紧装置提供的张紧力始终保持一致，且液压缸内活塞杆质量相对于滚筒旋转部分质量较小，在力学模型求解过程中可忽略其对输送机动态特性的影响，则有

$$U(x^-, t) = U(x, t) - X(t) \tag{13-42}$$

$$U(x^+, t) = U(x, t) + X(t) \tag{13-43}$$

式中　$U(x, t)$——拉紧滚筒处的位移量，m；

　　　$X(t)$——油缸或重锤在 t 时刻的行程，m。

将式（13-42）、式（13-43）相减，可得

$$U(x^+, t) - U(x^-, t) = 2X(t) \tag{13-44}$$

输送机拉紧滚筒的力矩平衡方程为

$$\frac{J_g}{R_g} \frac{\partial^2 [U(x^+, t) - U(x^-, t)]}{\partial t^2} - R_g [S(x^-, t) - S(x^+, t)] = 0 \tag{13-45}$$

式中　　　　J_g——转动惯量，$J_g = \frac{1}{2} m_1 R_g^2$；

$\qquad\qquad R_g$——拉紧滚筒半径；

$\qquad S(x^+, t)$——拉紧滚筒紧边张力；

$\qquad S(x^-, t)$——拉紧滚筒松边张力。

输送机拉紧滚筒处的受力平衡方程有

$$[S(x^-, t) + S(x^+, t)] + m_1 \frac{\partial^2 x(t)}{\partial t^2} - F = 0 \tag{13-46}$$

式中　m_1——输送机拉紧滚筒组的旋转质量，kg；

$\qquad F$——输送机拉紧装置的实际拉紧力。

将式（13-46）代入式（13-45），整理可得

$$\frac{m_1}{2} \frac{\partial^2 [U(x^+, t) - U(x^-, t)]}{\partial t^2} - [S(x^-, t) + S(x^+, t)] = 0 \tag{13-47}$$

2）重锤张紧方式。

如图 13-12 所示，重锤拉紧装置中重块组质量不变，则其提供的张紧力大小也恒定，输送机在启动过程中受重块组惯性力的影响其拉紧力也随之减小，重锤拉紧装置的拉紧效果因此而削弱，因此，在图 13-12 所示的力学模型求解过程中需考虑重块组惯性力的影响，根据其边界条件和初始条件列出重锤张紧装置的力学方程：

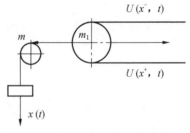

图 13-12　重锤张紧装置力学模型

$$S(x^-, t) - S(x^+, t) = m_2 g - \frac{m_1 + m_2}{2} \frac{\partial^2 [U(x^-, t) - U(x^+, t)]}{\partial t^2} \tag{13-48}$$

式中　m_2——拉紧重锤块质量，kg。

输送机启动前各部件和各特性点都处于静止状态，其初始条件为

$$\begin{cases} U(x, 0) = 0 \\ \dfrac{\partial U(x, 0)}{\partial t} = 0 \\ t = 0 \end{cases} \tag{13-49}$$

输送机启动处于稳定运行状态时，输送机各部件及各特性点都达到了额定状态，此时输送机边界条件为

$$\begin{cases} \dfrac{\partial U(x, T)}{\partial t} = \dfrac{\partial u(x, T)}{\partial t} + v \\ \dfrac{\partial U(x, t_2)}{\partial t} - \dfrac{\partial U(x, t_1)}{\partial t} = 0 \\ t \geqslant T \end{cases} \tag{13-50}$$

输送机启动完成前后，拉紧装置处的力学平衡方程为

液压自动张紧装置：

$$2EB \frac{\partial u(2L, 0)}{\partial x} = 2EB \frac{\partial u(2L, T)}{\partial x} = F \tag{13-51}$$

重锤拉紧装置：

$$2EB \frac{\partial u(2L, 0)}{\partial x} = 2EB \frac{\partial u(2L, T)}{\partial x} = m_2 g \tag{13-52}$$

输送机驱动滚筒处的力学平衡方程为

输送机等加速度启动时：

$$U(0, t) = \int_0^t v(t) \, \mathrm{d}t = \frac{1}{2} a t^2 \quad (0 \leqslant t \leqslant T) \tag{13-53}$$

输送机正弦加速度启动时：

$$U(0, t) = \int_0^{\frac{t}{2}} v(t) \, \mathrm{d}t = \int_0^{\frac{t}{2}} \frac{v}{2} \left(1 - \cos \frac{\pi t}{T}\right) \mathrm{d}t$$

$$= \frac{v}{2} \left(t - \frac{T}{\pi} \sin \frac{\pi t}{T}\right) \quad (0 \leqslant t \leqslant T) \tag{13-54}$$

14 圆形截面带式输送机栈桥设计与性能分析

14.1 主要参数的确定

依据《电力设施抗震设计规范》5.4.5 条及《建筑抗震设计规范》规定：带式输送机栈桥单跨跨度不超过 24 m 时，一般只需要做水平振动作用验算；在结构的跨度不超过 24 m 时还需要考虑垂直振动。根据货物运输的规范，装车货物限宽 3 m、限高 2.8 m，所以确定了圆形截面栈桥的最大圆形直径 D 为 3000 mm；初选的带式输送机带宽 B 为 1200 mm，其理论中心高 H 为 1200 mm。设计圆形截面栈桥依据的主要参数见表 14-1。

表 14-1 参 数 表

名 称	数 值	名 称	数 值
运输能力	1000 t/h	上托辊间距	$a_0 = 1200$ mm
运输长度	$L = 4565$ m	下托辊间距	$a_u = 3000$ mm
提升高度	$H = 145$ m	托辊槽角	$\lambda = 35°$
物料粒度	< 300 mm	托辊直径	$\phi108$
物料比重	1.05 t/m³	托辊轴承	205 kA
带宽	1200 mm	栈桥长度	20 m
带速	2.5 m/s	栈桥直径	3000 mm
倾角	$\delta = 1.8°$	理论中心高	1200 mm
滚筒直径	1000 mm		

14.2 理论运量

根据带宽 B 为 1200 mm 输送机截面特征图（图 14-1），计算出最大输送能力，验证输送机的理论运量是否满足。

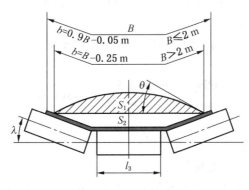

图 14-1 截面特征图

$$S_{max} = S_1 + S_2 \tag{14-1}$$

$$S_1 = \left[l_3 + (b - l_3)\cos\lambda \right]^2 \frac{\tan\theta}{6} = \left[0.465 + (1.03 - 0.465)\cos35° \right]^2 \times \frac{\tan20°}{6} = 0.052 \tag{14-2}$$

$$S_2 = \left[l_3 + \frac{(b - l_3)}{2} \cos\lambda \right] \left[\frac{(b - l_3)}{2} \sin\lambda \right]$$

$$= \left[0.465 + \frac{(1.03 - 0.465)}{2} \cos 35° \right] \times \left[\frac{(1.03 - 0.465)}{2} \sin 35° \right] = 0.113 \quad (14-3)$$

$$Q_{max} = 3600 S_{max} v k\rho = 3600 \times (0.052 + 0.113) \times 2.5 \times 1 \times 1.05 = 1560 (t/h) \quad (14-4)$$

式中　Q_{max}——最大运量，1560 t/h；

　　　k——倾斜系数，选取 1；

　　　S_{max}——最大装料断面面积，0.165 m²；

　　　ρ——质量密度，1.05 t/m³；

　　　v——速度，2.5 m/s；

　　　b——有效带宽，1.03 m；

　　　θ——堆积角，20°；

　　　λ——上托辊槽角，35°；

　　　S_1——上槽型面积，0.052 m²；

　　　S_2——下槽型面积，0.113 m²。

根据计算结果可知，带宽 $B = 1200$ m 时带式输送机最大理论运量 $Q = 1560$ t/h，大于实际使用运量 $Q = 1000$ t/h，所以所选带宽为 1200 mm 时的运量满足要求。

14.3　托辊校核

根据带速、运量，初选托辊直径为 108 mm，轴承为 205 KA。

托辊校核主要是在规定的寿命期限内，校核承载托辊和回程托辊的理论静载荷与动载荷跟实际静载荷和动载荷是否满足使用要求。

托辊载荷计算如下。

每米输送带质量：　　　　　　　　$q_B = 20.72$ kg/m

每米输送物料质量：　　$q_G = \dfrac{Q}{3.6v} = \dfrac{1000}{3.6 \times 2.5} = 111 (kg/m) \quad (14-5)$

式中　Q——理论运量，1000 t/h；

　　　v——速度，2.5 m/s。

上分支托辊的旋转部分质量：

$$q_{RO} = 4.77 \times 3/1.2 = 11.93 (kg/m)$$

下分支托辊的旋转部分质量：

$$q_{RU} = 10.03 \times 2/3 = 6.69 (kg/m)$$

托辊的实际转速为

$$n = \frac{60v}{\pi d} = \frac{60 \times 2.5}{3.14 \times 0.108} = 443 (r/min) \quad (14-6)$$

式中　v——速度，2.5 m/s；

　　　d——托辊直径，108 mm。

托辊许用转速为 600 r/min，满足使用要求。

承载中托辊的载荷系数 $e_1 = 0.8$（三节托辊）；回程托辊的载荷系数 $e_2 = 0.6$（V 型托辊）。

上回程托辊的静载荷计算：

$$P_0 = e_1 a_o (q_B + q_G) g = 0.8 \times 1.2 \times (20.72 + 111) \times 9.81 = 1240 (N) \quad (14-7)$$

下回程托辊的静载荷计算：

$$P_{U1} = e_2 a_u q_B g = 0.6 \times 3 \times 20.72 \times 9.81 = 366 (N) \quad (14-8)$$

上承载托辊的动载荷计算：

$$P'_0 = f_s f_a f_d P_0 = 1.2 \times 1.1 \times 1.2 \times 1240 = 1965(\text{N}) \tag{14-9}$$

式中　f_s——托辊的运行系数，1.2（每天工作 16 h）；

　　　f_a——托辊的工况系数，1.1；

　　　f_d——受料处缓冲托辊的冲击系数，1.2。

下回程托辊的动载荷计算：

$$P'_{U1} = f_s f_a P_{U1} = 1.2 \times 1.1 \times 366 = 484(\text{N}) \tag{14-10}$$

由轴承寿命公式：

$$L_{10h} = \frac{10^6}{60n}\left(\frac{C}{P}\right)^\varepsilon \tag{14-11}$$

得

$$P = \frac{C}{\sqrt[\varepsilon]{\dfrac{L_{10h} \times 60n}{10^6}}} \tag{14-12}$$

$$P_{动} = \frac{C_r}{\sqrt[\varepsilon]{\dfrac{L_{10h} \times 60n}{10^6}}} = \frac{33.2}{\sqrt[3]{\dfrac{30000 \times 60 \times 443}{10^6}}} = 3.58(\text{kN}) \tag{14-13}$$

$$P_{静} = \frac{C_{r0}}{\sqrt[\varepsilon]{\dfrac{L_{10h} \times 60n}{10^6}}} = \frac{19.2}{\sqrt[3]{\dfrac{30000 \times 60 \times 443}{10^6}}} = 2.07(\text{kN}) \tag{14-14}$$

式中　　ε——轴承寿命系数，对于球轴承取值 $\varepsilon = 3$；

　　　n——轴承的转速，取值 443 r/min；

　　　C_{r0}——轴承静载荷，取值 19.2 kN；

　　　C_r——轴承动载荷，取值 33.2 kN；

　　L_{10h}——轴承寿命，取值 30000 h。

托辊动载荷：　　　　　$P_1 = 2P_{动} = 2 \times 3.58 = 7.16(\text{kN})$

托辊静载荷：　　　　　$P_2 = 2P_{静} = 2 \times 2.07 = 4.14(\text{kN})$

承载托辊的动载荷计算 $P'_0 < P_1$，即 4.8914 kN < 7.16 kN；

回程托辊的动载荷计算 $P'_U < P_2$，即 2.2467 kN < 4.14 kN。

通过以上计算，所选托辊的静动载荷都满足要求。

14.4　功率计算

1. 圆周驱动力计算

$$F_U = Cfg[q_{RO} + q_{RU} + (2q_B + q_G)\cos\delta] + q_G Hg + F_{S1} + F_{S2} \tag{14-15}$$

式中　F_U——圆周驱动力，N；

　　　C——附加阻力系数，选取 1.03；

　　　f——模拟摩擦因数，选取 0.02；

　　　g——重力加速度，选取 9.81 m/s²；

　　　q_B——输送带单位长度质量，选取 20.72 kg/m；

　　　q_G——输送物料单位长度的质量，选取 111 kg/m；

　　　δ——带式输送机倾角，选取 1.8°；

　　　H——提升高度，145 m；

　　q_{RO}——承载分支托辊组转动部分单位长度质量，6.82 kg；

q_{Ru}——回程分支托辊组转动部分单位长度质量，2.78 kg；

F_{S1}——主要特种阻力；

F_{S2}——附加特种阻力。

$$F_{S1} = F_{\varepsilon} + F_{g1} \tag{14-16}$$

$$F_{\varepsilon} = C_{\varepsilon}\mu_0 L_{\varepsilon}(q_B + q_G)g\cos\delta\sin\varepsilon = 0.45 \times 0.35 \times 240 \times (20.72 + 111) \times 9.81 \times \cos1.8° \times \sin2°$$
$$= 1700(\text{N}) \tag{14-17}$$

式中　C_{ε}——槽形系数，取值 0.45；

L_{ε}——前倾设备长度，取值 240 m；

μ_0——托辊与输送带摩擦因数，取值 0.35；

δ——输送机倾角，取值 1.8°；

ε——前倾角，取值 2°。

$$F_{g1} = C_{\varepsilon}\mu_0 L_{\varepsilon}q_B g\cos\lambda\sin\varepsilon = 0.45 \times 0.35 \times 240 \times 20.72 \times 9.81 \times \cos35° \times \sin2°$$
$$= 220(\text{N}) \tag{14-18}$$

$$F_{S1} = F_{\varepsilon} + F_{g1} = 1700 + 220 = 1920(\text{N})$$

$$F_{S2} = F_r = Ap\mu_3 = 0.056 \times 10 \times 10^4 \times 0.6 = 3360(\text{N}) \tag{14-19}$$

式中　A——清扫器接触面积，取值 0.056 m²；

μ_3——清扫器与输送带摩擦因数，取值 0.6；

p——系数，取值 10×10^4。

将以上结果代入式（14-15）得

$$F_U = Cfg[q_{RO} + q_{RU} + (2q_B + q_G)\cos\delta] + q_G Hg + F_{S1} + F_{S2}$$
$$= 1.03 \times 0.02 \times 4565 \times 9.81 \times [6.82 + 2.78 + (2 \times 20.72 + 111)\cos1.8°] +$$
$$111 \times 145 \times 9.81 + 1920 + 3360$$
$$= 312588(\text{N}) \tag{14-20}$$

2. 轴功率计算

$$P_{轴} = \frac{F_U v}{1000} = \frac{312588 \times 2.5}{1000} = 781(\text{kW}) \tag{14-21}$$

3. 电动机总功率计算

$$P_{驱} = \frac{K_d P_{轴}}{\eta} = \frac{1.12 \times 781}{0.85} = 1029(\text{kW}) \tag{14-22}$$

式中　K_d——安全系数，取值 1.12；

$P_{轴}$——轴功率，取值 781 kW，由式（14-21）计算得出；

η——电动机效率，取值 0.85。

根据计算的 $P_{驱}$，选取功率为 2×560 kW 的电动机，其型号为 YB3-4005-4。

14.5　张力计算

带式输送机张力的确定，主要是考虑两个条件：一是保证输送带具有一定的垂度，二是保证传动滚筒不打滑。图 14-2 所示为滚筒缠绕示意图。

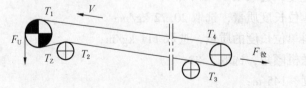

图 14-2　滚筒缠绕示意图

图 14-2 中，T_1 为上分支进入点张力；T_Z 为下分支分离点张力；T_2 为下分支改向点张力；T_3 为下分支改向点张力；T_4 为上分支改向点张力；F_U 为圆周驱动力。

以垂度校核：

承载分支：
$$F_{2min} \geqslant \frac{a_o(a_B + a_G)g}{8(h/a)} = \frac{1.2 \times (20.72 + 111) \times 9.81}{8 \times 0.01} = 19383(\text{N}) \tag{14-23}$$

回程分支：
$$F_{2min} \geqslant \frac{a_U a_B g}{8(h/a)} = \frac{3 \times 20.72 \times 9.81}{8 \times 0.01} = 7623(\text{N}) \tag{14-24}$$

以不打滑校核：
$$F_{2min} \geqslant F_{Umax} \frac{1}{e^{\mu\phi} - 1} = 406\,365 \times \frac{1}{3.4 - 1} = 169318(\text{N}) \tag{14-25}$$

$$F_{Umax} = K_A F_U = 1.3 \times 312588 = 406365(\text{N})$$

取 $\mu = 0.35$，$\phi = 200°$，查表 14-2 可得 $e^{\mu\phi} = 3.4$。

表 14-2 尤 拉 系 数

围包角	摩 擦 因 数									
	0.50	0.45	0.40	0.35	0.30	0.25	0.20	0.15	0.10	0.05
170	4.41	3.8	3.28	2.82	2.44	2.2	1.81	1.56	1.35	1.16
175	4.6	3.95	3.39	2.91	2.5	2.15	1.85	1.58	1.36	1.17
180	4.82	4.12	3.52	3	2.56	2.2	1.88	1.6	1.37	1.17
185	5.02	4.27	3.64	3.2	2.63	2.24	1.91	1.62	1.38	1.18
190	5.24	4.45	3.75	3.18	2.71	2.29	1.94	1.65	1.39	1.19
195	5.48	4.62	3.9	3.29	2.78	2.34	1.98	1.67	1.41	1.19
200	5.74	4.82	4.04	3.4	2.85	2.5	2.01	1.69	1.42	1.19
205	5.98	5	4.18	3.5	2.93	2.45	2.05	1.71	1.43	1.2
210	6.23	5.2	4.32	3.7	3	2.5	2.08	1.73	1.44	1.2
215	6.53	5.41	4.48	3.72	3.08	2.55	2.13	1.76	1.46	1.21
220	6.82	5.64	4.65	3.84	3.17	2.6	2.16	1.78	1.47	1.22
225	7.12	5.85	4.81	3.95	3.25	2.68	2.19	1.8	1.48	1.22
230	7.45	6.09	4.97	4.07	3.32	2.73	2.23	1.83	1.49	1.22
235	7.77	6.33	5.16	4.3	3.42	2.79	2.27	1.85	1.51	1.23
240	8.13	6.6	5.35	4.34	3.51	2.85	2.32	1.88	1.52	1.23

根据计算结果可知，以不打滑条件计算的阻力最大，所以传动滚筒在奔离点最小张紧力 T_2 应以输送带与滚筒之间不打滑的条件计算出的结果为主。

$$T_2 = F_{2min} = 169318(\text{N})$$

$$T_3 = T_2 + fLg(q_{RU} + q_B) - q_B Hg + F_{S2}$$
$$= 169318 + 0.02 \times 4565 \times 9.81 \times (20.72 + 111) - 20.72 \times 145 \times 9.81 + 3360$$
$$= 261180(\text{N}) \tag{14-26}$$

$$T_4 = 1.03 \times T_3 = 1.03 \times 261180 = 269015(\text{N}) \tag{14-27}$$

$$T_Z = \frac{F_U}{2} + T_2 = \frac{312588}{2} + 169318 = 325612(\text{N}) \tag{14-28}$$

$$T_1 = \frac{F_U}{2} + T_Z = \frac{312588}{2} + 325612 = 481906(\text{N}) \tag{14-29}$$

传动滚筒合张力： $F_合 = T_1 + T_z = 325612 + 481906 = 807.5(\text{kN})$

以上计算结果是带式输送机的常规计算，为各个部件的选型提供理论基础。

14.6 矩形截面栈桥的结构

传统的矩形截面栈桥是用桁架与土建组合而成的框架，目前应用最多的是纯钢结构的桁架结构做成的框架，带式输送机安装在框架内。图 14-3 所示为矩形栈桥的外形结构，此矩形栈桥是钢结构框架，外侧有保温层。

传统的矩形栈桥截面如图 14-4 所示，栈桥长度为 20 m，带式输送机带宽为 1200 mm，栈桥宽度为 3.6 m，栈桥高度为 3.5 m。栈桥主要由 8 个部件组成，1 是屋顶，主要是防止积雪、雨水；2 是照明灯，提供光源；3 是矩形桁架，是整个栈桥的主体结构；4 是保温层，起到保温、密封作用；5~9 是带式输送机部分，其中 5 是 H 架，起到支撑带式输送机的作用；6 是下托辊，支撑回程输送带；7 是上托辊，支撑上输送带；8 是上托辊架，安装上托辊；9 是中间架，用于连接 H 架，支撑上托辊组。

图 14-3 矩形栈桥外形结构

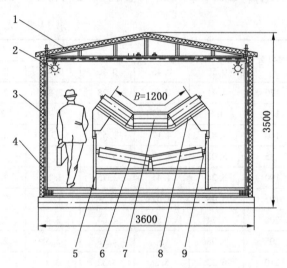

图 14-4 矩形栈桥截面图

矩形截面带式输送机栈桥因受长细比、宽长比的限制，所以设计的外形尺寸大，占用空间大。而且承受外部载荷如风载、雪载等能力差，所以设计成本比较大。

14.7 圆形截面栈桥的结构

图 14-5 所示为利用三维软件设计的圆形截面栈桥效果图，每个栈桥单元的长度为 20 m，单元之间通过法兰盘可以连接，每个栈桥有两个底座，可以和支腿进行连接。

图 14-5 圆形截面栈桥效果图

圆形截面栈桥结构如图 14-6 所示，主要由 8 个部件组成，1 是立柱，主要是用来支撑上下托辊架；2 是圆形骨架，是整个栈桥的主体结构，支撑底横梁；3 是底横梁，用于支撑立柱；4 是底座，用于栈桥与支腿的连接；5 是照明灯，提供光源；6 是上托辊，支撑上输送带；7 是上托辊架，安装上托辊；8 是下托辊，支撑回程输送带；9 是保温层，起到保温、密封作用。

圆形骨架内侧安装有采光灯、暖气片、电缆挂钩等辅助设施；走廊一侧还配有护网，防止运输物料的飞溅，圆形框架安装了窗户，给里面提供光源，体现

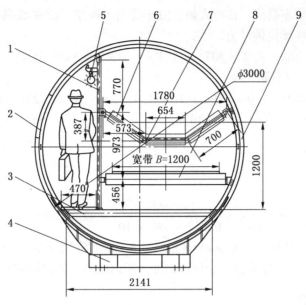

图 14-6　圆形截面栈桥结构

了人性化的设计。

14.8　底横梁设计计算

底横梁的尺寸确定如下。

（1）确定参数。如图 14-7a 所示，圆形栈桥的直径 D 为 $\phi3000$ mm；理论中心高 H 为 1200 mm；图 14-7b 所示为底横梁受力分析简图，底横梁的尺寸为 $L_1 = 470$ mm，$L = 2141$ mm；材料选用工字型钢：100 mm×68 mm×4.5 mm；

截面及构件几何性质：$A = 14.345$ cm^2，$I_x = 245$ cm^4，$i_x = 4.14$，$W_x = 49$ cm^3。

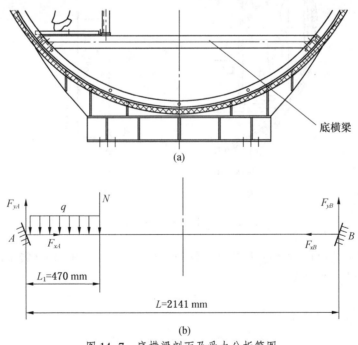

图 14-7　底横梁剖面及受力分析简图

其中，L_1 为行人侧长度；L 为输送机侧长度；A 为工字型钢截面面积；I_x 为 x 轴上的惯性矩；i_x 为惯性半径；W_x 为截面系数。

（2）载荷计算。q 为均布载荷，在行人侧，由于受力不确定，故在底横梁 L_1 处施加均布载荷 q；N 为集中力，使立柱对底横梁提供外力。

$$N_{实} = F/2 + 307.7(立柱) + 843.9 = 3636.6(N)$$

设计时对恒载取 1.2，活载取 1.4。

$$N = 1.2 \times N_{实} = 4363.92N \quad q = (100 \times 10 \times 1.4 + 24 \times 10 \times 1.2)/0.47 = 3591.5(N/m)$$

将 $\lambda = L/i_x = 51.7$，$L = 2141$ mm，$L_1 = 470$ mm，$N = 4363.9$ N，$q = 3591.5$ N/m，代入下式。

$$M = M_q + M_N = \frac{qL_1^2}{8}\left(2 - \frac{L_1}{L}\right)^2 + \frac{NL_1L}{L} = \frac{3591.5 \times 470^2}{8}\left(2 - \frac{470}{2141}\right)^2 + \frac{4363.9 \times 470 \times 2141}{2141}$$

$$= 1915168.7(N \cdot mm) \tag{14-30}$$

$$\sigma = \frac{M}{\varphi W_x} = \frac{1915168.7}{0.912 \times 490 \times 10^3} = 42.8(MPa) \tag{14-31}$$

其中，查表 $\varphi = 0.912$。工字型钢：100 mm×68 mm×4.5 mm 的许用强度为 235 MPa。由以上计算结果可知其应力为 42.8 MPa，设计计算值小于许用强度，所以底横梁的设计满足强度要求。

14.9 立柱设计计算

立柱的尺寸确定。确定参数：如图 14-8a 所示，圆形栈桥的直径 D 为 $\phi3000$ mm；理论中心高 H 为 1200 mm；图 14-8b 所示为立柱受力分析简图，确定立柱的尺寸为 $L_1 = 770$ mm，$L_2 = 973$ mm，$L_3 = 456$ mm。

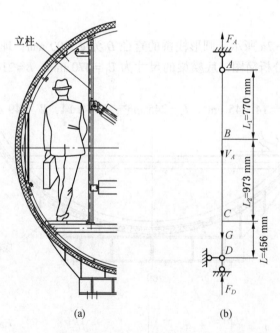

图 14-8 立柱断面图及受力分析简图

立柱材料选用槽钢 [12]，截面及构件几何性质：$H_A = 5429$ N，$A = 15.692$ cm^2。

根据立柱受力情况，得方程：

$$F_A + F_D = G + V_A \tag{14-32}$$

则力矩平衡方程为

$$F_A \times L_1 = (V_A - F_A) \times L_2 + F_D \times L_3$$

解得

$$F_A = 690.3(N) \qquad F_D = 2638.6(N)$$

B 点受最大力为 $V_A = 2485$ N，且 B 点压力 V_A 引起的应力 σ 和剪力 H_A；

截面为 b 类，查表 $\varphi = 0.345$；

$$\sigma = \frac{V_A}{\varphi} = \frac{2485}{0.345 \times 10^3} = 7.2 (\text{N/mm}^2)$$

$$\tau = \frac{H_A}{A} = \frac{5429}{1569.2} = 3.5 (\text{N/mm}^2)$$

折算应力

$$\sigma_{zs} = \sqrt{\sigma^2 + 3\tau^2} = \sqrt{7.2^2 + 3 \times 3.5^2} = 9.4 (\text{N/mm}^2) \tag{14-33}$$

[12 槽钢的许用强度为 235 N/mm²，计算强度为 9.4 N/mm²，理论计算值小于许用强度，所以底横梁的设计满足强度要求。

14.10　托辊架设计计算

托辊架的尺寸确定如下。确定参数：如图 14-9a 所示，带式输送机的带宽 $B = 1200$ mm；图 14-9b 所示为托辊架受力分析简图，$a_1 = 573$ mm，$L = 1780$ mm，$b = 654$ mm，$S = 700$ mm。

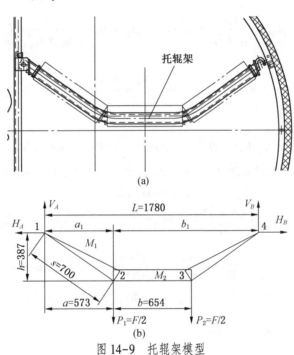

图 14-9　托辊架模型

每个上托辊架承重为

$$F(煤 + 输送带 + 上托辊 + 上托辊架) = 4970(\text{N})$$

其受力如图 14-9b 所示，则

$$\lambda_1 = \frac{a}{l} \qquad \lambda_2 = \frac{b}{l} \qquad \lambda = \frac{l}{h} \tag{14-34}$$

$$K = \frac{b}{s} \times \frac{I_1}{I_2} \tag{14-35}$$

$$\mu = 1 + \frac{3K}{2} \tag{14-36}$$

$$\phi = \frac{1}{2\mu}\left[2\lambda_1 + \frac{3K}{\lambda_2}(a - a^2 - \lambda_1^2)\right] \tag{14-37}$$

其中，$a = 573$ mm；$b = 654$ mm；$l = 1780$ mm；$h = 387$ mm；$s = 700$；$K = 0.93$；$\mu = 2.4$。

$$\alpha_1 = \frac{a}{l} = \frac{573}{1780} = 0.32 \qquad \alpha_1 = \frac{a+b}{l} = \frac{573+654}{1780} = 0.68$$

$$\beta_1 = \frac{a+b}{l} = \frac{573+654}{1780} = 0.68 \qquad \beta_2 = \frac{a}{l} = \frac{573}{1780} = 0.32$$

$$V_A = \frac{F}{2} \times \beta_1 + \frac{F}{2} \times \beta_2 = \frac{4970}{2} \times 0.68 + \frac{4970}{2} \times 0.32 = 2485(\text{N})$$

$$V_B = \frac{F}{2} \times \alpha_1 + \frac{F}{2} \times \alpha_2 = \frac{4970}{2} \times 0.32 + \frac{4970}{2} \times 0.68 = 2485(\text{N})$$

查表得 $\phi_1 = 0.314$，$\phi_2 = 0.314$。

$$H_A = H_B = \frac{F}{4}\lambda\phi_1 + \frac{F}{4}\lambda\phi_2 = \frac{4970}{4} \times 0.32 \times 0.314 + \frac{4970}{4} \times 0.32 \times 0.314 = 3589(\text{N})$$

弯矩分配系数 μ_{ik} 为

$$i_{12} = i_{34} = \frac{3}{4} \times \frac{EI}{s} = \frac{3EI}{2800} \qquad i_{23} = \frac{EI}{b} = \frac{EI}{654}$$

$$\mu_{21} = \mu_{34} = \frac{i_{12}}{i_{12}+i_{23}} = 0.41 \qquad \mu_{23} = \mu_{32} = \frac{i_{23}}{i_{12}+i_{23}} = 0.59$$

固端弯矩和不平衡力矩：

$$m_{23} = -m_{32} = -\frac{F}{2} \times \frac{b}{2} = -\frac{4970}{2} \times \frac{654}{2} = -81259(\text{N} \cdot \text{mm})$$

托辊架倾斜段：

$$N = \sqrt{V_A{}^2 + H_A{}^2} = \sqrt{2485^2 + 3589^2} = 4365(\text{N})$$

$$i = 0.25\sqrt{D^2 + d^2} = 0.25\sqrt{75^2 + 65^2} = 24.8(\text{mm})$$

$$A = 1100 \text{ mm}^2$$

$$W_n = 0.0982 \frac{D^4 + d^4}{D} = 0.0982 \frac{75^4 + 65^4}{75} = 18055.7(\text{mm}^2)$$

$$\sigma = \frac{N}{A} + \frac{M_{21}}{W_n} = \frac{4365}{1100} + \frac{715466}{18055.7} = 43.6(\text{N/mm}^2)$$

根据计算结果，计算强度为 43.6 N/mm²，许用强度为 215 N/mm²，满足设计要求。

14.11 圆形栈桥骨架设计计算

1. 圆形骨架的参数

如图 14-10 所示，骨架长度 $L = 20000$ mm，骨架直径 $D = 3000$ mm。

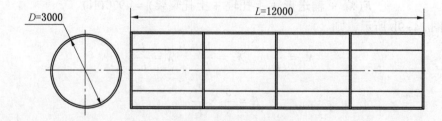

图 14-10　圆形栈桥骨架

为方便运输，圆形骨架用两个半圆骨架，通过法兰连接组成，考虑到结构已经申请专利保护，细节不便于公布。对圆形骨架进行模型简化，如图 14-11 所示。

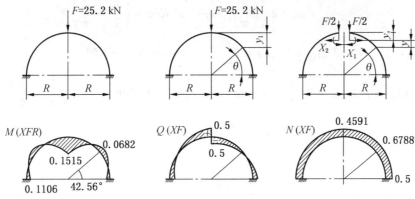

图 14-11　力学模型

对于矩形截面桁架，计算理论很多，但是目前对圆形栈桥骨架的研究资料几乎没有，圆形骨架的理论计算也比较困难。本书利用结构力学力法计算方法对圆形骨架进行设计校核。

力法的一般思路是把结构件中出现的超静定结构的设计问题，通过变形方程和转化，施加单位力，转化成求解静定结构的计算问题，目的是应用最基本的静定结构来计算复杂的超静定结构。

计算超静定结构的关键在于计算多余未知力。多余未知力是我们首先计算的，也是最关键的未知量，因此叫作力法的基本未知量。本书中的圆形骨架，可以模型简化。

2. 载荷计算

活动载荷：
$$F_{活} = 100 (\text{kg/m})$$

固定载荷：
$$F_{定} = 20.72 + 111 + \frac{4.77 \times 3}{1.2} + \frac{10.03 \times 2}{3} = 150.3 (\text{kg/m})$$

风载荷：
$$P_f = \frac{A v_W^2 C}{1600} \tag{14-38}$$

式中　　A——受风面积，取 45 m^2；

v_W——风速，取 14 m/s；

C——风载系数，取 1.6。

$$P_f = \frac{A v_W^2 C}{1600} = \frac{45 \times 16^2 \times 1.6}{1600} = 11.52 (\text{kN/m})$$

自重载荷：
$$F_{重} = 605 (\text{kg/m})$$

每个节点的载荷：
$$\begin{aligned} P &= F_{活} \times 3 \times 9.81 + F_{定} \times 3 \times 9.81 + F_{重} \times 3 \times 9.81 \\ &= 100 \times 3 \times 9.81 + 150.3 \times 3 \times 9.81 + 605 \times 3 \times 9.81 \\ &= 25.2 (\text{kN}) \end{aligned} \tag{14-39}$$

$$y_s = \frac{\int y_1 \dfrac{\mathrm{d}s}{EI}}{\int \dfrac{\mathrm{d}s}{EI}} = \frac{2\int_0^\theta R(1-\sin\theta)R\mathrm{d}\theta}{\int \mathrm{d}s} = \frac{2R^2\left(\dfrac{\pi}{2}-1\right)}{\pi R} = \left(1-\frac{2}{\pi}\right)R \tag{14-40}$$

$$y = y_1 - y_s = R(1-\sin\theta) - \left(1-\frac{2}{\pi}\right)R = \left(\frac{2}{\pi}-\sin\theta\right)R \tag{14-41}$$

$$M_p = -\frac{F}{2}R\cos\theta \tag{14-42}$$

$$EI\delta_{11} = \int \mathrm{d}s = \pi R \tag{14-43}$$

$$EI\delta_{22} = \int y^2 \mathrm{d}s = 2\int_0^\theta \left(\frac{2}{\pi} - \sin\theta\right)^2 R^2 R\mathrm{d}\theta = \left(\frac{\pi}{2} - \frac{4}{\pi}\right)R^3 \tag{14-44}$$

$$EI\Delta_{1p} = \int M_P \mathrm{d}s = 2\int_0^\theta -\frac{F}{2}R\cos\theta R\mathrm{d}\theta = -FR^2 \tag{14-45}$$

$$EI\Delta_{2p} = \int y M_P \mathrm{d}s = 2\int_0^\theta \left(\frac{2}{\pi} - \sin\theta\right)R\left(-\frac{F}{2}R\cos\theta\right)R\mathrm{d}\theta = -FR^3\left(\frac{2}{\pi} - \frac{1}{2}\right) \tag{14-46}$$

$$X_1 = \frac{FR}{\pi} = 0.3183FR \tag{14-47}$$

$$X_2 = \frac{4-\pi}{\pi^2-8}F = 0.4591F \tag{14-48}$$

由以上公式可解得各内力：

$$M = \frac{FR}{\pi} + \frac{4-\pi}{\pi^2-8}F\left(\frac{2}{\pi} - \sin\theta\right)R - \frac{FR}{2}\cos\theta = FR(0.6106 - 0.4591\sin\theta - 0.5\cos\theta) \tag{14-49}$$

$$Q = 0.4591F\cos\theta - 0.5F\sin\theta \tag{14-50}$$

$$N = 0.4591F\sin\theta + 0.5F\cos\theta \tag{14-51}$$

将 $F=25.2$ kN，$R=1.5$ m，$\theta=42.56°$代入式（14-49）解得

$$M = -2.57(\mathrm{kN \cdot m})$$

$\sigma = \dfrac{M}{W} = \dfrac{6M}{bh^2} = \dfrac{6\times25.2\times10^3}{1.5\times0.06^2} = 26\times10^6$ Pa $= 26$ MPa，通过计算结果可知材料的许用应力为 235 MPa，大于计算的 26 MPa，所以圆形骨架的设计满足强度要求。

15　长距离隧道连续带式输送机的设计研究

15.1　结构设计分析

15.1.1　滚筒机架的结构计算

机架按外形主要分为三角形机架、梯形机架、倒 T 形机架及方形机架，如图 15-1 所示。

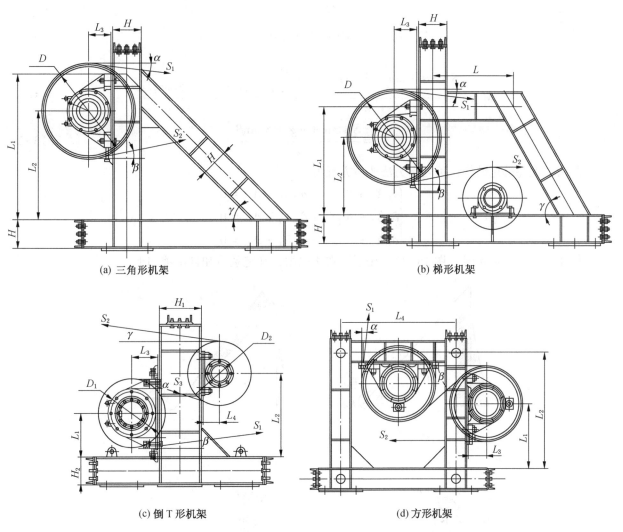

(a) 三角形机架　　　　　　　(b) 梯形机架

(c) 倒 T 形机架　　　　　　　(d) 方形机架

图 15-1　机架类型图

现就以三角形机架为例列出力法计算过程，机架的结构计算主要参考文献 [11~15]。

(1) 机架受力如图 15-2 所示。

(2) 求解各点弯矩、轴力、剪力。

$$F = \frac{S_1\cos\alpha + S_2\cos\beta}{2} \tag{15-1}$$

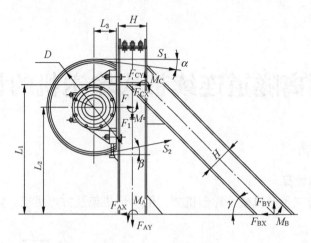

图 15-2　机架受力图

$$M = \frac{\left(S_1\sin\alpha + mg + S_2\sin\beta\right)\left(L_3 + \dfrac{H}{2}\right)}{2} - \frac{\left(S_1\cos\alpha - S_2\cos\beta\right)D}{4} \tag{15-2}$$

$$F_1 = \frac{S_1\sin\alpha + mg + S_2\sin\beta}{2} \tag{15-3}$$

此为三次超静定结构，可列出力法典型方程为

$$\begin{cases}\delta_{11}X_1 + \delta_{12}X_2 + \delta_{13}X_3 + \Delta_{1p} = 0\\\delta_{21}X_1 + \delta_{22}X_2 + \delta_{23}X_3 + \Delta_{2p} = 0\\\delta_{31}X_1 + \delta_{32}X_2 + \delta_{33}X_3 + \Delta_{3p} = 0\end{cases}$$

作 M_p 图和单位 M 图（图 15-3），按照图乘法原则，确定系数和自由项如下：

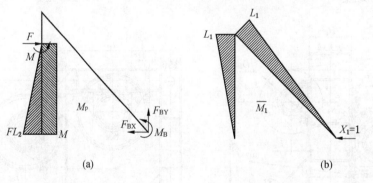

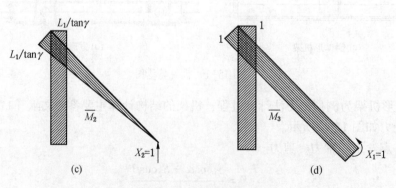

图 15-3　M_p 图和单位 M 图

$$\Delta_{1p} = \frac{1}{EI}\left(\frac{FL_2^3}{6} - \frac{ML_2^2}{2}\right) \tag{15-4}$$

$$\Delta_{2p} = \frac{1}{EI}\left[\left(ML_2 - \frac{FL_2^2}{2}\right)\frac{L_1}{\tan\gamma}\right] \tag{15-5}$$

$$\Delta_{3p} = \frac{1}{EI}\left(ML_2 - \frac{FL_2^2}{2}\right) \tag{15-6}$$

$$\delta_{11} = \frac{L_1^3}{3EI}\left(1 + \frac{1}{\sin\gamma}\right) \tag{15-7}$$

$$\delta_{12} = \delta_{21} = \frac{-L_1^3}{EI}\left(\frac{1}{2\tan\gamma} + \frac{1}{3\sin\gamma\tan\gamma}\right) \tag{15-8}$$

$$\delta_{13} = \delta_{31} = \frac{-L_1^2}{2EI}\left(1 + \frac{1}{\sin\gamma}\right) \tag{15-9}$$

$$\delta_{22} = \frac{L_1^3}{EI}\left[\frac{1}{(\tan\gamma)^2} + \frac{1}{3\sin\gamma(\tan\gamma)^2}\right] \tag{15-10}$$

$$\delta_{23} = \delta_{32} = \frac{L_1^2}{EI}\left(\frac{1}{\tan\gamma} + \frac{1}{2\sin\gamma\tan\gamma}\right) \tag{15-11}$$

$$\delta_{33} = \frac{1}{EI}\left(L_1 + \frac{L_1}{\sin\gamma}\right) \tag{15-12}$$

将上述常数项代入力法典型方程计算可得 X_1、X_2、X_3：

$$X_1 = F_{BX}$$
$$X_2 = F_{BY}$$
$$X_3 = M_B$$

取整体为研究对象列出平衡方程得

$$\sum_X = F - F_{AX} - F_{BX} = 0 \tag{15-13}$$

$$\sum_Y = F_{AY} - F_{BY} + F_1 = 0 \tag{15-14}$$

$$\sum_M = M_A + (F_{AY} + F_1)\frac{L_1}{\tan\gamma} - FL_2 + M_B + M = 0 \tag{15-15}$$

求得：

$$F_{AX} = F - F_{BX} \tag{15-16}$$

$$F_{AY} = F_{BY} - F_1 \tag{15-17}$$

$$M_A = FL_2 - M_B - (F_{AY} + F_1)\frac{L_1}{\tan\gamma} - M \tag{15-18}$$

（3）以刚度条件确定立柱与斜撑的惯性矩 I。

用截面法分段求出弯矩方程，用积分法求得挠度 ω 的表达式，ω 是含有 EI 的表达式，由刚度条件：

$$|\omega|_{\max} \leqslant [\omega] \tag{15-19}$$

可算出惯性矩 I 的最小值，取立柱和斜撑的惯性矩 I 的最小值中较大者，在 H 型钢库中选择对应的截面。

（4）校核立柱和斜撑的强度。

由叠加原理公式：

$$M = \overline{M_1}X_1 + \overline{M_2}X_2 + \overline{M_3}X_3 + M_p \tag{15-20}$$

可计算出各点弯矩值，得出立柱和斜撑的最大值。

由

$$\sigma = \left| \frac{F_{\mathrm{N}}}{A} \right| \pm \left| \frac{M_{\max}}{W} \right| < [\sigma] \qquad (15-21)$$

可得出强度是否满足。

若不满足，则需要根据最大弯矩计算抗弯截面模量：

$$W = \frac{M_{\max}}{[\sigma]} \qquad (15-22)$$

根据 W 和 I，重新选择，选择满足强度和刚度条件。

（5）校核立柱和斜撑的剪切强度。

取各点剪力的最大值，由

$$\tau_{\max} = \frac{F_{\text{剪max}}}{A} < [\tau] \qquad (15-23)$$

可得出强度是否满足。

若不满足，则有

$$A = \frac{F_{\text{剪max}}}{[\tau]} \qquad (15-24)$$

可根据 A 值重新选择。

按强度问题计算斜撑所受压力：

$$P_{\mathrm{y}} = F_{\mathrm{BX}}\cos\gamma + F_{\mathrm{BY}}\sin\gamma \qquad (15-25)$$

判断 $\sigma_{\mathrm{cr}} = \dfrac{P_{\mathrm{y}}}{A} < \sigma_{\mathrm{s}}$ 是否满足，如不满足，重新选择 H 型钢截面，直到满足。

（6）校核焊缝强度。

在输送机架的结构中存在大量的焊缝，焊缝的结构强度对头架的整体结构强度有较大的影响，故对其焊缝强度进行分析。

根据机架焊接情况，对焊缝进行校核计算，主要考虑焊缝弯矩、轴力及剪力共同作用下的应力，但首先必须分别求解出角焊缝在 M、N、V 作用下的应力，可求出最危险点的应力分量 σ^{M}、σ^{N} 和 σ^{V}，代入公式：

$$\sqrt{(\sigma^{\mathrm{M}} + \sigma^{\mathrm{N}})^2 + (\tau^{\mathrm{V}})^2} \leqslant f_{\mathrm{f}}^{\mathrm{W}} \qquad (15-26)$$

可以验算焊缝应力。由其结果是否满足，也可反算其焊缝高度和开坡口大小。

15.1.2 驱动装置的设计

驱动装置是连续带式输送机的动力之源，主要由电动机、高低速联轴器、高速制动装置、减速器、底座等部件构成，如图 15-4 所示。

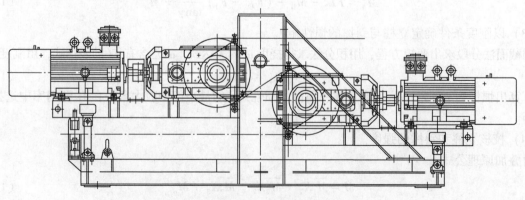

图 15-4 驱动装置

电动机选用变频电动机，通过变频器可以实现软启动，达到无级调速，可实现各种工况下速度的要求，通过编码器，可测出各个时刻的速度。

制动装置选用高速液压推杆鼓式制动器，可满足停车需要且成本较低。

减速器选用空心轴减速器，可减少使用空间，驱动部底座选用浮动式单点支持底座，能够很好地调节安装误差，可适应安装现场的不平整现象。

15.1.3　拉紧装置的设计

根据连续带式输送机的启动及运行工况可知，连续带式输送机的拉紧装置必须具备拉紧力大、响应快、可靠性高等特点。由于连续带式输送机机头布置位置分为洞口外与洞内，所以相对应的张紧装置也有所不同。

15.1.4　机头布置在洞口外

当机头布置在隧道洞口外时，布置场地具有一定的空间，根据工况可采用"张紧塔+卷扬机"张紧装置，如图15-5所示。

张紧塔是连续带式输送机张紧的重要组成部分，其作用是给连续带式输送机提供一个稳定且恒定的预紧力。

卷扬机的动作是通过安装在张紧塔内传感器反馈的信号进行控制的，进而收放输送带。卷扬机的主要目的是当钢丝绳有拉伸变化时，保证重锤箱能够在张紧塔中间位置。为保证其安全性，卷扬机上还会安装推杆制动器，用于其制动。

"张紧塔+卷扬机"张紧装置的应用，不但降低了连续带式输送机张紧塔的高度，还可以解决由于地形限制使张紧塔的高度无法达到使用要求而带来的问题。

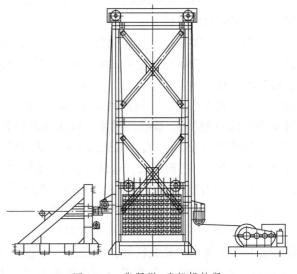

图 15-5　张紧塔+卷扬机拉紧

15.1.5　机头布置在洞内

当机头布置在隧道洞内时，由于布置空间有限、要求拉紧力大等因素，已无法布置传统的重锤拉紧与液压张紧，只能采用变频绞车拉紧，如图15-6所示。

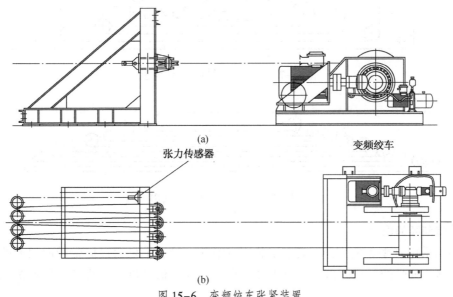

(a)

张力传感器　　　　　　　　　　　变频绞车

(b)

图 15-6　变频绞车张紧装置

此拉紧装置单根钢丝绳最大张紧力为75 kN，8股钢丝绳缠绕结构，张紧力可达600 kN，最大容绳量为600 m，可达到连续带式输送机的使用要求。

变频绞车拉紧装置可以满足当连续带式输送机机尾部随TBM延伸时放出输送带，并在整个连续带式输送机运行过程中提供张紧力。变频自动拉紧装置具体性能如下：

（1）具有当输送带出现断带情况时可自动发出停机信号、当输送带出现打滑情况时可自动调节拉紧力的保护功能。

（2）根据传感器的反馈信号，可自动调节带式输送机启动和正常运行时的拉紧力。

（3）在现有智能拉紧的基础上增加了快速响应的拉紧力自动补偿功能和瞬时张力监测装置功能，可实现输送带张力智能调节。

（4）兼容性好，可接入集控系统，可实现就地人工控制及远程集中控制。

（5）自带PLC控制系统，向第三方提供通信协议。

15.1.6 储带仓的设计

储带仓的主要作用是在连续带式输送机运转过程中随着机尾部随TBM延伸时可以给带式输送机供给输送带。由于隧道连续带式输送机采用钢丝绳芯输送带，输送带接头必须采用硫化接头方式，每次接头的硫化时间需20 h以上。为提高排渣系统效率就必须减少接头次数，所以连续带式输送机对储带长度的要求很高，一般都要求在500 m以上，甚至600、800 m，这样每硫化一次，连续带式输送机至少可延伸250 m。煤矿顺槽带式输送机的储带长度一般都在100 m左右，储带层数4层或6层，储带仓长度都在35 m左右。如果隧道连续带式输送机采用顺槽带式输送机储带仓结构，储带仓长度将会达到150 m，甚至更长，这样将会增加隧道初始钻爆施工长度，增加施工成本，所以选用10层储带结构。现有顺槽带式输送机储带仓中输送带的缠绕方式主要有"回"字形与"S"形两种。图15-7所示为"回"字形输送带缠绕图，其主要优点为可在短距离内，储存更长的输送带，但其游动小车与改向架的高度较高，10层储带时高度将达到7倍的滚筒高。图15-8所示为"S"形输送带缠绕图，其主要优点为高度较低，但是其游动小车与改向架长度较长，导致储带仓长度增加。这里研究的隧道连续带式输送机主要是应用在地面隧道，对其长度要求不高，但高度方向受到盾构机刀盘限制，且"回"字形10层储仓的高度过高，在安全方面也存在隐患，综合考虑后在隧道连续带式输送机上还是选用"S"形输送带缠绕方式合适。

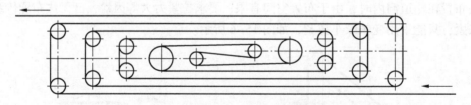

图15-7 "回"字形输送带缠绕图

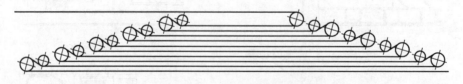

图15-8 "S"形输送带缠绕图

15.1.7 储带转向架的设计

储带转向架采用H型钢制作，在其上安装固定滚筒，输送带可通过储带转向架上的滚筒往复改向，最终达到多层储带的目的。由于隧道内高度有限，为降低高度，采用了三角形机架结构，如图15-9所示。

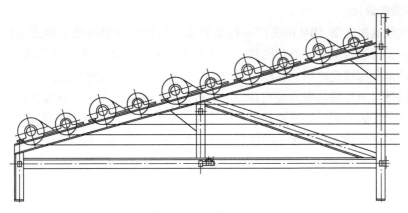

图 15-9 储带转向架

15.1.8 游动小车的设计

游动小车主要由小车架、改向滚筒组、车轮组件和拉紧滑轮等组成，如图 15-10 所示。游动小车与拉紧装置通过钢丝绳相连，拉紧装置通过拉动游动小车调节带式输送机张紧力。在带式输送机延长过程中，游动小车向储带转向架方向移动，释放输送带；当安装输送带时，游动小车向远离储带转向架方向移动，将输送带储存在储带仓中。为防止游动小车在行走过程中出现跑偏现象，游动小车车轮设有"V"形槽。

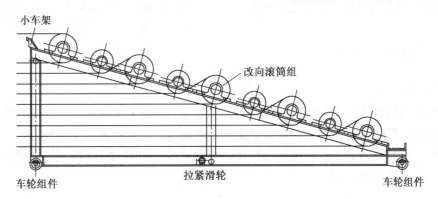

图 15-10 游动小车

15.1.9 托辊小车的设计

托辊小车主要由车架、车轮、行走轮等组成，如图 15-11 所示。托辊小车的作用是为了完全支撑起输送带，使每层输送带不致下垂过大。安装位置为储带仓中部。托辊小车车轮采用设有"V"形槽的轮子。托辊小车中单轨行车的作用为使托辊小车与储带仓架上部轨道相连，起支撑作用。由于储带仓内设有多组托辊小车，托辊小车通过圆滑链相连，使其移动具有连贯性。为防止托辊小车发生碰撞，在每个托辊小车上设置防撞装置。

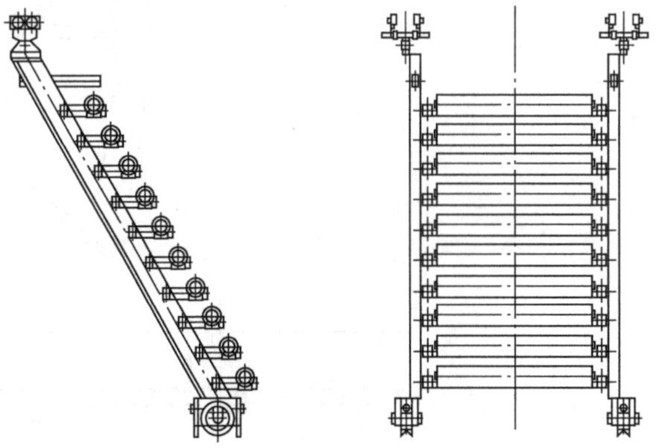

图 15-11 托辊小车

15.1.10 储带仓架的设计

储带仓架主要由上连接横梁、下连接横梁、轨道、立柱、底座等组成，如图 15-12 所示。上、下横梁均采用 H 型钢焊接。在下横梁上焊接角钢作为轨道，为游动小车与托辊小车移动提供保障，为保证角钢不变形，在角钢下面设置一根通长的圆钢。托辊小车中单轨行车在上横梁上移动。底座用来支撑整个储带仓架，底座设置调节范围，当地面不平整时，可通过调整底座找正。

15.1.11 卷带装置的设计

由于连续带式输送机随着 TBM 的需要不断地延伸，当储带仓中输送带释放完后，需重新装入一卷输送带，所以需设置卷带装置。卷带装置主要由驱动单元、转轴、轨道等构成，如图 15-13 所示。卷带装置放在传动部与储带仓之间，转轴上留有安装芯轴接口，芯轴在输送带卷出厂时已安装在输送带卷内，在接输送带时只需将芯轴安装在转轴上即可，通过驱动单元与拉紧装置动作可将输送带装进储带仓中，当输送带安装完后沿轨道将卷带推至输送机侧面。卷带装置的主要作用就是可以快速地收放输送带，减少了因更换输送带而带来的停机时间，提高工作效率，加速施工进度。

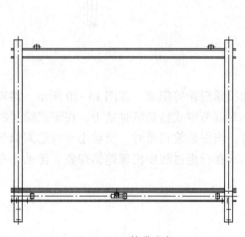

图 15-12 储带仓架

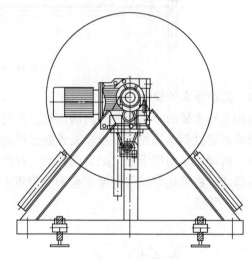

图 15-13 卷带装置

15.1.12 机身的设计

连续带式输送机机身主要有托辊组、门型支架、纵梁、三角支撑架等。在隧道中空间有限，需留出检修及罐车通道，所以机身需安装在隧道侧壁上，可采用预先螺栓预留安装孔的方式固定，也可采用膨胀螺栓固定，这样既节省了空间又不会与其他设备干涉，如图 15-14 所示。同时机身连接采用快速安装的方式，可节约大量时间。

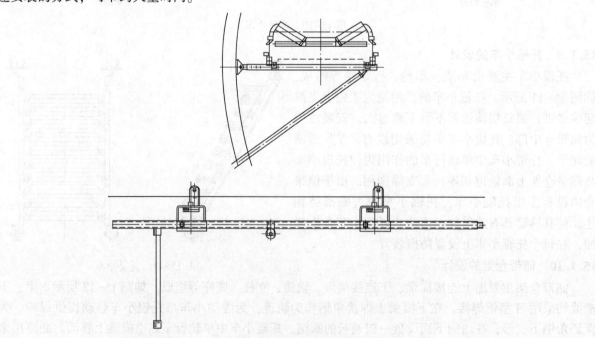

图 15-14 单元机身

15.1.13 托辊组

托辊组主要由托辊与托辊架组成,如图 15-15 所示。按照承载情况可分为承载托辊与回程托辊。承载托辊根据其安装位置及功能不同又分为过渡托辊组、槽型托辊组、缓冲托辊组。

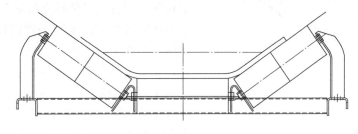

图 15-15 槽型托辊组

托辊为免维护式,为了使其达到免维护效果,在其密封上采用迷宫密封,在轴承座内充满润滑脂。托辊轴头采用凹槽型,以防脱出。

托辊架采用 35°槽形托辊架,考虑到 TBM 施工现场安装困难且需要不断新增机身,所以采用弯头螺栓将托辊架固定在门型支架上。

15.1.14 门型支架

门型支架安装在纵梁上,槽形托辊组托辊弯头螺栓固定在门型支架上,门型支架下横梁将两个纵梁连为一体,加强单元机身强度,如图 15-16 所示。门型支架上支柱高度根据上、下带面差值设计,连接板设计较宽以减小支架对纵梁的压强。

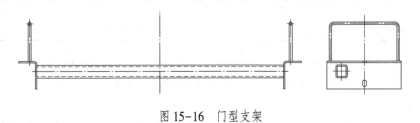

图 15-16 门型支架

15.1.15 纵梁

纵梁是固定在三角支架上,用于支撑门型支架及托辊架,如图 15-17 所示。普通带式输送机纵梁采用槽钢或角钢,而连续带式输送机纵梁采用矩形钢管,矩形钢管更有利于门型支架与三角支架通过弯头螺栓固定安装。纵梁端头焊接小一号的矩形钢管,方便纵梁之间连接,纵梁与纵梁间采用销轴连接,方便安装。

图 15-17 纵梁

15.1.16 三角支架

三角支架由水平梁与斜撑两部分组成,如图 15-18 所示。水平梁与斜撑采用螺栓连接,分别固定在隧道壁上,水平梁与斜撑的长度都为可调节,用来适应隧道壁的不规则变化及调整安装位置。

15.1.17 机尾部的设计

连续带式输送机机尾部包括机尾改向滚筒、机架、受料部及安装机身段。连续带式输送机机尾与普通带式输送机机尾最大的区别就是,机尾架固定在 TBM 台车上,当连续带式输送机不断随 TBM 延伸时,可在机尾安装机身段处不断地增加单元机身,可保证连续带式输送机不停机延伸。根据机身安

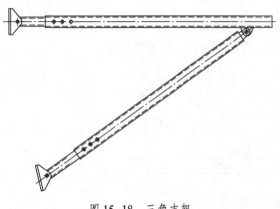

图 15-18 三角支架

装形式的不同，设计出了相应的不停机安装机身结构。如图 15-19 所示，机身固定形式采用三脚架结构时，安装机身时，所增加机身必须与正常机身高度相同，而且在安装时为保证人员安全及安装方便，不得使输送带与新安装托辊组相接触，所以在机尾前部增加两个改向滚筒，这样就可增加上、下带面高差，为安装机身提供空间，具体安装步骤为先在区域Ⅰ处安装纵梁、三角形机架支撑及下托辊组，随着 TBM 的推进再在区域Ⅱ处安装上托辊组。如图 15-20 所示，机身固定形式为吊挂形式时，此时安装机身具体步骤为先在区域Ⅰ处安装纵梁、上托辊组，随着 TBM 的推进再在区域Ⅱ处安装下托辊组和吊链。这样安装既节约大量时间又安全可靠。

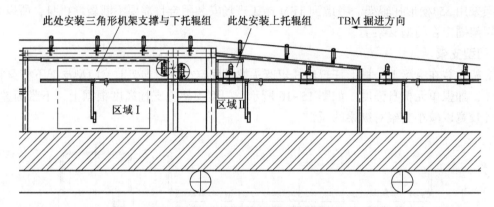

图 15-19 不停机安装单元机身机构Ⅰ

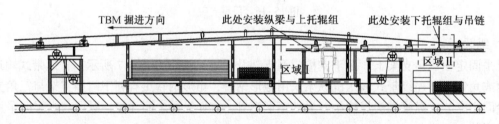

图 15-20 不停机安装单元机身机构Ⅱ

15.2 力学特性分析

15.2.1 长距离隧道连续带式输送机系统布置方案

现以新疆某水利工程隧道的施工资料为例，其工程施工图如图 15-21 所示。

该隧洞长 283.175 km，开挖直径为 7.1 m，隧洞坡度为 -1/2500，TBM 开挖料最大粒径小于或等于 250 mm，基岩天然密度 $\gamma = 2.7$ t/m³，TBM 掘进速度为 4.5 m/h。

根据施工段落划分将隧洞共划分为 10 段，其中进出口处采取钻爆法施工，其余中间段采取 TBM 掘进。主要施工方法如下：

（1）第一段与最后一段掘进时，机头设置在出口处，连续带式输送机可将渣石直接卸在转载带式输送机上，如图 15-22 所示。此段的出渣顺序为：TBM 掘进渣石→转载带式输送机→后配套系统带式输送机→主洞连续带式输送机→洞外转渣带式输送机→临时渣场→汽车运至永久渣场。

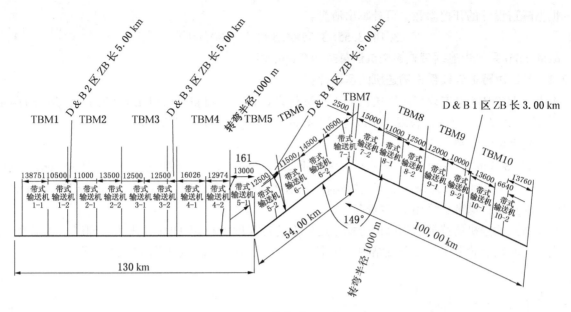

图 15-21 某水利工程施工图

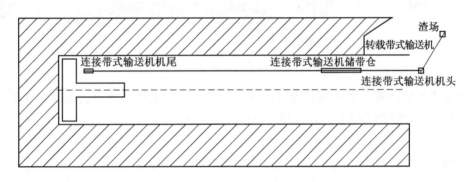

图 15-22 TBM 通过出口出渣

（2）第二段及其余中间段需采用钻爆法施工设置支洞，TBM 通过支洞进入主洞内，连续带式输送机机头设置在支洞与主洞交汇处，在支洞设计安装固定带式输送机，连续带式输送机将渣石卸在支洞带式输送机上，再由支洞带式输送机将渣石转至洞外临时渣场，如图 15-23 所示。此段的出渣顺序为：TBM 掘进渣石→TBM 转载带式输送机→后配套系统带式输送机→主洞连续带式输送机→支洞固定带式输送机→硐外转渣带式输送机→临时渣场→汽车运至永久渣场。

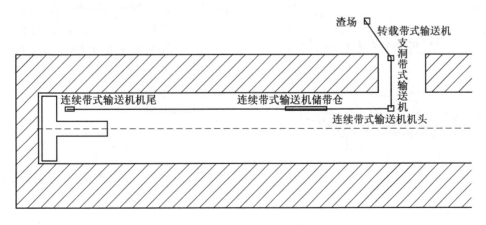

图 15-23 TBM 通过支洞出渣

根据隧道设计的开挖参数，可计算出渣量：

$$3.14×3.55×3.55×4.5×2.7 = 480(\text{t/h})$$

故此 TBM 系统中连续带式输送机运量按 480 t/h 设计。

15.2.2 长距离隧道连续带式输送机的理论计算

本书选取 TBM4 中连续带式输送机 4-1 段进行设计计算，可得其长度 $L = 16026$ m，运量 $Q = 480$ t/h，提升高度 $H = -6.4$ m，粒度小于或等于 250 mm，物料密度 $\rho = 2700$ kg/m³。

15.2.3 初定设计参数

带宽 $B = 800$ mm，带速 $v = 2.5$ m/s，上托辊间距 $a_0 = 1200$ mm，下托辊间距 $a_u = 3000$ mm，上托辊槽角为 35°，下托辊槽角为 0°，上下托辊辊径 $\phi = 108$ mm，轴承选用 6205，输送带选用带强为 st2000 钢丝绳芯输送带，储带仓采用 10 层储带。

根据带式输送机的特征，为降低带式输送机输送带强度及机尾 TBM 处张力，同时，为避免占用巷道空间，驱动装置采用单侧布置结构。功率比为 1:1，运行示意图如图 15-24 所示。

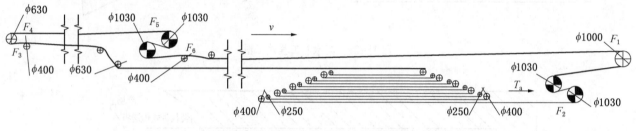

图 15-24　带式输送机运行示意图

连续带式输送机的计算主要包括：运量计算、托辊及托辊轴承的计算、连续带式输送机运行阻力、中间驱动位置、带强的选择等，计算部分的依据为文献 [6~9]。

已知参数：

输送带质量：

$$q_B = 25.6 \text{ kg/m}$$

物料质量：

$$q_G = \frac{Q}{3.6V} = \frac{480}{3.6 \times 2.5} = 53.33(\text{kg/m})$$

上托辊旋转质量：

$$q_{RO} = 9.48 \text{ kg/m}$$

下托辊旋转质量：

$$q_{RU} = 4.12 \text{ kg/m}$$

15.2.4 运量验算

带式输送机输送能力（t/h）：

$$Q = 3.6Svk\rho \tag{15-27}$$

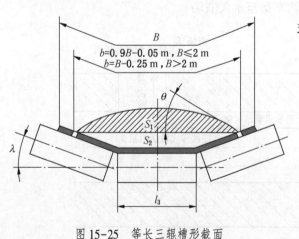

图 15-25　等长三辊槽形截面

式中　k——倾斜输送机面积折减系数；

ρ——物料重力密度，$\rho = 2700$ kg/m³；

S——输送带上最大物料横截面积，m²，如图 15-25 所示；

v——带速，m/s。

面积折减系数：

$$k = 1 - \frac{S_1}{S}(1 - k_1) \tag{15-28}$$

式中，k_1 为上部面积 S_1 的减小系数。

$$k_1 = \sqrt{\frac{\cos^2\delta - \cos^2\theta}{1 - \cos^2\theta}} \tag{15-29}$$

式中　δ——输送机在运行方向上的倾斜角，（°）；

　　　θ——被输送物料的运行堆积角，$\theta = 20°$。

$$b = 0.9B - 0.05 = 0.9 \times 0.8 - 0.05 = 0.67(\text{m})$$

$$S_1 = [l_3 + (b - l_3)\cos\lambda]^2 \frac{\tan\theta}{6}$$

$$= [0.315 + (0.67 - 0.315) \times \cos35°]^2 \frac{\tan20°}{6} = 0.0223(\text{m}^2) \qquad (15-30)$$

$$S_2 = \left[l_3 + \frac{b - l_3}{2}\cos\lambda\right]\left[\frac{b - l_3}{2}\sin\lambda\right]$$

$$= \left[0.315 + \frac{0.67 - 0.315}{2} \times \cos35°\right] \times \left[\frac{0.67 - 0.315}{2} \times \sin35°\right]$$

$$= 0.0468(\text{m}^2) \qquad (15-31)$$

$$k_1 = \sqrt{\frac{\cos^2\delta - \cos^2\theta}{1 - \cos^2\theta}} = \sqrt{\frac{\cos^20° - \cos^220°}{1 - \cos^220°}} = 1$$

$$k = 1 - \frac{S_1}{S}(1 - k_1) = 1 - \frac{0.0223}{0.0223 + 0.0468} \times (1 - 1) = 1$$

$$Q = 3.6Svk\rho$$

$$= 3.6 \times (0.0223 + 0.0468) \times 2.5 \times 1 \times 2700 = 1679(\text{t/h}) > 480\ \text{t/h} \qquad (15-32)$$

故，运量满足。

式中　b——输送带转载物料的可用宽度，m；

　　　l_3——承载托辊中间辊的长度，m，$l_3 = 0.315$ m。

15.2.5　托辊的校核

1. 托辊转速的验算

$$n = \frac{60v}{\pi d} \qquad (15-33)$$

$$n = \frac{60 \times 2.5}{3.14 \times 0.108} = 442(\text{r/min}) < 600\ \text{r/min}$$

故，托辊转速满足。

2. 托辊轴承寿命的验算

（1）承载托辊的实际静载荷：

$$P_0 = e_1 a_0 (q_G + q_B)g \qquad (15-34)$$

其中 $e_1 = 0.8$，为承载托辊（三节托辊）的载荷系数。

$$P_0 = 0.8 \times 1.2 \times (53.33 + 25.6) \times 9.81 = 743.3(\text{N})$$

（2）回程托辊的实际静载荷：

$$P_U = e_2 a_U q_B g \qquad (15-35)$$

式中 $e_2 = 1$，为回程托辊（下平托辊）的载荷系数。

$$P_U = 1 \times 3 \times 25.6 \times 9.81 = 753.4(\text{N})$$

（3）承载托辊的动载荷：

$$P_0' = f_s f_d P_0 \qquad (15-36)$$

其中，$f_d = 1.2$，为受料点托辊的冲击系数；$f_s = 1.1$，为托辊的工况系数。

$$P_0' = 1.1 \times 1.2 \times 743.3 = 981.12(\text{N})$$

（4）回程托辊的动载荷：

$$P_0' = f_s f_d P_U \qquad (15-37)$$

$$P'_0 = 1.1 \times 1.2 \times 753.4 = 994.5(\text{N})$$

（5）托辊轴承寿命计算：

$$L_0 = \frac{10^6}{60n}\left(\frac{C}{P}\right)^\varepsilon \tag{15-38}$$

上托辊：

$$L_0 = \frac{10^6}{60n}\left(\frac{C}{P}\right)^\varepsilon = \frac{10^6}{60 \times 442}\left(\frac{\dfrac{13.5}{0.98112}}{2}\right)^3 = 79 \times 10^4(\text{h})$$

下托辊：

$$L_U = \frac{10^6}{60n}\left(\frac{C}{P}\right)^\varepsilon = \frac{10^6}{60 \times 442}\left(\frac{\dfrac{13.5}{0.9945}}{2}\right)^3 = 75 \times 10^4(\text{h})$$

计算结果均大于 50000 h，故托辊轴承寿命也满足要求。

15.2.6 计算驱动圆周力

圆周驱动力：

$$F_u = F_H + F_{S1} + F_{S2} + F_{St} \tag{15-39}$$

式（15-39）中各量含义及计算公式如下：

（1）F_H 为主要阻力，其计算公式为

$$F_H = CfLg[q_{RO} + q_{RU} + (2q_B + q_G)\cos\sigma] \tag{15-40}$$

①满载时：

$$F_H = CfLg[q_{RO} + q_{RU} + (2q_B + q_G)\cos\sigma]$$
$$= 1.02 \times 0.018 \times 16026 \times 9.81 \times [9.48 + 4.12 + (2 \times 25.6 + 53.33) \times \cos 0°]$$
$$= 340978(\text{N})$$

式中　C——附加阻力系数，1.02；

　　　f——模拟摩擦因数，0.018。

②空载时：

$$F_H = CfLg(q_{RO} + q_{RU} + 2q_B\cos\sigma)$$
$$= 1.02 \times 0.018 \times 16026 \times 9.81 \times [9.48 + 4.12 + 2 \times 25.6 \times \cos 0°]$$
$$= 187043(\text{N})$$

式中　C——附加阻力系数，$C = 1.02$；

　　　f——模拟摩擦因数，$f = 0.018$；

　　　L——输送机长度，$L = 16026$ m；

　　　g——重力加速度，$g = 9.81$ m/s。

（2）F_{S1} 为主要特种阻力，其计算公式为

$$F_{S1} = F_{gl} + F_\varepsilon \tag{15-41}$$

$$F_{gl} = \frac{\mu_2 I_V^2 \rho g l}{v^2 b_1^2} \tag{15-42}$$

$$F_\varepsilon = C_\varepsilon \mu_0 L_\varepsilon (q_B + q_G) g\cos\delta\sin\varepsilon \tag{15-43}$$

式中　F_{gl}——被输送物料与导料槽间的摩擦阻力，N；

　　　F_ε——托辊前倾时的附加摩擦力，N；

　　　C_ε——槽形系数，托辊架槽角为 30° 时取 0.4，夹角为 35° 时取 0.43，夹角为 45° 时取 0.5；

L_ε——使用前倾托辊的输送长度，m；

μ_0——托辊与输送带间的摩擦因数，一般取 $0.3\sim0.4$；

ε——托辊组边托辊轴线与底托辊平面的纵向前倾角，(°)；

l——导料槽的总长度，m；

I_V——带式输送机设计的每秒输送量，m^3/s；

μ_2——物料与导料槽之间的摩擦因数，取 $0.5\sim0.7$。

$$F_\varepsilon = C_\varepsilon\mu_0 L_\varepsilon(q_B + q_G)g\cos\delta\sin\varepsilon$$
$$= 0.43 \times 0.3 \times 1600 \times (25.6 + 53.33) \times 9.81 \times \cos0° \times \sin1°$$
$$= 2789(N)$$

$$I_V = \frac{480 \times 1000}{3600 \times 2700} = 0.049(m^3/s)$$

$$F_{gl} = \frac{\mu_2 I_V^2 \rho g l}{v^2 b_1^2} = 112(N)$$

$$F_{S1} = F_\varepsilon + F_{gl} = 2789 + 112 = 2901(N)$$

（3）F_{S2} 为附加特种阻力，其计算公式为

$$F_{S2} = F_r = Ap\mu_3 \tag{15-44}$$

式中 F_r——输送带上清扫器的摩擦阻力，N；

p——输送带与输送带上清扫器间的压力，一般取 $3\times10^4 \sim 10\times10^4\ N/m^2$；

A——输送带上清扫器与输送带间的接触面积，m^2；

μ_3——输送带上清扫器与输送带的摩擦因数，一般取 $0.5\sim0.7$。

$$F_{S2} = 2 \times 0.01 \times 0.8 \times 6 \times 10^4 \times 0.6 = 576(N)$$

（4）F_{St} 为倾斜阻力，其计算公式为

$$F_{St} = q_G g H \tag{15-45}$$

$$F_{St} = 53.33 \times 9.81 \times (-6.4) = -3348(N)$$

根据以上计算结果，得到圆周驱动力大小为

$$F_u = 340978 + 2901 + 576 - 3348 = 341107(N)$$

则单个圆周驱动力为

$$F_{U单}\frac{F_U}{4} = \frac{341107}{4} = 85276(N)$$

不打滑条件计算：

$$F_{2min} \geqslant F_{U单}\frac{1}{e^{\mu\varphi} - 1} = K_A F_U \frac{1}{e^{\mu\varphi} - 1} \tag{15-46}$$

$$F_{2min} \geqslant 1.3 \times 85726 \times \frac{1}{e^{0.35 \times \pi \times \frac{190}{180}} - 1} = 46435(N)$$

垂度校验：

承载分支：

$$F_{min} > \frac{a_0(q_B + q_G)g}{8\left(\dfrac{h}{a}\right)} \tag{15-47}$$

$$F_{min} > \frac{1.5 \times (25.6 + 53.33) \times 9.81}{8 \times 0.01} = 14518(N)$$

回程分支：

$$F_{min} \geqslant \frac{a_u q_B g}{8\left(\dfrac{h}{a}\right)} = \frac{3 \times 25.6 \times 9.81}{8 \times 0.01} = 9418(N)$$

$$F_{2min} > F_{min} \tag{15-48}$$

由式 (15-48) 可知, 输送带在驱动滚筒上保证不打滑时的力大于因输送带垂度所产生的阻力, 所以以不打滑条件为基准, 计算其他各点张力:

$$F_3 = F_2 + Cflg(q_{RU} + q_B) = 46435 + 1.02 \times 0.018 \times 16016 \times 9.81 \times (4.12 + 25.6)$$
$$= 46435 + 85732 = 132167(N)$$

$$F_4 = 1.04 \times F_3 = 1.04 \times 132167 = 137454(N)$$

15.2.7 长距离连续带式输送机中间驱动部位置的确定

设置中间驱动部的主要目的是: 通过增加中间驱动部, 降低输送带强度, 降低带式输送机成本。确定连续带式输送机中间驱动部位置的主要原则有: 中间驱动部布置位置应尽可能减小带式输送机的最大张力, 优化输送带张力在各特性点处的分布; 中间驱动部的布置应满足带式输送机整体安装位置的要求; 中间驱动部的布置应与带式输送机其余各驱动部件的规格相互统一。

中间驱动部位置的求解如下。

(1) 头部第二传动滚筒不打滑, 则中间驱动部第二个传动滚筒也不打滑, 设中间驱动部与机头的距离为 L_1。

$$F_1 = F_2 + F_{U单} = 46435 + 2 \times 85276 = 216987(N) \tag{15-49}$$

又因为:

$$F_1 = F_2 + CfL_1g(q_{RO} + q_B + q_G) = 46435 + 1.02 \times 0.018 \times L_1 \times 9.81 \times (9.48 + 25.6 + 53.33)$$
$$= 46435 + 16L_1 \tag{15-50}$$

由式 (15-49)、式 (15-50) 可得, $L_1 = 10659$ m。

$$F_5 = F_4 + Cfg(L - L_1)(q_{RO} + q_B + q_G)$$
$$= 137454 + 1.02 \times 0.018 \times (16026 - 10659) \times 9.81 \times (9.48 + 25.6 + 53.33)$$
$$= 222916(N)$$

$$F_6 = F_5 - 2F_{U单} = 222916 - 2 \times 85276 = 52364(N)$$

轴功率:

$$P_A = F_U V \tag{15-51}$$

$$P_A = 341107 \times 2.5 = 852(kW)$$

电动机功率:

$$P_M = \frac{P_A}{\eta} = \frac{852}{0.83} = 1026(kW)$$

单驱动功率:

$$P = \frac{P_M}{4} = \frac{1026}{4} = 256.5(kW)$$

选用电动机安全系数按大于 1.3 选取: $256.5 \times 1.3 = 333.5$ kW, 则应选用功率为 355 kW 的电动机。

拉紧力:

$$F_拉 = 10KF_2 = 10 \times 1.2 \times 46435 = 558(kN)$$

式中, K 为张紧力动载荷系数, 取 1.2。所以可选用张力为 600 kN 的张紧装置。

输送带的安全系数:

$$n = \frac{B\sigma_N}{F_{max}} \tag{15-52}$$

$$n = \frac{800 \times 2000}{222916} = 7.2$$，满足要求。

由于在掘进到 10659 m 之前，输送机只能安装 2 个驱动部，需要验证双驱功率是否满足要求：

$$F_{U1} = CfL_1 g[q_{RO} + q_{RU} + (2q_B + q_G)\cos\delta] + F_N + F_{S1} + F_{S2} + F_{St} = 226920(\text{N})$$

$$F_{U1\text{单}} = \frac{F_{U1}}{2} = \frac{226920}{2} = 113260(\text{N})$$

不打滑张力：

$$F_{2\min} = \frac{F_{U1\text{单}}}{e^{\mu\varphi} - 1} = \frac{1.3 \times 113460}{3.4 - 1} = 61458(\text{N})$$

$$F_1 = F_2 + 2F_{U\text{单}} = 63538 + 2 \times 113460 = 290458(\text{N})$$

轴功率：

$$P_{A1} = F_{U1}v = 226920 \times 2.5 = 568(\text{kW})$$

电动机功率：

$$P_{M1} = \frac{P_{A1}}{\eta} = \frac{568}{0.83} = 684(\text{kW})$$

单驱动功率：

$$P_1 = \frac{P_{M1}}{2} = \frac{684}{2} = 342(\text{kW})$$

355 kW 电动机无备用系数，所以在机尾即将到达中间驱动装置时，电动机不满足要求。此时拉紧力为

$$T = 10KF_2 = 10 \times 1.2 \times 61458 = 738(\text{kN})$$

计算的拉紧力已超出所选拉紧装置实际最大拉紧力 600 kN，所以不满足要求。

输送带安全系数 $n = \frac{800 \times 2000}{290458} = 5.5 \leqslant 6$，不满足要求。需要重新调整中间驱动部位置，使前期和后期都能够满足要求。

（2）设中间驱动部与机尾的距离为 L_1'：

$$F_U = 341107 \text{ N} \qquad F_4 = 137454 \text{ N} \qquad F_5 = 222916 \text{ N}$$

$$F_5 = F_4 + CfL_1'g(q_{RO} + q_B + q_G)$$

$$= 137454 + 1.02 \times 0.018L_1 \times 9.81 \times (9.48 + 25.6 + 53.33)$$

$$= 137454 + 16L_1$$

最大张力在卸载滚筒和中间驱动部出卸载滚筒中，用输送带的最小安全系数反推中间驱动部位置：

$$\frac{800 \times 2000}{137454 + 16L_1'} \geqslant 6$$

求得 $L_1' = 8075$ m。

最终中间驱动部的位置距离机头 8100 m，功率、液压拉紧装置、带强都满足要求。

15.3 控制理论分析长距离隧道连续带式输送机关键部件的有限元分析

15.3.1 材料特性

长距离隧道连续带式输送机的主要部件均是由钢板和型钢焊接后通过螺栓相连接的，其材料均采用 Q235A 碳素钢，其屈服强度 $\sigma_s = 235$ MPa，许用强度 $\sigma = 150$ MPa，泊松比 $\mu = 0.3$，弹性模量 $E = 2.06 \times 10^{11}$ Pa，密度 $\rho = 7850$ kg/m^3。

15.3.2 有限元网格划分

ANSYS 的网格划分方法为"分解并克服（Divide & Conquer）"，且软件会根据实体部位的不同采用不同的方式进行划分，主要划分为三角形单元与四边形单元。对于三维几何体，ANSYS 有自动划分网格法（Automatic）、四面体划分网格法（Tetrahedrons）、扫掠法（Sweep Meshing）、多域法（MultiZone）和 Hex Dominant 法。其中四面体划分网格法还包括 Patch Conforming 法和 Patch Independent 法两种划分法。

在网格划分时首先考虑的应为单元体的形状与大小。通常选用的单元为四面体与六面体。划分得越细越密，其计算结果越精确，但运算过程耗时越长。所以为了实现结构的精确性，在进行划分网格时，需要考虑以下几点：

（1）尽量使三维模型的外形和实物相同。

（2）部件主要受力及变形部位在划分网格时应采用小的单元，尽量使网格细化，这样可得出精确的结果。

（3）不能使单元体的各边相差太大，应尽量接近。

15.3.3 各部件约束与载荷

在第二节中已对各点的受力情况进行了计算，$F_1 = 216987$ N、$F_2 = 46435$ N、$F_3 = 132167$ N、$F_4 = 137454$ N，除受以上力外，各部件还受到输送带与渣石的重力、机架及自身的重力等。可将输送带与渣石的重力视为均匀载荷，均匀地作用在各个部件的模型上。

15.3.4 分析计算

完成对各部件模型的网格划分及载荷加载后，进行后处理的分析计算求解，可得到各个部件的位移图与应力图，如图 15-26~图 15-30 所示。卸载部最大位移为 2.7547 mm，最大应力为 133.83 MPa；传动部最大位移为 0.5812 mm，最大应力为 69.091 MPa；机尾部最大位移为 0.68225 mm，最大应力为 60.065 MPa；储带转向部最大位移为 0.86646 mm，最大应力为 165.66 MPa；机身最大位移为 2.7145 mm，最大应力为 148.85 MPa。材料弹塑性的许用应力为

$$[\sigma] = \frac{\sigma_s}{n_s} \tag{15-53}$$

式中　σ_s——材料的屈服极限；

　　　n_s——安全系数，取 1.4。

选用 Q235 碳素钢，可得出许用应力为 167.85 MPa，由有限元分析可知均小于材料的最大许用应力，且由云图可知应力集中点，可进行修改优化。所以此长距离隧道连续带式输送机的各部件的设计满足设计要求。

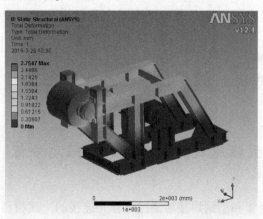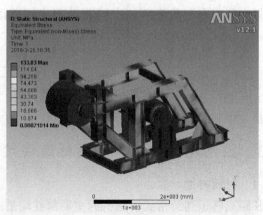

图 15-26　卸载部位移图与应力图

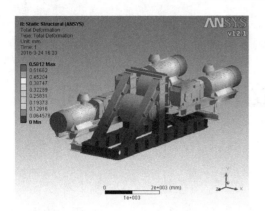
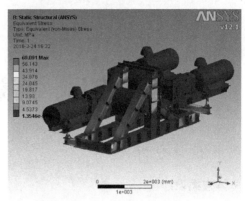

图 15-27 传动部位移图与应力图

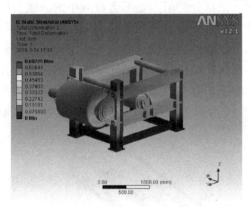
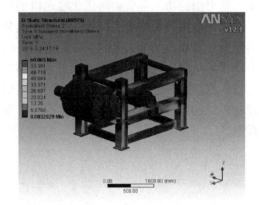

图 15-28 机尾部位移图与应力图

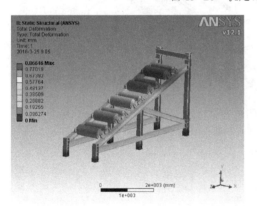
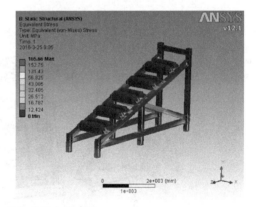

图 15-29 储带转向部位移图与应力图

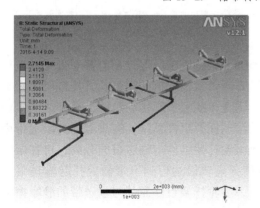
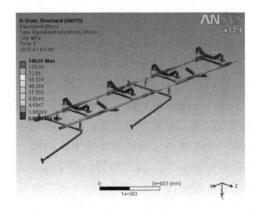

图 15-30 机身位移图与应力图

16 智能化、高效节能带式输送机

16.1 结构设计分析

16.1.1 总体方案设计

线性摩擦阻力与被输送物料的重力提升阻力占据了通用带式输送机主机运行阻力的最大比例。物料提升是对重力做的功，不管如何优化输送机的结构，该部分的阻力是不会被减小的。线性摩擦阻力是输送带沿输送线路的摩擦阻力，影响因素极其复杂，但是根据阻力产生的机理，可以分为压陷、弯曲及转动阻力。其中占比重最大的为压陷阻力，所以可以通过改变输送带的支撑结构，从降低压陷阻力着手来降低主机的运行阻力。本书提出了用移动的滚轮托架代替通用带式输送机的托辊，让滚轮托架随输送带一起运行，这样输送带与托辊的压陷阻力将不再存在，而主要阻力为滚轮与轨道的滚动阻力，带式输送机的运行阻力将会被大幅度降低。图 16-1 所示为这种智能化、高效节能带式输送机的方案示意图。

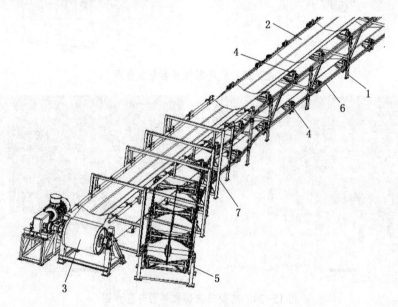

1—正常 H 架；2—输送带；3—传动部；4—滚轮托架组件；5—滚轮托架改向部；6—正常轨道；7—空间侧移分离轨道
图 16-1 智能化、高效节能带式输送机

此种带式输送机的驱动部、传动部、拉紧、受料部、头尾正常段等，都与普通带式输送机完全相同，具有良好的通用性。只是用滚轮托架组件代替了普通带式输送机的托辊及其托辊架，在头尾分离段滚轮托架组件与输送带分离形成两个独立的系统，输送带绕经头部传动滚筒、尾部改向滚筒，与普通带式输送机相同，并无特殊之处；用钢丝绳串联的滚轮托架组件系统，在头部分离段上带面处，经上层空间侧移分离轨道运行到滚轮托架改向部，完成滚轮托架组件与输送带的分离，再在滚轮托架改向部完成滚轮托架组件的 180°翻转，经下层空间侧移分离轨道运行到下带面处托起输送带，尾部分离段与头部分离段结构完全相同，在中间正常运行段，滚轮托架组件靠其与输送带的静摩擦力一起运行，这样便形成一个完整的闭环输送过程。因此该带式输送机的设计难点在于移动滚轮托架、滚轮、滚轮托架改向部的设计。

16.1.2 滚轮的设计

滚轮作为该带式输送机的主要运动部件，用量最大。滚轮设计的合理与否直接决定着该带式输送机的工效。合理的密封与结构会使得整机运行阻力大幅度下降，运行平稳，噪声低，而且耐磨，能大大提高滚轮的使用寿命，因此滚轮设计显得尤为突出。滚轮设计与以下几个问题密切联系：滚轮损伤问题、滚轮噪声问题、滚轮脱轨问题、踏面与轨面匹配问题、滚轮与轨道弹塑性接触理论、滚轮与轨道黏着与制动问题等。图 16-2 所示为该滚轮的基本结构。

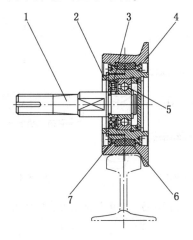

1—滚轮轴；2—轴承座；3—迷宫密封；4—轮辋；5—滚动轴承；6—弹性橡胶体；7—堵环

图 16-2　滚轮结构示意图

16.1.3 滚轮失效形式分析

滚轮失效形式按其结构可以分为轮辋裂纹、踏面损伤、轮缘磨损。

由于钢材在最初的成型过程中，其工艺特性决定其不可避免地要出现一些微观缺陷，而这种内部微观缺陷也不容易被发现，成为最初的疲劳源，在外载荷的反复作用下，微观裂纹逐渐扩展，最终形成肉眼可见的宏观裂纹，造成轮辋失效。当滚轮钢具有较高的含碳量、缺口敏感性和屈服强度时，当裂纹长度超过临界值时，就会发生急速破坏。因此轮辋材料必须选用优质低合金钢 16Mn，可以有效地延长滚轮的使用寿命。

滚轮轮缘的损伤主要在拐弯段发生，与轨道侧面磨损对应。轮轨之间一般为一点接触，即轨道顶面与滚轮踏面接触；但是在曲线段时，滚轮受连接钢丝绳向心力的作用，轮轨之间为两点接触，即轨道顶面与滚轮踏面接触点和轮缘与轨道侧面接触点。又因在拐弯段，滚轮接触点的半径不同，而同一个滚轮的角速度相同，则两个接触点肯定有相对滑移，这样就会加剧轮轨的磨损。因此必须对滚轮踏面外形进行优化，以减小滚轮与轨道的接触应力，从而改善滚轮托架通过曲线的性能。轨行机构最经典的应用案例就是高铁，而其踏面就为磨耗型结构，可以借鉴其踏面外形结构，减少滚轮托架通过曲线时轮缘的磨损。

通过以上分析可知，磨损也是滚轮损伤的一种主要形式，尤其在头尾改向装置处，短时间内，滚轮要从高速正转变为高速反转，滚轮的磨损必然严重，或者制动工况时，都很容易造成踏面或轨道擦伤，在外载荷的继续作用下，损伤逐渐加重，形成永久变形，最后在表面产生剥离或脱落，最终出现接触疲劳。另外由于滚轮接触面非常小，所以轮轨局部接触应力有时会超过滚轮与钢轨的弹性极限，会导致接触疲劳裂纹的萌生。

16.1.4 滚轮踏面的设计

通过对滚轮失效形式及失效机理的分析，可以优化踏面几何型面来降低轮轨的接触应力。关于磨耗型踏面的设计理念，最早是由 JJ Kalker 提出的，他认为设计时应该优化轮轨接触型面，使得轮轨之间为单点接触，可以有效地延长滚轮的使用寿命。

磨耗型踏面主要有以下优点：

（1）由于滚轮与轨道接触区域较宽，轮轨均比较耐磨，能有效地延长滚轮使用寿命。

（2）由于滚轮与轨道之间的接触面积大，则接触应力较小，疲劳寿命长。

（3）因磨耗型踏面滚轮与轨道为单点接触，而锥形踏面为两点接触，所以可以有效地减缓轮缘的磨损。

磨耗型踏面的缺点就是蛇形运动大。踏面与轮缘的磨耗状况如图16-3所示。

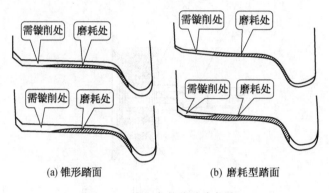

(a) 锥形踏面   (b) 磨耗型踏面

图16-3 踏面与轮缘的磨耗状况

16.1.5 滚轮缓冲结构设计

滚轮与轨道都为刚性体，若不采取缓冲措施，轮轨之间的冲击必然严重，不仅使得磨损加剧，减少滚轮使用寿命，而且会使输送机运行噪声严重而不能被用户接受，所以给滚轮设置缓冲措施，降低冲击与噪声也是滚轮设计的一个关键技术指标。

关于弹性缓冲滚轮的研究，最早可以追溯到1933年，Hirschfeld对装有弹性橡胶滚轮的冲击性能进行了实验，结果如图16-4所示，可以通过柔性挠度来降低冲击加速度，有效地保护轨道、滚轮、轴承等。所以在该带式输送机滚轮设计时，在滚轮内部增加了一个V形弹性橡胶环，这样既可以增加滚轮径向柔性，有效地减少冲击加速度，也可以增加轴向柔度，能承受一定的轴向剪力，减缓滚轮托架通过曲线时轮缘的磨损。

滚轮中的弹性橡胶环还能吸收高频振动，降低噪声与冲击，改善滚轮与轨道之间的摩擦。图16-5所示为弹性橡胶滚轮降低噪声曲线（摘自美国Standard公司的资料），由图可见橡胶弹性滚轮在降低噪声方面具有明显的效果。

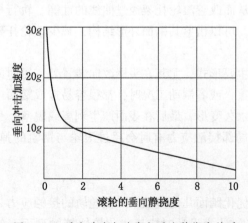

图16-4 垂向冲击加速度与垂向静挠度关系

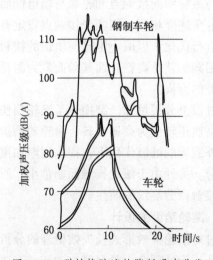

图16-5 弹性橡胶滚轮降低噪声曲线

16.1.6　滚轮托架头尾改向装置的设计

滚轮托架在输送线路上支撑输送带，上下滚轮循环运动，所以滚轮托架的翻转改向装置也是非常关键的部件之一。图 16-6 所示为带式输送机滚轮托架改向装置三维模型。

图 16-6　带式输送机滚轮托架改向装置三维模型

当滚轮托架在改向盘上做圆周运动时，由于离心力的作用，滚轮托架对轨道会产生冲击；又因钢丝绳改向盘理论圆直径与滚轮改向盘滚动圆直径不相等，所以当滚轮托架处在改向盘半圆周内时，串联钢丝绳处于拉紧状态，当滚轮托架离开改向盘半圆周时，串联钢丝绳处于松弛状态；还有钢丝绳本身存在弹性伸缩，滚轮托架连续运动时，滚轮托架改向盘就一直处于周期性松弛与张紧状态，交替周期等于滚轮托架间距与带速的比值，所以变化频率非常高。为了适应改向装置的这种工作需求，必须配一个具有恒定拉力的拉紧装置，而垂直重锤拉紧是最简单可靠的。

滚轮托架组件经改向装置改向后，在上、下两层轨道上的运动方向相反，所以滚轮的旋转方向必然相反，所以在改向装置上应该考虑滚轮由正转到反转的缓冲措施。如果让改向装置的滚轮内轨道能公转，这样滚轮的自转必然会慢慢减弱，起到由正转到反转的缓冲作用，减少滚轮踏面的磨损，能有效地延长滚轮的使用寿命。

16.2　力学特性分析

16.2.1　带式输送机运行阻力计算

带式输送机经过多年的发展，根据不同的输送需求已经衍生出了很多种类，但是不管是何种带式输送机的设计，一般都是依靠输送带与滚筒的摩擦来驱动，需要按照欧拉定理确定圆周驱动力，而圆周驱动力确定的关键就是计算输送机的运行阻力。国际上现在最为常用的通用带式输送机运行阻力计算标准有 CEMA、DIN22101 及 ISO 5048—1989，我国采用 GB 50431—2008。而本书所研究的新型节能带式输送机的阻力其实是一种轮轨运行机构阻力的计算，会涉及其他行业的相关知识，现行的带式输送机相关阻力计算标准已不能完全满足。

16.2.2　输送带的力学特征

输送带起着动力传递、物料承载的作用，是带式输送机的核心部件之一。其结构主要由橡胶覆盖层、钢丝绳芯或织物芯带芯组成。正是由于输送带组成结构的这种特殊性，其纵向与横向的力学性能不一致，是一种黏弹性体，应力与应变呈非线性关系，在静力作用下，其特性曲线如图 16-7 所示。

输送带是一种复合型材料，对其加载时，不仅会表现出一些静力特征，而且还会表现出复杂的动力特征，即其应变不仅与加载力的大小有关，还与加载的过程、环境温度、加载周期、输送带材料等因素有关，表现出如下一些特征。

（1）应力—应变非线性特性。

给输送带缓慢施加拉力时，其应力与应变并非严格按照线性规律变化，变化规律如图 16-8 所示，曲线的斜率并不唯一，即输送带的弹性模量并非一个固定不变的数值，而是随应力变化的，$E_d = f(\sigma)$，胡克定律对其并不完全适用。

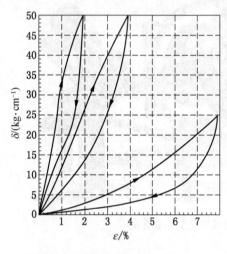

图 16-7　输送带静力特性曲线

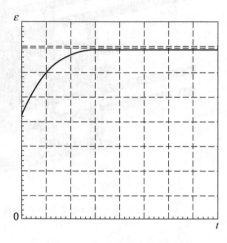

图 16-8　输送带应变的蠕变性

（2）输送带应变的滞后特性。

给输送带加载时，其应变总是滞后于对应的应力，即 $\sigma = 0$，$\varepsilon \neq 0$，尤其是在新输送带中表现得尤为明显。

（3）输送带应变的蠕变性。

输送带的蠕变特性是指给其施加恒定的拉力时，输送带应变随时间的变化规律，如图 16-8 所示，伸缩量由大变小，最后趋于稳定。

（4）输送带应力的松弛特性。

对输送带施加一定的载荷拉伸后，保持其伸缩量不变，应力关于时间的变化规律如图 16-9 所示，应力按照指数规律衰减，最后达到稳定。

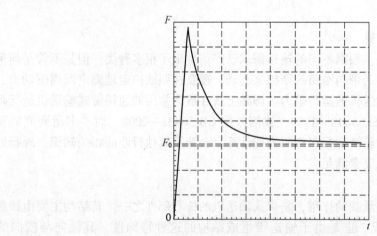

图 16-9　输送带应力的松弛特性

（5）频率特性。

所谓频率特性是指输送带受载后，应变与载荷的变化周期有关。

国内关于输送带的黏弹性及动态研究是非常广泛的，相关专家都做出了非常突出的贡献，但是工程实际若将输送带按照黏弹性体计算，是非常复杂的，一般工程技术人员也无法完成，也很容易出错，有条件的主机厂可以采用相关动态计算软件来分析，比较成功的有 Overland Conveyor 开发的 Belt Analyst，但国内主要还是通过提高输送带安全系数，沿用静态弹性或刚性计算方法。而安全系数的提高，输送带选型过大，带重增加，造成带式输送机运行阻力与电力能源消耗增加，初期投资成本与后期运行成本上升，也会间接产生环境污染等一系列问题。面对这种情况，可以改变带式输送机的结构，降低整机运行阻力，改变输送带的张力分布。

16.2.3　普通带式输送机运行阻力计算

根据带式输送机阻力产生的来源不同，可以将带式输送机的圆周驱动力分为主要运行阻力 F_H、主要特种运行阻力 F_{s1}、特种附加运行阻力 F_{s2}、附加运行阻力 F_N 和倾斜阻力（提升运行阻力） F_{st}。

1. 主要运行阻力计算

主要运行阻力是指输送机沿线产生的线性摩擦阻力，其主要影响因素分布如图 16-10 所示，与托辊的直径、制造及安装精度、输送带覆盖胶层的硬度、环境温度、输送速度、托辊槽角、物料及托辊的重量等都有关，极其复杂。所以想要准确地计算出主要运行阻力是非常困难的，通常采用一个综合的摩擦因数按照式（16-1）计算，具体计算时，还应该考虑到受料不均匀时，分段计算取最不利情况。

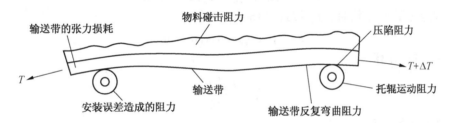

图 16-10　主要运行阻力影响因素的分布

$$F_H = fLg[q_{RO} + q_{RU} + (2q_B + q_G)\cos\delta] \tag{16-1}$$

$$q_{RO} = \frac{G_1}{a_O} \tag{16-2}$$

$$q_{RU} = \frac{G_2}{a_U} \tag{16-3}$$

$$q_G = \frac{Q}{3.6v} \tag{16-4}$$

式中　　f——综合模拟摩擦因数，根据输送工况、加工精度及现场安装水平决定，按表 16-1 查取；

L——输送机机长（受料点至卸料点距离），m；

g——重力加速度；

q_B——单位长度输送带质量，kg/m；

q_{RO}——上托辊组单位机长转动部分质量，kg/m；

q_{RU}——下托辊组单位机长转动部分质量，kg/m；

v——带速，m/s；

δ——输送机在运行方向的倾斜角，(°)；

G_1、G_2——上、下分支单组托辊转动部分质量，kg；

a_O、a_U——上、下分支托辊间距，m；

q_G——单位长度被输送物料重量，kg/m。

表 16-1 综合模拟摩擦因数 f

输送工况	输送机工作环境	f
水平、向上及向下的所有正功率运输	输送机工作环境良好，加工制造精良，现场安装水平良好，托辊组槽角小于 30°，环境温度大于 20 ℃，被输送物料内部摩擦因数不大	0.020
	输送机工作环境较好，设计、加工制造、现场安装均按照相应规范及标准执行，托辊组槽角大于 30°，被输送物料内部摩擦因数中等	0.022
	工作环境恶劣，温度很低，现场安装不良，托辊密封、润滑差，带速较高	0.023~0.030
负功率运输	设计、加工制造、现场安装按照标准执行，主机为负功率运输	0.012

2. 主要特种运行阻力计算

主要特种运行阻力 F_{s1} 由托辊组的前倾阻力 F_ε 和被输送物料与导料槽挡板之间的滑动摩擦阻力 F_{gl} 两部分组成，按式（16-5）确定：

$$F_{s1} = F_\varepsilon + F_{gl} \tag{16-5}$$

前倾上托辊组为 3 个长度相等的托辊时，F_ε 按式（16-6）计算：

$$F_\varepsilon = C_\varepsilon \mu_0 L_\varepsilon (q_B + q_G) g\cos\delta\sin\varepsilon \tag{16-6}$$

前倾下托辊组为下 V 结构时，F_ε 按式（16-7）计算：

$$F_\varepsilon = \mu_0 L_\varepsilon q_B g\cos\lambda\cos\delta\sin\varepsilon \tag{16-7}$$

F_{gl} 按式（16-8）计算：

$$F_{gl} = \frac{\mu_2 I_V^2 \rho g l}{v^2 b_1^2} \tag{16-8}$$

式中　C_ε——托辊组槽角系数；

μ_0——托辊和输送带之间的摩擦因数，正常安装时取 0.3~0.4；

ε——托辊前倾角度；

L_ε——前倾托辊组的机身长度，m。

μ_2——被输送物料与导料槽挡板之间的摩擦因数，通常取 0.5~0.7；

I_V——输送能力，m^3/s；

l——导料槽挡板长度，m；

b_1——导料槽两挡板间宽度，m。

3. 特种附加运行阻力计算

特种附加运行阻力 F_{s2} 由清扫器阻力 F_r 和卸料器阻力 F_a 组成，按式（16-9）确定：

$$F_{s2} = n_3 F_r + F_a \tag{16-9}$$

$$F_r = AP\mu_3 \tag{16-10}$$

$$F_a = Bk_2 \tag{16-11}$$

式中　n_3——输送带清扫器数量；

A——单个清扫器与输送带之间的接触面积，m^2；

P——清扫器与输送带之间的压力；

μ_3——清扫器与输送带之间的摩擦因数，通常取 0.5~0.7；

k_2——刮板系数，通常取 1500 N/m。

4. 附加运行阻力计算

附加运行阻力 F_N 按照式（16-12）计算：

$$F_N = F_{bA} + F_f + \sum f_1 + \sum f_T \qquad (16-12)$$

（1）落料段被输送物料的惯性阻力及其与输送带之间摩擦阻力 F_{bA}。

$$F_{bA} = I_V \rho (v - V_0) \qquad (16-13)$$

（2）落料加速区被输送物料与导料板之间的摩擦阻力 F_f。

$$F_f = \frac{\mu_2 I_V^2 \rho g l_b}{\left(\dfrac{V + V_0}{2}\right)^2 b_1^2} \qquad (16-14)$$

（3）输送带绕经滚筒的弯曲阻力 f_1。

对于钢丝绳芯输送带：

$$\sum f_1 = 12B\left(200 + 0.01\frac{F}{B}\right)\frac{t}{D} \qquad (16-15)$$

对于各种帆布输送带：

$$\sum f_1 = 9B\left(140 + 0.01\frac{F}{B}\right)\frac{t}{D} \qquad (16-16)$$

（4）除传动滚筒外的改向滚筒轴承阻力。

$$\sum f_T = \sum F_{iT}\frac{d_0}{D}\varphi \qquad (16-17)$$

式中　F_{iT}——滚筒所受各力之和；

　　　d_0——轴径，mm；

　　　D——滚筒直径，mm；

　　　φ——轴承摩擦因数，取 0.005；

　　　F——滚筒处输送带张力，N；

　　　B——带宽，m；

　　　t——输送带厚度，mm。

加速段长度为

$$l_{bmin} = \frac{V^2 - V_0^2}{2g\mu_1}$$

5. 倾斜阻力计算

倾斜阻力按照式（16-18）计算：

$$F_{st} = q_G g H \qquad (16-18)$$

式中　H——受料点标高与卸料点标高之差，m，有正负之分。

6. 总的运行阻力计算

输送机总的圆周驱动力 F_U，即为各种运行阻力之和，可以按照式（16-19）计算：

$$F_U = F_H + F_N + F_{s1} + F_{s2} + F_{st} \qquad (16-19)$$

16.2.4　智能化、高效节能带式输送机运行阻力分析

智能化、高效节能带式输送机机身选用滚轮托架结构，滚轮在轨道上的运行阻力即为该带式输送机的主要阻力。影响滚动阻力的因素非常复杂，变化比较大，按照引起滚轮托架运行阻力的原因可以将阻力划分为基本运行阻力与附加运行阻力两种。

当滚轮托架在轨道上运行时就会产生基本阻力，所以其伴随着滚轮托架运行的全过程。附加运行阻力只有在特定的情况下才会出现，如在水平拐弯的情况下，就会产生曲线运行阻力；输送机启动时，有启动附加阻力等。本节着重讨论滚轮托架基本运行阻力。

滚轮托架基本运行阻力是该带式输送机驱动圆周力计算的重要部分，基本阻力的影响因素很多，

其中最主要的就是滚轮与轨道之间的冲击与摩擦、滚轮内部的轴承及密封阻力，以及空气阻力。综合分析，滚轮托架基本运行阻力主要有以下因素：

（1）滚轮与轨道之间的滚动摩擦阻力。

（2）滚轮与轨道之间的滑动摩擦阻力，主要包括横向滑动和切向滑动。

（3）轴承及密封摩擦阻力。

（4）滚轮托架与轨道冲击及振动的动能损失。

（5）空气阻力。带式输送机的运行速度相对较低，空气阻力可以忽略。

滚轮和轨道的滚动阻力、轴承及密封阻力是主机运行阻力的主要组成部分。

16.2.5 滚轮与轨道的摩擦阻力

滚轮托架在轨道上运行时，由于滚轮托架结构、滚轮踏面的形状、输送机运行速度、气候条件、轨道的弹性、轨距等条件的不同，引起滚轮托架组件的横向力及冲击角也会不尽相同，所以滚轮与轨道之间作用力的影响因素非常复杂。本节着重分析滚轮与轨道之间的摩擦阻力。滚轮与轨道的摩擦阻力主要为滚轮与轨道的滚动摩擦阻力、滚轮与轨道的滑动摩擦阻力。以下从滚轮与轨道的接触开始分析轮轨运行阻力。

1. 滚轮与轨道接触分析

任何材料都不可能是完全刚性的，所以当滚轮与轨道在外载荷的作用下接触时，肯定会发生变形。滚轮为圆形结构，轮轨之间为线接触，因此这种接触面积较小。接触面积的大小及形状取决于轮轨的几何形状、外载荷和材料的力学性能等因素。通过比较分析滚轮和轨道的几何形状可知，滚轮与轨道产生椭圆形的接触面积，如图16-11所示，可以通过赫兹弹性接触理论求出接触椭圆的大小。

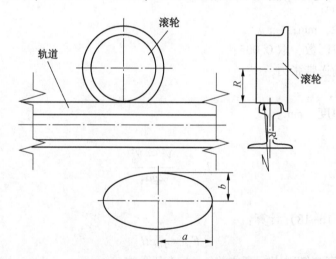

图16-11 滚轮与轨道接触示意图

若有两个弹性体，在外载荷的作用下相互接触，假设其中任一弹性体的主曲率半径为ρ_1、ρ_1'，另一个弹性体在相同接触点处的主曲率半径为ρ_2、ρ_2'，η为包含曲率半径为$\frac{1}{\rho_1}$与$\frac{1}{\rho_2}$的两个平面间的夹角，则出现常数A和B为

$$A + B = \frac{1}{2}\left(\frac{1}{\rho_1} + \frac{1}{\rho_1'} + \frac{1}{\rho_2} + \frac{1}{\rho_2'}\right) \tag{16-20}$$

$$B - A = \frac{1}{2}\left[\left(\frac{1}{\rho_1} - \frac{1}{\rho_1'}\right)^2 + \left(\frac{1}{\rho_2} - \frac{1}{\rho_2'}\right)^2 + 2\left(\frac{1}{\rho_1} - \frac{1}{\rho_1'}\right)\left(\frac{1}{\rho_2} - \frac{1}{\rho_2'}\right)\cos 2\eta\right]^{\frac{1}{2}} \tag{16-21}$$

根据轨道与滚轮的具体接触情况，其主曲率半径分别为沿输送线路方向与垂直于输送线路的方向，而且η角度等于零，则各主曲率半径可定义如下：

$\rho_1 = R$，滚轮滚动圆半径，此处滚轮半径 R 为 60 mm；

$\rho_1' = \infty$，滚轮踏面横截面外形为直线；

$\rho_2 = \infty$，沿输送方向，认为轨道是平直的；

$\rho_2' = R_g$，轨道横截面外形半径，此处选用的轨道 $R_g = 300$ mm。

关于曲率半径的正负号，赫兹做出了相关规定，曲率中心在弹性体外取负，反之取正，于是式（16-20）、式（16-21）可简化为

$$A + B = \frac{1}{2}\left(\frac{1}{R} + \frac{1}{R_g}\right) \tag{16-22}$$

$$B - A = \frac{1}{2}\left(\frac{1}{R} - \frac{1}{R_g}\right) \tag{16-23}$$

化简可得两个常数：

$$A = \frac{1}{2R} \qquad B = \frac{1}{2R_g}$$

再定义常数 k_1、k_2：

$$k_1 = \frac{1 - \sigma_1^2}{\pi E_1}$$

$$k_2 = \frac{1 - \sigma_2^2}{\pi E_2}$$

式中　E_1、E_2——两个接触体的弹性模量；

　　　　σ_1、σ_2——两个接触体的泊松比。

对于滚轮和轨道，可以认为弹性模量和泊松比是相同的，则可得

$$k_1 + k_2 = \frac{2(1 - \sigma^2)}{\pi E} \tag{16-24}$$

滚轮与轨道正常工作时，接触面积的形状和大小与赫兹接触理论是一致的，椭圆接触区域的长、短半轴为

$$a = m\sqrt[3]{\frac{3\pi N(k_1 + k_2)}{4(A + B)}} = m\sqrt[3]{\frac{3\pi N R R_g(1 - \sigma^2)}{4\pi E(R + R_g)}} \tag{16-25}$$

$$b = n\sqrt[3]{\frac{3\pi N(k_1 + k_2)}{4(A + B)}} = n\sqrt[3]{\frac{3\pi N R R_g(1 - \sigma^2)}{4\pi E(R + R_g)}} \tag{16-26}$$

式中　　N——滚轮与轨道接触面法向力，N；

　　　　m、n——与 A、B 有关的系数。

可以由式（16-27）求出 β，可以由表 16-2，通过插值法确定不同 β 值时对应的 m 和 n 值，再利用式（16-25）、式（16-26）确定接触椭圆的长半轴 a 与短半轴 b。

$$\beta = \arccos\left|\frac{B - A}{B + A}\right| = \arccos\left|\frac{\dfrac{1}{R} - \dfrac{1}{R_g}}{\dfrac{1}{R} + \dfrac{1}{R_g}}\right| = \arccos\left|\frac{R_g - R}{R_g + R}\right| \tag{16-27}$$

表 16-2　m 与 n 系数表

β	0.5	1	1.5	2	3	4	5	6
n	0.1018	0.1314	0.1522	0.1691	0.1961	0.2188	0.2552	0.285
m	61.40	36.89	27.48	22.26	16.50	13.31	9.79	7.860

表 16-2（续）

β	10	20	30	35	40	45	50	55
n	0.3112	0.4123	0.4930	0.5301	0.567	0.604	0.641	0.678
m	6.604	3.814	2.732	2.397	2.135	1.926	1.755	1.611
β	60	65	70	75	80	85	90	
n	0.717	0.759	0.802	0.846	0.893	0.944	1.000	
m	1.486	1.386	1.284	1.203	1.128	1.062	1.000	

2. 滚轮与轨道滚动阻力

通过以上分析，滚轮与轨道接触时，两者必然发生弹性形变，且接触面几何形状为椭圆形。形变大小与滚轮和轨道的刚度、表面硬度、支撑 H 架铺设密度、输送运量、输送速度等有关。

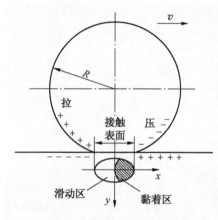

图 16-12　轨道与滚轮接触区图

当滚轮在轨道上运行时，接触区域会出现滚动接触和滑动接触，不同于静态接触。如图 16-12 所示，以轮轨接触几何面为分界，接触区前的滚轮材质在外部载荷的作用下发生压缩形变，接触区后的滚轮材质将发生拉伸形变，轨道与滚轮正好相反，接触区前的轨道材质发生拉伸形变，后面产生压缩形变。这样滚轮与轨道之间会有微量的相对位移，因此滚轮实际滚动时比纯滚动时走过的距离略小，则接触区就分为滑动区域与黏着区域。滚轮与轨道间的滑动摩擦产生在滑动区域内，而在黏着区域内，介质在外载荷的作用下将会产生形变，导致两弹性介质相互发生黏合，该黏着区域最后在转矩的驱使下会逐渐向前延展，滚轮与轨道的接触点就会不断地黏着与脱开，这就是滚轮与轨道滚动摩擦的过程。

滚轮与轨道相互接触时，轮轨之间的切向力为蠕滑力，蠕滑力的大小不超过摩擦力，它既不是纯滑动，也不是纯滚动，介于纯滚动与纯滑动之间。如果外载荷逐渐增大，就会造成滚轮与轨道之间接触区的切向力逐渐增大，在椭圆接触点，滑动区域的面积逐渐增大，黏着区域的面积逐渐减小，最终使黏着区域的接触面积减为零，导致轮轨之间产生相对滑动。

用蠕滑率来表示轮轨之间的微量滑动位移。在正常情况下，滚轮与轨道接触时，如果蠕滑速率不大于 0.05%~0.2%，轮轨间的切向力较小时，随着水平方向切应力的增大，蠕滑速率逐渐增大，两者呈现出线性变化规律，此时接触面内大部分都是黏着区。当蠕滑速率增大到 3%~5% 时，则切向力将会达到摩擦力的极限值 μN（N 为接触区域的法向压力；μ 为摩擦因数），但是不会超过最大的摩擦力。此时滑动区将占据接触面积的全部，黏着区消失。如果切向力继续增大，会导致滚轮在牵引工况时或者制动工况时空转。通过以下分析来求解轮轨之间的切向力。

假设轮轨接触椭圆区动态坐标系为 (x, y, z)，滚轮沿着 x 方向以速度 $\vec{V}$ 滚动，大小 $v = |\vec{V}|$，滚轮踏面滚动圆切向速度为 $\vec{C}$，在接触区两者速度方向相反。两者之和为滚轮刚性滚动速度：$\vec{S} = \vec{V} + \vec{C}$。一般情况下，$|\vec{S}| \ll v$，滚轮旋转角速度为 Ω，水平偏转角为 α，踏面倾斜角为 δ，滚轮刚性滑动是一个矢量速度，在 xyz 坐标轴上分解可得：

$$\vec{S} = \vec{V} + \vec{C} = v[(v_1 - \phi y)\vec{i} + (v_2 + \phi x)\vec{j}] \tag{16-28}$$

式中，x、y、z 方向的单位矢量分别为 $\vec{i}$、$\vec{j}$、$\vec{k}$，相对应的蠕滑率分别为 v_1、v_2、ϕ，即

纵向：
$$v_1 = (|\vec{V}| - |\vec{C}|)/v$$

横向：
$$v_2 = \alpha$$

旋转： $$\phi = \Omega\sin\delta / |\vec{C}| = \Omega\sin\delta / v = \sin\delta / r$$

接触区压力分布按弹性力学接触理论计算，为椭圆分布。滚轮与轨道接触区的法向应力是随椭圆规律变化的，且与椭球面的坐标 (x, y) 有关，即

$$Z(x, y) = \frac{3N}{2\pi ab}\sqrt{1 - \left(\frac{x}{a}\right)^2 - \left(\frac{y}{b}\right)^2} \tag{16-29}$$

式中　　N——法向压力；

a、b——接触区椭圆半径。

接触区中滚轮质点的实际滚动速度 $\vec{W}$ 为滚轮刚性滑动 $\vec{S}$ 与弹性滑动 $\vec{u}$ 的和，此处弹性滑移量 $\vec{u}$ 对时间的导数为 $\dot{\vec{u}}$。

$$\vec{W}(x, y) = v\left[(v_1 - \phi y)\vec{i} + (v_2 + \phi x)\vec{j}\right] + \vec{u}(x, y, t)$$

$$= v\left[(v_1 - \phi y)\vec{i} + (v_2 + \phi x)\vec{j}\right] - u\left(\frac{\partial \vec{u}}{\partial x}\right) + \frac{\partial \vec{u}}{\partial t} \tag{16-30}$$

若稳态接触滚动时 $\frac{\partial \vec{u}}{\partial t} = 0$，在非稳态接触滚动时 $\frac{\partial \vec{u}}{\partial t} \neq 0$。在 xy 平面上，令轮轨切向力 $p = (x, y)$。

按照库仑摩擦定律，根据法向力 $Z(x, y)$ 的分布规律，建立法向力与摩擦力之间的数学关系。假设滚轮与轨道的摩擦因数为 μ，则可满足以下两个基本关系式，即

黏着区 $$|p| = |(x, y)| \leqslant \mu Z \tag{16-31}$$

滑动区 $$p = -\mu Z \vec{W} / |\vec{W}| \tag{16-32}$$

滚轮与轨道滚动接触问题转化为确定 $p = (x, y)$，即切向应力分部 (x, y) 与弹性形变滑移 $u(x, y)$ 之间的关系，尤其是确定接触面上的切向力 T 及其分力 T_1 和 T_2。

$$(T_1, T_2) = \iint (x, y)\,\mathrm{d}_x\mathrm{d}_y \tag{16-33}$$

式中　T_1——纵向蠕滑力；

T_2——横向蠕滑力。

再由接触区滑移关系式：

$$\vec{W} = r\left[(v_1 - \phi y)\vec{i} + (v_2 + \phi x)\vec{j}\right] - r\left(\frac{\partial \vec{u}}{\partial x}\right) + \left(\frac{\partial \vec{u}}{\partial t}\right) \tag{16-34}$$

由式（16-29）~式（16-32）构成 (v_i, v_j, ϕ) 和 (T_1, T_2) 之间的关系为"蠕滑-力"定理。以上就是滚轮与轨道的滚动接触问题。接触面上的相对位移、相对速度、蠕滑等各项如图 16-13 所示。

滚轮与轨道滚动接触时，接触面的法向应力分布可以用弹性理论公式［式（16-29）］的椭圆形分布表示，现令接触面的剪应力场按 x、y 分布，剪切柔度为 L_x、L_y，剪应变为 u_x、u_y，轨道与滚轮间的滑动值 $\vec{W}$ 可以由式（16-33）导出：

$$\vec{W}(x, y) = \{v_x, v_y\}$$

$$= v_r\left\{v_i - \phi y + \frac{\partial u_z}{\partial x} - \frac{1}{v_r}\frac{\partial u_x}{\partial t}, \ v_2 + \phi x + \frac{\partial u_y}{\partial x} - \frac{1}{v_r}\frac{\partial u_y}{\partial t}\right\} \tag{16-35}$$

式中　v_x——滚轮沿 x 轴的分速度；

v_y——滚轮沿 y 轴的分速度；

v_r——滚轮的平均速度。

假设接触斑在稳态工况下滚动，即接触区内蠕滑区和黏着区稳定分布，进而可得弹性位移对时间的导数趋近零，即 $\frac{\partial u_x}{\partial t} = 0$，则 u 就与时间无关。用平均速度 v_r 去除式（16-35），可得相

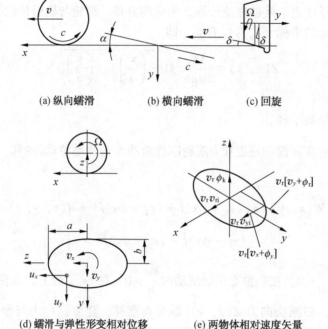

(a) 纵向蠕滑　　　　(b) 横向蠕滑　　　　(c) 回旋

(d) 蠕滑与弹性形变相对位移　　　(e) 两物体相对速度矢量

图 16-13　滚轮滚动接触和蠕滑

对滑动率：

$$\frac{v}{v_r} = \left\{ v_1 - \phi y + \frac{\partial u_x}{\partial x}, \ v_2 + \phi x + \frac{\partial u_y}{\partial x} \right\} \tag{16-36}$$

在轮轨相互剪切作用力下的"载荷-位移"式为

$$\vec{u}(x, \ y) = \left\{ \begin{matrix} u_x \\ u_y \end{matrix} \right\} \tag{16-37}$$

式中：

$$u_x = \frac{1}{\pi G} \iint \left[\left(\frac{1-\sigma}{R} + \frac{\sigma(x-x^*)^2}{R^3} \right) X(x^*, \ y^*) + \frac{\sigma(x-x^*)(y-y^*)}{R^3} Y(x^*, \ y^*) \right] dx^* dy^*$$

$$u_y = \frac{1}{\pi G} \iint \left[\frac{\sigma(x-x^*)(y-y^*)}{R^3} X(x^*, \ y^*) + \left(\frac{1-\sigma}{R} + \frac{\sigma(y-y^*)^2}{R^3} \right) Y(x^*, \ y^*) \right] dx^* dy^*$$

$$R = \sqrt{(x-x^*)^2 + (y-y^*)^2}$$

式中　x^*、y^*——接触面椭圆离散后，某一单元中点的坐标；

　　　x、y——环绕某单元的坐标变量；

　　　X、Y——切应力分量。

式（16-37）可写成如下矩阵形式：

$$\vec{u}(x, \ y) = \left\{ \begin{matrix} u_x(x, \ y) \\ u_y(x, \ y) \end{matrix} \right\}$$

$$= \frac{1}{\pi G} \iint \begin{bmatrix} h_{11}(x, \ y, \ x^*, \ y^*) & h_{12}(x, \ y, \ x^*, \ y^*) \\ h_{12}(x, \ y, \ x^*, \ y^*) & h_{22}(x, \ y, \ x^*, \ y^*) \end{bmatrix} \left\{ \begin{matrix} X(x^*, \ y^*) \\ Y(x^*, \ y^*) \end{matrix} \right\} \begin{bmatrix} dx^* dy^* \\ dx^* dy^* \end{bmatrix} \tag{16-38}$$

式中　h_{ij}——矩阵元素。

根据 Kalker 提出的理论，可以将切向应力（X，Y）与弹性位移 u 的关系式（16-37）简化如下：

$$\begin{cases} u_x = L_x X \\ u_y = L_y Y \\ X = -\tau_{xz} \\ Y = -\tau_{yz} \\ Z = 0 \end{cases} \quad (16-39)$$

式中　L_x——x 向柔度参数；

　　　L_y——y 向柔度参数。

Kalker 简化理论还提出：如果无刚性滑动，即 $W_x = W_y = 0$，前导数边缘切应力为零，$(X, Y) = (0, 0)$，应力分布连续可积，满足如下关系式：

$$X(x, y) = \left(\frac{v_1}{L_z} - \frac{\phi y}{L_{y\phi}} \right)(x - \vec{a}) \quad (16-40)$$

$$Y(x, y) = \frac{v_2}{L_y}(x - \vec{a}) + \frac{\phi}{2L_{y\phi}}(x^2 - \overline{a^2}) \quad (16-41)$$

式中　　　　$\vec{a}$——前导数边缘坐标，$\vec{a} = a\sqrt{1 - \left(\frac{y}{b}\right)^2} = \vec{a}(y)$；

　　　L_y、$L_{y\phi}$——y 与旋转 ϕ 方向的柔度。

沿接触区椭圆进行积分，可得整个接触区的蠕滑力 T_x、T_y、M_z 分别为

$$T_x = \iint X \mathrm{d}_x \mathrm{d}_y = \int_{-b}^{b} \mathrm{d}_y \int_{-\bar{a}}^{\bar{a}+z_1} X \mathrm{d}_x = \frac{8a^2 b v_1}{3L_z} = GabC_{11}v_1 \quad (16-42)$$

$$T_y = \iint Y \mathrm{d}_x \mathrm{d}_y = \frac{8a^2 b v_2}{3L_y} + \frac{\pi a^3 b}{4L_y}\phi = GabC_{22}v_2 + (\sqrt{ab})^3 GC_{23}\phi \quad (16-43)$$

$$M_z = \iint (xY - yX) \mathrm{d}_x \mathrm{d}_y = \frac{8a^2 b^3 \phi}{15L_z} - \frac{\pi a^3 b v_2}{4L_y} = G(ab)^{\frac{3}{2}}\left[C_{22}v_2 + C_{33}\sqrt{ab}\phi \right] \quad (16-44)$$

式中　C_{ij}——Kalker 蠕变系数；

　　　G——材料的剪切模量。

由式（16-42）～式（16-44）可知，椭圆接触斑面积与轮轨切向力的关系。

若忽略滚轮的横向偏转及回转，滚轮沿输送机运行方向在轨道上向前滚动，滚轮受到的切向阻力主要为纵向蠕滑力。借鉴 Carter 对轮轨蠕滑率与切向力关系的研究，滚轮纵向蠕滑系数为

$$f = \left[\frac{q}{1 - (1 - q)^{0.5}} \right] \left[\frac{\pi G(\lambda + G)}{2(\lambda + 2G)} RlN \right]^{0.5} \quad (16-45)$$

式中　λ——拉梅常数，$\lambda = 2G\sigma / (1 - 2\sigma)$；

　　　G——剪切弹性模量；

　　　σ——轮轨材料的泊松比；

　　　R——滚轮滚动圆半径；

　　　N——法向合力；

　　　q——滚轮上纵向力与切向力合力之比；

　　　l——轮轨接触区的横向换算长度。

由式（16-45）可以看出，f 的大小取决于切向力 T，若为纯纵向蠕滑，$T_x = T$，则 $q = 1$，由于滚轮和轨道为钢制结构，式（16-45）可以简化如下：

$$f = 291(RlN)^{0.5} \quad (16-46)$$

再将蠕滑系数 f 代入，可求得纵向蠕滑力，即滚轮沿轨道方向运行时的阻力：

$$F = fv = 291v(RlN)^{0.5} \quad (16-47)$$

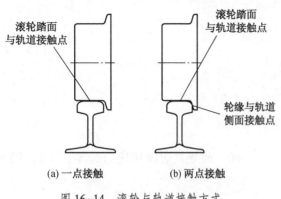

滚轮踏面
与轨道接触点

滚轮踏面
与轨道接触点

轮缘与轨道
侧面接触点

(a) 一点接触 　　 (b) 两点接触

图 16-14　滚轮与轨道接触方式

3. 滚轮与轨道滑动阻力

滚轮与轨道之间有一点与两点两种接触状态，如图 16-14 所示。当滚轮相对轨道横向偏移量不大时为一点接触，即滚轮踏面与轨道只有一个接触区；当滚轮相对轨道横向偏移量较大时为两点接触，即滚轮踏面与轨道顶面、轨道侧面与轮缘两个接触区。

滚轮沿输送机运行方向在轨道上运行时，滚轮与轨道接触点的相对位置在不断发生变化，滚轮相对于轨道的瞬时回转中心为滚轮与轨道的接触点。若滚轮与轨道为一点接触时，滚轮与轨道间没有相对滑动；若滚轮与轨道为两点接触时，轮缘与轨道侧面的接触点随着滚轮的旋转在不断地发生变化，这样就会造成轮缘与轨道侧面接触点的相对滑动，而且滚轮横向偏移量越大，滑动摩擦力就越大。

通常情况下，滚轮在轨道上发生横向偏移，主要是由于轨道安装误差、轨道直线度、滚轮托架加工误差、震动、输送带偏载等原因造成的，致使滚轮托架中线与轨道中心线偏离，产生蛇形运动。在这种情况下，轮轨间通常为两点接触，轮缘与轨道侧面很容易发生滑动摩擦，而且踏面与轨道顶面也容易发生横向滑动摩擦。但是由于滚轮与轨道间的横向偏移量随时在发生变化，轮缘与轨道侧面的压力也随之变化，因此想要计算轮轨间的滑动摩擦力非常困难。

16.2.6　滚动轴承阻力

滚动轴承不仅滚动阻力小、能耗低，而且是一种标准件，价格低廉，选用方便，所以本书所研究的带式输送机滚轮选用深沟球滚动轴承。但是在正常的运行过程中，也会有一定量的摩擦而产生轴承运行阻力。轴承摩擦的成因非常复杂，也很多。轴承摩擦不仅会造成能量损耗，还会加剧轴承内部零件的磨损，影响轴承的精度，使得轴承运转温度过高而烧伤内部零件表面、噪声加大、润滑失效等，最终造成轴承失效而增大阻力。

造成轴承摩擦的原因非常多，主要有自旋转滑动、差动滑动以及轴承轴线的偏斜，另外润滑剂的黏性、机体的振动、材料的弹性滞后等也会造成轴承摩擦，轴承中各种摩擦阻力转矩的总和称为轴承摩擦力矩，轴承摩擦力矩即使在同一条件下，也是有变化的。

轴承阻力就是滚轮托架运行时由于轴承自身摩擦而产生的阻力。如图 16-15 所示，滚轮滚动时，轴承内外圈与滚动体的接触面处将会有摩擦力产生，其大小等于轴荷载与摩擦因数 k 的乘积。该摩擦力对轴中心将会形成一个大小为 Qkr 的阻力矩，以阻碍滚轮的旋转。在滚轮的外部，轮轨之间由于轴荷载 Q 的作用，轨道对滚轮会产生一个切向作用力 f_1，可根据力矩平衡方程求出，即

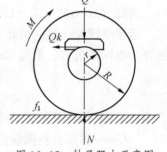

图 16-15　轴承阻力示意图

$$f_1 \cdot R = Qk \cdot r \tag{16-48}$$

$$f_1 = Q \frac{r}{R} k$$

式中　R——滚轮滚动圆半径，mm；

　　　r——轴颈半径，mm；

　　　Q——轴荷载，N；

　　　k——滚动轴承摩擦因数。

由式（16-48）可以看出，滚轮托架的轴承阻力与轴颈、轴承摩擦因数、滚轮半径、轴荷载有关。除此以外，还受以下两个外在因素的影响。

（1）润滑油及温度的影响。当处在夏天时温度较高，润滑油黏度较小，轴承摩擦阻力小；在冬季时，通常情况下温度非常低，润滑油黏度大，轴承运行阻力大。

（2）滚轮转速的影响。当带式输送机启动时，滚动轴承润滑油膜薄，温度也较低，轴承在干摩擦或半干摩擦状态下，因此摩擦因数较大。随着滚轮转速的增大，轴承逐渐处于完全润滑的状态下，摩擦因数会显著减小。但是如果轴承的转速过高，动不平衡问题会显著凸显，振动加剧，润滑油在离心力的作用下也会出现润滑不均匀，造成轴承阻力系数增大。

16.2.7 冲击与振动阻力

带式输送机在运行时，由于安装误差、轨道直线度、轨道接缝、滚轮托架横向滑移摩擦等都会造成轮轨间的冲击和振动。这势必会造成能量的损耗，增加带式输送机的驱动功率。因此，它也是带式输送机运行阻力的一部分。但是，这一部分的阻力受轨面直线度、轨向直线度、轨缝的多少及良好状态、滚轮的材质及加工精度等因素的影响，而且随着带速的提高，冲击与振动阻力也会增加，因此，想要精确地计算此部分的运行阻力也是非常困难的。

16.2.8 轮轨运行阻力实验

通过 16.2.5 节的分析可知，影响滚轮与轨道运行阻力的因素很多，也非常复杂，为了便于工程实际计算的需求，采取和普通带式输送机相同的处理办法，定义一个综合阻力系数：在水平直线轨道上运行时，滚轮所受阻力 F 与正压力 N 的比值，即

$$\omega = \frac{F}{N} \tag{16-49}$$

如图 16-16 所示，实验装置由滚轮托架组件、水平轨道与倾斜轨道组成。将滚轮托架组件置于高度为 H 的倾斜轨道处，在其重力的作用下沿轨道自由滑行，最终停止在水平轨道的某一位置，通过测量滚轮托架组件的滑行距离来间接地计算轮轨之间的运行阻力系数。

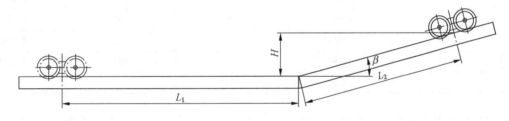

图 16-16　阻力实验原理示意图

由于在实验过程中，滚轮托架组件的运行速度不会太大，可以忽略空气阻力对整个系统的影响；也忽略了轴承阻力造成的能量损失，根据能量守恒定律，滚轮托架组件在轨道上运行时，阻力所做的功与重力所做的功相等，即

$$mgH = \omega mgL_1 + \omega mg\cos\beta L_2 \tag{16-50}$$

式中　m——滚轮托架组件的质量，kg；

　　　L_1——滚轮托架组件在水平直线轨道上的滑行距离，m；

　　　L_2——滚轮托架组件在倾斜轨道上的滑行距离，m；

　　　H——滚轮托架组件初始位置中心高度，m；

　　　ω——滚轮托架组件运行阻力系数；

　　　β——倾斜轨道水平夹角。

化简式（16-50）可得

$$\omega = \frac{H}{L_1 + L_2\cos\beta} = \frac{H}{L_1 + H\cot\beta} \tag{16-51}$$

式（16-51）即为滚轮托架组件阻力测试实验原理公式，H 与 β 都为已知参数，只要测出 L_1，即

可求出运行阻力系数，实验非常简单，而且托架组件是自由滑行，也很接近实际运行工况。

16.2.9 运行阻力系数实验测试

该实验装置非常简单，如图16-17所示，分别在不同的环境温度和轴重下对滚轮托架组件的运行阻力系数进行测量，实验数据详见表16-3。

图16-17 实验装置图

表16-3 滚轮运行阻力实验数据

序号	高度 H/mm	托架水平滑行距离 L_1	温度/℃	轴重/N	运行阻力系数 ω
1	150	11865	10	100	0.0110
2	150	11870	10	100	0.0110
3	150	12015	10	150	0.0109
4	150	12010	10	150	0.0109
5	150	12045	25	100	0.0109
6	150	12080	25	100	0.0109
7	150	12195	25	150	0.0108
8	150	12205	25	150	0.0108

本实验装置设计的倾斜轨道倾角 β 为5°，实验滚轮半径 R 为60 mm，在宁夏地区5月份的早晨和中午分别进行了实验数据的测试。滚轮托架预留了配重连接孔，可以实现在不同轴重下的滚轮阻力实验。

16.2.10 运行阻力系数计算

纯滚动情况下，滚轮与轨道的运行阻力系数可查阅相关手册，按下式求解：

$$\omega' = \frac{2f + \mu d}{D} = \frac{2 \times 0.3 + 0.004 \times 25}{120} = 0.00583 \tag{16-52}$$

式中　f——滚轮的滚动摩擦阻力臂，取0.3 mm；

d——滚轮轴颈，本实验为25 mm；

D——滚轮滚动圆直径，本实验为120 mm；

μ——轴承摩擦阻力系数，本实验取0.004。

也可以按照16.2.5节关于轮轨运行阻力计算的相关理论求出纯滚动情况下的运行阻力系数。首先通过式（16-27）求出 β 为48.1897，再由表16-2按照插值法求出对应的 m 为1.81630，n 为0.62760，根据式（16-25）、式（16-26）确定出 a 值为0.46957，在蠕滑率为0.04、滚轮托架组件空载的情况下，按照式（16-47）求出滚轮纯滚动时的摩擦阻力：

$$F = fv = 291v(RlN)^{0.5} = 291 \times 0.04 \times \sqrt{0.06 \times 0.00046957 \times 105} = 0.633(N)$$

则按照式（16-49）的定义，运行阻力系数计算如下：

$$\omega'' = \frac{F}{N} = \frac{0.633}{105} = 0.00603$$

通过以上计算数据对比可见，在纯滚动情况下，滚轮与轨道运行阻力系数的计算与相关手册查阅的计算结果误差为 3.3%，验证了本书关于滚轮轨道运行阻力计算理论体系的参考价值。

实验滚轮托架组件在实际测试过程中，不可避免地会出现跑偏，造成轮缘与轨道侧面摩擦，增大运行阻力系数，可以给纯滚动情况下的基本阻力系数乘以一个修正系数，按照式（16-53）计算：

$$\omega_1 = \omega'\eta = 0.00583 \times 1.5 = 0.00875$$
$$\omega_2 = \omega'\eta = 0.00603 \times 1.5 = 0.00905 \tag{16-53}$$

16.2.11 运行阻力系数对比

运行阻力系数对比见表16-4。

表16-4 运行阻力系数对比

普通带式输送机运行阻力系数 f	智能化、高效节能带式输送机运行阻力系数		
	测试的阻力系数 ω	手册计算的阻力系数 ω_1	本书计算的阻力系数 ω_2
0.023	0.0109	0.00875	0.00905

16.3 控制理论分析

16.3.1 控制系统的设计

该带式输送机与普通带式输送机相比，整个滚轮托架组件为串联系统，每一个滚轮托架组件的事故都会导致整个输送系统的瘫痪，而普通输送机托辊则为并联系统，某一组托辊的损害并不会对整个输送系统带来严重的事故，所以想要该带式输送机稳定可靠地运行，必须要有智能、可靠的监控系统作为支撑，实现健康诊断，做到预知维护，而现在随着计算机技术及电气控制技术的发展，可以使带式输送机的智能化控制成为现实。图16-18所示为该带式输送机控制系统的框架图。

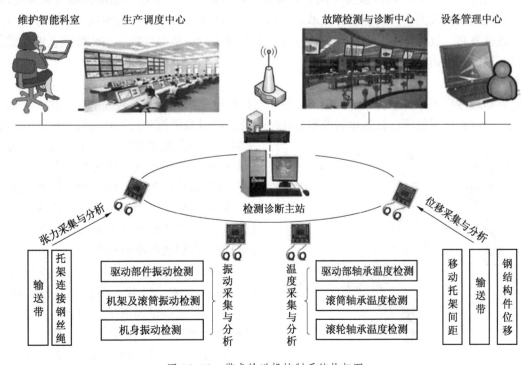

图16-18 带式输送机控制系统构架图

16.3.2 智能控制系统的目的

智能控制主要是在线监测与故障实时诊断分析，通过实时采集设备关键易损部件的振动、温度、压力、流量、油质、油位信号以及电控参数等，诊断设备的故障所在与严重程度，最后通过显示设备输出诊断结果，以减少设备检修人员的劳动强度及难度，将因为故障而造成的损失或安全事故降到最低程度。

（1）智能控制系统可以实现对滚轮托架、减速器、输送带等关键部件运行状况的数据采集，与提前植入的故障类型数据库进行智能比对与分析处理，提前排除设备的故障与安全隐患。

（2）降低维修人员工作强度，提高工作效率，实现减人增效。

本书所研究的新型高效节能带式输送机，主要应用于长距离越野工况，不仅运动部件数量庞大，而且野外工作环境较差，想要完全依靠人员完成设备故障的检测似乎不太可能，但是如果配置智能控制系统，对输送机运行状况进行全方位的检测与分析，提前预判可能会发生的故障，就可以做到有目的的维护，降低设备维护的难度与人员劳动强度，提高工作效率，实现降本增效。

（3）持续完善故障诊断数据库，使设备管理更加科学。

在线监测诊断系统具有设备全寿命周期跟踪分析、运行状态在线监测、故障实时诊断分析、故障统计、故障预警报警、Web 发布信息共享等功能，以监测诊断数据为基础，与设备库存管理、维修管理相结合，为设备预知维修管理提高科学依据，降低维修的盲目性，减少关联设备引起的二次损伤，增加设备生产效率，降低维修成本，避免突发性事故发生。

（4）保障设备安全可靠运行。

对带式输送机容易出现故障的零部件及人工不易监测的部位实时在线监测与智能控制，以保障该带式输送机安全可靠地运行。

16.3.3 智能控制系统建设技术方案

1. 系统的构成

智能控制管理系统是基于云服务的设备全生命周期管理系统，由传感与采集处理系统、数据传输系统、云服务平台和远程服务中心四部分组成，整个系统是以"数据生产平台放在用户端，数据存储、处理、发布、分析应用平台放在云端，人工监视与服务放在服务端"，共享数据成果给所有需要的客户端，构成一个"用户+云+服务"的云服务集中部署模式。位于用户端由传感与采集处理系统、数据传输系统组成的数据生产系统已有技术基础和成功应用于带式输送机的案例；云服务平台集成数据管理、数据发布、故障诊断、客户管理等软件，实现所有设备基础数据、实时数据、诊断数据的集成，实现互联网远程访问。

2. 智能诊断方法

智能诊断最常用的两种分析方法为频谱分析法与模糊诊断法。本书所研究的智能化、高效节能带式输送机，最容易出现故障的就是串联的滚轮托架系统，可以根据滚轮托架正常运行时的固有振动频率特性，确定输送系统是否正常运行。另外还可以每间隔一定距离安装传感器，若钢丝绳出现断裂，或者滚轮被卡死，传感器接收到的滚轮托架通过时间会增大，给主控机反馈出现故障，主控机及时发出停机命令以减少安全事故。

16.3.4 主要监测控制对象

普通带式输送机常用的保护控制有电软启动、功率平衡、过载、跑偏、打滑、超速、拉紧、制动、输送带撕裂等，而且这些技术已经趋于成熟，如图 16-19～图 16-21 所示，为某矿带式输送机在线监测与故障诊断终端，可以将这些基础控制直接用于该新型带式输送机。

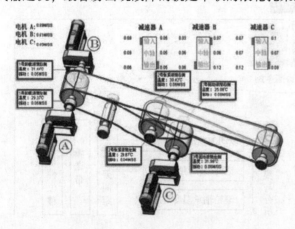

图 16-19 机电设备在线监测与故障分析

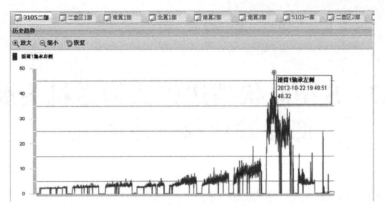

图 16-20 滚筒在线监测与故障分析

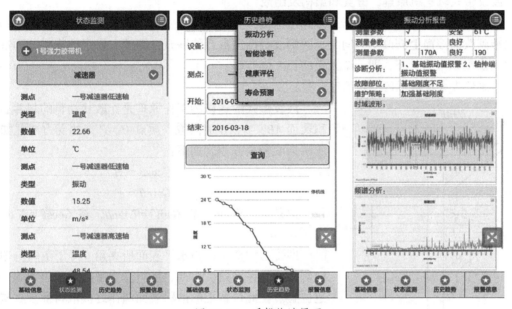

图 16-21 手机终端界面

滚轮托架组件是该带式输送机用量最多、最关键的部件之一，由于串联系统的缺点，任意一个滚轮托架组件的故障都有可能导致整个输送机系统的瘫痪，因此，有必要对这一部分进行在线监测与故障诊断。可以根据实时带速自动监测滚轮托架组件连接钢丝绳是否断裂，也可以根据滚轮运行噪声及振动判断滚轮是否正常运行，做到健康诊断，预知维护，将故障损失降为最低，图 16-22 所示为滚轮在线监测逻辑图。

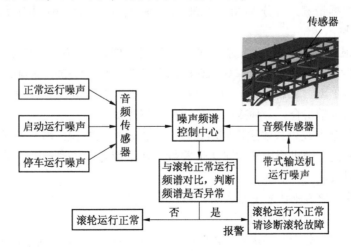

图 16-22 滚轮在线监测逻辑图

17 S型波状挡边带式输送机关键部件设计及改进研究

17.1 S型波状挡边带式输送机结构设计

17.1.1 波纹带式输送机原理、分类和结构及组成

波纹带式输送机也称为波纹隔断式带式运送机，其形状犹如一个个无盖的长方体方格。每当长方体方格在转到改向滚筒上需改变方向时，两侧波状挡边自行伸展开，卸掉方格中的物料，而在直线运行过程中又恢复原来的状态，即一个无盖的长方体方格。

17.1.1.1 波纹带式输送机的工作原理

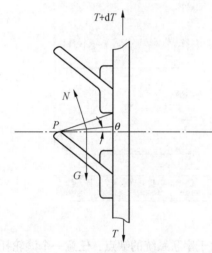

图17-1 物料自然堆积面上 P 点受力图

波纹带式输送机的工作原理是让散状物料的料斗自然形成积聚面 AB，在 AB 面内取一质点 P。P 点的受力情况如图17-1所示，取平衡方程式如下：

$$G\cos\theta = N$$
$$G\sin\theta = F$$

但是 $F = N\tan\rho$，故 $G\sin\theta = N\tan\rho$，将 $G\cos\theta = N$ 代入，得 $\tan\theta = \tan\rho$。

即受力均衡平面与水平表面所夹角 θ 等于散料与输送带的内侧面的摩擦夹角。由此，散料受力平衡表面位置为一相对固定位置。在此位置上的散料表面叫作终极散料面。在提升散料时，终极散料面以上散料受到自身重力的影响并且向下滑动，而在终极散料面以下的散料相对波状方格体静止，因此散料会随着波状方格体一同爬升。

17.1.1.2 波状挡边带式输送机的分类

根据输送带的波形，波纹输送带可分为以下3类。

（1）U形。此型根据带宽，可分为300~1400 mm各型，中间没有横间隔板，运送倾斜角度小于18°，仅能作为水平运输。

（2）斗形。此型根据槽角大小和挡边高度分成各型。槽角有20°、30°之分，裙边高度为40~120 mm，各型裙边高度依次相差20 mm，0.120 m以上有0.200、0.300、0.400 m几种类型。其横隔板基本形式有两种，即T型（又称I型）和C型，把C型和T型组合后又派生出S型（图17-2）。有两种形式的横隔板和基带组合：一种冷粘，另一种机械连接。

（3）双斗形。像两条波纹带式输送机同时运转，目的是增加体积，增大输送量。

另外，如果波纹带式输送机再用平面输送带覆盖，就像带有带式输送机的料斗一样，形成了一个封闭空间，可称为封闭式。

17.1.1.3 波状挡边带式输送机的布置形式及产品规格

1. 波状挡边带式输送机的布置形式

布置形式有多种类型，分为水平运输、Z形运输、S形运输、斜头运输、倒L形运输、O形运输、斜头运输、L形运输等结构。波状挡边式带式输送机布置形式如图17-3、图17-4所示。

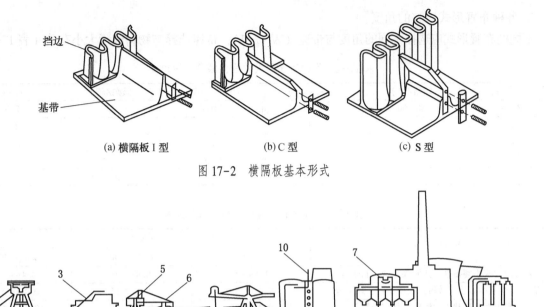

图 17-2 横隔板基本形式

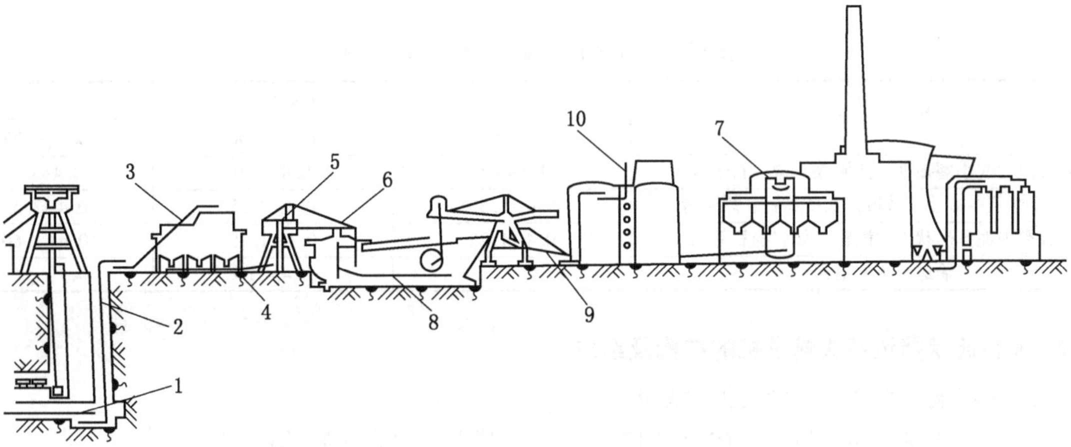

1—水平式；2—Z形；3—S形；4—斜头；5—I形；6—倒L形；7—O形；8—斜尾式；9—斜式；10—L形

图 17-3 波状挡边式带式输送机布置形式

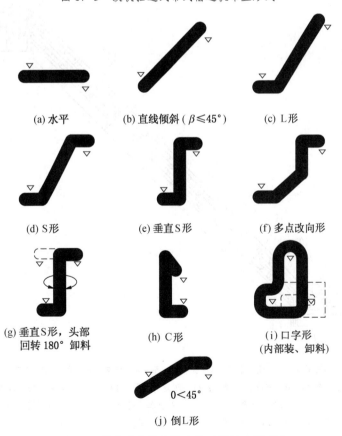

图 17-4 具体波状挡边带式输送机的布置形式

2. 各种布置形式适宜的角度

不同的布置形式应选择不同的角度与带速（表17-1），带速选择与物料粒度大小有关（表17-2）。

表17-1　各种布置形式的适宜倾角和带速 v

形式	倾角/(°)	v/(m·s⁻¹)	形式	倾角/(°)	v/(m·s⁻¹)
Z, S	60~90	1.34	斜尾式	45	2.5
L	60	1.34	斜式	45	2.5
倒 L	45	2.0	L	<45	1.34
斜头	45	2.0	S, L	<35	2.5
O, I	90	1.34	S, L	>35~60	2.0

表17-2　带速 v(m/s) 与物料粒度关系

物料粒度	带宽/mm		
	500~600	800~1000	1200~1400
无磨损性或小磨损性，如原煤、盐、石子等	0.4~4.0	0.4~4.0	0.4~4.0
有磨损性且中或小型散料，如矿物石、煤渣等	0.4~2.55	0.4~2.55	0.4~3.55
有磨损性且形状大的散料，如矿物石等	0.4~1.25	0.4~1.25	0.4~1.60
输送料灰尘很大		0.4~1.0	

17.1.2　S 型波状挡边带式输送机的结构及组成

17.1.2.1　S 型波状挡边带式输送机的结构

S 型波状挡边带式输送机的结构如图17-5所示，其主要性能参数见表17-3。

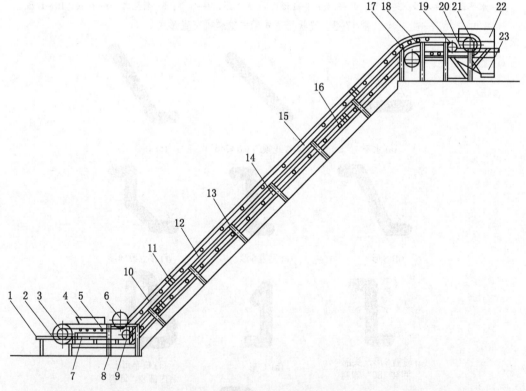

1—机尾拉紧部；2—机尾架；3—机尾滚筒；4—受料槽；5—缓冲装置；6—改向压带滚筒；7—回程清扫装置；
8—凹弧段承重架；9—改向抬滚；10—波状挡边胶带；11—防跑偏立辊；12—上部中间架；13—H标准架；14—下部纵梁架；
15—上平行旋转托辊；16—下托带旋转复式辊；17—凸弧段加密托辊；18—凸弧段重型机架；19—机头清扫装置；
20—机头卸料承载架；21—传动改向滚筒（含驱动部）；22—机头护罩体；23—机头漏斗体

图17-5　S 型波状挡边带式输送机的结构

表17-3　S型波状挡边带式输送机的主要性能参数表

带宽 B/mm	挡边高/mm	带速/($m \cdot s^{-1}$)	倾角/(°)	最大运送值 Q/($m^3 \cdot h^{-1}$)	功率 N/kW
500	80	0.8~2.5	30~90	78	1.5~22
500	120	0.8~2.5	30~90	104	1.5~22
500	160	0.8~2.5	30~90	130	1.5~22
650	80	0.8~2.5	30~90	118	1.5~30
650	120	0.8~2.5	30~90	156	1.5~30
650	160	0.8~2.5	30~90	210	1.5~30
800	120	0.8~2.5	30~90	248	1.5~55
800	160	0.8~2.5	30~90	340	1.5~55
800	200	0.8~2.5	30~90	370	1.5~55
800	240	0.8~2.5	30~90	520	1.5~55
1000	160	0.8~4.0	30~90	465	4.0~90
1000	200	0.8~4.0	30~90	518	4.0~90
1000	240	0.8~4.0	30~90	708	4.0~90
1200	160	0.8~4.0	30~90	702	5.5~110
1200	200	0.8~4.0	30~90	788	5.5~110
1200	240	0.8~4.0	30~90	1077	5.5~110
1200	300	0.8~4.0	30~90	1292	5.5~110
1400	200	0.8~4.0	30~90	942	5.5~185
1400	240	0.8~4.0	30~90	1329	5.5~185
1400	300	0.8~4.0	30~90	1613	5.5~185
1400	400	0.8~4.0	30~90	2457	5.5~185

17.1.2.2　S型波状挡边带式输送机的组成

1. 基带

（1）波纹输送带采用纺织材料芯或钢丝绳芯作为基带，纺织材料芯径向撕裂强度 $[\sigma]$ 也称"许用应力胶带强度"，$[\sigma]=56$ N/m 为棉织物材料，$[\sigma]=100$、200、300 N/m 为聚氨酯材料；钢丝绳芯纵向撕裂强度大于等于 1 N/(m·层)，就波纹输送带的带宽来说，撕裂强度会随着带宽而增大，但也不能单靠增加织物层数来提高撕裂强度。这是由于织物层的厚度将影响整个波状挡边输送机灵活程度，波状挡边输送机整机的采购成本会随着织物层数和波纹输送带成本的增加而增加，只有利用新型纳米材料与波纹输送带黏合新技术或应用超强度钢丝绳芯基带来处理撕裂强度增大的难题，降低波纹输送带的成本。

（2）常用织物芯基带基本参数见表17-4。

表17-4　常用织物芯基带基本参数

层数（Z）	上胶面+下胶面+中间胶面厚度/mm	带宽（B）/m					
		0.5	0.65	0.8	1.0	1.2	1.4
		每米质量（q_0）/kg					
三	3+1.5+1.5	5.87					
三	4.5+1.5+1.5	6.75					
三	5.5+1.5+1.5	7.61					

表17-4（续）

层数（Z）	上胶面+下胶面+中间胶面厚度/mm	带宽（B）/m					
		0.5	0.65	0.8	1.0	1.2	1.4
		每米质量（q_0）/kg					
四	3+1.5+1.5	6.67	8.71	10.71			
	4.5+1.5+1.5	7.56	9.81	12.11			
	5.5+1.5+1.5	8.43	10.93	13.51			
五	3+1.5+1.5		9.74	11.97	14.99	17.96	
	4.5+1.5+1.5		10.86	13.39	16.70	20.04	
	5.5+1.5+1.5		12.00	14.77	18.45	22.16	
六	3+1.5+1.5			13.29	16.60	19.91	23.19
	4.5+1.5+1.5			14.66	18.31	22.01	25.66
	5.5+1.5+1.5			16.01	20.06	24.09	28.11
七	3+1.5+1.5				18.21	21.86	25.49
	4.5+1.5+1.5				19.94	23.96	27.96
	5.5+1.5+1.5				21.67	26.06	30.39
八	3+1.5+1.5				19.80	23.79	27.76
	4.5+1.5+1.5				21.55	25.83	30.09
	5.5+1.5+1.5				23.28	27.85	32.46
九	3+1.5+1.5					25.71	30.01
	4.5+1.5+1.5					27.81	32.39
	5.5+1.5+1.5					29.91	34.81

（3）基带覆盖胶面的厚度采用表17-5规定，并根据实际使用情况、散料特性等择优选择。

表17-5 基带覆盖胶面的厚度

散 料 特 性	散 料 名 称	覆盖胶面厚度/mm	
		上胶面厚	下胶面厚
$\gamma < 2000$ kg/m³、块度小或磨损性不大的散料	焦炭、煤、石灰石烧结混合料、砂等	3.0	3
$\gamma > 2000$ kg/m³、块度≤0.2 m或摩擦损失比较多的散料	破碎后的矿石、选矿产品、油田页岩等	4.5	3
$\gamma > 2000$ kg/m³、块度>0.2 m或磨损性很大的大块物料	大块铁矿石、大块油田页岩等	5.5	3

波纹输送带的使用安全数值取值：$n = 12$。

2. 波状挡边

本系列推荐采用"S"型波状挡边，如图17-6所示。其主要参数及每米质量见表17-6。

表17-6 "S"型挡边主要参数

挡边高 H/mm	波动幅 W_s/mm	波形距离 S/mm	波底宽度 W_f/mm	每米质量 q_s/(kg·m^{-1})
80	45	43	55	1.90
120	45	43	55	2.52
160	65	66	85	4.50
200	75	73	90	5.60

表 17-6（续）

挡边高 H/mm	波动幅 W_s/mm	波形距离 S/mm	波底宽度 W_f/mm	每米质量 q_s/(kg·m^{-1})
240	85	73	95	6.74
300	95	73	100	12.00
400	95	87	115	16.01

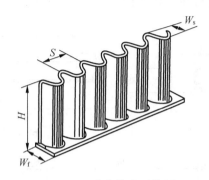

图 17-6 波状挡边形状图

3. 中间间隔板

（1）波纹输送带侧边由于高度有差异，中间间隔板也有所差异，中间间隔板有多种类型，如图 17-7 所示，推荐选用 TC 型中间间隔板，主要参考数值和每平方米波纹输送带质量见表 17-7。

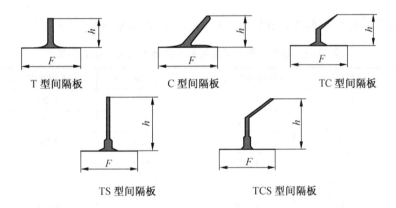

图 17-7 间隔板类型

表 17-7 横隔板主要参数

中间间隔板类型	间隔板高 b/m	间隔板底板宽 F/m	配用挡边高 H/m	每平方米质量 q_t/(kg·m^{-2})
T，TC	0.075	0.070	0.080	1.9
T，TC	0.110	0.100	0.120	2.9
T，TC	0.150	0.100	0.160	6.0
T，TC	0.180	0.160	0.200	7.4
T，TC	0.220	0.160	0.240	10.5
TS，TCS	0.280	0.180	0.300	19.6
TS，TCS	0.360	0.200	0.400	22.6

（2）间隔板间距。根据散料体积、粒径选择间隔板距离，建议通常采用波形间隔距离的 n（n = 1、2、3、4、…）倍。间隔物间距应不小于间隔板的宽度。如果是粉末形状散料或者是容易流通的散料，则间隔件和挡边之间的间距应采用刚性固定。

4. 波状挡边输送带的基本参数

（1）波纹输送带有3种基本结构型式：Ⅰ型采用有间隔板、有空边波纹输送带；Ⅱ型采用有间隔板、无空边的波纹输送带；Ⅲ型采用无间隔板、无空边的波纹输送带。由于波纹带式输送机安装结构不同，波纹输送带结构型式的选择也有所不同，如图17-8所示。

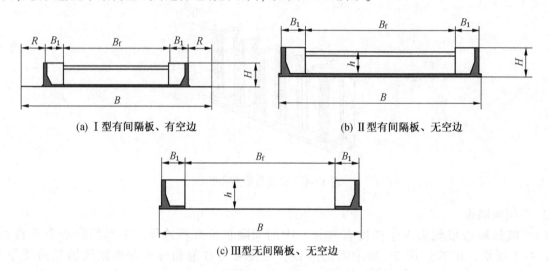

(a) Ⅰ型有间隔板、有空边   (b) Ⅱ型有间隔板、无空边

(c) Ⅲ型无间隔板、无空边

图 17-8　本系列挡边输送带的 3 种基本结构型式

（2）常用（推荐系列）Ⅰ型有间隔板有空边挡边输送带基本参数见表17-8。

表 17-8　常用Ⅰ型有间隔板有空边挡边输送带基本参数

基带宽度/m	挡边高度/m	间隔板高度/m	B_1/m	有效带宽度/m	空边宽度/m
	0.08	0.075	0.050	0.260	0.070
0.5	0.12	0.110	0.050	0.260	0.070
	0.160	0.150	0.080	0.260	0.070
	0.080	0.075	0.050	0.360	0.095
0.650	0.120	0.110	0.050	0.360	0.095
	0.160	0.150	0.080	0.360	0.095
	0.120	0.110	0.050	0.450	0.125
0.800	0.160	0.150	0.080	0.390	0.125
	0.200	0.180	0.085	0.380	0.125
	0.240	0.220	0.090	0.370	0.125
	0.160	0.150	0.080	0.540	0.150
1.000	0.200	0.180	0.085	0.530	0.150
	0.240	0.220	0.090	0.520	0.150
	0.160	0.150	0.080	0.620	0.210
1.200	0.200	0.180	0.085	0.610	0.210
	0.240	0.220	0.090	0.600	0.210
	0.300	0.280	0.095	0.590	0.210

表17-8（续）

基带宽度/m	挡边高度/m	间隔板高度/m	B_1/m	有效带宽度/m	空边宽度/m
	0.200	0.180	0.085	0.750	0.240
1.400	0.240	0.220	0.090	0.740	0.240
	0.300	0.280	0.095	0.730	0.240
	0.400	0.360	0.115	0.690	0.240

5. 传动滚筒

传动滚筒选型可以根据普通带式输送机设计手册选取，校核扭转力矩、许用合应力。还需满足最小传动滚筒直径：

$$D = Cd$$

式中　d——织物芯层厚度或钢绳绳径（直径），m;

　　　C——材料选取系数，棉织物材料$C=80$，聚氨酯材料$C=108$，钢丝绳材料$C=145$。

最小传动滚筒直径见表17-9。

表17-9　最小传动滚筒直径

挡边高度/m	最小传动滚筒直径/m	特殊要求的最小传动滚筒直径/m
0.080	0.200	0.320
0.120	0.400	0.500
0.160	0.400	0.630
0.200	0.500	0.800
0.240	0.630	1.000
0.300	0.800	1.250
0.400	1.000	1.600

6. 驱动装置

驱动装置是波纹带式输送机的发动机，其重要性相当于人的心脏，应根据波纹带式输送机的传动力矩的大小进行选择。择优选择如下：

（1）电动滚筒。即使电动滚筒具有结构简单紧凑、外形体积小、重量轻、安装空间不大、占地面积小、容易布置等优点。但是，一旦电动滚筒损坏，就会影响整机的运行，需要停机、维护和更换。因此，电动滚筒只适用在波状挡边带式输送机的驱动功率小（一般≤7.5 kW）和短时间工作的场合。

（2）侧装轴式减速电机。该驱动装置不但具备电动滚筒的所有优势，而且一旦侧装轴式减速电机损坏，在短时间内就可以维修更换。所以在波状挡边带式输送机的功率不大（一般≤22 kW）条件下应用范围广。

（3）异步电动机+耦合器（限矩或调速型）+减速机+低速联轴器。这是一种驱动装置，传递中等功率时（22~250 kW），此驱动结构被广泛应用。

（4）变频电机+联轴器+减速器+低速联轴器。这是一种新型驱动配比形式，在大功率（>45 kW）整机上被积极应用，具有节约能源、降低能耗、调整整机的速度等优点。

7. 改向滚筒

改向滚筒可以采用普通带式输送机选型资料选取，并且需满足最小改向滚筒直径要求，见表17-10。

表 17-10　最小改向滚筒直径

挡边高度/m	最小改向滚筒直径/m	特殊要求的最小改向滚筒直径/m
0.080	0.200	0.320
0.120	0.400	0.500
0.160	0.400	0.630
0.200	0.500	0.800
0.240	0.630	1.000
0.300	0.800	1.250
0.400	1.000	1.600

8. 改向压带滚筒

改向压带滚筒覆盖于有侧边和中间间隔板的基带同侧，随同波纹输送带变换输送角度。必须响应最小改向压带滚筒直径要求，见表 17-11。

表 17-11　最小改向压带滚筒直径

挡边高度/m	最小改向压带滚筒直径/m	挡边高度/m	最小改向压带滚筒直径/m
0.080	0.320	0.240	1.000
0.120	0.500	0.300	1.250
0.160	0.630	0.400	1.600
0.200	0.800		

为了有效地减小改向压带滚筒的直径或轴直径，建议在圆弧上施加两个或更多个改向压带滚筒。

9. 旋转托辊

旋转托辊是用于承载下回程波状挡边输送带的重量和承载上运行波状挡边输送带的重量，以及承载输送带内的散状物料，确保整机稳定运转的重要机构。

1）旋转托辊类型

（1）上平行旋转托辊。用于承载上运行输送带以及承载输送带内的散状物料的重量。

（2）上平行旋转缓冲托辊。用于缓冲散料下落重量，布置于落料装置处。

（3）凸弧过渡旋转托辊。用于承载转角时上运行输送带的重量以及承载输送带内的散状物料重力。

（4）下平行旋转托辊。用于承载下回程输送带的重量和承载上运行挡边输送带重量。

（5）托带旋转短辊。用于承载下回程输送带的重量。基带宽度大于等于 0.8 m，择优选取。

（6）预防输送带偏转旋转立辊。布置于输送带的两侧，主要作用是在波状挡边输送带跑偏时，纠正输送带跑偏，防止输送带跑偏后刮蹭托辊架，损伤输送带。

2）旋转托辊间距

（1）上平行旋转托辊间距。采用间距为 1、1.2 m。

（2）上平行旋转缓冲托辊间距。采用间距为 0.250、0.300、0.400 m。

（3）凸弧过渡旋转托辊间距。采用每 2 组凸弧段平行旋转托辊之间角度小于等于 10° 的原则。

（4）下平行旋转托辊间距。采用间距为 1、1.2 m。

（5）托带旋转短辊间距。采用间距为 0.75、1.0 m。

（6）预防输送带偏转旋转立辊间距。采用间距为 6.0、9.0 m。

10. 输送带张紧装置

输送带张紧装置主要采用机尾螺旋输送带张紧装置及机尾车式输送带张紧装置。

（1）机尾螺旋输送带张紧装置。由于机尾螺旋输送带张紧的距离不大。在选用时可以参照普通带式输送机设计选用手册选取。

（2）机尾车式输送带张紧装置。宜在输送带张紧距离大时选用。

11. 散料清扫装置

散料清扫装置有机头散料清扫装置、回程段散料清扫装置、空边段散料清扫装置、改向压带滚筒散料清扫装置。

（1）机头散料清扫装置。安装在接近传动滚筒后方，输送带基带非工作面上。

（2）回程段散料清扫装置。安装在机尾改向滚筒前方，输送带基带非工作面上。

（3）空边段散料清扫装置。安装在凹弧段改向压带滚筒处，用于清扫输送带空边散落物料。

（4）改向压带滚筒散料清扫装置。安装在凸弧段改向压带滚筒处，用于清扫改向压轮工作面散落物料（当输送散料为黏性散料时才选用）。

12. 落料装置

落料装置能够保证散状物料落料时均匀、对中给料，减少散状物料对波状挡边带式输送带的冲击。

13. 承载架

承载架可分机头承载架、机尾承载架、凹弧段承载架、凸弧段承载架。

14. 机头漏斗装置及护罩

机头漏斗装置及护罩用于落料、指引料流方向，并且用于防尘作用。

17.1.3　S型波状挡边带式输送机的设计计算

17.1.3.1　初始数据及工作条件

S型波纹带式输送机设计计算，需要以下初步数据和工作条件。

（1）确认散状物料和运送量。

（2）散状物料的特性。

①颗粒的大小、颗粒组成。

②堆积密度。

③动或静堆积角度。

④散状物料自身温度等。

（3）运行状况。暴露在外还是在房间里、干燥或是潮湿、环境温度和空气中含有灰尘度等。

（4）落料点的数量及落料位置。

（5）整机的布局及相关尺寸，包括整机长度、散状物料提升高度和提升角度等。

17.1.3.2　输送能力计算

S型波纹带式输送机如图 17-9 所示，采用容量计算方法，通过水平横截面积计算有效运输能力。忽略散状物料聚集角 P 对运输能力的影响冲击，并根据散状材料在输送带上的装载状况，运输能力 Q 分别按以下两式计算。

（1）TC 型间隔板。

当 $t_q \leqslant t_s$ 时：

$$Q = k3600 v \rho h B_f (t_q/2 + 0.1232\ h)/t_s$$

当 $t_q > t_s$ 时：

$$Q = k1800 v \rho h B_f (2 - t_s/t_q + 0.024264 h/t_s)$$

（2）T 型间隔板。

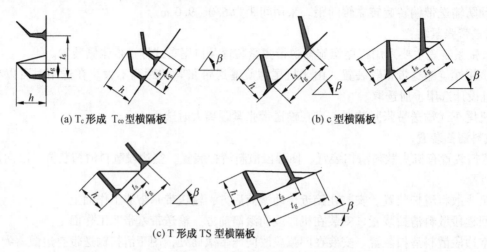

(a) T_c形成 T_{co}型横隔板 　　　　(b) c型横隔板

(c) T形成 TS 型横隔板

图 17-9　S型波纹带式输送机示意图

当 $t_q \leqslant t_s$ 时：

$$Q = 1800kv\rho h B_f t_q / t_s$$

当 $t_q > t_s$ 时：

$$Q = 1800kv\rho h B_f (2 - t_s/t_q)$$

式中　k——散状物料倾斜面减少因数；

t_q——散状物料与波状挡边输送带基带搭接长度的理论值，$t_q = h[0.364 + \tan(90° - \beta)]$；

ρ——散状物料堆积密度，kg/m^3，可参见各相关设计手册；

h——间隔板高度，m；

β——波状挡边带式输送机在运转方向斜度角，(°)；

t_s——间隔板间距，m，通常取为 3~6 倍波形间距；

B_f——与散状物料有效带宽，m；

v——运行速度，m/s。

17.1.3.3　传动滚筒轴转动功率和张力计算

波纹带式输送机典型布局形式采用为"S"型，其功率、张力计算用简图如图 17-10 所示。

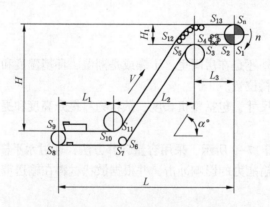

图 17-10　功率、张力计算用简图

S型波状挡边带式输送机采用如下传动滚筒轴转动功率简单推算公式。

1. 传动滚筒上所需圆周驱动力 F_u

$$F_u = CF_H + F_{st}$$

其中，系数 C（与机长度相关的系数）见表 17-12，F_H、F_{st} 含义如下：

表 17-12　系　数　C

L/m	10	20	30	40	50	60	70	80	90	100	120	140	160	180	200
C	4.5	3.2	2.7	2.4	2.3	2.2	2.1	2	1.9	1.8	1.75	1.7	1.6	1.5	1.45

（1）F_H 为主要阻力（N）。指散状物料及波纹输送带移动和上平行旋转托辊和下平行旋转托辊及各类托辊旋转制造出摩擦力的汇总。

$$F_H = fgL[q_{RO} + q_{RU} + (2q_b + q_G)L/\mathrm{sqrt}(H^2 + L^2)]$$

式中　f——模拟摩擦因数，由工作条件及制造、安装水平决定，取 0.022~0.025，见表 17-13；

g——重力加速度；

q_{RO}——上平行旋转托辊旋转部分质量/上平行旋转托辊间距（kg/m），见表 17-14；

q_{RU}——下平行旋转托辊旋转部分质量/下平行旋转托辊间距 kg/m，见表 17-14；

q_b——每米带重，kg/m，$q_b = q_o + 2q_s + B_f q_t/t_s$；

q_o——每米基带重，kg/m；

q_s——每米挡边重，kg/m；

B_f——输送带有效带宽，m；

t_s——输送带间隔板间距，m；

q_t——输送带横间板每米质量，kg/m；

q_G——输送带装载每平方米散状物料重量，kg/m，$q_G = Q/(3.6v)$；

Q——运送输送能力，t/h；

v——运行速度，m/s；

L——水平投影长度，m；

H——提升高度，m。

表 17-13　模拟摩擦因数

安装情况	工 作 条 件	f
水平、向上运转的电动工况	工况好，生产、装配精度高，运行带速不大，散状料摩擦因数不大	0.021
	按照标准执行、生产、安装易调节，散状料摩擦因数中等取值	0.021~0.032
	工作环境恶劣，过载严重，安装精度低，托辊运行损坏率高，散状物料内摩擦因数大	0.025~0.04

表 17-14　上、下托辊旋转部分每米质量

质量/(kg·m⁻¹)	带宽（B）/m					
	0.50	0.65	0.80	1.00	1.20	1.40
平行托辊	7	9	11	15	18	21

（2）F_{st} 为提升阻力（N）。指波状挡边带式输送机上、下输送带和散状物料克服自身重力，提升相对高度所需要的阻力。

$$F_{st} = g(q_G + 2q_s + B_f q_t/t_s)H$$

2. 电动机功率

$$N = kF_u v/n_i$$

式中　F_u——传动滚筒上的圆周驱动力，N；

n_i——总传动效率，通常取 0.9；

k——电机工况富裕系数，取 1.2。

3. 波状挡边输送带张力计算

（1）输送带不打滑条件。

$$F_2(S1)\min \geqslant F_{\text{Umax}}/(e^{\mu\phi} - 1) = K_A F_U/(e^{\mu\phi} - 1)$$

式中　F_{Umax}——当整机完全装载满由静止到运转时或由运转到突然静止时发生的最大转动力矩，启动时 $F_{\text{Umax}} = K_A F_U$，选用因数 $K_A = 1.25 \sim 1.65$；

　　　μ——驱动辊和传送带之间的摩擦因数，见表17-15；

　　　ϕ——输送带包围驱动滚筒上的角度，rad；

　　　$e^{\mu\phi}$——欧拉系数。

表17-15　驱动辊和传送带之间的摩擦因数 μ

运行条件	光滑钢滚筒	带人字形沟槽的普通胶面	带人字形沟槽的聚氨酯面	带人字形沟槽的陶瓷面
干态运行	0.35~0.40	0.40~0.45	0.35~0.40	0.40~0.45
清洁潮湿（有水）运行	0.10	0.35	0.35	0.35~0.40
污浊的湿态（泥浆、黏土）运行	0.05~0.10	0.25~0.30	0.20	0.35

（2）按垂度条件。

承载分支：

$$F_{\min} \geqslant [a_0(q_B + q_G)g]/[8(h/a)_{\max}]$$

回程分支：

$$F_{\min} \geqslant (a_U q_B g)/[8(h/a)_{\max}]$$

式中　$8(h/a)_{\max}$——允许输送带最大下垂度，一般 $\leqslant 0.01$；

　　　a_0——承载上平行旋转托辊距离（输送带最小张力处）；

　　　a_U——回程下平行旋转托辊距离（输送带最小张力处）。

4. 输送带基带层数计算

$$Z \geqslant S_{\max} m/(B[\sigma])$$

式中　m——输送带不断裂因数，本机型取 $m = 12$；

　　　B——基带宽，mm；

　　　$[\sigma]$——许用输送带强度，$[\sigma]$ 应根据不同材料织物芯取相应值。

17.1.3.4　实例设计计算

以宁夏宝丰能源集团公司甲醇项目输煤系统中 S 型波状挡边带式输送机为例进行计算。

1. 原始数据及工作条件

初始参数如下。

（1）物料的名称：煤；输送量：600 t/h；带速：2.5 m/s；带宽：1200 mm。

（2）物料的性质：

①物料的最大粒度：小于 20 mm。

②物料松散密度：950 kg/m³。

③物料动堆积角：20°。

④物料形式：干料。

（3）工作环境：室内、干燥。

（4）输送机布置形式：输送机布置形式如图17-11所示。

2. 输送量计算

根据查相应数据表格采用 TC 型隔板，输送带型号为

$$EP200 * B1200(5 + 1) - 4.5 + 1.5 - S240 - TC288$$

查得以下数据：　　$k = 0.8$　　$\rho = 950\ \text{kg/m}^3$　　$\beta = 28°$　　$B_f = 0.6\ \text{m}$　　$V = 2.5\ \text{m/s}$

$$h = 0.22 \text{ m} \qquad t_s = 0.288 \text{ m}$$

$$t_q = h[0.364 + \tan(90° - \beta)] = 0.22(0.364 + \tan62°) = 0.494(\text{m}) > t_s = 0.288(\text{m})$$

$t_q > t_s$，$Q_{理} = k1800v\rho hB_f(2 - t_s/t_q + 0.024264h/t_s)$

$$= 0.8 \times 1800 \times 2.5 \times 950 \times 0.22 \times 0.6 \times (2 - 0.288/0.494 + 0.024264 \times 0.22/0.288)$$

$$= 451440 \times 1.4355 = 648042(\text{kg}) = 648(\text{t})$$

$Q_{理} = 648$ t $> Q_{实} = 600$ t，满足设计要求。

3. 运行功率及张力计算

波状挡边带式输送机典型布置为"S"型（图17-11）。

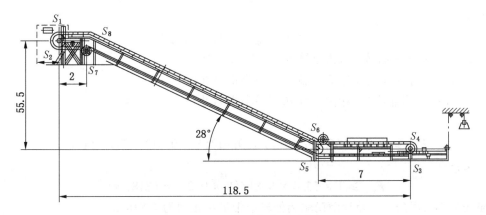

图17-11　输送机布置形式

（1）传动滚筒上所需要的圆周力 F_u。

$$F_u = CF_H + F_{st}$$

① $F_H = fgL[q_{RO} + q_{RU} + (2q_b + q_G)L/\text{sqrt}(H^2 + L^2)]$

已知：$f = 0.025$；$g = 9.81$ m/s；$q_{RO} = 14.6$ kg/m；$q_{RU} = 13.6$ kg/m；$q_0 = 20.05$ kg/m；$q_s = 6.73$ kg/m；$B_f = 0.6$ m；$t_s = 0.288$ m；$q_t = 10.6$ kg/m。

$$q_b = q_0 + 2q_s + B_fq_t/t_s = 20.05 + 2 \times 6.73 + 0.6 \times 10.6/0.288 = 55.6(\text{kg/m})$$

$$Q = 600 \text{ t/h}$$

$$v = 2.5 \text{ m/s}$$

$$L = 118.5 \text{ m}$$

$$H = 55.5 \text{ m}$$

$$q_G = Q/(3.6v) = 600/(3.6 \times 2.5) = 66.67(\text{m/s})$$

$$F_H = fgL[q_{RO} + q_{RU} + (2q_b + q_G)L/\text{sqrt}(H^2 + L^2)]$$

$$= 0.025 \times 9.81 \times 118.5 \times [14.6 + 13.6 + (2 \times 55.6 + 66.67) \times$$

$$118.5/\text{sqrt}(55.5^2 + 118.5^2)]$$

$$= 5497.7(\text{N})$$

② $F_{st} = g(q_G + 2q_s + B_fq_t/t_s)H = 9.81 \times (66.67 + 2 \times 6.73 + 0.6 \times 10.6/0.288) \times 55.5 = 55650.5(\text{N})$

③ $F_u = CF_H + F_{st} = 1.8 \times 5497.7 + 55650.5 = 65545.86(\text{N})$

（2）电动机功率。

$$N = kF_uv/n_i$$

$$n_i = 0.85$$

$$k = 1.2$$

$$N = 1.2 \times 65545.86 \times 2.5/0.85 = 231338(\text{W}) = 231(\text{kW})$$

因此选取 250 kW 电动机。

（3）输送带张力计算。

①按不打滑条件。

$$F_2(S_1)_{min} \geqslant F_{Umax}/(e^{\mu\phi} - 1) = K_A F_U/(e^{\mu\phi} - 1)$$

已知：$\mu = 0.35$，$\phi = 185°$，查表得 $e^{\mu\phi} = 3.1$，$K_A = 1.5$，则

$$F_2(S_1)_{min} \geqslant 1.5 \times 65545.86/(3.1 - 1) = 46818.5 \text{ N}$$

②按垂度条件。

承载分支：

$$F_{min} \geqslant [a_0(q_B + q_G)g]/[8(h/a)_{max}]$$

回程分支：

$$F_{min} \geqslant (a_U q_B g)/[8(h/a)_{max}]$$

式中　$8(h/a)_{max}$——允许输送带最大下垂度，一般 $\leqslant 0.01$；

$\quad a_0$——承载上托辊距离（输送带最小张力处）；

$\quad a_U$——回程下托辊距离（输送带最小张力处）。

承载分支：

$$F_{min} \geqslant 0.5 \times (55.6 + 66.7) \times 9.81/(8 \times 0.01) = 7498.5(\text{N})$$

回程分支：

$$F_{min} \geqslant 1 \times 55.6 \times 9.81/(8 \times 0.01) = 6818(\text{N})$$

根据输送带不打滑条件，驱动滚筒驱离处输送带最小张力为 46818.5 N。

令 $S_2 = 46818.5$，$S_3 \approx S_5 \approx S_4$，$S_3 \approx S_5 \approx S_4 = S_2 - H_q B_g = 46818.5 - 55.5 \times 55.6 \times 9.81 = 16546(\text{N})$，远远大于承载边下垂度条件，即符合输送带不打滑条件肯定保证承载边下垂最小张力要求。

③输送带最大张力。

$$S_{max} = F_2(S_1)_{min} + F_u = 46818.5 + 65545.86 = 112364.36(\text{N})$$

4. 输送带基带层数计算

$$Z \geqslant S_{max} m/(B[\sigma])$$

其中：　　　　　　　$m = 12$　　$B = 1200 \text{ mm}$　　$[\sigma] = 200 \text{ N/mm}$

$Z \geqslant S_{max} m/(B[\sigma]) = 112364.36 \times 12/(1200 \times 200) = 5.6$，输送带层数取 6 层。

17.1.4　S 型波状挡边带式输送机的结构设计

17.1.4.1　波状挡边输送带的选用及传动滚筒的选用

1. 波状挡边输送带的选用

根据 17.1.3.4 节的计算，选用基带为聚氨酯 EP200，输送带层数为 6 层，采用 TC 型中间间隔板，横隔板间距为 0.288 m，有效带宽为 0.6 m，挡边高度为 0.24 m，横隔板高 0.22 m。上胶面厚度为 4.5 mm，下胶面厚度为 1.5 mm，中间胶层厚 1.5 mm，输送带环长 250 m。型号如下：

$$EP200 * B1200(5 + 1) - 4.5 + 1.5 - S240 - TC288 - 250$$

2. 传动滚筒的选用

最小传动滚筒直径（mm）为

$$D = Cd$$

式中　d——芯层厚度 7.5 mm；

$\quad C$——系数，聚氨酯 $C = 108$。

$D = Cd = 7.5 \times 108 = 810(\text{mm})$，传动滚筒直径取 1000 mm。

由 17.1.4.1 节可知传动滚筒和张力为：

$$F_合 = S_{max} + S_2 = 112364.36 + 46818.5 = 159182.86(\text{N})$$

传动滚筒扭矩为 50.6 kN·m，选取传动滚筒图号为 DTII05A7204，如图 17-12 所示。

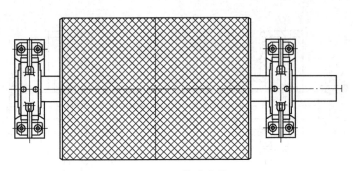

图 17-12　传动滚筒

17.1.4.2　驱动装置

17.1.4.1 节已经选出驱动电机功率为 250 kW，采用变频电机+联轴器+减速器+低速联轴器机构，如图 17-13 所示。

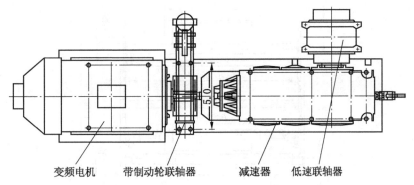

图 17-13　变频电机+联轴器+减速器+低速联轴器机构

17.1.4.3　改向（张紧）滚筒及改向压带滚筒

1. 改向滚筒

改向滚筒按相应选用手册选取。合张力为

$$2S_3 = 2 \times 16546 = 33092(\text{N})$$

选取改向滚筒（张紧）图号为 DTII05B6122，如图 17-14 所示。

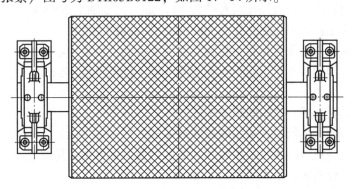

图 17-14　改向滚筒

2. 改向压带滚筒

改向压带滚筒结构如图 17-15 所示。

17.1.4.4　旋转托辊

旋转托辊如图 17-16 所示，是承载输送带及输送带上所装运的散料，保障波纹带式输送机平稳运转的设备。

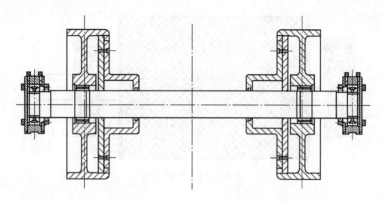

图 17-15 改向压带滚筒

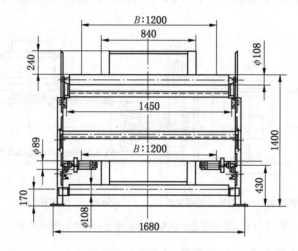

图 17-16 机身断面示意图

1. 托辊种类

（1）上平行旋转托辊：采用托辊直径为 108 mm，托辊轴承 205KA。

（2）上平行旋转缓冲托辊：采用托辊直径为 133 mm，托辊轴承 205KA。

（3）凸弧段平行旋转托辊：采用托辊直径为 108 mm，托辊轴承 205KA。

（4）下平行旋转托辊：采用托辊直径为 108 mm，托辊轴承 205KA。

（5）托带旋转短辊：采用悬臂托辊，托辊直径为 89 mm，托辊轴承 205KA。

（6）防止输送带跑偏旋转立辊：托辊直径为 89 mm，托辊轴承 205KA。

2. 托辊间距

（1）上平行旋转托辊间距：采用间距为 1 m。

（2）上平行旋转缓冲托辊间距：采用间距为 0.4 m。

（3）凸弧段平行旋转托辊间距：采用原则每 2 组凸弧段平行旋转托辊之间角度小于等于 10°。

（4）下平行旋转托辊间距：采用间距为 1 m。

（5）托带旋转短辊间距：采用间距为 1 m。

（6）防止输送带跑偏旋转立辊间距：采用间距为 6 m。

17.1.4.5 其他装置

此实例 S 型波纹带式输送机采用车式拉紧装置，如图 17-17 所示。散料清扫装置有机头散料清扫装置、回程段散料清扫装置、空边段散料清扫装置、改向压带滚筒散料清扫装置。落料装置：确保散状物料落料时平稳。承载架可分机头承载架、机尾承载架、凹弧段承载架、凸弧段承载架。机头漏斗装置和护罩用于导出物料、控制料流方向，有利于保护环境。

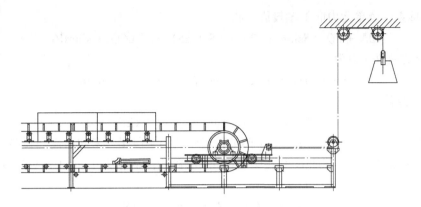

图 17-17　车式拉紧装置

17.2　S型波状挡边带式输送机凸弧段力学分析及改进设计

17.2.1　凸弧段力学分析

如图 17-18 所示，凸弧段 60°弧度范围内在相同的距离范围内设计布置 8 个凸弧段旋转承载托辊，每一个旋转承载托辊均分了输送带上的包角，对应的旋转承载托辊之间的形成角度是 7.5°。旋转承载托辊所受压力是由波纹输送带变换角度产生的张力形成的，要对凸弧过渡段旋转承载托辊进行力学分析，必须先要进行凸弧段波状挡边输送带张力分析。

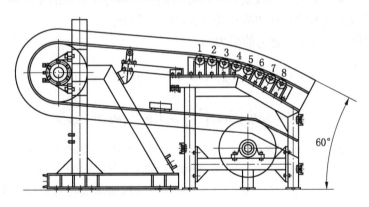

图 17-18　凸弧段旋转承载托辊组结构图

17.2.2　凸弧段波状挡边输送带张力分析

在散状物料通过波状挡边输送凸弧的过程中，由于惯性加速度的作用，除了摩擦力之外，还存在惯性力矩的力。分析了各种复杂应力条件下的散状物料的平衡，理论公式的推导非常复杂。无论散状物料的惯性加速度产生的力如何，都需要简化部分力的关系，并假设旋转托辊的反作用力是连续的，并且建立机械模型。设凸弧段转弯半径设为 R，单位散状物料与波状挡边输送带的质量设为 q、波状挡边输送带带速为 v，波状挡边输送带上任意位置相对于凸弧段转弯中心与水平线的夹角为 α，$\alpha \in (0, 180°)$，取任意位置点的波纹输送带微单元，即 $\mathrm{d}\alpha$。该微单元受力有：波状挡边输送带张力 S、张力增加力 $\mathrm{d}S$、旋转承载托辊对波状挡边输送带的反作用力、波状挡边输送带及散状物料的重力 $\mathrm{d}G = qRgn\mathrm{d}\alpha$、转弯所产生的离心力 $\mathrm{d}Q = qv2\mathrm{d}\alpha$、运行阻力 $\mathrm{d}f = (\mathrm{d}N + qgnR\mathrm{d}\alpha)f$，如图 17-19 所示。

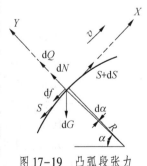

图 17-19　凸弧段张力
受力示意图

建立 XY 坐标系，微单元力向 Y 轴投影，得

$$dN + dQ = S\sin d(\alpha/2) + (S + dS)\sin d(\alpha/2) + \sin\alpha dG \quad (17-1)$$

对 X 轴投影的微单元力为

$$(S + dS)\cos d(\alpha/2) = S\cos d(\alpha/2) + df + \sin\alpha dG \quad (17-2)$$

得出该方程的解为

$$S = qRgn\sin\alpha - qv_2 + qgnR + Cef\alpha \quad (17-3)$$

其中，C 为待定系数；$Cef\alpha$ 为待定项。由于凸波输送带的初始段张力未知，而凸弧与驱动滚筒之间的距离非常接近，而在中间没有其他部件，因此将驱动滚筒侧面的张力 $T_1 = S \mid \alpha = 60°$ 代入式（17-3），可得待定项：

$$Cef\alpha = T_1 - qRgn + qv_2 - qgnR$$

即凸弧段波状挡边输送带所受的张力：

$$S = qRgn\sin\alpha + T_1 - qRgn \quad (17-4)$$

17.2.3 凸弧段承载旋转承载托辊受力分析

将式（17-4）代入式（17-1）就可以得出凸弧段上任意点旋转承载托辊对波状挡边输送带的反作用力，即输送带微单元对托辊的压力：

$$dN = 2qRgn\sin\alpha d\alpha + T_1 d\alpha - qRgn d\alpha - qv2d\alpha \quad (17-5)$$

实际上该区域托辊对输送带的反作用力 dN 并不是连续的，而是分布在 8 根旋转承载托辊上。因此假设波状挡边输送带对第 n 个旋转承载托辊的压力是该旋转承载托辊所在位置相对于转弯中心与水平线的夹角 $\alpha n \pm \theta/2$（θ 为相邻两凸弧段旋转承载托辊相对于转弯中心角的弧度差，$\theta = \pi/[2 \times (n-1)] = \pi/14$）范围内旋转承载托辊对波状挡边输送带反作用力的积分。

因此第 n 个凸弧段旋转承载托辊上的受力为

$$N_n = \int_{\alpha_n - \frac{\theta}{2}}^{\alpha_n + \frac{\theta}{2}} [2qRg_n\sin\alpha + T_1 - qRG_n - qv^2]d\alpha$$

$$= -2qRg_n\cos\alpha \Big|_{\alpha_n - \frac{\theta}{2}}^{\alpha_n + \frac{\theta}{2}} + T_1\theta - qRg_n\theta - qv^2\theta \quad (17-6)$$

将各项数值 $T_1 = 2.85 \times 105$ N、$R = 3$ m、$v = 2.5$ m/s、$q = 251.25$ kg/m 代入式（17-6）可得第 7 个凸弧段旋转承载托辊受力为 3.81×10^4 N。

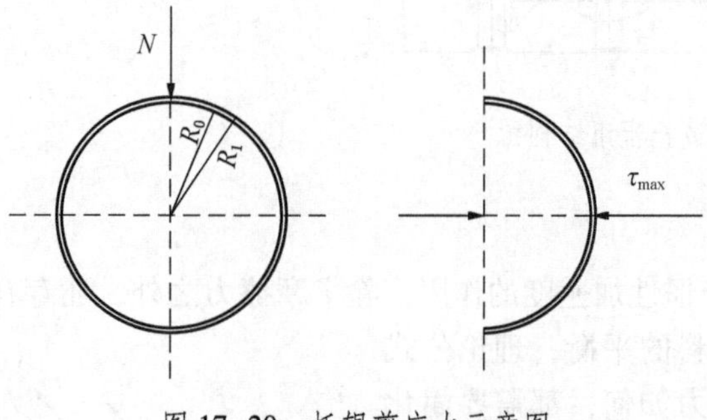

凸弧段旋转承载托辊剪应力强度计算如下。

分析可能导致疲劳失效的剪切应力强度。力模型简化为薄壁圆柱体的径向压缩，外力 N 作用于薄壁圆柱体横截面，如图 17-20 所示。

在外力 N 的作用下，圆筒的最大剪切应力出现在中性轴线处，因此圆筒面可能会在中性面的轴向平面上出现剪切破坏。

其剪应力为

图 17-20 托辊剪应力示意图

$$\tau = N/A_j \times 4(R_{12} + R_0R_1 + R_{02})/3(R_{12} + R_{02}) = 93.2 \text{ MPa} \leqslant [\tau] \quad (17-7)$$

式中 A_j——托辊截面积，m^2；

       R_1——托辊外径，取 0.135 m；

       R_0——托辊内径，取 0.125 m；

       $[\tau]$——允许应用剪断所需应力，$[\tau] = 0.5\sigma s = 118$ MPa。

虽然辊的剪切应力小于允许剪切应力，但是可以通过高速旋转交变应力对托辊表面的影响来估计剪切应力的疲劳寿命。

疲劳应力循环次数为

$$K = (\lceil \tau \rceil / \tau) 2mN_0 = 4.12 \times 107 \text{ 次} \tag{17-8}$$

式中　N_0——当量应力循环次数，取107；

　　　m——材料常数，一般取3。

托辊的估计的寿命是 90 d，这是与实际托辊损伤的周期相一致。

17.2.4　凸弧段改进设计

从式（17-7）可见，凸弧段旋转承载托辊的剪应力计算与托辊外径 R_1、托辊内径 R_0 及许用剪应力 $\lceil \tau \rceil$ 有关。因此主要考虑选择合适的内径 R_0、选用合适的材料增加许用剪应力 $\lceil \tau \rceil$ 及增大凸弧段旋转承载托辊外径 R_1。改进措施如下。

（1）原来的凸弧旋转承载托辊外圈材料从 Q235 钢转到用材料性能好的 45 钢，仍然使用无缝管材。

（2）根据材料的特点，简单地增加壁厚可以减小剪切应力，但不能提高托辊的承载能力，并且增加壁厚将使辊内外的应力差更大，从而大多数的外侧材料不能充分利用，所以在这种凸弧旋转托辊中可以获得材料力学最佳壁厚 12~19 mm，所以将辊筒壁厚从 10 mm 增加到 18 mm。

（3）采取增大凸弧段旋转承载托辊直径，将原有 φ108 托辊改为 φ159，减小输送带对托辊的正压力。

随着上述的改进，凸弧段旋转承载托辊的允许剪切应力 $\lceil \tau \rceil$ 从 120 MPa 提高到 150 MPa，通过计算 48~95 MPa 的剪切应力值，托辊的疲劳应力循环将达到 2.5 MPa×109 次。

在材料力学中，通常假设如果钢材 K 的循环次数大于 110 次，如果试样没有失效，则即使循环次数增加，也不会发生故障。

因此，从理论上说，承载托辊在凸弧的改进设计可以长时间使用。

17.3　基于 Pro/E 的 S 型波状挡边带式输送机主要零部件三维设计

17.3.1　Pro/E 软件简介

17.3.1.1　Pro/E 的特点

Pro/E 应用软件成为全世界上最好的 CAD 分析软件之一，涵盖了许多领先的设计分析观念和想法，众多优秀的设计方法有合并同行设计、整体传输敏感程度设计、灌顶而下设计、数据值分析设计等。Pro/E 分析软件有数值分析、全方位测试、干扰项查询、零部件装配组合技术、全方位测试等诸多优势性技术是普通二维分析软件不可能达到的。Pro/E 应用于工业设计，是重要的模块生成概念设计工具，使研发者能够更快速、轻松地创建产品模块，评价估算和修改各种设计思想。可以形成超复杂、非常精密的表面几何模型，并可以通过传输数据到 CNC 数控制造中心制造或按照原始形状进行制造。

17.3.1.2　Pro/E 建模过程

Pro/E 建模过程可以总结为 4 个步骤：①准备零件模型设计；②创立建造一个新的产品零件模型；③创建由零件装配成部件的模型；④创建零件或组件的图形。

17.3.2　主要零部件的三维建模

17.3.2.1　三维模型特点

三维模型是指呈现在电脑或其他可显示的装备上，把实物以复杂 n 边形呈现。呈现的对象不仅可是一个真实世界的实体，还能是一个虚构的对象。只要现实存在的物体，不管是活动的还是静止的，都可以采用三维模型呈现。其特点如下。

（1）三维模型比二维图形形成的图形更加逼真，尽管三维模型同真实物体还有非常多的不同，但是比二维图形成像效果更好、更真实。

（2）三维模型能够转换多个视图形式，从中找出一个最优视图效果。

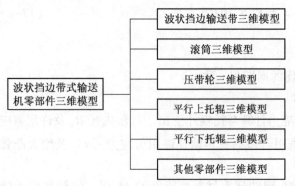

图 17-21 三维模型库基本框架图

（3）3D 渲染可以更逼真地渲染实物。

17.3.2.2 建立三维模型库

3D 建模系统的重点是构建一个三维模型库。波纹带式输送机三维模型库的构建是在 Pro/E 环境中使用交互式设计方法建立输送机各部分的三维实体模型，设定所需的设计参数、名称，它和参数的初始值相加，合理的参数被驱动。调试正确后，将存储模型用作相应路径下参数化设计系统的原始模型。三维模型库的基本框架如图 17-21 所示。

17.3.2.3 波状挡边输送带三维设计

对于波纹输送带，Pro/E 的二次开发用于直接控制模型尺寸来改变三维模型。把相关参数数值转换为组件的实际需要尺寸，随后以新尺寸为依据重新建立新的模型。以下重点介绍波纹输送带的设计思路。

1. 确定输送机布置类型

输送机布置类型通常有 S 型、L 型、倒 L 型、Z 型等。

2. 确定输送带主要参数

在本书中，当确定波状挡边带参数时，将尺寸参数分为两类，如图 17-22 所示。

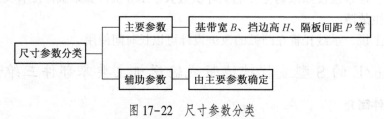

图 17-22 尺寸参数分类

主要参数：设计思路首要确定波纹输送带结构和相关尺寸。

辅助参数：由主要参数决定，随主要参数变化而变化，主要是一些结构尺寸和装配关系。

波状挡边带的主要参数有基带宽 B、挡边高 H、隔板间距 P 等（图 17-23），主要参数是建立三维模型的基础，主要参数确定后就能确定其他辅助参数如空边宽 A、有效带宽 B_2 等。

3. 确定输送带具体形式

在确定主要参数后，根据要求选择输送带的肋（W 型、U 型、S 型）和分隔型（T 型、C 型、TC 型）的形状，然后确定位置参数 A、有效带宽 B_2、波形 C 的底部宽度。

4. 建立输送带三维模型

在完成挡边和分区选定定位后，首先确定波纹壁和具体尺寸的分区参数，波纹挡边和分区的具体尺寸参数，波缘的波宽、波形宽度、宽度分区等，这些具体的参数大小和主要参数有一定的约束关系。

17.3.2.4 波状挡边带式输送机部分零部件三维设计

对于滚筒、改向压带滚筒、平行上托辊、平行下托辊等零部件，运用 Pro/E 软件建立三维数字化模型。

波状挡边带式输送机部分零部件三维模型如图 17-24~图 17-27 所示。

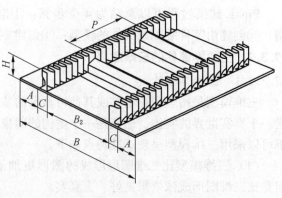

图 17-23 挡边输送带参数

图17-24　滚筒三维模型

图17-25　改向压带滚筒三维模型

图17-26　平行上托辊三维模型

图17-27　平行下托辊三维模型

在Pro/E组件模块下，对建好的零件三维模型进行装配，如图17-28~图17-30所示。

图17-28　机身下段装配三维模型

图17-29　机身中段装配三维模型

17.4　S型波状挡边带式输送机改向压带滚筒的改进研究

17.4.1　改向压带滚筒的受力分析

改向压带滚筒所受的力是指改向压带滚筒施加到输送带表面的压力和滑动力，如图17-31所示。

图 17-30 机身上段装配三维模型

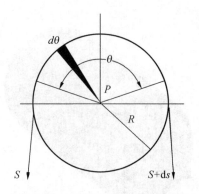

图 17-31 新型改向滚筒张力图解

根据实际情况，选择输送带型号 ST1400～ST1800，钢丝绳直径为 6.0 mm，以特定压力 $[p]=$ 1.2 MPa 驱动输送带。依据相关数值代入计算公式，可得出：

滚筒直径：

$$D = \frac{360(S_y + S_1)}{[\rho]\pi\alpha B} = 1000(\mathrm{mm})$$

滚筒长度：

$$B_0 = B + 200 = 1400(\mathrm{mm})$$

辐板厚度：

$$h \geqslant \sqrt{\left[\frac{PLK}{E\theta_2} - \frac{2KJ}{L}\right]} = 12(\mathrm{mm})$$

轮毂宽度：

$$B_1 \leqslant \frac{L_A}{0.6 \sim 0.4} = 60(\mathrm{mm})$$

其中 L_A 为胀套的工作长度。

轮毂直径：

$$D_N = d_N\sqrt{\frac{C-1}{C-\sqrt{4C-3}}} = 355(\mathrm{mm})$$

轮毂内径：

$$D = 250 \text{ mm}$$

取带宽 $B_d = 1.2$ m，筒圈皮厚度 $t = 0.010$ m，轮毂距离滚筒边缘的距离 $L = 0.7$ m，裹挟角度 $\alpha = 210°$，移动角 $\beta = 180°$，摩擦因数 $\mu = 0.3$，承受合张力为 $S = 330$ kN。

筒圈皮的受力研究必须同轮毂以及滚筒轴看作一个整体，进行组合力学分析，由此构造新型改向压带滚筒力学模型图如图 17-32 所示，扭矩图如图 17-33 所示。

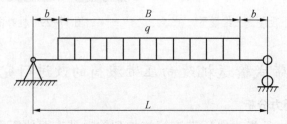

图 17-32 新型改向压带滚筒力学模型图

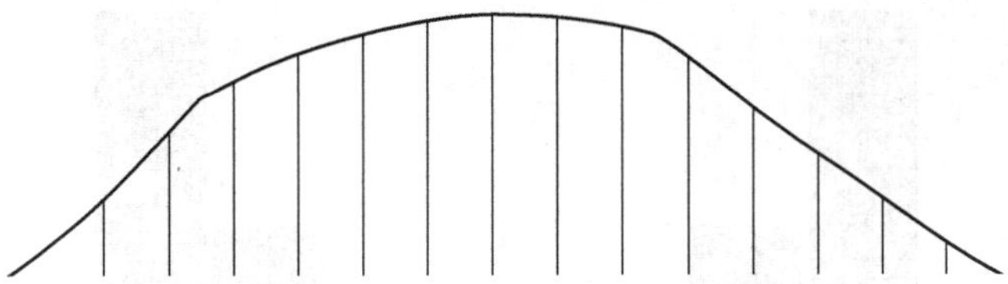

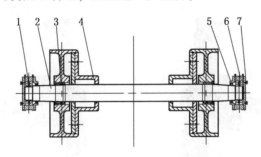

图 17-33　新型改型压带滚筒扭矩图

由改向压带滚筒受力分析可以推知，滚筒中部和靠近轮毂幅处所受的应力值大，依据实际运转情况和理论推算值看，增大筒圈厚度就能够保证其强度，采用有限元分析软件对滚筒的实际运转情况进行模拟，达到最佳效果。

17.4.2　S 型波状挡边带式输送机改向压带滚筒存在的问题

在 S 型波纹带式输送机中，通常使用图 17-34 所示结构的改向压带滚筒。在实际生产和现场使用中发现这种改向压带滚筒结构仍然不合理，需要进一步完善。

1—轴承；2—轴；3—胀套；4—大小轮；5—密封盖；6—座体；7—闷盖
图 17-34　改向压带滚筒结构示意图

（1）原有压带轮大轮为整体铸造，结构笨重，成本高。

（2）在现场运行过程中，发现改向压带滚筒小轮对输送带波状挡边的磨损较为严重。

波纹输送带是 S 型波纹带式输送机非常重要的部件，其使用寿命严重影响了带式输送机的正常运行和生产。改向压带滚筒如果出现损坏，将使整个带式输送机停机，造成无法估量的经济损失。

17.4.3　S 型波状挡边带式输送机改向压带滚筒计算与分析

17.4.3.1　ANSYS 有限元软件简介

有限元法的基本思路是将连续系统分割成有限个分区或单元，对每个单元提出一个近似解，再将所有单元按照标准方法组合成一个与原有系统近似的系统。

有限元分析（FEA）使用数学近似法来模拟真实的物理系统（几何和负载条件），而且还使用简单和互动的元素，即单位，可以使用有限数量的未知数来近似无限的未知数量的真实系统。

17.4.3.2　S 型波状挡边带式输送机改向压带滚筒的有限元分析

1. 利用 Design Modeler 建立滚筒的有限元模型

使用 Ansys Workbench 13.0 中的 Design Modeler 创建改向压带滚筒的三维模型，选择单元格类型，定义材料模型，分割单元并加载有限元模型以生成（图 17-35）。

2. 改向压带滚筒的有限元分析

Ansys Workbench 13.0 可以显示节点解决方案数据，单位解决方案数据，其中列出了反作用力或节点负载等，也可以使用矢量或轮廓显示位移和应力的统一处理器进行刚度和强度分析。使用这些功能的最终目的是验证通过计算获得的结果是否正确，并显示应力、应变和变形图，然后通过颜色进行表征。使用 Ansys Workbench 13.0 更换改向压带滚筒后，变形和应力图分别如图 17-36、图 17-37所示。

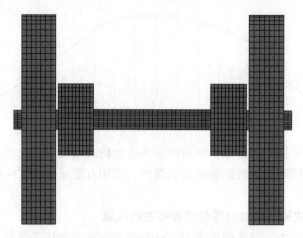

图 17-35 改向压带滚筒有限元模型

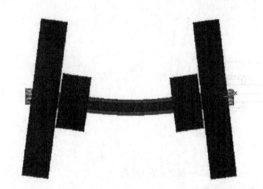

图 17-36 滚筒变形图

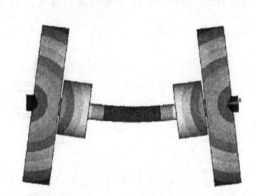

图 17-37 滚筒应力图

由图 17-36、图 17-37 可知，改向压带滚筒最大变形发生在筒体中间，变形 0.03 mm，符合现场应用，理论上保证了产品的可靠性。

从等效应力图 17-37 可以看出，最大应力也出现在气缸的中间，出现在绕组侧，这与理论分析一致。通过数据可以读取，最大应力值为 5.4 MPa，一般给出材料的允许应力值远大于该值，从而从应力的角度确保其可靠性。

17.4.4 改向压带滚筒的改进研究

针对上文提到存在改向压带滚筒的问题，对改向压带滚筒进行如下改进研究。

（1）将改向压带滚筒大轮改为焊接结构，采用钢板焊接而成，结构简单，轻便，不仅大大降低铸造成本，而且更容易加工制造。

（2）针对改向压带滚筒小轮磨损输送带的问题，我们进行了理论的分析。根据线速度=角速度×半径，由于压带轮大轮与小轮的半径不一致，所以在角速度不用更改的前提下，大轮与小轮的线速度不同。而输送带在经过压带轮的过程中，空边带与波状挡边顶端的线速度基本一致。在原有的设计中，大轮与小轮通过螺栓固定为一个整体，角速度始终一致，线速度始终不一致。在输送带空边带与大轮线速度同步的情况下，波状挡边与小轮的线速度便不能同步，存在滑动摩擦，这就导致了改向压带滚筒小轮对输送带波状挡边的磨损。

为了解决这个难题，现将压带轮大轮与小轮分开，让它们分别独立旋转，大轮随轴一起转动，小轮单独配套轴承，独立旋转。通过改进，可以有效解决波状挡边与小轮不同步的问题，有效避免滑动摩擦对输送带的磨损。轴承设计在小轮毂和毂轴之间，大轮毂和毂轴采用胀套连接，使小型轮毂不再随整个滚筒旋转，一方面改向压带滚筒功能可以实现，同时当轴固定时为整个改向压带滚筒的定位和强度等手段实现提供了其更大的有利条件；另一方面，也解决了改向压带滚筒磨损波纹输送带的问题。新型改向压带滚筒结构如图 17-38 所示。

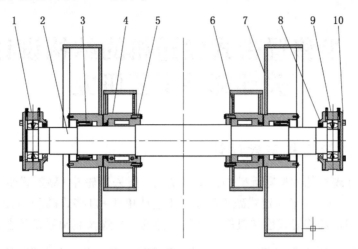

1—轴承；2—轴；3—胀套；4—轴承；5—密封圈Ⅰ；6—小轮；7—大轮；8—密封圈Ⅱ；9—座体；10—闷盖

图 17-38　新型改向压带滚筒结构示意图

　　新型改向压带滚筒改变了大小轮毂一体结构，将原来的一个轮改进成大小异步运行结构，结构简单合理，可减少波纹输送带的磨损，延长其使用寿命，并且波纹带式输送机在现场的操作更方便，提高了运输能力并使设备维护更加方便。

18 半移置带式输送机的结构设计及关键部件工艺研究

18.1 半移置带式输送机参数设计

系统布置工艺：在现有的大型露天矿中，剥离系统一般采用轮斗+移置式带式输送机连续开采工艺。采煤工艺采用单斗+卡车+半固定式破碎站开采工艺或单斗+自移式破碎站开采工艺。不管采用轮斗机还是单斗，其半固定及移置式输送机的原理是一样的。采煤及剥离系统工艺布局如图18-1所示。

图 18-1 采煤及剥离系统工艺布局三维图

关键零部件生产工艺路线如图18-2所示。

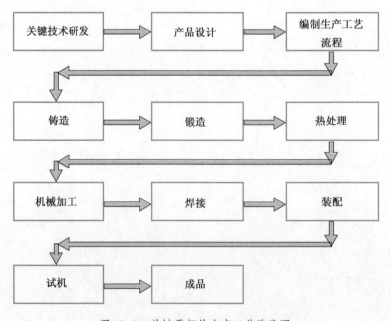

图 18-2 关键零部件生产工艺路线图

露天煤矿剥离及采煤系统是随着工作面推进的，为了配合半移动式破碎站移设，运输系统带式输送机采用移置式、半移置式结构，以方便搬迁或尾部延长。移置式、半移置式带式输送机，是一种功效高、耐使用、机动性好的连续输送装卸设备，主要用于装卸地点经常变动的场所，如：露天矿、煤场等地。移置式输送机机头的移动方式如图18-3所示。

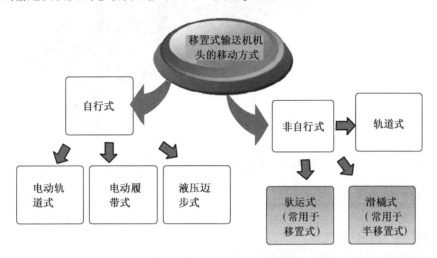

图18-3　移置式输送机机头的移动方式

采煤系统半固定式带式输送机采用履带牵引车移设，剥离系统移置式带式输送机采用履带式运输车移设。机头驱动站主要由钢结构机架、卸料溜槽、双侧电缆挂钩、驱动单元、张紧装置、滚筒、吊挂托辊组、行走平台、人行通道、梯子、安全栏杆、清扫装置及锚固装置等组成。电气室放置在机头站旁边的地面上，电气室固定在滑橇式钢构上，便于后续移设，本书包含采煤系统半固定式和移置式带式输送机：运量 $Q=3000$ t/h；带宽 $B=1400$ mm；带速 $v=4.0\sim5.0$ m/s；机长 $L=2000$ m（水平布置）；功率为 2×630 kW。剥离系统移置式、半移置式输送机：运量 $Q=9000$ t/h；带宽 $B=1800$ mm；带速 $v=5.0\sim6.0$ m/s；机长 $L=2000$ m（水平布置）；功率为 3×1400 kW。半移置式机头驱动站如图18-4所示，移置式机头驱动站如图18-5所示。

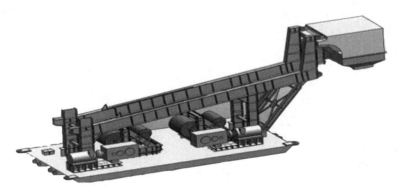

图18-4　半移置式机头驱动站三维模型

半固定式移置式输送机机头的基本设计构造为滑橇式机头的底座：半固定式为整体滑橇结构、移置式为中空滑橇，由其他设备牵引沿地面滑行。这种机头驱动站多用于半移置式带式输送机。驮运式机头下部留有空间。用履带式运输车驮运。这种机头驱动站多用于移置式带式输送机。

该项目的研发，以满足我国高产高效露天矿井的使用条件、生产需求为研制准则，大体分为以下几个步骤：

（1）对国内外产品进行调研与市场分析。

（2）对国内外现阶段所配套的产品消化、吸收。

图 18-5 移置式机头驱动站三维模型

（3）动态分析，理论计算。

（4）全部图纸的设计。

（5）样机制造和厂内铺设。

（6）用户使用报告。

该项目的特色为：移置、半移置式带式输送机主要用于露天矿、煤场，是一种功效高、耐使用、机动性好的连续输送装卸设备，使用场所经常变动；便于安装、拆卸、局部整体移动是该项目的最大特点，并且该带式输送机用于露天环境，能适用于各种恶劣环境。

18. 1. 1 原始参数

输送物料	原煤
煤粒度	$\leqslant 300$ mm
堆比重	$\rho = 0.95$ t/m^3
静堆积角	$\alpha = 45°$
输送量	$Q = 2000$ t/h
带宽	$B = 1400$ mm
带速	$v = 4$ m/s
输送机倾角	$\delta = 0°$
水平机长	$L_u = 2000$ m
提升高度	$H = 0$ m
托辊直径	$D = 159$ mm
托辊轴承	308 kA
承载分支托辊间距	$a_o = 1.5$ m
回程分支托辊间距	$a_u = 3$ m

根据 DTⅡ（A）设计手册，已知参数及有关计算结果见表 18-1。

表 18-1 已知参数及有关计算结果表

带宽 $B/$m	1.4	带速 $v/(\text{m} \cdot \text{s}^{-1})$	4
输送长度 $L/$m	2000	提升高度 $H/$m	0
输送机运量 $Q/(\text{t} \cdot \text{h}^{-1})$	2000	原煤密度 $\rho/(\text{kg} \cdot \text{m}^{-3})$	950
选择上托辊			
上托辊的槽角 $\lambda/(°)$	35	上托辊直线段间距 $a_0/$m	1.5
上托辊轴承型号	6308	上托辊筒皮厚度 $\delta/$m	0.0045

表18-1（续）

上托辊直径 ϕ/m	0.159		
选择下托辊			
下托辊的槽角 $\lambda/(°)$	10	下托辊直线段间距 a_u/m	3
下托辊轴承型号	6308	下托辊筒皮厚度 δ/m	0.0045
下托辊直径 ϕ/m	0.159		
初选输送带型号			
输送带名称	st	带强	2000
驱动滚动个数	2		
头部驱动的数量	2	中间驱动的数量	0
第一驱动功率比	1	第一驱动围包角/(°)	210
第二驱动功率比	1	第二驱动围包角/(°)	210
第三驱动功率比	0	第三驱动围包角/(°)	0
第四驱动功率比	0	第四驱动围包角/(°)	0
输送机段数	1		
第一段输送长度	2000	第二段输送长度	0
第一段提升高度	0	第二段提升高度	0
运行堆积角 $\theta/(°)$	18	拉紧层数	2
头部到驱动距离 L/m	5	拉紧到机尾距离 L/m	1995
说明：以下四个数值的输入只影响制动惯性力			
制动减速度 $a/(m \cdot s^{-2})$	0.25	电机的转动惯量 $J/(kg \cdot m^{-2})$	5
传动滚筒直径 ϕ/m	1.25	传动滚筒转动惯量 $J/(kg \cdot m^{-2})$	800
默认参数			
摩擦因数 f	0.025	上托辊前倾角度 $\varepsilon/(°)$	1.5
托辊与输送间的摩擦因数 v_0	0.35	下托辊前倾角度 $\varepsilon/(°)$	1.5
物料与导料拦板间的摩擦因数 v_2	0.6	导料槽长度 l/m	10
传动效率	0.83	头部清扫器	2
传动滚筒与输送间的摩擦因数 v	0.35	空段清扫器	1
允许最大下垂度/(h/g)	0.01	启动系数 KA	1.5
计算部分			
带式输送机倾角 $\delta/(°)$ = （平均角度）	0		
每米上分支物料质量 $q_G = Q/(3.6v)$	138.89		
每米直线段上托辊转动质量 $q_{RO} = n_1 G_2/a_0$	26.02		
每米直线段下托辊转动质量 $q_{Ru} = n_2 G_1/a_u$	11.85		
每米输送带质量 q_B	44.80 （选取）		
圆周力计算	满载		空载
主要阻力 F_H/N	130649		60326
主要特种阻力 F_{s1}/N	5418		3819
附加特种阻力 F_{s2}/N	2940		2490
倾斜阻力 F_{st}/N	0		0
考虑局部受载计算的临界圆周驱动力 F_u/N	145540		75899
按全线有载计算的圆周力/N	145540		

表 18-1（续）

单圆周驱动力 $F_单$/N		92391	13300
输送带最大张力 F_{max}/N		187523	97375
功率计算		满载	空载
轴功率 P_a/kW		810.25	159.59
驱动功率 P_m/kW		912.5	197.03
单驱动功率 $P_单$/kW		456.25	65.68
其他辅助力的计算		满载	空载
输送带不打滑张力 F_{min}/N		41982	7143
承载分支允许最小张力 $F_{承min}$/N		33787	8240
空载分支允许最小张力 $F_{承min}$/N		16481	16481
所需拉紧力 T_A/N		171908	137377
逆止力的计算 F_L/N		0	
拉紧行程 L/m		3.60	
中间驱动位置的确定 L/m		无中间驱动	
制动器的制动力的计算			
制动力 F_z/N		0	
各部分校核		满载	空载
带强校核	满足要求	7.71	25.70
输送能力判断 Q	满足要求	3008.66	
上托辊直径判断	满足要求	0.1590	
下托辊直径判断	满足要求	0.1590	
带速校核	满足要求	2.66	所选轴承的最大承载能力
上托辊轴承校核 $p'_o = f_s f_d f_a$	满足要求	3.45	7.58
下托辊轴承校核 $p'_u = f_s f_d f_a p_u$	满足要求	1.95	7.53
最佳胶带带强选择		1945.32	
		满载	空载
T_1/N		363126	108960
T_Z/N		178345	82361
T_2/N		85954	69061
T_3/N		33787	33787
T_4/N		35139	35139

18.1.2 核算输送能力

小时输送量：

$$Q = 3.6 Svk\rho \tag{18-1}$$

式中 S——输送带上物料的最大横截面积，m^2，由静堆积角 $\alpha = 45°$，运行堆积角 $\theta = 25°$，输送带上物料的最大截面积 $S = 0.2646\ m^2$；

k——倾斜系数，由输送机倾角 $\delta = 0°$，得 $k = 1.00$；

即：

$$Q = 3.6 \times 0.2646 \times 4 \times 1 \times 950 = 3619.73(t/h) > 2000\ t/h$$

最大输送能力符合输送能力的要求。

由

$$B \geqslant 2a + 200 \tag{18-2}$$

式中 a——物料密度，由原始参数可知物料密度 $a_{max} = 300\ mm$，即：

$$B = 2 \times 300 + 200 = 800(mm) < 1400\ mm$$

所选带宽满足要求。

18.1.3　圆周驱动力及所需功率计算

计算所需参数计算如下。

每米直线段上托辊转动质量：

$$q_{RO} = 26.02 \text{ kg}$$

每米直线段下托辊转动质量：

$$q_{Ru} = 11.85 \text{ kg}$$

每米输送带重：（初选型号 ST2000）

$$q_B = 44.8 \text{ kg/m}$$
$$\text{带强} = 2000 \text{ N/mm}$$

每米物料重：

$$q_G = Q/3.6v = 2000/3.6/4 = 138.89(\text{kg/m})$$

（1）驱动圆周力：

$$F_U = CF_H + F_{s1} + F_{s2} + F_{st}$$

式中　C——系数，按整机长度 2000 m 取 1.05；

F_H——主要阻力，N；

F_{s1}——特种主要阻力，即托辊前倾摩擦阻力及导料槽摩擦阻力，N；

F_{s2}——特种附加阻力，即清扫器、卸料器的阻力，N；

F_{st}——倾斜阻力，N，主要阻力。

$$F_H = fLg[q_{RO} + q_{Ru} + (2q_B + q_G)\cos\delta]$$

式中　f——模拟摩擦因数，根据工作条件及制造、安装水平选取，按本工况高带速、物料内摩擦力大取 0.025；

g——重力加速度。

即：

$$F_H = 0.025 \times 2000 \times 9.81 \times [26.02 + 11.85 + (2 \times 44.8 + 138.89)\cos0] = 130649.58(\text{N})$$

（2）特种主要阻力：

$$F_{s1} = F_\varepsilon + F_{gl}$$

式中　F_ε——托辊前倾摩擦阻力，N；

F_{gl}——物料与导料挡板间摩擦阻力，N。

$$F_\varepsilon = C_\varepsilon \mu_0 L_n (q_B + q_G)g\cos\delta\sin\varepsilon$$

式中　C_ε——槽角 35°时槽角的槽形系数，取 0.43；

L_n——前倾托辊输送机的长度，m，不配置前倾托辊取 0；

μ_0——托辊与输送带的摩擦因数，取 0.3；

ε——托辊轴线相对于垂直输送带纵向轴线的前倾角，取 0.15°。

有

$$F_\varepsilon = 0.43 \times 0.35 \times 0 \times (44.8 + 138.89) \times 9.81 \times \cos0 \times \sin1.5 = 0(\text{N})$$

$$F_{gl} = \frac{\mu_2 I_v^2 \rho g l}{v^2 b_1^2}$$

式中　I_v——带式输送机每秒设计输送量，m³/s，$I_v = Svk = 0.2646 \times 4 \times 1 = 1.0584$；

μ_2——物料与导料挡板间摩擦因数，取 0.6；

l——装有导料挡板的设备长度，等于 10 m；

b_1——导料挡板内部宽度，等于 0.85 m。

即

$$F_{g1} = 5418.6(\text{N})$$
$$F_{s1} = F_\varepsilon + F_{g1} = 5418.6(\text{N})$$

（3）特种附加阻力。

$$F_{s2} = nF_r + F_a$$

式中　F_r——清扫器的摩擦阻力，N；

F_a——犁式卸料器的摩擦阻力，N；

n——清扫器个数，本工况含 2 个清扫器和 1 个空段清扫器（1 个空段清扫器相当于 1.5 个清扫器），取 3.5。

$$F_r = AP\mu_3$$

式中　A——输送带清扫器与输送带的接触面积，m^2，为 $0.014\ \text{m}^2$；

P——输送带清扫器与输送带间的压力，N/m^2，取 $10\times10^4\ \text{N/m}^2$；

μ_3——输送带清扫器与输送带间的摩擦因数，取 0.6。

有

$$F_r = 0.014 \times 10 \times 10^4 \times 0.6 = 840(\text{N})$$

为无犁式清扫器，故 F_a 等于 0。

即

$$F_{s2} = 3.5 \times 840 = 2940(\text{N})$$

（4）倾斜阻力。

$$F_{st} = qGHg$$

即

$$F_{st} = 138.89 \times 0 \times 9.81 = 0(\text{N})$$

则驱动圆周力：

$$F_U = CF_H + F_{s1} + F_{s2} + F_{st} = 1.05 \times 130649.58 + 5418.6 + 2940 + 0 = 145540.66(\text{N})$$

传动功率计算：

$$P_A = F_U V/1000 = 145540.66 \times 4/1000 = 582.16(\text{kW})$$

电机功率计算：

$$P_W = \frac{P_A}{\eta_{总}} = 582.16/0.83 = 701.4(\text{kW})$$

18.1.4　输送带张力计算

（1）采用头部双滚筒驱动，保证输送带工作时不打滑，回程带上的最小张力 F_{2min} 为

$$F_{2min} \geqslant F_{Umax} \frac{1}{e^{\mu\phi} - 1}$$

式中　F_{Umax}——满载输送机启动或制动时出现的最大圆周驱动力；

μ——传动滚筒与输送带之间摩擦因数，取 0.35；

φ——传动滚筒的围包角，取 210°；

$e^{\mu\varphi}$——尤拉系数，取 3.60。

其中：

$$F_{Umax} = K_A F_u$$

K_A 为启动系数（1.3~1.7），取 1.5，即

$$F_{Umax} = 1.5 \times 145540.66 = 218310.99\ \text{N}$$

即

$$F_{2min} = 41982.88\ \text{N}$$

（2）输送带最大张力：

$$F_{1\max} = F_{2\min} + F_U = 41982.88 + 145540.66 = 187523.54(\text{N})$$

（3）输送带允许最大下垂度（1%）时的最小张力：

①承载分支：

$$F_{承\min} \geqslant \frac{a_0(q_B + q_G)g}{8(h/a)_{\max}} = 33787.48(\text{N})$$

式中　h/a——输送带许用的最大下垂度，取 0.01；

②回程分支：

$$F_{回\min} = \frac{a_u q_B g}{8(h/a)_{\max}} = 16480.8(\text{N})$$

（4）验算带强：

由　　　　　　　　　　　　　$$Z = \frac{n F_{1\max}}{B\sigma}$$

式中　Z——输送带层数，本输送机中为 1；

　　　n——稳定工况下输送带静安全系数，钢丝绳芯带取 8；

　　　σ——输送带纵向扯断强度，N/mm。

可知：

$$\sigma = 8 \times 187523.54/1.4/1000 = 1071.56(\text{N/mm}) < 2000(\text{N/mm})$$

所以选择钢丝绳芯输送带 ST2000 符合要求。

18.1.5　采煤系统半固定带式输送机各主要部件选型

1. 驱动电动机的确定

根据以上计算的轴功率，选用两台电动机，功率为 2×630 kW，电压为 10000 V，变频隔爆型三相异步电动机，查询西门子电动机样本，选取型号 1LA44024AN60Z。

2. 减速器的选择

减速器是机械传动中的一种基础部件，广泛用于冶金、矿山、运输、能源等行业，是用于原动机和工作机之间的独立闭式传动装置。无论从价格还是性能上，目前国际上首选的减速器是德国 SEW 的产品。

1）确定减速器的速比

$$i = \frac{\pi D n}{60u} \tag{18-3}$$

式中　D——传动滚筒直径，1.25 m；

　　　n——电动机转速，取 1487 r/min。

有

$$i = \frac{\pi D n}{60u} = \frac{3.14 \times 1.25 \times 1487}{60 \times 4} = 24.32$$

圆整后，根据减速器样本选取标准速比 $i = 25$。

2）确定减速器的输入功率

$$P_{k1} = M_{kI} n_2/(9.55\eta) \tag{18-4}$$

式中　M_{kI}——减速器输出扭矩，取 209 kN·m；

　　　n_2——减速器输出转速，取 60 r/min；

　　　η——减速器效率，取 0.955。

有

$$P_{k1} = 209 \times 60/(9.55 \times 0.955) = 1375(\text{kW})$$

3）确定减速器的型号和精确速比

$$P_{n1} \geqslant P_{k1} F_S$$

式中　P_{n1}——减速器实际需要功率；

　　　F_S——减速器服务系数，取 1.5。

有

$$P_{k1} F_S = 1375 \times 1.5 = 2062.5 (\mathrm{kW})$$

所以选取减速器（SEW）为 ML3RHF110，满足要求。经查 SEW 样本，精确速比为 25.848。

4）确定减速器的热容量

根据前面计算得出的减速器总速比 $i = 25$，额定功率 $P_N = 2062.5$ kW，类型为直角轴，三级减速，卧式安装，选取其型号为：ML3RHF110+压力润滑+风冷+油加热，$i = 25$。

校核减速器热功率（根据减速器厂家提供方式）：

$$P_T = P_{TH} f_1 f_2 f_4 f_L f_T$$

式中　P_{TH}——齿轮的热功率，取 505；

　　　f_1——海拔高度系数，取 1；

　　　f_2——装配运行系数，取 1.0；

　　　f_4——运行周期系数，取 1.35；

　　　f_L——润滑系数，取 1.0；

　　　f_T——环境温度系数，取 0.79。

有

$$P_T = 505 \times 1 \times 1 \times 1.35 \times 1 \times 0.79 = 538.58 (\mathrm{kW}) > P_{oI} = 431 (\mathrm{kW})$$

所以，ML3RHF110+压力润滑+风冷+油加热，$i = 25$，满足要求。

3. 调速型液力偶合器的选择

调速型液力偶合器位于电机与减速器之间的传动联结，能有效吸收振动力和减少设备与设备之间的冲击力，增加启动的时间，更好地保护主机设备的安全使用及寿命。查传斯罗伊样本，选取调速型液力偶合器型号为 29CCKRB，传动功率范围为 810~1100 kW。

18.1.6　传动机架的设计计算

机架的设计要考虑强度和挠度以及稳定性等诸多因素。首先把合力和弯矩求出，再根据正则方程计算各点力和弯矩。机架的计算比较复杂，会牵扯到结构力学、建筑力学、材料力学、理论力学及高等数学和工程数学等。计算公式如下：

$$F_1 = \frac{S_1 \cos\alpha + S_S \cos\beta}{2}$$

$$M = -\frac{[S_1 \sin\alpha + G_1 + S_S \sin(-\beta)] L_S}{2} + \frac{(S_1 \cos\alpha - S_S \cos\beta) D_1}{4}$$

$$F_2 = \frac{S_S \sin\beta + S_2 \sin\theta + G_2}{2}$$

$$F_3 = \frac{S_S \cos\beta + S_2 \cos\theta}{2}$$

$$F_0 = F_2 \cos\gamma + F_3 \sin\gamma$$

将上述各常数项代入正则方程计算可得

$$X_1 = F_{BX}$$

$$X_2 = F_{BY}$$

$$X_3 = M_B$$

取整体为研究对象列平衡方程得

$$\sum_X = F_1 - F_3 - F_{AX} - F_{BX} = 0$$

$$\sum_Y = F_{BY} - F_2 - F_Y - F_{AY} = 0$$

$$\sum_M = M_A + F_{BY}\frac{L_1}{\tan\gamma} - F_2 L_4 - M_1 - F_1 L_2 + M_B + M + F_3 L_5 = 0$$

求得

$$F_{AX} = F_1 - F_3 - F_{BX}$$

$$F_{AY} = F_{BY} - F_2 - F_Y$$

$$M_A = F_2 L_4 + M_1 + F_1 L_2 - F_{BY}\frac{L_1}{\tan\gamma} - M_B - M - F_3 L_5$$

1. 先以刚度条件确定立柱的惯矩 I

（1） $L_1 = L_2$ 时挠度方程见表 18-2，弯矩方程见表 18-3。

表 18-2　$L_1 = L_2$ 时的挠度方程

区　间	M 表达式	ω 表达式
$0 < X < L_2$	$F_{AX} - M_A$	$\dfrac{F_{AX}X^3 - 3M_A X^2}{6EI}$

对 ω 表达式求导，计算比较得出 ω_{max}，令 $\omega_{max} = \dfrac{L_1}{5000}$，求出的 I 值即为满足刚度条件的惯矩 I。根据计算的 I 值，综合考虑滚筒轴承座的宽度，以及 $\dfrac{W}{A}$ 值，确定几种合适的 H 型钢，进行下一步的强度校核。

表 18-3　$L_1 = L_2$ 时弯矩方程

区　间	M 表达式	M_{max}
$0 < X < L_2$	$F_{AX}X - M_A$	

计算比较得出 M_{max}，由于立柱是拉伸和弯曲的组合，拉力及弯矩所产生的正应力 δ_Y 在上翼板 R 处最大，而在 S 点处作用着较大的剪应力 τ_S，故应计算这两点的应力，以便确定 M_{max} 截面上的危险点（图 18-6）。

$$\delta_{RY} = \frac{F_{BY}}{A} + \frac{M_{max}H}{2Iz}$$

$$\delta_{SY} = \frac{F_{BY}}{A} + \frac{M_{max}\left(\dfrac{H}{2} - t_2\right)}{Iz}$$

$$\tau_R = \frac{F_{max}}{Izt_1}\left\{\frac{B\left[H^2 - (H-2t_2)^2\right] + t_1\left[(H-2t_2)^2 - H^2\right]}{8}\right\}$$

$$\tau_S = \frac{F_{max}}{Izt_1}\left\{\frac{B\left[H^2 - (H-2t_2)^2\right]}{8} + \frac{t_1}{2}\left[\frac{(H-2t_2)^2}{4} - \left(\frac{H}{2} - t_2\right)^2\right]\right\}$$

比较 R、S 点的应力，确定 M_{max} 截面上的危险点为 S 点，取 S 为原始单元体作应力圆（图 18-7）。

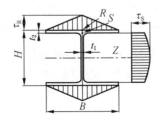 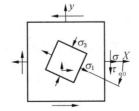 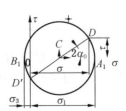

图 18-6　M_{max} 截面上的危险点　　　　　图 18-7　以 S 点为原始单元体的应力圆

由此得出单元体的 3 个主应力 δ_1、δ_2、δ_3 以及最大正应力所在截面的方位角 a_0，即

$$\delta_x = \delta_{SY} \qquad \tau = \tau_S$$

$$\sigma_1 = \frac{\delta_x}{2} + \sqrt{\left(\frac{\delta_x}{2}\right)^2 + \tau^2}$$

$$\delta_2 = 0$$

$$\delta_3 = \frac{\delta_x}{2} - \sqrt{\left(\frac{\delta_x}{2}\right)^2 + \tau^2}$$

$$a_0 = -\frac{1}{2}\tan^{-1}\left(\frac{2\tau}{\delta_{SY}}\right)$$

取许用应力 $[\delta] = 167$ MPa，由第四强度理论可得

$$\delta_{r4} = \sqrt{\frac{1}{2}\left[(\delta_1 - \delta_2)^2 + (\delta_2 - \delta_3)^2 + (\delta_3 - \delta_1)^2\right]} < [\delta] = 167 \text{ MPa}$$

将确定的几种 H 型钢分别代入上式，看是否满足，若都不满足，则根据最大弯矩计算抗弯截面模量 $W = \dfrac{M_{max}}{[\sigma]}$，根据 W 和 I 的值，在 H 型钢表里选择合适的 H 型钢。此时，立柱必然满足强度和刚度条件。

剪切强度校核：比较出剪力 $F_{max} = F_{AX}$，代入 $\tau_{max} = \dfrac{F_{AX}}{A} < [\tau] = 98.1$ MPa，若不满足由 $A = \dfrac{F_{AX}}{\tau_{max}}$，根据 A 值再进行选择。

（2）当 $L_1 > L_2$ 时，立柱挠度方程见表 18-4，弯矩方程见表 18-5。

表 18-4 $L_1 > L_2$ 时的立柱挠度方程

区间	M 表达式	ω 表达式
$0 < X < L_2$	$F_{AX}X - M_A$	$\dfrac{F_{AX}X^3 - 3M_A X^2}{6EI}$
$L_2 < X < L_1$	$F_{AX}X - M_A - M - F_1(X - L_2)$	$\dfrac{(F_{AX} - F_1)X^3}{6EI} + \dfrac{(F_1 L_2 - M_A - M)X^2}{2EI} + \dfrac{(MI_2 - 0.5F_1 L_2^2)X}{EI} + \dfrac{F_1 L_2^3}{6EI} - \dfrac{MI_2^2}{2EI}$

对 ω 表达式求导，计算比较得出 ω_{max}，令 $\omega_{max} = \dfrac{L_1}{5000}$，求出的 I 值即为满足刚度条件的惯矩 I。根据计算的 I 值，综合考虑轴承座的宽度，以及 $\dfrac{W}{A}$ 的值，确定几种合适的 H 型钢，进行下一步的强度校核。

表 18-5 $L_1 > L_2$ 时的弯矩方程（计算机编程自动判断选择）

区　　间	M 表达式	M_{max}
$0 < X < L_2$	$F_{AX}X - M_A$	
$L_2 < X < L_1$	$F_{AX}X - M_A - M - F_1(X - L_2)$	

当 $L_1 > L_2$ 时，比较出 M_{max}，由于立柱是拉伸和弯曲的组合，拉力及弯矩所产生的正应力 σ_Y 在上翼板 R 处最大，而在 S 点处作用着较大的剪应力 τ_S，故应计算这两点的应力，以便确定 M_{max} 截面上的危险点。

2. 斜撑的设计计算

斜撑是一受压弯杆件，稳定性是首先要考虑的问题，通过稳定性条件确定最小允许惯矩，再校核

强度和抗剪切能力。

（1）挠度方程区间。$0 < X < \dfrac{H_1 - \left(L_6 + \dfrac{H}{2}\right)\cos\gamma}{\sin\gamma}$，$M$ 表达式：

$$M = (F_{BX}\sin\gamma - F_{BY}\cos\gamma)X - M_B$$

ω 表达式：

$$\omega = \frac{(F_{BX}\sin\gamma - F_{BY}\cos\gamma)X^3}{6EI} - \frac{M_B}{2EI}X^2$$

在区间 $\dfrac{H_1 - \left(L_6 + \dfrac{H}{2}\right)\cos\gamma}{\sin\gamma} < X < \dfrac{L_1}{\sin\gamma}$，$M$ 表达式：

$$M = (F_{BX}\sin r - F_{BY}\cos r)X - M_B + M_1 + (F_3\sin r + F_2\cos r)\left[X - \frac{H_1 - \left(L_6 + \dfrac{H}{2}\right)\cos r}{\sin r}\right]$$

ω 表达式：

$$\omega = \frac{(F_{BX}\sin\gamma - F_{BY}\cos\gamma + F_S\sin\gamma + F_2\cos\gamma)X^3}{6EI} +$$

$$\frac{M_1 - M_B - (F_S\sin\gamma + F_2\cos\gamma)\left[\dfrac{H_1 - \left(L_6 + \dfrac{H}{2}\right)\cos\gamma}{\sin r}\right]}{2EI}X^2 +$$

$$\frac{F_S\sin r + F_2\cos r}{2EI}\left[\frac{H_1 - \left(L_6 + \dfrac{H}{2}\right)\cos r}{\sin r}\right]^2 - \frac{M_1}{EI}\left[\frac{H_1 - \left(L_6 + \dfrac{H}{2}\right)\cos r}{\sin r}\right]X -$$

$$\frac{F_S\sin r + F_2\cos r}{6EI}\left[\frac{H_1 - \left(L_6 + \dfrac{H}{2}\right)\cos r}{\sin r}\right]^3 + \frac{M_1}{2EI}\left[\frac{H_1 - \left(L_6 + \dfrac{H}{2}\right)\cos r}{\sin r}\right]^2$$

求 ω_{max}，令 $\omega_{max} = \dfrac{L_1}{5000\sin r}$，求出 I 值即为满足刚度条件的惯矩 I。根据计算的 I 值，以及 $\dfrac{W}{A}$ 的值，确定合适的 H 型钢，进行下一步的强度校核。

（2）稳定性条件。$\lambda_2 = \dfrac{\alpha - \delta_s}{b}$，查《材料力学手册》课本可知 $a = 304$ MPa，$b = 1.12$ MPa，$\delta_s = 235$ MPa，所以 $\lambda_2 = \dfrac{304 - 235}{1.12} = 61.61$，$\lambda = \dfrac{u\dfrac{L_1}{\sin r}}{i}$，查得 $u = 0.5$，$i = \sqrt{\dfrac{I}{A}}$，判断可知 $\lambda < \lambda_2$，应按强度问题计算。斜撑所受压力 $P_y = F_{BX}\cos\gamma + F_{BY}\sin\gamma$，代入判断 $\sigma_{cr} = \dfrac{P_y}{A} < \sigma_s$ 是否满足。

（3）强度校核。斜撑的弯矩取最大者代入 $\delta = \left|\dfrac{F_{BX}\cos r + F_{BY}\sin r}{A}\right| + \left|\dfrac{M_{max}}{W}\right| < [\delta] = 167$ MPa，若不满足，重新选择。

（4）抗剪能力校核。斜撑所受剪力为 $F_{BX}\sin r - F_{BY}\cos r$，$F_{BX}\sin r - F_{BY}\cos r + F_3\sin r + F_2\cos r$，比较出剪力最大值，则 $\tau_{max} = \dfrac{F_{max}}{A} < [\tau] = 98.1$ MPa，若不满足，由 $A = \dfrac{F_{max}}{\tau_{max}}$ 计算出 A 值再进行选择。

基于以上计算公式校核机架，如图 18-8 所示。

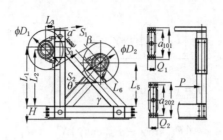

图 18-8 机架校核图

（5）通过输入滚筒表面合张力得到机架形状及其重量的相关参数见表 18-6。

表 18-6 合张力确定计算机架形状及机架重量

1. 输 入 数 据			
滚筒表面合张力 S_1/kN	364	滚筒表面合张力 S_2/kN	364
滚筒表面合张力 S_3/kN	364	表面张力 S_1 与水平线夹角 α/(°)	8.8
表面张力 S_3 与水平线夹角 β/(°)	18	表面张力 S_2 与水平线夹角 θ/(°)	26.8
说明：当张力的夹角在水平线下面时，输入正角度；当张力的夹角在水平线上面时，输入负角度			
斜撑高度 L_1/mm	1523	立柱滚筒中心高 L_2/mm	780
斜撑与水平线的夹角 γ/(°)	45	斜撑滚筒中心高 L_5/mm	1523
立柱轴承座中心高 L_3/mm	300	斜撑轴承座中心高 L_6/mm	270
立柱轴承座孔距 a_1/mm	840	斜撑轴承座孔距 a_2/mm	750
立柱轴承座长度 O_1/mm	1000	斜撑轴承座长度 O_2/mm	900
立柱轴承座宽度 Q_1/mm	320	斜撑轴承座宽度 Q_2/mm	240
说明：L_1、L_2 的尺寸为滚筒中心高减去底横梁高度（mm）			
立柱滚筒重量 m_1/kg	7332	立柱滚筒直径 D_1/mm	1250
斜撑滚筒重量 m_2/kg	3751	斜撑滚筒直径 D_2/mm	1000
两侧架跨距 P/mm	2150	机架材料	Q235
安全系数	2.5	选定后 H 型钢实际计算的安全系数	2.888
2. 输 出 数 据			
H 型钢翼缘宽度 B/mm	350	H 型钢高度 H/mm	400
H 型钢翼缘厚度 t_2/mm	20	H 型钢腹板厚度 t_1/mm	12
机架重量/kg	2740	立柱轴承座垫板的宽度 b_1/mm	320
立柱轴承座垫板的长度 c_1/mm	1000	两轴承座垫板的厚度 δ_1/mm	22
斜撑轴承座垫板的长度 c_2/mm	900	斜撑轴承座垫板的宽度 b_2/mm	240
底板的宽度 m/mm	390	底板的长度 n/mm	650
底板的厚度 δ_2/mm	20	底板的数量 x/个	2
地脚孔径 ϕ_1/mm	30	立柱下地脚孔数量 s_1/个	6
立柱下地脚孔长度 q_1/mm	510	斜撑下地脚孔长度 q_2/mm	510
斜撑下地脚孔数量 s_2/个	6	地脚孔宽度 w_1/mm	210
筋板图号	XBJB-12	顶丝板的图号	XBDSB06
连接两侧架横梁的槽钢型号	[28	连接两侧架横梁的孔径 ϕ_2/mm	18
连接两侧架横梁孔的长度 q_3/mm	210	连接两侧架横梁孔的宽度 w_2/mm	160
连接两侧架横梁孔的数量 s_3/个	6	立柱筋板数量 s_4/个	4

表18-6（续）

立柱筋板间距 L_4/mm	590	立柱筋板间距 L_9/mm	200
斜撑筋板间距 L_5/mm	500	斜撑筋板数量 s_5/个	4
底撑横梁筋板间距 L_6/mm	312	底撑横梁筋板数量 s_6/个	8
底撑横梁左断面到立柱中心距离 L_8/mm	497	底撑横梁右断面到立柱中心距离 L_8/mm	375
立筋板的长 q_4/mm	150	立筋板的高 w_4/mm	150
立筋板的厚度 δ_3/mm	20	立柱总高 h/mm	1740
底撑横梁总长 L_7/mm	2390		

3. 刚度校核			
立柱刚度校核	$\max(\omega_1,\omega_2,\omega_3,\omega_4)<[\omega]$	校核结果	0.07
斜撑刚度校核	$\max(\omega_1,\omega_2,\omega_3,\omega_4)<[\omega]$	校核结果	0.21

4. 强度校核（拉伸、压缩、剪切及弯曲）			
立柱强度校核	$\max(\sigma_1,\sigma_2,\sigma_3,\sigma_4)<[\sigma]$	校核结果	56.57

5. 稳定性校核			
立柱稳定性校核	$\max(\sigma_{c1},\sigma_{c2},\sigma_{c3},\sigma_{c4})<[\sigma]$	校核结果	0.00

（6）由实验数据参数，可以画出机架的装配图（图18-9）。

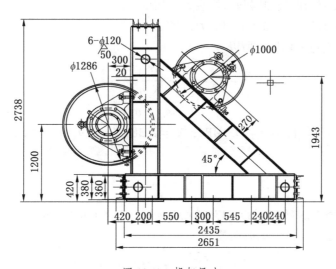

图18-9　机架尺寸

18.2　输送机中主要滚筒的选型与校核

滚筒组是传递动力的主要部件，运输带借助其与滚筒之间的摩擦力运行，它由筒体、轴和轴承座等组成，轮毂与轴之间采用胀套连接，所有滚筒均采用包胶处理，其中传动滚筒采用菱形沟槽铸胶面，从而增大输送带与滚筒的接触阻力，有利于物料的连续运输，改向滚筒采用平面铸胶。

18.2.1　卸载滚筒中轴径的设计及校核

由18.1.4节整机驱动功率及受力计算得：卸载滚筒最大合张力 $T_{合}=2T_1=2\times364=728(\text{kN})$。

轴承型号：23160CC/W33，额定动负荷 $C=2650$ kN；

胀套型号：Z5340×425，轴向力 $F_t=2140$ kN，转矩 $T_t=365$ kN·m。

1. 轴的疲劳强度安全系数校核（轴材质37SiMn2MoV）

疲劳强度校核判断根据为：$S\geq[S]$。

$$S = \frac{S_\sigma S_\tau}{\sqrt{S_\sigma^2 + S_\tau^2}} \geqslant [S] = 1.5$$

式中　S_σ——只考虑弯矩作用时的安全系数；

　　　S_τ——只考虑扭矩作用时的安全系数；

　　　$[S]$——按疲劳强度计算的许用安全系数。

$$S_\sigma = \frac{\sigma_{-1}}{\dfrac{K_\sigma \sigma_\alpha}{\beta \varepsilon_\sigma} + \sigma_m \varphi_\sigma}$$

$$S_\tau = \frac{\tau_{-1}}{\dfrac{K_\tau \tau_\alpha}{\beta \varepsilon_\tau} + \tau_m \varphi_\tau}$$

式中　　　δ_{-1}——对称循环应力下的材料弯曲疲劳极限，MPa；

　　　　　τ_{-1}——对称循环应力下的材料扭转疲劳极限，MPa；

　　　K_δ、K_τ——弯曲和扭转时的有效应力集中系数；

　　　　　　β——表面质量系数；

　　　ε_σ、ε_τ——弯曲和扭转时的尺寸影响系数；

　　　φ_σ、φ_τ——材料拉伸和扭转的平均应力折算系数；

　　　σ_α、σ_m——弯曲应力的应力幅和平均应力，MPa；

　　　τ_α、τ_m——转应力的应力幅和平均应力，MPa。

因为卸载滚筒只承受弯矩作用，所以：

$$S = S_\sigma = \frac{\sigma_{-1}}{\dfrac{K_\sigma \sigma_\alpha}{\beta \varepsilon_\sigma} + \sigma_m \varphi_\sigma}$$

查《机械设计手册》可得：$\sigma_{-1} = 295$ MPa；$K_\sigma = 2.38$；$\beta = 0.9$；$\varepsilon_\sigma = 0.54$；$\varphi_\sigma = 0.3$；$\sigma_m = 0$。

计算：

$$\delta_\alpha = \frac{M}{W}$$

式中　M——轴危险截面上的弯矩，$M = 447000 \times 250 = 111.75 \times 106 (\text{N} \cdot \text{mm})$；

　　　W——轴危险截面上的抗弯截面系数。

$$W = \frac{\pi d^3}{32} = \frac{\pi 340^3}{32} = 3856705 (\text{mm}^3)$$

即：

$$\sigma_\alpha = \frac{M}{W} = 28.97 (\text{MPa})$$

计算得：

$$S_\sigma = 2.08$$

经计算 $S = 2.08 \geqslant [S] = 1.5$，所以轴的强度满足工况要求。

2. 胀套的校核

承受轴向力作用时：

$$F_x \leqslant F_t$$

承受径向力时：

$$P = \frac{1000 F_r}{dl} \leqslant P_f$$

式中　F_r——承受的径向力，kN；

　　　P_f——胀套与结合面的压强，MPa；

　　　d——胀套内径，mm；

　　　l——胀套内环宽度，mm。

$F_x = 28$ kN·m，$F_t = 2140$ kN，$d = 340$ mm，$l = 135$ mm，$P_f = 181$ MPa，$F_r = 355$ kN，则：

$$F_x = 28 \text{ kN} \leqslant F_t = 2670 \text{ kN}$$

计算得 $P = 7.73$ MPa，则：

$$P = 7.73 \text{ MPa} \leqslant P_f = 181 \text{ MPa}$$

所以胀套满足工况要求。

3. 轴承寿命计算

轴承基本额定寿命：

$$L_h = \frac{10^6}{60n}\left(\frac{C}{P}\right)^\varepsilon$$

式中　C——基本额定动载荷，取 2650000 N；

　　　P——当量动载荷，取 302000 N；

　　　ε——寿命指数，滚子轴承 $\varepsilon = \dfrac{10}{3}$。

计算得 $L_h = 271334$ h，则：

$L_h = 271334$ h ≥ 50000 h，满足工况要求。

18.2.2　传动滚筒中主要零件的选型与校核

传动滚筒组是传递动力的主要部件，运输带借其与滚筒之间的摩擦力运行，它由筒体、轴和轴承座等组成，轮毂与轴之间采用胀套连接，传动滚筒采用菱形沟槽铸胶面，从而增大输送带与滚筒的接触阻力，有利于物料的连续运输。

传动滚筒在带式输送机中起着将原动机的动力传递给输送带的作用，所以它的强度、刚度的好坏直接影响着带式输送机的传递效率。

1. 传动滚筒中轴径的设计及校核

作用在传动滚筒上的主要是弯扭应力，可参照轴径估算的方法，按照扭转剪应力进行强度校核，再根据弯扭合成当量弯矩法进行强度校核。传动滚筒轴采用 37SiMn2MoV 材料，调质处理。

$$d_{min} \geqslant C\sqrt[3]{P/n}$$

式中　C——常数，取 107；

　　　P——轴传递的额定功率，kW；

　　　n——轴的转速，r/min，$n = 59.48$ r/min。

即：　　　$d_{min} \geqslant C\sqrt[3]{P/n} = 107 \times (630/59.48)1/3 = 235(\text{mm})$

传动滚筒最小轴径为 235 mm，但考虑到其他因素，这里取 280 mm。根据结构设计胀套与轴连接处取 1.3 系数，即最危险截面 A、B 处轴直径取 $1.3 \times 280 \approx 360$ mm。

下面就传动滚筒轴危险截面 A 处直径为 280 mm 进行校核。

扭矩：　　　$T = 9550P/ni = (9550 \times 630) \div 1487 \times 25 = 101151.65(\text{N·mm})$

式中　P——电动机功率，取 630 kW；

　　　n——转速，1480 r/min；

　　　i——转速比，25。

弯矩：最危险截面为胀套与轮毂连接（A、B）处，传动滚筒受力（为均布载荷）如图 18-10 所示。

简化后滚筒轴上受力如图 18-11 所示（重力忽略不计）。

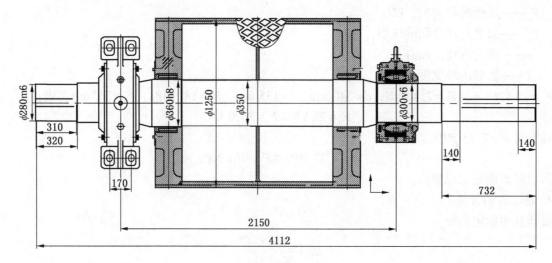

图 18-10 滚筒受力图

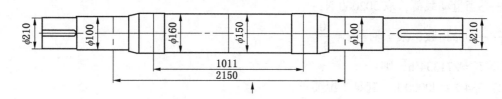

图 18-11 简化后轴受力图

$$M_A = 1075 \times \frac{F}{2} = 1075 \times 363 = 390225000(\text{N} \cdot \text{mm})$$

式中 F——传动轴受力，363 N。

弯矩图如图 18-12 所示。

图 18-12 轴弯矩图

按照工程力学中的第三强度理论计算出弯扭合成的当量弯矩。扭转剪切应力为脉动循环变应力，取 $\alpha = 0.6$。

$$M_e = \sqrt{M^2 + (\alpha T)^2} = \sqrt{390225000^2 + (0.6 \times 101151.65)^2} = 390225004.7(\text{N} \cdot \text{mm})$$

$$\sigma_{ec} = \frac{M_e}{W} = \frac{\sqrt{M + (\alpha T)^2}}{W} = 83.64(\text{N/mm}^2) < [\sigma_1]_b = 90(\text{N/mm}^2)(\sigma_B = 1000\ \text{N/mm}^2)$$

满足强度要求。

传动滚筒最小轴径为 $\phi 280$ mm，胀套处轴径为 $\phi 360$ mm。

2. 传动滚筒中键的设计与强度校核

传动滚筒轴端的键选择 A 型普通平键。

$$\sigma_{Jy} = \frac{2000 \times T}{dkl} \leqslant [\sigma_{jY}]$$

式中 $[\sigma_{jY}]$——键连接的许用挤压应力，查表得 $[\sigma_{jY}] = 120200$ MPa（轻微冲击）；

T——轴传递的额定扭矩，N·mm；

d——轴的直径，mm；

k——键与轮毂的接触高度，mm，$k = 32/2 = 16$ mm；

l——键的工作长度，m，$l = L - b = 310 - 56 = 254$ mm。

有：

$$\sigma_{jY} = \frac{2000T}{dkl} = \frac{2000 \times 101151.65}{280 \times 16 \times 254} = 0.00178(\text{MPa})$$

$$[\sigma_{jy}] = 120200(\text{MPa})$$

A 型平键 56×310 在普通材料时满足其使用，要求调质处理。

3. 传动滚筒中轴承的选型与校核

根据设计手册滚动轴承的选用原则，由于工况转速较低、载荷较大且有冲击，选用调心滚子轴承。该类型轴承额定动载荷比为 1.84、具有能承受少量双向轴向载荷、轴向位移限制在轴向游隙范围内、极限转速低、调心性能好等特点。

根据：

$$C' = (f_h f_F / f_n f_T) P < C$$

有：

$$P = X F_r + Y F_a \quad (X = 1.0, \text{只受纯径向载荷} F_a = 0)$$

$$F_r < C_0$$

式中 C'——动负荷，kN；

C——额定动负荷，kN，由轴承尺寸表中查出；

C_0——额定静负荷，kN，由轴承尺寸表中查出；

P——当量动负荷，kN；

F_r——承受的径向力，$F_r = 2T_1/2 = 2 \times 363/2 = 363$ kN；

f_h——寿命系数，$f_h = 3.42$（50000 h）；

f_n——速度系数，$f_n = 0.822$（59.48 r/min）；

f_F——负荷系数，$f_F = 1.5$（中等冲击）；

f_T——温度系数，$f_T = 1.0$（≤100 ℃）。

$$P = X F_r (X = 1.0) = 1.0 \times 363 = 363(\text{kN})$$

$$C' = (f_h f_F / f_n f_T) P = (3.42 \times 1.5)/(0.822 \times 1) \times 363 = 2264.85(\text{kN})$$

据上式计算选择 SKF 轴承，型号 23156。此轴承的额定动负荷 $C = 2490$ kN，额定静负荷 $C_0 = 4490$ kN。

$$C' = 2264.85 \text{ kN} < C = 2490 \text{ kN}$$

$$F_r = 363 \text{ kN} < C_0 = 4490 \text{ kN}$$

SKF 轴承 23156 满足设计要求。

4. 传动滚筒中胀套的选型与校核

胀套又称盘型锁紧器，用于轮和轴的连接中，它是靠拧紧高强度螺栓使包容面间产生压力和摩擦力，实现传递扭矩的一种无键连接装置。

$$p = 1000 F_r / dl \leqslant p_f$$

式中 p——胀套与结合面的压强，MPa；

p_f——胀套与结合面的许用压强，$p_f = 176$ MPa（Z5360×455）；

F_r——承受的径向力，$F_r = 2T_1/2 = 2 \times 363/2 = 363$ kN；

d——胀套内径，取 Z5360×455 型，$d = 360$ mm；

l——胀套内环宽度，$l = 158$ mm。

有：

$$p = 1000F_{\mathrm{r}}/dl = 1000 \times 363/360 \times 158 = 6.38(\mathrm{MPa}) \leqslant 176 \ \mathrm{MPa}$$

$$T = 80.279 \ \mathrm{kN \cdot m} < T_{\mathrm{t}} = 210 \ \mathrm{kN \cdot m}$$

选择型号为 JB/T 79341999，Z5360×455 的胀套满足其要求。

传动滚筒有限元分析图如图 18-13 所示。

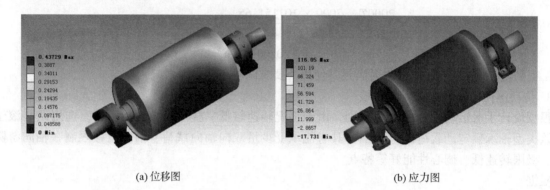

(a) 位移图　　　　　　　　　　(b) 应力图

图 18-13　传动滚筒有限元分析图

传动滚筒轴有限元分析图如图 18-14 所示。

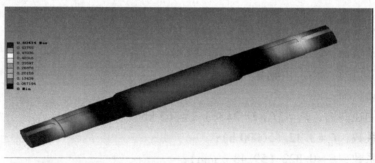

(a) 位移图

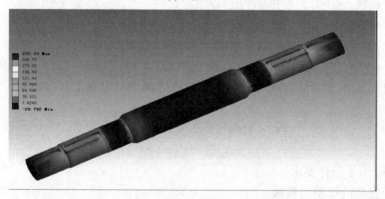

(b)应力图

图 18-14　传动滚筒轴有限元分析图

轴承座有限元分析图如图 18-15 所示。

18.2.3　拉紧滚筒中轴承的选型与校核

最大合张力：$T_{合} = 1124 \ \mathrm{kN}$；

轴承型号：23084CAK/W33+OH3084K，额定动负荷 $C = 3400 \ \mathrm{kN}$；

胀套型号：Z5450×555，轴向力 $F_{\mathrm{t}} = 3700 \ \mathrm{kN}$，转矩 $T_{\mathrm{t}} = 832.5 \ \mathrm{kN \cdot m}$；

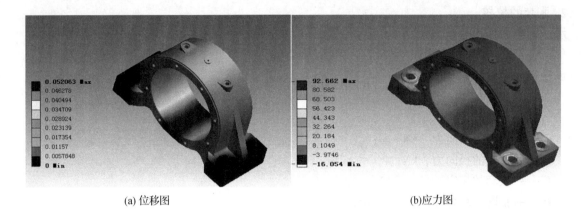

(a) 位移图　　　　　　　　　　　　(b)应力图

图 18-15　轴承座有限元分析图

1. 轴的疲劳强度安全系数校核（轴材质 42CrMo）

疲劳强度校核判断根据为 $S \geqslant [S]$，则：

$$S = \frac{S_\sigma S_\tau}{\sqrt{S_\sigma^2 + S_\tau^2}} \geqslant [S] = 1.5$$

式中　　S_σ——只考虑弯矩作用时的安全系数；

　　　　S_τ——只考虑扭矩作用时的安全系数；

　　　$[S]$——按疲劳强度计算的许用安全系数；

$$S_\sigma = \frac{\sigma_{-1}}{\dfrac{K_\sigma \sigma_\alpha}{\beta \varepsilon_\sigma} + \sigma_{\mathrm{m}} \varphi_\sigma}$$

$$S_\tau = \frac{\tau_{-1}}{\dfrac{K_\tau \tau_\alpha}{\beta \varepsilon_\tau} + \tau_{\mathrm{m}} \varphi_\tau}$$

因为改向滚筒只承受弯矩作用，所以：

$$S = S_\sigma = \frac{\sigma_{-1}}{\dfrac{K_\sigma \sigma_\alpha}{\beta \varepsilon_\sigma} + \sigma_{\mathrm{m}} \varphi_\sigma}$$

查《机械设计手册》可得：$\delta_{-1} = 295\ \mathrm{MPa}$；$K_\delta = 2.73$；$\beta = 0.9$；$\varepsilon_\delta = 0.54$；$\varphi_\sigma = 0.3$；$\sigma_{\mathrm{m}} = 0$；

计算：

$$\delta_{\mathrm{a}} = \frac{M}{W}$$

式中　M——轴危险截面上的弯矩，$M = 447000 \times 250 = 111.75 \times 106\,(\mathrm{N \cdot mm})$；

　　　W——轴危险截面上的抗弯截面系数。

$$W = \frac{\pi d^3}{32} = \frac{\pi 400^3}{32} = 143310000\,(\mathrm{mm}^3)$$

即：

$$\sigma_\alpha = \frac{M}{W} = 22.82\,(\mathrm{MPa})$$

计算得：

$$S_\sigma = 2.63$$

经计算 $S = 2.08 \geqslant [S] = 1.5$，所以轴的强度满足工况要求。

2. 胀套的校核

承受轴向力作用时：

$$F_x \leqslant F_t$$

承受径向力时：

$$P = \frac{1000F_r}{dl} \leqslant P_f$$

式中　F_x——承受的轴向力，kN·m；

　　　　F_r——承受的径向力，kN；

　　　　F_t——胀套的额定轴向力，kN；

　　　　P_f——胀套与结合面的压强，MPa；

　　　　d——胀套内径，mm；

　　　　l——胀套内环宽度，mm。

$F_x = 28$ kN·m；$F_t = 3700$ kN；$d = 450$ mm；$l = 172$ mm；$P_f = 175$ MPa；$F_r = 600$ kN；

计算得：

$$F_x = 28 \text{ kN} \leqslant F_t = 3700 \text{ kN}$$

得：

$$P = \frac{1000F_r}{dl} = \frac{1000 \times 600}{450 \times 172} = 7.75(\text{MPa})$$

即：

$$p = 7.75 \text{ MPa} \leqslant P_f = 175 \text{ MPa}$$

所以胀套满足工况要求。

3. 轴承寿命计算

轴承基本额定寿命：

$$L_h = \frac{10^6}{60n}\left(\frac{C}{P}\right)^{\varepsilon}$$

式中　C——基本额定动载荷，$C = 3400000$ N；

　　　　P——当量动载荷，$P = 562000$ N；

　　　　ε——寿命指数，滚子轴承 $\varepsilon = \dfrac{10}{3}$。

计算得：

$$L_h = 78556 \text{ h}$$

经计算 　　　　　　　　　$L_h = 78556 \text{ h} \geqslant 50000 \text{ h}$

满足工况要求。

19　塌陷区长距离拐弯输送机研究

19.1　长距离带式输送机整机计算与软件编程

19.1.1　长距离带式输送机的基本组成

图 19-1 所示为长距离带式输送机的组成，其主要零部件有：输送带、驱动部（电动机、联轴器、减速器、制动器、逆止器、驱动滚筒、软启动装置）、卸载部（卸载滚筒、改向滚筒、卸载机架）、受料部（改向滚筒、导料槽、缓冲床）、托辊组、拉紧装置、电气和液压控制系统等。

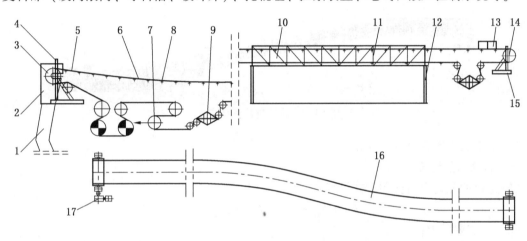

1—溜槽；2—漏斗；3—传动滚筒；4—头架；5—输送带；6—垂直拐弯段；7—拉紧装置；
8—上托辊；9—翻带装置；10—桁架；11—下托辊；12—高支腿；13—导料槽；14—尾部滚筒；
15—尾架；16—水平拐弯段；17—驱动装置

图 19-1　输送机的基本组成

19.1.2　长距离带式输送机的计算

19.1.2.1　长距离带式输送机的运行工况及参数

输送机运行概况：该输送机为单路系统，露天布置，运行环境不要求防爆，全程设有防雨罩，主要环境及运行参数如下。

环境温度	平均气温 8.8 ℃，极端气温 -28~41.4 ℃
降水量	一日最大 95.4 mm，最大积雪深度 13 cm
输送物料种类	原煤
输送物料粒度	<300 mm
输送物料密度	900 kg/m³
输送机输送能力 Q	1000 t/h
输送带宽度 B	1200 mm
输送机带速 v	2.5 m/s
输送长度 L	4565 m
输送机提升高度 H	20 m
输送机倾角 δ	0°~16°

19.1.2.2 长距离带式输送机的输送线路布置

　　长距离带式输送机可适应复杂的地形，在水平和垂直平面内都可以设置拐弯，从而可以避开村庄、工厂和现有建筑，同时可以方便地穿越铁路、公路、高压线、河流等障碍，输送线路十分灵活。该项目中输送机线路选择区域涉及居民区、公路、工厂以及沿途不可绕过的长距离塌陷区，同时，该输送机尾部受料、机头卸载的高度和位置已经固定，矿方也对输送机的驱动机房、采样间、拉紧装置等位置提出了明确要求，因此，在满足工艺和矿方使用要求的前提下，输送机线路的优化布置，直接影响技术经济、初期投资和运行成本。

　　如图 19-2 所示，研究对该输送机线路布置做了充分优化，机头卸载部因其位于转载站筒仓上方，提升高度较高，整个提升区域采用桁架和高架支腿在垂直平面内合理拐弯过渡；在沿途经过的公路采用轻型桁架跨越；为避开沿线居民区及工厂建筑，输送机布置了 3 个水平拐弯段。最后需要布置的输送机中段必须经过塌陷区，故采用直线布置；输送机沿线地形较小的凹凸段采用可调支腿、塌陷区多功能机身等结构设计，整机布置经济可靠。

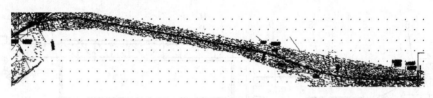

图 19-2　输送机的线路布置

19.1.2.3 输送机圆周驱动力的计算

　　1. 圆周驱动力的计算

　　带式输送机的驱动力可按照下式计算：

$$F_U = F_H + F_N + F_{s1} + F_{s2} + F_{st} \tag{19-1}$$

式中　F_H——主要阻力；

　　　　F_N——附加阻力；

　　　　F_{s1}——特种主要阻力；

　　　　F_{s2}——特种附加阻力；

　　　　F_{st}——倾斜阻力。

　　2. 主要阻力的计算

　　输送机的主要阻力是线性摩擦阻力，与输送带、物料及托辊有关，按照式（19-2）计算：

$$F_H = fLg[q_{RO} + q_{RU} + (2q_B + q_G)\cos\cos\delta] \tag{19-2}$$

$$q_{RO} = \frac{G_1}{a_O} \tag{19-3}$$

$$q_{RU} = \frac{G_2}{a_U} \tag{19-4}$$

$$q_G = \frac{Q}{3.6v} \tag{19-5}$$

式中　　　f——模拟摩擦因数影响因素较多，按表 19-1 取值；

　　　　　L——运输长度，m；

　　　　　g——重力加速度；

　　　　　q_B——单位长度带重，kg/m；

　　　　q_{RO}——上托辊组重量在单位长度中的值，kg/m；

　　　　q_{RU}——下托辊组重量在单位长度中的值，kg/m；

　　G_1、G_2——上、下托辊组非固定部分的重量，kg；

a_0、a_U——上、下托辊组与托辊组的距离，m；

q_G——被输送物料均匀分布在输送带上时，单位长度质量，kg/m；

δ——输送机倾角。

表 19-1 模拟摩擦因数 f

机型	水 平 及 上 运				下 运	
工作条件	室内环境无粉尘、干燥，设备制造及安装质量精良	湿度正常，灰尘不大，设备制造及安装质量一般	粉尘较多，被输送物料磨琢性大，输送机质量较差	湿度大，灰大，寒冷，使用条件恶劣，输送机质量差	有载出现负功	有载但不出现负功或空载
阻力系数	0.020	0.025	0.030	0.040	0.012	与水平相同

3. 特种主要阻力计算

特种主要阻力 F_{S1} 由托辊前倾阻力 F_ε、物料与导料板的摩擦阻力 F_{gl} 构成，按式（19-6）计算：

$$F_{S1} = F_\varepsilon + F_{gl} \tag{19-6}$$

（1）采用 3 个等长度辊子的承载托辊时，F_ε 按式（19-7）计算：

$$F_\varepsilon = C_\varepsilon \mu_0 L_\varepsilon (q_B + q_G) g \cos\cos\delta \sin\sin\varepsilon \tag{19-7}$$

（2）采用两个等长度辊子的空载托辊时，F_ε 按式（19-8）计算：

$$F_\varepsilon = \mu_0 L_\varepsilon q_B g \cos\cos\lambda \cos\cos\cos\lambda \cos\delta \sin\sin\varepsilon \tag{19-8}$$

式中 C_ε——槽型系数；

μ_0——托辊与输送带间的摩擦因数，一般取 0.3~0.4；

ε——托辊的前倾角；

L_ε——前倾托辊段的总长，m。

F_{gl} 按式（19-9）计算：

$$F_{gl} = \frac{\mu_2 I_v^2 \rho g l}{v^2 b_1^2} \tag{19-9}$$

式中 μ_2——物料与导料板的摩擦因数；

I_v——输送机的输送能力，m^3/s；

l——导料槽拦板长度，m；

b_1——导料槽两拦板间宽度，m。

4. 特种附加阻力计算

特种附加阻力 F_{S2} 主要由清扫阻力 F_r 和卸料阻力 F_a 构成，按下式计算：

$$F_{gl} = n_3 F_r + F_a \tag{19-10}$$

$$F_r = AP\mu_3 \tag{19-11}$$

$$F_a = Bk_2 \tag{19-12}$$

式中 n_3——清扫器个数；

A——输送带和清扫器的接触面积，m^2；

P——清扫器对胶带的压力，一般取 $3\times100^4 \sim 10\times100^4 \text{ N/m}^2$；

μ_3——输送带与清扫器的摩擦因数，一般取 0.5~0.7；

k_2——清扫器刮板系数，一般取 1500 N/m。

5. 倾斜阻力计算

$$F_{st} = q_G g H \tag{19-13}$$

式中 H——卸料点标高与落料点标高的差值。

19.1.2.4 输送机功率计算

传动滚筒轴功率 P_A 按式（19-14）计算：

$$P_A = \frac{F_U v}{1000} \tag{19-14}$$

电动机功率 P_M 按式（19-15）计算：

$$P_M = \frac{P_A \eta}{\eta' \eta''} \tag{19-15}$$

$$\eta = \eta_1 \eta_2 \tag{19-16}$$

式中　η——传动效率，一般取 0.85~0.95；

　　　η_1——联轴器效率，其中，机械式联轴器取 0.98，液力偶合器取 0.96；

　　　η_2——减速箱传递效率；

　　　η'——电压降系数，一般取 0.90~0.95；

　　　η''——多滚筒驱动时，电动机功率不平衡系数。

19.1.2.5　输送带张力计算

带式输送机的输送带张力随着输送机沿线地形起伏及运输长度增加而变化，其主要影响因素如下：

（1）带式输送机的运输长度及局部区域输送机倾角的变化。

（2）输送机传动滚筒的数量及驱动布置方式。

（3）启（制）动装置的性能。

（4）拉紧装置的结构形式、布置位置及运行工矿等。

为了保证带式输送机的正常运行，必须满足以下两个条件：

（1）任何工况下，驱动滚筒与输送带的张力都必须满足欧拉定理，即不打滑条件。

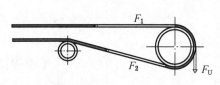

图19-3　作用在输送带上的力

（2）为了防止撒料或者堆带，输送机任意托辊组间的输送带垂度都不应大于一定值，即垂度条件。

①输送带最小张力的限制条件。

如图19-3所示，输送带位于传动滚筒绕入点的张力为 F_1，绕出点的张力为 F_2，动滚筒圆周驱动力为 F_U。

输送带张力按下式计算：

$$F_{Umax} = F_2 - F_1 \tag{19-17}$$

$$F_2 \geqslant F_{UA} \frac{1}{e^{\mu\varphi} - 1} \tag{19-18}$$

式中　F_{Umax}——输送机的最大驱动力，不一定出现在全线满载工况；

　　　μ——驱动滚筒与输送带的摩擦因数，见表19-2；

　　　φ——输送带在驱动滚筒上的包络角，rad；

　　　$e^{\mu\varphi}$——欧拉系数。

表19-2　传动滚筒和输送带之间的摩擦因数 μ

运行条件	刚性光面	有凹槽的橡胶覆盖层面	有凹槽的聚氨酯覆盖层面	有凹槽的陶瓷覆盖层面
干态运行	0.35~0.40	0.40~0.45	0.35~0.40	0.40~0.45
清洁潮湿（有水）运行	0.10	0.35	0.35	0.35~0.40
污浊的湿态（泥浆、黏土）运行	0.05~0.10	0.25~0.30	0.20	0.35

②输送带最小张力的满足条件。

为了防止撒料或堆带等不安全工况的出现，输送带任一点的最小张力 F_{min} 必须满足下式：

承载分支

$$F_{\min} \geqslant \frac{a_0(q_B + q_G)g}{8\left(\dfrac{h}{a}\right)} \qquad (19-19)$$

回程分支

$$F_{\min} \geqslant \frac{a_u q_B g}{8\left(\dfrac{h}{a}\right)} \qquad (19-20)$$

式中　h/a——任一托辊组间输送带的许用下垂度，一般取$\leqslant 0.01$。

③输送带各特性点张力的计算。

带式输送机各特性点主要包括各改向滚筒、拉紧装置以及各拐弯段等关键位置，输送带在这些特性点的张力计算对于零部件的选型及设计至关重要，其计算可以用逐点张力推算。

若已知输送带上任一点的张力为S_{i-1}，则该点的下一点张力S_i可按式（19-21）计算：

$$S_i = S_{i-1} + F_i \qquad (19-21)$$

式中　F_i——输送机在第i个至第$i-1$个特性点之间各阻力的和；

S_i——位于第i个特性点的改向滚筒的分离点张力；

S_{i-1}——位于第$i-1$个特性点改向滚筒的趋近点张力。

根据式（19-21）可导出S_i的计算通式为

$$S_i = S_i + (F_{Hi} + F_{Ni} + F_{S1i} + F_{S2i} + F_{Sti}) \qquad (19-22)$$

输送带的弯曲阻力与滚筒轴承阻力的和记为W，可用式（19-23）计算：

$$W = (K' - 1)S_{i-1} \qquad (19-23)$$

式中　K'——改向滚筒阻力系数，当$\varphi' \approx 45°$时取1.02，当$\varphi' \approx 90°$时取1.03，当$\varphi' \approx 180°$时取1.04（其中，φ'为输送带在改向滚筒上的围包角）。

19.1.2.6　拉紧力计算

（1）拉紧装置拉紧力F_0按式（19-24）计算：

$$F_0 = S_i + S_{i-1} \qquad (19-24)$$

式中　S_i——拉紧位置处滚筒的分离点张力，N；

S_{i-1}——拉紧位置处滚筒的趋近点张力，N。

（2）拉紧装置拉紧行程S按式（19-25）计算：

$$S = \frac{L_z \zeta}{2} + S_a \qquad (19-25)$$

式中　S_a——拉紧装置在a点的分离张力，N；

L_z——前倾托辊的总长，m。

19.1.2.7　制动力的计算

输送机启动时需要改变处于停机状态的惯性系统，使其逐渐加速至匀速运行状态并持续稳定运行；输送机制动时需要改变处于稳定运行状态的惯性系统，使其逐渐减速至停止，与启动状况恰好相反。因此，在启（制）动时必须考虑加速（减速）引起的惯性力，即在最恶劣的运行工况下，应该满足输送机正常运行的两个基本条件，加（减）速度分别按式（19-26）、式（19-27）计算：

启动时

$$a_A \leqslant (\mu_1 \cos\cos\delta_{\max} - \sin\sin\delta_{\max})g \qquad (19-26)$$

制动时

$$a_B \leqslant (\mu_1 \cos\cos\delta_{\max} + \sin\sin\delta_{\max})g \qquad (19-27)$$

式中　a_A——输送机系统的启动加速度，m/s²；

a_B——输送机系统的制动加速度，m/s²；

μ_1——输送带与运输物料间的摩擦因数。

启动圆周驱动力 F_A 按式（19-28）计算：

$$F_A = F_U + F_a \tag{19-28}$$

$$F_a = a_A(m_1 + m_2) \tag{19-29}$$

$$m_1 = (q_{RO} + q_{RU} + 2q_B + q_G)L \tag{19-30}$$

$$m_2 = \frac{n \sum J_{id} i_i^2}{r^2} + \sum \frac{J_i}{r_i^2} \tag{19-31}$$

式中 F_U——稳定运行时圆周驱动力，N；

n——驱动单元数；

J_{id}——驱动单元中第 i 个旋转部件的转动惯量，kg·m²；

i_i——驱动单元中第 i 个旋转部件至传动滚筒的传动比；

r——传动滚筒半径，m；

m_1——输送机直线移动部分和旋转部分的惯性力；

m_2——驱动单元各旋转部件的转动惯量；

J_i——第 i 个滚筒的转动惯量，kg·m²；

r_i——第 i 个滚筒的半径，m。

输送机系统的启（制）动加速度 $a_{A(B)}$ 一般控制在 $0.1 \sim 0.3$ m/s²，启动时传动滚筒上的最大圆周力为 F_A，按式（19-32）计算：

$$F_A = K_A F_U \tag{19-32}$$

式中 K_A——输送机系统的启动系数，通常取 $1.3 \sim 1.7$。

输送机系统自由停车时间的制动圆周力为 F_B，按式（19-33）计算：

$$F_B = F_a - F_U \tag{19-33}$$

$$F_a = (m_1 + m_2)a_B \tag{19-34}$$

式中 F_a——制动时的惯性力，N。

自由停车时间 t_B，按式（19-35）计算：

$$t_B = \frac{v}{a_B} \tag{19-35}$$

采用制动器时的制动圆周力 F_B，按式（19-36）计算：

$$F_B = F_a - F_Z - F_U = 0 \tag{19-36}$$

$$F_Z = i \frac{M_Z}{r} \tag{19-37}$$

式中 i——制动器至传动滚筒的传动比；

M_Z——制动器的制动力矩，N·m。

19.1.2.8 逆止力的计算

经过理论分析和实际工程验证，带式输送机只有承载段上升满载且其他区段为空载时，输送机传动滚筒才会出现最大逆转力，为防止输送机逆转，传动滚筒上需要的逆止力 F_L，可用式（19-38）计算：

$$F_L = F_{st} - 0.8fg\left[L(2q_B + q_{RO} + q_{RU}) + \frac{H}{\sin\sin\delta}q_G\right] \tag{19-38}$$

作用在驱动滚筒上的逆止力矩，按式（19-39）计算：

$$M'_L \geq \frac{F_L D}{2000} \tag{19-39}$$

式中 D——传动滚筒直径，mm。

逆止器需要的逆止力矩 M_L，按式（19-40）计算：

$$M_L \geqslant \frac{M'_L}{i\eta_L} \tag{19-40}$$

式中　　i——驱动滚筒至逆止器安装轴的速比；

　　　　η_L——驱动滚筒至逆止器安装轴的效率。

19.1.3　软件编程与计算结果

19.1.3.1　软件编程

因为带式输送机的特殊性，用户往往要求根据各种各样的巷道布置情况设计出不同形式的带式输送机，这就给设计者带来了很大的计算量。现有 DOS 命令下的计算软件，人机界面非常不友好，计算方法落后，而且不能对复杂输送线路的输送机进行精确计算，靠手工计算速度慢而且极易出错。因此研究新的适应大型复杂输送机的计算软件十分必要。

带式输送功率及张力计算软件，基于 Visual Basic 语言为代码，以 EXCEL 为界面，依照带式输送设计标准，对所有带式输送机的布置形式、关键零部件等建立了模块化数据库，同时，该计算软件充分考虑了输送机输送段数、驱动个数、拉紧形式和位置、是否拐弯等复杂工况的存在，输入界面简洁，如图 19-4 所示。不仅可实现 W 形、M 形等复杂工况下的阻力计算及独立制动、倒装拉紧等情况下的计算，还可实现多点驱动及多点受料情况下的计算及平面与垂直复合拐弯情况下的计算。设计人员输入和选取输送机各参数后，该软件可快速、准确地计算出带式输送机的驱动圆周力、轴功率、电动机功率、逐点张力、拉紧力、制动力、逆止力、凹凸弧半径、输送带强度以及托辊的动载荷校核等各种设计数据，极大地缩短了带式输送机的计算周期，也为输送机不同参数的对比计算和优化提供了极大的方便。

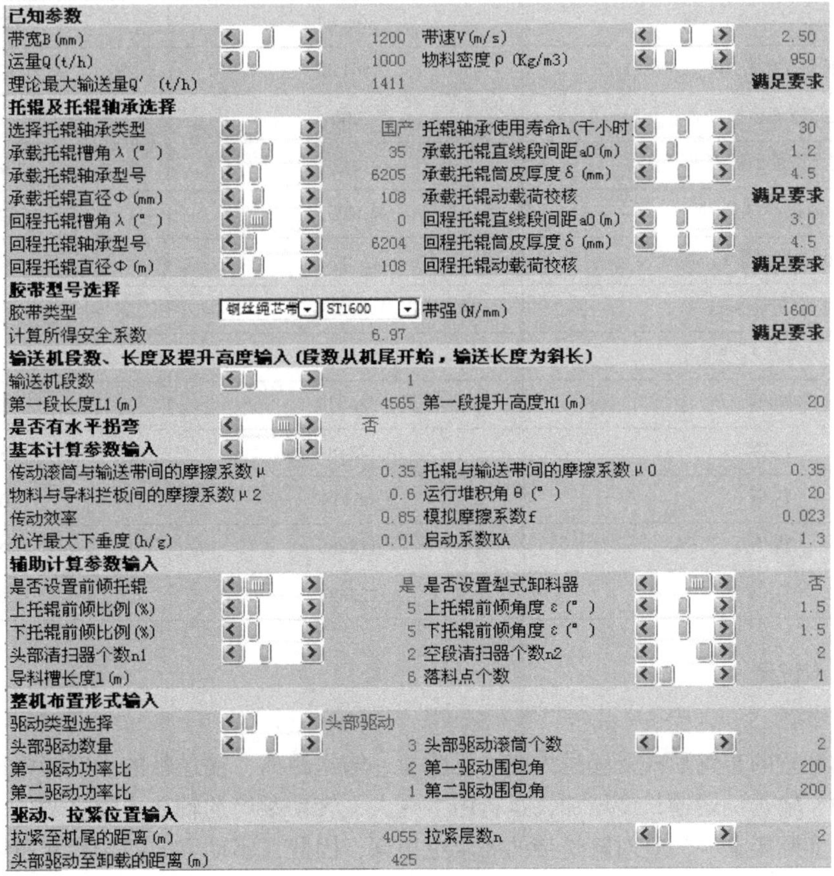

已知参数				
带宽B（mm）	1200	带速V（m/s）		2.50
运量Q（t/h）	1000	物料密度ρ（Kg/m3）		950
理论最大输送量q'（t/h）	1411			满足要求
托辊及托辊轴承选择				
选择托辊轴承类型	国产	托辊轴承使用寿命h（千小时）		30
承载托辊槽角λ（°）	35	承载托辊直线段间距a0（m）		1.2
承载托辊轴承型号	6205	承载托辊筒皮厚度δ（mm）		4.5
承载托辊直径Φ（mm）	108	承载托辊动载荷校核		满足要求
回程托辊槽角λ（°）	0	回程托辊直线段间距a0（m）		3.0
回程托辊轴承型号	6204	回程托辊筒皮厚度δ（mm）		4.5
回程托辊直径Φ（m）	108	回程托辊动载荷校核		满足要求
胶带型号选择				
胶带类型	钢丝绳芯带 ST1600			1600
计算所得安全系数	6.97			满足要求
输送机段数、长度及提升高度输入（段数从机尾开始，输送长度为斜长）				
输送机段数	1			
第一段长度L1（m）	4565	第一段提升高度H1（m）		20
是否有水平拐弯	否			
基本计算参数输入				
传动滚筒与输送带间的摩擦系数μ	0.35	托辊与输送带间的摩擦系数μ0		0.35
物料与导料拦板间的摩擦系数μ2	0.6	运行堆积角θ（°）		20
传动效率	0.85	模拟摩擦系数f		0.023
允许最大下垂度（h/g）	0.01	启动系数KA		1.3
辅助计算参数输入				
是否设置前倾托辊	是	是否设置型式卸料器		否
上托辊前倾比例（%）	5	上托辊前倾角度ε（°）		1.5
下托辊前倾比例（%）	5	下托辊前倾角度ε（°）		1.5
头部清扫器个数n1	2	空段清扫器个数n2		2
导料槽长度l（m）	6	落料点个数		1
整机布置形式输入				
驱动类型选择	头部驱动			
头部驱动数量	3	头部驱动滚筒个数		2
第一驱动功率比	2	第一驱动围包角		200
第二驱动功率比	1	第二驱动围包角		200
驱动、拉紧位置输入				
拉紧至机尾的距离（m）	4055	拉紧层数n		2
头部驱动至卸载的距离（m）	425			

图 19-4　参数输入界面

19.1.3.2 计算结果

输送机计算结果见表19-3。

表19-3 计 算 结 果

名 称	满 载	空 载
输送机倾角 $\delta/(°)$	0.25	—
每米上分支物料质量 q_G/kg	111.11	—
每米直线段上托辊转动质量 q_{RO}/kg	16.35	—
每米直线段下托辊转动质量 q_{RU}/kg	6.17	—
每米输送带质量 q_B/kg	38.40	—
主要阻力 F_H/N	288582	136201
主要特种阻力 F_{s1}/N	3495	1196
附加特种阻力 F_{s2}/N	4200	4200
倾斜阻力 F_{st}/N	21800	0
全线有载计算的圆周驱动力/N	318077	—
单圆周驱动力 $F_{单}/N$	106026	47966
输送带最大张力 F_{max}/N	384536	173962
轴功率 P_a/kW	795.19	359.74
驱动功率 P_m/kW	914.02	413.50
单驱动功率 $P_{单}/kW$	304.67	137.83
输送带不打滑张力 F_{min}/N	66458	30066
承载分支允许最小张力 $F_{承min}/N$	22001	5651
空载分支允许最小张力 $F_{空min}/N$	14126	14126
所需拉紧力 F_0/N	134091	60975
逆止力的计算 F_L/N	0	—
拉紧行程 S/m	8.65	—
制动力 F_Z/N	0.00	—
T_1/N	384536	173962
T_Z/N	172484	78031
T_2/N	66458	30066
T_3/N	118869	118869
T_4/N	123624	123624

19.1.4 部件选型配置

19.1.4.1 驱动布置

输送机驱动装置的布置形式受输送线路、运输量、输送距离、输送带的强度等因素的限制。长距离带式输送机中，输送机运输长度增加，运行阻力变大，转动滚筒的轴功率随之增加，采用单滚筒传递动力很难满足实际要求，而且对输送带的要求也很高，因此，驱动方式的选择和布置对降低输送带强度具有很大意义。如图19-5所示，该输送机采用双滚筒驱动。

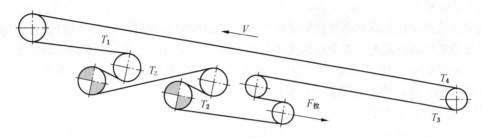

图 19-5　输送带缠绕图

对于驱动功率分配，输送机必须满足输送机出现塌陷或其中一套驱动损坏时可不停机检修；同时，输送机配置应具有通用性和互换性。因此，该输送机采用三套驱动部，即功率配比为 2∶1，功率值为 3×560 kW。以下为两种工况下输送机功率配比。

1. 正常运行

当带式输送机正常运行或沿线出现塌陷时，输送机三套驱动同时运行，电动机总功率足够维持输送机的正常运行，功率配比 2∶1，如图 19-6 所示。

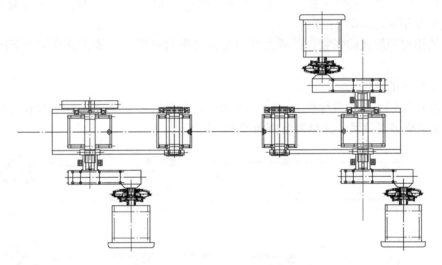

图 19-6　正常运行时的功率配比

2. 检修故障

当输送机其中一套驱动装置出现故障时，可以在其余两套驱动装置继续运转维持输送机正常运行的情况下，完成对损坏驱动装置的检修，此时输送机的功率配比为 1∶1，如图 19-7 所示。

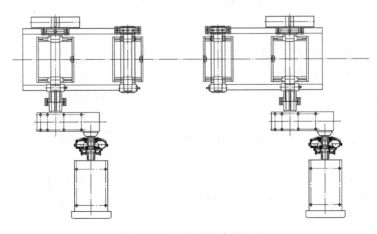

图 19-7　检修时的功率配比

19.1.4.2 拉紧装置

长距离带式输送机在选择和布置拉紧装置时，需考虑拉紧装置可在启动（制）、正常运行等不同工况下提供相应的所需张紧力，以保证输送带与传动部件之间力的传递，提高输送带的使用寿命。另外还需考虑输送带在启（制）动两种工况下满足垂度条件所需的张紧力也相应增大，因此要求输送带张紧力在启（制）动过程中的要大于正常运行工况。

1. 拉紧装置在带式输送机中的布置

在输送机的设计过程中，选择合理的拉紧装置及位置，可以使输送机的启动、制动与正常运行更加安全平稳，而这些运行工况都必须在满足输送带在传动滚筒上不打滑条件下才能实现，为保证输送机系统可靠运行，拉紧装置的布置必须考虑以下因素。

（1）为了使输送机的拉紧力最小，拉紧装置最好布置在输送带张力最小处。

（2）输送带作为黏弹性受力体，张紧装置的作用区域及力的传递时间受一定的限制，必要的时候可设计两个张紧装置。

（3）拉紧装置应尽量靠近输送机传动滚筒处。

（4）采用双滚筒驱动时，若正功率运行，第二滚筒的分离点一般设置张紧装置，但是在制动工况下，此时张紧装置位于输送带的紧边，满足制动不打滑条件时，张紧力较大，必要时可以将制动器布置在张紧装置的后面，以减小张紧力。

（5）无论使用何种形式的张紧，张紧力必须要通过张紧滚筒中心线，且滚筒上下胶带要与张紧位移平行。

2. 拉紧装置形式的选择

输送机张紧力 135 kN，张紧行程 10 m，采用液压拉紧装置，由于液压油缸行程的限制，拉紧装置中的拉紧小车需要多层拉紧，其结构组成如图 19-8 所示。

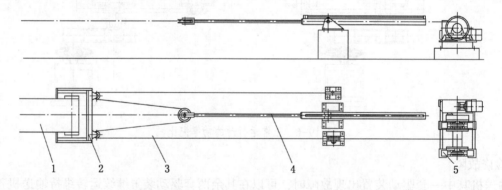

1—输送带；2—拉紧小车；3—钢丝绳；4—液压油缸；5—电动绞车

图 19-8 拉紧装置的基本组成

19.1.4.3 翻带装置

长距离带式输送机输送运距较长且大多布置在厂房外，由于输送物料的黏结及卸载部清扫不干净等原因，输送带粘料进入回程分支后不仅增加了输送机运行负担，而且加快了运行过程中托辊与输送带之间的磨损；受运行环境的影响，露天布置的长距离带式输送机在冬季运行时，输送带带面附着的一层薄冰会与残留物料冻结在一起，更增加了输送机的运行阻力。与此同时，输送带黏结物料在输送机运行过程中撒落也对沿线环境造成了污染，增加了输送机沿线的清扫工作量。

为了很好地解决这些问题，如图 19-9 所示，在输送机机头部、机尾部各设置一组翻带装置，用于保证输送带黏结物料的工作面始终向上，且干净的非工作面与托辊组接触。

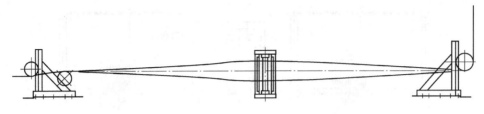

图 19-9 翻带装置

19.2 输送机关键部件的设计

19.2.1 输送机落煤溜槽的设计

19.2.1.1 落煤溜槽的设计要求

在输送机系统中，无论是给料设备、料仓卸料，还是带式输送机的卸料，受料部上方的卸料溜槽是至关重要的部件。落煤溜槽需满足导向物料流、卸料高度、输送量、物料性质、环保要求、经济性能等要求，其设计必须满足以下条件。

(1) 满足物料转载时缓冲的要求。输送设备输送物料时，给料量有可能不均匀，同时考虑落料高度较高时煤流对输送机受料段的冲击，落煤溜槽应该在卸料和受料之间起到缓冲作用，避免后续输送设备局部过载。

(2) 满足带式输送机之间转载能力的要求。输送机落煤溜槽不但要满足输送系统输送量要求，还要满足输送机在启动、正常运行、停机等工况时转载物料的可靠性要求。长距离带式输送机停机时间远远大于短距离输送机的停机时间，因此，输送机落煤溜槽的结构和容量设计必须充分考虑高带速、长距离输送机在复杂工况下带来的问题。

(3) 对输送黏性物料或在寒冷地域室外布置的存在冻粘溜槽的物料时，必须采取防止粘料措施。输送机在低温环境下输送黏性物料时，粒度较小的物料极易黏结在落煤溜槽的内壁上，逐渐冻结减小溜槽截面面积后很容易造成堵料现象。低温环境下落煤溜槽材料要求耐寒、耐磨，并安装加热设备。

(4) 落煤溜槽的设计应采取粉尘防逸措施。矿业输送系统在物料采掘、破碎、转运过程中都不可避免地会产生大量灰尘，对环境造成污染的同时给工作人员健康也带来很大的损害。煤矿输送机行业标准也针对煤尘中含有呼吸性硅尘浓度的不同，严格规定了短时间接触允许浓度和允许室外排放浓度，保证粉尘的排放满足国家规定的指标。

19.2.1.2 落煤溜槽的结构设计

1. 缓冲设计

如图 19-10 所示，由于该长距离带式输送机受料部位于转载正下方，煤流落料净高度为 18.5 m，且与电厂输煤输送机为垂直搭接。因此，在输送机高带速运行的工况下，受料部落煤溜槽的设计不但要减小物料的俯冲速度，还要改变物料的落料方向。同时，落煤溜槽倾角的设计必须使含水分较高的湿煤流能够依靠自身惯性沿着落煤溜槽管壁滑落到输送带上，不造成堵料。

(1) 落煤溜槽材料选择。煤用带式输送机大多都输送粒度较大的块状物料，对落煤溜槽的内壁造成磨损和冲击，本输送机项目中落煤溜槽选用布氏硬度值达 500HBW 的 NM500 高强度耐磨钢板材料，较高的抗磨损切割及焊接性能使溜槽使用寿命更长，减少检修及停机。

(2) 落煤溜槽截面尺寸。落煤溜槽截面尺寸需考虑防止堵料现象的发生，截面净宽不应小于 1.5 倍的物料最大粒度；运输较大粒度的物料时，溜槽截面净宽不小于最大物料粒度的 2 倍；在溜槽分叉、变截面及变向等易造成堵料的位置，应加大溜槽的截面尺寸，按经验设计通常不小于带宽的 2/3。

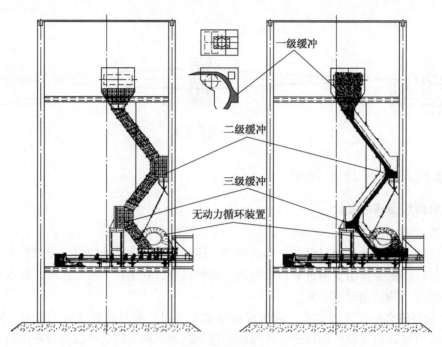

图 19-10 落煤溜槽

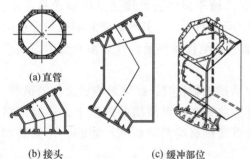

(a)直管

(b)接头　(c)缓冲部位

图 19-11 落煤溜槽截面

如图 19-11 所示，落煤溜槽直管（图 19-11a）及接头（图 19-11b）截面为正八边形，缓冲部位（图 19-11c）外形为长方体，进料口及出料口截面也设计为正八边形，方便与直管及接头对接安装。落煤溜槽的直管、接头、缓冲等组成部分由耐磨钢板拼焊而成，各部件体积小重量轻，使用高强度螺栓装配，安装方便快捷。

（3）落煤溜槽缓冲倾角。落煤溜槽的倾角直接影响溜槽内物料的流速，流速过大或过小都会造成物料堵塞，设计时应根据物料湿度、大小等物理特性以及相关气候条件合理确定溜槽沟谷角（溜槽底板和侧板的相交线与水平面的夹角）。电力行业标准规定，为保证料流的顺畅，煤料转载落料溜槽底板倾角不宜小于 60°，布置困难时不应小于 55°，沟谷角不应小于 55°，溜槽的沟谷角按下式计算：

$$\cot\alpha = \sqrt{\cot\cot\beta^2 + \cot\cot\gamma^2} \tag{19-41}$$

式中　α——溜槽沟谷角，（°）；

　　　β——底板与水平面的夹角，（°）；

　　　γ——侧板与水平面的夹角，（°）。

（4）多级缓冲。物料从输送机卸载部俯冲到一级缓冲部，物料在缓冲部下方的直角处堆积，直到料堆形成最大物料堆积角，继续俯冲在堆积物料上的煤流落入溜槽直管中沿内壁下滑到下一级缓冲部，依次经过三级缓冲，最大限度地减小落料速度和冲击。

2. 除尘设计

落煤溜槽采用的三级缓冲设计即便降低了物料的下落速度，但是物料下落到导料槽内时还有惯性，料流与导料槽挡板、输送带冲击产生大量的粉尘，如果没有粉尘防逸措施，不仅会对输送机运输现场造成污染，而且会给工作人员的健康及操作安全带来隐患。为解决这一难题，本书研究的带式输送机项目设计了一套无动力除尘装置，如图 19-12 所示，在落料漏斗末端增设循环管道，其采用无动力除尘原理，增加粉尘的循环空间，在料流沿着落煤溜槽管壁下落时，落煤溜槽内空气随之流动，部分动能较大的粉尘被吸入除尘装置管道进行二次循环，并在循环管道内设阻碍隔板，通过除尘装置阻碍隔板与粉尘颗粒的碰撞作用，减小粉尘颗粒的动能，逐渐趋于静止的粉尘颗粒落在料流上向前运行。

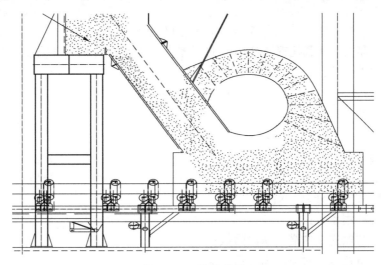

图 19-12 除尘装置

3. 防止物料冻结

在极端天气条件下，输送机受工作环境温度的限制，含水分较高的煤流在停机重启时或运行过程中逐渐冻结，会造成堵料现象，影响输送系统正常运行。因此，在落煤溜槽缓冲部位增加可单独控制的电加热板，在输送机启动之前，对物料溜槽进行预加热，防止物料冻结。

19.2.2 输送机拐弯段的设计

19.2.2.1 输送机拐弯形式

带式输送机分为强迫转弯和自然转弯两种转弯形式。输送带在所需拐弯处设置一个特殊的装置来引导输送带转弯的方法称为强制转弯，输送带按照力学规律自然弯曲运行的方式称为自然导向拐弯。

长距离带式输送机水平拐弯段就是不受拐弯半径的空间限制，采用普通输送带即可自然变向拐弯。计算出满足输送带特性、运行工况等不同条件时的所需拐弯半径后，选出输送带自然拐弯必须满足的最大半径，使输送带在满足力学平衡状态下沿拐弯曲圆弧自然弯曲，稳定运行不致跑偏。

自然弯曲是在线路允许的条件下，增大弯曲半径，不再增设其他辅助措施，仅使拐弯段内曲线抬高就能使输送带运行时不跑偏、不撒料、不损伤，而且运行稳定，这也是拐弯带式输送机最为理想的一种运行环境。长距离带式输送机在不同的拐弯形式下，通常会采取增加挡辊、托辊前倾、压带轮等防跑偏、防飘带措施。

19.2.2.2 水平拐弯段设计

1. 实现水平拐弯的技术措施

为了使带式输送机在拐弯处尽可能地按照力学规律自然运行，在弯曲段通常可采取 3 种相应的措施，即基本措施、附加措施及应急措施。

1）基本措施

（1）转弯处的托辊具有安装支撑角 φ。如图 19-13 所示，输送带的水平拐弯曲率半径为 R，输送带的运行速度为 v，方向与拐弯圆弧的切线方向相同，拐弯圆弧上相邻两组托辊圆心角为 $\Delta\alpha$；如图 19-13 所示，在该曲率半径上布置承载托辊时，使托辊 A 轴的中心线方向平行于曲线的法线方向，而托辊 B 靠近曲线中心的一侧向

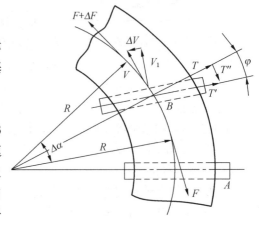

图 19-13 托辊安装支撑角及摩擦力

输送带运行速度方向偏移，使其轴线方向与曲线法线方向存在夹角 φ，由于 φ 角的存在，托辊旋转的线速度 v_t 存在相对滑移速度 Δv，此时托辊与输送带的摩擦力 T' 与 Δv 的方向相反，T' 按下式计算：

$$T' = \tau(q + q_0)R\mu\Delta\alpha \tag{19-42}$$

同样由于 φ 角的存在，承载托辊与输送带的摩擦力 T' 在离心方向产生分力，即托辊对输送带的离心摩擦力 T，其值按下式计算：

$$T = \tau(q + q_0)\mu\Delta\alpha\cos\cos\varphi \tag{19-43}$$

T 的切向分力为 T''：

$$T'' = \tau(q + q_0)\mu\Delta\alpha\sin\sin\varphi \tag{19-44}$$

式中　T'——托辊与输送带的摩擦力，N；

　　　T——在离心方向的分力，N；

　　　T''——在切线方向的分力，N；

　　　τ——摩擦力利用系数；

　　　μ——托辊组与输送带的横向摩擦因数；

　　　$\Delta\alpha$——相邻两组托辊组对应的圆心角，rad；

　　　φ——托辊轴中心线与曲线法线方向的夹角，(°)。

上式中，托辊对输送带产生的附加运行阻力是 T''，为切向分力；托辊对输送带离心方向的横向推力是 T，为离心方向分力；T 可平衡托辊组之间输送带张力 F 和 $F+\Delta F$，$F+\Delta F$ 所产生的向心力，最终保证输送带在拐弯段内受力平衡并保持稳定运行。由式（19-43）和式（19-44）可知，安装支撑角 φ 越小，则 T 越大，同时 T'' 越小，相应地会减小因拐弯段托辊布置而增大附加运行阻力。因此，φ 越小越有利于输送机稳定运行，但 φ 不能等于 0，一般按经验取 $\varphi = 0.5°$。

（2）增大成槽角 φ_0。如图 19-14 所示，成槽角为拐弯弧段两边布置的边托辊中心线与中托辊中心线产生的夹角 φ_0，众多的工程实践证明，随着成槽角 φ_0 的增大，水平拐弯段输送带的防跑偏的能力也随之增强，拐弯半径也随之减小，是输送带可自动调节并居中运行的重要措施；但是，成槽角如果过大，输送带在边托辊与中托辊过渡的拐角处应力增大，容易造成输送带纵向断裂。目前，国内输送机承载分支使用的三节托辊的成槽角一般为 10°～45°，回程分支使用的两节托辊的成槽角一般为 0°～20°。

同样，为了提高回程输送带的自动居中调节性能，减小拐弯半径，回程托辊选用 V 形结构。

2）附加措施

图 19-14　内曲线抬高角 γ_0 与成槽角 φ_0

（1）内曲线抬高角 γ_0 的设计。如图 19-14 所示，输送机铺设时，托辊组与水平面预留一定夹角，其目的是减小转弯半径。γ_0 越大拐弯半径越小，但 γ_0 过大时，运输物料之间挤压应力增大，容易造成物料向外滚动撒料，因此，$\gamma_0 \leqslant 5°$ 为宜，通常取 3°～5°。

（2）回程段增设压辊。带式输送机的下托辊若选用平托辊时，为了减小下带面的拐弯半径，可以在下带面的上面增添压辊。

3）应急措施

在沿拐弯处输送带容易跑偏的一侧加装立辊，是较常用的防输送带跑偏的备用措施。

2. 水平拐弯参数计算

1）拐弯半径的计算

合理地计算和选择拐弯半径是带式输送机拐弯段设计的关键部分，水平拐弯段弯曲半径不仅要满足力学平衡条件和拐弯段输送带张紧边缘的应力条件，还要满足输送带不脱离托辊的条件。

（1）满足力学平衡条件的弯曲半径。拐弯段输送带由于受力不平衡，常常会出现输送带跑偏现象，通常情况下，拐弯段承载分支的输送带应力比相应的空载分支大，为保证拐弯段输送带在任何工况下都不出现跑偏，拐弯半径通常按照上分支计算，满足力的平衡条件的最小拐弯半径按下式计算：

$$R_1 = \frac{F_Y}{q_{au}\mu_0} e^{\frac{(q_{au}+q_B)\omega'\theta}{q_{au}\mu_0}} \tag{19-45}$$

式中 R_1——满足力学条件的最小转弯半径，mm；

    F_Y——输送带承载分支沿输送带运行方向直线段与曲线段相遇点的张力，N；

    ω'——输送带在上分支沿输送机运行方向的摩擦阻力系数；

    μ_0——导出摩擦因数；

    θ——转弯角度，rad。

导出摩擦因数 μ_0 是一个变量，随 φ_0 和 γ_0 变化，按下式计算：

$$\mu_0 = \frac{K_1[\mu\coscos(\varphi_0+\gamma_0)+\sinsin(\varphi_0+\gamma_0)]}{\coscos(\varphi_0+\gamma_0)-\mu\sinsin(\varphi_0+\gamma_0)} + \frac{K_2[\mu\coscos(\varphi_0-\gamma_0)-\sinsin(\varphi_0-\gamma_0)]}{\coscos(\varphi_0-\gamma_0)+\mu\sinsin(\varphi_0-\gamma_0)} +$$
$$\frac{K_3(\mu\coscos\gamma_0+\sinsin\gamma_0)}{\coscos\gamma_0\coscos\gamma_0-\mu\sinsin\gamma_0} \tag{19-46}$$

式中 K_1、K_2、K_3——输送带作用在三节等长托辊组成槽形承载托辊的重力分配系数，一般取 $K_1 = K_2 = 0.3$，$K_3 = 0.4$；

    μ——托辊与输送带间的横向摩擦因数，一般取 0.2。

（2）满足输送带边缘应力条件的转弯半径。如果把拐弯段输送带看作弹性体，则以输送带的中心线作为中性轴，其外边缘相对中性轴处于拉伸状态，而内边缘处于压缩状态，拉伸和压缩的变形量随拐弯半径 R 的减小而增大。满足输送带外缘应力的最小转弯半径按下式计算：

$$R_2 = \frac{BE_0}{2(F_e-F_L)} \tag{19-47}$$

式中 R_2——满足侧边应力条件的最小转弯半径，m；

    F_e——输送带许用张力，N；

    F_L——输送带拐弯终点输送带张力，N；

    E_0——输送带的拉伸刚度，N。

E_0 可近似按式（19-48）计算：

$$E_0 = \frac{F_P}{\varepsilon_P} \tag{19-48}$$

式中 F_P——输送带破断拉力，N；

    ε_P——输送带破断应变。

（3）满足输送带不脱离托辊条件的拐弯半径。如果拐弯半径 R 过小，输送带在同带速下离心力相应增大，拐弯段曲线外侧托辊上的输送带因离心力作用而离开托辊，严重影响输送机的稳定运行。满足输送带不脱离托辊条件的最小拐弯半径为

$$R_3 = \frac{0.5F_m\tantan\lambda}{2(F_e-F_L)} + \left[\left(\frac{0.5F_m\tantan\lambda}{q_B}\right)^2 + \frac{E_0K_2B\sinsin\lambda}{3q_B}\right]^{\frac{1}{2}} \tag{19-49}$$

式中 R_3——拐弯段输送带满足不脱离托辊的拐弯半径，m；

    F_m——输送带的许用张力，N；

    λ——拐弯段曲线外侧的输送带与水平线的夹角。

输送机的平面拐弯半径 R 为

$$R = \max\{R_1, R_2, R_3\} \tag{19-50}$$

2）拐弯处的几何尺寸

曲线内移距 δ 为

$$\delta = R\left(\frac{1}{\mathrm{coscos}\dfrac{\theta}{2}} - 1\right) \tag{19-51}$$

式中 R——拐弯段对应的拐弯半径，m；

θ——拐弯半径对应的圆心角，rad。

输送机沿线共 3 处拐弯段，分别为 R_1、R_2、R_3，各段设计参数见表 19-4。

表 19-4 拐弯段设计参数

拐弯段	拐弯半径 R/m	成槽角 φ_0	圆心角 θ	抬高角 γ_0	内移距 δ/mm
R_1	1200	45°	38.48°	1°	32
R_2	1200	45°	9.44°	5.6°	10
R_3	1200	45°	18.3°	5°	45

3. 水平转弯结构设计

参考表 19-4 所列数据，拐弯段托辊架的设计应尽量满足 3 个托辊架抬高角 γ_0 不同的拐弯段机身互换性，为使托辊架结构简单可靠，该输送机在水平拐弯段承载分支的托辊组采用弹簧式托辊架，其结构如图 19-15 所示。

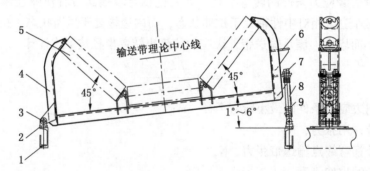

1—纵梁；2—托辊架支座；3—销轴；4—托辊架；5—托辊；6—限位挡板；7—小圆螺母；8—导杆；9—弹簧

图 19-15 弹簧式托辊架

1）内曲线抬高角的设计

弹簧式托辊架部件中，托辊架的左端耳板与托辊架支座通过销轴铰接，导杆下端通过销轴与托辊架支座铰接，导杆上端使用小圆螺母限制在托辊架支座上连板的轴孔内，再将弹簧限制于导杆预定行程内，安装垂直于纵梁方向托辊架支座的底板上加工出连接长孔，使用螺栓将整个的弹簧式托辊架固定在输送机纵梁上；装配在导杆上并在预紧在弹簧两端的小圆螺母都成对预紧，以防止因输送机机身振动时螺栓松懈；托辊架两个端头与托辊架支座的连接板及导杆均成对设计，连接使用单根通轴，以限制托辊架自身的晃动。输送机正常运行时，在不同拐弯段的托辊架的抬高角 γ_0 已经预安装至表 19-4 所列出的角度，使用要求满足输送机有载运行时可将弹簧压缩且不将弹簧压开，空载运行时弹簧又可将托辊架顶起。

2）安装支撑角 φ 的设计

如图 19-15 所示的托辊架边支座，为使拐弯段托辊组具有安装支撑角 φ，在托辊架边支座设计三组托辊轴安装孔，分别调整两个边托辊至前倾和后倾，增加托辊组自动对中性能。

3）回程拐弯段的设计

回程拐弯段托辊内曲线抬高角为5°，本书研究长距离带式输送机共 3 处拐弯段，回程段输送带要求的拐弯半径不相等。如图 19-16 所示，可调边支座与回程托辊支架设置多组装配孔，可调边支座可调范围为 20°~30°，在输送机不同拐弯段，通过调整可调边支座来改变 V 形托辊组的成槽角，以适应不同拐弯半径。

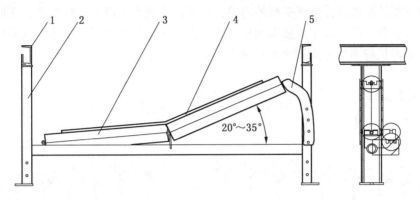

1—纵梁；2—回程托辊支架；3—回程托辊；4—回程输送带；5—可调边支座

图 19-16　回程拐弯段机身

4）承载段增设挡辊

如图 19-17 所示，为防止输送机在加载物料或张紧过程中，拐弯段输送带瞬间张力过大并向拐弯段内侧发生滑移，在拐弯段弹簧式托辊架抬高角一侧增设挡辊；输送机过载运行时，托辊架上增设的限位挡板将与导杆端头接触，限制托辊架行程。

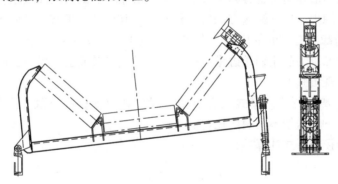

图 19-17　预防措施

5）拐弯段内移距 δ

如图 19-18 所示，拐弯段 6 m 单元纵梁上均布的 5 组托辊架，连接输送机纵梁和托辊架的连接座底板上设计满足内移距调整距离的长孔，单元纵梁与托辊架支座装配位置为：

（1）两端两组托辊架支座长孔外侧与纵梁孔配合。

（2）次端两组托辊架支座长孔中间与纵梁孔配合。

（3）中间一组托辊架支座长孔内侧与纵梁孔配合。

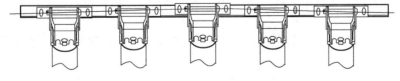

图 19-18　内移距布置

19. 2. 2. 3　垂直拐弯段的设计

1. 凸、凹弧段简述

当输送带经过凸弧曲线段时，沿凸弧曲线段布置输送带微段的两端张力沿弯曲曲线法向方向产生合力，这就使得弯曲段托辊相比直线段托辊组承载更多的载荷。因不同截面和位置的输送带伸长量也不同，因此还需考虑输送带附加变形和张力对拐弯半径计算的影响。同理，凹弧段输送带在张力的作用下有离开托辊支撑并由槽形被拉成平面的趋势，造成输送机在承载段撒料现象，在回程段与其他零部件碰撞造成事故。凸、凹弧段主要依靠调整支腿高度、托辊架与纵梁之间增加调整垫片来实现，带式输送机凸、凹弧段机身布置形式如图 19-19 所示。

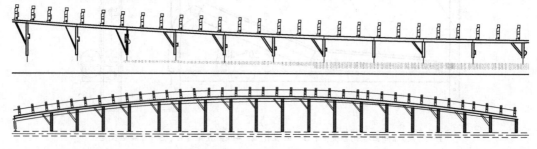

图 19-19 带式输送机凸、凹弧弯曲

2. 凹弧段设计

输送带在凹弧曲线段时，输送带重力及物料载荷都加载在托辊组上，输送带合张力产生向上的分力使输送带向上抬起脱离托辊，极易在运行时和输送机其他零部件干涉，甚至割伤撕裂输送带，与此同时，槽形托辊支撑的槽形输送带也会因为被拉平而造成撒料。凹弧段曲线半径的计算和设计就是为了平衡输送带上这些作用力，保证输送带保持在托辊上，其设计要求有以下两点：

（1）保证输送带边缘具有足够的应力。在张力作用下，输送带各截面上的应力不同，最小应力和应变都在输送带的边缘，为防止输送边缘应力过小时发生褶皱而造成撒料，凹弧段的曲率半径应保证输送带上的拉力不出现负张力。

（2）保证输送带不离开托辊。带式输送机凹弧段设计应保证在空载、满载、局部有载的启动、正常运行、制动等工况下输送带不会脱离托辊。

凹弧段最小曲率半径按下式计算：

$$R_1 \geqslant \frac{k_d F_i}{q_B g \cos \cos \alpha} \tag{19-52}$$

式中 k_d——带式输送机的动载荷系数，一般取 1.2~1.5，输送机惯性小、启（制）动平稳时取 1.2~1.3，输送机具有软启（制）动装置时取 1.2；

F_i——输送机在最不利条件下稳定运行时，凹弧段起点处的输送带张力，N；

α——凹弧段对应的圆心角，（°）。

3. 凸弧段设计

输送带在凸弧曲线段时，托辊组受力情况不同于直线段只承受输送带及物料载荷，还需承受凸弧段输送带指向曲率半径内侧的合张力，位于边托辊位置的输送带边缘的应力也相应增大。因此，凸弧段设计时需要足够大的曲率半径使输送带张力和托辊负载都在许用范围之内，凸弧曲线段的设计要求有以下几点。

（1）输送带侧边拉应力不超过许用值，且槽形输送带通过凸弧段时中间部分不褶皱，保证输送带平稳过渡。

（2）凸弧段曲率半径按最不利运行工况计算，考虑托辊载荷，凸弧段输送带高张力区域应该减小托辊布置间距。

凸弧段的最小曲率半径可按式（19-53a）或式（19-53b）计算：
各种帆布编织带

$$R_1 \geqslant (38 \sim 42) B \sin \sin \lambda \tag{19-53a}$$

钢绳芯输送带

$$R_1 \geqslant (110 \sim 167)B\sin\sin\lambda \tag{19-53b}$$

式中 λ——托辊组槽角，(°)。

19.2.3 带式输送机塌陷区机身设计

19.2.3.1 塌陷区概述

1. 塌陷区形成原因及影响因素

长期以来，煤炭资源开采在中国一次性能源生产占有重要地位，在保障中国能源供给的同时也促进着国家经济增长，伴随着煤矿资源大规模的开采，对矿区可持续发展观念落后，矿区生态环境均遭到不同程度的破坏，近些年来，矿区地质灾害频发，其中因煤矿采掘区域地表塌陷而引发的地质灾害更是严重影响了矿区生态环境，塌陷区分布广泛且无规律，严重阻碍了矿区经济的可持续发展。

（1）塌陷区形成原因。矿区塌陷灾害大多是由人类采矿工程活动引发的，而且塌陷区通常与地裂缝地质灾害相伴发生，同时，塌陷区的空间分布范围及延伸方向与煤矿开采进程更是紧密相关，地下煤矿资源被大面积采空后破坏了地质层周围原有的应力平衡状态，采空区域上方的地质层失去支撑后在自重作用下向采空区沉降跌落，使沉降区域地表面在下沉变形和滑移过程中形成垮落带、裂缝带和沉降带，塌陷区就是这三个影响带缓慢发展的最终结果。

（2）塌陷区影响因素。影响塌陷区的因素有很多种，如地形地貌、地质层构造及岩性、开采煤层深度、开采规模和采矿技术、地下水活动等，其中开采规模和采矿技术直接影响塌陷区规模，采矿规模及采掘宽度越大，形成塌陷区的范围也越大。

2. 塌陷区危害

（1）直接诱发滑坡和崩塌地质灾害。

（2）塌陷区初期都是以地裂缝表现的，煤层水顺着裂缝流入地下巷道，不仅严重影响矿区正常生产，而且极易引发其他安全事故。同时，地裂缝成为水土资源流失的源头，极易造成矿区水资源枯竭和二次塌陷。

（3）严重破坏矿区地表形态，导致农业基础设施受损，使耕地土壤结构改变且恢复困难，进一步恶化农业生产环境。

3. 塌陷形式及预防

（1）塌陷区形式。塌陷区分布规律与采矿空间延展相符，其塌陷形状有圆形、椭圆形、长条形等形状，塌陷形式也因塌陷程度不同分为塌陷槽、塌陷坑等形式，且塌陷深度和面积不等；塌陷区分级标准见表19-5。

表19-5 塌陷分级标准

级别	A	B	C	D
塌陷、变形面积/km²	>10	1~10	0.1~1	<0.1

如图19-20所示，对应不同的塌陷分级，塌陷区出现的塌陷形式主要有：局部塌陷、大面积塌陷、二次塌陷、倾斜塌陷四种形式。

（2）塌陷区预防和治理。从矿区塌陷时间来看，塌陷地质灾害是地质层受力不平衡后微小滑移的长期积累后造成的，煤矿开采时也都会在巷道内采取相应的防塌加强措施，因此塌陷时间相对于开采时间具有滞后性，但塌陷时间不能确定，其治理多以预防塌陷区引发的二次灾害为主；塌陷区的后期治理主要有浅层平整、回填垫浅，或直接利用塌陷后的倾斜地势造田复地，种植绿化带。

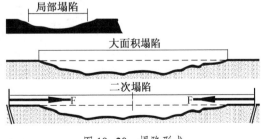

图19-20 塌陷形式

19.2.3.2 塌陷区机身设计

1. 塌陷区对输送机的影响

普通地面带式输送机的铺设都是依靠 H 架和斜撑来连接纵梁后，在纵梁上按照计算校核后的铺设间距来布置上托辊组和下托辊组，输送机整机通过 H 架底板固定在铺设沿线土建基础上，采用的固定方法通常有焊接在预埋钢板和连接在预留螺栓上两种方法。设计输送机机身时只需校核输送机满载（或过载）时纵梁、托辊架、支腿等强度即可，整个设计都是建立在输送机铺设路线不会发生变化的理论基础上。本书研究的塌陷区长距离拐弯带式输送机铺设线路总长为 4565 m，其中有 2500 m 机身需要穿过塌陷区，输送机在该区域内的铺设线面已经推填平整并且人工硬化，但是输送机长期运行过程中，塌陷区塌陷的时间以及塌陷的形式都无法预测，塌陷区出现任何形式、程度的塌陷，采用普通带式输送机机身的设计和铺设方法必将影响输送机运行的可靠性。

（1）出现倾斜塌陷时，固定在土建基础上的输送机机身极易发生侧转，输送带随之倾斜出现撒料，且调整 H 架的难度较大，抢修土建基础的周期长，严重影响输送机系统的正常生产。

（2）出现局部塌陷时，尤其是面积较小的塌陷坑，其上方机身悬空，输送机纵梁两端连接处局部应力迅速增大，极易造成机身部件断裂，损坏输送机。同时，塌陷坑边缘处地面应力增大，塌陷坑扩散造成二次塌陷。

（3）出现大面积塌陷时，塌陷区内机身强度不足出现断裂，极有可能撕裂输送带造成严重的生产事故，造成的经济损失更是无法估量。

2. 塌陷区机身的设计要求

长距离带式输送机塌陷区机身的设计需要全方位分析塌陷区的各种可能出现的危害，并且考虑快速适应地形的变化，才能最大限度地降低运行及维护费用，其设计要求主要有以下几点：

（1）输送机支腿结构必须可调高度，保证塌陷后机身可随沉降地面调整。

（2）机身不能固定在土建基础上，以便输送机发生倾斜或侧向滑移时修正移动。

（3）机身部件设计必须满足塌陷后机身悬空的强度要求，避免机身断裂，其结构应保证机身随塌陷地表沉降时输送带不能飘起，不和其他结构件干涉损毁输送带。

（4）大面积塌陷时，各单元机身连接部位必须保证不会随塌陷地形出现断崖现象。

（5）在输送机随倾斜塌陷区出现纵向和横向倾斜时，承载及回程段托辊组具有良好的自适应性和对中性。

3. 塌陷区机身的结构设计

塌陷区多功能机身整体结构设计如图 19-21 所示，其设计特点如下。

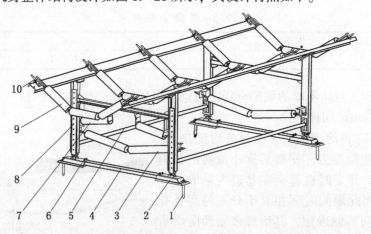

1—地锚杆；2—滑橇；3—回程铰接托辊组；4—底部横梁；5—连接横梁；6—紧定螺栓；
7—反 V 托辊组；8—可调支腿；9—承载铰接托辊组；10—调偏杆

图 19-21 多功能机身

（1）单元机身整体通过滑橇并使用地锚杆固定在硬化铺设地面，滑橇代替普通输送机的地脚，与地面锚接后的接触面压较小，地形发生侧向滑移时，拔出地锚杆后调整滑橇的位置，再次锚接即可，操作简单可靠，可以预防塌陷后机身的严重偏移。

（2）可调支腿的可调高度小于等于 0.8 m，其下端通过销轴与滑橇铰接，通过螺栓与单元机身立柱连接的部位预留等间距螺栓孔，发生局部塌陷或倾斜塌陷时，不用停机检修，通过更换支腿与机身装配孔位置，调整滑橇到地面位置后再次固定。

（3）输送机在塌陷区横向倾斜后，需要调整可调支腿螺栓连接位置，连接横向两个滑橇的底部横梁长度也相应变化，该机身设计时，将底部横梁端头穿插在滑橇内，增加了滑橇的使用强度，调整时，通过调整焊接在滑橇上的螺纹连接使底部横梁紧固在所需长度。

（4）如图 19-22 所示，塌陷区机身段的承载托辊组和回程托辊组，采用串挂式铰接式托辊组，托辊之间使用铰接板铰接，承载段托辊组两端使用挂钩悬挂在纵梁上，回程段托辊组两端使用圆环链卡在单元机身立柱上，这种结构使输送带的自适应性强，对中性好，安装和更换非常方便，实现不停机、不抬起输送带的情况下安装、更换托辊；在输送带跑偏时，可扳动串挂在单元机身纵梁上的调偏杆，将承载铰接托辊组机械调整为前倾，同样，回程段托辊组可通过调整其与立柱装配的圆环链节数来实现托辊组前倾，使跑偏输送带逐渐对中。沿输送机运输方向各立柱间上端使用纵梁、下端使用连接横梁通过螺栓连接，结构组装、拆卸快捷方便。

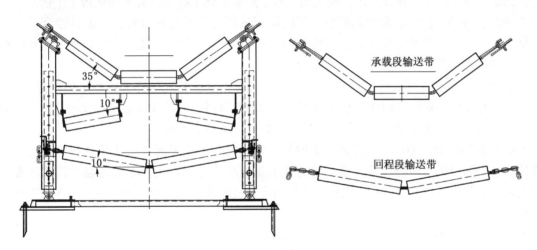

图 19-22 单元机身断面

（5）如图 19-23 所示，各单元机身纵梁端头通过矿用高强度圆环链连接，允许单个机身因塌陷随地形下降尺寸为 400 mm，如果输送机铺设线路大面积塌陷，输送机紧急停机时间往往又很长，此时，设置在单元机身回程段铰接托辊组上方的反 V 托辊组开始工作，避免下输送带在运行状态下与机身结构干涉并撕裂输送带；塌陷时，输送机单元机身之间依靠高强度圆环链相互牵引，将变为凸、凹弧曲线过渡，输送机可在短时间内正常运行，在停机所需时间内不会对输送机造成二次损害，待塌陷区域采用堆土作业方式回填调整后，重新启动输送机。

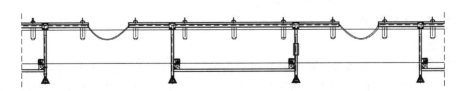

图 19-23 单元机身间的连接

19.3 桁架钢结构的计算与分析

19.3.1 带式输送机桁架钢结构概述

19.3.1.1 带式输送机桁架钢结构的发展

普通带式输送机铺设对地形的依赖性很高，其中井下输送机铺设巷道的地面平整度及转弯半径通常都满足带式输送机的铺设及运行要求，电厂输送系统转载仓之间物料的运输都是承建封闭式栈桥，然后铺设输送机来运输，但是铺设空间限制较多，基础土建量大、抗震性能较低；长距离带式输送机尽管可以通过拐弯等方式来适应野外更为复杂的地形，但是输送机遇到基建设施障碍、提升高度较高、地面拐弯半径不足等情况时，通常都是借助于栈桥、增设辅助结构等措施。中国钢结构起步时只是应用在重型厂房及桥梁等大跨度建筑上，伴随着钢结构设计理论的不断扩充，钢结构在各工业领域很快得到了推广，在输送机行业更是得到了广泛的应用。

19.3.1.2 桁架钢结构设计的优点

1. 钢结构的优点

与其他建筑材料相比，钢结构具有以下优点：

（1）钢结构工业化程度高，生产安装周期短。构成钢结构的各类型材由钢材厂批量生产，成品精度高；钢结构在工厂完成设计生产，极大地代替了所需土建工程量，有效地缩短了工期。

（2）钢结构整体强度高，自重载荷小。钢结构所选用材料虽然密度较大，但其强度远高于混凝土、木材等其他材料，密度与其强度比例要比混凝土和木材小，综合性能更优，因此，在相同载荷的作用下，钢结构重量更轻。

（3）材性好，可靠性高。钢材生产工艺成熟，质量管理已经规范化，有严格的行业执行标准，材质均匀，具有良好的塑性和韧性，是比较理想的弹塑性材料，能较好地满足在理论计算中材料各向同性的假设，从而更切实际地反映钢结构实际的工作性能，可靠性高。

（4）钢结构的抗震性能好。组成钢结构的各杆件之间采用高强度螺栓连接，通常情况下假设为各杆件体系连接为铰接，即各杆件只承受轴力或承受很小的弯矩作用，因此地震作用对其影响也较小，国内外大量的工程实践也证明，因钢材良好的力学及物理性能，相比于混凝土、木材等材料的结构件，钢结构在地震中损坏最轻。

2. 桁架结构的特点

桁架结构是由各种杆件组成的结构件，在带式输送机的应用中，相比于其他建造结构，桁架钢结构的设计具有以下特点：

（1）桁架钢结构既可以作为长距离输送机的一个单元铺设输送机从而发挥承载作用，又可以在转载站之间作为独立的结构并铺设走廊使用。

（2）钢结构可以由不同截面形式的杆件组成，这些都为桁架在输送机设备上的设计提供了更多的空间。

（3）考虑到桁架钢结构在输送机中的结构用途、载荷特点、与其他构件的连接要求，且组成桁架钢结构的杆件数量较多，设置节点相应增加。因此其材料选择、杆件搭配、受力计算、结构优化等都影响到钢结构的安全使用和输送机设备成本。

19.3.2 桁架钢结构的计算与分析

19.3.2.1 材料选择

输送机钢结构不仅要承受输送机机身及物料的重量，还有风雪、地震及输送带张力等载荷，且不同工况其载荷组合也不尽相同，因此，其材料选用与输送机正常段机身所使用的 Q235 材料不同，本书中的输送机钢结构选用 Q345 材料。钢结构材料 Q235 和 Q345 在安全系数分别为 1.5、1.33、1.2 时的性能见表 19-6。

表19-6 钢结构材料性能

型材等级		Q235			Q345		
厚度/mm		$t \leqslant 16$	$16 < t \leqslant 40$	$40 < t \leqslant 100$	$t \leqslant 16$	$16 < t \leqslant 40$	$40 < t \leqslant 63$
许用应力 σ_R		375	375	375	470	470	470
屈服应力 σ_E		235	225	215	345	335	325
σ_E/σ_R		0.63	0.60	0.57	0.73	0.71	0.69
安全系数1.5	σ_a	157	150	143	223	220	217
	τ_a	90	87	83	129	127	125
安全系数1.33	σ_a	177	169	162	251	248	244
	τ_a	102	98	93	145	143	141
安全系数1.2	σ_a	196	188	179	278	275	271
	τ_a	113	108	103	161	159	156

19.3.2.2 结构布置

桁架钢结构理论计算过程中假设各杆系之间为铰接,各杆件只承受轴力,为保证桁架整体结构具有良好的刚度和稳定性,设计选用杆件时尽量使平面内和平面外杆件的长细比接近;如图19-24所示,桁架钢结构的几何外形在长度方向上需满足输送机布置时的单元桁架跨度,宽度不仅满足输送机铺设空间,还需考虑桁架内输送机两侧巡检走廊的设计空间,其外形尺寸为25430 mm×3600 mm×3600 mm。

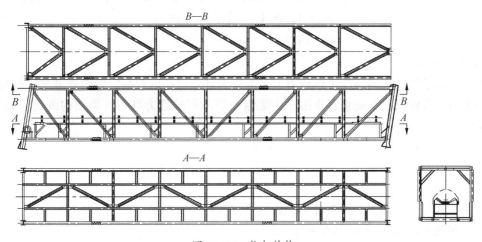

图19-24 桁架结构

同时,桁架杆件的截面形式不仅应保证结构件具有足够的刚度,还应该考虑相应的经济性能,桁架选用型钢截面参数见表19-7。

表19-7 型钢截面参数

型钢规格	布置部位	截面面积/cm³	米重/(kg·m⁻¹)	I_x/cm⁴	I_y/cm⁴
HW 300×300×10×15	端部竖杆	120.4	94.5	20500	6760
HW 200×200×8×12	上下弦杆	64.28	50.5	4770	1600
HW 150×150×6×10	直竖杆	40.55	31.9	1660	564
TN 150×150×6×10	斜竖杆	23.76	18.7	465	254
L 90×56×8	走廊角钢	11.183	8.779	91.03	27.15

19.3.2.3 载荷类型

输送机正常工作时加载在单元桁架上的载荷主要包括桁架单元（包括走廊系统）自重及铺设输送机机身自重、输送带载荷、满载时的物料载荷等恒载，风雪载荷、地震荷载、检修工人及检修工具质量荷载等集中荷载。

1. 桁架单元恒载荷 q_z(kN/m)

桁架所受自重载荷包括桁架及桁架内铺设的走廊系统、输送机机身、输送带、改向滚筒等重量，结构自重在总应力中所占的比重较大，因此，准确计算其大小对于桁架钢结构的计算尤为重要，用于计算桁架单元每米恒载的参考质量见表19-8。

表19-8 参考质量

载荷参考类型	参考质量/(kg·m⁻¹)	载荷参考类型	参考质量/(kg·m⁻¹)
承载段托辊每米质量	16.35	输送带每米质量	38.4
回程段托辊每米质量	6.17	满载时承载物料每米质量	111.11
带式输送机机身每米质量	38.88	两侧检修通道每米质量	93.4

2. 输送带载荷 F_B(kN)

输送带在桁架单元内的载荷可分为两种类型：一种是沿输送机运行方向输送带与桁架不平行，输送带张力在桁架上的分力造成的载荷；另一种是桁架内布置改向滚筒，输送带改向滚筒张力作用于桁架上载荷，如图19-24所示，桁架左端横梁上布置改向滚筒，作用于改向滚筒上的回程段输送带合张力为46.6 kN，与桁架夹角为30°，计算可得输送带合张力作用于桁架的分力大小及方向分别为：

$$F_{BX} = 12.06 \text{ kN} \quad 方向水平向左$$

$$F_{BY} = 45 \text{ kN} \quad 方向竖直向下$$

3. 风载荷 P_f(kN)

长距离带式输送机桁架钢结构工作环境大多为露天且架空高度较高，必须要考虑风载对桁架强度及稳定性的影响。假设风载荷是垂直作用于桁架侧面最不利的静力载荷，架结构所受风载荷 P_f 按式（19-54）计算：

$$P_f = CW_0A \tag{19-54}$$

$$W_0 = \frac{1}{2}\rho v_0{}^2 \tag{19-55}$$

式中　　C——受风压力与理论风压的比值，由杆件组成的平面桁架 $C = 1.6 \sim 1.7$；

W_0——风荷载的基本压力，kN/m²；

ρ——空气密度，标准大气压下其值为 1.25 kg/m³；

A——钢结构垂直于风向的杆件的迎风面积，m²；

v_0——风速，取当地最大风速 $v_0 = 21$ m/s。

4. 雪载荷 q_x(kN/m)

桁架受输送机铺设地点地理气候条件的影响，低温条件下，雪堆积会增加受风面积。输送机桁架的不密封且走廊系统布置钢栅格板不会造成冰雪堆积，因此，输送机桁架钢结构计算时，冰雪载荷可以忽略不计，即 $q_x = 0$。

5. 巡检人员集中动载荷 q_R(kN/m)

考虑输送机桁架内相关人员工作和检查，同时可能携带维修工具和材料，此载荷设定为集中动载荷，取工作人员操作时的动载荷 $q_R = 2.5$ kN/m。

6. 地震载荷（m/s²）

根据《钢结构抗震设计规范》，本书研究的长距离带式输送机铺设地点位于宁夏回族自治区，基本地震加速度值为 0.15g，可以满足 7 级抗震等级。

19.3.2.4 受力分析与计算

1. 桁架理论计算

桁架的结构与主要设计参数确定后，就可以根据荷载对杆件进行受力分析，主要包括桁架的总跨度、布置杆件间的节间长度、整体高度、节间数目等参数。计算和分析时通常做如下基本假定：

（1）各杆件在节点处使用光滑铰链相连接，不承受力矩作用。

（2）各杆件为直杆，杆件轴线过节点且都在同一平面内。

（3）构件的重量均匀分布在杆件两端，荷载作用线经过节点且都在桁架平面内。

基于以上各假设条件，如图 19-25 所示，将空间桁架拆分简化为单片后，使用结构力学的杆件分析的节点法和截面法对各杆件进行内力求解和分析。

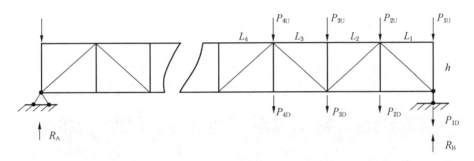

图 19-25 结构计算简图

结合节点法和截面法对简图中所示各杆件内力按式（19-56）进行计算：

$$N_i = \frac{\left[R_B - \sum_{i=1}^{n} (P_{iU} + P_{iD}) C^* \right]}{h} \tag{19-56}$$

$$C^* = \sqrt{h^2 + l_i^2} \quad (i = 1,\ 2,\ \cdots,\ n) \tag{19-57}$$

当 i 为奇数时：

$$N_{iD} = \frac{R_B \sum_{m=1}^{i} l_m - \sum_{t=1}^{i} \left[(P_{tU} + P_{tD}) \sum_{j=t}^{i} l_j \right]}{h} \tag{19-58a}$$

$$N_{iU} = N_{(i-1)U} \tag{19-59a}$$

$$N_{iV} = P_{iU} \quad (i = 1,\ 2,\ \cdots,\ n) \tag{19-60a}$$

当 i 为偶数时：

$$N_{iU} = \frac{R_B \sum_{m=1}^{i} l_m - \sum_{t=1}^{i} \left[(P_{tU} + P_{tD}) \sum_{j=t}^{i} l_j \right]}{h} \tag{19-58b}$$

$$N_{iD} = N_{(i-1)D} \tag{19-59b}$$

$$N_{iV} = P_{iD} \quad (i = 1,\ 2,\ \cdots,\ n) \tag{19-60b}$$

式中　　l_i——第 i 段桁架节距，i 为节距编号（$i = 1,\ 2,\ \cdots,\ n$）；

　　　N_{iU}——桁架上弦杆内力；

　　　N_{iD}——桁架下弦杆内力；

　　　P_{iU}——桁架上弦杆节点处所受载荷；

　　　P_{iD}——桁架下弦杆节点处所受载荷；

　　　h——桁架高度。

2. 桁架内力计算及 PKPM 软件的应用

由图 19-24 可知，空间结构的桁架构件布置特点是按照等间距将集中载荷分配到相应平面桁架的节点上，由各节点独立承担，根据空间桁架单元主要受力节点将桁架简化为平面侧架。图 19-26 至图 19-28 所示为平面桁架按照结构布置及载荷分析加载后在建筑结构计算软件 PKPM 中的内力计算结果。

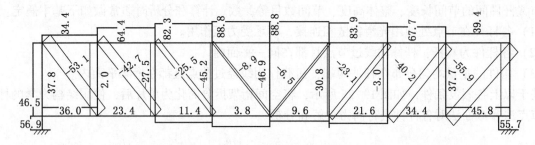

图 19-26　恒载轴力图（kN）

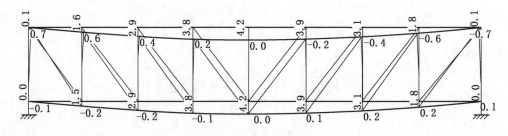

图 19-27　结构应力比图

图 19-28　节点位移图

综合以上图示计算结果，单侧平面桁架内力值见表 19-9。

表 19-9　单侧桁架最大内力

位置	轴力/kN	应力/MPa	位移/mm
端竖杆	55.7	55.2	0.1
次竖杆	46.9	24.15	4.2
斜竖杆	-55.9	58.65	4.2
上弦杆	-88.8	24.15	4.2
下弦杆	45.8	37.95	4.2

3. 桁架有限元分析及 ANSYS 软件的应用

如图 19-29 所示为桁架有限元模型，整体模型使用 ANSYS 软件的 APDL 建立，单元的类型选取三维线性梁单元 BEAM188，基于 Timoshenko 梁的相关理论，包含应力刚度能很好地运用于应力、弯曲、扭转稳定性分析，相比PKPMX节点处铰接忽略弯矩作用，梁单元考虑剪切变形及弯矩作用，适用于弹性、蠕变、塑性模型，其分析结果更接近于输送机桁架实际工况。

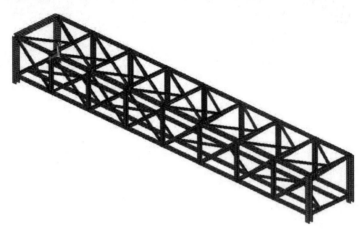

图19-29 桁架有限元分析模型

桁架各内力云图如图19-30至图19-32所示。

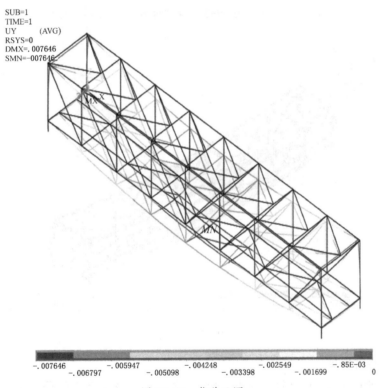

图19-30 位移云图

根据桁架各内力云图，桁架钢结构有限元分析结果见表19-10。

表19-10 有限元分析结果

项目	最大位移/mm	最大轴力/kN	最大应力/MPa
最值	7.66	99	107
云图	6.7	6.8	6.9
位置	直竖杆（中间）	斜竖杆（端部）	斜竖杆（端部）
校核结果	满足	满足	满足

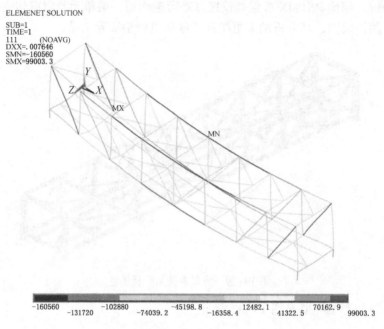

图 19-31 轴力云图

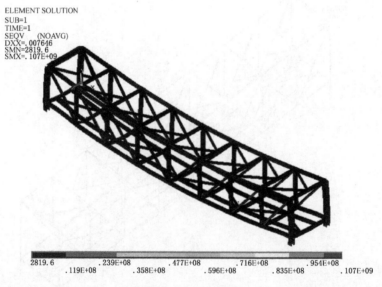

图 19-32 应力云图

4. 桁架钢结构分析结果

对比 PKPM 中理想桁架结构计算结果与 ANSYS 考虑综合影响因素的分析结果，PKPM 中桁架杆件最大应力为 88.8 kN，与所选材料许用应力比小于 0.2。ANSYS 分析中杆件最大应力为 107 MPa，与所选材料许用应力比为 0.23；应力云图中，最大应力点都出现在端部支座处及桁架两端第一个节间的斜竖杆处，桁架上下弦杆处位移最大，理论计算与有限元分析结果相近，桁架各杆件应力、应变及总位移均满足杆钢结构设计规范要求。

20　大带宽长距离顺槽输送机结构优化与运行能耗研究

20.1　顺槽可伸缩带式输送机的组成研究

20.1.1　主要技术参数

顺槽可伸缩带式输送机型号	DSJ180/420/3×800+3×800
输送带宽度	$B=1800$ mm
输送能力	$Q=4200$ t/h
输送长度	$L=6550$ m
提升高度	$H=50$ m
带速	$v=4.5$ m/s
电压	$U=1140$ V
输送带	PVG2500S

20.1.2　顺槽可伸缩带式输送机的基本组成及各部分功能概述

带宽 1.8 m 顺槽可伸缩带式输送机主要组成部件如图 20-1 所示。

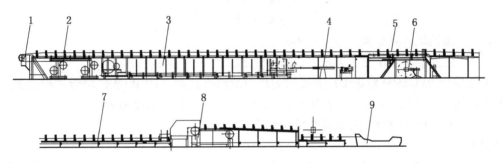

1—卸载部；2—传动部；3—储带仓；4—液压拉紧；5—输送带；
6—液压夹带卷带装置；7—机身；8—中间驱动部；9—自移机尾

图 20-1　可伸缩带式输送机

1. 卸载部

卸载部的组成有两个大的部件：卸载滚筒和三角卸载机架。三角卸载机架的强度与刚度均通过受力分析，计算后满足使用要求。有时考虑到两条带式输送机的搭接，前一条带式输送机的机尾滚筒可以安装到卸载机架的立柱上，减小了搭接长度，为了防止物料的撒落，有时候也加长卸载滚筒前探梁的尺寸，使其能够直接卸载到前一条带式输送机的机尾上。

2. 传动部

传动部是带式输送机的核心部件，矿上产量高低都取决于传动部传送的动力多少。传动部主要由驱动滚筒、机架组成。此次设计采用倒"T"型传动机架，这种结构的好处就是输送带和两个驱动滚筒的缠绕均与输送带的净面接触，这样减小了驱动滚筒因粘煤引起的滚筒胶面的磨损，从而增加了滚筒的使用寿命。选型设计使两个驱动滚筒的旋向相同，从而使两个驱动部完全互换，减少了整机的备品备件的种类。设计计算中发现驱动滚筒的张力并不是理论计算的 F_{max}，驱动滚筒的张力有张力利用率，《带式输送机工程设计规范》中规定了在较高输送带张力区内的驱动滚筒张力利用率大于100%，在较低输送带张力区的驱动滚筒张力利用率为 60% ~ 100%。

驱动滚筒的选用如下。

（1）计算驱动滚筒面压：

$$D \geqslant \frac{F_1 + F_z}{[P]B} \tag{20-1}$$

式中　　D——驱动滚筒直径，mm；

　　　　F_1——驱动滚筒绕入点所受张力，N；

　　　　F_z——驱动滚筒绕出点所受张力，N；

　　　　$[P]$——输送带许用比压，MPa，由输送带厂家提供，为 0.4 MPa；

　　　　B——输送带宽度，mm。

滚筒张力的利用率为

$$\eta = \frac{F_{max}}{\delta_N B} \times 8 \times 100\% \tag{20-2}$$

式中　δ_N——输送带额定拉断强度。

计算得

$$\eta = \frac{483000}{2500 \times 1800} \times 8 \times 100\% = 85\%$$

$$F_1 = F_{max1} \times 0.85 = 483000 \times 0.85 = 410550(\text{N})$$

$$F_z = F_{max2} \times 0.85 = 210557 \times 0.85 = 178973(\text{N})$$

$$D \geqslant \frac{410550 + 178973}{0.4 \times 1800} = 818$$

式中　F_{max1}——滚筒绕入点最大张力，483000 N；

　　　　F_{max2}——滚筒绕出点所受最大张力，210557 N。

（2）根据使用 PVG2500 输送带厂家要求的最小滚筒直径和《DTⅡ（A）型带式输送机设计手册》以及《带式输送机工程设计规范》，选用此次设计驱动滚筒直径为 ϕ1290 mm。

通过以上计算能够准确地设计最优化的滚筒直径。

3. 储带仓

顺槽可伸缩带式输送机的机尾不论是自移机尾还是很长的滑橇式机尾，均随着工作面的推进前后移动，这样顺槽可伸缩带式输送机就必须有一个储带机构来满足机尾的伸长或缩短，这就是顺槽可伸缩带式输送机的储带仓。

本书的储带仓由 5 个部件组成，这 5 个部件分别是布置在机头传动装置之后的储带转向架、放置液压拉紧的张紧装置架、承载拉紧小车前后跑的储带仓架、用于拉紧输送带的拉紧小车和支持带面的托辊小车。侧架和 3 个小改向滚筒以及一个大的改向滚筒组成了储带转向架。拉紧小车由车架和滑轮组以及三个小改向滚筒以及一个大的改向滚筒组成，这三个小改向滚筒和一个大改向滚筒与储带转向架内滚筒一模一样。本次设计储带长度达 120 m，为了节省空间设计成 6 层储带。本书研究的新型储带仓用两根槽钢梁作为轨道，拉紧小车在槽钢上前后跑，这个结构对中性能好，对地面受力小，而且储带仓架不会因轨道不正受到损坏。拉紧小车每一支撑导向轮底部都装有导轮，既能防止小车跑偏，又能防止掉道。一般情况下储带转向架与拉紧小车之间间距都为 10 ~ 20 m，为了防止输送带下垂从而引起上下层输送带间摩擦打带，一般在储带仓架的小车轨道上另设几台托辊小车来承托输送带，托辊小车由下平托辊、小车车架以及车轮等组成。托辊小车通过牵引链与拉紧小车连接，此结构可自动调节托辊小车的位置。

顺槽可伸缩带式输送机如果是掘进后配套，一般是越采越长，但是大多数工作面顺槽都是越采越短，机身减少，机尾回撤，整条带式输送机缩短，多余的输送带就要依靠储带仓储存起来，卷轴卷满100 m后，取出一卷输送带，接着连续工作。原来经常用的四层储带方式储存120 m输送带，储带仓能够使用的储存输送带长度为30 m；而此次设计应用6层储带方式储存12 m输送带，能够节约3架储带仓中间架，使用的储存输送带长度为20 m，比传统的方法节约了10 m距离，使工作面回采后，到卸载部的长度也减少了10 m，这样可以少留煤柱，也提高了采出率；而且6层储带储存的输送带也长，最长可达100~150 m。

4. 液压拉紧

此次设计选用SZL型自动拉紧装置，此装置尤其适用于配有自移机尾的顺槽带式输送机，SZL型自动拉紧装置与工作面输送机以及搭接的转载机还有顺槽可伸缩带式输送机的自移机尾这几个部件共同组成了完整的自动化移机体系，很好地实现了高产高效工作面不停产移机工作。

5. 液压卷带装置

液压卷带装置的组成有好几个部件，由提供动力装置的马达、承载装置卷带架和油缸以及卷轴等组成，一般运用泵站电机功率为30 kW，设置两道固定底带液压油缸夹带装置，一道移动底带液压油缸夹带装置。采用低速大扭矩液压马达卷带，卷带装置上下可调。卷带装置芯轴采用方轴，卷带时有锁定装置，防止卷带装置摆动。液压卷带方便、可靠、快捷，能实现一人半小时内完成100 m/卷输送带的拆除工作，可极大地提高工作效率，降低劳动强度。拆出的输送带能方便地侧转到巷道内运出。

它的工作原理是：在储带仓储满100 m输送带后，由卷带装置马达提供动力，卷轴把100 m输送带卷成一卷取出，然后再把输送带用钉扣机接上，带式输送机才可继续正常运行。卷带装置工作的快慢速度会直接影响到采煤的效率。此次设计运用功率相对平稳的液压马达与不需要人力的液压油缸夹带装置配合使用的液压卷带装置，此装置大大降低了工人的劳动强度，并且有效提高了带式输送带的成卷效率。对于短距离小运量的可伸缩带式输送机，输送带带强低、带厚薄、重量轻，100 m/卷输送带的直径不大，卷带时输送带处于松弛状态，对卷带装置的要求不高，甚至人工也能取出。一般采用小功率蜗轮蜗杆减速器传动，卷带速度慢，需要多人配合才能取出一卷输送带，工作效率低，工人劳动强度大。而对于长距离大运力的顺槽可伸缩带式输送机输送带带强高、厚度大、重量大，100 m/卷输送带的直径较大，为防止输送带跑偏，卷带时输送带需要有一定的张紧力，普通的电动绞车卷带不能满足要求，必须有液压卷带装置才能满足使用要求。

6. 机身

带式输送机的机身一般由中间架（18号槽钢），下VH架（16号槽钢），安装托辊的上托辊架、"E"型销、托辊、上下调心托辊架等组成。中间架与下VH架以及中间架和上托辊架之间都使用"E"型销连接。上托辊架采用"品"字形结构，三节托辊前面中间放一组，后面两侧放两组，形似汉字"品"字。这样的结构能够使接近的两个托辊端面重合，大大降低托辊对输送带的损坏，延长了输送带的使用年限。

7. 中间驱动部

中间驱动部简称中驱，中驱的存在是为了满足矿方生产的要求。在带式输送机运输距离长，运量大，机头集中驱动功率太大的情况下采取的方式。采用中间驱动的优势如下：

（1）比两条带式输送机减少机架数量，节省钢材和矿方的经费。

（2）采用中间驱动分担了带式输送机的受力和驱动功率，即降低了驱动部功率和减小了驱动滚筒所受张力，这样就降低了驱动滚筒和电机的采购和维护费用。

（3）最主要的是采用中驱大大降低了输送带的强度。

8. 驱动部

本带式输送机驱动部采用正常驱动装置配备，功率配比为2∶1+2∶1，由变频电机连接高速蛇形簧联轴器半体，另外半体高速蛇形簧联轴器安装在减速器的输入轴上，低速蛇形簧联轴器半体安装在驱动传动滚筒轴上，半体安装在减速器输出轴上，这样组成了整条带式输送机的动力来源；驱动部的好坏直接影响顺槽带式输送机的运输情况。如果驱动功率选用太大会造成大马拉小车现象，浪费成本；如果驱动功率选用太小，造成带式输送机无法正常运行。驱动部电机的启动系数选用按照《DTⅡ（A）型带式输送机设计手册》为1.2~1.5。

20.2 顺槽可伸缩带式输送机的受力计算及分析

20.2.1 顺槽可伸缩带式输送机输送带缠绕示意图

顺槽可伸缩带式输送机输送带在整机中的缠绕方式如图20-2所示。

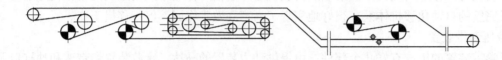

图20-2 顺槽可伸缩带式输送机输送带缠绕示意图

20.2.2 输送机力学计算

顺槽可伸缩带式输送机受力计算参数见表20-1，计算结果见表20-2。

表20-1 计算参数表

已 知 参 数			
带宽 B/m	1.8	带速 $v/(m/s)$	4.5
输送机运量 $Q/(t/h)$	4200	原煤密度 $\rho/(kg/m^3)$	950
输送能力可达/(t/h)	5974.04		满足要求
是否头尾驱动	否		
选择轴承类型	国产	使用寿命/kh	30
选择上托辊			
上托辊的槽角 $\lambda/(°)$	35	上托辊直线段间距 a_0/m	1.5
上托辊轴承型号	6308	上托辊筒皮厚度 δ/m	0.0045
上托辊直径 ϕ/m	0.159	动载荷校核	满足要求
选择下托辊			
下托辊的槽角 $\lambda/(°)$	10	下托辊直线段间距 a_u/m	3
下托辊轴承型号	6308	下托辊筒皮厚度 δ/m	0.0046
下托辊直径 ϕ/m	0.159	动载荷校核	满足要求
初选输送带型号			
输送带名称	PVG	带强/MPa	2500
		计算所得安全系数	9.31（满足要求）
驱动滚动个数	4	判断驱动部位	
头部驱动的数量	3	中间驱动的数量	3
第一驱动功率比	2	第一驱动围包角/(°)	200
第二驱动功率比	1	第二驱动围包角/(°)	200
第三驱动功率比	2	第三驱动围包角/(°)	200
第四驱动功率比	1	第四驱动围包角/(°)	180

表 20-1（续）

输送机段数从机尾开始；输送长度为斜长			
输送机段数	1		
第一段输送长度/m	6550	第二段输送长度/m	0
第一段提升高度/m	50	第二段提升高度/m	0
第三段输送长度/m	0	第四段输送长度/m	0
第三段提升高度/m	0	第四段提升高度/m	0
运行堆积角 θ/(°)	20	拉紧层数	6
头部到驱动距离 L/m	5	拉紧到机尾距离 L/m	6500
制动减速 a/(m/s²)	−0.25	电动机的转动惯量 J/(kg/m²)	5.00
传动滚筒直径/m	1.25	传动滚筒转动惯量 J/(kg/m²)	1200.00
默　认　参　数			
上托辊前倾比/%	0	下托辊前倾比例/%	0
上托辊前倾角度 ε/(°)	1.5	下托辊前倾角度 ε/(°)	1.5
托辊与输送带间的摩擦因数 v_0	0.35	托辊模拟摩擦因数 f	0.025
物料与导料拦板间的摩擦因数 v_2	0.6	导料槽长度 l/m	6
传动效率	0.85	头部清扫器	2
传动滚筒与输送带间的摩擦因数 v	0.35	空段清扫器	1
允许最大下垂度/(h/g)	0.01	启动系数 K_A	1.3

表 20-2　计　算　结　果

已　知　参　数			
带宽 B/m	1.8	带速 v/(m/s)	4.5
输送长度 L/m	6550	提升高 H/m	50
输送机运量 Q/(t/h)	4200	原煤密度 ρ/(kg/m³)	950
选　择　上　托　辊			
上托辊的槽角 λ/(°)	35	上托辊直线段间距 a_0/m	1.5
上托辊轴承型号	6308	上托辊筒皮厚度 δ/m	0.005
上托辊直径 ϕ/m	0.159		
选　择　下　托　辊			
下托辊的槽角 λ/(°)	10	下托辊直线段间距 a_u/m	3
下托辊轴承型号	6308	下托辊筒皮厚度 δ/m	0.005
下托辊直径 ϕ/m	0.159		
初选输送带型号			
输送带名称	PVG	带强/MPa	2500
驱动滚动个数	4		
头部驱动的数量	3	中间驱动的数量	3
第一驱动功率比	2	第一驱动围包角/(°)	200
第二驱动功率比	1	第二驱动围包角/(°)	200
第三驱动功率比	2	第三驱动围包角/(°)	200
第四驱动功率比	1	第四驱动围包角/(°)	180
输送机段数	1		
第一段输送长度/m	6550	第二段输送长度/m	0

表 20-2（续）

第一段提升高度/m	50	第二段提升高度/m	0
第三段输送长度/m	0	第四段输送长度/m	0
运行堆积角 θ/(°)	20	拉紧层数	6
头部到驱动距离 L/m	5	拉紧到机尾距离 L/m	6500
说明：输入下面这四个参数会造成制动惯性力变化			
制动减速度 a/(m/s²)	-0.25	电机的转动惯量 J/(kg/m²)	5
驱动滚筒直径 ϕ/m	1.25	驱动滚筒转动惯量 J/(kg/m²)	1200
默 认 参 数			
摩擦因数 f	0.025	上托辊前倾角度 ε/(°)	1.5
托辊与运行输送带的摩擦因数 v_0	0.35	下托辊前倾角度 ε/(°)	1.5
物料与导料拦板间的摩擦因数 v_2	0.6	导料槽长度 l/m	6
传动效率	0.85	头部清扫器	2
驱动滚筒与运行输送带之间的摩擦因数 v	0.35	空段清扫器	1
允许最大下垂度/(h/g)	0.01	启动系数 K_A	1.3

计 算 部 分		
输送带机倾角 δ/(°)=（平均角度）	0.44	
每米上分支物料质量 $q_G=Q/(3.6V)$	259.26	
每米直线段上托辊转动质量 $q_{RO}=n_1G_2/a_0$	30.96	
每米直线段下托辊转动质量 $q_{Ru}=n_2G_1/a_u$	13.24	
每米输送带质量 q_B	54.00	
圆周力计算	满载	空载
主要阻力 F_H/N	680790	251838
主要特种阻力 F_{S1}/N	4375	4375
附加特种阻力 F_{S2}/N	6300	6300
倾斜阻力 F_{St}/N	127167	0
考虑局部受载计算的临界圆周驱动 F_u/N	818631	262512
按全线有载计算的圆周力/N	818631	
单圆周驱动力 F/N	136439	43752
输送带最大张力 F_{max}/N	483434	155024
功率计算	满载	空载
轴功率 P_a/kW	3683.84	1181.31
驱动功率 P_m/kW	4333.93	1389.77
单驱动功率 $P_{单}$/kW	722.32	231.63
其他辅助力的计算	满载	空载
输送带不打滑张力 F_{min}/N	74119	23768
承载分支允许最小张力 $F_{承min}$/N	57620	9933
空载分支允许最小张力 $F_{承min}$/N	19865	19865
所需拉紧力 T_A/N	448207	145980
逆止力的计算 F_L/N	0	
拉紧行程 L/m	68.20	
中间驱动位置的确定 L/m	3707.24	

表 20-2（续）

制动器的制动力的计算			
制动力 F_Z/N	0		
各部分校核		满载	空载
带强校核	满足要求	9.31	29.03
输送能力判断 Q	满足要求	5974.04	
上托辊直径判断	满足要求	0.1590	
下托辊直径判断	满足要求	0.1590	
带速校核	满足要求	3.16	所选轴承的最大承载能力
上托辊轴承校核 $p_0' = f_s f_d f_a p_0$	满足要求	6.56	7.26
下托辊轴承校核 $p_u' = f_s f_d f_a p_u$	满足要求	3.75	7.02
最佳胶带带强选择		2450.32 满载	空载
T_1/N		483434	155024
T_Z/N		210557	67520
T_2/N		74918	24567
T_3/N		158827	158827
T_4/N		165180	165180

从以上计算中得出这条顺槽可伸缩带式输送机整机逐点受力情况如图 20-3 所示。

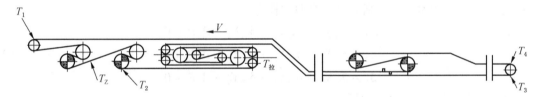

$T_1 = 483434$ N；$T_Z = 210557$ N；$T_2 = 74918$ N；$T_3 = 158827$ N；$T_4 = 165180$ N；$T_拉 = 448207$ N

图 20-3　带式输送机受力分析图

顺槽可伸缩带式输送机的选型：

根据 DT Ⅱ 设计选用手册选取系数：传动滚筒与输送带间的摩擦因数为 $v = 0.35$，托辊模拟摩擦因数 $f = 0.025$，允许最大下垂度 $(h/g) = 0.01$；

计算功率：$P = 3 \times 723$ kW $+ 3 \times 723$ kW；选取实际使用功率为 $P = 3 \times 800$ kW $+ 3 \times 800$ kW；

计算选用输送带：PVG2500S，输送带使用安全系数为 9.31，满足使用要求；（国家标准规定 PVG 输送带安全系数为 9~12）。

计算拉紧力：448 kN，选用拉紧力 700 kN，（拉紧启动系数为 1.3~1.5 倍）；

计算输送带最大张力：$T_{max} = 483$ kN；

计算中间驱动的位置在 3700 m 处；

根据计算选用承载托辊直径为 159 mm，承载托辊间距为 1.5 m，承载托辊架为品字形托辊架；空载托辊直径为 159 mm，下托辊间距为 3 m；上下托辊轴承为哈瓦洛轴承 6308/C4。

20.3　可伸缩带式输送机几个关键部件结构优化研究

20.3.1　卸载架的优化

卸载部由卸载滚筒和卸载机架组成，如图 20-4 所示。

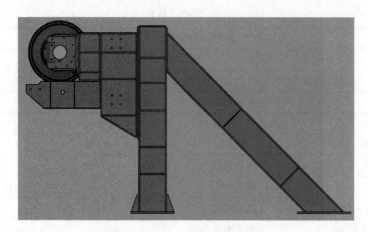

图 20-4　带式输送机卸载部

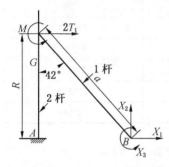

图 20-5　卸载机架受力简图

20.3.1.1　卸载机架计算过程

1. 计算机架各支点力

机架在以前基本都是凭借经验设计，现在通过计算确定机架的 H 型钢大小。假设地面为一刚片，由卸载部主视图可知：地面和卸载机架的连接由地脚螺栓固定，可视作刚结点，则此卸载机架和地面构成一个二元体，此二元体为不可变体系。经过分析，此结构为三次超静定结构，利用普通的静定方程并不能完全求解，故需利用力法来求解此超静定结构各支点反力。卸载机架受力情况如图 20-5 所示。

则力法的典型方程为

$$\begin{cases} \Delta_1 = \delta_{11}X_1 + \delta_{12}X_2 + \delta_{13}X_3 + \Delta_1 P = 0 \\ \Delta_2 = \delta_{21}X_1 + \delta_{22}X_2 + \delta_{23}X_3 + \Delta_2 P = 0 \\ \Delta_3 = \delta_{31}X_1 + \delta_{32}X_2 + \delta_{33}X_3 + \Delta_3 P = 0 \end{cases} \tag{20-3}$$

式中　X_i——在结点 B 处的未知反力；

Δ_i——B 点沿 X_i 方向的相应位移；

δ_{ij}——由于 $X_j = 1$ 所引起的 B 点在 X_i 方向的位移。

$$\begin{cases} \delta_{ij} = \delta_{ji} \\ \delta_{ij} = \sum \int \dfrac{M_i \cdot M_j \mathrm{d}x}{EI} \qquad (i = 1,\ 2,\ 3;\ j = 1,\ 2,\ 3) \\ \Delta_{iP} = \sum \int \dfrac{M_i \cdot M_P \mathrm{d}x}{EI} \end{cases} \tag{20-4}$$

式中　M_i——在力 X_i 作用下各杆件的弯矩（图 20-6 至图 20-8）；

M_P——外载荷作用下各杆件的弯矩（图 20-9）。

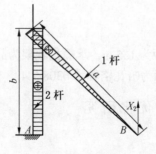

图 20-6　M_2 图

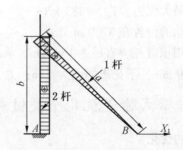

图 20-7　M_1 图

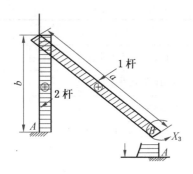

图 20-8 M_3 图

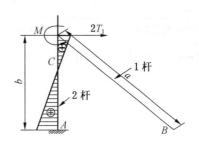

图 20-9 M_P 图

δ_{ij} 和 Δ_{iP} 的求解利用图乘法更简捷。

a = 1 杆长度；b = 2 杆长度。

将式（20-4）代入式（20-3），可得：

$$\Delta_1 = \sum \int (M_1^2 dx/EI) X_1 + \sum \int (M_1 \cdot M_2 dx/EI) X_2 + \sum \int (M_2 \cdot M_3 dx/EI) X_3 +$$

$$\sum \int (M_1 \cdot M_P dx/EI) = 0$$

$$\Delta_2 = \sum \int (M_1 \cdot M_2 dx/EI) X_1 + \sum \int (M_2^2 dx/EI) X_2 + \sum \int (M_2 \cdot M_3 dx/EI) X_3 +$$

$$\sum \int (M_2 \cdot M_P dx/EI) = 0$$

$$\Delta_3 = \sum \int (M_1 \cdot M_3 dx/EI) X_1 + \sum \int (M_2 \cdot M_3 dx/EI) X_2 + \sum \int (M_3^2 dx/EI) X_3 +$$

$$\sum \int (M_3 \cdot M_P dx/EI) = 0$$

利用式（19-54）求得 B 支点反力，然后求解 1 杆和 2 杆的内力，取各杆的安全系数 n = 2.5，并选取合适的 H 型钢后，进行 1 杆和 2 杆的强度和刚度校核。

2. 校核机架各支点力

机架校核参数见表 20-3。

表 20-3 机 架 校 核

1. 输入数据			
滚筒上表面合张力 S_1/kN	490	滚筒下表面合张力 S_2/kN	490
上表面张力 S_1 与水平线夹角 α/(°)	0	下表面张力 S_2 与水平线夹角 β/(°)	-0.41
说明：当张力的夹角在水平线下面时，输入正角度，当张力的夹角在水平线上面时，输入负角度			
斜撑高度 L_1/mm	2534	滚筒中心高 L_2/mm	2534
轴承座中心高 L_3/mm	1270	轴承座孔距 a/mm	300
轴承座宽度 Q/mm	278	轴承座长度/mm	570
说明：L_1、L_2 的尺寸为滚筒中心高减去底横梁高度			
斜撑与地面线的夹角 γ/(°)	45	滚筒两轴承座中心距 P/mm	2500
滚筒重量 G/kg	5600	所选低速联轴器公称转矩/(N·m)	0
滚筒直径 D/mm	1250	是否卸载机架	是
安全系数	2.5	机架材料	Q235
选定后 H 型钢实际计算的安全系数	2.601	许用挠度 ω/mm	3.50

表 20-3（续）

2. 输出数据

H 型钢翼缘宽度 B/mm	300	H 型钢高度 H/mm	300
H 型钢翼缘厚度 t_2/mm	15	H 型钢腹板厚度 t_1/mm	10
机架重量/kg	3020	轴承座垫板的宽度 b/mm	278
轴承座垫板的长度 c/mm	570	轴承座垫板的厚度 δ_1/mm	20
底板的宽度 m/mm	330	底板的长度 n/mm	560
底板的厚度 δ_2/mm	16	底板的数量 x/个	2
地脚孔径 ϕ_1/mm	48	立柱下地脚孔数量 s_1/个	6
立柱下地脚孔长度 q_1/mm	440	斜撑下地脚孔长度 q_2/mm	440
斜撑下地脚孔数量 s_2/个	6	地脚孔宽度 w_1/mm	180
筋板图号	XB-JB-09	顶丝板的图号	XB-DSB-05
连接两侧架横梁的槽钢型号	[25	连接两侧架横梁的孔径 ϕ_2/mm	20
连接两侧架横梁孔的长度 q_3/mm	180	连接两侧架横梁孔的宽度 w_2/mm	120
连接两侧架横梁孔的数量 s_3/个	4	立柱筋板数量 s_4/个	8
立柱筋板间距 L_4/mm	0	立柱筋板间距 L_9/mm	500
斜撑筋板间距 L_5/mm	100	斜撑筋板数量 s_5/个	4
底撑横梁筋板间距 L_6/mm	270	底撑横梁筋板数量 s_6/个	8
底撑横梁左断面到立柱中心距离 L_8/mm	1440	底撑横梁总长 L_7/mm	5410
立筋板的长 q_4/mm	250	立柱总高 h/mm	3750
立筋板的厚度 δ_3/mm	16	立柱筋板的高 w_4/mm	250

3. 刚度校核

立柱刚度校核	$\max(\omega_1, \omega_2, \omega_3, \omega_4) < [\omega]$	校核结果	0.69	
斜撑刚度校核	$\max(\omega_1, \omega_2, \omega_3, \omega_4) < [\omega]$	校核结果	0.69	满足

4. 强度校核（拉伸、压缩、剪切及弯曲）

立柱强度校核	$\max(\sigma_1, \sigma_2, \sigma_3, \sigma_4) < [\sigma]$	校核结果	56.51
斜撑强度校核	$\max(\sigma_1, \sigma_2, \sigma_3, \sigma_4) < [\sigma]$	校核结果	68.79

5. 稳定性校核

立柱稳定性校核	$\max(\sigma_{c1}, \sigma_{c2}, \sigma_{c3}, \sigma_{c4}) < [\sigma]$	校核结果	0.00
斜撑稳定性校核	$\max(\sigma_{c1}, \sigma_{c2}, \sigma_{c3}, \sigma_{c4}) < [\sigma]$	校核结果	57.10

20.3.1.2 卸载机架的模拟仿真

通过对卸载机架的模拟仿真，分别可以看到卸载机架的应变分布和应力分布，为我们进一步优化设备提供了理论基础（图 20-10、图 20-11）。

通过计算，卸载机架使用型材为 Q235A 的 H 型钢，并且 H 型钢用 H300×300×15×10，钢材的使用系数达到 2.6，超过了标准安全系数 2.5，满足使用要求；卸载机架由原来的 H400×400×20×20 降为 H300×300×15×10，每件卸载机架重量相差 800 kg，钢材价格为 5000 元/t，每件就相差 0.8×5000＝4000 元。本书中假设按一年销售 10 台计算，仅仅卸载架就节省 4 万元。

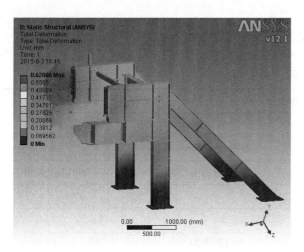

图 20-10　卸载机架应变图

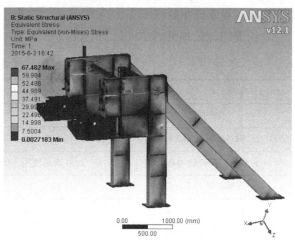

图 20-11　卸载机架应力图

20.3.2　卸载滚筒的模拟仿真

通过 Ansys 仿真软件对卸载滚筒的模拟仿真，可以直观地看到应力、应变在滚筒上的分布（图 20-12、图 20-13）。卸载滚筒承受的张力最大，但它不承受传动扭矩（图 20-14），以前卸载滚筒大小都是通过国家标准、《机械设计手册》或者凭多年设计经验来确定，在实际应用中往往会出现滚筒偏大或偏小。现在通过对卸载滚筒进行有限元分析，详细分析滚筒受力，对滚筒进行面压校核、卸载滚筒轴的使用安全系数校核。通过这些计算，使卸载滚筒达到最大的优化。

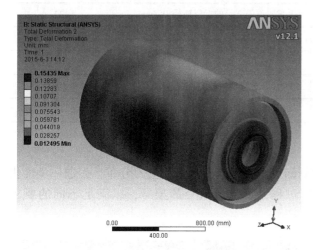

图 20-12　卸载滚筒应变图

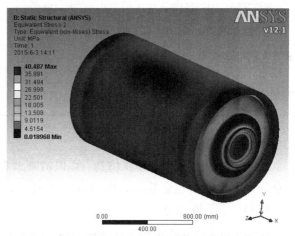

图 20-13　卸载滚筒应力图

图 20-14　卸载滚筒受力图

20.3.2.1 卸载滚筒轴校核

卸载滚筒轴校核见表20-4。

表20-4 卸载滚筒轴校核

已 知 参 数			
轴的材料	40Cr	合张力/kN	896
轴承处轴径 D_3/mm	240	过渡处轴径 D_2/mm	230
计算后理论使用系数	2.70 满足使用	计算后理论使用系数	4.91 满足使用
支撑处轴径 D_1/mm	230		
计算所的安全系数	4.91 满足使用		
过渡圆角 R_1/mm	3	过渡圆角 R_2/mm	5
支点到危险截面1处的距离 a_1/mm	90	支点到危险截面2处的距离 a_2/mm	90
支点到受力点的距离 a_3/mm	180		
计 算 结 果			
1. 计算危险截面处的弯矩			
危险截面处的弯矩 W_1/(kN·mm)	40320	危险截面2处的弯矩 W_2/(kN·mm)	40320
受力点的弯矩 W_3/(kN·mm)	80640		
2. 近似计算的轴径			
危险截面1处的近似轴径 D_3'/mm	132	危险截面2处的近似轴径 D_2'/mm	132
受力点的近似轴径 D_1'/mm	166		
3. 各个危险截面处的安全系数			
轴承轴肩处系数 S_3	4.91	过渡轴肩处的系数 S_2	4.91
受力点胀套处安全系数 S_1	2.70		

20.3.2.2 卸载滚筒轴的模拟仿真

通过对卸载滚筒轴的模拟仿真，可以清晰地看到卸载机架的应变分布和应力分布，为进一步优化卸载滚筒轴奠定了理论基础，再结合一系列的计算过程，选出最适合的型号，以满足不同的要求（图20-15、图20-16）。

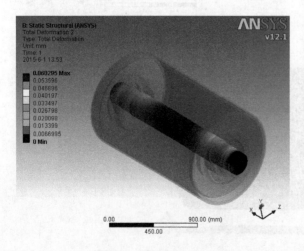
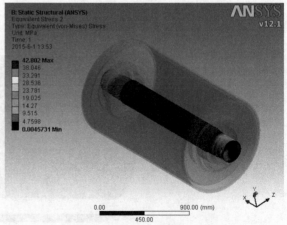

图20-15 卸载滚筒轴应变图　　　　图20-16 卸载滚筒轴应力图

20.3.2.3　滚筒面压计算

$$D \geqslant \frac{2F_1}{[P]B}$$

式中　　D——卸载滚筒直径，mm；

F_1——卸载滚筒所受张力，N；

$[P]$——输送带许用比压，MPa，由输送带厂家提供为 0.4 MPa；

B——输送带宽度，mm。

滚筒张力的利用率计算见式（20-2）。

$$\eta = \frac{483000}{2500 \times 1800} \times 8 \times 100\% = 85\%$$

$$F_1 = F_{max} \times 0.85 = 483000 \times 0.85 = 410550(\text{N})$$

$$D \geqslant \frac{410550 + 410550}{0.4 \times 1800}$$

$$D \geqslant 1140$$

根据使用输送带的型号和《DTⅡ（A）型带式输送机设计手册》以及《带式输送机工程设计规范》，此次设计卸载滚筒直径选为 $\phi1290$ mm。

通过以上计算能够准确地设计出满足使用要求的卸载滚筒。避免出现滚筒轴承寿命不够导致滚筒损坏或者浪费原材料的现象。

20.3.3　储带仓的优化

20.3.3.1　两种储带仓比较

新旧两种储带仓架对比如图 20-17、图 20-18 所示。

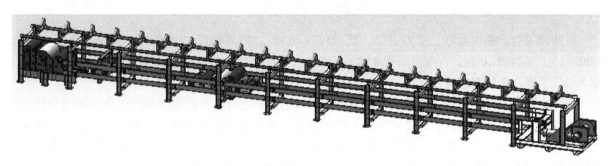

图 20-17　新储带仓架

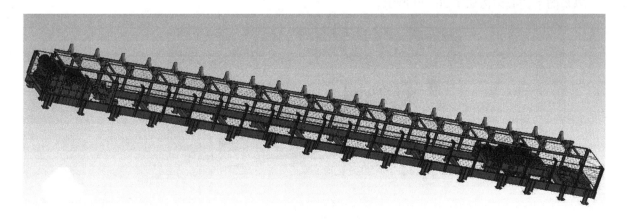

图 20-18　原来储带仓架

顺槽带式输送机和普通带式输送机相比较最大的不同是有一个储带量很大的储带仓，储带仓结构的好坏直接影响整个带式输送机的使用性能，因此针对本机设计了新型储带仓（图 20-19）。整个储带仓设计有两根前后贯通的槽钢轨道，采用刚性更大的新型框架式结构。新结构的储带仓架受力合理，对地面的压力小而且拉力只对小车起作用，不会因为拉紧力使用不当拉翻储带仓机架。

20.3.3.2 新型储带仓的优点

（1）刚度和稳定性得到很大提高，再不用担心矿方拉紧力使用不当拉坏储带仓拉紧装置架。

（2）结构简单，零部件数量少，安装方便。

（3）方便维护和检修。

（4）避免游动小车发生掉轨现象。

（5）自动张紧装置的钢丝绳与轨道中心重合，避免轨道受弯矩作用。

图 20-19　新型储带仓

新型储带仓，结构合理，受力更好，重量可减轻 8%。储带仓按 20 t 计算，可节省 1.6 t，假设 5000 元/t，年销售 10 台，一年可节省 8 万元。

20.3.4 下调心托辊架的结构优化

带式输送机在正常使用过程中，由于各种原因会引起输送带不在托辊架中间，而是输送带跑向侧边，俗称输送带跑偏，这样就需要安装纠正跑偏装置。根据现场使用情况，调偏装置有很多，如液压纠偏器、机械式调心托辊架等。此次设计主要使用机械式调心托辊架。但是下调心托辊组没有沿用原来的结构，而是打破常规设计，利用下吊架上带 U 形螺栓，用 U 形螺栓卡在中间架上。这个结构在现场使用上远远比常规结构好。

原来的下调心结构如图 20-20 所示。

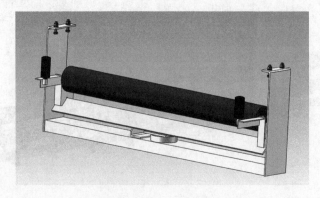

图 20-20　原下调心托辊组

现在的下调心结构如图 20-21 所示。

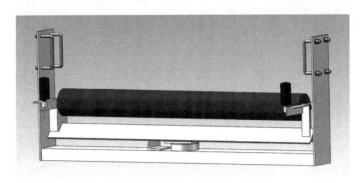

图 20-21　现下调心托辊组

本次设计的下调心托辊组与原来的相比较，其优点如下：

（1）原来设计调心托辊架时均按照《DTⅡ（A）型带式输送机设计手册》设计，下调心托辊组的数量一般是每 6 组正常托辊组设一组调心托辊组，并且在安装调心托辊架的纵梁上钻孔，用螺栓连接，固定了调心托辊架的位置；如果按照这种方法设计，此次 6550 m 机身需要用下调心托辊组的数量为 6550÷3÷6＝363 件；一个下调心托辊组 4 个连接螺栓，总共有 363×4＝1452 个螺栓，相当于在纵梁上多钻 1452 个孔。钻 25 个孔 1 个工时，一个工时 8 元，钻孔工时用 465 元。一个下调心托辊架 160 kg，下调心托辊架总质量为 160×363＝58080 kg，钢材价格和运费等为 6000 元/t，整机下调心托辊架价格为 58.08×6000＝348480 元。

现在下调心托辊组利用 U 形螺栓卡在纵梁上，安装方便，并且减少了下调心托辊架数量，每隔 50~100 m 设一组；6550 m 机身需要用下调心托辊组 6550÷50＝131 件，每件托辊架质量为 165 kg，总费用 131×165÷1000×6000＝129690 元；新结构在材料上节省费用 224598 元，在工时上节省 465 元，总共省 225063 元。

（2）新结构最大的好处是运用灵活，输送带哪里跑偏就用 U 形螺栓把机架安装到哪里。

本书中对顺槽可伸缩带式输送机几个部件的结构优化，达到了既节省成本，又安全使用的目的。

第 2 篇

矿井辅助运输设备

21　矿井辅助运输概况

21.1　矿井辅助运输

矿井运输提升，是指利用专用设备，在地面与井下工作面之间，完成煤炭、矸石、人员、机器、设备、材料等的运送工作，如图21-1所示。

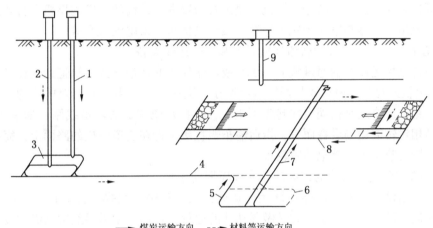

——▶ 煤炭运输方向　--▶ 材料等运输方向

1—主井；2—副井；3—井底车场；4—运输大巷；5—石门；6—采区车场；7—上山；8—采区运输巷道；9—风井

图21-1　矿井运输与提升系统示意图

在上述运送过程中，矿井不同水平之间的运送称为提升，而在矿井同一水平之间的运送称为运输。

煤矿矿井运输分为主要运输和辅助运输。主要运输专指煤炭运输；辅助运输是泛指煤矿生产中除煤炭运输之外的各种运输作业。

煤矿辅助运输的特点是：①工作地点分散，运输线路复杂，运输环节多；②运输线路随工作地点的延伸（缩短）或迁移而经常变化；③运输线路水平和倾斜互相交错连接；④运送物品形状和种类繁多；⑤井下巷道空间有限，并有瓦斯和煤尘等爆炸性物质。所以，辅助运输系统比主要运输系统更要复杂。

辅助运输设备是指在矿井内运送矸石、人员、机器及材料的设备。

根据煤矿辅助运输的特点，对运输设备提出的要求是：①运输设备的结构应紧凑，外形尺寸应符合巷道空间狭窄的要求；②工作面推进使运输巷设备的起点经常变更，因此要求工作面运输巷运输设备既轻便又易于移置；③由于井下运输线路在水平及倾斜巷道中都有，为了适应各种不同的条件，要求运输设备有多种类型；④辅助运输无论在运人还是运料过程中，都密切涉及人员安全，因此对辅助运输系统的安全要求极高。

辅助运输设备的选用，要根据矿井主要运输大巷和采区巷道主要运输设备来配置，同时也要考虑采煤设备对辅助运输的需求。

在煤矿井下主要运输大巷，如果主要运输设备采用机车，则矸石、人员、机器、设备、材料也用机车运输；如果主要运输设备采用带式输送机，则需要另设专用的辅助运输设备。

在采区巷道内，因主要运输设备一般采用刮板输送机和带式输送机，所以采用矿用钢丝绳绞车或蓄电池机车运送材料和设备。如果采煤工作面使用综采机组，则需要采用高效的辅助运输设备，以便缩短综采工作面搬家时间。

21.2 矿井辅助运输设备分类

21.2.1 设备分类

井下辅助运输设备的分类方法很多，归纳起来可按牵引形式、轨道形式、动作方式、工作性质等进行分类。

1. 按照牵引形式分类，可分为牵引式设备和自行式设备

牵引式是指运输设备安装在某一固定地点，通过钢丝绳向运输车辆传递动力的方式。例如：绳牵引单轨吊、绳牵引卡轨车、调度绞车及连续牵引车等。自行式是指运输设备在轨道或路面上运行，直接牵引运输车辆的方式。例如：防爆内燃机单轨吊及防爆内燃机齿轨车等内燃机自行式运输设备，以及防爆蓄电池单轨吊、防爆蓄电池无轨胶轮车、架线电机车、蓄电池机车等。

2. 按照轨道形式分类，可分为轨道运输设备和无轨运输设备

轨道运输设备是指运输车辆通过轨道系统完成运输任务的运输方式。轨道运输设备又分为地轨式（包括齿轨）和顶轨式两种。地轨式是指轨道铺设在巷道底板上，由普通钢轨构成的轨道线路，如电机车运输轨道线路；顶轨式是指固定在巷道顶板上，由特殊轨构成的轨道线路，如单轨吊运输线路。无轨运输设备是相对轨道运输设备而言，指运输车辆直接运行在巷道底板的路面上，完成运输任务的运输方式。如内燃机胶轮车及蓄电池胶轮车。

3. 按照动作方式分类，可分为连续动作式和周期动作式

连续动作式运输设备是开动后能连续运输货载，在运转中无须操纵控制设备，如循环架空索道等；周期动作式运输设备是以一定的方式做周期性的运行，在运转中需要经常操纵的设备，如各种有极绳运输、机车运输、单轨吊、卡轨车、齿轨车以及各种轮式无轨运输设备等。无极绳运输是介于上述两类运输设备之间的一种运输设备，无极绳本身是连续工作，但是在运输终点站必须有改变矿车行程的辅助作业。

4. 按照工作性质分类，可分为牵引设备、操车设备和运载设备

牵引设备的工作性质是牵引运载设备，如架线电机车、蓄电池机车、连续牵引车等。操车设备的工作性质是调度和控制车辆，如调度绞车、无极绳绞车、专用制动车、推车机、翻车机、底卸式矿车卸载站等。运载设备是指直接装运货载的设备，如矿车、人车、专用载重车、运人带式输送机等。

井下辅助运输设备的类型和分类方法很多，且不同的分类方法交叉包含各种设备。现以牵引式和自行式为线索分别将其归类，将牵引和运载主要设备列出，如图21-2所示。

21.2.2 设备选择的影响因素

1. 落地式与架空式的选择

落地式运输的最大优点是承载能力大，对巷道支护无特殊要求，运行安全可靠。因此，在需要重载运输的矿井中，只要底板条件允许，应首先采用落地式辅助运输方式。架空式运输方式的最大优点是对巷道底板无特殊要求，在有底鼓现象或软底板巷道中，宜选择架空式辅助运输。

2. 牵引方式的选择

绞车牵引适用于巷道坡度较大的区段运输。其中提升绞车及各类调度绞车适用于坡度较大的倾斜井巷运输，无极绳绞车适用于坡度起伏频繁的巷道运输。机车牵引适用于坡度较小（无轨机车一般不超过14°，胶套轮机车一般不超过5°，普通钢轨机车不超过7‰）的巷道连续运输。

3. 有轨与无轨运输方式的选择

轨道运输优点是车辆沿固定线路运行，可靠性高，操作方便，可适应大角度巷道运输。但轨道运输受牵引设备的制约，运输环节多，连续性差。无轨运输可在起伏不平的巷道中自由行驶，且转弯半径小，机动灵活，运料容器采用插装式，可方便快速更换，其运输品种不限，可实现一机多用。但无

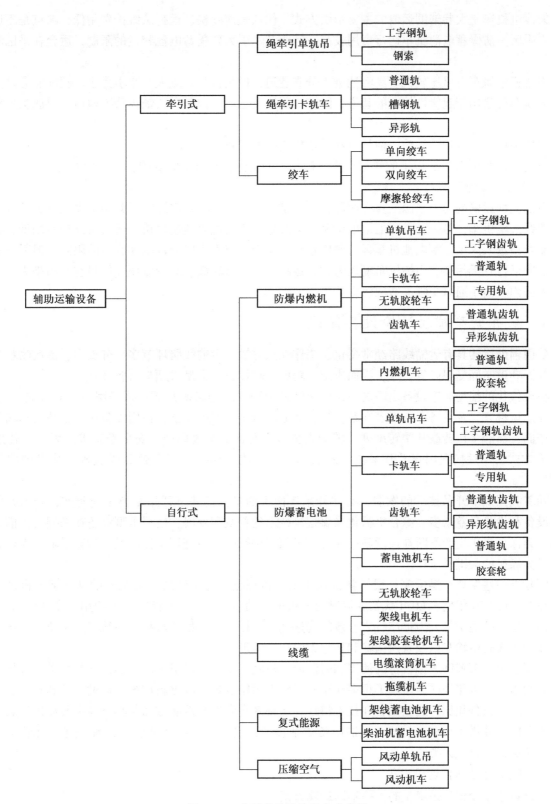

图 21-2 井下辅助运输设备分类图

轨运输车辆体积较大，对巷道宽度、高度的要求均较高，车辆及巷道工程量、投资较大，对巷道底板路面也有一定的要求，且巷道坡度最好在 10° 以下。

4. 有轨机车类型的选择

有轨机车主要有电机车、内燃机卡轨车、齿轨车、胶套轮机车、单轨吊等。

架线电机车是大巷辅助运输的主要牵引方式，优点是速度快、运行及维护费用低，缺点是不能直接进入采区。防爆蓄电池机车运行费用较高，运距及牵引力要受蓄电池容量的限制，适合在采区巷道中运行。

内燃机卡轨车可以比较机动灵活地进入分支巷道，但是机身自重大、牵引力小、爬坡能力差。

齿轨车可适用于起伏性较大的巷道，能够实现连续运输，但是需要铺设特殊轨道，对底板条件要求较高。

单轨吊可以实现连续运输，但是对巷道顶板支护要求较高。

胶套轮机车可以在5°以下的轨道线路上运行，但是受机车自重的制约，牵引能力受限。

5. 动力方式的选择

目前辅助运输的动力来源主要有两种，一种是电动，另一种是内燃机。其中电动又分为两种，一种是架线式电机车，另一种是蓄电池电机车。架线电机车的优点是速度快、运行及维护费用低，缺点是不能直接进入采区。蓄电池机车运行费用较高，运距及牵引力要受蓄电池容量的限制，但适合在采区巷道中运行且无污染。内燃机车辆动力大、运距长、无须转载、运行方便，但对空气污染大，特别是在采区内，由于通风受限，造成污染严重。

21.3 矿井新型辅助运输设备简述

矿山辅助运输具有运输线路经常变化、工作地点分散、运输线路环节多、分支多、待运物料品种多、井下巷道空间受限多等特点，因而决定了辅助运输设备的类型必须具有多样性。

在现代化的辅助运输设备出现之前，传统辅助运输方式是煤矿井下必须采用的运输方式。但是，传统辅助运输方式及设备存在很多问题，如：运输环节多、系统复杂、占用设备多，由井底车场至采区工作面，需经多次转载和中转编列，辅助人员多，而且工作效率低、安全隐患多。因此，传统辅助运输方式已不适应我国煤矿开采技术发展的需要，成了煤矿高产高效和煤炭现代化发展建设的瓶颈。

随着我国煤矿开采技术的发展，矿井开采规模不断扩大，井下开拓距离不断延伸，升入井的材料、设备和人员日益增多。综合机械化采煤掘进技术的普及和发展，使得重型设备在采掘工作面大量应用。为保证煤矿生产不断地连续高产稳产，必须要快捷高效地进行工作面设备搬家运输，煤矿辅助运输成为煤矿的关键环节。

国际上一些主要产煤国家，很早就实现了采煤机械化，为了解决与之配套的辅助运输机械化问题，在20世纪50年代末60年代初就研制出先进的辅助运输设备并开始在井下使用。在这些国家中，解决辅助运输的关键是大力推广行之有效的先进辅助运输设备。如单轨吊、卡轨车及齿轨车，部分矿井也使用了无轨运输车以及管道运输和架空索道运输等形式。

我国矿山新型辅助运输设备的使用和研制起步较晚，现已通过引进国外的设备和技术，开始了国产化研制工作。近年来国内研制了很多新型井下辅助运输设备，以更新传统的运输设备和方式。与传统的辅助运输设备相比，这些设备在技术特性、运输效率和安全性能方面都具有许多明显的优点。

当前国内外煤矿新型高效辅助运输设备类型较多，主要有轨道（地轨）运输设备、无轨运输设备和顶轨运输设备三大类。

21.3.1 轨道（地轨）运输设备

轨道运输至今仍然是煤矿的主要辅助运输方式。

在多种新型轨道（地轨）运输设备类型中，按行走方式划分，轨道运输设备主要分为牵引式和自行式两大类。

（1）牵引式轨道运输设备主要为钢丝绳牵引，牵引主机固定在运输巷道端头，钢丝绳往复运行带动车辆往返运输，主要有无极绳连续牵引车、钢丝绳牵引卡轨车、绳牵引普通轨卡轨车等。

（2）自行式轨道运输设备的动力主要是防爆柴油机和防爆蓄电池，牵引主机在轨道上往返运行，牵引车辆实现运输，主要有防爆柴油机胶套轮齿轨卡轨车、防爆柴油机胶套轮机车、防爆柴油机车、防爆蓄电池胶套轮机车等。

新型轨道（地轨）运输设备的共同特点是：①被牵引车辆及机车通过轨道运行；②轨道铺设在巷道底板上。

本书介绍的轨道运输设备包括防爆柴油机车、齿轨机车、卡轨车、无极绳连续牵引车。

1. 防爆柴油机车

防爆柴油钢轮机车是以防爆柴油机为动力的轨道牵引车，其结构合理，性能稳定；牵引力大，噪声低；其操作简单、使用寿命长，便于维修和维护；防爆措施安全可靠，可用于高瓦斯区域作业；采用了尾气处理新技术而达到无烟无害排放，适用于煤矿及其他冶金矿井下作业；成本低、运行经济。

2. 齿轨机车

齿轨机车运输系统是在两根普通钢轨中间加装一根与轨道平行的齿条作为齿轨，而在机车上除了车轮做黏着传动牵引外，另增加 1~2 套驱动齿轮（及制动装置）与齿轨啮合以增大牵引力和制动力。这样机车在平道上仍用普通轨道，用黏着力高速牵引列车，在坡道上则在轨道中间加装上齿轨，机车可以用较低的速度用齿轮加黏着力牵引（实际上是以齿轮为主），或单用齿轨系统牵引。

普通轨道机车运输系统的最大弱点是不能适应于起伏不平、带坡度的巷道，只能限于大巷中的平巷，不能进入斜巷和起伏不平的顺槽巷道。

齿轨机车的特点及使用范围如下。

（1）齿轨机车系统的最大优点是，可以在近水平煤层以盘区开拓方式的矿井中，完成大巷—上下山—采区顺槽轨道机车牵引列车直达，实现一条龙运输。机车上装有工作制动、紧急制动和停车制动三套系统，并可在被牵引的列车上装制动闸，从机车上供压风操纵制动，可以保证在 10° 以内的上下坡道上可靠运行。齿轨机车中牵引特性、适用性和经济性较好的是柴油机驱动的齿轨机车。一台 66 kW 柴油机齿轨机车可在 8° 坡道上牵引 140 kN 的列车，并以 4 km/h 的速度运行，在平巷上则可用黏着力牵引以 15 km/h 高速运行，可以满足一般矿井运输设备材料和人员的要求。

（2）行驶齿轨机车的轨道需要加固，选用的钢轨不得小于 22 kg/m，在坡道上需用型钢轨枕并加装齿轨，进出齿轨区段装设特殊的弹簧矮齿轨。齿轨轨道也可过道岔。齿轨机车通过的弯道曲率半径，水平方向应不小于 10 m，垂直方向应不小于 23 m。（这对于采区顺槽巷道是有困难的。）

（3）齿轨机车质量较大，造价较高，约比一般机车高 1~2 倍。齿轮轨道造价也较高，约比普通轨道高 2 倍，并要求安装稳固，经常维修清理，否则在轨道上运行时不能正常啮合，容易造成出轨事故。

总的来看，齿轨机车系统只能在水平大巷及与其相连的坡度不大的主要上下山巷道中使用。由于转弯半径要求较大，因此基本上不能用于采区巷道。

3. 卡轨车

卡轨车是一种由钢丝绳牵引或机车牵引、装有卡轨轮、在专用轨道上运行的运输车辆。其牵引和载重车辆的转向架装有垂直和水平卡轨轮组，当车辆在专用轨道上运行时，卡轨轮卡在轨道的槽口中滚动，可防止车辆掉道。卡轨车的特点是载重大、运速高、运距长、爬坡能力强、运输安全可靠，能适应起伏、弯曲和倾斜的巷道。主要用于煤矿井下材料、设备、人员和矸石的辅助运输，尤其适用于重型设备，如综采设备的搬运。

1）卡轨车的分类

按结构形式，可分为全程式卡轨和部分卡轨的卡轨车；按牵引方式可分为钢丝绳牵引和机车牵引卡轨车。机车牵引卡轨车，按牵引机车的动力可分为防爆柴油机卡轨车、防爆特殊型蓄电池卡轨车。防爆柴油机卡轨车按爬坡能力又可分为防爆柴油机胶套轮卡轨车、防爆柴油机胶套轮齿轨卡轨车。

（1）全程式卡轨的卡轨车。在大巷使用的是常规轨道。进入采区巷道后，其轨道和车辆是专用的，所以从大巷进入采区巷道时，货物要转载。

（2）部分卡轨的卡轨车。使用的是常规的普通轨道和车辆，仅在弯道起伏等局部易掉道地段增设护轨，防止车辆掉道，货物不需转载。其可靠性不如全程卡轨，适用于巷道条件比较好的场合。

（3）钢丝绳牵引卡轨车。以绞车为牵引机构的无极绳运输，多数为单无极绳牵引方式。其牵引力大，速度高，重载爬坡能力强，适用于运输重型设备、坡度大（12°~25°）和弯道少的运输系统，不适用于底鼓严重的地段或分支巷道。

（4）机车牵引卡轨车。机动性好，能适应多分支巷道和多个采掘工作面运输的需要，用于平硐倾角小的斜井开拓时，能实现从地面不经转载直达工作面的运输；用于立井开拓时，可实现从井底车场直达工作面运输。

2）卡轨车的优缺点

（1）优点。

加固的重型双轨落实在巷道底板上，与支护条件无关，故能以较高的速度（达 4 m/s）安全可靠地运载单重较大的设备。

绳牵引卡轨车适用倾角较大。

柴油机牵引的卡轨车机车具有机动灵活的特点，可进入多条分支巷道运送物料。

（2）缺点。

绳牵引卡轨车系统不能进入多条分支轨道，轨道上特别是弯道要装有众多托绳导绳轮。运输距离不能太长，一般不超过 1500 m，做无极绳运输时，随运距变化需要迁移倒装回绳轮。

柴油机卡轨车机车自重较大，爬坡能力有限，一般不超过 8°~10°。

卡轨车系统投资较高，一般来说比单轨吊高 50%~80%。轨道钢丝绳系统安装、维修、清理工作量大。不宜在有底鼓的巷道使用。

3）卡轨车的适用性

（1）绳牵引卡轨车特别适用于在坡度大（大于 12°）、弯道较少的运输系统整体拉运重型设备（质量大于 12 t）。

（2）柴油机卡轨车机车消除了钢丝绳牵引带来的运距短、安装移设费工和不能分叉运输的一系列缺点，可以机动灵活地进入多条分支巷道运送物料、人员。但由于构造上的原因，机车质量较大、牵引力较小、爬坡能力较小。

普通轨卡轨车主要解决了以较高速度安全可靠地运输重载车辆和人车的问题，可以有效地防止车辆掉道，可以在失控断绳等危险情况下安全制动停车，所依靠的是卡入并夹住专用的槽钢轨道，因而现有矿井传统的普通运输轨道无法直接采用，现有矿车运输系统也难以通用。

4. 无极绳连续牵引车

无极绳连续牵引车吸取了绳牵引卡轨车和无极绳绞车的优点，并克服了二者的缺点，适合中国国情。

1）无极绳连续牵引车的结构

无极绳连续牵引车主要由无极绳绞车、张紧装置、梭车、尾轮、压绳轮、托绳轮和人车等组成。可直接利用井下现有的轨道系统，不需对轨道及巷道进行改造。

绞车是整个系统的动力源，由电动机驱动。通过滚筒旋转带动钢丝绳，达到牵引效果。梭车用来牵引矿车、平板车、材料车和人车等车辆，并具有固定和储存钢丝绳等功能。根据使用需求，可配置或不配置紧急制动。梭车前、后两端是碰头，通过碰头与牵引车连接，可实现顶车或拉车两种运输方式。

2）无极绳连续牵引车的经济与社会效益

无极绳连续牵引车采用机械传动方式，结构紧凑，操作简单，维修方便，可靠性高。它可取代多台小绞车的接力运输，实现工作面顺槽设备、材料和人员不经转载的连续运输，节省了中途摘挂钩的时间。可简化运输环节，减少辅助人员，改善工人劳动条件，运行安全可靠，操作和维修都比较方便。成本低、售价合理，经济和社会效益明显，值得推广应用，基本上可取代目前顺槽的调度绞车接力运输。

煤矿井下的辅助运输机械化问题，主要集中在采区。这是因为采区的条件恶劣，难度最大，而顺槽的辅助运输则是采区辅助运输的一个最薄弱的环节。坡道起伏变化，而且坡度较大，一般均在 2°～15°，普通无极绳绞车无法适应。许多煤矿都采用调度绞车接力运输。用人多、速度慢、效率低，且常出现掉道、脱轨等安全事故，是煤矿辅助运输亟待解决的一个问题。无极绳连续牵引车的研制成功和推广使用，较好地解决了这个问题。

5. 胶套轮机车

为了增加车轮与钢轨间的黏着系数，在机车的钢轮上套一个胶质圈套作轮缘踏面，这种机车称为胶套轮机车。

胶套轮机车以防爆柴油机为动力。只在普通钢轨上运行的称为防爆特殊型胶套轮电机车；可分别在普通轨和齿轨上运行的称为防爆胶套轮齿轨机车。胶套轮适于在小于 6°坡道上使用；齿轨适于在 6°～18°坡道上使用。

胶套轮机车与架线机车或蓄电池机车相比较，不需要复杂的供充电设备；与绳牵引辅助运输设备相比较，具有机动灵活、连续运输距离长、可同时为多个端头服务的优点。

21.3.2 无轨运输设备

无轨运输设备是一种用于井下的、在巷道底板上运行的胶轮运输车，不需专门的轨道。它以柴油机或蓄电池为动力，由牵引车和承载车组成，前部为牵引车，后部为承载车，前后车铰接。它是在铲运机的基础上演变而来的。

1. 无轨胶轮车的分类

无轨胶轮车按用途可分为运输类车辆和铲运类车辆两类。运输类车辆主要完成长距离的人员、材料和中小型设备的运输，它包括运人车、运货车和客货两用车；铲运类车辆主要完成材料和设备装卸、支架和大型设备的装卸运输，它包括铲斗和铲叉多用式装载车和支架搬运车。

无轨胶轮车按动力装置可分为柴油机胶轮车、蓄电池胶轮车和拖电缆胶轮车。

2. 无轨胶轮车的结构特点

无轨胶轮车一般采用铰接车身，前部为牵引车，后部为承载车。

使用重型充气或充泡沫塑料轮胎。

车辆的前端工作机构可以快速更换，在 1～2 min 时间内，从铲斗换装成铲板、集装箱、散装前卸料斗、侧卸料斗或起底带齿铲斗。还可改装为乘人车、救护车、修理车、牵引起吊车等。有的车辆上还可装设绞车、钻机、锚杆机等，实现一机多功用。

3. 无轨胶轮车的参数特点

（1）转弯曲率半径。一般为 3～6 m，能够机动灵活地在起伏不平的巷道底板上自由驾驶。

（2）机身高度。较低，一般不超过 1.5 m，矮的不超过 1 m。

（3）行驶速度。蓄电池无轨胶轮铲车一般不超过 2.5 m/s，柴油机无轨胶轮铲车最大可达 4～6 m/s。

（4）爬坡能力。带有可靠的制动系统，可重载爬坡达 12°～14°。

（5）载重能力。重型的可整运 18～27 t 液压支架，轻型的可运输人员、物料，最多 1 车可运 25～40 人，运煤车可运载 14～20 t 矸石。

（6）卸载能力。可在 20 s 内自卸。

4. 无轨胶轮车的适用环境

无轨胶轮车特别适用于赋存较浅、倾角不大的近水平煤层矿井，最理想的是 12°左右的斜副井，用这种车从地面到采区直接上下运送人员、材料、设备和矸石，可用柴油机无轨胶轮运煤车运送掘进的煤和矸石，用支架叉车或铲车运送液压支架和大型设备，以多用途自由驾驶车运送人员材料，实现井上下一条龙直达运输，从而大大提高全矿井工作效率。无轨胶轮车也可用于顶、底板条件较好的立井开拓方式的矿井。

无轨胶轮车一般车体较宽（1.5~3 m），行驶中巷道两侧需要有不小于220~300 mm的间隙，因而需要巷道尺寸较宽，且最好是无棚腿支护，如锚杆支护、锚喷支护或砌碹巷道。底板抗压强度应不小于10~25 N/cm²，最好是砂岩或砂质页岩等较完整的底板条件，有淋水时需降低使用坡度，底板较软或破碎时需经常铲平清理，有的甚至需要铺设混凝土路面进行硬化处理或加垫板。路面要有一定的平整度。要求巷道有较大的垂直弯道半径（$R > 50$ mm）。另外，需要由技术熟练的司机驾驶，以确保车辆安全快速地正常运行。

5. 耗能特点

蓄电池无轨胶轮铲车无排气污染，缺点是工作4~5 h后需要更换电池充电，但这对运行不经常满载且次数不太频繁的辅助运输作业来说还是适合的。

内燃机式无轨胶轮车，尽管柴油机是低污染的，但总有一定的废气，且噪声大，所以要求巷道的通风量大于250 m³/min。

21.3.3　顶轨运输设备

顶轨运输设备主要包括单轨吊车和架空乘人装置。

1. 单轨吊车

单轨吊车是一种新型高效的煤矿辅助运输设备，适用于煤矿井下人员、材料设备和矸石等的辅助运输，可实现轻型液压支架的整体搬运，主要用于大巷采区上、下山及采掘工作面的巷道运输。

1）单轨吊车的结构

单轨吊车的轨道是一种特殊的工字钢，悬吊在巷道支架上或砌碹梁、锚杆及预埋链上，一般只有一根专用的轨道，故名单轨吊车。吊车在单轨上往返运行。随着煤矿集约化生产的发展，设备日益重型化，出现了双轨甚至三轨，在坡度大的巷道还增设了齿轨，成了齿轨单轨吊车。

2）单轨吊车的适用条件

单轨吊车适用于顶板坚固、有底鼓或底板软的新建矿井。根据国外经验，采用单轨吊车系统可以基本解决整个矿井的辅助运输机械化问题。

我国许多现有的中小型矿井以及某些大型矿井的井筒及巷道断面较小、巷道系统比较复杂，既成的井型及巷道系统又不易改造，如果这些矿的巷道顶板比较稳定，支护条件较好，运输的单件质量不太大，特别是那些巷道有底鼓的矿，可以考虑选用单轨吊车运输系统。

3）单轨吊车的分类

按牵引动力类别和使用特征分，单轨吊车可以分为钢丝绳牵引单轨吊车、防爆柴油机单轨吊车和防爆特殊型蓄电池单轨吊车3个类型。使用最多的是柴油机单轨吊车系统。

4）单轨吊车的特点

与其他形式的辅助运输设备相比，单轨吊车运输方式有以下几个主要特点。

（1）运行安全可靠，不跑车，不掉道。设有工作、停车安全和超速及随车紧急制动等三套安全制动系统，并有防掉道装置。适于在煤矿井下大巷和采区运行。

（2）与巷道底板状况无关，不受底鼓和积水的影响。能跨越刮板输送机和落地带式输送机，过道岔方便。巷道空间可以得到充分利用。

（3）不靠黏重产生牵引力，同等运输质量条件下牵引车质量较轻。

（4）能方便地运用自身的吊运设备把物件、设备吊起或放落。

（5）爬坡能力较强，转弯灵活。能适应断面较小和起伏多变的巷道运输。爬坡能力强，柴油机单轨吊车可达18°，钢丝绳牵引单轨吊车可达45°。但是，随着坡度增大，允许牵引的有效载荷明显减少，所以设备适用的爬坡角度为：柴油机单轨吊车应在12°以内（短距离运输也不应大于16°），钢丝绳牵引单轨吊车应在25°以内。

（6）运行速度较快，具有防掉道安全设施及安全监控与通信装置，可以较高的速度在采区运行，最大运行速度为2 m/s。

（7）有比较完整的配套设备和运输车辆。能够满足人员和多种材料、设备的运输需要，可实现装卸作业机械化。

（8）可实现远距离连续运输。

基于上述特点，作为一种新型安全、高效的煤矿辅助运输设备，单轨吊车尤其是柴油机单轨吊车发展很快。

5）单轨吊车的不足之处

（1）对巷道的顶板及支护要求较高。需要有可靠的悬吊单轨的吊挂承力装置。吊挂在拱形和梯形钢支架上时，支架应装拉条加固。用锚杆悬吊时每个单轨吊挂点要用两根锚固力各90 kN以上的锚杆。

（2）单轨吊车本身的运载能力可以很大，但是由于受巷道支架的强度和稳定性以及巷道顶板状况的限制，一般最大单件质量：3 m长轨道为12 t；2 m长轨道为16 t。使用单轨吊车的巷道弯道曲率：水平半径不小于4 m，垂直半径不小于8~10 m。

（3）柴油机单轨吊排气有少量污染和异味。另外，单轨吊车在运行中有一定的侧向摆动，所以在确定巷道断面安全间隙时，应在《煤矿安全规程》规定值的基础上增加20%。

（4）绳牵引单轨吊一套运距一般不超过1.5 km，弯道需装设大量绳轮且不能进入分支岔道。

2. 架空乘人装置

架空乘人装置属于无极绳运输系统，俗称猴车或井下乘人索道。该装置在巷道端头设有上下车站，头端设有动力驱动装置，尾端设有尾轮和重锤式张紧装置。驱动装置的电动机带动减速器与其直联的驱动轮转动，并依靠驱动轮（衬垫）和钢丝绳之间摩擦带动钢丝绳。人员乘坐的吊椅搭载在顶板处的无极绳上，钢丝绳和乘人器一起在线路上不停地循环运行，具有人员运送量大、运行安全可靠、人员上下方便、随到随行、不需等待、一次性投入低、动力消耗小、操作简单、便于维护、操作人员少等特点，可以安全高效地完成运输任务。

21.4 矿井辅助运输设备的发展历程及发展方向

21.4.1 传统辅助运输

我国早期建成的大中型煤矿矿井，采掘机械化程度不高、矿井生产能力有限，一般采用一矿多工作面的生产方式，辅助运输系统的构成如下。

（1）牵引设备。井下主要水平运输大巷一般采用架线电机车，采区巷道主要采用矿用绞车、小型蓄电池机车。

（2）操车设备。小型调度绞车、推车机、翻车机、卸载站等。

（3）运载设备。各种矿车、人车、运人带式输送机等。

传统辅助运输方式及设备的主要问题是：系统复杂、运输环节多、占用设备多，辅助人员多、安全事故多。传统辅助运输方式目前仍作为我国许多煤矿的常规辅助运输方式。但是，单纯的传统辅助运输方式已不适应煤矿开采技术发展、煤矿高产高效和煤炭现代化发展建设的需要。

21.4.2 新型辅助运输

近年来，国内外研制了很多新型煤矿井下辅助运输设备。当前国内外煤矿应用比较广泛的新型高效辅助运输设备主要有如下几种：

（1）有轨运输设备。包括无极绳连续牵引设备、防爆柴油车、防爆特殊型胶套轮电机车、防爆胶套轮齿轨车、卡轨车等。

（2）无轨运输设备。无轨胶轮车，包括各种运输类车辆和特种类车辆。

（3）架空运输设备。包括单轨吊车和架空乘人装置等。

与传统的辅助运输设备相比，这些设备在技术特性、运输效率和安全性能方面都具有许多明显的优点。我国许多改造矿井和新建矿井，在传统运输方式的基础上，大量采用新型辅助运输方式。

21.4.3 我国辅助运输的发展方向

我国辅助运输的发展，总体上要从两个方面入手：一是设备研制；二是矿井改造。

设备研制，是根据我国的具体情况，借鉴国外经验，研制高效的煤矿辅助运输设备。矿井改造，是有计划地加快对我国现有煤矿的技术改造，使其成为高产高效的现代化矿井，实现我国煤矿辅助运输的现代化。

根据国内有关专家的分析，具体可分为以下几个方面。

（1）加快我国煤矿特别是采区新型高效辅助运输设备的研制。

根据我国矿井类型和生产技术条件，特别是采区巷道条件，开发多品种、多系列的，能够用于综采快速搬家、综掘高效运料和运人的新型高效辅助运输设备，使不同情况的矿井或采区有相应的设备可选。辅助运输形式要多样化，如单轨吊车、卡轨车、齿轨车和无轨胶轮车等。当前主要研究和发展的目标如下。

①继续开发无轨胶轮车。以国产的性能先进、使用安全可靠、成本较低、适合国情的设备替代引进的国外设备，并研制有中国特色的新一代新型高效无轨胶轮车，并在条件适合的矿井继续大力推广应用。

②加强轨道系统及车辆的研制。轨道运输仍然是我国大多数煤矿井下采用的主要辅助运输方式。要加强新型安全轨道系统的研究，从根本上解决重载、转载及安全问题。常用的辅助运输设备有架线电机车、蓄电池机车、无极绳绞车等。对这些传统的辅助运输设备，要继续完善和提高。卡轨车、齿轨车、单轨吊、架空乘人装置（猴车）等国外广泛采用的新型高效的煤矿轨道辅助运输设备，要结合国情加以改进提高和推广应用，重点加强柴油机轨道机车的研制。

③无极绳连续牵引车已经得到煤矿广泛的应用和认可，取得了巨大的经济效益和社会效益。要继续完善和提高，并扩大其使用范围，解决运人问题。

④发展复式能源电机车这一很有前景的新型高效辅助运输设备。它是架线、蓄电池两用机车。它将架线电机车和蓄电池机车组合在一起，同时具有这两种机车的功能和特点。运行安全可靠，机动灵活，没有排气污染，运转热量小，噪声低，是一种环保型机车。

（2）有计划地加快对我国煤矿现有辅助运输系统的技术改造。

要想很好地解决煤矿辅助运输机械化问题，并取得较好的经济效益，必须从设计初期就要对整个矿井的辅助运输机械化问题进行统筹考虑，全面规划，逐步实施，注意设备的配套性，从转载到轨道、道岔、信号、风门开关以及其他配套设备，必须形成一个完整的运输系统。

根据我国煤矿目前的实际情况，可具体分为以下几种类型：

①全部采用无轨胶轮车运输方式（适用于新建矿井）。

②全部采用无极绳连续牵引车运输系统（适用于新建矿井）。

③采用柴油机车+无极绳连续牵引车有轨运输系统（适用于已确定为有轨运输设计的或改扩建矿井）。

④采用无轨车+无极绳连续牵引车无轨运输系统（适用于已确定为无轨运输设计的或改扩建矿井）。

（3）建立完善的辅助运输设备试验和检测中心，加快相关标准的制定。

（4）加快新型矿井辅助运输设备的国产化进程及元部件和可靠性的攻关研究。

（5）加强配套设备的研发和维护使用保养。

22 传统牵引设备

22.1 架线电机车

架线电机车和蓄电池电机车同属矿用机车,是矿车轨道运输的一种牵引机械,在井下运输中占有重要位置,是长距离水平巷道的主要运输工具。

直流架线式电机车(图22-1)运行时,借助受电弓沿着架空线滑动,从电网上取得电能为电机车的牵引电动机供电。其供电系统如图22-2所示。

图22-1 架线电机车

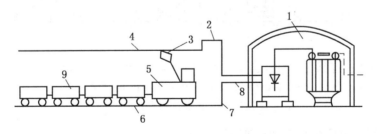

1—牵引变流所;2—馈电线;3—受电弓;4—架空裸导线;5—电机车;6—运输轨道;7—回电点;8—回电线;9—矿车

图22-2 架线电机车供电原理简图

中央变电所引来的交流电经变流所的变流设备变为直流电。直流电源的正极经馈电线与架空裸导线相连,负极经回电线接在运输轨道上。电机车上部由受电弓接触架空线并获取电能,下部则利用车轮与轨道接触,构成一个回路,使牵引电动机工作,从而使电机车牵引矿车组行驶。因为运行轨道同时又是电流回路的导线,为了减小牵引电网的电压降,一般在钢轨接缝处用导线或铜片连接,以减小接缝处的电阻。

电机车的构造包括机械部分和电气部分。机械部分包括车架、轮对、轴承和轴箱、弹簧托架、制动装置、撒砂装置、齿轮传动装置及连接缓冲装置等;电气部分包括牵引电动机、控制器、启动电阻、受电弓、自动开关与照明装置等,如图22-3所示。

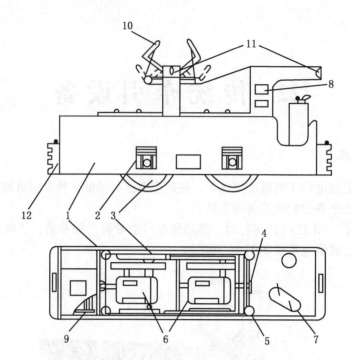

1—车架；2—轴承箱；3—车轮；4—制动系统；5—砂箱；6—电动机；7—控制器；8—自动开关；
9—启动电阻；10—受电弓；11—车灯；12—缓冲连接装置

图 22-3　ZK 型架线电机车构造示意图

（1）车架。车架是电机车的主体部件，其结构如图 22-4 所示。电机车上所有的电气、机械设备均装置在车架上，车架则用弹簧托架支撑在轴箱上，车架由两块侧板和两块端板及中间隔板焊接而成。

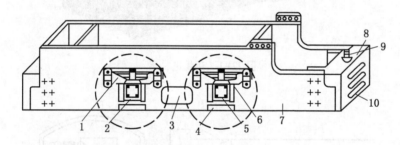

1—侧孔上部；2—侧孔下部；3—调整闸瓦侧孔；4—轴箱下限板；5—轴箱；6—轴箱端面；
7—车架侧板；8—缓冲器；9—连接销；10—连接器口

图 22-4　车架结构示意图

（2）轮对。轮对是由两个车轮过盈热装压配在轴上。

车轴采用优质车轴钢锻制而成。车轮则由轮心和轮圈组成，轮心采用铸铁或铸钢材料，轮圈则以优质钢轧制而成。这种结构的优点是轮圈磨损后可以更换而不致使整个轮对报废，缺点是制造成本高。也有其他类型结构，如采用整体车轮等。

（3）轴箱。轴箱是一个带盖的箱体，用铸钢或铸铁制作，内部装有两列滚动轴承。电机车的车轴轴颈装在轴承的内圈上，为便于安装及拆卸，轴箱体做成可以拆开的两半，用螺栓连接。

轴箱上面设有安装弹簧托架的孔座，箱盖两侧的滑槽与车架相配。当机车在不平整的轨道上运行时，车架可以通过轴箱与轮对做相对上下运动，通过弹簧托架起缓冲作用。

（4）弹簧托架。弹簧托架由缓冲元件、均衡梁及连接零件组成，其作用是缓和电机车运行时由于道岔、弯道和轨道接头所引起的冲击和振动，并把机车重力均匀地分配到各车轮上。弹簧托架的另一个作用是把车架支承在轴箱上。

（5）齿轮传动装置。齿轮传动装置的作用是将牵引电动机的转矩传给轮对。小型电机车一般是采用单台牵引电动机驱动，中型电机车用两台牵引电动机驱动。牵引电动机一侧用抱轴承与电机车主轴相连，保持相对距离不变；另一侧用机壳上的挂耳通过弹簧吊挂在电机车车架上。这种方法既能缓冲牵引电动机在运行过程中受到的冲击和振动，又能保证传动齿轮处于正常啮合状态。

（6）撒砂装置。撒砂的目的是增加车轮与轨道间的摩擦因数，以便获得较大的牵引力和刹车力，保证运输的牵引需要和行车安全。撒砂装置通过司机室内的两个操纵手柄控制。上手把操纵前部撒砂管，下手把操纵后部撒砂管，两个手把均靠弹簧复位。

（7）制动装置。机械制动装置又称为制动闸。它是为电机车在运行过程中能随时减速或停车而设置的。按其操作动力可分为气动闸和手动闸两种。矿用电机车一般只有手动闸。

（8）连接缓冲装置。矿用电机车的两端均有连接缓冲装置。为能牵引具有不同高度的矿车，机车的连接装置一般是做成多层接口。

（9）牵引电动机。牵引电动机是电机车的主要设备之一，目前主要采用直流串激电动机。电机外壳全部密封，无通风装置，以自然冷却方式散热。

（10）启动电阻。启动电阻的作用是限制牵引电动机的启动电流，用不同的连接方式，取得不同的电阻值，完成牵引电动机启动、调速和电气制动。它通常由几个单独的电阻元件组装而成，矿用电机车一般采用带状电阻。此外，还有用金属丝呈螺旋状缠绕在绝缘架上的线状电阻和用特殊成分的铸铁制成曲折形平板状电阻。

（11）控制器。控制器是操纵牵引电动机及电机车运行的设备。它包括控制和换向两部分，前者称为主控制器，后者称为换向器。主控制器具有完成电机车的启动、调速以及电气制动等功能。换向器具有改变电机车前进或后退方向的功能。主控制器与换向器之间设有机械闭锁。

（12）受电弓。架线式电机车用受电弓由架空线上取用电能。受电弓按其本身构造可分为弓式和接触式两种。矿用电机车多采用弓式。弓式受电弓的构造是一个轻便的框架，其上部装有硅铝或紫铜做成的接触条，作为受电弓与架空线的接触部分，利用弹簧的作用力，接触架空线而滑动。接触条中间部分开纵槽填以润滑脂，可减小摩擦阻力和少产生电火花。

（13）自动开关与照明装置。自动开关是电机车主回路的电源开关。实际上也是电动机动力回路的保护装置。

矿用电机车前、后均装有照明灯，这些灯通常由接触网路供电。除两端照明灯外，矿用电机车还有利用插座和插销接入网路的携带用灯。

矿用架线电机车的型号及技术参数见表 22-1，矿用防爆特殊型蓄电池电机车型号及技术参数见表 22-2。

表 22-1 矿用架线电机车的型号及技术参数表

| 产品型号 | 黏重/kN | 轨距/mm | 牵引电动机电压/V | 牵引电动机型号 | 牵引电动机台数 | 小时制 | | | | 长时制 | | | 传动比 | 受电弓工作高度/mm |
						牵引力/N	功率/kW	速度/(km·h⁻¹)	电流/A	牵引力/N	速度/(km·h⁻¹)	电流/A		
600/100 ZK-1.5-762/100 900/100	15	600 762 900	100	ZQ-4-2	1	2900	3.5	4.2	45	750	6.6	45	19.5	1800~2000
600/250 ZK-3-762/250 900/250	30	600 762 900	250	ZQ-12	1	4900	12.2	8.9	58	1540	12	125	6.43	1800~2100
600/250 ZK-7-762/250 900/250	70	600 762 900	250	ZQ-21	2	13200	2×20.6	11	2×95	3080	17	2×34	6.92	1800~2200

表 22-1（续）

产品型号	黏重/kN	轨距/mm	牵引电动机电压/V	牵引电动机型号	牵引电动机台数	小时制				长时制			传动比	受电弓工作高度/mm
						牵引力/N	功率/kW	速度/(km·h⁻¹)	电流/A	牵引力/N	速度/(km·h⁻¹)	电流/A		
600/550 ZK-7-762/550 900/550	70	600 762 900	550	ZQ-24	2	15400	2×24	11	2×50.5	4200	16.2	2×19.6	6.92	1800~2200
600/250 ZK-10-762/250 900/250	100	600 762 900	250	ZQ-21	2	31200	2×20.6	11	2×95	3080	17	2×34	6.92	1800~2200
600/550 ZK-10-762/550 900/550	100	600 762 900	550	ZQ-24	2	15400	2×24	11	2×50.5	4200	16.2	2×19.6	6.92	1800~2200
762/250 ZK-14-900/250	140	762 900	250	ZQ-46A	2	26200	2×46	12.6	2×212	6500	19	2×84	6.08	1800~2200
762/550 ZK-14-900/550	140	762 900	550	ZQ-52	2	27200	2×52	12.9	2×105	9520	18.1	2×50	14.4	1800~2200
762/550 ZK-20-900/550	200	762 900	550	ZQ-82	2	42000	2×82	13.2	2×162	13300	19.7	2×75	14.4	2400~3400

表 22-2 矿用防爆特殊型蓄电池电机车型号及技术参数表

产品型号	黏重/kN	轨距/mm	蓄电池总电压/V	小时制牵引力/N	速度/(km·h⁻¹)		电动机小时制功率/kW	蓄电池容量/(A·h)	牵引高度/mm
					小时制	最大			
6/48-KBT XK2.5-7/48-KBT 9/48-KTB	25	600 762 900	48	2600	4.54	10	3.5	330	320
6/56-KBT XK2.5-7/56-KBT 9/56-KBT	25	600 762 900	56	3000	5.4	10	4.8	330	210 320
6/90-KBT XK5-7/90-KBT 9/90-KBT	50	600 762 900	90	7200	7	14	7.5×2	330	320
6/110-KBT XK8-7/132-KBT 9/132-KBT	80	600 762 900	110 132 132	11400	6.2 7.5 7.5	25	11×2	440	210 320
6/140-KBT XK8-7/140-KBT 9/140-KBT	80	600 762 900	140	13080	7.8	15	15×2	440	320 430
7/192-KBT XK12-9/192-KBT	120	762 900	192	16800	8.4	21	21×2	特定	320 430

22.2　蓄电池电机车

22.2.1　与架线电机车的异同

蓄电池电机车（图22-5）与架线式电机车供电装置有所不同，它不需要架设牵引电网，而是由装在车上的蓄电池组供电，故不存在受电弓与导线接触不良而产生电火花的危险。因此，蓄电池电机车具有可靠的防爆性能，可用于有瓦斯、煤尘积存较多的巷道运输。

图22-5　蓄电池电机车

蓄电池电机车由于不需要架设牵引电网，运输线路不受限制，但是需要充电设施，蓄电池放电到规定值时需要更换。由于蓄电池要定期充电而要设充电设备，所以其初期投资和运转费用较高。

这种电机车多用于巷道掘进运输，以及产量较小、巷道不太规则的运输系统。

除供电装置外，蓄电池电机车的结构与架线电机车大致相同。机械部分另有区别的就是连接缓冲装置：架线式电机车采用铸铁制作的刚性缓冲器；蓄电池电机车上则采用带弹簧缓冲器，以减轻电池所受的冲击。再有就是蓄电池电机车两端设司机室，对安全运行有利。

蓄电池电机车分为一般型、安全型和防爆特殊型3种。

（1）一般型适用于无瓦斯煤尘爆炸危险的矿井巷道运输。

（2）安全型（A）适用于有瓦斯、煤尘，但有良好通风条件，瓦斯、煤尘不能聚集的矿井巷道运输。

（3）防爆特殊型（KBT）矿用电机车因配备了防爆特殊型电源装置和隔爆电机电器，使整车具有防爆性能，故适用于有瓦斯煤尘爆炸危险的矿井巷道运输。

矿用防爆特殊型蓄电池电机车的技术参数见表22-2。

22.2.2　矿用电机车牵引电动机及其控制

1. 牵引电动机的特性

矿用电机车目前大都采用直流串激电动机作为牵引电动机，其优点如下。

（1）启动时，能以较小的电流获得较大的启动转矩，因而在相同的启动转矩条件下，可选用较小的功率。

（2）转矩和旋转速度随着列车运行阻力及行驶条件能自动地进行调节。这种特点是由于串激电动机具有软的牵引特性（图22-6）所决定的。当电机车需要较大的牵引力时，电动机的转速会随着牵引力的增大而自动降低。

（3）两台串激电动机并联工作时，负荷分配比较均匀。由于两台电动机特性有差异或前后车轮直径不相等，两台电动机的转速不等，会引起各电动机负荷电流不相同，但由于其牵引特性较软，因而负荷电流差异很小，约在5%～10%范围内。可以避免个别电动机在运转中因负荷不均匀而产生严重过负荷。

（4）架空电网的电压变动时，只影响串激电动机的转速，而不影响其转矩。即使架空电网的电压降很大时，电机车也能安全启动。

（5）串激电动机构造简单、体积和质量都较小。

串激电动机的缺点是：调整性能较差。

由于工作条件的要求，架线式电机车的牵引电动机为全封闭型，蓄电池式电机车的牵引电动机为隔爆型。由于功率不大，都采用自冷式。

牵引电动机的特性是指运行速度 v、轮缘牵引力 F 以及效率 η 与电枢电流之间的关系，即速度特性 $v=f_1(I)$，牵引力特性 $F=f_2(I)$ 及效率特性 $\eta=f_3(I)$，这些特性均用曲线表示。图 22-6、图 22-7 所示分别为 ZQ-21 型及 ZQ-24 型牵引电动机的特性曲线。

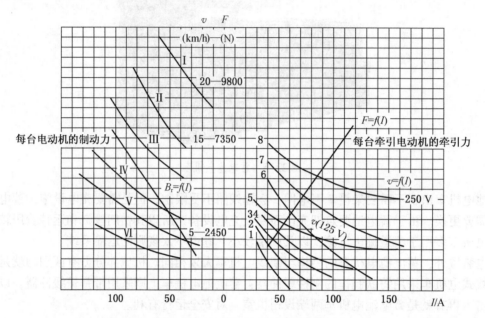

图 22-6　ZQ-21 型牵引电动机特性曲线

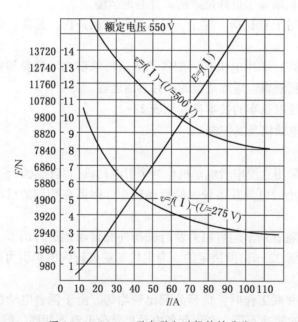

图 22-7　ZQ-24 型牵引电动机特性曲线

牵引电动机有长时制和小时制之分，功率、牵引力和转速都有长时和小时参数。长时功率是指在电动机绝缘材料的允许温升条件下电动机长时运转时能够输出的最大功率，主要取决于电动机的散热能力。小时功率是指在允许温升条件下，电动机连续运转 1 h 的最大功率，它是牵引电动机的额定功率，主要取决于电动机的绝缘材料和冷却性能的好坏。

2. 牵引电动机的启动

矿用电机车启动频繁，并要求启动要平稳。

如果在启动时把牵引电动机直接接至全电压电网，则因牵引电动机在静止时电枢绕组内没有反电势，而绕组本身电阻又很小，所以在静止的电动机各绕组中通过的电流很大，会引起绕组很快发热甚至烧毁。在这样大的电流下启动，还会产生很大的转矩，引起机械部分的损坏。为了限制启动时的电流冲击，并保持一定的电流数值，普遍采用在牵引电动机的电路中串接启动电阻或将两台牵引电动机串并联的方法进行启动。

1）串接电阻的启动方法

若已知允许的启动电流，并测出电动机绕组的电阻值，便可以确定启动电阻值。但是，随着电动机旋转速度的增大，若启动电阻固定不变，则电枢电流将减小，电机车的牵引力也随之减小。为了保持牵引力不变，必须相应地减小启动电阻值。理想的启动应是使启动电阻的数值无级地减小，即，要保证每一瞬间的启动电流固定不变。但实际上要使启动电阻无级地减小，控制是比较困难和复杂的。解决这个问题的方法，是将可控硅脉冲调速技术应用在电机车上，以实现无级调速和平稳启动。

为了简化控制，在 ZK 型电机车上启动电阻都是做成四级的，即采用逐级减小启动电阻的方法来启动，启动电流在一定的范围内变动，大约为启动电流平均值的±15%。

2）串并联启动方法

矿用电机车还采用了两台牵引电动机串并联启动的方法。开始启动时，第一步先将两台电动机串联，并加入启动电阻 R_p，如图 22-8 所示，然后逐段切除电阻。直至 $R_p = 0$。第二步是将两台电动机并联，加入适当的电阻 R'_p，然后逐段切除，直至两台电动机不带电阻并联运行，这时电机车即达到全速运行。

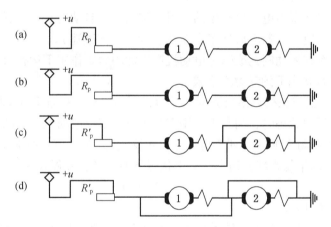

图 22-8　两台牵引电动机串并联启动示意图

3. 牵引电动机的调速与电气制动

在运输中电机车需要多种速度，所以必须采取一定的措施，由司机来控制牵引电动机的旋转速度，以达到获得多种速度的目的。改变电动机的端电压或磁场强度，能够改变电机车的速度。

改变电动机的端电压的方法有串并联法和可控硅脉冲调速法。

改变电动机的磁场强度，通常适用于单电机小型矿用电机车。主要方法是改变激磁绕组的匝数和改变激磁绕组的接线。

矿用电机车的电气制动，应用最多的是采用动力制动，或称能耗制动。其原理是根据牵引电动机在一定工作条件下可以转变为发电机运转这一可逆性。当牵引电动机转变为发电机工作时，列车的动能转变为电能，这时，电流将转变为相反的方向，使电动机轴上产生制动力。在进行电气制动的过程中，将产生的电能直接消耗在电阻器上。

动力制动的优点是不从电网吸取电能，线路比较简单，同时产生的机械冲击也不大。其缺点是制动过程中，电动机中有电流通过，因此电机绕组的温升要增高。采用动力制动的电动机的功率要增加 15% ~ 20%。此外，采用动力制动不能达到完全停车，还需使用闸瓦制动。

要实现动力制动必须解决两个问题：一是制动前后串激磁场中的电流方向不能改变，否则会产生去磁作用而失去制动力；二是在制动时两台电动机均变成串激发电机，其负荷为同一个制动电阻器，相当于两台串激发电机并联运行，而串激发电机的并联运行是不稳定的。

为了解决上述两个问题，必须采用两台电机的激磁绕组交叉连接线路或交叉-桥式连接线路。

22.3 矿用电机车理论与计算

电机车和它所牵引的车组总称为列车，机车运行理论也称列车运行理论。列车运行理论是根据已知的运动学条件（如作用于列车上的各种力与其运动状态的关系），求解列车运行所必需的机车牵引力和制动力，进而完成列车组成及相关设施的计算。

22.3.1 列车运行动力方程式

1. 简化计算的一种假定和列车运行的 3 种基本状态

从运动学的观点看，列车的运动包括：沿轨道方向整个列车的平移运动，车轮的转动，列车沿轨道横断面的水平摆动、垂直振动，车辆之间冲击引起的振动和经过弯道时列车的曲线运动。

因为列车运行的基本方向是它沿着轨道的平移运动，为了简化计算，把整个列车当作平移运动的刚体，即把电机车与矿车之间、矿车与矿车之间看作刚性的整体做平移运动。这种假定就是：运动的列车中各部分在任何瞬间的速度或加速度都是相同的（对转动部分的转动惯量用一个适当的系数加以调整。经工程实践验证，在假定条件下，整个计算结果与实际情况相差不大）。

列车运行的 3 种基本状态如下：

（1）牵引状态。列车在牵引电动机产生的牵引力作用下，启动（加速）或运行（匀速）。

（2）惯性状态。牵引电动机断电后列车靠惯性滑行（自然减速）。

（3）制动状态。列车在制动闸瓦或牵引电动机产生制动力矩作用下运行（制动减速）或停车。

2. 列车 3 种基本运行状态下的动力方程式

在前述假定条件下，找出在列车运行方向上的力，写出各运动状态下列车的动力方程式。

（1）牵引状态。在牵引状态时，列车上作用有 3 个力：牵引电动机产生的牵引力 F（与列车运行方向相同），列车运行的静阻力 W（与列车运行方向相反），列车加速运行时的惯性阻力 W_a（与列车运行方向相反）。根据力的平衡原理，列车在牵引状态下的力平衡方程式为

$$F - W - W_a = 0 \qquad\qquad (22-1)$$

首先讨论列车运行静阻力。

列车运行静阻力包括：基本阻力、坡道阻力、道岔阻力、弯道阻力、气流阻力等。对于矿用电机车，由于运行速度低，后三项不予考虑，只考虑基本阻力和坡道阻力。其中，基本阻力是指轮对的轴颈与轴承之间的摩擦阻力、车轮在轨道上的滚动摩擦阻力、轮缘与轨道间的滑动摩擦阻力以及列车在轨道上运行时的冲击振动所引起的附加阻力等。基本阻力是经过试验来确定的，即对同类矿车在各种运行状态下测定它的阻力系数。阻力系数就是基本阻力与矿车总重之比，是一个无量纲参数，见表 22-3。

表 22-3 矿车运行阻力系数

矿车中货载质量/	单个矿车		列车		列车启动时	
t	重车	空车	重列车	空列车	重列车	空列车
1	0.0075	0.0095	0.009	0.011	0.0135	0.0165
2	0.0065	0.0085	0.008	0.010	0.0120	0.0150

表 22-3（续）

矿车中货载质量/t	单个矿车		列车		列车启动时	
	重车	空车	重列车	空列车	重列车	空列车
3	0.0055	0.0075	0.007	0.009	0.0105	0.0135
5	—	—	0.006	0.008	0.0009	0.0120

根据阻力系数，按下式计算基本阻力：

$$W_o = 1000(P + Q)gw \tag{22-2}$$

式中 W_o——基本阻力，N；

P——电机车质量，t；

Q——矿车组质量，t；

g——重力加速度，m/s^2；

w——列车运行阻力系数。

坡道阻力是列车在坡道上运行时，由于列车重力沿坡道倾斜方向的分力而引起的阻力（沿坡道上行时，此分力才成为阻力；沿坡道下行时，此分力则变为列车运行时的主动力）。

按下式计算坡道阻力：

$$W_i = \pm 1000(P + Q)g\sin\beta \tag{22-3}$$

式中 W_i——坡道阻力，N；

$\pm$——列车上坡运行，取"+"号，列车下坡运行，取"-"号；

P——电机车质量，t；

Q——矿车组质量，t；

g——重力加速度，m/s^2；

β——坡道倾角，（°）。

一般情况下，电机车运行轨道的倾角都很小，因此取 $\sin\beta \approx \tan\beta = i$（轨道坡度，‰）。则式（22-3）可写成：

$$W_i = \pm 1000(P + Q)g_i \tag{22-4}$$

列车运行的静阻力应为基本阻力和坡道阻力之和，即：

$$W = W_o + W_i$$

或

$$W = 1000(P + Q)g(w \pm i) \tag{22-5}$$

再讨论列车运行惯性阻力。

列车运行的惯性力除了平移之外，还有车轮、电动机转子及齿轮等旋转部件的旋转惯性矩。为了简化计算，将这些旋转惯性矩折算成平移运动的惯性力。因此，惯性阻力可用下式表示：

$$W_a = m(1 + \gamma)a \tag{22-6}$$

式中 W_a——惯性阻力，N；

m——电机车及矿车组的全部质量，$m = 1000(P+Q)$；

γ——旋转惯性矩折算平移惯性力系数，矿用电机车为 0.05~0.1，平均取 0.075；

a——列车加速度，对于矿用电机车，一般取 0.03~0.05 m/s^2。

将 m 值及 γ 值代入式（22-6），得：

$$W_a = 1000(P + Q) \times 1.075a = 1075(P + Q)a \tag{22-7}$$

将式（22-5）和式（22-7）代入式（22-1），便得到牵引电动机所须具有的牵引力为

$$F = 1000(P + Q)[g(w \pm i) + 1.075a] \tag{22-8}$$

式（22-8）就是列车在牵引状态下的运行基本方程式。利用这一方程式可求出在一定条件下电机车所必须给出的牵引力，或者根据电机车的牵引力求出列车矿车数。

（2）惯性状态。在惯性状态下，电机车牵引电动机断电，牵引力 F 等于零，列车依靠断电前所具有的动能或惯性继续运行。在一般条件下，列车将产生一定的减速度，此时，列车除了受到静阻力 W 以外，还受到由于减速度所产生的惯性阻力 W_a，且 W_a 与列车的运行方向相同，正是它使列车继续运行。列车在惯性状态下的力平衡方程式为

$$-W + W_a = 0 \tag{22-9}$$

将式（22-5）和式（22-7）代入式（22-9），可得到惯性运行时列车的减速度 a。

$$g(w \pm i) - 1.075a = 0$$
$$a = g(w \pm i)/1.075 \tag{22-10}$$

式（22-10）中，上坡时 i 取"+"号，下坡时 i 取"-"号。

值得注意的是，因阻力系数 w 已确定，所以惯性状态的减速度 a 取决于轨道坡度的大小和上下坡。上坡时，减速度 a 始终保持正值，直到停车为止。下坡时，如 $i < w$，则 a 为正值即仍为减速运行，直到停车；如 $i > w$，则 a 变为负值，此时不再是减速而是加速运行了。

（3）制动状态。在制动状态下，牵引电动机断电，牵引力等于零，且利用机械或电气制动装置施加一个制动力 B，这个制动力与列车运行方向相反，与基本阻力的性质和方向一致。在制动力 B 和静阻力 W 作用下，列车必定产生减速度。制动状态下的惯性力 W_a 与运行方向一致。所以，制动状态下的力的平衡方程式应为

$$-B - W + W_a = 0 \tag{22-11}$$

式中 B——列车为得到一定减速度 a 所必需的制动力，N。

将式（22-5）和式（22-7）代入式（22-11），并以 b 表示制动时的减速度，即可得到列车在制动状态运行时需要施加的制动力 B：

$$B = 1000(P + Q)[1.075b - g(w \pm i)] \tag{22-12}$$

式中，上坡制动 i 取"+"号，下坡制动 i 取"-"号。

利用式（22-12）可以求出在一定条件下制动装置必须产生的制动力。或者给定制动力，求出制动状态的减速度，进而求出其他运动学参数。

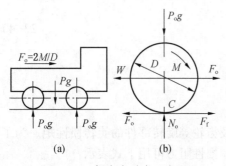

图22-9 机车牵引力示意图

3. 电机车的牵引力和制动力

1）电机车的牵引力

电机车牵引电动机驱动机车的两个轮对，这两个都是主动轮，如图22-9a 所示。

设机车的质量为 P，取一个轮对为隔离体，作用在该轮对上的力如图22-9b 所示，$P_o g$ 为机车作用在该轮对上的重力，M 为牵引电动机传递到该轮对上的转矩，W 为列车运行阻力，N_o 为钢轨的支反力，F_f 为轮对与轨面间的摩擦力。

设 F_o 为等效力偶力，用 F_o 产生的等效力偶代替转矩 M，若车轮的直径为 D，则力偶力的大小为

$$F_o = 2M/D \tag{22-13}$$

当轮轨接触点 C 处的 $F_o < F_{fmax}$ 时，摩擦力 F_f 与力偶力 F_o 总是大小相等、方向相反，车轮在 C 点处无滑移，在轮心处的 F_o 力作用下，车轮以 C 点为瞬心，向前滚动前进，轮心处的力 F_o 即为一个轮对上的牵引力，F_o 与阻力 W 平衡。

当在轮轨接触点 C 处的 $F_o > F_{fmax}$ 时，车轮在 C 点受力不平衡，将出现空转打滑现象。

轮对与轨道之间的摩擦力极限值 F_{fmax} 在两个车轮都做纯滚动前进时，有：

$$F_{fmax} = 1000P_o gf \tag{22-14}$$

式中 P_o——一个轮对上分配的机车质量，t；

g——重力加速度，m/s²；

f——车轮与轨道之间的静摩擦因数。

实际上，由于两个车轮不同的圆度误差、不均匀磨损以及受轨面状况的变化等因素的影响，车轮在 C 点不可能保持理想的无滑动滚动。为考虑这一因素的影响，将摩擦因数值取低一些，机车运行理论将这个系数称为黏着系数，轮对与轨道之间的摩擦力相应称为黏着力，这种牵引方式称为黏着牵引。式（22-14）是单个轮对黏着牵引产生的最大轮缘牵引力。对于整台电机车，最大轮缘牵引力为

$$F_{\max} = 1000Pg\psi \tag{22-15}$$

式中 P——机车质量，t；

ψ——电机车黏着系数，见表 22-4。

表 22-4 电机车黏着系数值

工作状态	ψ 值	工作状态	ψ 值
启动（撒砂）	0.24	运行（不撒砂）	0.12
启动（不撒砂）	0.20	制动（不撒砂）	0.09
制动（撒砂）、运行（撒砂）	0.17	严重不良	0.07~0.09

2）电机车的制动力

电机车制动运行时，作用在机车上的力有惯性力、静阻力和制动力。取一个轮对作为隔离体进行分析，如图 22-10 所示。

电机车运行中切断电机电源后的受力情况是，机车作用在该轮对上的重力为 $P_\mathrm{o}g$，钢轨上的支反力为 N_o，列车在惯性力 W_b 作用下减速前进，W_b 的方向与列车运行的方向相同，车轮与钢轨接触处黏着力为 F'_n，F'_n 与列车运行方向相反。在最大黏着力的范围内，黏着力与惯性力相应产生，且大小相等、方向相反，在这两个力构成力偶作用下轮对滚动前进。

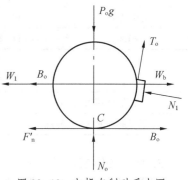

图 22-10 电机车制动受力图

制动时，给闸瓦施加压力 N_1，车轮制动面上产生摩擦阻力 T_o，构成对轮对的制动力矩 $T_\mathrm{o}D/2$。将此制动力矩以等效力偶 $B_\mathrm{o}D/2$ 代替，可得力偶力 $B_\mathrm{o} = T_\mathrm{o}$。

$$T_\mathrm{o} = N_1\varphi \tag{22-16}$$

式中 φ——闸瓦与车轮的摩擦因数，铸铁闸瓦一般取 $\varphi = 0.18 \sim 0.20$。

轮对在 C 点无滑动的条件是制动力矩不大于惯性力与黏着力构成的力偶，即 $T_\mathrm{o}D/2$（或 $B_\mathrm{o}D/2$）$\leqslant F'_\mathrm{n}D/2$，则有：

$$T_\mathrm{o}（或 B_\mathrm{o}）\leqslant F'_\mathrm{n} \tag{22-17}$$

根据式（22-15），单个轮对最大黏着力应为 $1000P_\mathrm{o}g\psi$，则 $F'_\mathrm{n\,n max} = 1000Pg\psi$。将其与式（22-16）共同代入式（22-17），得：

$$N_1 \leqslant 1000P_\mathrm{o}g\psi/\varphi \tag{22-18}$$

如果把 ψ/φ 作为闸瓦系数，用 δ 来表示，则：

$$N_1 \leqslant 1000P_\mathrm{o}g\delta \tag{22-19}$$

式（22-19）是给闸瓦施加压力的限制条件，满足此条件时，轮对可以滚动着减速前进。这个制动力与静阻力和惯性力平衡。

上面是对一个轮对的分析，如果两个轮对都装有制动闸瓦，机车的制动力 N 则为

$$N \leqslant 1000P_\mathrm{o}g\psi \tag{22-20}$$

当 $N > 1000P_\mathrm{o}g\psi$ 时，表明制动力过大或黏着力不够，车轮不转动而在轨道上滑动前进，车轮产生不均匀磨损。由于车轮在轨面上的滑动摩擦因数比黏着系数小，所以机车的制动力将要变小，降低了制动效果。

由以上分析可知，不能任意加大闸瓦压力以提高制动力，制动力受机车重力和黏着系数的限制。

若机车的闸瓦制动力不能满足列车制动要求，可另外采取增加制动力的办法，如在列车中的一部分矿车上加装制动闸。

22.3.2 电机车运输计算

电机车运输计算的主要内容：电机车的选择、列车组成计算和全矿电机车台数的确定。计算的原始数据有：设计生产率、各站运输距离、线路坡度等。

1. 电机车的选择

（1）电机车防爆类型。根据矿井瓦斯情况，对照《煤矿安全规程》要求来确定。

（2）电机车轨距。根据矿井所采用的轨距来确定。

（3）电机车黏着质量。按表22-5进行选定。

（4）架线式电机车的额定电压。可参照表22-6。

表22-5　电机车黏重选择表

矿井年产量 A/Wt	架线式/t	蓄电池式/t	配套矿车/t	说明
≤60	≤7	≤8	1	固定式
60~90	7~10	8	1.5~3	固定式、底卸式
120~180	10~14	8	3	底卸式
>180	14~20	8~12	3~5	底卸式

表22-6　电机车额定电压与运距关系参考表

电机车额定电压/V	250	250~550	550
运距（最大供电半径）/km	≤1	1~3	≥3

2. 列车的组成计算

列车的组成计算就是确定车组应由多少辆矿车组成。

计算矿车数量，要通过计算重车组质量的方法来完成。（再用重车组质量除以矿车质量与矿车载量之和。）

重车组质量要根据机车的牵引能力和制动能力计算。牵引能力受黏着力和牵引电动机温升条件限制；制动能力受电机车停车规定距离限制。所以，列车组成应按黏着力条件、牵引电动机温升条件和制动力条件来计算。

1）按黏着力条件计算

机车的最大牵引力按式（22-15）计算，为

$$F_{\max} = 1000Pg\psi F_{\max} = 1000Pg\psi$$

机车在运输中，重车组在上坡启动时所需的牵引力为最大，按式（22-8）计算，需要机车给出的牵引力为

$$F = 1000(P + Q)\left[g(w + i) + 1.075a\right]$$

为使机车在最困难的条件下不打滑，需使 $F \leqslant F_{\max}$，可得出在满足黏着力条件下机车所牵引的重车组质量 Q_{zh}：

$$Q_{zh} = \frac{Pg\psi}{g(w + i) + 1.075a} - P \tag{22-21}$$

式中符号意义同式（22-8）、式（22-15）。其中轨道平均坡度 i 没有特别指明时取3‰；列车启动时的加速度 a 一般取 0.04 m/s²。

2）按牵引电动机温升条件计算

牵引电动机的温升条件是在运转过程中其温升不得超过允许值。机车运输是往返循环连续运行，

而牵引电动机是短时重复工作制运转，在一个循环中，双向运行所需的牵引力不同。根据电工学原理，电动机在此工况下运行，可用下式计算其等效电流 I_{dx}：

$$I_{dx} = a\sqrt{\frac{I_{zh}^2 t_{zh} + I_k^2 t_k}{T + \theta}} \tag{22-22}$$

式中　I_{zh}、I_k——重、空列车电动机电流值，A；

t_{zh}、t_k——重、空列车的运行时间，min；

T——列车往返一次的运行时间，min，$T = t_{zh} + t_k$；

θ——列车往返一个循环中的休止时间（包括在装、卸车站的等候时间），一般取 18 ~ 22 min；

a——调车系数，运距小于 1000 m 取 1.4，运距为 1000~2000 m 取 1.25，运距大于 2000 m 取 1.15。

重、空车的运行时间为

$$t_{zh} = \frac{60L_p}{0.75v_{zh}} \tag{22-23}$$

$$t_k = \frac{60L_p}{0.75v_k} \tag{22-24}$$

式中　v_{zh}、v_k——重、空车的运行速度，km/h；

0.75——考虑列车运行中降速运行区段所乘的系数；

L_p——加权平均运距，km，应按该水平各分支运距计算。

$$L_p = \frac{L_1 A_1 + L_2 A_2 + \cdots + L_n A_n}{A_1 + A_2 + \cdots + A_n} \tag{22-25}$$

式中　L_1、L_2、$\cdots$、L_n——第一、第二、$\cdots$、第 n 运输分支的运距；

A_1、A_2、$\cdots$、A_n——第一、第二、$\cdots$、第 n 运输分支的班产量。

重、空列车运行时的电流值 I_{zh}、I_k 及运行速度 v_{zh}、v_k 可以根据重、空列车等速运行所需的牵引力从牵引电动机特性曲线中查得。重、空车等速运行所需牵引力分别为

$$F_{zh} = 1000(P + Q_{zh})g(w_{zk} - i) \tag{22-26}$$

$$F_k = 1000(P + Q_k)g(w_k + i) \tag{22-27}$$

式中　Q_{zh}、Q_k——重、空车组的质量，t；

w_{zh}、w_k——重、空列车运行阻力系数，重车下坡，空车上坡。

应该注意，牵引电动机的特性曲线是指一台电动机的，而式（22-26）和式（22-27）计算出的是电机车的牵引力，因而，对于装有两台电动机的电机车，应按 $F_{zh}/2$ 和 $F_k/2$ 从电动机特性曲线上查得相应的电流和速度。

电机车牵引电动机的温升条件为，按式（22-22）计算的等效电流 I_{dx} 不大于牵引电动机的长时制电流 I_{ch}，即：

$$I_{dx} \le I_{ch} \tag{22-28}$$

根据直流串激电动机牵引力与电流成正比的原则，式（22-28）可以转化为电机车的等效牵引力 F_{dx} 与长时牵引力 F_{ch} 之间的关系，即：

$$F_{dx} \le F_{ch} \tag{22-29}$$

为进一步简化计算，按重车下坡、空车上坡牵引力相等的条件，根据式（22-29）及式（22-22）可得：

$$F_{dx}\sqrt{\frac{T}{T + \theta}} = aF_{dz} \tag{22-30}$$

式中 F_{dz}——重、空列车牵引力相等的等阻牵引力，N。

令：$T/(T+\theta)=\tau$，得重、空列车牵引力相等的等阻牵引力为

$$F_{dx} = aF_{dz}\sqrt{\frac{1}{\tau}} \tag{22-31}$$

按重列车下坡运行、空列车上坡运行牵引力相等的条件，可求出具有等阻牵引力的轨道坡度，称为等阻坡度，一般取为2‰。为此，等阻牵引力可按下式计算：

$$F_{dx} = 1000(P + Q_{zh})g(w_{zh} - i_d) \tag{22-32}$$

式中 i_d——等阻坡度。

将式（22-32）代入式（22-31）及式（22-29）得，满足牵引电动机温升条件时，重车组质量为

$$Q_{zh} \leqslant \frac{F_{ch}\sqrt{\tau}}{1000a(\omega_{zh} - i_d)g} - P \tag{22-33}$$

3）按制动条件计算

《煤矿安全规程》规定：列车制动距离，运送物料时不得超过40 m，运送人员时不得超过20 m。按制动条件计算车组，是按列车能在规定的距离内制动停车的条件计算列车中车组的最多矿车数。

为使列车能在规定的距离内制动停车，列车应有的减速度（m/s²）为

$$b = \left(\frac{v_{ch}}{3.6}\right)^2 \frac{1}{2L_T} \tag{22-34}$$

式中 v_{ch}——机车长时制运行速度，km/h；

L_T——制动距离，m。

重列车在下坡直线轨道上制动，是最不利的制动条件，由式（22-12）得，这时所需要的制动力为

$$B = 1000(P + Q_{zh})[1.075b - g(w_{zh} - i)] \tag{22-35}$$

受黏着力的限制，机车所能输出的最大制动力为

$$B_{max} = 1000Pg\psi$$

$B \leqslant B_{max}$，可得满足制动条件的重车组质量：

$$Q_{zh} \leqslant \frac{Pg\psi}{1.075b - g(w_{zh} - i)} - P \tag{22-36}$$

根据以上3个条件确定的重车组质量，应取其中的最小值才能同时满足三者要求。多数情况下，仅机车上有制动装置时，按制动条件求得的重车组质量比另两个条件都小，可先按其初选，然后再按另两个条件验算。

对于蓄电池电机车，除按上述3个条件计算外，还需考虑蓄电池容量。蓄电池应能满足电机车一个班运行所消耗的能量，否则，中途更换蓄电池是不合理的。

上述方法是从电机车牵引的技术可能性出发所得到的结论。有时按此方法算得的矿车数太多，增加调车场长度使得经济性不合理，所以还要以实际条件和技术经济比较来最终决定矿车数。

按上述方法确定了重车组质量（进而算得矿车数）后，还要验算实际的电动机的温升和列车制动距离，按实际情况将计算数据进行相应调整。

3. 电机车台数的确定

矿井（或水平）所需要电机车台数，应按该矿井（或水平）投产初期和生产后期分别进行计算。投产时按前期计算的台数配置电机车台数，以后随生产的发展再陆续增添。生产后期所需的机车台数是进行供电设备（包括牵引变流所及牵引电网等）计算的依据。无论前期和后期，其计算步骤均相同，可按下列步骤进行。

（1）计算机车的加权平均周期运行时间T。

$$T = \frac{60L_p}{0.75v_{zh}} + \frac{60L_p}{0.75v_k} + \theta \tag{22-37}$$

式中　L_p——加权平均运输距离，km；

　　　v_{zh}——重车组平均速度，km/h；

　　　v_k——空车组平均速度，km/h；

　　　θ——列车往返一次调车和休止时间，min。

（2）计算每台机车每班往返次数 Z_1。

$$Z_1 = 60T_b/T \tag{22-38}$$

式中　T_b——一个班内的运输平均工作时间，不运人时取 $T_b=7$ h，运人时取 $T_b=7.5$ h，水平运距超过 1.5 km 时，应考虑运人。

（3）计算每班所需运送货物的总次数 Z_b。

$$Z_b = K(A_b + A_a)/nG \tag{22-39}$$

式中　A_b——班总产量，t；

　　　A_a——每班矸石总产量，t；

　　　K——生产不均匀系数，取 1.25；

　　　n——车组中矿车数；

　　　G——单个矿车中货载质量，t。

（4）计算每班运送总次数 Z_Z。

$$Z_Z = Z_b + Z_r \tag{22-40}$$

式中　Z_r——每班运人次数，当主要行人平巷的水平距离大于 1.5 km 时，上下班要用车辆运送人员，矿井一般均为两翼开采，两翼每班运送人员按 1 次考虑，共计 2 次 $Z_r=2$ 次/班；运距小于 1.5 km 时，不用车辆运送人员，$Z_r=0$。

（5）计算工作机车台数 N。

$$N = Z_Z/Z_1 \tag{22-41}$$

（6）计算备用与检修台数 N'。

$$N' = 0.25N \tag{22-42}$$

（7）计算所需机车总台数 N_0。

$$N_0 = N + N' \tag{22-43}$$

23 矿井操车设备

23.1 调度绞车

矿用绞车是煤矿生产的重要设备，主要用于井下人员及物料的运输和提升，矿车的调度，综采设备的安装、拆卸及搬迁，各种重物及设备的牵引等场合。辅助运输类绞车主要包括：JD 型调度绞车、JB 型运搬绞车、JY 型运输绞车、JH 型回柱绞车、JM 型慢速绞车和 SDJ 型双速多用绞车等。本节以煤矿井下常用的 JD 系列小型调度绞车为例来讨论。

调度绞车是在短距离内牵引矿车组慢速运行的设备，在平巷或倾斜井巷用来调度车辆或进行辅助运输与提升。

JD 系列内齿轮调度绞车（图 23-1）是煤矿井下普遍使用的一种小型绞车，工作机构为卷筒缠绕式，传动型式为行星齿轮传动。它具有体积小、重量轻、承载能力大、效率高等特点。

图 23-1 JD 型调度绞车

调度绞车必须要适应井下经常性的迁移，同时还要适应在窄小的环境下工作，所以，各种型号的调度绞车一般都设计成紧凑轻便的结构；为了使受其调度的矿车组移动平稳并能准确地停车，调度绞车的工作速度都不是太大。

23.1.1 调度绞车的结构及工作原理

在 GB/T 15113—2017《调度绞车》规定的框架内，不同生产厂家制造的各种型号调度绞车，其内部结构在设计上各有特色。结构举例如图 23-2 所示。

不论是哪种型号的调度绞车，总体结构都是由下列主要部分组成：卷筒装置（内设高速行星齿轮系与低速行星齿轮系）；左、右制动装置；电动机装置（兼作左支座）；右支座和机座。

卷筒一般由铸钢制成，其主要功能是在卷筒上缠绕钢丝绳以供牵引负荷。在卷动的制动盘上装设差动制动装置，借以控制绞车的运行与停止。在卷筒壳体内装有减速齿轮，因而又具有减速机外壳的作用。

制动装置由左、右两部分组成，在图 23-2a 左侧（即电动机一侧）的制动装置，称为制动闸，其功能是制动卷筒；右侧的制动闸具有摩擦离合器的作用，称为工作闸，当工作闸完全刹紧后，电动机带动卷筒转动。左、右两部分制动装置的结构与动作原理完全一致。

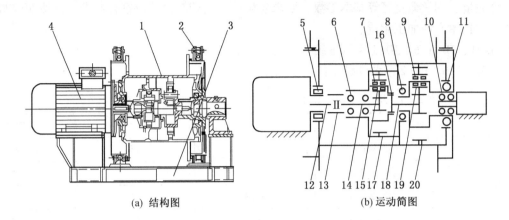

(a) 结构图　　　　　　　　　　　　(b) 运动简图

1—卷筒装置；2—制动装置；3—机座；4—电动机；5~11—各部位轴承；12—电动机轴端齿轮；
13—内齿套；14—高速太阳轮；15—高速行星轮；16—高速行星架；17—高速内齿圈；
18—低速太阳轮；19—低速行星轮；20—低速内齿圈

图 23-2　JD 型调度绞车结构举例

机座一般由铸铁做成，它的作用有两个：一是用来定位和固定调度绞车内部零部件如电动机、轴承支架、制动装置和挡绳板等；二是用来在调度绞车的工作地点固定调度绞车。

电动机装置是调度绞车的驱动部件，为绞车工作提供运动和动力。JD 型调度绞车的特点是电动机轴端直接带有齿轮，与行星齿轮传动系统直接啮合。电机轴又同时兼做卷筒的支承轴，完成卷筒的左侧支撑。

右支座用来完成卷筒的右侧支撑。

从图 23-2 看出，JD 型调度绞车的工作原理可以从下列 3 种情况来分析：

（1）左制动装置（制动闸）抱紧，右制动装置（工作闸）松开，电动机输入转矩。

此时绞车为 NGW 两级行星齿轮串联传动。制动闸抱紧时，卷筒被刹住不能转动。电动机带动低速行星架空转，右制动轮随着转动，调度绞车呈非工作状态。

（2）右制动装置（工作闸）抱紧，左制动装置（制动闸）松开，电动机输入转矩。

此时绞车为 NGW 封闭式两级行星齿轮传动，双级并联输出。制动闸松开时，卷筒旋转。工作闸抱紧使得低速行星架固定，即两个内齿圈并联旋转，合成输出一个扭矩与速度。此时的调度绞车，呈工作状态。

如果左、右制动装置是慢慢逐渐松开和抱紧，或逐渐抱紧和松开，则绞车即为启动和停车时的调速状态，卷筒根据工作需要由停到慢至快或由快至慢到停，而电动机始终转动。

（3）左、右制动装置（制动闸和工作闸）同时松开，电动机输入转矩（或断电）。

此时绞车呈自由状态，无固定输出。如果调度绞车在倾斜井巷工作，重物可以借助于自重下滑，带动卷筒反转，失去控制时会放飞车，这是绝对不允许的。电机在此状态下反向输入转矩，称为工作下放状态，两制动装置应交替抱紧和松开，调节下放速度或制动绞车停止下放。

正常下放重物时，应先将电动机反转并闸住制动闸。绞车进入正常运转之后，逐渐松开制动闸、抱紧工作闸。这样卷筒会在电动机驱动下反转，而无过速的危险。下放的速度，可借助制动闸对卷筒进行半制动来控制。

当需要做反向提升时，必须重新按启动按钮，使电动机反向运转。

需要注意的是，当电动机启动后，不准将工作闸和制动闸同时闸住，这样会烧坏电动机或发生其他事故。

23.1.2 调度绞车的主要技术参数

GB/T 15113—2017《调度绞车》规定了各种型号调度绞车的外层钢丝绳最大静张力、外层钢丝绳绳速、容绳量、钢丝绳直径等基本参数，要求各生产厂家绞车设计应符合要求，并按照经规定程序批准的图样和技术文件加工制造。

（1）JD-1、JD-1.6、JD-2 型调度绞车。

JD-1、JD-1.6、JD-2 型调度绞车技术参数见表 23-1。

表 23-1　JD-1、JD-1.6(JD-22)、JD-2(JD-25) 型调度绞车技术参数

项 目		JD-1	JD-1.6	JD-2
最大静拉力/kN	绕绳 400 m	10	16	20
	绕绳 300 m	11.4	18	22
	绕绳 200 m	13.3	20	24
	绕绳 100 m	14.5	22.5	26
绳速/(m/s)	最大	1.033	1.2	
	最小	0.433	0.6	
容绳量/m		400	400	
钢丝绳直径/mm		12.5	15.5	
卷筒尺寸/mm		φ224×304		
电动机	型号	（隔爆）JBJ-11.4	（隔爆）JBJD-22-4	（隔爆）JBJD-25-4
		（非隔爆）JOJ-11.4	（非隔爆 J）JOJD-22-4	（非隔爆）JOJD-25-4
	功率/kW	11.4	22	25
	转速/(r/min)	1460	1478	1470
	电压/V	380/660	380/660	380
可逆磁力启动器		QC83-80N（隔爆可逆）	QC83-80N（660 V）	
		QC8-30（隔爆不可逆）	QC10-5/8（非隔爆）（380 V）	
隔爆控制按钮		LA81-3（LA81-2）	LA81-3A（隔爆），LA10-3H（非隔爆）	
外形尺寸/mm		1100×765×730	1345×1140×1190	1350×1140×1190
机器质量/kg		550	1450	1460
生产厂家		徐州矿山设备制造厂（济南煤机厂）		

（2）JD-2.5、JD-3 型调度绞车。

JD-2.5、JD-3 型调度绞车技术参数见表 23-2。

表 23-2　JD-2.5(JD40)、JD-3(JD45) 型调度绞车技术参数

项 目		JD-2.5	JD-2.5A	JD-3	JD-3A
最大静拉力/kN	绕绳 650 m	—	22.4	—	25.3
	绕绳 400 m	25	25	30	30
	绕绳 300 m	25.9	25.9	31	31
	绕绳 200 m	28.5	28.5	32	32
	绕绳 100 m	30	30	35	35

表 23-2（续）

项　目		JD-2.5	JD-2.5A	JD-3	JD-3A
绳速/(m/s)	最大	1.44	1.634	1.44	1.634
	最小	1.115	1.115	1.115	1.115
容绳量/m		400	650	400	650
钢丝绳直径/mm		20			
卷筒尺寸/mm		$\phi620\times580$			
电动机	型号	JBY40-4			YB225M-4
	功率/kW	40		40	45
	转速/(r·min⁻¹)	1480		1470	1480
	电压/V	660/1140,380/660		380/660	380/660
外形尺寸/mm		1794×2620×1615		1900×2350×1370	
机器质量/kg		2815		2800	
隔爆可逆磁力启动器		QC83-80N（660 V）			QBZ-80N（660 V）
		QBZ-80N（380 V）			QBZ-120N（380 V）
隔爆控制按钮		LA81-3			
生产厂家		济南煤机厂		徐州矿山设备制造厂	

（3）JY 系列调度绞车。

JY 系列调度绞车技术参数见表 23-3。

表 23-3　JY 系列调度绞车技术参数

型　号		JY(S)-4	JY(S)-4A	JY(S)-5	JY(S)-6	JD-55
静张力/kN	最大	54		68.8	82	39.2
	最小	34	32	40.2	60	27.9
	平均	44	43	54.5	71	33.6
绳速/(m/s)	最大	1.48	1.6	1.7	1.4	1.48
	最小	0.95		1	1	0.95
	平均	1.22	1.27	1.35	1.2	1.22
卷筒直径/mm		580			710	580
容绳量/m		650	850		580	760
钢丝绳直径/mm		21.5			26	21.5
电动机	型号	YBo280s-6		YB280s-4	YB315M-6	YB280M-6
		YB280M-6				
	功率/kW	55		75	90	55
	转速/(r·min⁻¹)	970		1450	989	980
	电压/V	380/660				
外形尺寸/mm		2500×1965×1425（2092）			2655×2523×1765	2850×1965×1425

表 23-3 (续)

型　号	JY(S)-4	JY(S)-4A	JY(S)-5	JY(S)-6	JD-55
电液推动器	YT1-180/12				
绞车质量/kg	3650		3800	5547	3650
附属电器　隔爆真空可逆启动器	QBZ1-120N		QBZ1-160N	QBZ1-200N	BQZ-120N
附属电器　隔爆控制按钮	LA81-3A				
生产厂家	徐州矿山设备制造厂				淮南煤机厂

23.1.3 调度绞车的选择计算

调度绞车的选择计算,是根据现场对调度(或提升)能力的需求情况,进行绞车选型或能力核算。绞车选型是根据工作地点的作业数据来确定调度绞车型号,能力核算是根据调度绞车的技术参数确定最大调度(或提升)矿车数(以及调度处理来车数的能力)。

1. 平巷调车

列车组在平巷各种条件下的运行阻力及所需牵引力计算后面会有专门介绍,绞车选型或能力核算可参见表 23-1 至表 23-3。

调度绞车在平巷作业时的系统布置情况(例如:用两台调度绞车在装载站作业)如图 23-3 所示。

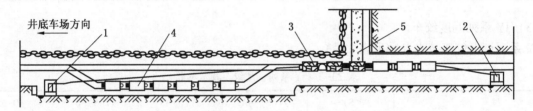

1—前部调度绞车;2—后部调度绞车;3—装载作业列车组;4—待装载列车组;5—装载站

图 23-3　两台调度绞车在装载站作业系统布置图

2. 倾斜井巷运输(或提升)

(1) 倾斜井巷绞车运输(或提升)矿车数量计算。可通过两种方法计算:一种是按绞车额定牵引力计算,一种是按绞车功率计算。最后将这两种方法计算结果相比较,取较小值。

①按绞车额定牵引力计算:

$$N_1 = \frac{F - W_2 L(U_2 + \sin x_2)}{(W_1 + G)(U_1 + \sin x_1)} \tag{23-1}$$

式中　N_1——按绞车额定牵引力计算的提升矿车数量,按舍尾数取整;

F——绞车牵引力,N;

L——提升距离,m;

G——装载质量,kg;

W_2——钢丝绳每米质量,kg/m;

W_1——矿车质量,kg;

U_2——综合阻力系数,取 0.1;

U_1——矿车摩擦因数,取 0.01;

x_2——平均坡度值;

x_1——最大坡度值。

②按绞车功率计算：

$$N_2 = \frac{102PY}{(W_1 + G)(U_1 + \sin x_1)S} - \frac{W_2 L (U_2 + \sin x_2)}{(W_1 + G)(U_1 + \sin x_1)} \quad (23-2)$$

式中　N_2——按绞车功率计算的提升矿车数量，按舍尾数取整；

　　　P——电动机功率，kW；

　　　Y——绞车效率，取 0.8~0.85；

　　　S——绳速，m/s。

（2）调度绞车在倾斜井巷运输（或提升）能力计算。即根据列车组的矿车数量计算确定调度绞车的牵引力，可按下式计算：

$$F_{JD} = N(G + W_1)g \quad (23-3)$$

式中　F_{JD}——调度绞车须具有的牵引力，N；

　　　N——绞车的提升矿车数量（取 N_1、N_2 中数值小的值）；

　　　g——重力加速度，m/s²。

23.2　翻车机与推车机

翻车机是矿车卸载设备，它与推车机都属于轨道车辆运输的辅助机械设备。与其配合使用的还有阻车器和爬车机等设备设施。本节所述内容主要是用于窄轨固定车厢式矿车的卸载设备。

23.2.1　翻车机

翻车机（图 23-4）也称翻笼、滚笼、翻煤罐笼等。它是用于矿井井下，利用翻转的方式将固定车厢式矿车卸载的设备（也用于利用矿车提升场合的地面卸载）。

1. 翻车机的分类

窄轨翻车机按其结构形式，可分为前倾式翻车机、旋转式翻车机和高位翻车机三类。

1）前倾式翻车机

前倾式翻车机一般不需要外加动力，依靠矿车进入翻车机后的偏心重力矩来自动翻卸和复位，翻卸 600 mm 轨距、1 t 固定车厢式矿车。该类型翻车机在中小型矿井或辅助卸载中应用比较广泛。它具有结构简单、制造容易，安装方便、造价低等

图 23-4　电动翻车机

优点。其缺点是矿车必须摘钩，每次只能翻卸一辆矿车，生产能力较小；此外，在卸载过程中，冲击载荷较大，不适合翻卸大容量矿车。

2）旋转式翻车机

旋转式翻车机是一种侧面卸载的设备。它与前倾式翻车机相比，结构复杂，重量大，成本较高；但其工作比较平稳，可以根据需要分别设计为翻卸一辆或两辆矿车，待卸的列车可以不摘钩，因而生产能力较大；此类翻车机除 1 t 以下有手动型外，笼体回转一般采用电动。

中国目前使用的电动翻车机，根据翻卸能力和布置条件的要求，大致可分为下列几种。

（1）按一次翻卸车数分，可分为单车式和双车式。1 t 和 1.5 t 翻车机有单车式和双车式两种；3 t 翻车机一般只有单车式一种。

（2）按列车状态分，可分为摘钩式和不摘钩式。固定车厢式矿车连接链有单环链、三环链和万能链三种。用单环链和三环链连接的列车需用摘钩式翻车机翻卸；万能链连接的列车要用不摘钩式翻车机翻卸。

（3）按回转方向分，可分为左侧式和右侧式。从进车方向看，滚筒逆时针方向回转为左侧式，顺时针方向回转为右侧式。可根据翻车机房和硐室布置的需要进行选择。

3）高位翻车机

与前两种翻车机相比较，高位翻车机是一种新型设备，主要配合无轨运输设备换装矿车的货载。它是由液压驱动，转臂绕定点转动，举起矿车进行高位卸料的设备。其特点是：结构简单，重量轻，运转平稳，不需很深的地下建筑便可进行换装。可用于1 t或1.5 t的600 mm轨距固定车厢式标准矿车的卸料、换装作业。

2. 翻车机的结构

旋转式电动翻车机结构如图23-5所示。由滚筒、传动轮、支撑轮、定位装置、阻车器、底座、挡煤板等主要部件组成。

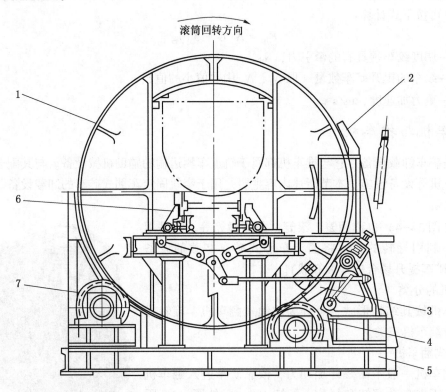

1—滚筒；2—挡煤板；3—定位装置；4—传动轮；5—底座；6—阻车器；7—支撑轮

图23-5　旋转式电动翻车机结构示意图

定位装置是使滚筒旋转一周卸载后准确停车的装置。定位装置应有缓冲作用，以减轻冲击，延长设备的使用寿命。

阻车器是矿车在滚筒内定位的装置。车进入滚筒，阻车器关闭，滚筒旋转一周后，阻车器打开。它的开闭与滚筒旋转动作由杠杆联动。

前倾式翻车机结构如图23-6所示，高位翻车机结构如图23-7所示。

3. 翻车机的技术特征及台数的确定

（1）1 t矿车前倾式翻车机技术特征见表23-4。

表23-4　1吨矿车前倾式翻车机技术特征

技术特征			
顺序	名　称	单位	数值
1	适应矿车型号		MGC1.1-6
2	生产能力	t/h	120~150
3	矿车进翻车机速度	m/s	<1

表 23-4（续）

顺序	名　　称	单位	数值
	技　术　特　征		
4	矿车中心与翻车机中心距	mm	50
5	回转角度	(°)	167
6	设备重量	kg	688
7	翻车机轮廓尺寸（长×宽×高）	mm	2210×1564×1600

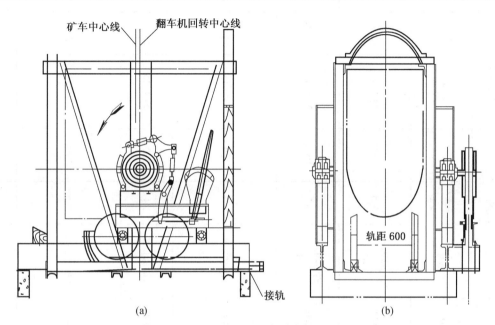

图 23-6　前倾式翻车机结构示意图

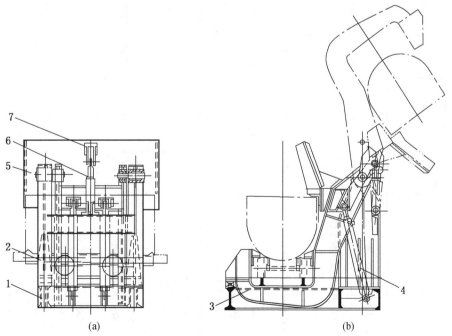

1—底座；2—支座；3—转臂；4—翻转液压缸；5—挡板；6—复位液压缸；7—承推座（兼导料板）

图 23-7　高位翻车机结构示意图

（2）电动翻车机技术特征见表 23-5。

表23-5 电动翻车机技术特征

顺序	名称	每分钟翻车次数	生产率/(t·h⁻¹)	滚筒尺寸/mm 直径 D	滚筒尺寸/mm 长度 L_0	滚轮直径 D_1/mm	电动机 型号	电动机 功率/kW	电动机 转速/(r·min⁻¹)	行星齿轮减速器 型号	行星齿轮减速器 速比 i	总速比	适用矿车型号	质量/kg
1	1 t矿车单车摘钩翻车机	3.5	210	2500	2200	400	YB132M$_2$-6 "KB"	5.5	1000	XCJ-15	15.71	98.2	1辆 XGC1.1-6	8700
2	1 t矿车单车不摘钩翻车机													9110
3	1 t矿车双车不摘钩翻车机	2.5	300	2500	4300	400	YB160L-6 "KB"	11	1000	XCJ-15	15.71	98.2	2辆 MGC1.1-6	12100
4	600轨距1.5 t矿车单车摘钩翻车机	3	270	2700	2600	500	YB160L-8	7.5	720	XCJ-15	15.71	84.8	1辆 MGC1.7-6	11415
5	600轨距1.5 t矿车单车不摘钩翻车机													12341
6	600轨距1.5 t矿车双车不摘钩翻车机	2.5	450	2700	5100	500	YB180L-8	11	730	XCJ-15	15.71	84.8	2辆 MGC1.7-6	15356
7	900轨距1.5 t矿车单车摘钩翻车机	3	270	2700	2600	500	YB160L-8	7.5	720	XCJ-15	15.71	84.8	1辆 MGC1.7-9	11533
8	900轨距1.5 t矿车单车不摘钩翻车机													12434
9	900轨距3 t矿车单车不摘钩翻车机	3	540	3000	3600	500	YB180L-8	11	720	XCJ-15	15.71	84.8	1辆 MGC3.3-9	17099

（3）液压高位翻车机技术特征见表23-6。

表23-6 液压高位翻车机技术特征

1		设 备 型 号		GFY-1.5/6		GFY-1/6
2	生产率	每分钟翻车次数	次/分	2		
		矸石量	t/h	360	326	210
		煤量	t/h	173		112
3	装载高度		m	1.6	1.65	
4	适用矿车型号			MGC1.7-6		MGC1.1-6
5	钢轨型号		kg/m			
6	电动机	型号		Y225S-4		Y200L-4
		最大功率	kW	37		30
		转速	r/min	1500		

（4）翻车机台数的确定。翻车机台数可根据下式确定：

$$n = Q/q \qquad (23-4)$$

式中　n——所需翻车机台数，台；

　　　Q——矿井最大小时生产能力，t/h，环行自动滑行运输或无极绳运输，可采用矿井最大小时提升能力；机车运输，可采用电机车最大小时运输能力。但翻煤时不应大于矿井平均小时生产能力的1.2倍，翻矸时（18 h）不应大于矿井平均小时生产能力的1.5倍；

　　　q——翻车机小时卸载能力，t/h。

23.2.2　推车机

推车机是在短距离内推动矿车的设备。在翻车机前，与翻车机配合进行卸载作业的推车设备，称为列车推车机（图23-8）。（向罐笼推送矿车的设备称为装罐推车机。）

推车机的种类很多，按动力分有电动式、风动式和液压式；按推车机构分有钢丝绳式、链式及其他机构。各种推车机各有其特点和适用条件。目前常用的为链式和绳式。

绳式推车机与同类型链式推车机相比，具有结构简单、重量轻、造价低、加工容易等优点，应用曾很广泛；其缺点是钢丝绳在滚筒上承受摩擦和反复弯曲，钢丝绳与滚筒易损坏，维修量较大，且只能作往复运动，运行距离也不易自动控制，因而逐步被圆环链推车机所代替。

链式推车机的链条有板链和圆环链两种。由于板链制造与维修费用高，现已很少采用。

图23-8　推车机

圆环链式推车机有1 t、1.5 t、单车、双车之分。每种推车机又分左、右两种形式，顺推车方向看，驱动装置在右侧的称右侧式，在左侧的称左侧式。

TLL系列圆环链列车推车机结构如图23-9所示。

TLL系列圆环链列车推车机与板链式、绳式推车机相比，除具有机身短、重量轻、牵引链强度高、链条来源容易、维修量少等优点外，推车部位改为推矿车碰头的背面，改善了矿车受力状况。也为矿车取消挡板创造了条件。该推车机的缺点是推爪与矿车碰头相对位置较其他几种推车形式要求严格，推爪高度大，结构较复杂等；目前有两种型号，各适用于1 t、1.5 t矿车，技术特征见表23-7。

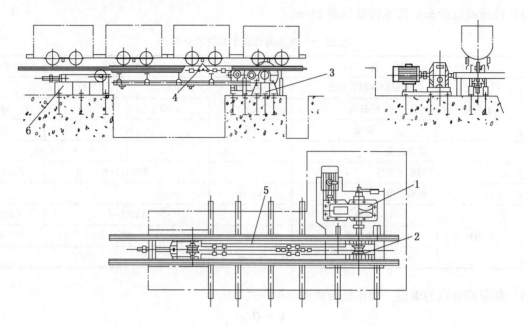

1—传动装置；2—头轮组；3—头轮支架；4—推爪小车；5—小车轨道；6—尾部拉紧装置

图 23-9 圆环链列车推车机结构示意图

表 23-7 TLL 型圆环链列车推车机技术特征

顺序	项 目		单位	适用矿车（600 轨距）	
				1 t 矿车	1.5 t 矿车
1	所推列车之最多矿车数		辆	60	38
2	最大推力		kN	34.3	
3	链子速度		m/s	0.525	
4	每推一车推爪行程		mm	2048	2432
5	电动机	型号		YB200L$_2$-6	
		功率	kW	22	
		转速	r/min	970	
6	减速机	型号		XCJ-36	
		速比		35.2	
7	推车机质量		kg	6350	6449
8	推车机型号	左侧式		TLL-1Z/6	TLL-1.5Z/6
		右侧式		TLL-1Y/6	TLL-1.5Y/6

　　TLL 系列圆环链列车推车机利用圆环链上的推爪从底部推动矿车。通常与 FDZ、FDB、FDS 型电动翻车机配套使用。推车机推爪采用两种配置方式，推单车时推车机上的 4 个推爪均带有碰撞水银开关的凸块；推双车时 4 个推爪中两个推爪带有凸块，两个推爪不带凸块，而且互相交错安装。

　　翻车机与推车机之间留有两个矿车位置。摘钩翻车时，翻车机内及阻车器前的两个矿车需靠下一个列车继续推车；不摘钩列车推车机，原则上在推车机前不留矿车，末尾两个矿车可随翻完的空串车在 15‰ 的下坡上自溜滑行，退出翻车机。（在工艺布置时，要求推车机本身为水平安装，推车机进车端的线路坡度为3‰下坡,翻车机出车端线路坡度为15‰的下坡。)

23.3 底卸式与底侧卸式矿车卸载站

底(侧)卸式矿车卸载站的功能与翻车机相类似,也是矿车卸载设备。它需要与底(侧)卸式矿车配合使用(图23-10),矿车由牵引设备牵引运行,靠惯性驶入并通过卸载站,矿车底门在卸载站曲轨引导下打开,在运行中自动将煤炭卸入煤仓。卸载站正常运行时自身没有人员操作和能量消耗。

图23-10 底侧卸式矿车卸载站

23.3.1 卸载站的分类及其工作原理

卸载站的分类方法是:如果底门铰链轴设在矿车行驶方向的前端,底门打开时后轮落下,则这种设备称为底卸式矿车卸载站;如果底门铰链轴设在矿车的一侧,底门打开时相反一侧的车轮落下,则这种设备称为底侧卸式矿车卸载站。两种卸载站各有600 mm轨距和900 mm轨距之分,适用矿车容积也分为3 t和5 t。

底卸式矿车卸载站与底侧卸式矿车卸载站的工作原理基本相同:矿车驶入卸载站后,车体依靠两侧的支撑板被支承在卸载站的托轮装置上,列车在惯性力作用下滑行。(电机车通过卸载站后即可恢复牵引。)此时车轮失去原有作用,位于矿车底部的底门因失去支撑而被煤炭压开,底门绕着铰链轴摆动,煤炭依靠自重卸入下面的煤仓。

23.3.2 底卸式矿车卸载站

如前所述,底卸式矿车卸载站(图23-11),是由底卸式矿车和卸载站配套而成。卸载站主要包括卸载曲轨、支撑车厢的托轮和托轨。底卸式矿车有普通型和搭接型(图23-12)。矿车结构主要包括车架、车轮、车厢、在车厢前端铰接的车底门以及与车底门连接的卸载轮。

底卸式矿车通过卸载站的方向是一定的,不可逆行。煤流下卸时对列车产生一定的推力,有助于列车在卸载站上的滑行。

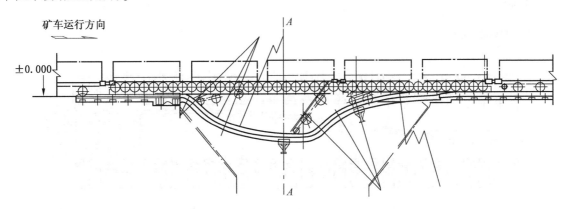

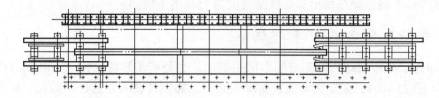

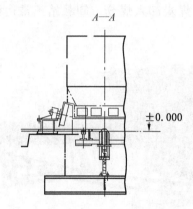

图 23-11　底卸式矿车卸载站结构示意图

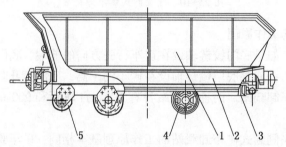

1—车厢；2—车架；3—底门；4—车轮；5—卸载轮

图 23-12　搭接型底卸式矿车

23.3.3　底侧卸式矿车卸载站

底侧卸式矿车卸载站，也是由底侧卸式矿车和卸载站配套而成（图 23-13）。卸载站主要包括与

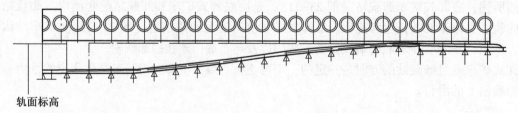

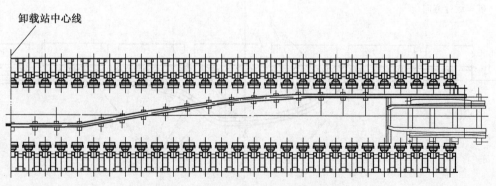

图 23-13　底侧卸式矿车卸载站结构示意图

卸载轮接触配合的卸载曲轨、支撑车厢的托轮和托轨。底侧卸式矿车主要包括车厢、与车厢一侧铰接的车底架、与车底架连接的车轮和卸载轮。车厢沿长向两侧面的中部收腰内凹，内凹部位的上翼板与下翼板之间有可以容纳托轮的间隙，托轮与托轨固定连接，托轨上还连接有限位轮，限位轮位于两侧托轮的外侧，限位轮外缘与车厢两侧面相对应。

底侧卸式矿车卸载站可以往返卸载，但侧卸方向必须一定。由于车厢横向定位更加准确，矿车运行稳定性好。

23.3.4　卸载站工作能力

卸载站的工作性质是在列车通过时不停歇连续自动卸载，不需要人员操作和设备运转，所以底卸式矿车卸载站与底侧卸式矿车卸载站工作能力就是矿车的通过能力，只受外界因素限制，如煤仓容积、采区距离、井下矿车数量、车场调车能力及其他环节的倒班间歇时间等。

24 矿井运载设备

矿山传统辅助运输设备中的运载设备，大多是底板轨道车辆。其作业任务是，经机车牵引或钢丝绳牵引，在窄轨线路上进行矸石、材料及人员的运输。

24.1 轨道

24.1.1 窄轨铁道线路的分类

图 24-1 标准窄轨

矿井用轨道的主要种类有：底板轨道的标准窄轨、槽钢轨、异型轨和顶板轨道的吊装轨。其中标准窄轨是传统运载设备的主要使用对象，本节只介绍标准窄轨（图 24-1）。

窄轨铁道分为主要运输轨道线路和一般运输轨道线路。主要运输轨道线路包括井底车场、主要运输大巷、主要运输石门、井下主要斜井绞车道、采区石门、采区上下山、采区岩石集中轨道巷、地面运煤、运矸干线和集中装载站车场的轨道。一般运输轨道线路包括采区轨道线路、联络巷、工作面顺槽、掘进工作面及其他采用轨道运输的线路。

1. 轨距的分类

我国矿井窄轨铁路使用的标准轨距分为 600 mm、762 mm 和 900 mm 3 种。轨道线路的主要参数有：轨距、轨型、坡度、曲线半径等。轨距是两条钢轨的轨头内缘的间距，是轨道、机车和矿车的重要规格参数，如图 24-2 所示。为使车轮在运行中既不被卡住又不过度摇晃，轨道与车轮的轮缘之间应保持一定间隙（游间）。游间不是定值，是轨距和轮距公差的上、下偏差形成的一个尺寸范围。

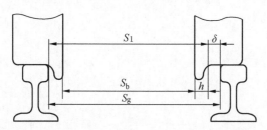

S_g—轨距；S_b—轮背距；S_1—轮距；δ—游间；h—轮缘厚
图 24-2 轨距与轮距

2. 钢轨型号的分类

矿用钢轨属轻轨系列，钢轨的型号用每米长度的质量（kg/m）表示，有 11、15、18、24 和 38 等几种型号。

24.1.2 标准窄轨的结构

标准窄轨的结构如图 24-3 所示。

窄轨铁道线路包括钢轨、轨枕、道岔、连接零件及道床等。

钢轨的作用主要是承受和传递来自列车的各种荷载，并为列车行进给予导向。

轨枕用于固定两根轨条，并使其保持一定的距离。钢轨将压力直接传给轨枕，并经轨枕较均匀地传给道床；轨枕还能保持轨道的稳定性，防止轨道的纵向和横向移动。轨枕有木质和钢筋混凝土两

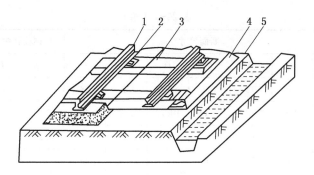

1—钢轨；2—道钉（或螺栓）；3—轨枕；4—道床；5—底板

图 24-3 标准窄轨的结构示意图

种，煤矿现多用预应力钢筋混凝土轨枕，以节约木材。

道岔是轨道线路的分支装置。道岔由基本轨、尖轨、辙叉、护轮轨、转辙轨、转辙机构及一些零件组成。扳动道岔的转辙机构有手动扳道器、弹簧转辙器和电动转辙机。在特定的运行条件下可使用弹簧转辙器。用电动转辙机对道岔可进行远距离操作和监视。

连接零件包括钢轨之间的连接及钢轨与轨枕之间的连接两部分。钢轨之间的连接有鱼尾板连接及焊接两种。鱼尾板连接是用鱼尾板和鱼尾螺栓、弹簧垫圈将两个轨头连在一起，鱼尾板和鱼尾螺栓有标准规格，需按钢轨型号配套选用，以保证钢轨轨头的强度。钢轨与轨枕之间的连接用道钉或螺栓。

道床即道砟层，其作用是固定线路，并将轨枕的载荷均匀地传到底板上。道床有石砟道床、整体道床两种。整体道床是用混凝土浇灌成一个整体的结构，其优点是行车稳定，线路维修工作量小，施工精度高，但有底鼓的巷道不能使用。

24.1.3 钢轨的参数及选择

煤矿窄轨铁道使用的钢轨标准断面及主要尺寸如图 24-4 所示。

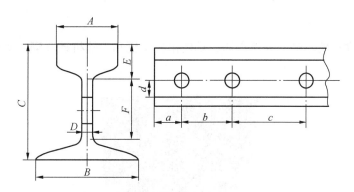

图 24-4 钢轨标准断面及主要尺寸示意图

煤矿窄轨铁道常用钢轨类型及主要尺寸见表 24-1。

表 24-1 煤矿窄轨铁道常用钢轨类型及主要尺寸

钢轨型号/ (kg·m⁻¹)	标准长度/m	质量/ (kg·m⁻¹)	断面尺寸/mm						螺栓孔中心距/mm			螺栓孔径/mm	d/mm
			A	B	C	D	E	F	a	b	c		
43	12.5	44.653	70	114	140	14.5	42	71	56	110	160	29	62.5
38	12.5	38.738	68	114	134	13	39	71	56	110	160	29	59.5
33	12.5	33.286	60	110	120	12.5	35	64	66	160	—	29	53
(30)	7~10	30.10	60.33	107.95	107.95	12.30	30.95	57.55	63.50	127	—	24	48.22

表 24-1（续）

钢轨型号/ (kg·m⁻¹)	标准长度/m	质量/ (kg·m⁻¹)	断面尺寸/mm						螺栓孔中心距/mm			螺栓孔径/mm	d/mm
			A	B	C	D	E	F	a	b	c		
24	7~12	24.523	51	92	107	10.9	32	58	60	100	—	22	46
(22)	7~10	22.30	50.80	93.66	93.66	10.72	26.99	50	63.50	127	—	24	41.067
18	7~12	18.11	40	80	90	10	32	40	46.5	100	—	19	39
15	6~12	14.758	37	76	91	7	28.75	46	47	100	—	19	39
(15)	6~19	15.20	42.86	79.37	79.37	8.33	22.22	43.65	50.8	101.60	—	20	35.325
11	6~10	11.233	32	80.5	80.5	7	23	45	44	100	—	16	35

矿用钢轨的工作环境对其磨损和腐蚀非常严重，轨型的选择应根据矿井规模、运输车辆的最大载重量、最大车速和使用地点来确定（表24-2）。

表24-2 轨型选择参考表

使用地点	运输设备及载重量	钢轨规格/(kg·m⁻¹)
井底车场	7 t 及以上机车，1.5 t 及 3 t 矿车，运送液压支架	38
平硐大巷		30
斜井（巷）	3 t 及以上矿车，运送液压支架	30
采区巷道	运送液压支架设备车	22
	1 t，1.5 t 矿车	18，22

24.2 矿车

矿用车辆包括标准窄轨车辆、卡轨车辆、单轨吊挂车辆和无轨机动车辆。矿车，就是所说的标准窄轨车辆（图24-5）。

图 24-5 固定车厢式矿车

24.2.1 矿车的类型

煤矿使用的矿车类型很多，按结构和用途分以下几种：

（1）固定车厢式矿车如图24-6a所示，这种车需用翻车机卸车。

（2）翻转车厢式矿车如图24-6b所示，车厢能侧向倾翻卸车。

（3）底卸式矿车如图24-6c所示，车底开启卸车，在专设的卸载站，整列车在运行中逐个开启自卸。

（4）材料车如图24-7a所示，专为装运长材料用。

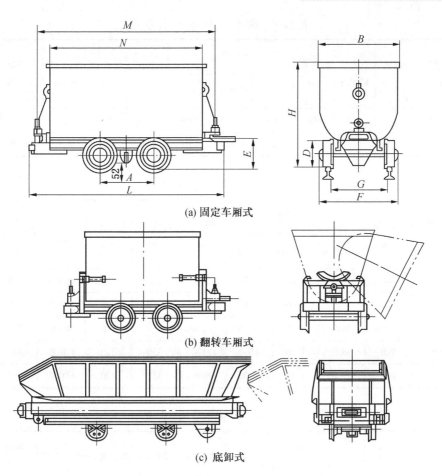

(a) 固定车厢式

(b) 翻转车厢式

(c) 底卸式

图 24-6　厢式矿车

（5）平板车如图 24-7b 所示，主要用于装运大件设备。

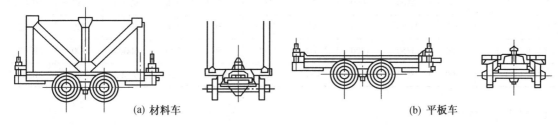

(a) 材料车　　　　　　　　　　　　　　(b) 平板车

图 24-7　材料车和平板车

24.2.2　矿车的基本参数

固定车厢式矿车基本参数见表 24-3，底卸式矿车基本参数见表 24-4，材料车基本参数见表 24-5，平板车基本参数见表 24-6。

表 24-3　固定车厢式矿车基本参数

型号	容积/ m³	装载量/ t	最大装载量/t	轨距 G/ mm	外形尺寸			轴距 C/ mm	轮径 D/ mm	牵引高 h/ mm	允许牵引力/N	质量/ kg
					长 L/mm	宽 B/mm	高 H/mm					
MGC1.1-6	1.1	1	1.8	600	2000	880	1150	550	300	320	60000	610
MGC1.7-6	1.7	1.5	2.7	600	2400	1050	1200	750	300	320	60000	720
MGC1.7-9	1.7	1.5	2.7	900	2400	1150	1150	750	350	320	60000	970
MGC3.3-9	3.3	3	5.3	900	3450	1320	1300	1100	350	320	60000	1320

表24-4 底卸式矿车基本参数

型号	容积/m³	装载量/t	最大装载量/t	轨距 G/mm	外形尺寸			轴距 C/mm	轮径 D/mm	牵引高 h/mm	允许牵引力/N	卸载角(不小于)/(°)	质量(不大于)/kg
					长 L/mm	宽 B/mm	高 H/mm						
MDC3.3-6	3.2	3	5.3	600	3450	1200	1400	1100	350	320	60000	50	1700
MDC5.5-9	5.5	5	8	900	4200	1520	1550	1350	400	430	60000	50	3000

表24-5 材料车基本参数

型号	装载量/t	轨距 G/mm	外形尺寸			轴距 C/mm	轮径 D/mm	牵引高 h/mm	允许牵引力/N	质量(不大于)/kg	配用矿车型号
			长 L/mm	宽 B/mm	高 H/mm						
MLC2-6	2	600	2000	880	1150	550	300	320	60000	520	MGC1.1-6
MLC3-6	3	600	2400	1050	1200	750	300	320	60000	570	MGC1.7-6
MLC5-6	5	600	3450	1200	1200	1100	350	320	60000	920	MGC3.3-6
MLC5(3)-9	5	900	3450	1320	1300	1100	350	320	60000	940	MGC3.3-9
MLC5-9	5	900	2100	1150	1300	600	350	320	60000	790	MGC1.7-9

表24-6 平板车基本参数

型号	装载量/t	轨距 G/mm	外形尺寸			轴距 C/mm	轮径 D/mm	牵引高 h/mm	允许牵引力/N	质量(不大于)/kg	配用矿车型号
			长 L/mm	宽 B/mm	高 H/mm						
MPC2-6	2	600	2000	880	410	550	300	320	60000	490	MGC1.1-6
MPC3-6	3	600	2400	1050	415	750	300	320	60000	530	MGC1.7-6
MPC5-6	5	600	3450	1200	480	1100	350	320	60000	900	MGC3.3-6
MPC5(3)-9	5	900	3450	1320	480	1100	350	320	60000	900	MGC3.3-9
MPC5-9	5	900	2100	1150	480	600	350	320	60000	780	MGC1.7-9

24.2.3 矿车的结构

矿车的基本部件是车厢、车架、轮对、连接器。

1. 车厢

车厢的作用是装载物料。固定车厢式矿车的车厢多采用半圆形车底，不仅加工方便，还有利于机械化清理车底的黏附物。采用低合金钢板制造车厢，耐磨和耐腐蚀性好。钢板厚度主要是考虑耐腐蚀的要求。为增加厢体的刚度，常在钢板上压出凸棱，并在厢口加焊角钢。

底卸式矿车的车厢底板是可开启的平板，车厢下部的两侧有翼板，供卸载时支承运行。

2. 车架

车架包括车梁、缓冲器和轴卡。

车梁是矿车的主要承载部件，一般用专用型钢制造。车梁除了承受车厢重力和牵引力外，在运行中还要承受很大的冲击、振动等附加载荷。

缓冲器是直接承受牵引和冲击的部件，装在车架的两端。一般采用螺旋弹簧或橡胶弹簧吸收冲击。

轴卡的作用是连接车架与轮对，多采用插销式。这种轴卡结构简单，拆装方便，运行可靠。轮对在轴卡内安装后，应该在轴向和径向都有一定的间隙，允许轮对在运行中做轴向窜动，以减少线路不直对矿车的影响。

3. 轮对

轮对是矿车的行走部分，按结构不同，有开式和闭式两种。

开式轮对的车轮有端盖，便于拆装和调整轴承间隙，但是端盖增加了轴承进水的机会并易丢失。

闭式轮对的车轮无端盖，检修拆装轴承时，两轴承通过同一内孔，容易造成内孔加大而失效。

4. 连接器

牵引链型连接器，由牵引链、插销和插销座组成。牵引链有单环、三环和万能链 3 种。万能链用于不摘钩翻车机卸载。插销座与缓冲器铸成一体。

24.2.4 矿车的选择与计算

1. 选择原则

（1）矿车配备数量，应按照矿井设计日产量以保证井上、下生产需要及运输系统正常运转，经计算后确定。

（2）平板车数量应根据采煤机械化程度确定。综合机械化采煤的矿井，每一个综采工作面配备放置设备的平板车宜为 40 辆；工作面搬迁时全矿可配备运送平板车宜为 150 辆；应另外配备运送其他设备的平板车 30 辆；平板车备用量应为使用量的 10%。

（3）各类材料车数量应根据运距和运量计算，其备用量应为使用量的 10%。

2. 矿车数量的计算确定

全矿井所需矿车数，与矿井的产量、矿车载重量、开拓系统、运输方式、运输距离以及行车组织等因素有关。计算全矿井所需的矿车数可按经验近似计算，也可用较精确的计算方法。

经验近似计算的方法是按矿井设计日产量的 40% 确定所占用的矿车数，外加矿车数的 10% 作为修正车数。材料车按矿车总数的 10% 计算，平板车按矿车总数的 30% 计算。

按矿车周转率计算，采用下式计算所需矿车数：

$$Z' = \frac{Q}{Gn} \tag{24-1}$$

式中 Q——矿车在一班内煤及矸石的运输量，t;

n——每班矿车的周转率，矿车周转率应通过实测得到，一般最大为 4;（矿车周转率就是矿车在一定的时间内，整个运输线路上能运行的循环次数。）

G——矿车载重量，t。

考虑到修理所占用的矿车及备用矿车，计算所需矿车总数应乘以系数 K_1 和 K_2，因此矿井所需矿车总数为：

$$Z = Z'K_1K_2 \tag{24-2}$$

式中 K_1、K_2——系数，一般取 1.1，材料车和平板车另计;

Z'——按矿车周转率计算的矿车数。

用排列法计算矿车数是按矿车实际的分布和运行情况经统计得出的。具体做法是在全矿轨道平面图上，按生产实际需要注明各段的矿车分布情况，包括停放、待装和正在运行的全部矿车（表 24-7）。

表 24-7 矿车分布数量表

用车地点	车　数	用车地点	车　数
主井井底车场	1.5~2 列	每一采区下部运矸石、材料车场	0.5 列
副井井底车场	0.5~1.5 列	每一运输大巷掘进组	0.5~1.0 列

表24-7（续）

用车地点	车数	用车地点	车数
清理井底	3~5辆	每一采区顺槽掘进组	5~10辆（用输送机时不计）
井筒运行	根据罐笼或串车的矿车数量确定	地面矸石系统	0.5~1.0列
每台工作机车	1.0列	副井井口车场	0.5~1.0列
每一采区下部装车站	0.5~1.0列	其他	0.5~1.0列

把在全矿各处占用的矿车数加在一起，再乘上修理和备用的系数便可得到，即：

$$Z = \sum_{i=1}^{n} Z_i K_1 K_2 \tag{24-3}$$

式中　Z_i——某个地点占用的矿车数；

　　　n——全矿占用矿车地点的数目。

24.3　人车

矿井人车是在矿井的斜井或平巷运送人员的、有座位的专用乘人车。根据使用场合，人车分为斜井人车（图24-8a）和平巷人车（图24-8b）两种。两种人车的主要区别在于：为保证运送人员的安全，斜井人车装有防坠器，它是钢丝绳破断或绞车发生故障时防止跑车的安全保护装置。

(a) 斜井人车　　　　　　　　　　　　(b) 平巷人车

图24-8　人车

斜井人车根据停车装置的类型，又分为插爪式斜井人车和抱轨式斜井人车。本节以插爪式斜井人车为例做主要讲解，其他类型的人车只做简单介绍。

24.3.1　插爪式斜井人车结构

插爪式斜井人车（XRC型）主要由车体、转向器、制动器、联动机构、缓冲木、支撑与限位装置以及与邻车之间的连接部分等组成（图24-9）。

1. 车体

车体由车架、车棚等组成，内设五排座位，两侧设有扶手，每排可乘坐2~4人，人数因型号规格不同而不同。人车进入斜井后，座位处于水平或稍后倾斜位置。

为使救护担架能够放入车内，靠背应设计成可以抽出。人车用于双轨道斜井时，会车一侧须装设保护网，以保证会车安全。

2. 转向器

转向器体由转架体、枕座、芯盘、轮轴组、旁边枕座及调整垫组成（图24-10）。车体与转向器通过球面芯盘连接。

转向器可以在线路的水平面和垂直面上做10°回转，从而保证人车单车顺利通过水平面和垂直面上12 m半径的曲线轨道。转架体上焊有两个旁边枕座，在与旁边枕座相对的位置，车体上装有调整垫，调整前后轮轴的间隙，前轮轴每侧4 mm，后轮轴每侧1 mm，以保证人车在歪斜路线上行驶时的平稳性。人车在出厂前已经将间隙调整好。

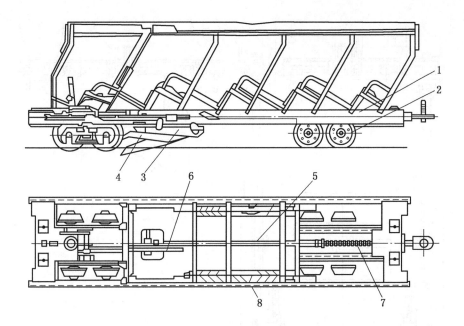

1—车体；2—转向器；3—防坠器滑架；4—制动插爪；5—联动机构（主拉杆）；
6—联动机构（手动拉杆）；7—弹簧；8—制动缓冲木

图 24-9 插爪式斜井人车结构示意图

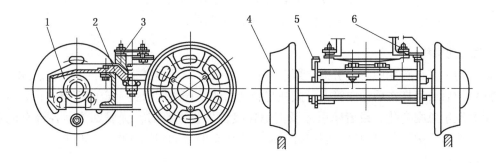

1—转架体；2—枕座；3—芯盘；4—轮轴组；5—旁边枕座；6—调整垫

图 24-10 斜井人车转向器

3. 制动器

制动器悬挂在车架的纵向槽钢上，可以沿槽钢做纵向滑动，在刹车轴上固定有挡器、扭杆和扭簧曲柄，并装有扭簧，在扭簧的扭矩作用下，挡器与焊在插爪上的挂铁紧密嵌合，卡住挂铁使插爪处于抬起位置。此时，插爪距轨面约 70 mm（图 24-11）。

当斜井人车在运行中断绳时，牵引拉杆撞铁或手动拉杆撞铁拨动扭杆，刹车轴转动，挡器与挂铁脱开，两插爪在自重的作用下同时下落，插爪插入枕木或泥土中，此时制动器将沿车体纵向槽钢做相对滑劫，切割爪切入缓冲木中，吸收了车体的动能，使人车减速，经过一段缓冲距离后平稳停车。

制动器复位时，可先将人车沿坡道向上拉动，使制动器相对车体下滑到初始位置，抬起插爪，换上新缓冲木即可。

4. 联动机构

联动机构是人车制动器的操纵机构，是保证人车安全运行的关键部位，它包括自动联动机构、手动联动机构和限位器（图 24-9 中的序号 5、6）。

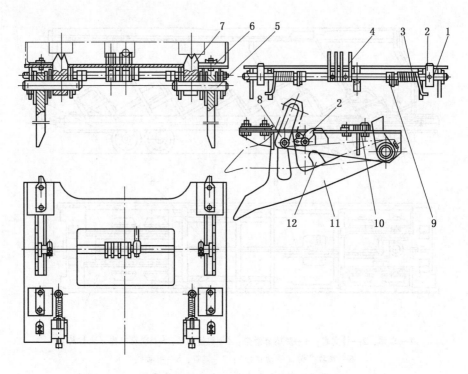

1—刹车轴；2—挡器；3—扭簧；4—扭杆；5—轴；6—压板；7—切割爪；
8—限位轴；9—扭簧曲柄；10—拉杆；11—插爪；12—挂铁

图 24-11　斜井人车制动器

1）自动联动机构

组列运行的人车在斜井中由牵引钢丝绳牵引时，各台车的后连杆带动各自的拉杆。此时，弹簧被压缩，后连杆的后台肩靠在后导向箱上，撞铁与制动器的扭杆之间保持一定的距离。

当牵引力发生急剧变化，或者牵引绳及其他连接件发生断裂时，弹簧回弹，各台车的主拉杆联动，使各台车的撞铁拨动各自的制动器扭杆，从而每台车的制动器都动作，实现制动。

2）手动联动机构

手动联动机构也就是人车制动器的手动操纵机构。头车设置两个手动扳把（前手动扳把、后手动扳把），尾车只设置前手动扳把。

人车下行，前方出现障碍，自动联动机构失灵或者绞车制动失灵时，扳动前手动扳把，各台车的手动拉杆联动前移，使各台车的撞铁拨动各种的制动器扭杆，从而每台车的制动器都动作，实现制动。

人车上行，自动联动机构失灵或者绞车制动失灵时，扳动后手动扳把，各台车的手动拉杆联动前移，从而实现制动。

3）限位器

组列人车进入小于6°斜井或平巷时，牵引力变小，容易发生误落闸。为防止此类事件发生，斜井人车配置了限位器。限位器有闭锁和开动两种状态。

（1）闭锁状态。列车进入平巷前会压下一个栓杆，由于坡度缓，牵引力减小，连杆在主弹簧的作用下，逐渐回移，最后将卡瓦夹紧，不再移动，此时拉链由紧变松，销杆的头部钻入栓杆的限位槽内，达到自锁目的，以防止制动器误动作。

（2）开动状态。当列车进入大于6°以上斜井时，牵引力逐渐增加，使连杆移动，销杆头部脱出栓杆的限位槽。栓杆在弹簧的作用下，带动卡瓦向上抬起，不再限制连杆向后移，进入正常安全保护状态。

5. 缓冲木

缓冲木是用一定长度的松木制成的，有效缓冲行程一般为 1400 mm。当人车行驶速度和缓冲木的有效缓冲行程确定后，制动器切割爪的切入深度与人车重量、乘坐人数、斜井倾角以及缓冲木材质有关。

缓冲木的质量直接影响人车制动性能。因此，在缓冲木切入面 40 mm 深度内，不准有树节子或其他杂物。每次制动后，都应更换新缓冲木。

6. 连接部分

连接部分主要用于车与车之间的连接。该装置既能传递轴向力，保证联动，又能使组列人车灵活无阻地通过水平和垂直弯道（弯道半径 12 m）。为确保安全，在车体之间另装有两挂保护链。

7. 支撑与限位装置

它的作用是在成列人车联动落闸时，起支撑和限位作用，防止两车互相靠拢或分离而造成制动失灵，因它能上下、左右回转，因此改善了成列人车通过水平和垂直弯道的能力。

24.3.2 抱轨式斜井人车和平巷人车

抱轨式斜井人车上有两对抱爪。正常运行时两对抱爪分别在两条钢轨的上方；断绳时，弹簧—拉杆式开动机构将抱爪的锁挡机构打开，在弹簧和抱爪自重作用下，抱爪转向钢轨，从两侧抱紧钢轨的轨头，且逐步增加抱紧力，将人车制动在钢轨上。

抱爪装置装在制动架上。为缓和制动时的冲击，制动架与车底架之间能够相对滑动。制动架的缓冲装置是利用带有抽出阻力的钢丝绳来消耗能量的原理制成的。钢丝绳抽出的阻力可根据需要调整。

抱轨式斜井人车一般由两节头车和若干辆挂车组成一列，头车 S_1 和 S_2（图 24-12）上有抱轨式制动装置、开动机构、缓冲装置等构成的防坠装置，挂车（尾车）W_1 和 W_2 上无防坠装置。使用中应根据斜井倾角和提升能力，按设计要求组列。

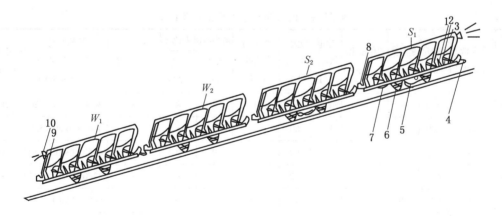

1—手动操纵装置（一）；2—闭锁装置；3—车体；4—立拉杆；5—制动装置；6—轮对；
7—缓冲装置；8—连接链及碰头；9—手动操纵装置（二）；10—照明灯
图 24-12 抱轨式斜井人车结构示意图

抱轨式斜井人车适用于 10°~40° 无瓦斯和无煤尘爆炸危险的斜井中。这种制动方式平稳并容易恢复，列车最大行车速度为 4 m/s。

平巷人车是在井下平巷运送人员、带有座位的专用乘人车。

与其他矿车相比较，平巷人车有篷有座，设有安全装置；与斜井人车相比较，因为是在水平巷道中行驶，平巷人车没有（不需要）防坠装置，且座位呈水平安放。

24.3.3 人车主要参数

XRC 型斜井人车主要参数见表 24-8。

表 24-8 XRC 型斜井人车主要参数表

型 号		XRC10-6/6	XRC15-6/6	XRC15-7/6	XRC15-9/6	XRC20-9/6
最大牵引力/kN		58.86				
最大行驶速度/(m·s⁻¹)		4				
巷道倾斜角度		6°~30°				
组列后能通过的最小弯道半径	垂直方向/m	12				
	水平方向/m	12				
转向架在垂直或水平方向回转角度		10°				
转向架中心距/m		3.2				
轨距/mm		600	600	762	900	900
载人数/人		10	15	15	15	20
自重	头车/kg	1664	1720	1746	1902	1953
	尾车/kg	1754	1810	1827	1991	2021
外形尺寸	长 A/mm	4970	4970	4970	4970	4970
	宽 B/mm	1024	1200	1200	1334	1540
	高 H/mm	1474	1474	1474	1474	1474
组列运行时车体之间的连接尺寸 a/mm		700				
容许组列台数 N/台	20°以上斜体	4	4	4	3	3
	20°以下斜体	4	4	4	4	4
组列后列车总长度		$L = NA + (N-1)a$				

PRC 型平巷人车主要参数见表 24-9。

表 24-9 PRC 型平巷人车主要参数表

型号	乘人数/(人·节⁻¹)	轨距/mm	轴距/mm	适用轨型/(kg·m⁻¹)	巷道坡度/(°)	最大牵引力/kN	最大行车速度/(m·s⁻¹)	最小弯道半径/m 水平方向	最小弯道半径/m 垂直方向	适用道床	外形尺寸(长×宽×高)/(mm×mm×mm)	牵引高度/mm	质量/kg
PRC8-6/6	8	600	—	—	1.5	60	3	8	8	—	3460×1024×1520	320	1300
PRC12-6/6	12	600	—	—	1.5	60	3	8	8	—	4460×1024×1520	320	1460
PRC18-9/6	18	900	—	—	1.5	60	3	9	9	—	4460×1300×1520	320	1690
PR12-6/3	12	600	1500	—	—	30	3	8	—	—	4280×1030×1575	—	1480
PR18-9/4	18	900	2500	—	—	40	3.5	8	—	—	4460×1320×1520	—	1750
PRC-12	12	600	1500	22~30	1.5	30	3	8	8	木枕、混凝土枕、固定道床	4280×1020×1525	—	1448
PRC-18	18	762 900	1500	22~30	1.5	30	3	8	8	木枕、混凝土枕、固定道床	4280×1300×1525	—	1492
PR8-6	8	600	—	—	1.5	60	3	8		—	2884×954×1615	—	—
PR6-6	6	600	—	—	1.5	60	3	8		—	2500×954×1650	—	—
PR4-6	4	600	—	—	15	60	3	8		—	1900×950×1566	—	—

24.3.4 人车的选择及数量确定

人车型号的选择，要根据提升机和电机车的牵引能力、提升机的作业时间平衡表、电机车与人车的配合要求等因素来决定。

一列人车的最多挂车数，要根据头车或挂车的连接装置的静拉力、人车自重、乘车人数、巷道倾角的大小来决定。

平巷采用人车运送人员时，人车数量按在40~60 min 时间内、运完最大班人数计算，另加10%备用量。

严禁使用人车之外的任何种类矿车运送人员。

25 无极绳连续牵引车

无极绳连续牵引车的开发研制单位是常州科研试制中心有限公司。该公司根据国内煤矿辅助运输现状，研制出了这种新型的井下轨道运输设备，该设备目前已在国内大规模推广应用，并被煤炭工业协会推荐为"煤矿小绞车替代工程"首选产品。

无极绳连续牵引车是以钢丝绳牵引的煤矿辅助运输系统，主要用于煤矿井下工作面顺槽、采区上下山、回风巷及集中轨道巷，直接利用井下现有轨道系统，实现不经转载的连续直达运输。

无极绳连续牵引车适用于长距离、多变坡、大倾角的大吨位运输。适用于工作面顺槽、集中轨道巷和采区的辅助运输，特别适用于大型综采设备的运输，也可用于进出罐笼、地面调车等轨道运输。

无极绳连续牵引车是一种可调配不同配置的成套设备产品，系统配置有牵引绞车、张紧装置、梭车、尾轮、压绳轮组及托绳轮组等（图25-1），通过钢丝绳组合成一套完整的运输系统，在不同工况条件下，系统可通过不同配置来满足工况要求。

(a) 牵引绞车　　　　　(b) 张紧装置　　　　　(c) 梭车

(d) 轮组　　　　　(e) 尾轮

图25-1 无极绳连续牵引车主要配套部件

25.1 无极绳连续牵引车结构

无极绳连续牵引车按牵引绞车驱动方式分为抛物线单滚筒和绳槽式双滚筒两种型式；牵引绞车变速方式又分为单速、机械换挡双速、变频调速和开关磁阻电机调速四种。

系统主要由无极绳牵引绞车、张紧装置、梭车、压绳轮组、托绳轮组、尾轮、操控装置等部分组成，各主要配套部件通过钢丝绳组成完整的运输系统。

操控装置可配置开关、三联按钮或电气控制等。

无极绳连续牵引车可实现连续双向重载运输。

无极绳连续牵引车布置如图25-2所示。

25.1.1 牵引绞车

牵引绞车由底座、防爆电机、联轴器、电液制动闸、手动闸、减速箱（变速箱）、驱动滚筒及防护罩等组成，是整个系统的动力源，采用摩擦方式带动无极钢丝绳驱动系统运转。

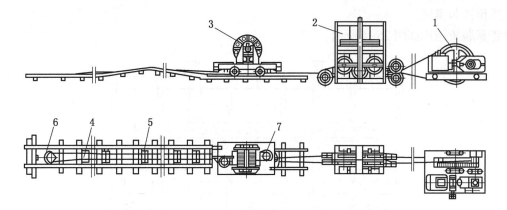

1—牵引绞车；2—张紧装置；3—梭车；4—压绳轮组；5—托绳轮组；6—尾轮；7—楔块

图 25-2 无极绳连续牵引车布置示意图

滚筒结构有两种形式：一种是抛物线单滚筒，另一种是绳槽式双滚筒。

牵引绞车结构如图 25-3 所示。

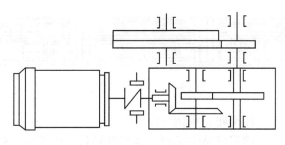

图 25-3 牵引绞车结构示意图

两种滚筒结构各有不同的特点。

1. 抛物线单滚筒

抛物线单滚筒驱动时钢丝绳在滚筒上缠绕 3~3.5 圈，主要优点如下。

（1）钢丝绳围包角大，对驱动绳衬的摩擦因数要求较低，可选用摩擦因数较小的材料作绳衬。

（2）可双向出绳，能够实现两个方向牵引，在实际安装布置时与运输线路道岔方向无关，安装布置灵活方便。

（3）结构简单，成本较低。

主要缺点为：钢丝绳在滚筒上绳与绳互相接触摩擦，钢丝绳与绳衬之间滑动摩擦，钢丝绳磨损相对较重，寿命较低。

2. 绳槽式双滚筒

绳槽式双滚筒驱动也称为对轮驱动，包括一个驱动滚筒和一个从动滚筒。钢丝绳一般在驱动滚筒上缠绕 3 或 4 个半圈，在从动滚筒上缠绕 2 或 3 个半圈，以此形成螺旋缠绕。主要优缺点和抛物线单滚筒驱动方式正好相反。

牵引绞车在设计时的参数限制：考虑到设备运行的安全稳定性，在设计时绞车最大速度一般不超过 2.5 m/s，整体运输液压支架时速度一般在 1.0 m/s，运距按 1000~3000 m 设计，最大爬坡能力根据牵引力及最大运输质量反求，一般不超过 12°。

25.1.2 张紧装置

由于无极绳连续牵引车运输距离大，钢丝绳变化积累量较大，要求张紧装置要保证钢丝绳恒定的牵引力，必须具有较大的吸收和张紧钢丝绳的能力。

张紧装置可以有多种张紧形式，出于对结构简单、反应速度快、成本低的特点考虑，一般采用三轮或五轮重锤式张紧器。

五轮张紧装置结构如图 25-4 所示。

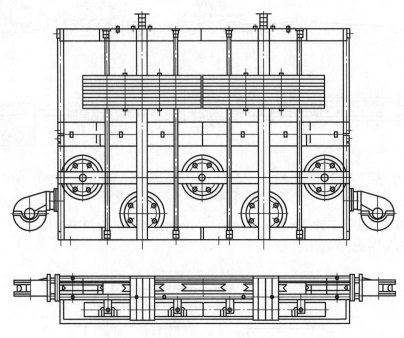

图 25-4 五轮张紧装置

五轮张紧装置主要由支架、压绳轮、重锤等组成。

无极绳牵引运输系统中钢丝绳张紧至关重要，从图示结构可以看出，张紧装置可以保证钢丝绳在滚筒绳衬上有较稳定的正压力，促使牵引绞车正常牵引，而钢丝绳不至于在滚筒上打滑。另外，在起伏变化巷道运行的钢丝绳的紧边和松边的弛度是经常变化的，张紧装置可以满足系统必须及时相应进行调整的要求，保证随时对松边钢丝绳施加一定的初张力、同时消化处理起伏坡度变化处引起的钢丝绳长度变化，以及因钢丝绳弹性变形而产生的伸长量。

25.1.3 压绳、分绳装置

无极绳连续牵引车需要在上下起伏的巷道里工作，牵引钢丝绳会因为张紧力的作用出现向上飘绳与拉棚的现象，直接影响到系统运行效果甚至巷道支护的安全。

为防止钢丝绳出现拉棚现象，并有效防止车辆掉道，必须采用可靠的压绳措施。在轨道竖曲率凹弧段，采用强制性压绳装置，并以此防止两钢丝绳由于轨道不直而相互交叉。

压绳轮分主压绳轮组和副压绳轮组，副压绳轮组的轮子相对固定，结构简单；而主压绳轮组的轮子靠弹簧压紧，在受到外力作用时会张开，结构相对复杂。主压绳轮组如图 25-5 所示。

利用压绳装置可对运行钢丝绳实施强制导向，实际应用方案有如下两种。

（1）两绳均实现强制导向。

这种布置方案是主绳和副绳上均安装有压绳轮组，可以使钢丝绳随轨道起伏变化运行时，始终不出现飘绳现象。

由于主绳上连接有梭车，梭车通过时主压绳轮组必须能自动打开，梭车通过后主压绳轮组必须能自动关闭，因而主压绳轮组设计为弹簧开闭式，梭车上必须安装有牵引板以便能通过主压绳轮组。副绳属于空绳，无任何件与之相连接，压绳轮组都不需要打开和关闭，因而将副压绳轮组设计为固定式。

此布置方案存在一定的缺点：梭车通过主压绳轮组时，由牵引板强制撞开，会产生一定的冲击。所以压绳轮底座与轨道的连接必须牢固，否则主压绳轮组会有一定的转动。另外由于井下条件恶劣，

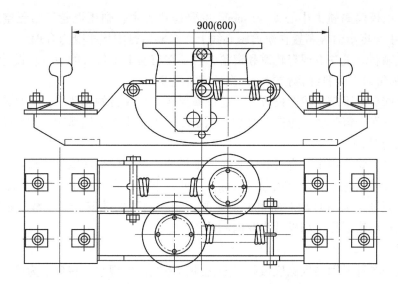

图 25-5　主压绳轮组结构示意图

长时间后压绳轮动作的可靠性会降低。在车场上，由于梭车牵引板要通过道岔，因而道岔弯轨豁口比较宽，弯轨强度较低。

这种方案在绳牵引卡轨车系统中曾得到应用。

（2）单绳（副绳）实现强制导向。

这种布置方案仅对副绳实施强制导向，而主绳则始终处于自由状态。

此种方式简化了系统配置，增加了设备运输可靠性，解决了上一种方案存在的所有问题，但仍存在一定缺陷。主要是在坡道变化较大处主绳飘得较高，严重时可拉到顶棚需加装天轮等。轨道变坡处的轨道状态也会直接影响压绳效果：如果变坡处凸弧段曲率半径过小，需要把道床重新挖底，让突出处均匀过渡，缓慢变化，以免主绳拉底。

25.1.4　梭车

梭车主要作用是连接车辆通过弯道和主压绳轮组，并且具有固定钢丝绳和储存钢丝绳的功能。

梭车主要由下列部分组成：车架、储绳筒、车轮组件、楔块、牵引板等，不同制动方式的梭车还配备有相应的制动闸。梭车结构如图 25-6 所示。

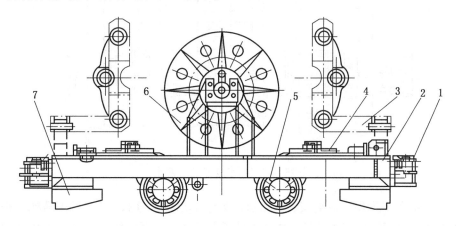

1—碰头；2—车架；3—排绳装置；4—楔块；5—轮对；6—储绳筒；7—牵引板

图 25-6　梭车结构置示意图

梭车分为 600 mm 和 900 mm 两种轨距，底部安装有牵引板，主要用于通过主压绳轮组和弯道。牵引板分为一般布置和特殊布置两种情况；特殊布置是在 600 mm 轨距单道往返运输中，为满足系统布置方式需要，牵引板偏离轨道中心线 40 mm，主要是解决主、副压绳轮组布置空间；在其他布置（一般布置）方式中均将牵引板布置在轨道中心线上，车辆运行中梭车受力合理。

为保证梭车能顺利通过井下现有轨道和道岔，且不在道岔上开较大的缺口，设计时将牵引板抬离轨面 4 mm。运距缩短时，为排绳操作方便，设计有排绳装置。

钢丝绳的两个端头都固定在梭车楔块上，通过楔形卡紧，其目的有两个：一是该结构能够保证钢丝绳受力越大，钢丝绳卡得越紧，越安全可靠；二是因运距变化需要储绳时，夹紧位置在变化，通过楔形可避免钢丝绳受损。

为保证运行安全，要求梭车具有可靠的紧急制动机构，对钢丝绳断绳进行保护。借鉴插爪式斜井人车制动装置，设计带防跑车装置，在意外情况下，插爪下落，在轨枕上实施制动；或设计断绳超速保护系统，速度达到设定值时自动对轨道两侧施闸，制动闸为失效安全型，液压松闸，碟形弹簧制动。由于梭车在起伏坡道运行，均设计为双向制动。

25.1.5 转弯装置

煤矿井下巷道因各种原因导致除底板起伏变化外，还经常出现水平转弯。为使无极绳连续牵引车能够顺利通过轨道的平曲率弧段，就必须设置可转弯装置。

转弯技术是通过梭车和弯道系统来实现的，梭车通过弯道时借助弯道轮组与轨距的偏差，通过牵引板将钢丝绳强制偏离轮组，实现车辆通过。梭车通过后，钢丝绳由于张力自行回位，完成转弯。

转弯装置结构如图 25-7 所示。

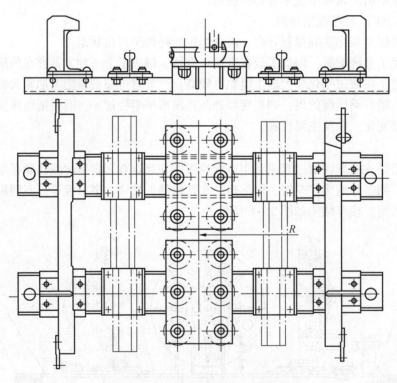

图 25-7 转弯装置结构示意图

转弯装置制成单组（为便于运输安装，弯道由各个单组相互连接），主要由轨枕、护轨、转向轮和轨道连接板组成。单组转弯装置的铁轨中心曲线弧长为 1 m，每单组转弯装置设置两根轨枕，轨枕纵向中心线就是通过其曲率中心的放射线。

护轨是为防止梭车运行到弯道处掉道。护轨由槽钢弯曲而成，为增加其强度，在每根槽钢上焊接了两块筋板。导向轮的作用是对钢丝绳进行拐弯导向，为适应窄轨运输，在很小的空间内铺设两排导向轮。对导向轮的基本要求为：结构要小，强度要高。从理论上说，导向轮的直径越小，对钢丝绳的损伤会越大，为此，必须将导向轮布置得较密，以减小轮组对钢丝绳的损伤。

如果一条运输线路出现"S"弯，则弯道必须制作成左弯和右弯两种型式，以便于梭车通过。

弯道如果铺设在坡底，必须把其两端的钢丝绳强制压住，否则运行时钢丝绳容易弹出，影响系统正常运行。另外，弯道两端如果铺设压绳轮组，则必须把压绳轮组布置在离弯道入口一个梭车的距离，以保证梭车安全地通过压绳轮组。

25.1.6 尾轮

尾轮固定在运距的终端，支承整个系统的反力，并可随运距的变化方便地移动，以满足变化运距的运输线路要求。在运输液压支架时，需浇灌水泥基础固定尾轮，其他情况可用锚杆或其他方法固定尾轮。

25.1.7 辅助电器及材料

辅助电器及材料见表25-1。

表 25-1 辅 助 电 器 及 材 料

序号	型号（参考）	名　　　称	数量	备注
1	QBZ-120/1140(660)N	矿用隔爆型真空可逆电磁启动器	1 台	75 kW 以下绞车
	QBZ-200/1140(660)N			110 kW 以上绞车
2		通信声光信号器（打点器）	1 套（含电缆线）	必须任选其一（根据需要选）
		漏泄移动通信/信号系统		
		斜井人车信号装置		
3	BZA6-10/36-3	矿用防爆型控制按钮	1 只	防爆型（三联按钮）
4		绞车房及尾轮照明灯	5~6 套	防爆型
5	6×19S+FC1670 GB/T 8918	钢丝绳（直径选择满足安全系数要求）		根据巷道具体长度确定 （2倍巷道长度加插接长度）

25.2 无极绳连续牵引车工作原理与适用条件

25.2.1 工作原理

无极绳连续牵引车的工作系统如图25-8所示。无极钢丝绳通过驱动轮摩擦传动，牵引车辆沿轨道往复运行。

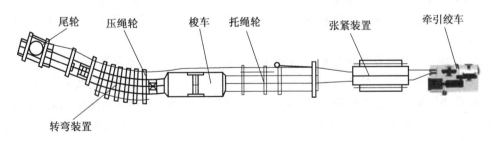

尾轮　压绳轮　梭车　托绳轮　　　　张紧装置　　　牵引绞车

转弯装置

图 25-8　无极绳连续牵引车工作系统示意图

牵引钢丝绳绕过摩擦轮后，一端固定在梭车上，钢丝绳另一端绕经张紧装置后，再绕过尾轮，固定在梭车上，钢丝绳两端固定好后，由张紧装置将钢丝绳拉紧，使钢丝绳具有一定的初张力。然后启动电动机，带动驱动滚筒运转，从而驱动牵引绞车的摩擦轮运转，使无极绳和连接在钢丝绳上的梭车做往复运动，带动车辆运行。它与一般无极绳牵引的不同之处是用梭车来固定牵引钢丝绳的两端，钢丝绳不是循环运行，而是做往复运行，运输距离可以通过梭车上的钢丝绳储绳筒来调节。

钢丝绳实现导向是根据坡道变化配置各种导向轮组来完成。巷道有弯道时需配置弯道装置。在坡道起伏变化严重的区段，为防止钢丝绳飘绳出现车辆掉道和拉棚等事故，系统设计中要考虑压绳装置；为防止车辆掉道、牵引绞车制动失灵等意外情况出现，牵引绞车设计有安全失效制动闸；为防止断绳出现溜车重大事故，梭车设计有断绳保护系统。

被牵引车辆（如平板车、材料车、矿车及人车等）直接与梭车相连接，连接方式可以是软连接，也可以是硬连接。

25.2.2 技术特点

无极绳连续牵引车是吸收了绳牵引卡轨车的先进技术，借鉴了传统无极绳绞车的实用经验，创造性开发研制的一种实用新型辅助运输装备，是对井下辅助运输系统的进一步完善和提高。

1. 无极绳连续牵引车的优点

（1）结构简单、可靠性高、工作可靠。采用机械传动方式，设置两套制动系统，可靠性高且结构紧凑；按钮控制，操作方便，极大降低了对工人的操作要求，大大减少了疲劳强度。

（2）一机多能，用途广。无极绳连续牵引车既可使用在顺槽，又可应用在采区上（下）山，还可布置在集中轨道巷，又能为掘进后配套服务。

（3）布置灵活，适应性强。系统既能布置成双轨单运输，又能布置成四轨双运输或三轨双运输；无极绳连续牵引车既可平行于轨道布置，又可横向于轨道布置；双轨单运输，可采用两根钢丝绳同在轨道内侧，也可采用主绳在轨道内侧，而副绳在轨道外侧的布置形式；牵引绞车采用双向出绳，进出绳方便且体积较小，既可利用原有硐室布置，又能靠巷道侧帮布置，可适应不同巷道工况灵活布置。

（4）可实现巷道水平转弯运输。根据巷道转弯角度配置必要的专用弯道护轨装置，达到水平曲线运输的目的。

（5）配置灵活，便捷安装。根据不同条件，选用不同方案，采用不同轮组配置方式，可适应起伏变化坡道的不同运输需求；采用灵活的固定结构，拆装便利；尾轮固定简单，适应运输距离的变化，可快捷地移动。

（6）容绳量大，运行费用低。采用张紧装置张紧钢丝绳，钢丝绳张力随牵引工况而动态变化；采用导向轮分绳，避免钢丝绳相互咬绳，减少钢丝绳磨损，延长钢丝绳使用寿命；梭车采用储绳结构，可减少有运距变化巷道的钢丝绳浪费；部件采用可靠的机械结构，故障率低，维护量小。

（7）连续运输，安全高效。安装区段内直达运输，无须转载，减少人力倒车次数，减轻了作业人员的劳动强度；大大降低了管理人员的管理难度，以及设备使用的事故率。

2. 无极绳连续牵引车的缺点

无极绳连续牵引车作为新型高效安全辅助运输设备之一，是煤矿辅助运输的一种经济的现代化解决方案，在目前我国轨道运输矿井中发挥着越来越大的作用。但就某项技术而言，同样具有局限性，存在的缺点有：

（1）固定在某一巷道实现往返运输，不能同时服务多个巷道，机动灵活性差。

（2）由于运距相对固定，梭车必须与钢丝绳连接，梭车不能在无钢丝绳线路上运行，因此，在运输线路的始端和尾端必须配备辅助设备进行调车，被牵引车辆只有进入运输线路后才能运行。

（3）系统虽然能在水平弯道上牵引运行，但只能单线运输，甩调车比较困难，尤其是运输线路两侧岔路较多时。

（4）运输线路特别长时，虽然理论上牵引力能够满足运行要求，但钢丝绳的伸长变化量较大，张紧装置不能做出及时反应，因此建议运输距离为 1500~2000 m。

（5）在长距离、大坡度、多变坡、大吨位条件同时存在的时候，系统工作能力有所下降。

25.2.3 适用条件

无极绳连续牵引车是通过铺设于底板上的轨道运行的，与巷道顶板及支护方式无关，一般适用于所有轨道运输巷道。

无极绳连续牵引车不论运距长短、运量大小，也不论采用何种调速方式，都必须有一个相互配套的完整系统。系统主要由适合的巷道、适合的轨道、适合的配套设备和辅助设施等主要部分组成。系统应具备的条件是：

（1）满足设备运行的巷道断面和坡度。

（2）满足牵引绞车及张紧装置安装布置的巷道位置。

（3）符合《煤矿安全规程》规定的轨道铺设质量。

（4）可供选择的主机和配套设备。

（5）合理的巷道布置和为运输服务的辅助设施。

具体来讲，对于轨道的要求：一般情况下，应为矿用普通轨道，质量要满足运送大型设备的要求。整体轨道要顺直，同时避免不同种类与规格的轨道同时使用，轨枕间距应为 500~600 mm。

对于巷道的要求：使用坡度一般小于 20°，最佳使用坡度为 12°以下；运输距离最大可达 3000 m，最佳运输距离为 1500~2000 m；最小水平曲率半径为 9 m，垂直曲率半径为 15 m，坡点和拐点处应平缓过渡，弯道处不得有变坡和道岔。

另外，牵引绞车安装位置的巷道（硐室）宽度一般需要 3~4 m，特殊情况下进行扩巷。对于采区上（下）山和集中轨道巷等道岔较多的巷道，为保证副绳顺利通过，在道岔处需使用木轨枕。

25.3　无极绳连续牵引车技术参数

无极绳连续牵引车运输距离一般为 1500~2000 m，最大可达 3000 m；运行速度根据运载任务，一般为：运输液压支架类重型设备 0.5~1.5 m/s，运输材料、矸石 1.5~2.0 m/s，运输人员 2.0~2.5 m/s。下面以两种典型设备为例分别做具体介绍。

25.3.1　SQ-80 型无极绳连续牵引车

SQ-80 型无极绳连续牵引车采用普通轨道运输（常用 18 kg/m、22 kg/m、24 kg/m、30 kg/m 轨）。在弯道两侧增设了专用护轨，以确保过弯道运输的安全可靠。在牵引车（梭车）上设置了插爪式防溜车装置，此装置可在钢丝绳突然断裂（特别是牵引车在坡度上时）的情况下起安全制动作用。在梭车两端设置了牵引板，钢丝绳可通过道岔。采用张紧车张紧牵引钢丝绳，张紧力恒定可调。运输距离的调节方法是把尾轮回移，临时固定即可，随工作面回采而逐步后移。多余钢丝绳回收绕在牵引车的储绳筒上。与制动人车配套使用，可实现顺槽的人员运输，在异常情况下，人车可紧急制动，从而保证人车运行的安全性和可靠性。

1. 使用范围

该产品是以钢丝绳牵引的轨道运输设备，替代传统小绞车接力、对拉运输，适合长距离（2000 m 以下）、多变坡、大倾角（15°以下）、大吨位（最大牵引质量可达 22 t）的盘区运输和采煤工作面顺槽运输，可实现工作面顺槽和采区大巷材料、人员及综采设备不经转载的直达运输，即可直接进入工作面，替代多台小绞车接力、对拉运输，减少运输环节。

2. 主要技术参数

SQ-80 型无极绳连续牵引车主要技术参数见表 25-2。

表 25-2　SQ-80 型无极绳连续牵引车主要技术参数

型号	SQ-80			
绞车功率/kW	55	75		110
滚筒直径/mm	1200			
最大牵引力/kN	50	60	80	
钢丝绳规格/mm	6×19ϕ22~24		6×19ϕ24~26	
绳速/(m·s^{-1})	1.0	1.0, 1.7	0.67, 1.12	1.0, 1.7
适用倾角/(°)	10	12	15	15

表 25-2（续）

型号	SQ-80			
轨距/mm	600, 900	600, 900	600, 900	600, 900
轨型/(kg·m⁻¹)	18, 22, 24, 30			
最大运距/m	≤1500		≤2000	
最大容绳量/m	500, 1200			
电机型号	YB280M-6	YB280S-4	YB315S-6	YB315S-4
绞车外形尺寸（长×宽×高）/mm	3000×1500×1480	3000×1715×1480	3100×1715×1480	3260×1480×1812

25.3.2 SQ-90D 型无极绳连续牵引绞车

SQ-90D 型无极绳连续牵引绞车为抛物线单滚筒驱动方式，采用开关磁阻电机。

调速（软启动、软停车、无级变速）。司机操作处配有梭车距离显示装置。电液制动闸与手动闸配合实施制动，紧急制动与停车制动时两闸同时制动。绞车外形宽度控制在 1500 mm 以下，可整体下井。

牵引绞车传动原理如图 25-9 所示。

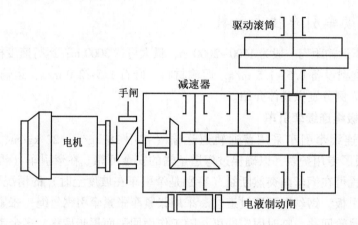

图 25-9 SQ-90D 型牵引绞车传动原理图

SQ-90D 型牵引绞车主要技术参数如下。

电机功率	132 kW
调速方式	开关磁阻电动机调速
滚筒直径	1400 mm
最大牵引力	90 kN
钢丝绳直径	24.0～26.0 mm
钢丝绳速度	0.2～2.5 m/s
适用倾角	15°
钢丝绳张力	≥98 kN
容绳量	1200 m
梭车轨距	600、900 mm
最大运距	2000 m

25.4 无极绳连续牵引车设备选型与布置

25.4.1 选型原则

（1）选用具有先进性、代表性、实用性和可靠性的无极绳运输技术。

（2）所选设备必须符合《煤矿安全规程》的相关规定。

（3）最大限度适应煤矿现有条件，简化运输环节。

（4）设备最大牵引力不小于系统需求的牵引力。

（5）在满足实际需要的前提下，优先选取工程量小和节约运行费用的规格型号。

25.4.2 选型计算

无极绳连续牵引车属于绳牵引轨道运输系统，采用摩擦绞车牵引实现往返式运输，由钢丝绳与滚筒之间产生摩擦力而形成牵引力，工作原理类似无极绳绞车和绳牵引卡轨车。选型计算基本内容包括：运行阻力计算、钢丝绳张力计算、绞车牵引力及功率计算、尾部拉紧力和张紧装置最小张紧力计算、钢丝绳的选择及其强度验算。

1. 选型计算应掌握的工况条件

（1）使用的巷道地点是否在顺槽，单轨还是双轨运输。

（2）解决的运输问题，例如运送设备、材料和人员等。

（3）运行巷道的运输距离、最大坡度，是否有弯道。

（4）运行巷道是否有分支。

（5）运送的单件最大质量。

2. 运行阻力计算

系统运行阻力主要包括列车运行阻力和钢丝绳沿线路运行时所受的各项阻力。系统运行最不利的情况是：一根钢丝绳牵引重载，另一根钢丝绳空绳运行。以此条件为设计计算工况，根据实际工况条件及运行要求，计算系统运行阻力：

$$W = 1000(G + G_0)(0.02\cos\beta_{\max} + \sin\beta_{\max})g + 2\mu q_R g L \qquad (25-1)$$

式中　　G——运输最大质量，t；

G_0——梭车质量，t；

$\beta_{\max}$——运行线路最大坡度，(°)；

μ——钢丝绳摩擦阻力系数；

q_R——单位长度钢丝绳质量，kg/m；

L——运输距离，m；

g——重力加速度，m/s。

3. 牵引绞车选型

根据计算阻力 W，选择牵引绞车额定牵引力 F，要求 $F > W$。

4. 钢丝绳张力计算

钢丝绳张力计算依据挠性体摩擦理论。无极绳连续牵引车依靠驱动轮与钢丝绳之间的摩擦力带动系统工作，其工作原理如图25-10所示。

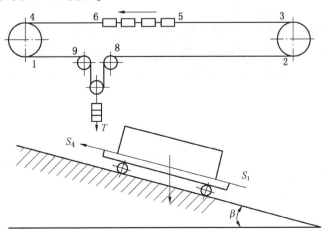

图25-10　无极绳连续牵引车工作原理图

钢丝绳与牵引绞车为摩擦传动，钢丝绳的最大张力点在 4 点处，S_4 与 S_1 应满足挠性体摩擦传动的欧拉公式 $S_4 \leq S_1 e^{\mu\alpha}$。从防止摩擦轮与牵引钢丝绳绳之间打滑的角度分析，$S_4$ 与 S_1 的关系为

$$S_4 = \left(\frac{e^{\mu\alpha} - 1}{n} + 1\right) S_1 \tag{25-2}$$

式中　n——摩擦力备用系数（或称防滑安全系数），$n = 1.1 \sim 1.2$；

　　　α——钢丝绳在摩擦轮上的围包角，弧度；

　　　μ——钢丝绳与摩擦轮间的摩擦因数，其值视驱动轮绳衬材料而定，采用 PVC 或 GM-3 绳衬取 0.3，铸铁绳衬取 $0.15 \sim 0.18$；

　　　S_4——4 点处钢丝绳张力，N；

　　　S_1——1 点处钢丝绳张力，N。

采用钢丝绳各点张力用逐点计算方法计算，S_4 与 S_1 的关系为

$$S_4 = k(W_Z + S_1) + W_K \tag{25-3}$$

式中　k——钢丝绳通过尾轮及张紧装置导向轮时张力增加系数，$k = 1.05 \sim 1.07$；

　　　W_Z——牵引绳（重绳）段阻力，N；

　　　W_K——空绳段阻力，N。

5. 钢丝绳的选择及其强度验算

1）牵引钢丝绳的选择

无极绳连续牵引车的运输距离一般比较长，钢丝绳的成本直接影响生产成本的高低。而钢丝绳在系统中，承担着系统全部牵引力，钢丝绳的寿命影响因素不容忽视。

影响钢丝绳寿命的因素很多，但主要是磨损、弯曲疲劳和内部腐蚀。钢丝绳运行的每个循环都要通过几十个轮组和多次弯曲，并承受横向震动与冲击。有些使用地点淋水很大，底板积水较深，致使钢丝绳很快因疲劳而断丝。设计时正确合理地选择钢丝绳的结构、尺寸对提高钢丝绳寿命有很大意义。

根据摩擦理论及使用经验，牵引钢丝绳以采用普通钢丝绳或 X 型（西鲁）线接触钢丝绳为佳。一般选用 6×19 普通钢丝绳；钢丝绳的抗拉强度选用 1500~1700 MPa。

2）钢丝绳的强度验算

采用安全系数法验算钢丝绳：

$$n = \frac{Q_Z}{S_{max}} \leq [n] \tag{25-4}$$

式中　n——牵引钢丝绳的安全系数；

　　　Q_Z——钢丝绳破断拉力总和，N；

　　　S_{max}——钢丝绳最大张力点的张力，N；

　　　$[n]$——钢丝绳许用安全系数，按照《煤矿安全规程》规定，运料时 $[n] = 5 - 0.001L$，但不得小于 3.5；$[n] = 6.5 - 0.001L$，但不得小于 6；其中，L 为运距，m。

计算出的安全系数大于或等于 $[n]$ 为合格，否则应重新选择钢丝绳，并重新进行运行阻力和张力计算。

6. 功率计算

$$N = \frac{Fv}{\eta} \tag{25-5}$$

式中　F——最大牵引力，N；

　　　v——最大牵引速度，m/s；

　　　η——系统效率。

7. 弯道的计算

无极绳连续牵引车利用弯道装置通过弯道。弯道采用带护轨的形式，以防止车辆掉道；同时，为能够平稳地过弯道，在弯道必须对钢丝绳进行导向，以减小切向分力，提高纵向分力。弯道装置是分节制作的，每节中心线弧长为 1000 mm。弯道装置的节数需要通过计算弯道中心线的弧长来确定。

对于已建成矿井的选型设计，弯道半径和弯道的角度是一定的，如图 25-11 所示。

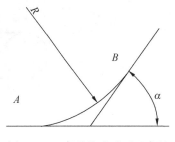

图 25-11 弯道线路平面示意图

由图 25-11 得知，弧长 AB 为

$$AB = \frac{2\pi R\alpha}{360°} = \frac{\pi R\alpha}{180°} \qquad (25-6)$$

式中　R——巷道转弯半径，m；

　　　　α——巷道转弯角度，(°)。

弯道装置的节数等于巷道弯道中心线弧长米数，取整。误差部分由普通轨道调整。

25.4.3　系统布置

1. 钢丝绳布置在轨道内侧

绞车和张紧装置固定于绞车硐室或巷道侧面，尾轮布置在运距的终端，固定在两轨道中间。在变坡点位置根据需要布置有各种轮组，其中，凸点处布置托绳轮，凹点处布置压绳轮。在轨道上始终运行着梭车，以此与各种车辆连接，牵引绞车前部安装有一副 DK618-4-6/(9) 道岔，以满足调车需要。布置示意图如图 25-12 所示。

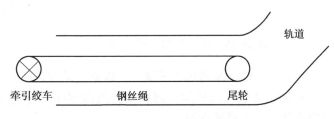

图 25-12　内侧布置

此布置方式的优点是尾轮不影响其他车辆通过，可实现其他车辆更远距离的运行，而且由于尾轮的固定与轨道不发生关系，当运距需要变化时，可快速方便地移动尾轮。其主要缺点如下。

（1）尾轮直径受轨距限制，尤其是 600 mm 轨距，尾轮直径较小，绳径比较小，钢丝绳弯曲厉害，寿命相对较短。

（2）两根绳均布置在轨道中间，在变坡处采用托绳轮和压绳轮时，由于受轨距限制和车辆结构影响，轮组结构设计比较困难。

（3）当尾轮前部无道岔调车时，梭车必须运行在车辆的后部，采取顶车方式。

（4）由于两根钢丝绳都在轨道内，通过道岔时处理较困难，特别是 600 mm 轨距轨道。

2. 钢丝绳布置在轨道内外侧

一根钢丝绳布置在轨道中心线上，另一根钢丝绳布置在轨道外侧，尾轮布置在运距的终端，安装在轨道终端或下方。由于一根钢丝绳布置在轨道外侧，轨道外侧需布置边绳轮组，梭车仍然运行于轨道上实现与车辆的连接。布置示意图如图 25-13 所示。

此布置方式的优点是尾轮直径不受限制，可根据绳径比要求具体设计，钢丝绳工作状况较好，寿命相对较长。另外，轨道外侧的钢丝绳由于与运行车辆无关，压绳和托绳方便，可用单一结构完成，结构简单。其主要缺点如下。

（1）尾轮安装在轨道下方，运距变化时移动尾轮不方便，需拆装一根钢轨。

（2）由于两根钢丝绳间距较大，而牵引绞车出入绳间距较小，需通过张紧装置或专用导向轮强

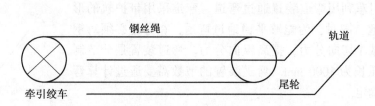

图 25-13　内外侧布置

制分绳，钢丝绳受力较差。因此，可在运距的两端分别布置一只尾轮，绞车布置在头部尾轮的前端，钢丝绳在绞车卷绳筒上绕 3 圈后到头部尾轮，钢丝绳始终接近于轨面，这样钢丝绳受力较好一些，但是在系统中增加一只尾轮会增加绞车硐室总体长度，绞车硐室的掘进量有所增加。

3. 双轨双向运输的钢丝绳布置

当无极绳连续牵引车布置于上下山、集中轨道巷及新建矿井采区大巷时，由于服务多个工作面，运输量较大，单道往返式运输由于空行程的存在不能满足运量需求。将系统布置成双道，两部梭车在两条道上同时往返运输，运输效率较单道运输可提高一倍。布置示意图如图 25-14 所示。

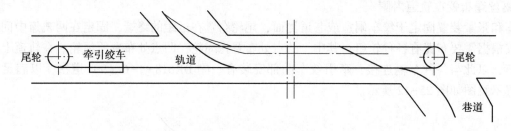

图 25-14　双轨双向运输的钢丝绳布置

此种布置方式主要适用于采区运输，不适用于顺槽。可以解决运输效率问题。

此种方式与单轨往返式运输相比较，只增加一部梭车，两根钢丝绳分别布置在两条道的中心线上，通过道岔时技术问题容易解决。主要缺点如下。

（1）不能用于工作面巷道运输。

（2）需要较大尺寸的巷道断面。

4. 三轨双向运输的钢丝绳布置

有些矿井巷道需要采用双轨双向运输，（例如采区上下山），但受巷道断面尺寸限制，不能布置双道。

采取三轨双向运输，是在巷道中铺设 3 根轨道，中间一根是双向车辆共用的，只在运距中部的会车位置布置成 4 根轨，成双道运行方式。运输效率较单道运输也可提高一倍。布置示意图如图 25-15 所示。

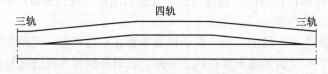

图 25-15　三轨双向运输的钢丝绳布置

该种布置方式可以解决巷道断面尺寸小的问题，应用比较特殊。其优点是在巷道断面限制的情况下实现了双向运输，保证了运输量的需求。其缺点如下。

（1）在原有巷道中需要重新铺设轨道，增加了工作量。

（2）三轨、四轨、两轨之间的转换过程中，道岔铺设较多。

（3）在尾轮的前后都需布置车场。

5. 横向布置

有些矿井巷道由于无法布置牵引绞车（如巷道一侧安装有带式输送机，牵引绞车无法布置；或者如将无极绳连续牵引车安装在运输巷道中，会中断车辆运行路线），此时需将牵引绞车和张紧装置与巷道运输线路横向布置，布置如图 25-16 所示。

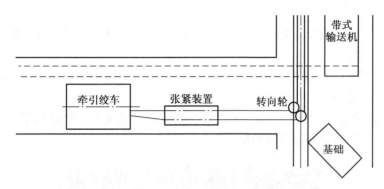

图 25-16　横向布置

该种布置方式将无极绳连续牵引车灵活应用，解决了工程实际问题，主要缺点如下。

（1）绞车司机不方便观察系统运行状态，需要增加联络措施。

（2）钢丝绳需通过转向轮实施强制导向。

26 防爆柴油机车

矿山传统牵引设备目前仍作为老矿井的主要运输设备，架线电机车及蓄电池机车在已有矿井运输大巷中还在发挥着重要作用。

防爆柴油机车（图26-1）是近年来发展起来的矿山新型牵引设备，在现代化矿井中有替代架线电机车和蓄电池机车的趋势。

《煤矿安全规程》第三百七十六条规定："采用轨道机车运输时，轨道机车的选用应当遵守下列规定：突出矿井必须使用符合防爆要求的机车。

图 26-1 CCG10 型防爆柴油机车

26.1 防爆柴油机车结构

防爆柴油机车是继电力牵引机车后又一种新型牵引机车。它以防爆柴油机为动力源，整车具有防爆性能，用于含有瓦斯和煤尘等易燃易爆的环境。这种牵引机车不仅具有电力牵引机车的一切性能，而且更安全、更经济、更易于维护和维修。比较传统牵引设备，这种牵引车还有一种优势：当发生断电或巷道灌水等事故时仍能可靠运行。

防爆柴油机车主要由动力系统、换挡变速箱、驱动箱和轮对、车架及悬挂系统、驾驶室及操纵机构、制动系统、监控系统等构成。防爆柴油机车结构如图26-2所示。

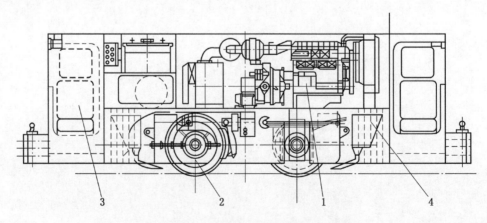

1—动力系统；2—驱动箱；3—驾驶室；4—车架

图26-2 CCG10 型防爆柴油机车结构示意图

26.1.1　动力系统

该装置由防爆柴油机主机、进气防爆系统、排气防爆系统和安全保护自动控制系统四部分组成。

防爆柴油机主机现主要是以国产防爆柴油机为主，一般是由整车生产厂与柴油机生产专业厂联合设计研制。其技术指标符合《矿用防爆柴油机通用技术条件》要求。防爆柴油机车所用防爆柴油机从单缸水冷四冲程式到多缸水冷四冲程式。

柴油机进气防爆系统由空气滤清器、进气防爆栅栏、进气阻风门和防爆进气歧管组成，进气流经过空气滤清器过滤后通入进气防爆栅栏之中。该栅栏的作用是能消除柴油机燃烧时进气系统内可能产生的回火，达到防爆目的。进气流再通过空气关断阀进入防爆进气歧管中，空气关断阀通过切断柴油机供气实现机车自动停机。

排气防爆系统是由水冷式排气歧管、水冷排气接管、废气处理箱、排气栅栏和冷却水路组成。其作用是灭火花，降低排气温度和机体表面温度，从而达到防爆要求。

CCG10 型防爆柴油动力系统的主要结构如图 26-3 所示。

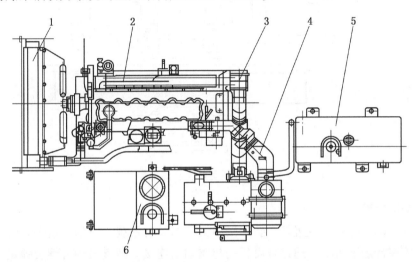

1—散热器；2—主机；3—排气防爆系统；4—进气防爆系统；5—补水箱；6—燃油箱
图 26-3　CCG10 型防爆柴油动力系统结构示意图

26.1.2　换挡变速箱

为了将柴油机的动力有效地传给驱动轮对，实现离合、变速和换向，防爆柴油机车在柴油机和驱动箱之间设置了换挡变速箱。主要有两种方式：机械摩擦离合器加机械变速箱、液力变矩器加动力换挡变速箱。

机械摩擦离合器加机械变速箱选用机械变速箱，结构简单，元件性能可靠，成本低，传动效率高。由于采用机械换挡，需要司机有相当高的技术水平，运行可靠性较差。机械传动对柴油机的过载保护不好，容易造成柴油机过载闷车。机械传动可利用柴油机反扭矩产生部分能耗制动。

液力变矩器加动力换挡变速箱是液力机械传动，由于采用液力变矩器，使柴油机防过载性能好，根据负载变化变矩器自动适应，变速性能好。变速箱采用液压离合器及摩擦片挂挡，由机械操纵，变速箱换挡安全可靠，有效防止机械变速箱挂不上挡的事故发生。当坡道变化不是很大时，无须换挡，司机操作方便，安全可靠。液力传动效率低，变矩器发热，需要配置散热器，但通过变矩器和柴油机合理匹配，根据牵引性能，确定合理的变速箱挡位，可以使变矩器绝大部分工况在高效区内运行。

26.1.3　驱动箱和轮对

驱动箱和轮对是用来接收变速箱传递来的输出动力，利用锥齿轮差动轮将动力传递到驱动轮对上，通过轮对和轨道的黏着力实现机车的牵引力。轮对有 600 mm 和 900 mm 两种轨距供用户选用。

驱动箱和轮对结构如图 26-4 所示。

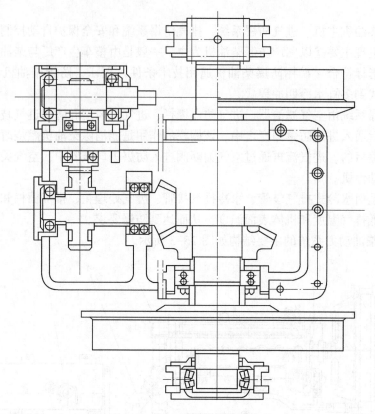

图 26-4 驱动箱和轮对结构

26.1.4 车架及悬挂装置

车架是机车的载体，除行走装置外，防爆柴油机车的动力系统、换挡变速箱和驾驶室等都安装在车架上。车架坐落在行走装置上，通过减震机构与驱动箱连接。减震机构有螺旋弹簧减震、钢板弹簧减震、胶减震或几种组合减震方式。车架上的连接碰头连接并拖动车列完成运输作业。

26.1.5 驾驶室及操纵机构

防爆柴油机车的驾驶室有两种布置方式：双驾驶室和单驾驶室。

双驾驶室布置司机瞭望性能好，机车在两端都设有驾驶室，车头方向无前、后之分，不用机车调头即可使驾驶员总在车列的最前方。其操纵系统独立操作，可以实现双向驾驶。

单驾驶室布置，司机在某一个方向上瞭望性能不好。机车只在一端或中部上方布置一个驾驶室，由一套操纵系统控制机车前后行驶。这种布置结构简单，机车整体尺寸较小，动力系统的散热效果也较理想。

26.1.6 制动系统

防爆柴油机车的制动系统包括工作制动和停车制动。工作制动机构通过闸块对制动轮或轮对边缘进行制动，由操纵阀控制制动汽缸、液压油缸或由手动推动制动连杆实现机车的工作制动。停车制动一般设置在变速箱的输出轴上，由手动或弹簧实现制动。

26.1.7 监控系统

防爆柴油机车的监控系统可分为电磁式、气压式和油压式3种。电磁式监控系统，是以单片机为核心制成的集成式装置，集检测、显示、报警、保护控制和电源为一体；气压式监控系统，采用了气介质装置，主要通过储气罐，空压机、各类气动阀、各类传感器、汽缸、气马达等气动元件组成一个安全保护气动系统；油压式监控系统，工作原理大致与气压式监控系统相同。

监控系统的执行部分是自动安全保护装置。自动安全保护装置通电后，主机中的微型计算机通过传感器对温度、压力、水位等参数进行采样和运算，处理结果送显示电路进行显示，同时与设定值进行比较，如果某一检测参数超过设定值，则执行保护。

自动安全保护装置的执行方式是，当规定的监控点在任一限值超出时，装置发出声光报警，并经过一定的延时后输出控制信号，驱动执行机构工作关断油路，使柴油机停止工作。甲烷浓度超标时，不需要延时而立即执行保护动作。

监控点和限值如下。

（1）尾气排气口的温度最高至（68±2）℃时。

（2）柴油机表面任何一点的温度最高到（148±2）℃。

（3）柴油机冷却水温度最高至（98±2）℃。

（4）净化水箱水位至最低水位或设计值。

（5）柴油机压力低至 0.08 MPa。

（6）瓦斯浓度达到 1/100（有瓦斯突出的矿井达到 0.5%）。

防爆柴油机配置的自动保护装置，具有可靠性高，使用维护方便等特点。

26.2 防爆柴油机车技术参数

国内外防爆柴油机车类型很多，不同系列和规格的产品供用户选择。

以 CCG 系列防爆柴油机车为例，型号分为 CCG3.0、CCG5.0、CCG8.0、CCG10 和 CCG12 等多种，技术参数见表 26-1。

表 26-1　CCG 系列防爆柴油机车技术参数

型号	CCG3.0	CCG5.0	CCG8.0	CCG8.0	CCG10	CCG12
轴距/mm	735	865	960	1100	1100	1220
轨距/mm	600 762 900	600 762 900	600 762 900	600 762 900	600 762 900	600 762 900
转弯半径/m	5	6	7	7	10	10
柴油机功率/kW	12	22	35	35	45	45
启动方式	手摇 电启动	电启动	气启动 电启动	气启动 电启动	气启动 电启动	气启动 电启动
牵引力/kN	≥4.5	≥9	≥12	≥12	≥15	≥18
牵引吨位 （坡度<5‰）/T	20	40	50	50	60	80
牵引速度/ (km·h⁻¹)	前进：3.0 7.0 10 后退：2.2 5.2 7.4	前进：4.0 8.0 12 后退：3.0 5.9 8.8	前进：4.25 6.3 12.7 19.3 后退：4.25 6.3 12.7 19.3	前进：4.25 6.3 12.7 19.3 后退：4.25 6.3 12.7 19.3	前进：4.25 6.3 12.7 19.3 后退：4.25 6.3 12.7 19.3	前进：4.25 6.3 12.7 19.3 后退：4.25 6.3 12.7 19.3
外形尺寸 （长×宽×高）/ （mm×mm×mm）	（正驾驶） 2400×950×1520 （侧驾驶） 2500×950×1550	3100×1000×1500	4000×1100×1600	4500×1100×1600	4800×1100×1600	5000×1100×1600

26.3　防爆柴油机车的适用条件

（1）巷道。防爆柴油牵引机车的高度在 1.7 m 以内，巷道高度主要考虑满足行人和大型设备的搬运要求。同等断面下的巷道设计，单心拱改为三心拱为宜。

（2）车场。由于柴油机车运输牵引能力强、拉运车辆多，要求调车车场要比蓄电池机车车场更长，一般要达到 90 m 左右，才能充分发挥防爆柴油机车的运力。

（3）通风。机车行驶的巷道，瓦斯浓度不得高于 0.5%。

（4）燃油。柴油机必须使用符合 GB 252—2000《环境温度》规定指标的轻柴油，根据不同的环境温度选用不同牌号的轻柴油。为了减少故障，延长柴油机的使用寿命，要严格遵守使用清洁燃油的原则。

（5）润滑油与冷却水。防爆柴油机车的柴油机采用的是自然吸气，禁止使用普通柴油机机油，严格按照规定选用柴油机机油，并应根据环境温度为柴油机、喷油泵、油浴式空气滤清器选择润滑油。柴油机中使用的冷却水应该是清洁的软水，严禁使用含有大量矿物质的硬水。

26.4　防爆柴油机车选型计算

防爆柴油机车作为牵引机车，其运行理论见第 22 章。

防爆柴油机车的选型计算，与电力机车（架线电机车和蓄电池机车）大致相同，根据运行阻力计算，确定机车的牵引力和制动力，选择机车的型号。详细计算参见第 22 章。

与电力机车不同的是，防爆柴油机车的动力源来自柴油机主机，在选型上有着特殊的要求。柴油机主机的选型原则如下：

（1）由于防爆要求柴油机在运行时任一外表面温度均不得大于 150 ℃，所以必须选用水冷式柴油机。

（2）要求柴油机主机的扭矩要大，扭矩储备系数要高。

（3）要求柴油机主机要有良好的启动性能，并能在 −30~40 ℃ 的环境温度下正常工作。

（4）要求柴油机主机具有较好的废气排放指标，并配备废气净化装置，以满足有关标准中 $CO \leqslant 0.1\%$、$NO_x \leqslant 0.08\%$ 的要求。

（5）最大噪声在司机头部位置小于等于 90 dB。

27 齿 轨 机 车

齿轨机车与专用的运行轨道构成了齿轨机车系统，如图27-1所示。

齿轨机车是在机车主驱动轮对之外，另增加1~2套驱动齿轮。机车上装有工作制动、紧急制动和停车制动三套系统，使其可在一定坡度范围内的坡道上安全可靠地运行；专用轨道是在两根普通钢轨中间加装一根与钢轨平行的齿条。

在水平巷道中，机车仍用普通轨道黏着力牵引列车高速运行。在坡道上，机车除了驱动轮对的车轮做黏着传动牵引外，驱动齿轮也与齿轨啮合以增大牵引力和制动力，或单用齿轨系统牵引，低速运行。齿轨机车能牵引车组完成从井底车场到采区工作面的直达运输任务，不摘钩直接进入采区上下山和工作面运输巷道以及回风巷道。

图 27-1 齿轨机车系统

27.1 齿轨机车工作原理

齿轨机车是利用齿轮啮合的原理，在普通机车驱动形式的基础上，增加了特殊的驱动齿轮，驱动齿轮在车身下部两轨中间位置。目的是把机车牵引力由普通机车的黏着力方式改变为啮合力方式，以此来克服普通轨道机车不能适应巷道坡度变化的缺点。

一般而言，机车车轮与钢轨之间产生的黏着力，只能适用于巷道坡度不大于3°条件下的牵引运行。齿轨机车采用齿轮啮合的方式驱动机车，需铺设齿轨才能完成（图27-2）。

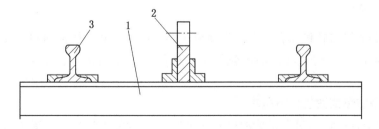

1—轨枕；2—齿轨；3—普通钢轨
图 27-2 齿轨与普通钢轨关系图

行驶齿轨机车的轨道需要加固。钢轨选型应不小于 22 kg/m。坡道上铺设齿轨的地方要采用型钢轨枕，进入齿轨区要装设特殊的弹簧矮齿轨。

齿轨轨道可以过道岔。在坡道上齿轨机车的道岔一般分为两种形式：一种是齿条连续道岔（图 27-3a），这种道岔采用了道岔与齿条同时摆动拨道的结构；另一种是齿条断开道岔（图 27-3b），拨道时齿条位置不动，此种道岔操作容易，结构也较为简单，多用于线路坡度不太大的地方。

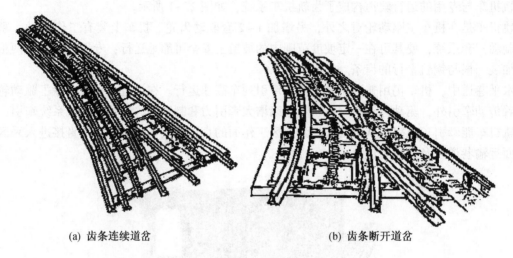

(a) 齿条连续道岔　　　　　　　　　　　　(b) 齿条断开道岔

图 27-3　齿轨道岔

齿轨机车工作示意图如图 27-4 所示。

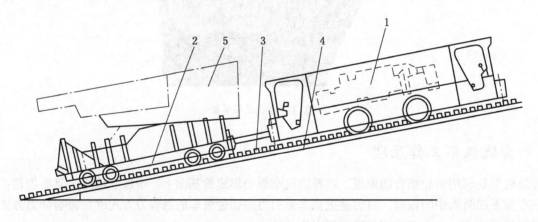

1—齿轨机车；2—重载平板车；3—齿轨；4—普通钢轨；5—支架

图 27-4　齿轨机车运送支架示意图

27.2　齿轨机车结构

齿轨机车分为柴油机齿轨机车和蓄电池齿轨机车两种形式。柴油机齿轨机车又分为柴油机驱动机械传动齿轨机车、柴油机驱动液压传动齿轨机车。这里主要介绍柴油机驱动齿轨机车，如图 27-5 所示。

27.2.1　KCQ80J 型防爆柴油机齿轨机车

KCQ80J 型防爆柴油机齿轨机车是柴油机驱动机械传动的齿轨机车，主要由机架、司机室、柴油机及其防爆、净化、冷却系统，机械传动系统，液压制动系统，气动控制保护系统，操纵系统，电气系统等部分组成。KCQ80J 型防爆柴油机车工作状态如图 27-6 所示。

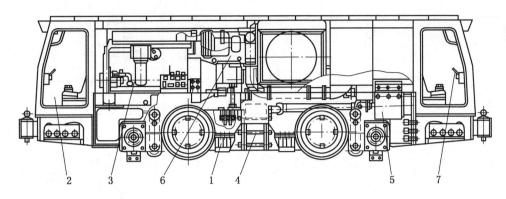

1—机架；2—司机室；3—动力系统；4—传动系统；5—制动系统；6—保护系统；7—操控系统

图 27-5　柴油机驱动齿轨机车

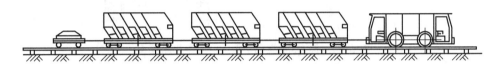

图 27-6　KCQ80J 型机车工作状态示意图

1. 机架

机架的主体是由两块厚 16~18 mm、长 5 m 的高强度钢板与各种连接板、加强筋焊接而成，两长板通过缓冲器连接座用螺栓紧固在一起，上部的纵梁、横梁间也靠螺栓连接，便于拆装。

齿轨车上的分动箱、驱动箱、差速箱和其他部件与机架连成一体。

2. 司机室

司机室主要由司机室壳体、仪表盘、座椅、手持灭火器、照明灯、喇叭、急停开关、各种操纵装置等组成。

司机室壳体座在机架的长板上，背部与机架靠螺栓连接，司机室内设有运行速度表、液压制动系统压力表、柴油机机油压力表、柴油机机油温度表、柴油机冷却水温度表，柴油机启动开关等，可随时检控齿轨车的运行情况。急停开关可保证在紧急情况时使齿轨车紧急制动停车。

3. 柴油机及其防爆、净化、冷却系统

柴油机采用的是国产防爆柴油机。功率由 69 kW 增加到 80 kW。柴油机的废气通过水过滤和冷却实现净化和降低温度。

4. 机械传动系统

传动顺序为：柴油机→离合器→变速箱→高速制动器→分动箱→万向传动轴→片式制动器→差动箱→驱动箱$\Big\langle$ 齿轮→齿条
 车轨→轨道。

5. 液压制动系统

液压制动系统主要由齿轮泵、离心释放阀、制动油缸、手压泵、液控阀、手动换向阀、阀板等组成，可实现机车超速停车制动。手压泵的作用是在机车出现故障时能解除制动油缸制动，使机车能被拖走。停车制动时手操纵制动手把，使手动换向阀动作，片式制动器通过一个节流阀回油制动，四个制动油缸通过卸荷阀回油实现快速制动，而同时离合器制动油缸进油，使摩擦离合器打开，切断动力源，而高速制动油缸通过一个节流阀回油最后制动。四个制动油缸上的制动块磨损 5 mm 时，应予以更换。液压原理图如图 27-7 所示。

6. 气动控制保护系统

气动控制保护系统主要由气泵、气缸、喇叭和各种开关等组成，可以分别实现柴油机系统的启

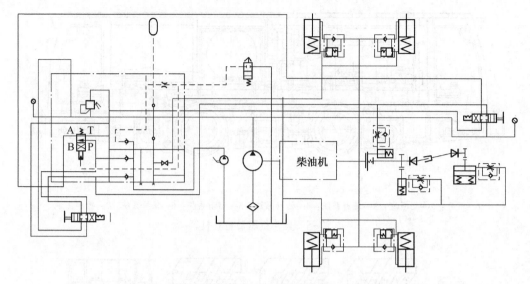

图 27-7　KCQ80J 型机车液压制动系统原理图

动、报警、指标超限保护及停机功能。操作简单、方便，同时具有可靠的安全保护功能，大大增加了防爆柴油机的安全系数。它的六项保护如下。

（1）防爆柴油机机体表面温度的保护。

当防爆柴油机机体表面任一处温度高于 150 ℃ 时，柴油机上安装的喇叭会发出报警的声音，同时在 1~3 s 内，柴油机的熄火装置会产生动作，柴油机熄火停机。

（2）防爆柴油机的冷却液温度保护。

当柴油机内部冷却液温度高于设定值 98 ℃ 时，柴油机上安装的喇叭会发出报警的声音，同时在 1~3 s 内，柴油机的熄火装置会产生动作，柴油机熄火停机。

（3）防爆柴油机机体排气温度的保护。

当柴油机排出的废气温度高于 70 ℃ 时，柴油机上安装的喇叭会发出报警的声音，同时在 1~3 s 内，柴油机的熄火装置会产生动作，柴油机熄火停机。

（4）防爆柴油机机油压力保护。

当柴油机的机油压力低于设定值 0.069 MPa 时，柴油机上安装的喇叭会发出报警的声音，同时在 1~3 s 内，柴油机的熄火装置会产生动作，柴油机熄火停机。

（5）防爆柴油机的补水箱水位保护。

当柴油机的补水箱水位消耗到低于设定值时，柴油机上安装的喇叭会发出报警的声音，同时在 1~3 s 内，柴油机的熄火装置会产生动作，柴油机熄火停机。

（6）机车的超速保护。

当机车的速度达到 3.45 m/s 时，限速装置和柴油机的熄火装置会产生动作，机车制动、柴油机熄火停机。

KCQ80J 型机车气动保护系统原理如图 27-8 所示。

7. 操纵系统

操纵系统包括离合器操纵系统、变速操纵系统、油门操纵系统。

（1）离合器操纵系统。离合器操纵系统包括踏板组、离合主泵、离合分泵、扇形板等。踩下踏板，离合主泵工作，将压力油压入离合分泵，离合分泵的活塞杆带动扇形板运动并传至离合器拨杆，使离合器脱开，脚松开，离合分泵回油，离合器复位合上。在安装调试时应使脚踏板的行程与离合器工作行程相适应。

（2）变速操纵系统。变速操纵系统包括：变速杆、操纵器总成、变速软轴总成、选挡顶杆结构

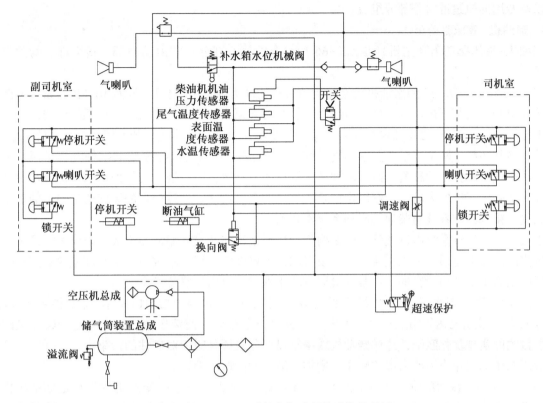

图 27-8　KCQ80J 型机车气动保护系统原理图

及相关固定装置。

变速箱离前后司机室都较远，要实现五正、一倒，6 个变速挡位就需将司机室一个手把的 6 个操纵位置靠选、换挡软轴将运动传至变速箱，使之实现伸缩移动和转动两个运动，最后实现变速。选、换挡软轴总成装配时不可手持密封罩，以免损坏内部构件，更不可用工具敲击密封罩，装配时不可使软轴的外皮和密封件破损。软轴不可与其他管线干涉、摩擦，更不可压挤软轴，同时应远离发动机排气管；软轴走向必须自然、顺畅、软轴的端部应保持 100 mm 以上的直线段，不可有急弯，特别是不能走 S 型弯（弯曲半径不少于 200 mm），软轴应多夹固定，以支持软轴的正常工作。两司机室的变速操纵是联动的。

（3）油门操纵系统。油门操纵系统由手柄组、油门软轴、连杆等组成，手柄组上有一齿板，可使手柄固定在任一齿位上，前后司机室操作不联动，油门靠弹簧复位。

8. 电气系统

本系统采用隔爆直流 24 V 发电机供电。电源电压：DC24 V/240 W（隔爆直流发电机），照明：DC24 V（35 W/两只）；信号灯：DC24 V（5 W/两只）；柴油机启动分为气马达启动和电马达启动两种。

（1）气马达启动。电气系统主要用于照明，柴油机工作时，发电机发出 DC24 V 电经开关与灯相连，开关接通灯亮，断开灯灭。两司机室分别装有照明灯、信号灯，用户可根据需要进行组合。如前照明后信号等。

（2）电马达启动。电气系统主要用于启动和照明，通过防爆电源箱给电马达供电启动柴油机，柴油机工作时，发电机发出 DC24 V 电给防爆电源箱充电同时经开关与灯相连，开关接通灯亮，断开灯灭。两司机室分别装有照明灯、信号灯，用户可根据需要进行组合。如前照明后信号等。

27.2.2　CK-66 型柴油机胶套轮齿轨机车

CK-66 型柴油机胶套轮齿轨机车是柴油机驱动液压传动的齿轨机车，由柴油机-液压驱动车、制动车以及专用的轨道道岔等部分组成。

1. 柴油机-液压驱动车

柴油机-液压驱动车（主机）是 CK-66 型机车的核心部分。它由动力部、传动部、驾驶室三部分组成。

（1）动力部。CK-66 型柴油机胶套轮齿轨机车的动力部是由一台型号为 6105FB 的 66 kW 防爆低污染柴油机和一台德国进口的 A4V125Hd 轴向变量柱塞泵以及机车的电气、液压系统组成。

①柴油机。6105FB 的 66 kW 防爆低污染柴油机的防爆装置由排气冷却系统和进气系统组成。

排气冷却系统：防爆柴油机要求最终排气温度应小于 70 ℃，因此该柴油机排气管采用水夹层排气管。从排气管中排出的废气，经两层波纹管形成的水夹层，而后进入废气处理箱做进一步冷却和洗涤，彻底清除废气中的火焰、炭烟以及溶解废气中的有害气体。经过处理的废气通过箱上的防爆栅栏通向大气。排气冷却系统与柴油机冷却系统不相通。

进气系统：进气系统由进气管、防爆栅栏、切断空气门及空气滤清器组成。防爆栅栏是为了防止柴油机汽缸内可能返回的火焰直通大气而设置的，火焰经它熄灭，不致引燃工作环境的易燃气体。切断空气门是为了安全而设置的，在柴油机运行不正常时，可用作紧急停车。

②液压传动控制系统。整个机车的主液压系统由一台 A4V125Hd 轴向变量柱塞泵和两台 A6V80Ha 轴向柱塞马达等组成。机车速度由一操纵把手控制，使液压泵、液压马达、柴油机的机车运行参数之间实现优化匹配，这样柴油机效率得以充分发挥且减少对矿井的污染。

液压系统的油箱作为动力部的底座，增加了液压油的散热面积。

（2）传动部。传动部位于动力部的前、后两端，它是整个机车的变速机构及行走驱动机构。每个传动部上装有一台德国进口的 A6V80Ha 轴向柱塞马达，由它驱动齿轮变速箱，经变速后既可驱动胶套轮，又可驱动齿轨轮。胶套轮适于在小于 6°的坡道上使用；齿轨轮适于在 6°~18°的坡道上使用。在胶套轮转为齿轨轮驱动行驶的同时，两个传动部的 8 只胶套轮抬起，换成 4 只钢轮支撑，此时，机车由齿轮/齿轨驱动。钢轮随机车行驶可在钢轨上做从动性转动。

（3）驾驶室。机车前、后各有一个驾驶室，它用螺栓固定在传动部上，驾驶室内安装有监控、操纵和通信装置。整个机车设有工作制动、安全制动和紧急制动，并由微机自动监控。

2. 制动车

制动车是保证机车安全运行的关键部件，它设置在列车的两端。每台制动车由转向架、制动阀、离心释放器、手摇泵、手动阀、快速释放阀、油箱及其他附件组成。

制动车主要有两种功能：一是机车在运行途中出现紧急情况，司机可通过手动拉杆使机车紧急制动；二是当机车在坡道上运行时，如果出现拉杆断裂、卡轨车失控等意外情况，或当速度超过 3.5 m/s 时能实现紧急停车。

制动闸是一个单作用制动油缸，是制动车的关键部件。它由活塞、缸体、碟形弹簧、闸块等组成。由于制动闸采用碟形弹簧抱闸、液压松闸，这样，制动力不会因液压系统的压力波动而受影响。制动过程是靠碟形弹簧推动闸块卡紧轨道，保证制动迅速，制动力稳定可靠。该制动闸块表面采用小颗粒硬质合金烧结结构。

3. 轨道及道岔

（1）轨道。

CK-66 型机车既可在专用轨上行驶，也可在普通轨上行驶。在带有鱼尾夹板的普通轨上行驶时，卡轨装置可以抬起。

CK-66 型机车的专用轨道采用中国 11 号矿用工字钢改制而成，其断面近似于德国异形轨。轨道按形式可分为直轨、弯轨和齿轨 3 种。

①直轨。直轨分 3 m 和 1 m 两种。分别用于直道和竖曲率弯道。竖曲率弯道的最小半径为 6 m。

②弯轨。弯轨轨型可分为专用轨道和普通轨道两种，最小水平弯曲半径为 4 m。

③齿轨。当斜坡角度超过 6°时，坡道上铺设齿轨。齿轨用螺栓和夹板固定在直轨或弯轨中心线的轨枕上。机车靠齿轨驱动运行。

（2）道岔。在轨道分道处设有道岔。道岔可分为旋转道岔和平移道岔。旋转道岔用于无齿轨的轨道转轨，平移道岔用于有齿轨的轨道转轨。

27.3 齿轨机车主要技术参数

KCQ80J 型齿轨机车主要技术参数见表 27-1。

表 27-1 KCQ80J 型机车主要技术参数

技术参数			产品型号	
			KCQ80J	KCQ80J（A）
防爆柴油机	功率/kW		80	
	转速/(r·min⁻¹)		2200	
	启动方式		气启动	电启动
额定牵引力/kN	黏着驱动	胶	22	
		钢	14	
	齿轮驱动		90	
制动力/kN	黏着驱动	胶	≥33	
		钢	≥21	
	齿轮驱动		≥135	
牵引速度/(m·s⁻¹)	正 5 挡速度		0.42, 0.71, 1.25, 2.0, 3.0	
	倒挡速度		0.4	
	限速保护速度		3.45	
转弯半径/m	水平转弯半径		≥10	
	垂直转弯半径		≥20	
排气净化指标			CO<0.1%，NO$_I$<0.08%	
轨道型号			≥22 kg/m 普通轨	
轨距/mm			600/900	
机车外形尺寸 长×宽×高	上部尺寸		5240×1140×1680	
	卡轨轮处		5240×1329×1680	
机车自重/kg			10000	

KCQ80J 型齿轨机车运输能力见表 27-2、表 27-3。

表 27-2 KCQ80J 型机车齿轨运行运输能力（下坡与上坡相同）

牵引力/kN	最大牵引速度/ (m·s⁻¹)	变速箱挡位	运输能力/t				
			4°	5°	8°	10°	12°
90	0.41	1 挡	90	76.8	53.2	44.2	37.9
77.6	0.71	2 挡	77.8	66.3	45.9	38.1	32.7
44.1	1.25	3 挡	44.2	37.6	26.1	21.7	18.5
27.7	2.0	4 挡	27.7	23.6	16.4	13.6	/

注：运输能力包括机车自重。

表 27-3 KCQ80J 型机车黏着运行运输能力（下坡与上坡相同）

牵引力/kN	最大牵引速度/ (m·s⁻¹)	变速箱挡位	运输能力/t					
			0°	1°	2°	3°	4°	5°
18	3.0	5 挡	60	37.9	27.7	21.8	18	15.3
22	2.0	1~4 挡	73.3	46.3	33.9	26.7	22	18.7

注：机车能力包括机车自重。

27.4 齿轨机车选型计算

防爆胶套轮机车牵引力可按下式计算：

$$F = g(q_j + q_c + Q_h)\sin\alpha + g[\omega_1 q_j + \omega_2(q_c + Q_h)]\cos\alpha \tag{27-1}$$

式中　F——牵引力，kN；

g——重力加速度；

q_j——运输机车质量；

q_c——承载车（矿车）质量；

Q_h——运载货物质量，t；

α——运行巷道坡度（倾角）；

ω_1——胶套轮和轨道的滚动摩擦因数，取 0.02~0.03；

ω_2——承载车轮和轨道的滚动摩擦因数，取 0.007~0.010。

防爆胶套轮机车车辆下滑力可按下式计算：

$$f_h = g(q_j + q_c + Q_h)\sin\alpha - g\omega_2(q_c + Q_h)\cos\alpha \tag{27-2}$$

式中　f_h——机车车辆下滑力，kN。

防爆胶套轮机车车辆静摩擦力可按下式计算：

$$f_m = g\omega_3 q_j \cos\alpha \tag{27-3}$$

式中　f_m——机车车辆静摩擦力，kN；

ω_3——胶套轮与轨道间的滑动摩擦因数，不得小于 0.40。

防爆胶套轮机车运行的防滑性能可按下式计算：

$$\frac{f_m}{f_h} > 2 \tag{27-4}$$

28 卡 轨 车

卡轨车系统是窄轨铁路运输发展的分支，系统主要由轨道装置、卡轨车车辆及牵引控制设备三部分组成。

卡轨车的主要特点是专用轨道和特殊车轮，除装有承重行走车轮外，还增设了卡轨轮，使车辆在轨道上行驶运行中不致掉道，提高了运输的安全可靠性，特别适用于在上下坡道及弯道上运输重物和人员。如图28-1所示。

图 28-1　卡轨车

28.1　卡轨车系统的主要类型和工作原理

卡轨车有钢丝绳牵引和机车牵引两种形式，牵引机车包括防爆柴油机车和防爆特殊型胶套轮电机车和架线电机车等。本章将主要介绍煤矿井下钢丝绳牵引卡轨车。

卡轨车的轨道以槽钢轨居多，还有普通轨、工字钢改制轨道（异型钢轨）和我国自行研制的新型钢轨 SMJ 轨道（异形轨）。

槽钢轨与轨枕固定在一起形成梯子道，长 3 m 或 6 m。用快速装置连接，安装在底板上。在轨道上运行的车辆，一般由转向架轮组和平板车体构成。转向架轮组是车辆的承重行走机构，它除了有两对垂直承重行走轮外，还装有两对水平导向滑轮。行走轮在槽钢轨道的上端面行走，水平滑轮在槽口内滚动，由此把车轮固定在轨道上，保证行走轮不掉道，这种滑轮也称为卡轨轮。

异形轨的研发，使得卡轨车轨道与矿井内其他轨道对接上更加方便顺利。

卡轨车的轨道和车辆结构所具有的特殊性能，使得卡轨车对煤矿井下的工作条件具有很强的适应性。

卡轨车的突出特点是：载重量大；爬坡能力强；允许在小半径的弯道上行驶、可有效防止车辆掉道和翻车；轨道的特殊结构允许在列车中使用闸轨式安全制动车，可防止列车超速和跑车事故。

卡轨车是目前矿井运输中较理想的辅助运输设备，它能安全、可靠、高效地完成材料、设备、人员的运输任务，是现代化矿井运输的发展方向。

从国内外卡轨车的发展历程看，首先是钢丝绳牵引的卡轨车受到人们重视，20 世纪 70 年代初又发展了柴油机牵引的卡轨车。近年来以蓄电池为动力的卡轨车也在煤矿生产中占有一席之地。

1. 钢丝绳牵引的卡轨车

从国外卡轨车生产和使用来看，钢丝绳牵引的卡轨车技术比较成熟，应用广泛。

钢丝绳牵引的卡轨车及单轨吊的运输距离一般均在 1.5 km 之内，如果巷道平直、转弯少、坡度小，运距可增至 3 km 以上。钢丝绳运输系统几乎可在任何坡度上运行。对坡度的各种限制常取决于所用车辆的型号及其制动系统。卡轨车运输适用于 25°以下的坡度，一般限制在 18°，最大倾角可达 45°。这样大的牵引运行坡度，是机车牵引方式所做不到的。坡度增大后为保持较大钢丝绳牵引力，可采用双绳或三绳牵引方式，为保证重载运输时，重心平稳，防止转弯时翻倒，钢丝绳牵引的卡轨车运行速度一般不超过 2 m/s。

卡轨车的牵引钢丝绳直径在 16~30 mm，不允许使用活接头，但可使用插接接头。

钢丝绳牵引卡轨车的控制一般由绞车司机远方操作，在牵引车上设跟车人员，由跟车人员向绞车司机发出停、开信号，以确保安全。另外，跟车人员也可使用遥控装置直接制动绞车。

钢丝绳牵引的优点是：结构简单，工作可靠，价格便宜，维修方便，牵引力大，并可用多绳牵引，爬坡角度大。缺点是：绞车司机不能直接监视路面情况和运行情况，只能单线运输，分岔处需另设新线路而且需设转载站；运输距离有局限性；长距离运输需多台串联，交接处设转载站；改变运距不方便，需移动锚固站。

适用条件：固定的运输线路，不分岔，转弯不多，运距不变，大运量，坡度较大的巷道。

2. 柴油机牵引卡轨车

钢丝绳牵引卡轨车的应用，促进了柴油机牵引卡轨车的研制和应用。

与钢丝绳牵引的卡轨车相比，柴油机牵引卡轨车的主要优点是：司机跟车操作，能直接监视路面情况和运行情况；路轨分岔、延伸均很方便。由于属自行式运输设备，所以比钢丝绳牵引具有更大的灵活性，在长距离运输中不需转载，特别适用于分叉多、转弯多、运距不断延伸的区段。柴油机车的不足之处在于：牵引力有限；爬坡能力差；散热多，对深部开采不利；噪声和空气污染虽在允许范围内，但毕竟增加了污染源；维修工作量较大，井下需设置专门的机车维修站；此外，价格也比钢丝绳牵引的液压绞车高出许多。

随着国外在柴油机车方面的研制、应用及发展，国内许多研究部门和生产厂家也在加紧研制，产品如前面介绍的防爆柴油机车和齿轨牵引机车。

3. 卡轨车系统的组合形式

卡轨车系统可根据实际工作条件的不同，选用机车牵引和钢丝绳牵引。

由机车牵引的卡轨车系统，在系统组成上与普通轨道机车运输系统基本相似，主要由牵引机车、运输车辆及轨道装置等组成。在列车的两端均设有司机操作室，以便反向运行时的操作控制。由机车牵引的卡轨车，一般用于水平巷道，采用齿轨/黏着机车牵引则可用于一定倾角的斜巷，机车牵引能适用分支多、运距长的巷道，具有运输灵活、综合能力高的特点。可采用柴油机车、蓄电池机车等做牵引机车。

钢丝绳牵引的卡轨车多用于倾斜或急倾斜巷道中。钢丝绳牵引卡轨车系统的主要构成部分有：钢丝绳牵引系统、列车组和轨道装置。其中：

钢丝绳牵引系统包括液压牵引绞车、泵站及附属设备、牵引钢丝绳、绳牵引的各种导向装置、回绳装置、回绳锚固装置、拉紧装置等。列车组由牵引车、运输车辆、制动车、连接杆件等组成。轨道装置包括：直轨、垂直、水平弯轨及道岔、阻车器等。

钢丝绳牵引的卡轨车为无极绳牵引方式。牵引绳的两极绳头固定在牵引车上，车辆与制动车挂接在牵引车后，列车在轨道上做往复运行。牵引车上设有储绳滚筒，根据运距长短，将多余的牵引绳储存在储绳筒内，以便在运距变化时，通过收放钢丝绳调节牵引绳长度，而不用截绳或重新接绳。在制动车上设有限速制动装置，可手动和自动控制。在倾斜运输中制动车应挂在列车的下方（当列车进出斜坡道时，运输车辆与牵引车、制动车要重新组列），以便在列车出现断绳、脱钩或超速时紧急制动，防止列车跑车。

28.2 煤矿井下钢丝绳牵引卡轨车结构

煤矿井下钢丝绳牵引卡轨车（简称"卡轨车"）是用普通轨、槽钢轨或异形钢轨在车轴上增设卡轨轮以防止脱轨掉道的运输系统，其牵引方式为在牵引车前后两端连接的循环式钢丝绳（无极绳牵引）（图 28-2）。卡轨车特别适用于大坡度（不大于 25°坡）、多起伏巷道中支架、物料及人员的输送。

1—轨道系统；2—制动车；3—人车；4—牵引制动储绳车；5—牵引绞车；6—液压张紧装置

图 28-2 煤矿井下钢丝绳牵引卡轨车

煤矿井下钢丝绳牵引卡轨车系统的组成如图 28-2 所示。

卡轨车主要由牵引绞车、张紧装置、钢丝绳、电控及通信系统、轨道系统和车辆等部分组成。

28.2.1 牵引绞车

牵引绞车一般采用 JWB 系列无极绳调速机械绞车。JWB 系列绞车分为抛物线单滚筒结构和绳槽式双滚筒结构。

单滚筒结构绞车的特点如下。

（1）单滚筒绞车结构简单、易加工、成本低。

（2）牵引钢丝绳在驱动轮上的包角大，需要紧绳力小。

（3）轮衬为铸铁材料，钢丝绳在滚筒滑动并在绳间产生摩擦，造成钢丝绳的磨损大。

绳槽式双滚筒结构绞车的特点如下。

（1）相对于单滚筒绞车结构复杂、加工精度高，生产成本高。

（2）牵引钢丝绳在驱动轮上的包角小，需要较大的紧绳力。

（3）轮衬为非金属材料，钢丝绳在滚筒上滑动小且绳间保持一定间距，钢丝绳磨损小。

以石家庄煤矿机械有限责任公司生产的绳牵引卡轨车为例，绞车为绳槽式双滚筒（主副绳轮）结构，主要目的就是减少对钢丝绳的磨损。

绞车机械原理如图 28-3 所示，电动机通过联轴器传给减速机，减速机分两速通过联轴器和一对传动齿轮传递到主绳轮上，通过主绳轮上的摩擦轮衬与绕在其上的钢丝绳摩擦产生牵引力使车辆系统运行。

28.2.2 张紧装置

张紧装置的作用是用于拉紧非受力侧的钢丝绳，以便使钢丝绳具有足够的预紧力，防止打滑。

张紧装置按张紧方式分为重锤张紧装置和液压张紧装置。

重锤张紧装置又分为三轮紧绳器、五轮紧绳器和塔式紧绳器。

重锤张紧的优点是对于松绳的吸收反应迅速，可使整条钢丝绳一直处于张紧状态。缺点是重锤行程大。塔式紧绳器（图 28-4）占用空间大，一般安装在地面上；三轮紧绳器和五轮紧绳器（图 28-5）占用空间小，但吸收绳的长度短，一般在卡轨车系统中至少要安装两套该装置。

液压张紧装置（如图 28-6 所示）优点是吸收绳的长度长，占用空间小，张紧力大；缺点是车辆在行走至边坡点时，张紧装置紧绳的反应时间比重锤紧绳装置稍慢。

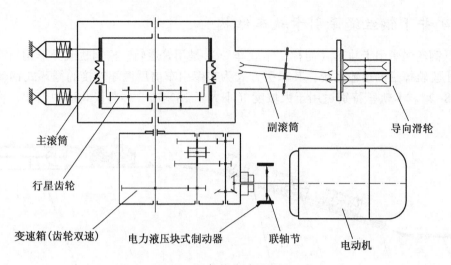

主滚筒　　副滚筒　　导向滑轮

行星齿轮

变速箱(齿轮双速)　　电力液压块式制动器　　联轴节　　电动机

图28-3　机械传动原理图

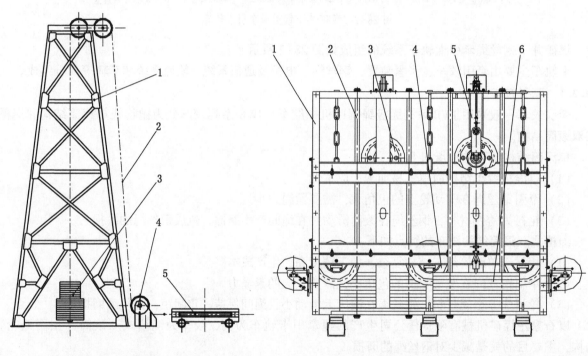

1—塔体；2—钢丝绳；3—重锤；4—绳轮；5—小车

图28-4　塔式紧绳器

1—框架；2—立柱；3—动滑轮；4—定滑轮；5—滑道；6—重锤

图28-5　五轮紧绳器

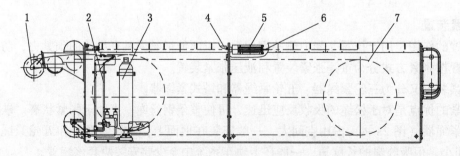

1—导绳轮；2—管路；3—蓄能器；4—油缸；5—回绳轮；6—钢丝绳；7—张紧轮

图28-6　液压紧绳装置

28.2.3 轨道系统

轨道系统包括轨道、轨枕、道岔、托绳轮、压绳轮、导绳轮、回绳站、阻车器等。

1. 轨道

轨道一般分为普通轨、槽钢轨和异形轨3种形式。

1）普通轨

普通轨卡轨车的轨道可适应普通矿车通过，不需要中间转载环节。但普通轨卡轨车的主要问题是：由于道夹板及道钉的限制，卡轨轮卡不住、过不去，即使卡轨轮刚性足够大，因普通轨轨头尺寸小、轨道安装状态受力易变形，也可以掉道；普通轨的制动，因道夹板的限制，制动爪过不去，制动爪也过不了道岔，且制动方式不可靠。

由于普通轨卡轨性能不可靠，车辆容易掉道、翻车和刹车制动困难等不安全因素，20 世纪 80 年代，国外曾推出一种异型轨卡轨车，但是一直没有投入使用。之后，英国、德国和波兰等国家的技术人员先后推出了槽钢轨卡轨车，他们普遍认为普通轨卡轨车存在无法解决的安全问题。

普通轨卡轨方式如图 28-7 所示，制动方式如图 28-8 和图 28-9 所示。

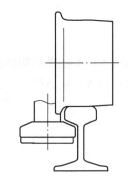
图 28-7　普通轨卡轨装置

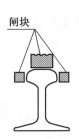
图 28-8　闸块抱轨制动方式

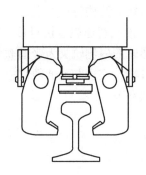
图 28-9　卡瓦抱轨制动方式

2）槽钢轨

槽钢轨是采用 18 号槽钢按 3 m 一节焊成的梯子轨，分为内卡式与外卡式，图 28-10 所示为内卡式槽钢。目前槽钢轨卡轨车已在国内外得到应用，车辆卡轨安全可靠。缺点是槽钢型材刚性差，重载运输或大坡道制动时，常发生轨道变形；槽钢轨为专用轨道，与普通轨无法对接，需要增设中间转载装置，不能在井下普及推广。

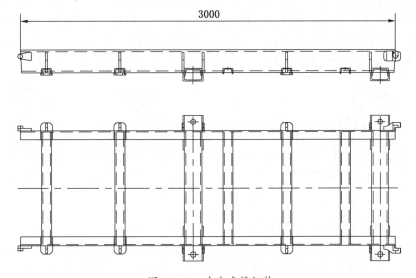
图 28-10　内卡式槽钢轨

3）异形轨

石家庄煤矿机械有限责任公司研发的 SMJ 系列煤矿用热轧异形钢轨（简称"异形轨"）如图 28-11 至图 28-13 所示，其结构为：轨底及内侧轨头尺寸与普通轨一致，方便与卡轨车系统以外的轨道连接；外侧轨头与槽钢结构形式相似并做了加强处理，即可发挥槽钢轨的长处，又可避免槽钢轨的缺点。

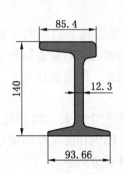
图 28-11　SMJ140 异形轨

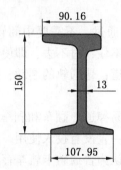
图 28-12　SMJ150 异形轨

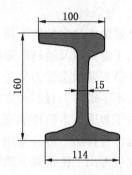
图 28-13　SMJ160 异形轨

异形轨的结构特点如下。

（1）能与普通轨直接对接，减少中间转载环节。

异形轨的内侧轨头为普通轨结构，将普通轨与异形轨结合在一起设计为整体金属结构的过渡轨（图 28-14），实现与普通轨直接对接。普通轨道上运行的车辆可以直接运行到异形轨系统上，减少了中间转载环节。

图 28-14　过渡轨

（2）轨道铺设简单方便，适应多种安装铺设方式，降低使用成本。

异形轨既可制作成金属结构的梯子形轨道，搭接铺设简单快捷，又可按照普通轨铺设的方法进行铺设，在轨道接头处布置可安装托绳轮以及道外绳轮的金属轨枕（图 28-15），该轨枕可与地面锚固，其他位置使用已有的水泥轨枕或木质轨枕、道钉或压板进行铺设，降低了铺设成本。

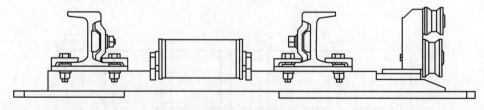
图 28-15　金属轨枕

（3）既具有足够的卡轨空间，又满足安全可靠要求的制动。

在满足刚度和强度要求的情况下，保证了多种安装形式下卡轨导向轮的运行空间。在确保车辆不掉道、不翻车的情况下（即确保车辆不偏离运行轨迹），采用上下夹轨的制动方式，可靠地实施夹轨制动，缩短制动距离并留有必要的制动缓冲距离，满足安全可靠的制动要求。

异形轨顶面的平面结构极大地增加了承载轮与轨道的接触面积，减小轨道与车轮的承载比压，减小轨道与车轮间的磨损，提高了轨道和车轮的寿命。例如，通常机车是靠车轮与轨道的摩擦力牵引负载车辆，为了增加机车的黏着牵引力，往往将机车做得很重，尤其是胶套轮机车，使用异形轨可增加车轮尤其是胶套轮的使用寿命。

（4）具有良好的工艺性、耐磨性和耐腐蚀性能。

异形轨具有良好的工艺性、耐磨性和耐腐蚀性能，不会出现脆裂现象，适于在煤矿井下较为潮湿的环境中使用。

（5）异形轨可满足不同煤矿的使用要求。

异形轨可满足不同煤矿的使用要求：应用于斜井人车系统可提高斜井人车的安全可靠性；应用于采区巷道，提高起伏轨道的运输效率和安全可靠性能，同时轨道拆卸方便，可随工作面伸缩，满足全路况物料运输和人员运输设备以及综采综掘设备的实际要求；应用于齿轨卡轨车运输系统，可省去坡道护轨的设置；应用于机车运输系统，可有效缩短安全制动距离，提高轨道运输的安全性。

车辆在轨道上制动安全可靠。该轨道既能满足卡轨车辆运行，又能行走普通车辆，且能与普通轨对接，实现无转载连续运输，铺设与普通轨铺设一样简单方便。

2. 道岔

卡轨车的道岔为专用道岔。由于轨道间设有钢丝绳，使摆轨转动受到限制，为使钢丝绳不阻碍摆轨运动，道岔设计成双层结构。上层为固定轨和摆轨，下层为底座，钢丝绳在下层通过。道岔控制方式分为气动控制和液压控制。槽钢轨道岔如图 28-16 所示；异形轨道岔如图 28-17 所示。

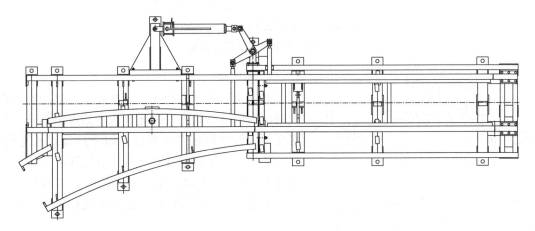

图 28-16　槽钢轨道岔

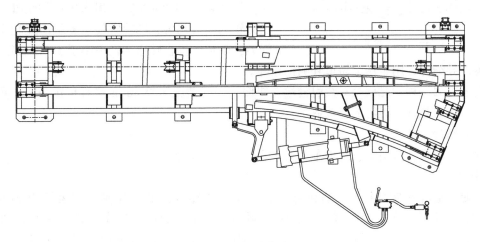

图 28-17　异形轨道岔

3. 回绳装置

回绳装置分为可紧绳的回绳装置和不可紧绳的回绳装置，可紧绳的回绳装置的紧绳方式又分为重锤张紧（图28-18）和液压张紧（图28-19）。

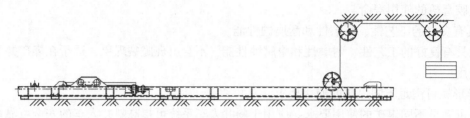

图28-18 重锤张紧式回绳装置

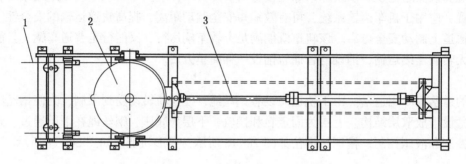

1—钢丝绳；2—尾绳轮；3—液压油缸

图28-19 液压张紧式回绳装置

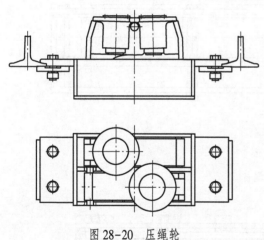

图28-20 压绳轮

4. 托绳轮

如果牵引钢丝绳托底，会加快钢丝绳的磨损以及加大钢丝绳的运行阻力，降低卡轨车的牵引效率，因此有必要保证钢丝绳在卡轨车运行的全过程被托绳轮托起。一般情况下，每间隔8 m布置一组托绳轮（安装在道节轨枕上）。另外在轨道系统的凸轨处，视具体情况应布置多组托绳轮，以分散凸轨上托绳轮的磨损，增加其使用寿命。

5. 压绳轮

压绳轮（图28-20）一般布置在凹轨处，为了保证压绳轮的受力均匀，凹轨宜使用多组压绳轮平均分担压绳力，轨道的垂直转弯半径不小于15 m。压绳轮轮架外侧需安装道外导绳轮，用于压下轨道外侧钢丝绳。

压绳轮还有另一种功能就是对牵引钢丝绳纠偏，一般情况时每80 m左右布置一组，条件好时可选得长一点，应尽量减少绳轮的布置数量。

28.2.4 车辆部分

车辆部分主要包含牵引车、载重车、人车和安全制动车等。

1. 牵引车

牵引车是卡轨车运输系统中，直接与牵引钢丝绳相连接，带动其他车辆运行的车辆。牵引车有多种样式：牵引储绳车、牵引载重车、牵引制动车和牵引制动储绳车（图28-21）等。通常以牵引储绳车最为常见，其主要起着固定牵引钢丝绳的两端并存储多余钢丝绳的车辆，完成牵引力的传递作用。

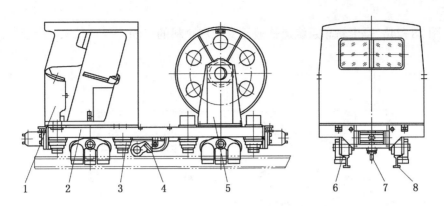

1—司机室；2—车体；3—制动缸；4—超速保护装置；5—储绳筒；6—卡轨轮系；7—牵引臂；8—SMJ异形轨

图 28-21　牵引制动储绳车

2. 人车

人车是卡轨车系统运送人员的专用车辆。图 28-22 所示为 SMJ 异形轨系统人车，该车具有翻转轮系，可在异形轨上卡轨行走，翻转轮翻起后可在普通轨上行走。

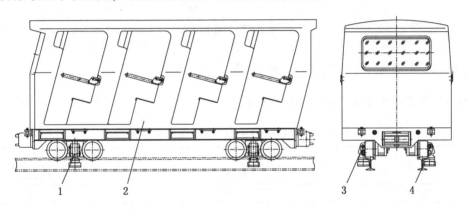

1—翻转卡轨轮系；2—车体；3—销轴；4—SMJ异形轨

图 28-22　人车

3. 安全制动车

安全制动车（图 28-23）是卡轨车系统中一种专用车辆，是车辆安全运行的保障。车上具有限速装置，当列车组出现超速现象时，安全制动车上的安全制动闸自动实施紧急制动功能，防止列车组出现跑车现象而发生事故。

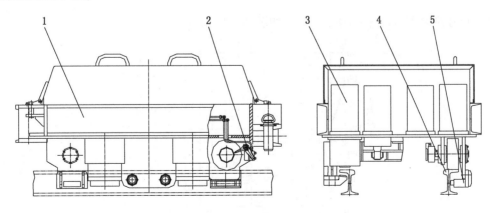

1—车体；2—超速保护装置；3—制动油缸；4—SMJ异形轨；5—卡轨装置

图 28-23　安全制动车

4. 载重车

载重车（图 28-24）是卡轨车系统运输液压支架和物料的车辆。

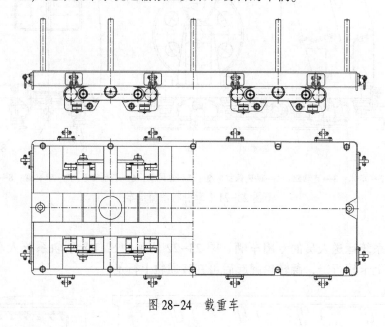

图 28-24 载重车

28.3 煤矿井下钢丝绳牵引卡轨车主要技术参数

（1）KSD90J 绳牵引卡轨车主要技术参数见表 28-1。

表 28-1 KSD90J 绳牵引卡轨车主要技术参数

技 术 参 数	设 备 型 号	
	KSD90J	KSD110J
牵引力/kN	90	110
运行速度/(m·s⁻¹)	0~3	0~2
适用坡度/(°)	≤25	≤25
主电动机功率/kW	250	200
驱动轮直径/mm	1900	1900
工作电压/V	660/1140	660/1140
适用钢丝绳直径/mm	φ26	φ28
驱动形式	电动机驱动	电动机驱动

（2）KSD90J 绳牵引卡轨车运输能力曲线如图 28-25 所示。

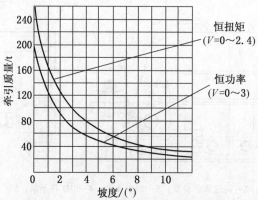

图 28-25 KSD90J 绳牵引卡轨车运输能力曲线

（3）牵引绞车的型号及技术参数。煤矿井下钢丝绳牵引卡轨车的牵引力来自牵引绞车。所采用的 JWB 系列无极绳调速机械绞车型号及技术参数见表 28-2。

表 28-2　牵引绞车的型号及技术参数

技术参数	设备型号	
	JWB110BJ	JWB110PJ
牵引力/kN	90、45	90/54
运行速度/($\mathrm{m \cdot s^{-1}}$)	0.87、1.45	0~1.3、0~2.2
主电机功率/kW	110	110
驱动轮直径/mm	1074	1400
工作电压/V	660/1140	660/1440
适用钢丝绳直径/mm	26	26
驱动形式	电动机驱动	电动机驱动

28.4　煤矿井下钢丝绳牵引卡轨车选型计算

钢丝绳牵引卡轨车运输基本计算内容包括：列车组成、阻力、张力、绞车牵引力及功率、钢丝绳的拉紧力。

28.4.1　基本参数

1. 运行速度

卡轨车牵引绞车运行速度的大小可根据实际运量和运距来调整。

考虑到在重型设备运输时的安全稳定性，目前在设计时卡轨车的最大运行速度一般均不超过 2 m/s。

2. 运输单元的平均有效载荷

在物料及设备的辅助运输中，运送物料的品种繁多。采用集装化运输是实现从地面供货点到井下使用点运输过程各工作环节的辅助运输机械化的基础。它可大大提高运输效率和安全性，并可降低劳动强度。在确定井下运输量时，根据材料、设备的重量和尺寸大小，用集装箱和捆扎的方式，将各种物品组合成一个个便于运输及装卸的运输单元。运输单元的重量和组成如下。

（1）每集装箱的运输重量为 2.5 t 以内，平均有效载荷不超过 2 t。

（2）无集装箱捆扎时为 3 t。

（3）长度小于 3.1 m 的材料用集装箱装运，大于 3.1 m 的捆扎装运。

（4）运送支架、胶带卷等重型物件时、采用重载运输车专运。

28.4.2　列车组成

钢丝绳牵引卡轨车系统是由牵引车、基本运输车、制动车组成的，其列车组成计算就是根据运输量或绞车的牵引能力来确定满足运输能力所需的基本运输车辆的数目。在设计运输设备能力时，要按最大负荷、最大运距考虑，并计入 20% 的备用能力，以便适应加大采掘强度时运输能力的增加。

钢丝绳牵引卡轨车运输为往返式运输，为达到一定运输能力，每次应牵引的运输车数根据下式计算：

$$Z = \frac{Q\left(\dfrac{2L}{60v_\mathrm{p}} + t_\mathrm{p}\right)}{60G} \tag{28-1}$$

式中　Z——每次牵引的运输车数；

　　　Q——每次运输需完成的运输量，t/h；

G——每个运输单元有效载重量，t；

L——运输距离，m；

v_p——平均运行速度，m/s，$v_\mathrm{p}=0.75v$，v 为运行速度；

t_p——装、卸载及调车等辅助作业时间，min。

式（28-1）中若运输量以运输单元件数计，则：

$$Q = Gn \tag{28-2}$$

式中 n——每小时需运送的运输单元数。

则运输车数为

$$Z = \frac{n\left(\dfrac{2L}{60v_\mathrm{p}} + t_\mathrm{p}\right)}{60} \tag{28-3}$$

卡轨车列车组成：1辆专用牵引车加 Z 辆运输车加1辆制动车，或1辆兼用牵引车加（$Z-1$）辆运输车加1辆制动车。

（注：牵引车按其功能不同有专用牵引车和兼用牵引车之分。专用牵引车上还装有驾驶室、紧急制动装置及随车乘人座椅等。）

28.4.3 运行阻力

钢丝绳牵引卡轨车的总运行阻力主要包括列车运行阻力和牵引绳沿线路运行时所受的各项阻力（图28-26）。

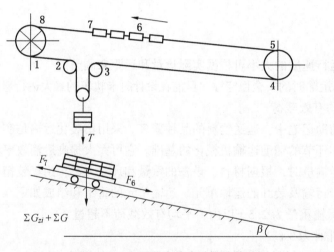

图28-26 钢丝绳卡轨车受力计算图

1. 列车运行阻力

列车运行的静阻力主要是基本阻力和坡道阻力。基本阻力是列车运行经常承受的阻力，它由阻力系数计算，阻力系数由试验得到。坡道阻力是列车在坡道运行时，列车重力沿坡道倾斜方向的分力，计算方法如下。

设列车自重为 $\sum G_{\mathrm{zi}}$：

$$\sum G_{\mathrm{zi}} = G_{\mathrm{z1}} + G_{\mathrm{z2}} + ZG_{\mathrm{z3}} + ZG_{\mathrm{z4}} + G_{\mathrm{z5}} \tag{28-4}$$

式中 G_{z1}——牵引车自重，t；

G_{z2}——制动车自重，t；

ZG_{z3}——运输车自重，t；

ZG_{z4}——集装箱自重，t；

G_{z5}——连接装置自重，t。

列车有效载重为每个运输单元有效载重量与每次牵引的运输车数，设其为 $\sum G$，则：

$$\sum G = ZG \tag{28-5}$$

列车运行基本阻力为

$$F_0 = 1000\left(\sum G_{zi} + \sum G\right)g\omega\cos\beta \tag{28-6}$$

式中　F_0——基本阻力，N；

　　　ω——列车运行阻力系数，一般取 $\omega = 0.03$；

　　　β——为运行坡道最大倾角，(°)；

　　　g——重力加速度。

列车坡道阻力为

$$F_i = \pm 1000\left(\sum G_{zi} + \sum G\right)g\sin\beta \tag{28-7}$$

式中　F_i——坡道阻力，N；

　　　"±"号选取原则为，上坡运行取"+"，下坡运行取"-"。

列车运行最大阻力为：

$$F_L = F_0 + F_i = 1000\left(\sum G_{zi} + \sum G\right)g(\omega\cos\beta + \sin\beta) \tag{28-8}$$

2. 计算牵引钢丝绳运行阻力的线路效率

钢丝绳运行阻力主要是钢丝绳沿线路直线段和曲线段运行时，在各种托绳辊及导向辊轮上所受的各项阻力。钢丝绳运行阻力在卡轨车计算中是按线路效率计算的，线路效率由试验得到。通常按下式计算：

$$\eta_L = 0.8 - \frac{0.01}{15}\alpha \tag{28-9}$$

式中　η_L——线路效率；

　　　0.8——直线运行效率；

　　　α——水平弯道转角，(°)，一般水平弯道平均每转 15°，效率降低 1%。

3. 钢丝绳牵引列车总运行最大阻力

$$F = \frac{1000\left(\sum G_{Zi} + \sum G\right)g(\omega\cos\beta + \sin\beta)}{0.8 - \frac{0.01}{15}\alpha} \tag{28-10}$$

28.4.4　钢丝绳的最大张力及拉紧力

1. 钢丝绳的最大张力

牵引钢丝绳各点张力用逐点计算方法计算。

如图 28-26 所示，一方面，在卡轨车牵引运输时，钢丝绳的最大张力点在 8 点处，由逐点计算式知，为克服运行阻力，最大张力 F_8 与绞车摩擦轮分离点 1 处的张力 F_1，有下列关系：

$$F_8 = F_1 + F$$
$$F_8 - F_1 = F \tag{28-11}$$

另一方面，钢丝绳与牵引绞车为摩擦传动，F_8 与 F_1 还应满足挠性体摩擦传动的欧拉公式：

$$F_8 = F_1 e^{\mu\alpha}$$

同时考虑一定备用摩擦力，防止摩擦轮与牵引绳之间打滑，F_8 与 F_1 有下列关系：

$$F_8 - F_1 = \frac{F_1(e^{\mu\alpha} - 1)}{n} \tag{28-12}$$

式中　n——摩擦力备用系数，可取 1.2；

　　　α——钢丝绳在摩擦轮上的总围抱角，弧度；

　　　μ——钢丝绳与摩擦轮间的摩擦因数，取 0.1~0.3。

联立式 (28-11) 及式 (28-12)，得：

$$F_1 = \frac{Fn}{e^{\mu\alpha} - 1}$$

$$F_8 = F\left(\frac{n}{e^{\mu\alpha} - 1} + 1\right)$$

钢丝绳最大张力为

$$F_{max} = F_8 = F\left(\frac{n}{e^{\mu\alpha} - 1} + 1\right) \tag{28-13}$$

2. 拉紧力计算

拉紧装置的拉紧力按拉紧装置的位置并根据计算得出的张力值计算，如图 28-26 所示的拉紧装置位置，采用重锤张紧时其拉紧力为

$$T = 2F_1 \tag{28-14}$$

28.4.5　牵引钢丝绳的选择

牵引钢丝绳按最大静张力 F_{max} 选择，并满足强度条件

$$F_{max} \leqslant \frac{\sigma_b A}{m} \tag{28-15}$$

式中　σ_b——钢丝绳材料的抗拉强度，N/m²；

　　　A——钢丝绳中全部钢丝的截面积之和，m²；

　　　m——安全系数，运人时不小于 6，运物料时不小于 3.5。

28.4.6　绞车牵引力及功率

绞车摩擦轮的静圆周牵引力等于摩擦轮上钢丝绳两侧静张力差（即总运行阻力 F）：

$$F = \frac{1000\left(\sum G_{Zi} + \sum G\right)g(\omega\cos\beta + \sin\beta)}{0.8 - \frac{0.01}{15} \times \alpha} \tag{28-16}$$

当绞车牵引列车以速度 v 稳定运行时，在摩擦轮轴上的功率为：

$$N = \frac{Pv}{1000\eta} \tag{28-17}$$

式中　P——绞车牵引力，N；

　　　v——绞车牵引速度，m/s；

　　　η——绞车传动效率。

在实际选用绞车功率时，应将计算值增加 20% 的备用量。

28.4.7　卡轨车运输能力简算方法

牵引卡轨车运输能力可按下式计算：

$$Q = \frac{F\eta}{g(\sin\alpha + f_k\cos\alpha)} - G_d \tag{28-18}$$

式中　Q——卡轨车运输能力，t；

　　　F——牵引力，查表（卡轨车主要技术参数）得，kN；

　　　η——综合效率，取 0.8；

　　　g——重力加速度；

α——运行巷道坡度（倾角）；

f_k——运行阻力系数，取 0.03~0.04，运行工况较好时取小值，工况较差时取大值；

G_d——机车及配套设备（储绳车、承载车及安全制动车等车辆）自重，t。

28.4.8 安装注意事项

1. 绞车房的布置

牵引绞车房应尽可能设置在坡道上方，因为这种设置方式会使回绳站及外侧导绳轮受力较小，运输更安全。当绞车房必须设置在坡道下方时，必须在绞车房前设置可靠的安全保护装置，用以防止车辆因重力产生的下滑力量危及绞车房的操作人员以及物品。绞车房距离巷道顶面的高度由用户根据实际情况确定，应考虑设备安装和检修、维护的使用空间，最小不得小于 500 mm。

绞车房内一般安装放置绞车、紧绳装置、电控系统等，绞车和紧绳装置均需做水泥基础。如图 28-27 所示为屯留矿南二进风下山卡轨车绞车房布置图。

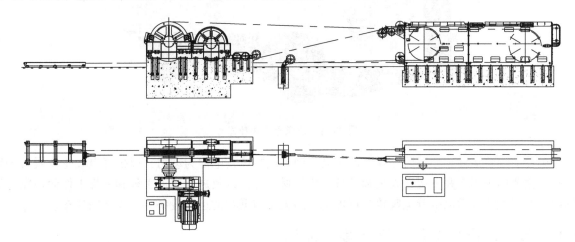

图 28-27 绞车房布置图

2. 轨道系统的安装

安装轨道之前，应先清理巷道，对安装轨道线路的局部高低不平进行平整，并将轨道尽量直接铺设在坚实的底板上，要求轨道调平、调直，使其尽可能平缓，减小车辆运行过程中的震动。如果不能将轨道铺设在底板上，必须采取有效措施将轨道垫实、调平，防止轨道承受重载时出现下陷现象。

根据巷道的实地测量高度，核实是否能满足卡轨车运输系统运输物体所需空间的要求，尤其应该注意卡轨车在通过各种弯道时所需要的空间。车辆与巷道之间的空间至少应满足《煤矿安全规程》的有关要求。

铺设轨道前应在巷道中标出轨道中心位置和开始轨的位置。轨道安装的应尽量平直，并减少水平转弯的次数。

道岔和回绳装置在安装前均需做好水泥基础。

29　无轨运输车

20世纪末至今，煤矿井下新型无轨运输车成为我国新兴的一项技术和产业，并成为当前煤矿井下辅助运输中最先进的运输方式之一，如图29-1所示。

图29-1　防爆无轨胶轮车

煤矿井下无轨运输车，以防爆强、低污染柴油机或防爆蓄电池为动力，以抗静电胶轮或履带为行走机构，主要用于煤矿井下运送人员和设备、锚喷材料等，以及进行巷道工程和采煤工作面搬家等运输作业。本章主要介绍以抗静电胶轮为行走机构的无轨防爆辅助运输设备——无轨胶轮车。

29.1　无轨胶轮车工作原理与结构特征

29.1.1　无轨胶轮车的分类

无轨胶轮车也称无轨运输车，可按车辆用途、车辆结构和车辆驱动方式来分类。

1. 按车辆用途分类

无轨胶轮车按车辆用途可分为运送人员、物料的运输类车辆，以铲、运、卸物料为主的铲运类车辆，以及具有专项功能的特种类车辆3种。

1) 运输类车辆

该类车辆主要用于人员、材料和设备的运输。使用时，车辆在井口或井底车场装载后把人员或物料运输到工作面或卸料点，可自行完成卸料或用铲运类车辆来配合卸载。该类车辆是井下车辆中需求量最大的车型，大致占到无轨胶轮车总数量的75%。其代表车型有WC5型防爆胶轮车、WC8型防爆悬挂式胶轮车、WCQ-3A轻型无轨胶轮车、WCQ-3D型双向驾驶无轨胶轮车、WCQ-5B型无轨胶轮车、WrC20J型防爆运人车、WCA0型防爆支架运输车等。图29-2所示为WCQ-3D型双向驾驶无轨胶轮车外形图。

2) 铲运类车辆

该类车辆是以铲斗、铲板或铲叉等作为工作装置的装卸载运输类车辆，也可在井下进行短距离设备和物料的铲装运输，完成清理巷道和参与巷道工程的运输工作，并可加装升降平台或小吊臂后完成顶板作业和其他辅助作业。代表车型有：ED10型多功能铲运车、912X型支架铲装车、WC40Y型框架式支架搬运车、FBZL30型防爆装载机等。图29-3所示为WC40Y型框架式支架搬运车布置图。

3) 特种类车辆

该类车辆是用于完成井下辅助性或特殊性任务的车型，如用来喷灭巷道中灰尘的洒水车、进行人

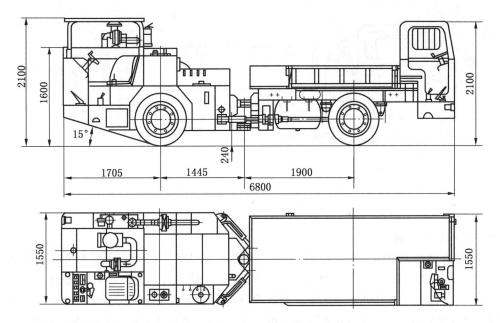

图 29-2 WCQ-3D 型无轨胶轮车外形图

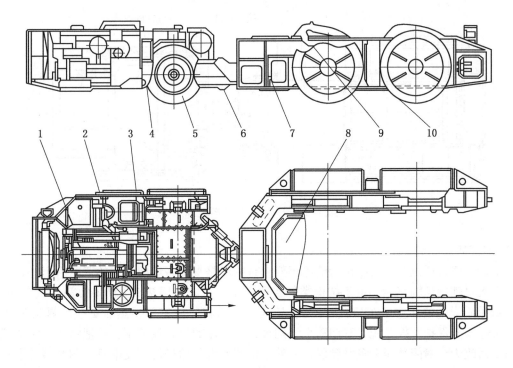

1—发动机总成；2—防爆抗污染系统；3—液压系统；4—承载动力源前车架；5—行走系统；6—气动系统；
7—承载液压支架重量的 U 形框架；8—料斗；9—提升机构；10—摆动梁

图 29-3 WC40Y 框架式支架搬运车布置图

员救护的救护车、用于给设备加注油料的加油车、用于设备吊装维修的维修（工具）车以及特大型设备专项运输的专用运输车（履带式采煤机搬运车）等，大致占胶轮车总数的 5%。防爆洒水车外形如图 29-4 所示。

2. 按结构特征分类

无轨辅助运输车按结构特征可分为铰接式车架类车辆和整体式车架类车辆两大类。

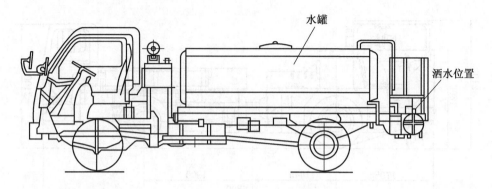

图 29-4　防爆洒水车外形图

1）铰接式车架类车辆

该类车辆的结构类似地面工程机械类车辆：焊接结构的前、后机架通过中央铰接轴而连接成一体，使用液压油缸一推一拉来实现车辆水平范围内的折腰转向。其特点是机架刚性大、抗碰撞能力强、转弯半径小。目前，国外进口的无轨辅助运输设备（除英国 EIMCO 产 880D-60 型运输车外）几乎都采用了此类结构。国内研制的该类胶轮车的代表车型主要有 WC5、WC8、WCQ-3A、WCQ-3B、WCQ-3D、WCQ-5B、FBZL16、FBZL30、WC30、WC40 等车型。其典型结构如图 29-5 所示。

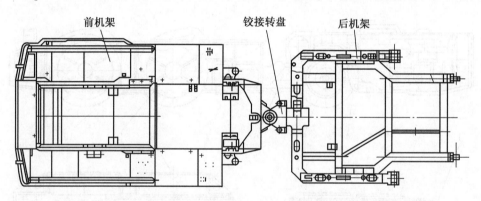

图 29-5　铰接式车架类车辆结构

2）整体车架类车辆

该类车辆类似普通汽车，其结构为整体车架，有的就是直接将地面使用的普通汽车经过防爆改装后变成井下无轨辅助运输车辆。由于结构类似普通汽车，所以采用 70%～80% 的普通汽车的零部件，如车架（或重新设计的加重型车架）、传动、悬挂、操纵和驾驶室等，然后更换防爆柴油机动力装置，加装防爆安全保护监控系统，其制动系统则改成由液压或气顶油控制，并把蹄式、钳盘式制动器和停车制动器改为全封闭液压多盘制动器。另外，将照明灯、信号灯、发电机、调节器等所有电气元部件全部改为具备安全标志准用证的防爆电气元件。整体车架类车辆有 WqC2、WqC3、WCQ-3C、WCQ-5C、WqC4、WrC20 型防爆车辆等。其典型结构如图 29-6 所示。

3. 按驱动动力源分类

按车辆防爆动力源分类，可分为以防爆柴油机为动力的车辆和以防爆蓄电池为动力的车辆两大类。

1）以防爆柴油机为动力的车辆

目前，国内外的无轨辅助运输车绝大多数采用防爆柴油机为动力。该类车辆机动灵活，可涵盖轻型到重型所有车辆，但也存在柴油机排放的废气污染环境等缺点。防爆柴油机动力装置的系统结构如图 29-7 所示。

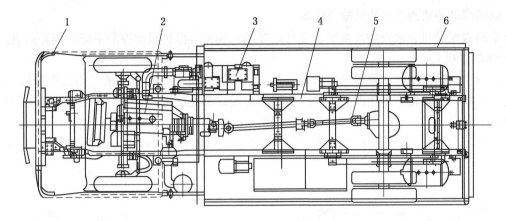

1—驾驶室；2—防爆柴油机主机；3—废气处理箱；4—车架；5—传动系；6—车厢

图 29-6　整体车架类防爆无轨胶轮车结构

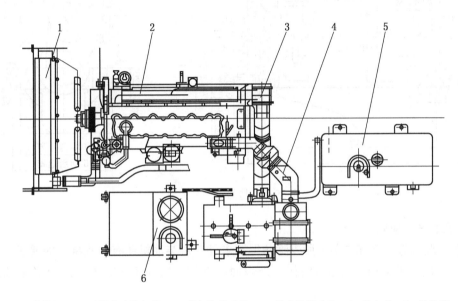

1—散热器；2—防爆柴油机主机；3—排气防爆系统；4—进气防爆系统；5—补水箱；6—燃油箱

图 29-7　防爆柴油机动力装置系统简图

2）以防爆蓄电池为动力的车辆

以防爆蓄电池为动力的车辆排出有害气体很少，使用中对周边环境污染较小。由于受到额定功率限制，其功率大多在 60 kW 以下，不能用于大型、重型车辆。同时，在使用中需要经常对蓄电池进行充电，因此生产效率比以防爆柴油机为动力的车辆低。防爆蓄电池的典型结构如图 29-8 所示。

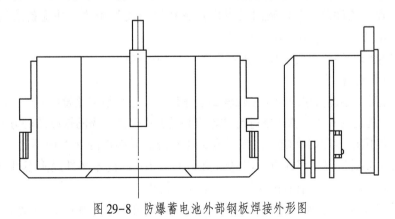

图 29-8　防爆蓄电池外部钢板焊接外形图

29.1.2 以防爆柴油机为动力的无轨胶轮车

该车由防爆柴油机、进气防爆系统、排气防爆系统和安全保护自动控制系统四部分组成。

1. 防爆柴油机

目前国内生产的柴油机，原服务对象都是针对汽车、拖拉机、工程机械（如工程装载机）、农用机械等地面车辆，不具备防爆功能。国产无轨辅助运输设备上使用的防爆柴油机一般是由整车生产厂与柴油机生产厂联合设计改进研制的，即由柴油机生产厂提供合适的柴油机基础机型，由整车生产厂按防爆规定提出的要求联合进行防爆改装。防爆柴油机如图29-9所示。

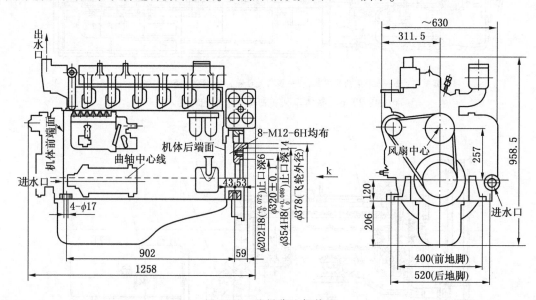

图 29-9 防爆柴油机简图

1）柴油机的选型原则

煤矿井下工况恶劣、路况复杂，所以除防爆要求外，对柴油机还有一些特殊的要求，主要如下。

（1）由于防爆要求柴油机在运行时任一外表面温度均不得大于 150 ℃，所以必须选用水冷式柴油机。

（2）由于井下路况复杂，上坡下坡变化多，且有的坡度大、坡道长，所以要求柴油机主机的扭矩要大，扭矩储备系数要高，并应能保证在前、后、左、右倾斜小于等于 30° 的场地正常工作。

（3）由于井下路面条件差、坑坑洼洼，车辆在运行时柴油机受到的冲击大、振动大，所以要求柴油机主机的机体有较高的刚性和强度。

（4）由于无轨辅助运输设备的运行范围广，工作环境的温差变化比较大，所以要求柴油机主机要有良好的启动性能，并要求柴油机主机能在 -30~40 ℃ 的环境温度下正常工作。

（5）由于井下通风条件差，要求柴油机主机具有较好的废气排放，并配备废气净化装置，以满足有关标准中 $CO \leqslant 0.1\%$、$NO_x \leqslant 0.08\%$ 的要求。

（6）煤矿现场维修条件差，要求柴油机主机有足够的可靠性。

2）柴油机的防爆改造

选定柴油机机型后，不能直接应用于无轨辅助运输设备，还必须按照 MT 990—2006《矿用防爆柴油机通用技术条件》中规定的有关条款严格进行防爆改装后方可使用。需防爆改装的方面主要如下。

（1）在防爆柴油机运转和维修期间，有可能受到撞击的零部件的外壳均不允许使用轻金属制造；柴油机及其配套的非金属材料零部件应采用电阻值小于 1×10^9 Ω 的不燃性或阻燃性材料制造，用于密封的衬垫应使用带有金属骨架或金属包封的不燃性材料制造。

（2）防爆柴油机在缸盖与机体之间隔爆接合面的有效宽度不小于 9 mm，平面度不大于 0.15 mm；

进排气系统各部件之间的隔爆接合面（阻火器除外）、进排气系统与缸盖之间的隔爆接合面有效宽度不小于 13 mm；隔爆接合面的内部边沿到螺栓孔的边沿有效宽度不小于 9 mm，隔爆接合面中含有冷却水道通孔的隔爆面，由接合面内部到水道通孔边沿的有效宽度应小于 5 mm。

（3）利用杆套间隙作为隔爆面的杆套间隙应不大于 0.2 mm，轴向长度应不小于 25 mm。喷油器与缸盖的配合，其间隙应不大于 0.2 mm，轴向长度应不小于 25 mm。

（4）在隔爆腔机体上应避免钻通孔，至少留 3 mm 或 1/3 孔径的壁厚，取其大者。如果钻通孔应用螺塞堵死，螺塞最小拧入深度不小于 12.5 mm，最小啮合扣数不小于 6 扣，并有防松措施。在隔爆腔机体的盲螺孔上拧螺塞时，若无垫圈，应在孔底至少留有一个螺距的余量。

（5）防爆柴油机隔爆接合面的表面粗糙度 Ra 不超过 6.3μm。

2. 进气防爆系统

1）进气防爆系统组成

如图 29-10 所示，防爆柴油机的进气防爆系统由进气歧管、进气阻火器、进气关断阀及进气连接管、空气滤清器等组成。进气阻火器的作用是防止柴油机汽缸可能返回的火星直接通向大气而引燃工作环境中的可燃气体。进气关断阀是安全保护中的执行机构之一，其作用是为了在车辆飞车（即柴油机失速）时切断进气，强行将柴油机熄火停车。

2）结构简介

进气阻火器的结构可分为两种：栅栏型和珠型。

栅栏型阻火器的结构又有边框式和圆桶式两种。边框式栅栏框架隔爆接合面宽度应不小于 25 mm，应使用耐高温、防腐蚀、耐磨损的材料制造。栅栏板的厚度应不小于 1 mm，平面度不大于 0.15 mm，气流方向的宽度不小于 50 mm，相邻两栅栏板之间的间隙不大于 0.5 mm。边框式栅栏型阻火器结构如图 29-11 所示。

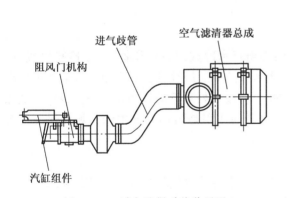

图 29-10 进气防爆系统装置图

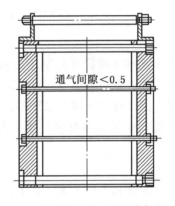

图 29-11 边框式栅栏型阻火器结构图

圆桶式进气栅栏型阻火器主要是将 4 个边框改为圆形或矩形焊接结构。其质量是边框式的 1/2 左右，质量轻、安装使用方便。圆桶式栅栏型阻火器结构如图 29-12 所示。

珠型阻火器的结构如图 29-13 所示。当采用直径为 5 mm 的球形体填充时，气流方向的填充厚度应不小于 60 mm；当采用直径为 6 mm 的球形体填充时，气流方向的填充厚度应不小于 90 mm，且装配完整后的珠型阻火器内部球形体不得有松动。

防爆进气歧管基本上与地面柴油机相同，但必须满足与缸盖之间的隔爆接合面有效宽度不小于 13 mm，隔爆接合面的内部边沿到螺栓孔的边沿有效宽度不小于 9 mm。

进气关断阀的结构如图 29-14 所示，当安全保护系统动作（或发出警报）时关闭旋转控制门，实现关闭进气道的目的。需注意的是，如进气关断阀设置在进气阻火器之后（柴油机主机与进气阻火器之间），其各安装面尺寸必须满足隔爆要求。

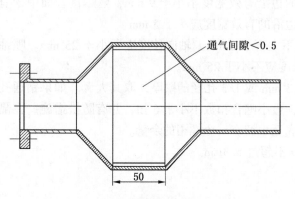

图 29-12　圆桶式栅栏结构图

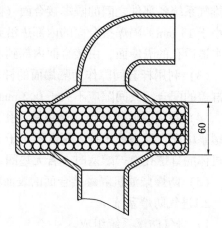

图 29-13　珠型阻火器结构图

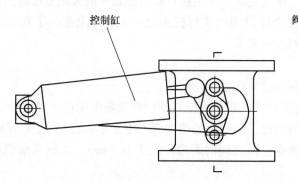

图 29-14　进气关断阀结构图

3. 排气防爆系统

排气防爆系统由水冷式排气歧管（对增压柴油机还必须有水冷式涡轮增压器）、水冷排气接管、废气处理箱、排气阻火器和补水箱等组成。排气接管是带水套的双层波纹管，其作用是将柴油机排出的废气引入废气处理箱，保证排气管表面温度不超过 150 ℃。废气处理箱的作用是进一步冷却和洗涤废气，清除炭烟及溶解废气中的部分有害气体。排气阻火器的作用是阻挡废气中的火焰，保证排气安全。

1）工作原理

排气防爆系统是尾气冷却和净化装置。其工作原理是通过水冷式排气歧管收集尾气，经水冷排气接管进入废气处理箱，经水洗处理后，再经过排气阻火器排入大气。三缸及以上的柴油机一般均配有补水箱来给废气处理箱补水，这样可保持废气箱内的水位始终保持在一定的深度。排气防爆系统如图 29-15 所示。

2）结构简介

防爆柴油机水冷式排气歧管的结构与普通柴油机排气歧管的结构不同点是，其为双层结构，即其外层和内层之间是封闭的水通道。通过水通道内循环水的冷却，一方面初步冷却了排出的废气，另一方面确保排气歧管的外表面温度不超过 150 ℃。

水冷式排气歧管的典型结构如图 29-16、图 29-17 所示，水冷式排气接管也是双层结构，且在中段是双波纹结构（俗称波纹管）。冷排气接管的两端分别与排气歧管和废气处理箱连接，一端的废气处理箱刚性地固定在机架上，而另一端的排气歧管与柴油机刚性连接，通过中间段的双波纹结构，既可消除排气歧管和废气处理箱间的安装误差，又可消除柴油机振动引起的排气管挠曲。水冷排气管典型结构如图 29-18 所示。

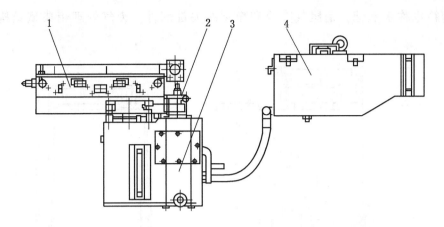

1—水冷排气歧管；2—补水箱；3—水冷排气接管；4—废气处理箱

图 29-15 排气防爆系统

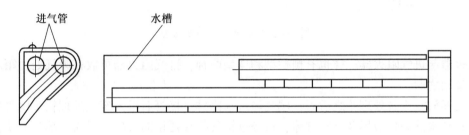

图 29-16 水冷式排气歧管结构

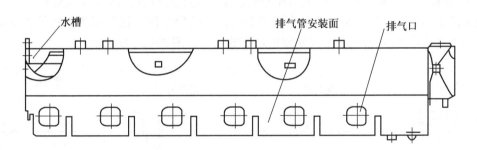

图 29-17 防爆排气歧管接合面图

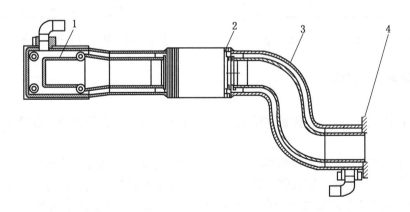

1—与排气歧管连接面；2—双波纹管结构；3—外层管体；4—与废气处理箱安装面

图 29-18 水冷排气接管结构图

废气处理箱也称水洗箱，是尾气降温和净化的关键部件。废气处理箱典型结构如图29-19所示。

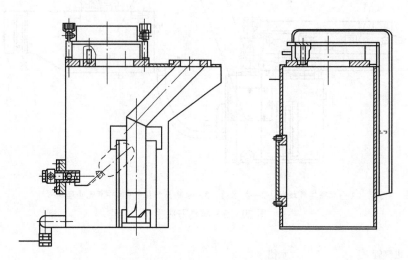

图29-19 废气处理箱结构图

排气阻火器与进气阻火器一样也有栅栏型和珠型两种，排气阻火器可放在废气处理箱之前，也可放在废气处理箱之后。

排气阻火器放在废气处理箱之后时，尾气经过水冷排气接管后进入废气处理箱，尾气先入水，在水中经过冷却和水洗去除炭黑及有害气体，再经过排气阻火器排向大气。目前大部分无轨胶轮车均采用这种结构，这种结构较为简单，其结构示意图如图29-20所示。

排气阻火器放在废气处理箱之前时，尾气先通过排气阻火器后再进入废气处理箱的水中。例如WC40型使用的增压中冷式防爆柴油机动力装置中的排气防爆系统。这种布置方式较为复杂，但对排气栅栏污染较少。排气阻火器放在废气处理箱之前的结构如图29-21所示。

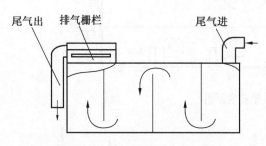

图29-20 排气阻火器在入水后的结构图

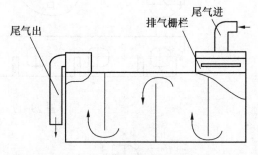

图29-21 排气阻火器在废气处理箱前的结构图

29.1.3 传动系统与驱动方式

29.1.3.1 传动系统

井下无轨胶轮车的传动方式有机械式传动、液力机械传动、静液压传动及静液压机械传动4种。

1. 机械式传动

普通汽车采用的传动方式，即由柴油机、离合器、变速箱、传动轴、驱动桥等组成传动链。机械传动具有结构简单、工作可靠、质量轻、价格低廉、传动效率高等特点。目前国产无轨胶轮车中的多种机型，特别是整体式车架类无轨胶轮车普遍采用该传动方式。但要注意的是：普通机械传动（干式摩擦离合器等）不防爆，必须把干式摩擦离合器等改进成防爆型。常州科研试制中心生产的WCQ-3B型、WCQ-3C型、WCQ-5C型无轨胶轮车采用的传动方式就是机械传动，该传动原理示意图如图29-22所示。

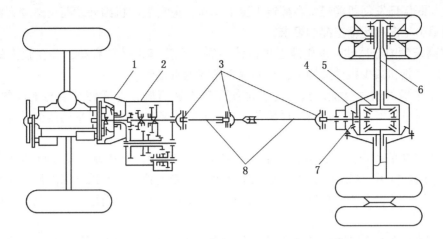

1—防爆离合器；2—变速箱；3—万向节；4—驱动桥；5—差速器；6—半轴；7—主减速器；8—传动轴

图 29-22　防爆机械式传动示意图

离合器的防爆改装是在地面车辆常用的离合器基础上，严格按 MT/T 989—2006《矿用防爆柴油机无轨胶轮车通用技术条件》中的规定进行的，主要是对其安装面和离合器压盘的操纵机构等进行改装，其隔爆结构尺寸要求和防爆柴油机主机部分的要求相同。防爆改装后还必须经过有关质检中心防爆检验，检验合格后方可安装使用。防爆离合器结构如图 29-23 所示。

2. 液力机械传动

这里说的液力机械传动指的是变矩器液力机械传动，其传动路线为"发动机—液力变矩器—动力换挡变速箱—前、后传动轴—前、后驱动桥"，如图 29-24 所示。液力变矩器虽能在一定范围内自动地、无级地改变转矩比和传动比，但存在着变矩能力与效率之间的矛盾。目前应用的变短器的变矩系数都不够大，难以满足汽车的使用要求，故在汽车上广泛采用的是液力变矩器与齿轮式变速器组成的液力机械式变速器。与变矩器配合使用的齿轮式变速器多数是行星齿轮变速器，也可以是固定轴线式齿轮变速器。

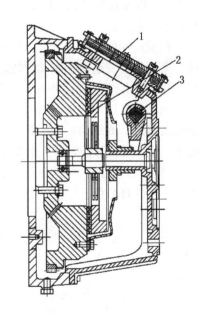

1—离合器防爆栅栏；2—离合器压盘；3—操纵机构

图 29-23　防爆离合器结构

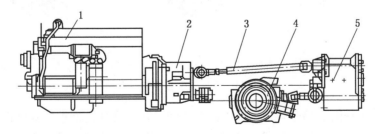

1—防爆柴油机；2—液力变矩器；3—传动轴；4—驱动桥；5—变速箱

图 29-24　液力机械式传动系统

液力机械传动的车辆有如下优点。

（1）车辆具有良好的自动适应性能。当外载荷增大时，变矩器能使车辆自动增大牵引力，同时车辆自动减速以克服增大了的外载荷。反之，当外载荷减小时，车辆又能自动减小牵引力，提高车辆的速度。因此，既保证发动机能经常在额定工况下工作，避免发动机因外载荷突然增大而熄火，同时也满足了车辆牵引工况和运输工况的要求。

（2）可提高车辆的舒适性。采用液力机械传动后，可使车辆平稳启动，并在较大的速度范围内无级变速，可以吸收和减少振动及冲击，从而提高车辆的舒适性。

（3）提高了车辆的通过性能。液力传动可使车辆低速行驶，这样使车辆与地面的附着力增加，从而提高车辆的通过性能。这一点对于煤矿井下无轨胶轮车辆在泥泞、不平的路面条件作业是非常有利的。

（4）简化了车辆的操纵。因为液力变矩器本身就是一个无级变速器，发动机的动力范围得到了扩大，故变速箱的挡数可以减少。加上配套采用动力换挡变速箱后，换挡操纵简便，从而大大降低驾驶员的劳动强度。另外，由于变矩器可避免发动机因外载荷突然增大而熄火，所以司机可不必为发动机熄火而担心。

（5）提高了车辆的使用寿命。由于液力变矩器的工作介质是液体，故能吸收并减少来自发动机和外载荷的振动与冲击，因而可提高车辆的使用寿命。一般使用液力变矩器后发动机使用寿命可延长47%，变速箱的寿命可延长400%。这一点对经常处于恶劣环境下工作的煤矿井下无轨胶轮车辆来说尤其具有重要意义。

液力机械传动的主要缺点是：与一般机械传动相比成本较高，变矩器本身的效率较低。

液力变矩器、变速箱和驱动桥的结构原理介绍如下。

（1）液力变矩器。煤矿井下无轨胶轮车辆绝大部分采用三元件液力变矩器，即液力变矩器由可旋转的泵轮和涡轮以及固定不动的导轮3个零件组成。这些零件的形状如图29-25所示。各工作轮用铝合金精密铸造，或用钢板冲压焊接形成。泵轮与变矩器壳连成一体，用螺栓固定在发动机曲轴后端的凸缘上。变矩器壳做成两半，装配后焊成一体（有的用螺栓连接）。壳体外面有启动齿圈、涡轮通过从动轴与传动系统的其他部分相连。导轮固定在不动的导轮固定套管上。所有工作轮装配后，形成断面为循环圆的环状体。

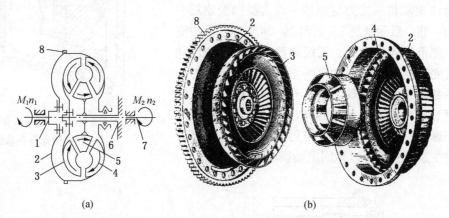

1—发动机曲轴；2—变矩器壳；3—涡轮；4—泵轮；5—导轮；6—导轮固定套管；7—从动轴；8—启动齿圈

图29-25 液力变矩器结构示意图

液力变矩器正常工作时，储于环形内腔中的工作液，除有绕变矩器轴的圆周运动以外，还有在循环圆中沿图29-25中箭头所指方向的循环流动，故能将转矩从泵轮传到涡轮上。

变矩器之所以能起变矩作用，是由于结构上比耦合器多了导轮机构。在循环流动的过程中，固定不动的导轮给涡轮一个反作用力矩，使涡轮输出的转矩不同于泵轮输入的转矩。

（2）动力换挡变速箱。

①动力换挡变速箱结构。动力换挡变速箱按其结构可分为定轴式动力换挡变速箱和行星式动力换挡变速箱，煤矿井下无轨胶轮车辆使用较多的是定轴式动力换挡变速箱，所以此处仅介绍定轴式动力

换挡变速箱。与机械换挡变速箱相比，由于动力换挡变速箱采用了液压动力换挡，操纵轻便，换挡迅速，并且可在不切断动力和有负荷的情况下直接换挡。

定轴式动力换挡变速箱的基本结构如图29-26所示，该变速箱有四个前进挡和四个倒退挡。

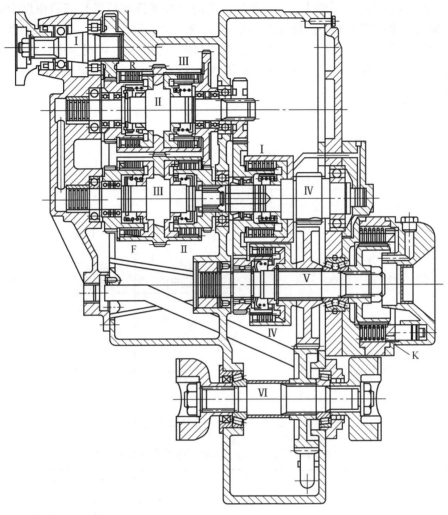

图 29-26 动力换挡变速箱

a) 输入轴 I，它的前端接盘通过传动轴、万向联轴节与液力变矩器的涡轮输出轴相连接。输入轴 I 上的齿轮与中间轴 II 倒退挡离合器齿轮及中间轴 III 前进挡离合器齿轮啮合。

b) 中间轴 II、III、IV、V，轴 II 上装有倒退挡离合器 R 及 III 挡离合器，还有四个齿轮，这些齿轮分别与 I 轴、III 轴和 IV 轴上的齿轮相啮合，且均为常啮合齿轮，轴 II 两端通过深沟球轴承支承在变速箱的箱体上；轴 III 上也装有两个离合器，一个是前进挡离合器 F，另一个是 II 挡离合器，轴 III 的两个齿轮分别与轴 II 上的两个齿轮相啮合，轴 III 的左端由深沟球轴承支承在变速箱的箱体上，右端经滚针轴承支承在轴 IV 上；轴 IV 上装有一个 I 挡离合器和三个齿轮，左端齿轮是 II 挡离合器的从动部分的齿轮，II 挡离合器接合后，轴 III 的动力可通过 II 挡离合器直接传递给轴 IV，轴 IV 上的三个齿轮分别与轴 II 和轴 V 上的齿轮相啮合，轴 IV 两端由深沟球轴承支承在变速箱的箱体上；轴 V 上装有 IV 挡离合器和一个制动器 K（即右端箱体外面与离合器结构类似，它又称驻车制动器），轴 V 上装有的两个齿轮分别与轴 IV 和轴 VI 上的齿轮相啮合，轴 V 由左端圆柱滚子轴承及右端双列圆锥滚子轴承支承在变速箱的箱体上。

c) 输出轴 VI，输出轴两端接盘分别与连接前、后驱动桥的前、后传动轴相连，输出轴的齿轮与轴 V 上的齿轮相啮合，此轴用两个圆锥滚子轴承支承在箱体上，为防止变速箱中的润滑油沿输出轴两端溢出，两端均设置了油封。

②定轴式动力换挡变速箱传动示意图。定轴式动力换挡变速箱的传动如图29-27所示。变速箱中有两个换向离合器，即离合器R为后退挡离合器，离合器F为前进挡离合器。这两个离合器和五个齿轮（Z_1、Z_2、Z_3、Z_6和Z_7）及轴Ⅰ、Ⅱ、Ⅲ组成换向（即前进和后退）二自由度变速箱。其余四个换挡（或称变速）离合器和八个齿轮（Z_4、Z_5、Z_8、Z_9、Z_{10}、Z_{11}、Z_{12}、Z_{13}）及轴Ⅱ、Ⅳ、Ⅴ、Ⅵ组成换挡（变速）二自由度变速箱。它有四个前进挡和四个后退挡，可视为由换向部分（R、F）和换挡部分（Ⅰ、Ⅱ、Ⅲ、Ⅳ）串联组成，串联后挡数为 $2 \times 4 = 8$ 个挡位。定轴式动力换挡变速箱各挡传动路线见表29-1。

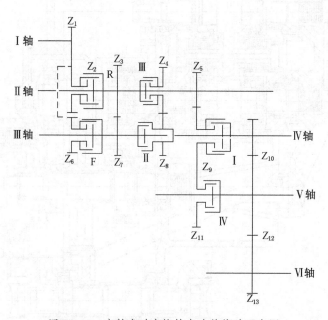

图29-27　定轴式动力换挡变速箱传动示意图

表29-1　定轴式动力换挡变速箱传动路线

挡　　位		接合离合器	传　动　路　线
前进	Ⅰ	F、Ⅰ	Z_1、Z_6、Z_7、Z_3、Z_5、Z_9、Z_{10}、Z_{12}、Z_{13}
	Ⅱ	F、Ⅱ	Z_1、Z_6、Z_{10}、Z_{12}、Z_{13}
	Ⅲ	F、Ⅲ	Z_1、Z_6、Z_7、Z_3、Z_4、Z_8、Z_{10}、Z_{12}、Z_{13}
	Ⅳ	F、Ⅳ	Z_1、Z_6、Z_7、Z_3、Z_5、Z_9、Z_{11}、Z_{12}、Z_{13}
后退	Ⅰ	R、Ⅰ	Z_1、Z_2、Z_5、Z_9、Z_{10}、Z_{12}、Z_{13}
	Ⅱ	R、Ⅱ	Z_1、Z_2、Z_3、Z_7、Z_{10}、Z_{12}、Z_{13}
	Ⅲ	R、Ⅲ	Z_1、Z_2、Z_4、Z_8、Z_{10}、Z_{12}、Z_{13}
	Ⅳ	R、Ⅳ	Z_1、Z_2、Z_5、Z_9、Z_{11}、Z_{12}、Z_{13}

变速箱中的齿轮为常啮合齿轮。变速箱的齿轮、轴承、离合器摩擦片的润滑，是由润滑冷却油来完成的，润滑冷却油从每个轴的孔道进入离合器内毂，通过离合器内毂上径向孔润滑冷却摩擦片后从外毂上的径向孔泄出，泄出的油再润滑冷却齿轮和轴承等零件。输出轴上的齿轮，部分浸入油中，能把润滑油激溅起来，对与其相啮合的齿轮和相邻的轴承起飞溅润滑的作用。

（3）驱动桥。

①驱动桥的组成和各部分的作用。驱动桥是将发动机的转矩进一步增大，并改变转矩的方向以便传递给驱动轮。驱动桥包括主减速器、差速器、半轴、轮边减速器、轮边制动器和桥壳等。主减速器

的作用是增大转矩和改变转矩的传递方向；差速器是使左、右驱动轮在转弯或在不平路面行驶时能以不同的角速度旋转；半轴是将差速器的扭矩和转速传递给轮边减速器；轮边减速器进一步减速增大扭矩；轮边制动器用于车辆的工作制动（有的车辆还同时用于驻车制动和紧急制动）。整机质量通过机架经桥壳传到车轮上，并将作用在车轮上的外力（如牵引力、制动力等）又经桥壳传到机架上，同时桥壳又是主减速器、差速器、半轴等的外壳。驱动桥总成如图29-28所示。

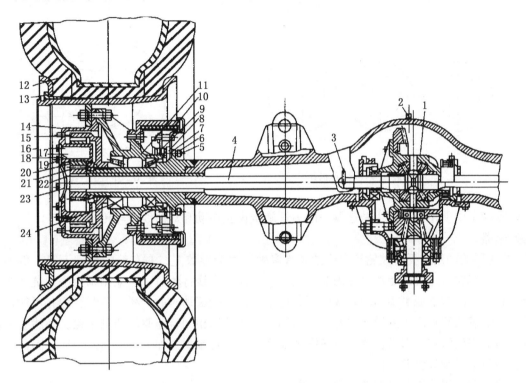

1—主减速器；2—管塞；3—透气管；4—半轴；5—制动器总成；6—油封；7—挡油环；8—环；
9—轴承；10—制动鼓；11—轮壳；12—轮胎；13—轮毂；14—行星轮架；15—内齿轮；16—垫片；
17—行星轮轴；18—钢球；19—滚针；20—行星齿轮；21—太阳轮；22—挡圈；23—盖；24—轴承

图 29-28　行星轮式驱动桥结构

②无轨胶轮车对驱动桥的要求。

a）因煤矿井下道路条件差、坡度大、坡道长，车辆在井下行驶的速度低，但要求牵引力大，因此要求驱动桥有较大的传动比。

b）驱动桥各部件在工作性能可靠并保证使用寿命的条件下应力求质量小、体积小，以保证所要求的离地间隙。

c）由于经常在坡道上作业，要求制动器性能稳定、可靠，寿命长，易维护。

d）要求驱动桥的结构简单，工作平稳可靠、故障少、维护保养方便。

③主减速器。无轨胶轮车主减速器的结构型式基本上都是单级减速式。其特点是结构简单、质量轻、体积小、成本低，但传动比不能太大，一般在7以下。常用的锥齿轮，根据分度锥表面展开图中轮齿的形状可分为如下几种。

a）直齿圆锥齿轮。如图29-29a所示，轮齿走向与圆锥母线一致。这是最简单的型式，缺点是小齿轮齿数少于8~9就产生根切，所以传动比不能太大，且齿轮重叠系数小，齿面接触区少。故在主减速器中一般不采用。

b）螺旋锥齿轮。轮齿为曲线，通常分度圆锥上轮齿中点螺旋角在30°~40°，常用35°，如图29-29c所示。

c) 零度螺旋锥齿轮。分度圆锥上轮齿中点螺旋角为零的曲线轮齿齿轮，如图 29-29b 所示。

d) 双曲线齿轮。如图 29-30 所示，又称准双曲线齿轮，其轮齿与螺旋锥齿轮相似。但是，这种齿轮可以实现交错轴间的传动。由于存在偏置距 E（空间垂直相交的大、小螺旋锥齿轮轴线在垂直方向上的距离称为偏置距），故小齿轮有较大的螺旋角，一般可达 50° 左右。这样使其大端面模数、直径与重合度增大，其强度和寿命以及传动平稳性得以提高。在传动平稳性、承载能力方面均优于螺旋锥齿轮。

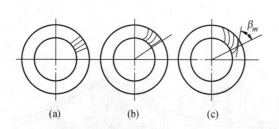
图 29-29 锥齿轮轮齿形状

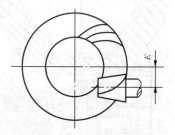
图 29-30 双曲线齿轮

无轨胶轮车中使用的单级主减速器一般为螺旋锥齿轮传动和双曲线齿轮传动。

④差速器。

a) 差速器的功用。无轨胶轮车在行驶时有多种原因会导致左、右车轮的行程不等。例如在转弯行驶时，外侧车轮所走过的距离会比内侧车轮大。即使在直线行驶时，当某侧车轮碰到坑洼时，由于左右侧轮胎气压的差别或磨损不均匀或两侧载荷不等使车轮滚动时的半径不等时，均有可能使左、右侧车轮实际走过的路程产生差异。因此，如果用一根整轴以相同转速驱动两侧车轮，必然会引起某侧车轮在路面上产生滑移或滑转，致使车轮磨损加剧、车辆功率损失加大、操纵性变坏。因此，无轨胶轮车的驱动桥中必须设置差速器。

差速器一般可粗分为普通差速器和防滑差速器。

b) 普通差速器的工作原理。如图 29-30 所示，差速器以 n_0 旋转，并通过行星齿轮驱动左、右半轴齿轮及半轴旋转。当行星齿轮不自转时（$n_3 = 0$），差速器做整体旋转，相当于一根整轴即直线行驶工况。

当 $n_3 \neq 0$ 时，即行星齿轮以转速 n_3 自转，它将加快半轴齿轮 1 的转速。同时，又使半轴齿轮 2 的转速减慢。此时半轴齿轮 1 增高的转速为 n_1。这样，半轴齿轮 1 的转速为

$$n_1 = n_0 + \frac{Z_3}{Z_1} n_3$$

半轴齿轮 2 的转速为

$$n_2 = n_0 - \frac{Z_3}{Z_2} n_3$$

因为 $Z_1 = Z_2$，故 $n_1 + n_2 = 2n_0$。

从上述可知，可实现左、右半轴齿轮的转速不相等，其转速差为

$$n_1 - n_2 = 2n_3 \frac{Z_3}{Z_2}$$

可以得出，在没有差速器或差速器完全锁住的情况下（即一根整轴）转弯时，在左、右轮胎切线方向上各产生一个附加阻力 ΔF，它们的方向是相反的（图 29-30），由此引起快侧车轮在路面滑移，而慢侧车轮在路面上滑转。在有差速器时，附加阻力 ΔF 所形成的力矩使差速器起差速作用，左、右车轮转速不一样，不致造成滑移和滑转。在图 29-31 中以 F 表示行星齿轮上的作用力，则左、右半轴齿轮给行星齿轮的反作用力为 $F/2$（作用于行星轮齿上），两半轴齿轮半径 r 相同，则传递给

左、右半轴的转矩均为 $M_r/2$，故直线行驶时左、右驱动轮的扭矩相等。

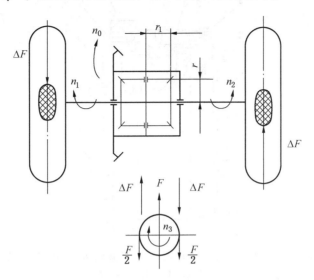

图 29-31 差速器工作原理图

c）防滑式差速器的工作原理。普通差速器的"差速不差扭"的特征，会给机械行驶带来不利的影响，如某侧车轮陷入泥泞时，由于附着力不够，就会发生打滑。这时另一车轮的驱动力矩不但不会增加，反而会减少到与打滑车轮一样，致使整机的牵引力大为减少。如果总牵引力降到不能克服行驶阻力，此时打滑的车轮以两倍于差速器壳的转速转动，而另一侧则不再转动，此时整机停滞不前。为此在差速器上设置"差速锁"，即防滑式差速器，如图 29-32 所示。

当遇到上述情况时，利用差速锁将左、右两半轴连成一体，由差速器壳传来的全部扭矩传到不打滑的车轮，从而改善其通过性能。

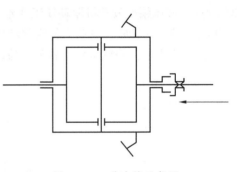

图 29-32 差速锁示意图

⑤轮边减速器。轮边减速器又称为最终传动，其结构广泛采用行星轮式。如图 29-27 所示，动力通过半轴传送到太阳轮，内齿圈固定不动，太阳轮通过行星轮带动行星轮架回转。轮毂内圈螺栓与行星轮架相连，外圈螺栓与轮辋相连，这样，半轴上的扭矩通过行星减速器传到车轮，驱动车轮旋转。

⑥轮边制动器。车轮轮毂旁边装有行车制动器，有的还兼作驻车制动器和紧急制动器。轮边制动器的结构形式有蹄式、钳盘式和全封闭湿式多盘制动器三种。从防爆要求考虑，蹄式和钳盘式制动器的摩擦片在工作中不应产生火花。全封闭湿式多盘制动器又可分为常开式（弹簧释放、液压制动）和常闭式（弹簧制动、液压释放）两种。全封闭湿式多盘制动器的制动力大、制动性能好、可靠性高、寿命长，且没有防爆的问题，所以被广泛地应用在防爆无轨胶轮车中。如常州科研试制中心有限公司生产的 WCQ-3 系列无轨胶轮车及 WCQ-5 系列无轨胶轮车的轮边制动器都是全封闭湿式多盘制动器。

图 29-33 所示为 WC8 型胶轮车后轮安全型湿式制动器。车辆启动前靠碟簧压力使静、动多组摩擦片结合处于制动状态，可实现驻车和行驶中的紧急制动工况。车辆启动后靠液压油压释放碟簧压力解除制动，工作制动是通过制动踏板控制液压比例阀放油实现制动。柴油机产生故障时，液压系统失压，车轮自动抱死。车辆需要拖动时，可通过解除制动机构来机械松开抱死的静、动摩擦片。

3. 静液压传动方式

1）静液压传动的基本组成

静液式传动方式主要由液压马达、液压自动控制装置和由发动机驱动的液压泵等组成，如图 29-

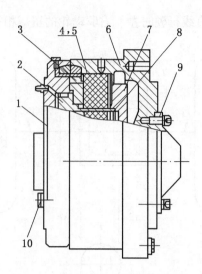

1—静壳；2—排空嘴；3—呼吸嘴；4—内钢片；5—摩擦片；6—动壳；7—压盘；8—碟簧；

9—端盘；10—解除制动机构

图29-33 后轮安全型湿式制动器

34所示。液压泵受发动机驱动使工作油升压，压力油经管路到各种控制元件及液压马达，后者再将工作油压转变为转矩，将动力传给驱动桥的主减速器，再经差速器和半轴传到驱动轮。由于正反向行走及制动等要求，静液压传动的泵、马达大多采用闭式回路方式，如图29-35所示。

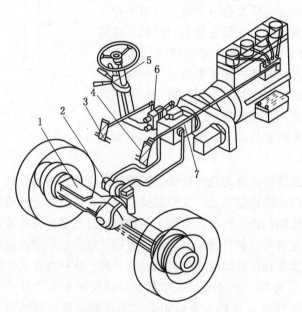

1—驱动桥；2—液压马达；3—制动踏板；4—加速踏板；5—变速操纵杆；6—液压自动控制装置；7—液压泵

图29-34 具有液压驱动桥的静液式传动系统示意图

2）静液压传动的基本工作原理

变量泵通过弹性联轴节与发动机连接，大扭矩液压马达与前后桥的车轮直接相连。当斜盘处于垂直位置时，变量泵的9个柱塞在油泵内不做往复运动，也就是泵不出油，补油泵泵出的油通过溢流阀直接回油箱。当驾驶员通过机械连杆（软轴）控制变量泵操纵手柄（手动排量控制装置）改变变量泵回转斜盘的偏转方向和角度时，当回转斜盘向左侧偏转，高压液压油输出到马达的一端，马达转动使车子向前（或向后）行驶。当回转斜盘向右侧偏转时，高压液压油被输出到马达的另一端，马达反向转动使车子向后（或向前）行驶。变量泵斜盘偏转的角度越大，柱塞行程越大，每转一圈所泵

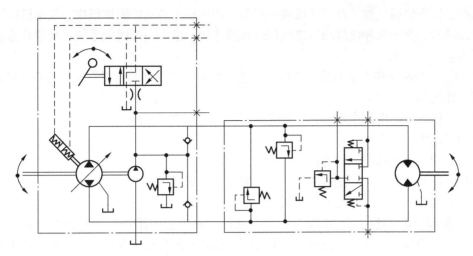

图 29-35　静液压传动装置原理图

出的油量越大，液压马达转速越快，无轨胶轮车运行速度越快；反之，则液压马达转速越慢，无轨胶轮车运行速度越慢。

4. 静液压机械传动

该传动方式是将静压传动中的低速大扭矩马达改为高速小扭矩马达，再加上机械传动装置进行分动和减速增扭。其传动路线是：防爆动力装置——液压泵——高速小扭矩马达——分动箱——前后传动轴——前后驱动桥。它具有结构紧凑、体积小、传动效率高、无级调速、操作方便、容易实现双向驾驶的特点。例如常州科研试制中心有限公司生产的 WCQ-3A、WCQ-3D 型无轨胶轮车就是这种传动方式。

静液压——机械传动由静液压传动装置和机械传动装置两大部分组成。

1）静液压传动装置

如图 29-36 所示，静液压传动装置由通轴式轴向柱塞变量泵、弯轴式柱塞变量马达、补油泵、方

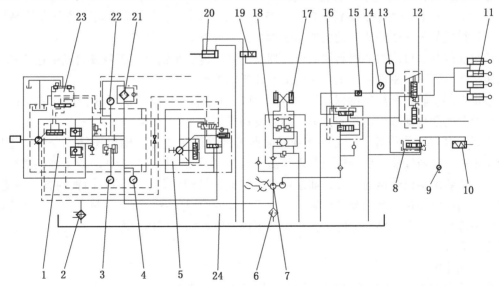

1—变量泵；2—冷却器；3—系统压力表；4—真空表；5—变量马达；6—吸油过滤器；7—转向制动双联泵；8—手制动阀；9—测压接头；10—停车制动器；11—行车制动器；12—脚制动阀；13—蓄能器；14—制动系统压力表；15—单向阀；16—充液阀；17—转向油缸；18—转向器；19—防爆电磁换向阀；20—自动熄火液压缸；21—过滤器；22—补油压力表；23—方向控制阀；24—油箱

图 29-36　WCQ-3A 液压系统原理图

向控制换向阀、液压油箱、滤油器、液压油散热器、液压软管和其他附件组成。发动机通过弹性联轴器带动变量泵转动，变量泵和变量马达之间通过管路连接，组成一个闭式系统，变量马达与分动箱连接以输出扭矩。

（1）补油泵。补油泵在变量泵后端盖内，与变量泵是一体的并与变量泵同轴同转速转动。

补油泵的作用如下。

①提供补充闭式系统内部泄漏油，以补充内漏，维持主回路的压力。

②为控制系统提供压力油。

③补充外部阀及辅助系统泄漏的损失。

④提供油液冷却滤清，对变量泵和变量马达零件起冷却作用。

⑤通过主泵壳体的外接口，提供其他执行机构的液压源。

（2）变量泵和变量马达回路。变量油泵和变量油马达组成的闭式传动回路中，在主油泵端盖有两个多功能阀，变量马达后端盖上装有一个集成阀。多功能阀由两个安全阀、一个单向阀和一个旁通阀组成。

两个安全阀中，一个是压力限制器传感阀，另一个是高压安全阀。为限制系统压力，当压力达到额定值时，限压系统会使变量泵柱塞冲程迅速减少。一般响应时间在 90 ms 左右。在突发载荷发生时，高压安全阀也能限制系统压力。压力限制器传感器传感阀像是高压安全阀的阀芯，起先导控制作用，因此，高压安全阀在压力限定值时，是按顺序工作的。顺序压力限制器和高压安全阀系统为静液压系统提供了一个先进的保护装置。压力限制器可防止由高压安全阀引起的系统过热，在恶劣的工况中，按顺序工作的安全阀能限制压力峰值。因为安全阀仅在压力峰值的瞬间开启，所以开启的时间短，系统产生的热量少。

旁通阀的功能是：某些情况下，泵轴不能旋转或不希望其转动，最为理想的是油液通过旁通阀油路使补油流量直接进入泵上的补油安全阀溢流回泵壳体，如果发动机不能工作时，此时，打开旁通阀使两侧油路相通，"故障"车辆可以拖动到维修地点。变量马达后端盖上的集成阀由一个三位三通换向阀、一个梭形阀和一个低压溢流阀组成，换向阀和梭阀组成的系统能保证闭式回路中的高压油作用到变量马达伺服缸（柱塞），使马达斜盘改变。

（3）变量泵、变量马达 DA 控制装置。装备力士乐 DA 控制（自动驱动和防憋车控制）的变量泵、变量马达组成的闭式回路的车辆更加易于操控，具有以下两大特点。

①自动驱动控制。自动驱动控制使操作者驾驶静液压传动车辆类似于驾驶自动变速传动轿车，随着油门加速踏板的踩下，驱动泵提供更多的油液让车辆加速。

②防憋车控制。防憋车控制确保油泵调整其消耗的功率到从发动机可获得的功率。在车辆过载时，防憋车控制则能自动减少油泵的排量，防止发动机熄火。

（4）静液压传动工作原理。轴向柱塞变量泵通过弹性联轴节与发动机连接，变量马达与分动箱连接，分动箱输出轴通过前、后传动轴分别与前、后驱动桥相连接。当操作者踩下油门踏板时，发动机转速上升，随着发动机转速的上升，油泵也会以相应的转速运转，补油泵同轴内置于行走油泵中，会输出相对应的比例油量；补油泵输出油量通过行走泵内的速度感应阀来测量，通过速度感应阀的流量越多，油泵排量也越大，供油也越多，相应地车辆速度增加。现通过车辆三种行驶工况，简述该静液压传动工作原理。

工况一：加速段。

车辆在平地上加速，其特定的驱动特性及不同状态的工作点如下：

①在停车状态，发动机怠速运转，DA 油泵在此阶段没有输出。

②轻轻推动油门踏板，让发动机加速。DA 油泵感应到增加的发动机的速度并开始建立工作压力，然而由于车辆的静摩擦力，它并没有移动。

③车辆克服静摩擦力，开始启动。

④平稳地踩油门，发动机加速，DA 油泵连续增加其排量，这样提供更多的油液，车辆加速。

⑤达到最大速度，由于没有必要进一步加速，压力轻微降低，车辆只需克服滚动摩擦力。

工况二：车辆爬坡段。

当车辆从平地全速行驶进入爬坡时，明显需要增加牵引力。工作点如下。

①车辆在平地以最大速度运行；油泵以全排量输出最大油量，建立的压力水平对应于这种运行条件的驱动阻力（滚动阻力、空气阻力）。

②进入爬坡时，需要牵引力增加，这导致液压系统压力增加，由于需要更多的功率，发动机降速，带有压力反馈功能的回转体使泵的排量减少，以平衡因增加的系统压力的液压功率和发动机功率。

工况三：车辆进入憋车模式。

另一个典型的工况是，车辆重载爬坡或重载高速运行，进入憋车情况。

①系统以特定的压力来提供车辆必需的牵引力以克服所有阻力。

②车辆需要增加牵引力。系统压力上升，同时压力感应 DA 泵减少流量避免柴油机过载。

③如果系统压力超过设定值（由液压元件压力设定），DA 泵的压力截断功能减少油泵的流量。油泵调整排量来维持全部系统压力（最大牵引力）而不会让系统发热。

变量马达排量也由 DA 阀控制，机车负载小，变量马达排量小，车速快；机车负载大，变量马达排量大，车速慢。

机车行走方向通过手动方向控制阀控制。

（5）油箱及滤油器、油散热器。油箱及滤油器、油散热器的结构、要求与普通液压系统相同。

2）机械传动装置

机械传动装置包括分动箱，前后传动轴，前后驱动桥。静液压传动装置的由马达输出的扭矩通过分动箱、前后传动轴，传给前后驱动桥，经驱动桥再次减速后驱动前后车轮旋转。

（1）分动箱。分动箱的作用是将输入的动力通过前后传动轴分传给前后驱动桥。采用定轴式斜齿轮传动。

（2）传动轴。传动轴的作用是把分动箱输出的动力传给驱动桥。

（3）前后驱动桥的作用见前文。

29.1.3.2　驱动方式

井下车辆驱动方式有：4×2 前轮驱动、4×2 后轮驱动、4×4 全轮驱动 3 种。

1. 各种驱动方式的特点

4×2 驱动方式的车辆传动系较为简单，如 4×2 前轮驱动，后机架上没有驱动桥，货厢或客厢的底板离地高度可降低至 550 mm 左右，这样装、卸载性能好，并且容易通过快换车厢，实现一车多用。如 TY6/20FB 型井下低污染防爆中型客货车为 4×2 前轮驱动，后机架是"U"形框架式，框架内两侧布置有平行连杆机构，可实现快换客货车厢。

4×4 驱动方式比 4×2 驱动的车辆牵引力大、爬坡能力强，适合在井下路况不好、坡度大、坡道长的巷道运输作业。例如 WCQ-3A、WCQ-3B、WCQ-3D、WCQ-5B 型防爆无轨胶轮车。该传动系统示意图如图 29-37 所示。

2. 驱动方式的确定原则

（1）一般在水泥铺设且坡度小（一般在 7°以下）的大巷运输作业的中、轻型运输类车辆可选用 4×2 前驱或后驱方式，但当坡度大于 7°时建议选用 4×4 全驱方式。

（2）中小型煤矿大巷底板较差的最好选用 4×4 全驱方式。

（3）对铲运类车辆必须选用 4×4 全驱方式。

（4）重型车辆选用 4×4 全驱方式。

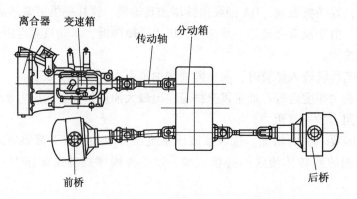

图 29-37 WCQ-3B 型车辆传动系统示意图

29.1.4 防爆监控和保护系统

当无轨胶轮车在井下运行时，由于煤矿矿井本身的地质原因，或者通风量不足和循环不畅等原因，巷道中会有不同程度的瓦斯和其他易燃易爆物，而车辆动力系统的工作主机——防爆柴油机本身有可能产生诸如高温和火花等危险因素。虽然这种发动机相对于普通柴油机已经进行了必要的防爆处理，但在运行过程中仍不可避免地会因为人为或者其他客观因素导致危险因素的产生。因此，为了提高车辆运行的安全性，无轨胶轮车必须配备必要的防爆监控和安全保护装置，当车辆在运输过程中遇到上述情况时，必须及时预警，并在事故发生之前自主采取措施停止发动机运转，以确保煤矿生产的安全。

目前，设置在煤矿井下使用的各种无轨胶轮车上的安全保护装置就其工作介质而言，可分为气压式、油压式和电气式三种。其工作原理的共性都是利用设置在发动机等元部件上警戒点（表 29-2）的温度、压力等传感器来实时检测防爆柴油机的工作情况，一旦发现有非正常情况时，保护装置就会发出声光报警，并自动驱动保护汽缸（或油缸）来切断柴油机燃油通道或进气通道，从而实现发动机自动熄火，达到安全保护、消除安全隐患的目的。

表 29-2 安全保护的传感元件

传感器	用途	安装部位	保护动作值
热电阻	柴油机表面温度保护	柴油机缸头排气口外表面	(148±2)℃
	冷却水温度保护	柴油机冷却水管路	(98±2)℃
	排气温度保护	废气处理箱排气口	(68±2)℃
	变矩器油温保护	变矩器出油口	(118±2)℃
压力开关	机油压力保护	机油压力接口	0.08 MPa
水位传感器	补水箱最低水位保护	补水箱	最低水位
速度传感器	柴油机最高转速保护	柴油机曲轴皮带轮处等	2500 r/min 3500 r/min
甲烷传感器	甲烷浓度超标保护	空气流通处	0~4%

29.1.4.1 防爆监控与保护系统的组成和工作原理

1. 气压式保护系统

该系统主要由直感式温度传感器、油门关闭和进气系统关闭控制的汽缸和各种气阀及管路组成。其特点是快速、安全、灵敏。该系统采用空气作为介质，在执行过程中无二次污染，干净实用。

其工作原理是当运行参数没有超标及传感器动作之前，系统气路中存在压力空气，一般为 0.4~0.8 MPa。这时，控制油门或进气道的两个执行汽缸靠压力空气顶出，油门开启并同时打开进气道，车辆处于正常运行状态。

在运行中当某一参数超标时，如柴油机排出尾气温度大于 70 ℃时，该处传感器动作，气源从传感器的溢流口溢出，造成整个保护系统失压。这时两执行汽缸靠弹簧力缩回，关闭油门或进气道，使柴油机实现停车。气压式保护系统原理如图 29-38 所示。

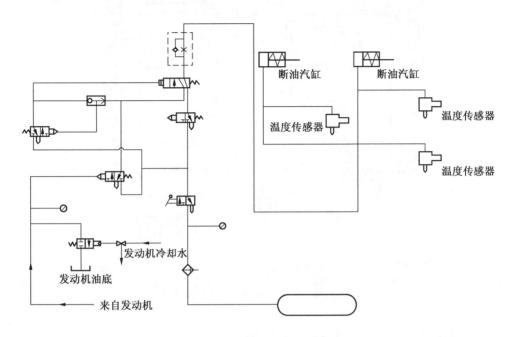

图 29-38　气压式保护系统原理图

气压（液压）式保护主要是利用温度传感器中热敏元件的热胀冷缩效应和压力控制方向阀的通断来开启和关闭放气（回油）通道，从而保证发动机的正常工作。这种形式的保护装置所需元件少，布置简单。但是这种保护装置直观性较差，对驾驶员的要求较高，驾驶员必须熟知导致保护的各种原因，这样才能采取正确措施解除保护，重新启动车辆。由于这种温度传感器的设定保护值是定值，可调性差。这种温度传感器同时承担保护动作执行机构的作用，长时间使用后由于关键部件的老化，会导致保护的准确性降低，误动作率提高，而且不能实现转速保护，瓦斯保护必须依靠手动才能停机。

另外，如果整车的启动、换挡与油门操作系统也采用气压式时，可实现全车用气一体化。

2. 油压式保护系统

该系统的工作原理大致与气压式相同。不同的是，工作介质采用发动机的机油，一般压力为 0.2~0.6 MPa。传感器也可选用气压直感式，其他阀类或执行元件选用液压阀或液压油缸。

3. 电气式保护系统

电气式安全保护装置的核心部件是利用单片机原理制成的集检测、显示、报警、保护控制和电源为一体、高度集成的装置主机，如图 29-39 所示。

电气式保护系统工作原理如图 29-40 所示，系统由保护主机和温度、压力、位置、速度以及甲烷等传感器组成。当装置通电后，主机中的微型计算机通过温度传感器及其他传感器对温度、压力、水位和转速等参数进行采样和运算，处理结果送显示电路进行显示，同时与设定值进行比较。如果某一路的检测参数超过设定值，则装置发出声光报警，并经过一定的延时后（甲烷浓度超标时，不延时立即）输出控制信号，驱动执行机构工作关断油路，使柴油机停止工作，从而保证环境和柴油机系统的安全。

安全保护装置的监控点和限值如下，当出现以下情况之一时，能声光报警，并实现自动停车。

（1）尾气排气口的温度最高至（68±2）℃时。

（2）柴油机外表面任何一点的温度最高至（148±2）℃时。

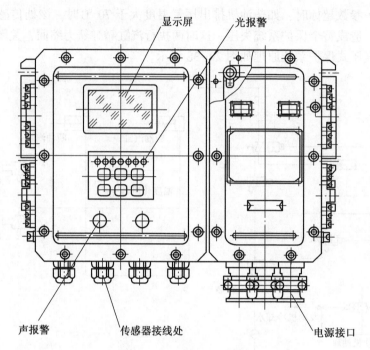

图 29-39 电气式保护装置主机示意图

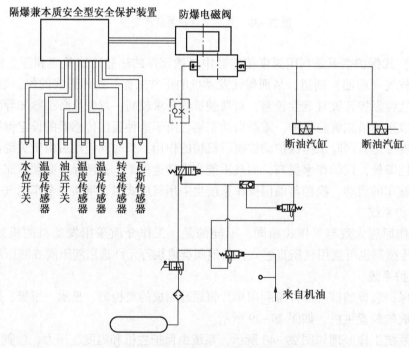

图 29-40 电气式安全保护装置原理图

（3）柴油机冷却水温度最高至（98±2）℃时。

（4）变矩器油温最高至（118±2）℃时。

（5）净化水箱水位至最低水位或设定值时。

（6）柴油机压力低至 0.08 MPa 时。

（7）瓦斯浓度达到 1%（或有瓦斯突出的矿井达到 0.5%）时。

（8）柴油机失速（转速达到 2500 r/min 或 3500 r/min 或设定失速转速）时。

这种保护的优点在于涵盖了国家安标办要求的各项柴油机保护项目。由于增加了反馈电路，误差率大大降低,保护准确、及时、到位。同时,由于采用了液晶显示屏,极大地方便了驾驶员和维修人员及时判断报警原因,大大降低了劳动强度。另外,由于功能高度集成在一个箱体内,使得装置安装灵活、接线简单、使用维护方便。

29.1.4.2 现场运行情况介绍

附加这几种形式保护装置的无轨胶轮车经过在神东矿区各矿的大量应用,电气保护形式相比其他保护形式表现出了极大的优越性,反映了今后无轨胶轮车保护装置的发展趋势。当然也暴露了一些缺点,主要是由于无法准确选择定位警戒点,致使柴油机的保护不能在正确的时刻起作用,导致频繁关机,影响了车辆的正常工作。这些都需要通过今后的研究工作加以解决。

29.1.5 以防爆蓄电池为动力的无轨胶轮车简介

1. 结构简介

防爆蓄电池动力装置由隔爆型焊接箱体、多个蓄电池和防爆电器开关等组成,其中,单个蓄电池是一种低压直流电源,它能将化学能转化为电能,向车载用电设备供电。

蓄电池主要由极板、隔板、电解液和外壳组成,其基本结构如图 29-41 所示。

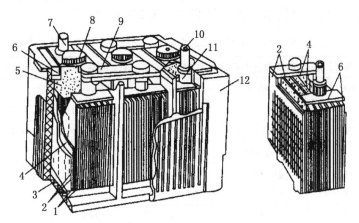

1—正极板;2—负极板;3—肋条;4—隔板;5—护板;6—材料;7—负极桩;8—加液口盖;
9—连条;10—正极桩;11—极桩衬套;12—蓄电池容器

图 29-41 蓄电池的构造

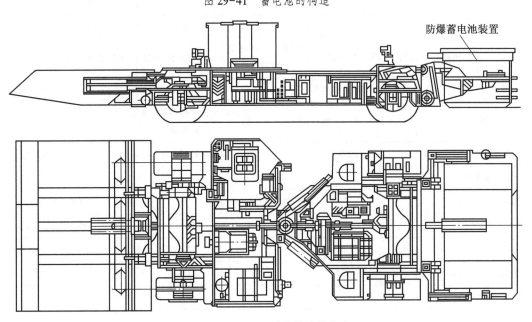

防爆蓄电池装置

图 29-42 CLX3 型防爆胶轮铲车

极板是蓄电池的核心部分，在蓄电池充电与放电过程中，电能与化学能的相互转换依靠极板上活性物质和电解液中硫酸的化学反应来实现。极板的组成包括：

（1）栅架。栅架由铅锑合金浇铸而成。

（2）活性物质。正极板上的活性物质为二氧化铅（PbO_2），深棕色；负极板上的活性物质为海绵状纯铅（Pb），深灰色。

蓄电池各单格电池串联后，两端单格的正负极桩分穿出蓄电池盖，形成蓄电池极桩。

2. 以防爆蓄电池为动力的 CLX3 型防爆胶轮铲车

CLX3 型防爆胶轮铲车的防爆蓄电池组是由 64 个 2 V 的蓄电池组成。电池供电电压为 128 V，总功率为 44.5 kW，驱动为型号 ZBP7.5 kW、额定转速为 1630 r/min 的电动机。由减速器、传动轴、前后驱动桥和前后车轮组成动力传动系统，如图 29-42 所示。

29.2 无轨胶轮车主要技术参数

29.2.1 国内无轨辅助运输主要产品

国内无轨无轨胶轮车的主要技术参数见表 29-3、表 29-4。

表 29-3 煤炭科学研究总院太原院工程机械类胶轮车的技术参数

型 号	WC1 后翻自卸式	WC2 顺槽用车	WC3 后翻自卸式	WC5 后翻自卸式	WC8 后翻自卸式	WC40 支架运输车
载重/kg	1000	2000	3000	5000	8000	40000
防爆动力装置	TM2P90FB	1004-4FB	蓄电池	1009-6FB	6121FB	C6121
防爆后功率/转速	13 kW/2200 r/min	45 kW/2200 r/min	30 kW	65 kW/2300 r/min	85 kW/2200 r/min	160 kW/2200 r/min
驾驶方式		双向驾驶			双向驾驶	
传动/驱动方式	液力机械，后轮驱动	液压机械，4 轮驱动	机械式，4 轮驱动	液力机械，前轮驱动		液压机械，4 轮驱动
爬坡能力/(°)	14	12	10	14	14	12
行驶速度/(km·h⁻¹)		0~14	空载 7.5；满载 5	20	20	0~20
最小离地间隙/mm	190	160	160	275	330	310
最小转弯半径/mm	5500	4500	7180	6100	6350	6770
外形尺寸/(mm×mm×mm)	3650×1430×1370	5250×1800×2015	8600×2900×1645(1747)	7060×2025×1685	7800×2370×1850	9643×3500×1612

型 号	TY7FB 自卸车	TY6/20FB 中型客货胶轮车	WC25J 支架搬运车
车型	中央铰接，后翻自卸式	中央铰接，可换客货车厢，一车两用	中央铰接式，液压油缸转向
载重/乘人	7000 kg	6000 kg/20 人	25000 kg
防爆柴油机型号	1009-6FB		TY6121ZLFB02
防爆后功率/转速	65 kW/2300 r/min		160 kW/2200 r/min
传动/驱动方式	液力机械，前轮驱动		液力机械，四轮驱动
爬坡能力/(°)	14	14	14
最小离地间隙/mm	275	270	275
最小转弯半径/m	6.1	6.1	5.92
外形尺寸/(mm×mm×mm)	7860×2300×1780	8280×2542×1660	9500×2200×1890

表 29-4 常州科研试制中心工程机械类胶轮车的技术参数

型　号	WCQ-3A	WCQ-3B				WCQ-3C		
		平板式	后翻自卸式	平推自卸式	人车	平板式	自卸式	人车
额定载重	3000 kg	3000 kg（最大载重 5000 kg）			20 人	3000 kg		21 人
发动机	CKS4108FB（防爆净功率 50 kW）	CKS4105A，（防爆净功率 50 kW）				CKS4108FB，（防爆净功率 50 kW）		
启动方式	气启动	电启动				电启动		
驾驶方式	正向驾驶	正向驾驶				正向驾驶		
传动方式	液压—机械传动、四轮驱动	机械传动、四轮驱动				机械传动、后轮驱动		
最大牵引力/kN	30	35				23		
爬坡能力/(°)	14							
行驶速度/(km·h⁻¹)	0~20	33（标准型），30（低矮型）				57		
最小离地间隙/mm	230	280（标准型），215（低矮型）				220		
最小转弯半径/mm	5000	6000				7500		
外形尺寸/（mm×mm×mm）	4750×1750×2000	6000×1900×2000（标准型）6125×1900×1800（低矮型）		7360×1900×2000		5700×2063×2250	6100×2063×2250	

型　号	WCQ-3D	WCQ-5B				WCQ-5C			WCY-6
		平板式	自卸式	平推	加长运管车	平板式	自卸式	人车	防爆多功能铲运车
额定载重	3000 kg	5000 kg（最大载重 8000 kg）			5000 kg 运 6 m 长	5000 kg		21 人	6000 kg
发动机	CKS4108FB（防爆净功率 50 kW）	CKS6108FB（防爆净功率 75 kW）							CKS6108FB（防爆净功率 75 kW）
启动方式	气启动	防爆气启动							防爆气启动
驾驶方式	前、后双向驾驶	正向驾驶或侧向驾驶				正向驾驶			侧向驾驶
传动方式	静液压机械传动	液力机械传动、四轮驱动				机械传动、后轮驱动			液力机械传动、四轮驱动
最大牵引力/kN	32	60				30			48
爬坡能力/(°)	14								
行驶速度/(km·h⁻¹)	0~20	37（空载），32（满载）				57			23
最小离地间隙/mm	240	280				220			300
最小转弯半径/mm	7000	6500		8500		7800			6000
外形尺寸/（mm×mm×mm）	6800×1550×2100	6500×2000×2000		9390×2250×2000		5700×2063×2250	6100×2063×2250		8100×2200×2000

29.2.2 国外无轨辅助运输主要产品

国外无轨胶轮车的主要技术参数见表 29-5。

表 29-5 国外无轨胶轮车的技术参数

分类	型号	动力型式	动力装置型号	功率	启动方式	传动方式	驱动方式	车型	最大速度/(km·h⁻¹)	最小离地间隙/mm	最小转弯半径/mm	最大爬坡能力/(°)	载重/kg	外形尺寸/mm			空载质量/kg	国别
支架搬运车	EIMCO 912X	柴油机	Cat3306	112 kW/2200 r/min	液压式	液力—机械	四轮驱动	铰接式	15	322	5777	14.5	25000	9456	2126	1880	26000	英国
	LSC-350P	柴油机	Cat3306	112 kW/2200 r/min	液压式			铰接式	20.3	300	6463	14.5	35000	9200	3450	1680	20000	澳大利亚
	LAD VT-630	蓄电池		37.3 kW 电动机功率		液力—机械	四轮驱动	铰接式	5.8		6800	15	30000	9900	2400	1600	29500	美国
人车	EIMCO913 30座	柴油机	Cat3304	74 kW/2500 r/min			四轮驱动	铰接式	25		5420	14.5	30人	8200	2000	1900		英国
	MYNE.TAXI4	柴油机	MWMD 919-4	48.5 kW/2500 r/min	气压式	液力—机械	二轮驱动	整体式	32	279	5358	15	9人(最大900 kg)	5895	2180	1700	7100	澳大利亚
工具车	BIRD	柴油机	PERKINS 1004-4	45 kW/2500 r/min	液压式			整体式	31	270	6100	15	1200	5060	1950	1700	2900	南非
	MYNE.TRUK4	柴油机	MWMD 919-4	48.5 kW/2500 r/min	液压式	机械式	二轮驱动	铰接式	25	220	5540	15	5000	8782	2300	1700	8000	澳大利亚
客货车	MK3-STRO NGBIRD	柴油机	PERKINS 1004-6	88.2 kW/2070 r/min	气压式	液力—机械	二轮驱动	铰接式		315	8370		7500	8218	2533	2000	10460	南非
两用车	MYNE.PET6	柴油机	MWMD 919-6	74 kW/2500 r/min	气压式	液力—机械	二轮驱动	整体式	24	220	8000	15	6000	7044	2200	1644	9675	澳大利亚
	EIMCO 912E	柴油机	Cat3304		气压式			铰接式		300	8000	5466	8000	8410	1700	1768		英国
多功能铲车	MYNE.LOADER	柴油机	MWMD 919-6	74 kW/2500 r/min	气压式	液力—机械	四轮驱动	铰接式	18.2	370	5210	15	3000	7715	2320	1750	11245	澳大利亚
运输车	EIMCO 880D-60	柴油机	PERKINS 1004-4	45 kW/2500 r/min	液压式	液力—机械	四轮驱动	整体式	19.3	170	4950	14.5	3000	4620	1660	1965	5800	英国
多用途车	MK-3S BOART LONGYEAR	柴油机	Cat3304	75	气压式	液力—机械	二轮驱动	铰接式	29.7	250	6400	14	8000	7290	2390	1716	9600	澳大利亚

29.3 无轨胶轮车选型设计

29.3.1 总体选型原则

煤矿井下无轨胶轮车的选型原则要根据煤矿的开采形式，巷道的具体条件，运输对象的种类、数量、特点和服务范围等来确定。如果采用立井开采形式，那么副井提升罐笼是无轨胶轮车上下井的唯一通道，胶轮车的选型必须根据罐笼的尺寸、提升能力来确定最大外形尺寸（或最大解体尺寸）及整机质量（或最大解体质量）。无轨胶轮车运行的巷道坡度一般不应超过 14°。

1. 车型选型

车型选型应根据运输对象的特点和作业要求确定。运人需用专用人车或指挥车，运散料需用自卸式材料车，运小型设备需用固定式平板材料车，运支架需用支架搬运车，清理巷道、装载等需用多功能铲运车或防爆装载机。另外，根据每个矿井的具体情况可能还需配备特种车辆，例如洒水车、救护车、混凝土搅拌车、火药车、加油车、维修车和履带式采煤机搬运车等。

2. 总体结构型式选型

总体结构型式应根据运输对象的特点和要求、载重、巷道条件（如巷道断面大小、底板条件、坡度、最小转弯半径等）来选择。一般而言，铰接式车辆的转弯半径相对较小，对巷道的适应性比整体式车辆好；整体式车辆用于载重较小、巷道条件较好的场合。

3. 驱动方式选型

(1) 主要在硬化且坡度不大的路面运输的运输类车辆可选用 4×2 型驱动方式。

(2) 底板条件较差的运输类车辆应选用 4×4 型驱动方式。

(3) 对巷道运输类车辆应选用 4×4 型驱动方式。

(4) 重型车辆均应选用 4×4 型驱动方式。

(5) 一般巷道坡度在 7° 以下的可选用 4×2 型驱动方式的车辆，但巷道距离长、坡度大于 7° 时应选用 4×4 型全轮驱动的车辆。

4. 制动型式选型

无轨胶轮车应设置工作制动、停车制动和紧急制动。紧急制动和停车制动可为一套系统，但与工作制动应是各自独立控制的两套机构，工作制动装置应尽可能采用湿式多盘制动器并尽可能布置在轮边；停车制动、紧急制动应尽可能采用失效安全型制动器。

5. 外形尺寸选型

车辆外形宽度应根据煤矿井下巷道宽度具体考虑，一般车辆宽度不大于巷道通过宽度-1000 mm，如考虑会车，则会车两车辆宽度和不大于巷道通过宽度-1200 mm；车辆高度不大于巷道通过高度-300 mm。如果是自卸式或装载、铲运类车辆，还应考虑货厢升起和铲斗举起的高度。长度的选择应根据运输对象的特点而定。

29.3.2 人员运输

1. 特点

煤矿井下人员运输是辅助运输中的一项重要工作。如何快速、安全地把人员运送到指定的工作地点，下班时再安全地接回，这是一个非常重要和关键的问题。人员运输是一种间断性、集中性的运输，其特点是车辆运行快速和安全可靠，人员出入方便，乘坐舒适。

2. 选型原则

1) 运行工况

煤矿井下现行工作制一般为三班制，这样需要接送人员共 6 次。车辆行驶路程按单程算要 12 次，运距一般在 8 km 之内，个别运距较长的可达 15 km 以上。运人车一般是在有水泥铺设的大巷中运行，把人员运到巷道口处，所以运输条件相对较好。

2) 人员运输车选型原则

MT/T 989—2006《矿用防爆柴油机无轨胶轮车通用技术条件》中规定运人车辆限速为 25 km/h，运人车辆内应有安全带或其他牢固的依托物，并要求设置车棚。运人车与一般车相比较，要求具有更高的可靠性，同时对舒适性也有很高的要求，这就对运人车的机架强度、制动系统和安全保护系统的可靠性提出了较高要求，而且减振系统要更好。目前运人车辆有专门的运人车，如 WCQ-3B、WCQ-3C、WrC20J 型等。也有客货两用式车辆，该种车辆便于快速更换乘人车厢来载人，同时有利于用同一种车辆底盘来配置乘人车厢和其他工作装置的车型。人员运输选型原则如下。

（1）根据煤矿设计产量来确定运人车的数量。

一般是按每百万吨产量配置 2.2 台运人车的数量，如年产 600 万 t 原煤的矿井，600 万 t×2.2 台/万 t≈13 台运人车，其中专项运人车可选其 50%，剩余的 50% 车辆用客货两用式或其他车辆来替代。

（2）根据巷道的断面尺寸来确定运人车辆的规格、车辆品种和结构型式。

一般运人车辆宽度按巷道断面宽度的不大于 40% 来确定，以便于会车。运人车的最大高度按不大于通过巷道的最高尺寸减去 0.3 m 来选择。这样车辆通过性能较好。一般情况下，年产 200 万 t 以上的矿井可选用一部分专门运人车，200 万 t 以下的矿井可优先考虑客货两用车。

3. 典型应用

晋兴公司斜沟矿年设计产量为 300 万 t，300 万 t×2.2 台/万 t≈7 台。2007 年该矿预计可达设计产量，目前该矿已购置 WCQ-3B 型专用人车 4 台，近期还将购置 2 台 WCQ-3B 型专用人车。另配备了 WCQ-5B、WCQ-3D 用于大巷和顺槽中设备及材料的运输。

29.3.3 设备运输

1. 特点

井下的采掘设备、综采设备、刮板和胶带运输设备以及辅助生产使用的设备运输，也是辅助运输中的关键环节。其工作特点是需要运输的设备种类多、质量较大、尺寸也较大，而且车辆一般不能用后翻式工作装置来卸载，需要运输类和铲装类设备配合使用。

2. 选型原则

1）运输工况

设备运输的工作是在井下运输量基本平均时的一种运输方式。平时，需要运输设备的备件、胶带以及易损件等。在设备安装阶段和工作面搬家阶段，运输工作任务量较为繁重。这时，需要运输车辆、铲装车辆或特种车辆三大类来配合运输。运距一般在 8 km 以下，一般需要进出工作面巷道。

2）设备运输车辆选型原则

（1）根据煤矿规划的设计产量来确定设备运输车辆的数量及品种。在矿井开采初期，一般是按每百万吨产量配置 3 台运输设备车辆，随着采煤工作面的延深，一般还需少量增补。车辆的吨位级可按 1、2、3、5、8、25、40 t 和 50 t 来选用。其中，运输车辆可占选型车辆的 75%，铲运类车辆占 25%。目前可供选择的车型有 WCQ-5B 低矮型胶轮车（平板式或加长型）、WC8 悬挂式胶轮车等。

（2）参考巷道尺寸来选型。30 t 以上的车辆的宽度可按小于巷道宽度 1 m 来选用，其他车辆应尽量按不大于巷道通过宽度的 0.4 倍来选择。车辆高度宜是整车高度离巷道可用的高度减去 0.3 m。

3. 典型应用

新元煤矿 2006 年规划产量为 300 万 t，其招标车型有：WC8 防爆悬挂式胶轮车、30 t 支架铲车、40 t 支架搬运车共 9 台，基本符合每百万吨煤配置 3 台的运输车辆。

寺合煤矿年产量为 1000 万 t，选用了 WCQ-5B 低矮型胶轮车（平板式或加长型）及 40 辆 FBZL16 防爆装载机用于设备及材料的运输。

29.3.4 材料运输

1. 特点

井下材料主要包括锚喷材料、支护材料及其他材料，例如金属网、树脂、锚杆以及局部轨道运输的轨道及枕木等。其特点是种类较多，并需要运输车辆有自卸功能。

2. 选型原则

1）运输工况

材料运输也基本属于均量运输的一种方式，是根据井下生产和巷道开拓的需要来进行生产补给的一种运输。

2）材料运输车辆选型原则

（1）根据煤矿生产材料运输的需要，进行材料车型号和数量的选择。

一般根据每百万吨产量配置 1.8 台材料运输车，其规格大小可选择 3 t、5 t、8 t 共 3 个级别。

（2）根据运行往返时间来确定材料车的数量。

由于有重车和空车两种运行方式，设计时予以分别考虑。重车运行时间为

$$t_1 = \sum_{i=1}^{n} S_i/v_i$$

式中　t_1——重车运行时间，h；

　　　S_i——第 i 段运输距离，km；

　　　v_i——第 i 段运行速度，km/h。

空车运行时，按平均速度在整个线路上进行计算，则：

$$t_2 = S/v$$

式中　t_2——空车运行时间，h；

　　　S——空车运输距离，km；

　　　v——空载平均运行速度，km/h。

往返一次的时间为

$$t = \Delta t + t_1 + t_2$$

式中　t——往返一次时间，h；

　　　Δt——休止时间（装卸载和会车等的间歇时间），h。

根据一些矿区的经验，重车在井筒中按 8 km/h 计，大巷按 12 km/h 计，巷道中按 6.5 km/h 计，空车按 19 km/h 计，间歇时间按 0.3 h 计。计算出运行往返时间后，可根据运输材料总吨位和单台车的装载容量计算需要车辆的数量。

3. 典型应用

神华蒙西棋盘井煤矿一期规划产量为 300 万 t，主要选用了 WCQ-3B、WCQ-5B 和 WCQ-3D 型无轨胶轮车共 17 台，其中约 6 台用来完成井下材料及设备运输。

29.3.5 矸石及散物料运输

1. 特点

矸石和散装物料的运输，是井下辅助运输中又一重要方面的运输。根据矿井采掘和巷道工程的要求，运输矸石和铺设巷道路面的石子、砂子、混凝土等散装物料。

2. 选型原则

1）运输工况

一般是从井口或井底车场装入货物后，运到指定的工作地点卸载，要求车辆能自动卸载，如后翻式、侧翻式或平推式。

2）矸石及散物料运输车辆选型原则

（1）根据矸石的生成量和巷道工程中散物料的使用量选择车型的数量。

可采用上述计算公式算出单台车的往返时间，根据运输量和工作路程计算出车辆的数量。

（2）根据巷道断面尺寸确定车辆的大小和吨位。

一般选型车辆的宽度尺寸是按巷道宽度的 0.4 倍系数来考虑，保证比较好会车。选型车辆的额定装载量一般是 3 t、5 t 或 8 t 3 个级别。

3. 典型应用

补连塔矿年产量接近 2000 万 t，主要选用了 WCQ-3B、WqC3J 型无轨胶轮车 50 余台及 FBZL16 型和 FBZL30 型防爆装载机用于井下矸石和散料运输。

29.3.6 支架运输

1. 特点

支架类重型货物运输是井下辅助运输中相当繁重的一项工作。一般用铲板式支架车将每个支架从巷道内铲运至巷道口，然后装入支架运输车，运至新的安装地点。再用铲板式支架车送至新的巷道内安装好。

2. 选型原则

1）运输工况

搬家前后的巷道是没经过水泥硬化的路面，而运输大巷是硬化的路面。两种支架车交替进行搬运支架，完成工作面的支架搬运工作。

2）支架运输车辆选型原则

（1）根据矿井年产量选择支架车数量。

一般情况下每百万吨原煤选用 0.8 台支架车的数量，如年产 600 万 t 的矿井则应选取 5 台支架车。

（2）根据支架的外形尺寸确定车辆的大小和吨位。

一般选型车辆的宽度尺寸是按照支架宽度的 2 倍来选择。

3. 典型应用

神东矿区年产 1500 万 t 的大柳塔矿 1999 年搬运支架，使用 912X 型铲板式支架搬运车和 WC40Y 型支架运输车来配合运输支架设备，创造出 10 天搬完一个工作面的纪录。

30 单 轨 吊 车

单轨吊车是将材料、设备、人员等通过承载车或起吊梁悬吊在巷道顶部的单轨上，由单轨吊车的牵引机构牵引进行运输的系统（图30-1）。

图 30-1 单轨吊车

单轨吊车的轨道是一种特殊的工字钢，工字钢轨道悬吊在巷道支架上或砌体梁、锚杆及预埋链上。

单轨吊车按牵引方式的不同，可分为钢丝绳牵引单轨吊车、防爆柴油机单轨吊车和防爆特殊蓄电池单轨吊车等3个类型（图30-2至图30-4）。

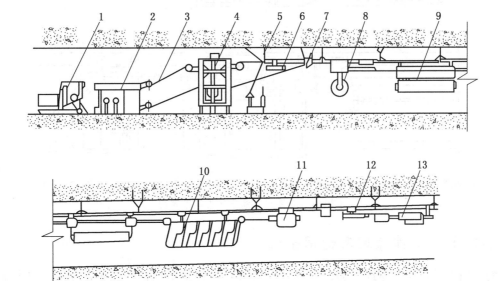

1—泵站；2—绞车；3—钢丝绳；4—紧绳器；5—控制台；6—阻车器；7—导绳轮；8—牵引储绳车；
9—运输车；10—人车；11—制动车；12—阻车器；13—尾绳站
图 30-2 绳牵引单轨吊车示意图

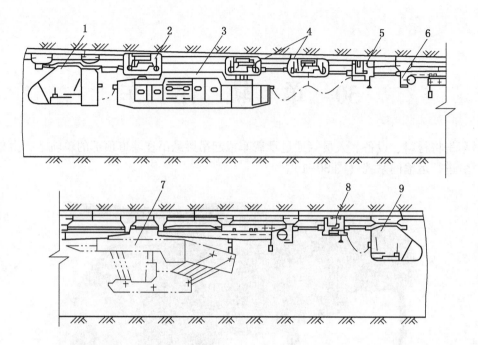

1、9—司机室；3—主机；2、4—驱动器；5、8—制动车；6—12吨起吊梁；7—液压支架

图30-3 防爆柴油机单轨吊车示意图

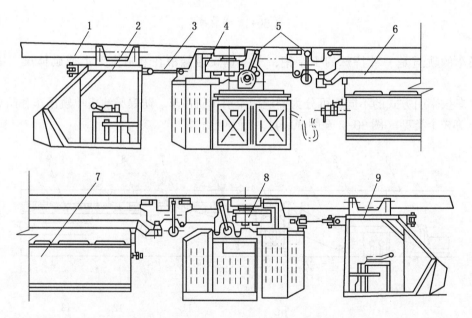

1—轨道；2、9—司机室；3—连接拉杆；4、8—驱动部；5—制动闸；6—电源专用吊梁；7—电源箱

图30-4 防爆蓄电池单轨吊车示意图

30.1 单轨吊车工作原理及适用条件

钢丝绳牵引单轨吊车为摩擦驱动；自驱动单轨吊车（包括防爆柴油机单轨吊车和防爆蓄电池单轨电车）为黏着驱动。

1. 钢丝绳牵引

钢丝绳牵引就是用无极绳绞车牵引，通过钢丝绳与驱动轮之间的摩擦力来带动钢丝绳运动，从而牵引单轨吊车沿轨道往复运行。工作原理与无极绳连续牵引车相类似。

牵引钢丝绳绕过摩擦轮后，一端固定在牵引车上，钢丝绳另一端绕经张紧装置后，再绕过回绳轮，固定在牵引车下方的卷绳筒上，钢丝绳两端固接好之后，由张紧装置将钢丝绳拉紧，使钢丝绳具有一定的初张力，然后启动电动机。

液压绞车电动机带动液压泵运转，液压泵排出的高压油输送到牵引绞车的液压马达上，从而驱动牵引绞车的摩擦轮运转。

摩擦轮使无极绳和挂在钢丝绳上的牵引车带动运输吊车做往复运动。用牵引车来固定牵引绳的两端，即牵引钢丝绳的一端固定在牵引车上，另一端固定在牵引车下方的卷绳筒上，目的是为了方便地调节运输距离。

2. 机车牵引

自驱动单轨吊车由机车产生牵引力带动列车组沿单轨运行。工作原理与地轨机车牵引相类似。

自驱动单轨吊车牵引力即黏着力，是由一定数量的配有耐磨胶圈的成对的驱动轮通过液压或机械方式压紧在单轨的腹板上而产生的，它与机车本身自重无关。为了防止驱动轮打滑，牵引力 F 应根据下式计算：

$$F < 2nfR \tag{30-1}$$

式中　R——加在驱动轮上的力；

　　　f——轨道与驱动轮耐磨胶圈接触面的摩擦因数；

　　　n——成对驱动轮的数量，根据需要可取 $n = 1 \sim 4$。

3. 单轨吊车的适用条件

（1）单轨吊车轨道挂在巷道顶板上或支架梁上运送负载，不受底板变形（底鼓）及巷道底板物料堆积的影响，但需要有可靠的吊挂承载装置。轨道吊挂在拱形或梯形钢支架上时，支架应装拉条加固；用锚杆悬吊时，每个吊轨点要用两根锚固力各为 60 kN 以上的锚杆。巷道断面要大于或等于 7 m²。

（2）可用于水平和倾斜巷道运输。用于倾斜巷道运输时，机车牵引单轨吊车，坡度一般要小于18°，最佳使用坡度为 12° 以下（有资料介绍国外最大达 40°）；钢丝绳牵引单轨吊车坡度要小于或等于 25°，国外最大达 45°。最大单件载重达 12~15 t，最小曲率半径水平为 4 m，垂直为 8~10 m。

（3）机车牵引单轨吊车具有机动灵活的特点，一台机车可用于有多条分支巷道运送物料、设备和人员，可实现不经转载直达运输，不受运程限制；钢丝绳牵引单轨吊车在弯道上需装设大量绳轮，而且不能进分支岔道。运距一般为 1~2 km，最大不超过 3 km。因为运距过长，列车运行阻力、牵引绳的阻力、轨道和支架的承载能力等都要随之增加，使轨道支承、钢丝绳导向以及钢丝绳正常拉紧都将趋于复杂化。

（4）防爆柴油机单轨吊车排放的气体有少量污染和异味。因此，使用柴油机的巷道要有足够的风量来稀释柴油机排放的有害气体，使其达到不损害健康的程度。一台 66 kW 柴油机单轨吊车运行的巷道，其通风量应不少于 300 m³/min。

（5）蓄电池单轨吊车的主要问题是受到蓄电池的能重比的限制。功率偏小（目前最大为 30 kW左右），自重较大（7~8 t）。它适用于机车功率不大、载重较轻、牵引力较小的工况，在通风较差、岩石硬度不大的掘进巷道里运送材料和人员。它的最大优点是没有柴油机的污染问题。

（6）单轨吊车运输不论运距长短和运量大小，都必须有一个相互配套的完整系统。这个系统主要由巷道条件、轨道性能、悬吊结构、配套设备、辅助设施等主要部分组成。这个系统应具备的技术条件有：①满足运输设备的巷道断面和坡度；②可靠的巷道支护和轨道吊挂；③满足选型计算要求的主机和配套设备；④合理的巷道布置和为运输服务的辅助设施。

30.2　钢丝绳牵引单轨吊车结构

钢丝绳牵引单轨吊车系统主要包括牵引部分、列车部分、轨道系统、导绳滑轮组、电气及联络信号部分等。以石家庄煤矿机械有限责任公司生产的 SDY-40 型钢丝绳牵引单轨吊车为例，系统布置示意图如图 30-5 所示。

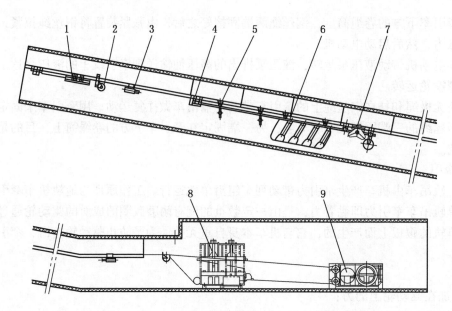

1—回绳装置；2—导绳滑轮组；3—阻车器；4—制动车；5—载重车；6—人车；7—牵引储绳车；8—张紧装置；9—绞车

图 30-5　SDY-40 型钢丝绳牵引单轨吊车系统布置示意图

30.2.1　牵引部分

牵引部分包括液压摩擦轮绞车、泵站、操纵台、钢丝绳及张紧装置。

该系统由泵站产生高压油，驱动绞车上的一对液压马达。通过操纵系统控制主泵排量，达到无极绳调速。马达通过小齿轮与主绳轮内齿啮合带动主绳轮。再经具有较高摩擦因数的轮衬驱动钢丝绳、牵引车辆运行。张紧装置钢丝绳松边张紧到某一定值，以防止绞车打滑。

摩擦轮绞车是单轨吊车的牵引驱动设备。为增加钢丝绳在摩擦轮上的包角，需要牵引绳在摩擦轮上做多圈螺旋围绕。摩擦轮连续运转时，为使围绕的钢丝绳不绕出轮外，常用的方法有两种：一是采用多槽轮与另一个偏置的导向轮配合，即导向轮式摩擦绞车，如图30-6所示；另一种是使用有抛物

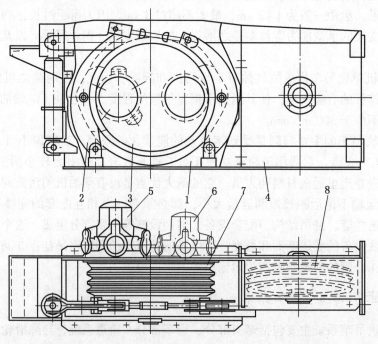

1—机架；2—制动闸；3—制动轮；4—导向轮机架；5、6—液压马达；7—摩擦轮；8—偏置导向轮

图 30-6　导向轮式摩擦绞车

线曲面的宽绳轮，即抛物线绳轮式摩擦绞车，如图30-7所示。抛物线绳轮式摩擦绞车的缺点是：在运行中，钢丝绳在曲面的周向和轴向都有滑动，增大了绳与轮面间的磨损；优点是结构简单。导向轮式摩擦绞车的缺点是：虽无滑动磨损，但同样的围绕圈数，钢丝绳在轮上的包角，只有抛物线绳轮式摩擦绞车的1/2，且构造复杂。两种形状的摩擦轮现在都被使用。

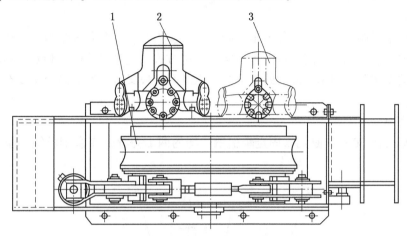

1—抛物线形绳轮；2、3—液压马达

图30-7 抛物线绳轮式摩擦绞车

摩擦轮绞车一般由下列部件组成。

（1）机架。用来支撑绳轮和制动装置。

（2）驱动绳轮。（包括槽形绳轮和抛物线形绳轮）由装有小齿轮的径向柱塞式低速大扭矩液压马达驱动。小齿轮与内齿圈啮合，内齿圈与驱动绳轮相连，驱动绳轮、小齿轮与制动闸构成一个整体。两种驱动绳轮的直径为800 mm，并镶有特制的衬垫（增大摩擦因数）。液压马达可布置在驱动绳轮的左侧或右侧。

（3）制动装置。是由角移式双瓦制动闸和液压制动缸组成的。制动闸可以产生与最大牵引力相适应的制动力，并且至少有两倍的制动安全系数。液压制动缸的制动力为10300 N。

（4）液压马达。牵引绞车所用的液压马达为径向柱塞式低速大转矩液压马达，用来直接驱动牵引绞车。当高压油进入配油轴后，高压油经与配油轴高压腔相通的机壳上的孔进入柱塞缸，在柱塞上产生一个推力，这个推力通过连杆作用在曲轴上，其切向分力推动曲轴旋转。与此同时，曲轴连杆推动低压柱塞排油，变换进出油口位置，可改变液压马达的旋转方向。根据需要，牵引绞车可采用一台或两台液压马达，安装在绞车的左侧或右侧。液压马达传动轴的转速决定于轴向柱塞泵输出的油量，其转向则决定于输油的方向。由于油量可以从零调到最大值，所以液压马达的转速可随之变化。

摩擦轮绞车的传动系统示意图如图30-8所示。

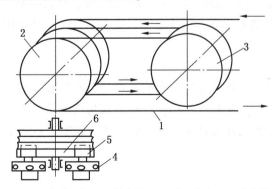

1—牵引钢丝绳；2—传动绳轮；3—导向轮；4—液压马达；5—小齿轮；6—内齿圈

图30-8 摩擦轮绞车的传动系统示意图

液压泵站是牵引绞车的动力源，泵站由两台油泵组成，固定在底架上，并通过弹性联轴器与电动机连接。在液压泵站的机壳内除了装有一台无级调速的高压轴向柱塞泵外，还装有一台在闭式循环系统中更新工作油液的齿轮补给泵，一台齿轮冷却泵，一个由安全阀及单向阀组成的阀组，以及回油过滤器和一个空气过滤器。

30.2.2 列车部分

列车部分包括牵引储绳吊车、承载吊车、制动吊车、人车，以及各种牵引杆、销轴等。

列车部分根据运输对象的不同，可以有不同的编组方式。但牵引储绳车和安全制动车必须编入其中，并将安全制动车布置在列车上坡时的最下端，在既有上坡又有下坡的系统中要在列车两端各布置一台安全制动车。

1. 牵引储绳吊车

牵引储绳吊车（图30-9）是用来固定牵引钢丝绳的两端并存储多余钢丝绳的车辆，起着传递牵引力的作用。

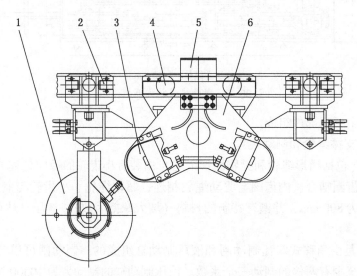

1—储绳筒；2—导向轮；3—楔板；4—承载轮；5—牵引臂；6—车体

图30-9 牵引储绳吊车

这种吊车是一个组件，在中间的车体上，有与牵引绳连挂的外伸式牵引臂绳卡。为使吊车在牵引绳的偏心力作用下不至于偏斜，牵引吊车的车架上，除了行走轮外，还有成对安装的导向轮。牵引吊车的一端与车组中的吊车连挂。

为满足运输距离改变时调节牵引绳长，在牵引车的主车下吊挂一个储绳筒，将足够长的牵引钢丝绳缠绕在储绳筒上，运距变更时，从储绳筒上放出或绕入钢丝绳，然后用绳卡将牵引绳固定在吊车上。

牵引吊车的数量取决于巷道的长度，巷道运输长度小于500 m时使用一辆牵引吊车，超过500 m时应配备两辆牵引吊车。

2. 承载吊车

承载吊车是直接吊装设备、材料、悬吊人车或其他吊具的基本车辆。最简单的是由两对行走承载轮和车架构成。其作用是在车架下吊挂运载物，或在两端与其他吊具连接。为改善其运行性能，减小通过曲线轨道的阻力，可将承载吊车设计成除行走轮之外，在前后各加一对导向轮的结构。

承载吊车如图30-10所示。

3. 制动吊车

制动吊车是带有安全制动装置的吊车。在运行中断绳、车速超过规定值时，能立即自行制动，将制动车及与它连接的车组停在轨道上，制止跑车。由于闸瓦上有硬质合金爪，因而不论轨道干燥或潮

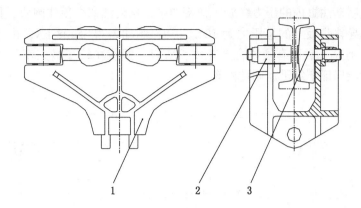

1—承载架；2—导向轮；3—承载轮

图 30-10　承载吊车

湿，都能有相同的制动力。

安全制动装置由制动闸瓦、制动臂、制动油缸、离心释放器和液压控制装置等组成。其工作原理如图 30-11 所示。

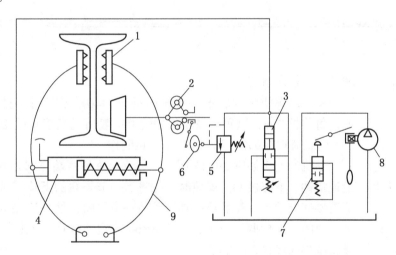

1—闸瓦；2—离心控制器；3—限压阀；4—制动液压缸；5—制动阀；6—制动操纵杆；7—隔离阀；8—手摇泵；9—制动臂

图 30-11　制动吊车原理图

制动车的另一种结构如图 30-12 所示。

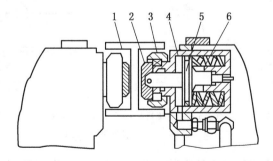

1—导轨；2—闸块；3—支撑滚轮；4—制动液压缸；5—活塞；6—弹簧

图 30-12　制动车

制动车的结构与承载吊车基本相同，只是在各支承滚轮内均装有制动缸。各滚轮端部均装有硬合金闸块。车组运行时，制动缸内充压力油，迫使活塞压缩弹簧，使闸块离开导轨腹板而处于松闸状态。需要制动时，使制动油缸内的压力释放，弹簧伸张，推动油塞杆顶住闸块，抱紧导轨腹板实现停车制动。弹簧作用在导轨腹板上的总压力为 102.5 kN，制动力为 35.28 kN，由于制动力大于绞车的最大牵引力 9.4 kN，且闸瓦表面有硬质合金花纹，所以，即使在绞车最大牵引力状况下抱闸，不论导轨干燥或泥泞，均能保证车组迅速制动停车。

4. 人车

人车是单轨吊车系统运送人员的专用车辆，其结构如图 30-13 所示。

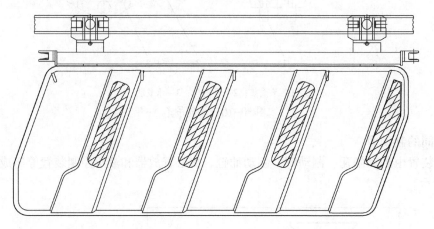

图 30-13　人车

30.2.3　轨道系统

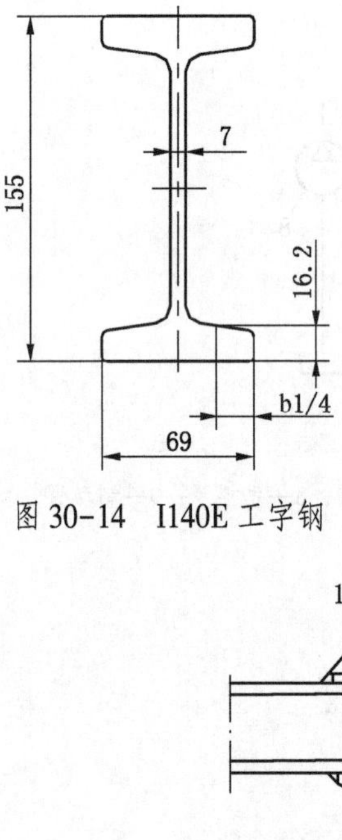

单轨吊车使用的轨道多为德国进口 I140E 工字钢（见图 30-14）制作的，每节长 3 m，这种材料制作的轨道一般情况只能承受 20 t 的载荷。大于 25 t 的载荷现在都使用 I140 V 工字钢制作。

导轨的连接如图 30-15 所示。每节导轨的两端分别焊有上、下连接柄和上连接钩、下连接销。安装时，先将后一节导轨的下连接销穿过前一节导轨下连接柄上的孔，然后绕销轴转动后一节导轨，使上连接钩的柱销套入前一节导轨的上连接柄缺口中，用 φ18×64 的圆环链将上连接柄吊挂起来，两节导轨就牢固连接在一起了。

导轨有直轨和曲轨之分。

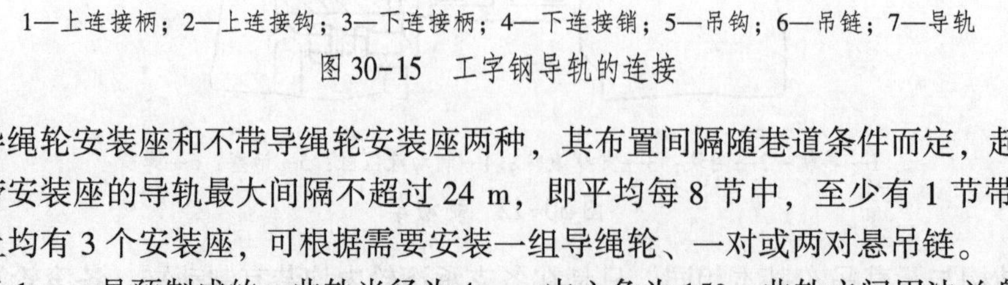

图 30-14　I140E 工字钢

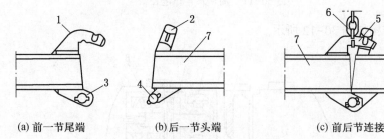

(a)前一节尾端　　(b)后一节头端　　(c)前后节连接

1—上连接柄；2—上连接钩；3—下连接柄；4—下连接销；5—吊钩；6—吊链；7—导轨

图 30-15　工字钢导轨的连接

直轨有带导绳轮安装座和不带导绳轮安装座两种，其布置间隔随巷道条件而定，起伏不平处导绳轮应密一些。带安装座的导轨最大间隔不超过 24 m，即平均每 8 节中，至少有 1 节带有安装座的导轨。每节曲轨上均有 3 个安装座，可根据需要安装一组导绳轮、一对或两对悬吊链。

曲轨每节长 1 m，是预制成的，曲轨半径为 4 m、中心角为 15°。曲轨之间用法兰盘刚性连接。为方便牵引绳在弯道上导向，每节曲轨上都有绳轮座。曲轨与直轨之间，用特殊的连接直轨相连。

无论直轨或曲轨部分，都可以从中间拆换任一节导轨。只有松开圆柱销或连接螺栓，导轨才可以从侧面撤出。

30.2.4 导绳滑轮组

导绳滑轮组是牵引钢丝绳的托绳导向装置，如图30-16所示。支承滑轮的滑轮架安装在导轨的导绳轮安装座上，并通过圆环链悬吊在巷道顶梁上。导绳滑轮组由左、右两组滑轮和滑轮架组成。一组为空载绳托绳导向，由两个平行安装在同一支座上的滑轮组成。滑轮支座可以绕其销轴旋转90°，并可根据需要调节空载绳的位置。另一组为重载绳托绳导向，由围绕在重载绳四周的4个滑轮组成。重载绳下面的大滑轮内装有弹簧，当牵引车上的牵引臂通过导绳滑轮组时，过轮压板先推挤大滑轮，压缩弹簧，使大滑轮移至虚线位置；当牵引臂和钢丝绳顺利通过后，过轮板离开大滑轮，大滑轮便在弹簧作用下复位，以保持托绳导向位置。

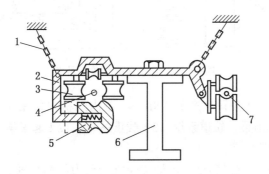

1—吊链；2—滑轮架；3—滑轮；4—重载绳；5—大滑轮；6—导轨；7—空载绳

图30-16 导向滑轮组

30.3 钢丝绳牵引单轨吊车主要技术参数

SDY-40型钢丝绳牵引单轨吊主要技术参数见表30-1。

表30-1 SDY-40型钢丝绳牵引单轨吊主要技术参数

型　号	SDY-40	型　号	SDY-40
轨道型号	I140E	钢丝绳直径/mm	22
牵引速度/(m·s^{-1})	0~2	水平曲率半径/m	≥4
上行坡度	≤25°	垂直曲率半径/m	≥10
额定牵引力/kN	40		

SDY-40型钢丝绳牵引单轨吊运输能力见表30-2。

表30-2 SDY-40型钢丝绳牵引单轨吊运输能力

坡度/(°)	0	5	10	12	16	20	25
运输能力/t	108.7	27.8	16.1	13.7	10.7	8.8	7.3

注：牵引力40 kN，牵引速度0~2 m/s，运输能力包括车自重。

30.4 防爆柴油机单轨吊车

防爆柴油机单轨吊车是以防爆低污染柴油机为动力的单轨吊车，特点是体积小，机动灵活，适应性强，不怕水，不怕煤，不受底板状况的影响，过道岔方便。

防爆柴油机单轨吊车连续运输距离长，用于掘进巷道时能迅速接长轨道，安全可靠，经济性好。可以实现从井底车场甚至从地面（斜井或平硐开拓时）至采区工作面的直达运输。

使用防爆柴油机单轨吊车的巷道，要加强通风，其通风量应能将空气中的有害物质稀释到《煤矿安全规程》规定的范围之内，其瓦斯含量不超1%，环境温度不高于35℃。单台使用时，配风量不少于4 m³/(min·kW)；超过两台时，第一台按单台配风量配风，第二台按第一台的75%配风，第三台及三台以上按第一台的50%配风。巷道一般采用U型钢拱形支架，T形棚或锚喷。它的动力源连续持久，不受运输距离和使用时间的限制，而且可以向大功率大牵引力发展，实现煤矿重型设备的直达运输。

防爆柴油机单轨吊车系统构成，如图30-17所示。

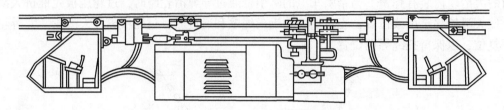

图30-17 防爆柴油机单轨吊车

以石家庄煤矿机械有限责任公司生产的FND-90型内燃机单轨吊车为例，该设备主要包括：机车、制动车吊、人车、6 t起吊梁、轨道系统、3 t载重吊车、12 t起吊梁、安装吊挂平台、平板吊架、集装箱、加油车以及各种牵引杆等。

FND-90型内燃机单轨吊车是以防爆低污染柴油机为动力的液压式自驱动机车。适用于煤矿井下环境温度不高于35℃的矿井，要求巷道断面不小于7 m²，特别是在多岔道、多支线、长距离的巷道。

FND-90型内燃机单轨吊车主要技术参数见表30-3。

表30-3 FND-90型内燃机单轨吊车主要技术参数

序号	参数名称		单 位	数 值	备 注
1	牵引力		kN	60	
2	牵引速度		m/s	0~2	
3	制动闸制动力		kN	≥90	
4	爬坡能力		°	≤18°	
5	轨道型号			I140E	
6	水平拐弯半径		m	≥4	
7	垂直拐弯半径		m	≥10	
8	制动车制动力		kN	43/车	
9	制动车制动速度		m/s	2.3	
10	柴油机	功率	kW	69/2500 r/min	
		CO	×10⁻⁶	≤1000	废气含量
		NOₓ	×10⁻⁶	≤800	废气含量

FND-90型内燃机单轨吊车运输能力见表30-4。

表30-4 FND-90型内燃机单轨吊车运输能力

速度/(m·s⁻¹)	0°	5°	8°	12°	14°	18°
	牵引吨位					
0.55	218.18	55.92	38.76	27.59	24.15	19.39
1.00	120.00	30.76	21.32	15.17	13.28	10.67

表 30-4（续）

速度/(m·s⁻¹)	0°	5°	8°	12°	14°	18°
	牵引吨位					
1.30	92.31	23.66	16.40	11.67	10.22	8.20
1.50	80.00	20.51	14.21	10.12	8.86	7.11
1.80	66.67	17.09	11.84	8.43	7.38	—
2.00	60.00	15.38	10.66	7.59	—	—

30.5 防爆蓄电池单轨吊车

防爆蓄电池单轨吊车是以防爆特殊型蓄电池为动力、由直流牵引电动机驱动的单轨吊车。能适应起伏多变（坡度小于 10°）的巷道和半径不小于 6 m 的弯道及多支路运输。

防爆蓄电池单轨吊车机动灵活、噪声低、无污染、发热量小，属于储能式动力源，工作一段时间后，电源箱需要充电，一般每工作 3~4 h 就需更换蓄电池充电，造价较高。因此不宜于长距离、大坡度、大载荷或繁重的运输工况，且功率偏小，自重较大，每千瓦功率重量相当于柴油机的 2.5 倍，不利于重载爬坡。所以，蓄电池电机车多用于巷道平缓，载荷较小的短途运输。对于巷道坡度大、运输距离长、作业频繁、载荷较大的运输，最好采用柴油机单轨吊车。由于蓄电池的能力较小、效率较低，充放电管理复杂，维修费用较高，所以蓄电池单轨吊车的推广应用受到限制。

防爆蓄电池单轨吊车由驱动部、电源箱、司机室等组成。每个驱动部由机架、直流牵引电机、分动箱、摇臂架和驱动轮组成，一个驱动部一般由一个电机通过分动箱把动力传送给两个摇臂和驱动轮，在两个摇臂架之间由挤压油缸拉紧，使驱动轮紧压在轨道腹板上以产生黏着牵引力。驱动部上还设有工作制动器和安全制动闸。电源箱是防爆特殊型电源装置，由专用吊梁挂在机车中部，并设有升降机构，以便于更换，一台蓄电池单轨吊车一般配备两套以上电源箱，轮换使用和充电。

一般防爆蓄电池单轨吊车的主要技术参数为

功率	4.5~25 kW
牵引力	7~36 kN
速度范围	0.5~2.1 m/s
有效载重	2~12 t
适应坡度	0°~12°

30.6 单轨吊车选型计算

单轨吊车选型计算时应注意：各种类型单轨吊车都有各自的优缺点和一定的适用条件及使用范围，因此，选型要根据矿井的具体条件综合分析比较，因地制宜，合理选用。

单轨吊车选型计算的主要内容包括选择单轨吊车的类型；计算实际需要的牵引力；选择标准系列的牵引绞车或柴油机车；计算一台单轨吊车的日运输能力；确定采区或全矿所需单轨吊车的台数。

煤矿井下实际情况复杂，选用设备的能力和使用范围要合理地留有一定余地。为节省投资和不影响生产，装备新的辅运设备时，应尽量利用井下现有的巷道条件，并充分考虑现有的运输系统和设备。

30.6.1 选择单轨吊车类型

1）选型计算必须已知下列条件。

（1）单轨吊车的运输距离。

（2）单轨吊车运行巷道的坡度大小。

（3）单轨吊车的运行轨道有无分支。

（4）单轨吊车需运送单件最大质量。

（5）单轨吊车是否运送人员。

2）根据已知条件和各种类型单轨吊车的适用范围来选择单轨吊车的牵引形式：绳牵引的单轨吊车或柴油机车牵引的单轨吊车（也可选择蓄电池机车牵引的单轨吊车，但由于目前蓄电池容量较小，该种机车不能运送重量较大的设备）。

30.6.2 计算单轨吊车牵引力、功率和选择钢丝绳

30.6.2.1 单轨吊车牵引力和功率的计算

1. 最大运输量计算

要计算单轨吊车的牵引力，必须首先确定单轨吊车的一次最大运输量，即计算单轨吊车所服务的生产点对材料、设备的需要量，计算时要根据材料的重量和尺寸，凑成运输单元，每个运输单元的质量为 3 t。

要求如下。

（1）集装箱运输：每个集装箱的运输量为 2.5 t；

散件运输：每个运输单元为 3 t。

（2）长度小于 3.1 m 的材料用集装箱运输，大于 3.1 m 的用打捆运输。

一般单轨吊列车一次只挂 3~4 个起吊梁，即运送一般的材料、设备和人员时，每列车一次只能运送 3~4 个运输单元（或 3~4 辆人车）；运送大型设备如液压支架时，单轨吊车只能挂一个组合起吊梁。

计算可分以下三种情况（设单轨吊列车自身总质量为 G，有效载荷质量为 Q）。

（1）运输一般物料。运送一般材料和设备的单轨吊列车由一辆牵引车、一辆制动车、三个吊运梁、三个集装箱和四个连接杆组成。

列车自身总质量 $G = G_1 + G_2 + 3G_3 + 3G_4 + 4G_5$，每个集装箱按有效载荷质量为 Q_1 计算，则总有效载荷质量 $Q = 3Q_1$。

材料运输列车的组成及质量见表 30-5。

表 30-5 材料运输列车的组成及质量

类 别	单件质量	总质量
牵引车 1 辆	G_1	G_1
制动车 1 辆	G_2	G_2
吊运梁 3 个	G_3	$3G_3$
集装箱 3 个	G_4	$3G_4$
连接杆 4 个	G_5	$4G_5$

（2）运送人员。运送人员的单轨吊车由一辆牵引车、一辆制动车、三组起吊梁、三辆人车和四个连接杆组成。

列车自身总质量 $G = G_1 + G_2 + 3G_3 + 3G_6 + 4G_5$，每辆人车按有效载荷质量为 Q_2 计算，则总有效载荷质量 $Q = 3Q_2$。

人员运输列车的组成及质量见表 30-6。

表30-6 人员运输列车的组成及质量

类 别	单件质量	总质量
牵引车 1 辆	G_1	G_1
制动车 1 辆	G_2	G_2
吊运梁 3 个	G_3	$3G_3$
人车 3 个	G_6	$3G_6$
连接杆 4 个	G_5	$4G_5$

（3）运输大型设备（如液压支架）。运输大型设备的单轨吊列车由一辆牵引车、一辆制动车、一组重载组合吊运梁、四个连接杆组成。

列车总质量 $G=G_1+G_2+G_7+4G_5$，大型设备（如液压支架）每架质量为 Q_3，计算，则总有效载荷质量 $Q=Q_3$。

大型设备运输列车的组成及质量见表30-7。

表30-7 大型设备运输列车的组成及质量

类 别	单件质量	总质量
牵引车 1 辆	G_1	G_1
制动车 1 辆	G_2	G_2
组合吊运梁 1 组	G_7	G_7
连接杆 4 个	G_5	$4G_5$

根据上述三种情况的计算，取 $G+Q$ 的最大值计算牵引力。

2. 牵引力 F 的计算

单轨吊车最大牵引力为

$$F = \frac{(G+Q)g}{1000\eta_B}(\mu\cos\alpha + \sin\alpha) \tag{30-2}$$

式中　　F——单轨吊列车牵引力，kN；

$\quad\quad\ G$——单轨吊列车总质量，kg；

$\quad\quad\ Q$——有效载荷质量，kg；

$\quad\quad\ \mu$——单轨吊列车运行阻力系数，$\mu=0.3$；

$\quad\quad\ \alpha$——巷道倾角，（°）；

$\quad\quad\ \eta_B$——线路效率，线路为直线时，$\eta_B=0.8$，水平弯道平均每15°效率降低0.01。

根据 F 值选取产品（钢丝绳绞车或柴油机车）的牵引力，柴油机车取值要稍大些。

3. 电动机功率的计算

牵引绞车轴功率可按下式计算：

$$N = \frac{Fv}{\eta_A} \tag{30-3}$$

式中　　N——牵引绞车轴功率，kW；

$\quad\quad\ F$——单轨吊列车牵引力，kN；

$\quad\quad\ v$——运行速度，$v=2$ m/s；

$\quad\quad\ \eta_A$——驱动装置效率，$\eta_A=0.75$。

根据 N 值选择电动机容量 N_D，$N_D>N$。

30.6.2.2 绳牵引单轨吊车钢丝绳的选型计算

单轨吊车的牵引绞车是液压摩擦式绞车。钢丝绳成封闭环形，如图30-18所示。

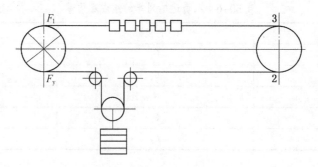

图 30-18 无极绳系统计算原理图

设左侧是作为驱动轮的大摩擦轮，图中上部做往返运动的列车是向右行驶状态，摩擦轮两侧的张力 F_y 和 F_1 的关系（打滑临界点）可用欧拉公式表示，即：

$$F_y = F_1 e^{\mu\alpha} \tag{30-4}$$

式中　F_y——钢丝绳与摩擦轮相遇点张力，kN；

　　　F_1——钢丝绳与摩擦轮分离点张力，kN；

　　　e——自然对数的底；

　　　μ——钢丝绳与摩擦轮之间的摩擦因数，$\mu = 0.1$；

　　　α——钢丝绳在摩擦轮上的围包角，$a = 5\pi$。

1. 计算钢丝绳在绞车分离点的张力 F_1

因为绞车摩擦轮牵引力（即有效圆周力）$F = F_y - F_1$，将式（30-4）代入，有：

$$F = F_1 e^{\mu\alpha} - F_1 = F_1(e^{\mu\alpha} - 1)$$

所以，钢丝绳在绞车摩擦轮分离点的最小张力可用下式计算：

$$F_1 = \frac{F}{e^{\mu\alpha} - 1}n \tag{30-5}$$

式中　n——摩擦力备用系数，$n = 1.15 \sim 1.2$。

2. 计算钢丝绳破断拉力 F_{B1}

（1）运送一般物料。钢丝绳破断拉力 F_{B1} 按下式计算：

$$F_{B1} = \frac{G + Q}{1000} g m_a \sin\alpha \tag{30-6}$$

式中　m_a——钢丝绳安全系数（按相关规定取值）。

（2）运送人员。钢丝绳破断拉力 F_{B2} 按下式计算：

$$F_{B2} = \frac{G + Q}{1000} g m_a \sin\alpha \tag{30-7}$$

式中　m_a——钢丝绳安全系数（按相关规定取值）。

（3）运送液压支架。钢丝绳破断拉力 F_{B3} 按下式计算：

$$F_{B3} = \frac{G + Q}{1000} g m_a \sin\alpha \tag{30-8}$$

式中　m_a——钢丝绳安全系数（按相关规定取值）。

比较 F_{B1}、F_{B2}、F_{B3} 的计算值，取其中最大的值作为 F_{Bmax}，根据 σ_b 和 F_{Bmax} 来选取破断拉力的许用值 $[F]$，$[F] \geq F_{Bmax}$，由 $[F]$ 可查出钢丝绳直径 d。

30.6.3　计算单轨吊车运输能力

设运输单元总和为 A，包括单轨吊车所服务的各生产作业点需要材料、设备；

设单轨吊车一次运送的运输单元数为 B；

设运输距离为 L、运行速度为 v。

1. 绳牵引单轨吊车运输能力的计算

绳牵引单轨吊车不能在有分支的线路运输，所以它的运输距离 L 是定值。

（1）单轨吊车运行一个循环所需的时间 t_1：

$$t_1 = \frac{2L}{0.75 \times 60v} + \theta \qquad (30-9)$$

式中　　t_1——单轨吊车运行一个循环所需的时间，min；

　　　　L——运输距离，m；

　　　　v——运行速度，m/s；

　　0.75——考虑加、减速和转弯处速度降低系数；

　　　　θ——装卸载及休止时间，取 $\theta = 10 \sim 15$ min。

（2）单轨吊车日工作循环数 Z_1：

$$Z_1 = \frac{t_R}{t_1} \qquad (30-10)$$

式中　Z_1——单轨吊车日工作循环数，次（向上取整）；

　　　t_R——单轨吊车每天工作时间，一天按两班运输，每班工作 300~420 min(5~7 h)，采区运输取下限，大巷运输取上限。

（3）单轨吊车要完成日计划任务应运行的循环数 Z_2：

$$Z_2 = \frac{1.2A}{B} \qquad (30-11)$$

式中　Z_2——单轨吊车要完成日计划任务应运行的循环数，次（向上取整）；

　　　A——各生产作业点日需运输单元总和；

　　　B——单轨吊车一次运送的运输单元数；

　　1.2——备用能力系数。

如果 $Z_1 > Z_2$，说明单轨吊车的运输能力满足要求。反之，则不能满足要求，需要重新做选型设计。

2. 柴油机车牵引的单轨吊车运输能力的计算

柴油机车牵引的单轨吊车可以在有分支的线路上运输，各生产作业点的运输距离不同，可采用加权平均距离计算。

设有 n 个生产作业点，每个生产作业点日需要运输单元分别为 A_1、A_2、$\cdots$、A_n；各生产作业点的运输距离分别为 L_1、L_2、$\cdots$、L_n。

则加权平均距离 L_j(m) 为

$$L_j = \frac{L_1A_1 + L_2A_2 + \cdots + L_nA_n}{A_1 + A_2 + \cdots + A_n} \qquad (30-12)$$

一台柴油机单轨吊车运行一个循环所需的时间 t_1：

$$t_1 = \frac{2L_j}{0.75 \times 60v} + \theta \qquad (30-13)$$

一台柴油机单轨吊车日工作循环数 Z_1：

$$Z_1 = \frac{t_R}{t_1} \qquad (30-14)$$

一台柴油机单轨吊车要完成日计划任务应运行的循环数 Z_2：

$$Z_2 = \frac{1.2A}{B} \qquad (30-15)$$

如果 $Z_1 > Z_2$，说明一台柴油机单轨吊车的运输能力满足要求；反之，需要计算共需柴油机单轨吊车的台数。

各生产作业点（全采区或全矿井）共需柴油机车台数（台，向上取整）的初算值为

$$N = \frac{Z_2}{Z_1}$$

考虑到检修和备用的需要，取检修和备用台数为运行台数的20%，所以：

$$N_{总} = 1.2N \tag{30-16}$$

30.6.4 按单轨吊车能力快速选型计算

单轨吊车选型还可按下式快速计算：

$$Q = \frac{F}{g(\sin\alpha + f_d\cos\alpha)} - G_d \tag{30-17}$$

式中　Q——单轨吊车运输能力，t；

F——牵引力，kN；

G_d——机车及配套设备（储绳车、承载车及安全制动车等车辆）自重，t；

g——重力加速度；

α——运行巷道坡度，(°)；

f_d——运行比阻力，kN/t，水平直道不大于0.3，水平弯道不大于0.5。

机车往返一次运行时间可按下式计算：

$$t_y = \frac{2L}{60k_s v} \tag{30-18}$$

式中　L——运输距离，m；

v——运行速度，m/s；

k_s——速度影响系数，一般取0.8。

每台机车每班往返次数可按下式计算：

$$P = \frac{60T}{t_y + t_d} \tag{30-19}$$

式中　P——往返次数，次/(台·班)；

t_d——装载和调车辅助时间，min。

每班需用列车数可按下式计算：

$$N_n = \frac{kQ_b}{ZG_y} \tag{30-20}$$

式中　N_n——列车数，列/班；

k——运输不均衡系数，取1.2；

G_y——每一集装箱或承载车（梁）净载质量，t。

31 架空乘人装置

架空乘人装置（图31-1）的用途是在煤矿井下运送工作人员，属于无极绳运输系统。

该装置主要由驱动部分、车站部分、线路部分、尾轮部分、张紧部分及电控系统组成，具有人员运送量大、运行安全可靠、人员上下方便、随到随行、不需等待、一次性投入低、动力消耗小、操作简单、便于维护、操作人员少等特点，是一种新型高效的运送人员的设备。

图31-1 架空乘人装置

31.1 架空乘人装置的类型

1. 按使用巷道分类

架空乘人装置按安装在什么样的巷道来分类，可分为专用架空乘人装置、与轨道合一的混合架空装置、顺槽架空乘人装置。

专用架空乘人装置所用的巷道是专为安装运人设备而建，除可兼做通风用途外，不做其他运输，人员运输非常安全。

与轨道合一的混合架空装置和顺槽架空乘人装置，是将设备安装在兼做其他用途的巷道内，称为混合运输。混合运输条件下的架空乘人装置和运送物料的绞车之间必须实现电气闭锁：架空乘人装置运行时，轨道绞车不能启动；绞车运行时，架空乘人装置不能启动。严禁随意甩掉电气闭锁。混合运输巷道，必须在各车场和片口入口处安设反向阻车器，要求架空乘人装置运行时阻车器处在关闭状态，能够阻止车辆闯入架空乘人装置运行区间。架空乘人装置运行前，各车场的车辆必须停放在各车场的阻车器以外，不得超过阻车器停车。

2. 按吊椅的固定形式分类

架空乘人装置按吊椅的固定形式可分为固定吊椅型、活动吊椅型和可摘挂吊椅型。

固定吊椅的固定抱索器与钢丝绳紧固连接，吊椅随牵引钢丝绳绕驱动轮和回绳轮运动，乘人无法取下吊椅。该种吊椅管理简单、方便，适用坡度大；对轮系调整、维护要求高，安全性较活动吊椅稍差。

活动吊椅直接搭载在钢丝绳上，吊椅不绕过驱动轮和回绳轮，人员可在静止状态下上下人车。在上人地点，将活动吊椅挂在滑道上靠自重滑入钢丝绳，自动卡紧运行，至下人地点活动吊椅可滑上滑道，自动脱离钢丝绳。活动吊椅架空乘人装置较固定吊椅架空乘人装置更加完善，安全性更好。

可摘挂吊椅与钢丝绳间夹紧力产生的摩擦力带动吊椅和乘员随钢丝绳运动，吊椅不绕过驱动轮和回绳轮。可摘挂式抱索器与钢丝绳之间不得有旋转与滑移。该种吊椅管理简单、方便，适用坡度大；

对轮系调整、维护要求相对较低，安全性高。

　　3. 按驱动形式分类

　　架空乘人装置按驱动形式可分为电驱动和液压驱动两种：电驱动架空乘人装置是目前国内常用的一种，液压驱动架空乘人装置为国外进口的快速架空乘人装置，速度可调。

31.2　架空乘人装置的工作原理

　　架空乘人装置俗称猴车或井下乘人索道，如图 31-2 所示。

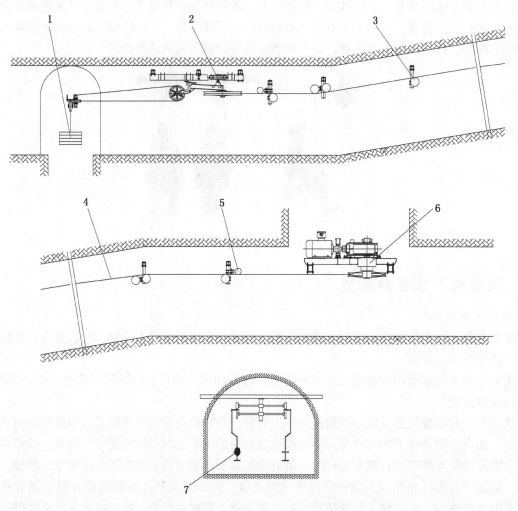

1—重锤；2—尾绳装置；3—托绳轮；4—钢丝绳；5—压绳轮；6—驱动装置；7—吊椅

图 31-2　架空乘人装置工作原理图

　　在巷道端头设有动力驱动装置、上下车站，尾端设有上下车站、尾轮和重锤式张紧装置。驱动装置的电动机带动减速器与其直联的驱动轮转动，并依靠驱动轮（衬垫）和钢丝绳之间的摩擦带动钢丝绳和乘人器一起在线路上不停地循环运行，完成运送人员的任务。

　　巷道沿途设有一托一压形式的托（压）绳轮，在以上部件之间贯穿了一根无极钢丝绳，形成一种封闭的运输线路。吊椅（乘人器）供人员乘坐，利用其上方的抱索器中衬垫与钢丝绳的摩擦而紧紧地抱在运行的钢丝绳上，从而运载着人员从线路起点的上（下）车站运行到终点的下（上）车站。

　　人员使用架空乘人装置的过程是，在钢丝绳运行的前提下：

　　（1）固定吊椅。运行速度较慢，乘坐人员在上（下）车站依次乘坐上（下）车。

　　（2）活动吊椅。在上车站，活动吊椅挂在滑道上靠自重滑入钢丝绳；在下车站，活动吊椅可滑上滑道，自动脱离钢丝绳。

其乘坐过程是：乘坐人员在驱动部附近从乘人器存放架上取下乘人器，将抱索器放在启动轨上，坐上吊椅，右手握椅杆收脚，左手按启动按钮，乘人器在上车站轨道上自行下滑，依靠抱索器衬垫与钢丝绳的摩擦运行到尾部下车站。到达下车站待乘人器静止时，放脚落地，从下车轨道上取下乘人器放到存放架上，如此循环往复。

架空乘人装置电控系统由调速、控制及信号保护三个部分组成。采用先进的 PLC 控制的电控系统，具有设备电气互锁、电机保护（失压，短路，过载）、张紧保护、沿途紧急停车闭锁等较为全面的安全保护功能。还具有无人值守停车控制、启动前预警信号、开（停）车设定程序自动控制、线路语音通信联络等功能。采用中文的人机界面，实时显示设备运行状态的各种参数，当设备（或者系统）发生故障时，给出相应的故障文字提示。

31.3 高速活动式抱索器架空乘人装置结构

31.3.1 驱动部

驱动部主要由电动机、液压泵、液压马达、驱动轮、制动油缸、制动泵、盘形制动闸等部件组成。

电动机带动液压泵工作，液压泵驱动液压马达旋转，液压马达通过带动驱动轮旋转，驱动轮设有盘形制动闸。工作时，盘形制动闸打开，驱动轮正常工作；当电机断电时，盘形制动闸制动，驱动轮停止运转。系统运行速度是利用驱动回路流量阀控制阀速度，运行速度为 0~3.0 m/s 无极可调。

高速架空乘人装置驱动部的泵站为落地式，驱动轮为吊挂式，结构紧凑、小巧，无漏油故障。驱动轮为单轮，围包角大于 180°。轮衬采用德国复合橡胶，耐磨性好，摩擦因数大，安装采用镶嵌式结构，能提供较大的牵引力。

31.3.2 车站

1. 上车站

上车站（图 31-3）由钢轨、前行闭锁装置、启动装置、进给器等组成。钢轨的结构是在 T 型铁上焊了两条钢板作为滑道，两钢板互成 90°直角，吊椅的吊挂架自带 4 个滑轮，可以在滑道上滑动。上车站的右端为一启动装置，也为一滑道，但角度较大，主要提供滑动初始角；左端为一导出段，与钢轨有一定角度，主要为吊椅架滑行提供缓冲导出，以免吊椅架滑入钢丝绳后产生冲击。钢轨的 T 型铁上有一些固定孔，主要是固定上车轨道在悬挂管上。进给器固定在启动装置的末端。前行闭锁装置的作用是保证启动后的吊椅架滑动进入闭锁装置后进行正确导向，防止吊椅架的左右晃动。

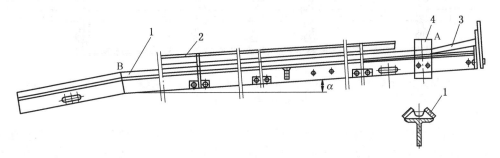

1—钢轨；2—前行闭锁装置；3—启动装置；4—进给器

图 31-3 上车站

2. 下车站

下车站由钢轨、止回装置、防撞块等组成，如图 31-4 所示。

钢轨的结构和上车站是一样的，少了右端的启动装置。根据功能的不同，左端的倾斜段叫导入段，主要为吊椅滑行提供导入。钢轨 T 型铁上的孔主要用来固定，下车站同样要固定在悬挂管上。止

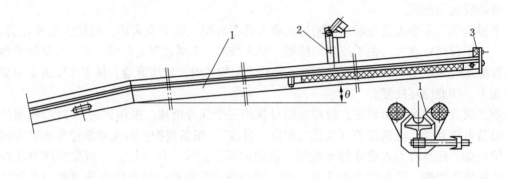

1—钢轨；2—止回装置；3—防撞块

图 31-4　下车站

回装置的作用是防止下车站的吊椅架倒行，其结构是正向可行，逆向则止回。止回装置同样固定在 T 型铁上。防撞块顾名思义是防止下车时吊椅架越过止回装置撞击端板，造成下车站的损坏。

3. 中间站

高速架空乘人装置的静止上、下车功能，不仅是在线路起点和终点，也可以在线路任意某个点，在中间任意点设置的车站叫中间站（图 31-5）。随着矿井开拓的不断延伸，巷道长度越来越长，在巷道中途往往有偏口，人员需要上下车，这时，就可安装中间站，矿工们可以在中间站安全上下车。

中间站由上车轨道、下车轨道、缆索绳轮、门字形吊挂梁、钢梁等组成。

在两股道上均有上下车的滑道，上车滑道和下车滑道分别和上下车站相类似，在上车滑道上装有进给器，在下车滑道上装有止回装置；上车滑道和下车滑道都通过连接装置和公用无缝钢管连接，连接件是弹性圆柱销。连接后，在滑道和钢管之间就有了一个万向节，滑道和钢管的角度可以任意调节。

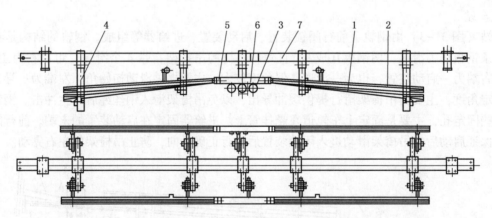

1—上车轨道；2—下车轨道；3—缆索绳轮；4—门字形吊挂架；5—连接装置；6—管式轨道；7—钢梁

图 31-5　中间站

连接装置的结构如图 31-6 所示，它包括两个弯头、球状盘、碟形弹簧等零件，由连接螺栓连接而成。弯头 1 和弯头 2 上均开了两个销孔，用于与滑道及钢管连接，连接件是短的弹性圆柱销。弯头 2 和弯头 1 上的内、外球状面可以做万向转动，形成万向节，这样，车站滑道的角度可以任意调节。碟形弹簧的作用是增加万向节的弹性。

缆索绳轮是尼龙轮，对穿行而过的钢丝绳进行强制导向，既可以调整钢丝绳的角度，也可以调整钢丝绳的左右偏摆。

门字形吊挂架主要用来固定两股道上下车滑道和缆索绳轮，如图 31-7 所示，件 1 用方钢，件 2 用圆管做悬挂管，件 1 和件 2 焊接在一起构成门字形吊挂架，件 2 上可以连接通用夹，固定滑道和缆索绳轮，门字形吊挂架通过连接板可以固定在钢梁上，这种吊挂方式可以方便地调整门字形吊挂架的左右位置。

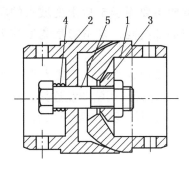

1、2—弯头；3—球状盘；
4—碟形弹簧；5—连接螺栓

图 31-6 连接装置

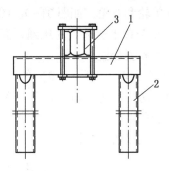

1—方钢；2—悬挂管；3—钢梁

图 31-7 门字形吊挂架

中间站的工作原理是：当矿工乘车到达中间站，乘人装置驶入下车滑道，减速行驶到越过止回装置后停止，如需下车则可以摘下乘人器，挂在巷道两旁的吊椅架上。如需继续前行，则乘车人可以采取脚蹬地的办法越过无缝钢管滑道，接着进入上车滑道，在进给器前停止，拉动进给器拉线开关，进给器开启，人员可以从上车滑道上滑入钢丝绳继续运行。

31.3.3 绳轮

1. 双联水平绳轮

双联水平绳轮的作用是控制两股钢丝绳的间距，高速架空乘人装置，主驱动轮直径为 1500 mm，而绳距为 1200 mm，尾轮直径为 1200 mm，所以，在机头（驱动站）和上车站之间加装了一组双联水平绳轮来规范绳距。结构如图 31-8 所示，主要由绳轮架、双联绳轮组件、通用夹等组成。

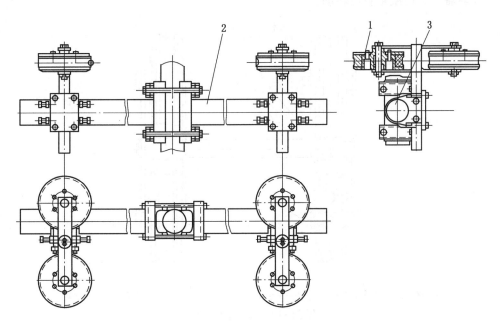

1—双联绳轮组件；2—绳轮架；3—通用夹

图 31-8 双联水平绳轮

双联水平绳轮的两个绳轮架的开档距离可以调节，绳轮架本身可以绕转轴自由转动，保证从驱动轮过来的钢丝绳按照一定的锥度进出，运行平稳，并能均衡分配钢丝绳对轮衬的压力，延长轮衬的使用寿命。转轴里镶有耐磨衬套,保证衬套的质量和转轴的寿命。双联水平绳轮的轮体采用铸钢件。绳衬和轮体的连接采用法兰盘连接,且法兰盘在外侧,绳衬利于更换。

压绳轮分单轮和双轮,如图31-9、图31-10所示。双轮主要用于5°以上变坡点的压绳,单轮主要用于直线段或5°以下变坡点的压绳。高速架空乘人装置的压绳轮,采用的是宽型结构形式,以增加压绳的可靠性和安全性。

(1) 单轮型压绳轮 (图31-9) 的轮体采用铸钢 ZG45,既保证强度,又最大限度地降低加工成本;轴承采用带防尘盖的单列向心推力球轴承;绳衬和轮体的连接采用法兰盘连接,法兰盘也是放在外侧,绳衬利于更换;绳衬摩擦因数小、耐磨性能好、使用寿命长。法兰盘和转轴两处的连接都采用自锁螺母,保证连接的可靠性。

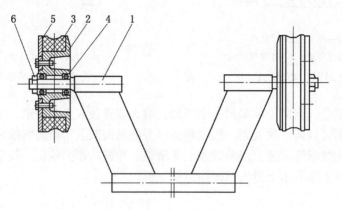

1—曲柄轴;2—轮体;3—绳衬;4—轴承;5—法兰盘;6—自锁螺母

图31-9 单轮型压绳轮

(2) 双轮型压绳轮 (图31-10) 的轮体和单轮型的一样。双轮型压绳轮用铰制螺栓安装于框架上,框架套在转轴上,可绕轴自由转动。

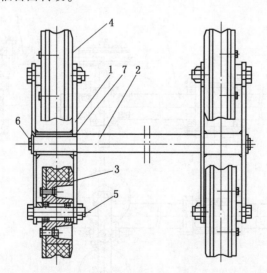

1—框架;2—转轴;3—轮体;4—法兰盘;5—铰制螺栓;6—单耳制动垫;7—衬套

图31-10 双轮型压绳轮

框架与轴用衬套连接,衬套为高耐磨衬套。这种结构能均衡分配钢丝绳对轮衬的压力,延长轮衬的使用寿命。轴端连接采用单耳制动垫圈以增加连接的可靠性和防松性能。

轮体用铰制螺栓连接在框架上,铰制螺栓可以在标准件厂定做。更换轮衬时,把铰制螺栓取下,取出轮体,卸下法兰盘。

双轮型的连接螺母均采用自锁螺母。

2. 托绳轮

托绳轮也分单轮和双轮，如图31-11、图31-12所示。双轮主要用于5°以上变坡点的托绳，单轮主要用于直线段或5°以下变坡点的托绳。高速架空乘人装置的托绳轮，采用的是窄型结构形式，以使吊椅吊挂架能安全顺利地通过托绳轮。

（1）单轮型托绳轮（图31-11）的轮体采用板焊件，轴承采用带防尘盖的单列向心推力球轴承，绳衬和轮体的连接采用双法兰盘连接，绳衬利于更换，法兰盘和转轴两处的连接采用自锁螺母，保证连接的可靠性。

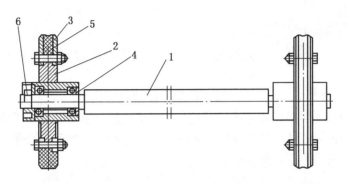

1—转轴；2—轮体；3—绳衬；4—轴承；5—法兰盘；6—自锁螺母

图31-11 单轮型托绳轮

（2）双轮型托绳轮的轮体和单轮型的一样，如图31-12所示。双轮型托绳轮用铰制螺栓安装于框架上，框架套在轴上，可绕轴自由转动。

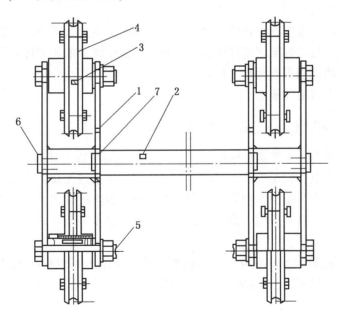

1—框架；2—转轴；3—轮体；4—法兰盘；5—铰制螺栓；6—单耳制动垫；7—衬套

图31-12 双轮型托绳轮

31.3.4 乘人器

高速架空乘人装置乘人器（吊椅）为可摘挂式结构（活动抱索器）。这种吊椅可以较好地解决固定式吊椅难以解决的人、物混运的难题，当需要分时段运物时，只要停止运人，即可在轨道上运送物料。同时，可以很好地解决带水平弯道的运人问题，普通架空乘人装置固定式吊椅不能通过水平弯

图 31-13 可摘挂装置

道，而高速架空乘人装置系统在弯道处吊椅和钢丝绳脱开，可以实现水平拐弯。

图 31-13 所示为一种可摘挂式结构装置。

吊挂椅架上带有 4 只滚轮，滚轮呈 90°角，使乘人器可在车站轨道上自由滑行。滚轮用滚动轴承代替，既保证了精度和耐磨性能，又降低了加工成本。

吊挂椅架两端有两块倒 V 字形的特殊橡胶衬垫，该衬垫具有高耐磨性和高摩擦因数。

高耐磨性能保证橡胶衬垫与钢丝绳的摩擦寿命；高摩擦因数保证了橡胶衬垫与钢丝绳的摩擦连接，从力学的原理要求橡胶衬垫与钢丝绳的摩擦因数较大，以使吊车所能爬坡角度较大。

吊挂椅架采用精密铸造。

吊杆用无缝钢管制作，对吊杆的基本要求是：既保证强度、刚度，又要求管径、质量较小。

吊挂椅架和吊杆用销轴连接，可任意转动调整乘人器与钢丝绳之间的夹角；弹性座椅用橡胶垫和立式弹簧做成，使得人员乘坐舒适安全。

31.3.5 弯道

由于巷道掘进的需要，巷道会出现转弯或巷道岔口搭接。

高速架空乘人装置利用曲线站可以实现水平拐弯，利用乘人器可摘挂的特点，在水平拐弯的地方，设计了乘人器与钢丝绳分离的下车轨道、管式弯道和上车轨道，以便进行水平转向。

在弯道处，根据弯道大小，曲线站由相应数量的中心角 15°的弧形段组成，弧形段上带弯道轮组，钢丝绳沿弯道轮组进行拐弯。

在进入弯道的切线处，设置下车轨道，接着是管式弯道，在出弯道的切线处，设置上车轨道。下车轨道、管式弯道、上车弯道按顺序用球铰连接。乘人器拐弯时，依靠惯性按顺序滑进下车轨道、管式弯道，然后滑入上车轨道与钢丝绳重新搭接运行。

曲线站用拉链吊挂在巷道顶板上。

31.4 低速固定式抱索器架空乘人装置结构

低速固定式抱索器架空乘人装置是继高速活动式抱索器架空乘人装置的又一井下高效运人设备，主要由驱动部、托压绳轮组、固定吊椅、钢丝绳、尾轮部、张紧装置及电控系统组成。系统运行速度低，乘人离地不高，使用十分安全。抱索器采用与钢丝绳固定连接方式，能适应更大倾角和更长运送距离，也能适应复杂变坡。具有高效、安全、易操作、维护量小等特点。

主要部件及结构特征如下。

（1）驱动装置主要是指绞车，与高速活动式抱索器架空乘人装置绞车大体相同，也包括防爆电动机、电液推杆制动器、减速器、驱动绳轮、机架等；只是驱动轮采用单轮单绳槽结构，安装型式多为顶板悬挂式。

（2）托压绳轮组。托压绳轮组（图 31-14）也有单轮、双轮、双联单轮和双联双轮托压绳轮组，在结构上统一采用的是绳衬较宽的压绳轮结构，在轮体内挡同时设计有挡绳机构，有效地防止了钢丝绳在运行中脱绳。

（3）固定吊椅。固定吊椅由固定抱索器和吊椅组成。固定抱索器由压爪、压紧螺栓、锁紧螺母、顶杆、弹簧及安装座组成，如图 31-15 所示。吊椅与抱索器的连接为法兰连接，为适应乘人离地不高的要求，在长度上略有增加。

（4）钢丝绳。

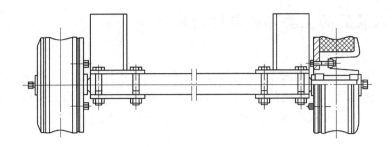

图 31-14　托压绳轮

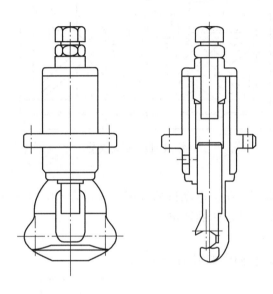

图 31-15　固定抱索器

（5）尾轮。尾轮的特点是由跑车和滑道两个部分组成，滑道采用的是双轨道型式，跑车的四只滑轮分别在上述两根轨道中滑行，如图 31-16 所示。

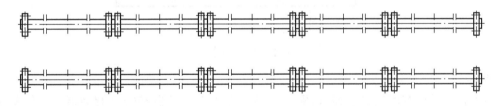

图 31-16　绳轮双滑道

（6）张紧装置。张紧装置与高速活动式抱索器架空乘人装置的相同。

（7）电控系统。电控系统采用 PLC 集中控制实现架空乘人装置的预警、启动、运行、停车及全方位安全保护等自动化控制，可实现远程监控。机头、机尾下车点设越位保护开关，乘人越位乘车将自动停车。线路沿线设拉线急停开关，乘人遇到紧急情况时可以拉动拉线而急停。当架空乘人装置出现飞车或打滑现象时，控制系统将通过速度检测保护装置实现自动保护停车。不需要设专人操作，控制系统通过远红外检测装置实现有人上车时自动开车，无人乘坐时自动停车。开车前设准备开车语音提示，下车点为防止乘坐人员越位乘车，有下车语音提示。机头、机尾及沿线设置通信装置，实现全线对讲通话联络。张紧装置顶部和底部设有限位行程开关，对系统张力进行自动保护。

31.5 架空乘人装置的主要部件与结构特征

31.5.1 驱动装置

驱动装置（图31-17）主要指绞车，包括防爆电机、电液推杆制动器、减速器、驱动绳轮、从动绳轮、安全制动闸、机架等。电动机的动力传至驱动轮，带动钢丝绳运行。驱动部结构型式依系统对牵引力的要求不同，有单轮和双轮两种；根据使用环境，又分为落地式和顶板悬挂式两种。

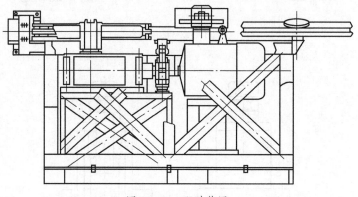

图31-17 驱动装置

1. 电动机

电动机一般为YB型防爆型电机。电动机的选用必须符合GB 3836.2—2010《爆炸性环境 第2部分：由隔爆外壳"d"保护的设备》的规定。

2. 减速器

减速器为传动结构，其结构简图如图31-8所示。

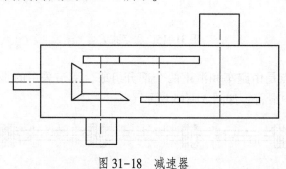

图31-18 减速器

3. 制动器

架空乘人装置设计有两套制动器（图31-19），即工作制动器和安全制动器。工作制动器选用BYW型电液推杆制动器，具有动作灵活、制动平衡、安全可靠等特点；安全制动器选用YLBZ型液压轮边制动器，具有结构紧凑、造型美观、安全可靠等特点。

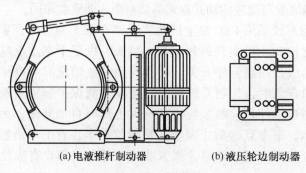

(a) 电液推杆制动器　　　　　　(b) 液压轮边制动器

图31-19 制动器

31.5.2 回绳站

回绳站安装在架空乘人装置系统的尾部，主要包括尾轮、滑道和张紧塔；尾轮通过移动框架固定在单轨滑道上，与单轨吊运行方式相同，由张紧塔内的重锤牵动尾轮以达到牵引钢丝绳张紧的目的。它的作用是改变钢丝绳的方向，并使牵引钢丝绳保持一定的预紧力。预紧力由系统牵引力来确定，可根据系统设计要求，在设计允许的范围内通过增减重锤来调整张紧力的大小。

1. 尾轮（图 31-20）

尾轮由回绳轮、回绳轮架、滚轮（张紧轮）和双滑轮（跑车）等组成。

回绳轮对无极钢丝绳起导向和张紧作用，随时调节钢丝绳在运行过程的张力，以保持设计给定值，保证运行的平稳性，延长设备的使用寿命和满足驱动轮的防滑要求。导轨设计长度为 12 m，可吸收钢丝绳 24 m 的变形量。

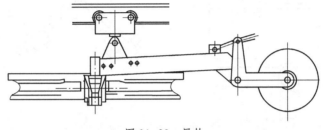

图 31-20　尾轮

2. 张紧塔

张紧塔（图 31-21）由框架和配重块等组成。配重块一般设置在线路张力较小的最低点，起调节钢丝绳运行时张力变化的作用。

配重重力应按设计值安装。配重块用四根螺栓组装，互相靠紧，避免松动。当配重上下移动时，框架能防止配重块脱出。

在塔框架立柱的上方和下方内侧各装有一只限位行程开关，当系统在张力过大或失去张力时，配重块接触限位行程开关使驱动部自动停机，确保了系统的安全运行。

31.5.3 乘人器

乘人器（活动吊椅，图 31-22）是架空乘人装置运送人员的乘坐工具，由活动抱索器和吊椅组成。吊椅造型结构简单，人员上下方便，乘坐舒适和安全可靠。

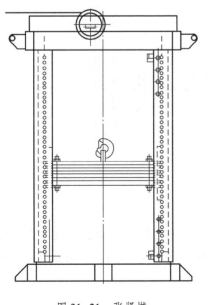

图 31-21　张紧塔

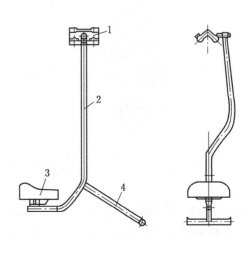

1—抱索器；2—吊杆；3—弹性座椅；4—脚蹬

图 31-22　乘人器

乘人器为活动摘挂式，由标准吊挂件、无缝钢管吊杆、脚蹬和座椅等组成，全长 1.5 m。乘人器与钢丝绳连接的部分为倒 V 形夹绳摩擦装置；抱索器与座椅用销轴连接，可任意转动调整乘人器与牵引钢丝绳之间的夹角。

乘人装置不仅可以完成一般人员的运输，还可以根据需要配套其他附加器具，运送人员随车携带的特殊物品或运送伤员。

1. 抱索器

抱索器（图 31-23）是乘人器的主要部件之一。抱索器上装有四只轴承，可以在上下车轨道上自由滑行。抱索器内侧装有两只摩擦衬块，要求抗滑力不得小于吊椅总重力（吊椅自重力+有效载荷）在最大坡度时下滑力的 2 倍。

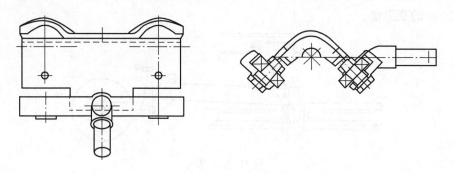

图 31-23 抱索器

2. 吊椅

吊椅是支撑和运送人员的关键部件，由座椅、吊杆和脚蹬组成。座椅采用了专用椅垫，具有弹性大、减震强、强度高、抗阻燃等优点，属于安全舒适型座椅。

31.5.4 托（压）绳轮

托（压）绳轮（图 31-24）通过横梁和托轮架架空安装在线路上，用以托起和压住钢丝绳，以适应钢丝绳在线路上角度的变化和吊椅净空尺寸。根据托（压）绳轮受力大小、角度和所起作用的不同，分为单轮托（压）绳轮、双轮托（压）绳轮、双联单轮托（压）绳轮和双联双轮托（压）绳轮。

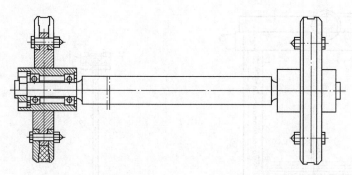

图 31-24 托（压）绳轮

托（压）绳轮在运转时要灵活，无卡阻现象，绳槽形状要在适应抱索器横向和纵向最大允许摆动情况下，能顺利地通过。轮衬均采用非金属衬垫，具有抗静电和阻燃性能，对钢丝绳有较好的保护作用。

31.5.5 钢丝绳

钢丝绳应选用线接触，右同向捻带纤维芯的股式结构无油钢丝绳，在有腐蚀环境中推荐选用镀锌钢丝绳。在乘人装置中常选用 $\phi22-6\times(19)$ 的钢丝绳，其编接接头的长度不得小于钢丝绳直径的 1000 倍，编接接头的直径不得大于 $\phi23$ mm。

31.5.6 乘人站

根据需要在巷道内布置若干乘人站（图 31-25）。分别在机头、机尾和中部车场等处设有乘车站，乘车站分为上车站和下车站两部分，机头、机尾各有一组上车滑道和一组下车滑道，分别安装在两股绳道上。中间乘车站由上车滑道和两组下车滑道联合组成，每股绳道共同有一组上车滑道和一组下车滑道按先下后上顺序连接，中间设有停车平台。每组滑道分左、右滑轨，使用中部凹槽的钢板连接，钢丝绳从两滑道中部凹槽通过，靠滑道安装坡度造成与钢丝绳的上、下位置交叉，实现乘人器吊挂装置从滑道到牵引钢丝绳过渡。独立上车站上车滑道上设有给进器，限制连续上车；独立下车站下车滑道上设有止回装置，避免乘人器下滑。上车时，它能保证吊椅平稳地驶入牵引钢丝绳；当到达下车地点时，它又能使吊椅平稳地自动停止运行。中间乘车站上下车站的功能与独立上下车站完全相同，如果乘车人不在中间站下车，以脚蹬地的方式让吊椅滑过过渡段，人工打开止回装置，吊椅进入钢丝绳继续前行。

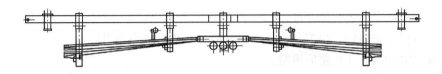

图 31-25　乘人站

31.5.7 电控系统

架空乘人装置电气控制系统主要由矿用隔爆兼本安型变频器、隔爆兼本安型电源控制箱、本安型操作台、隔爆型语音报警电话、沿线急停智能拉线开关及行程开关等设备元件组成。

1. 隔爆兼本安型变频器

调速部分 BPJ 系列矿用隔爆兼本安交流变频器，由原装进口四象限运行变频器、PLC 控制器、本安电源、交流真空接触器、继电器、进出线电抗器等器件组成。

调速部分的特点如下。

（1）矢量控制技术。矢量控制技术将直流控制中的双闭环（速度环、电流环）调节控制通过一系列矢量变换后用于交流三相电动机的控制，使交流三相异步电动机的调速性能可以和直流电动机一样良好，其调速精度高，性能好。矢量控制技术中了采用 FORCE 技术，当使用编码器反馈时，调速精度可达 0.001%，转矩调整率为 2%，其性能相当于大功率的直流调速装置。在有编码器反馈系统中取其精确的速度和转安全型交流变频器矩控制，使变频器应用范围更广泛。

采用 FORCE 技术后，在零转速下可获得强大、精确的输出转矩。变频器的这种"零转速时的满转矩输出"特性，应用在具有位能性负载的场合是非常适宜的。

（2）IGBT 功率模块。IGBT 功率模块的功率损耗小。

（3）自动换向变频技术。四象限运行，当电动机减速制动时，从逆变器返回的再生功率使变频控制装置内的直流母线电压升高，变频控制装置内的控制芯片发出指令，使输入电流相位与电源电压相位相反，将电动机再生能量反馈到电网中，实现电动机的能量再生制动。

（4）机械制动应用技术。在控制系统中要求变频器在四个象限运行、200% 力矩启动、启动次数频繁等苛刻条件下工作，变频器如果在没有力矩输出时就打开抱闸是很危险的，不符合 AQ 1032—2007《煤矿用 JTK 提升绞车安全检验规范》的要求。矢量控制采用电流互感器检测输出电流，进行向量分解以检测电机定子磁场位置，经计算反馈给控制处理器 CPU，经 CPU 运算后并通过专用 ASIC 电路发出控制信号，触发门极驱动器来控制 IGBT 桥的 PWM 调制电压、频率。整个过程在极短时间内循环完成一次。当输出力矩足够大（大于150%）时打开抱闸，运行时电机出力将自动保持在能够克服的摩擦力和运行的加速度上。

（5）PROFIBUS-DP 通信接口。便于和 PLC 及上位机通信组网。

（6）变频器的诊断和保护功能。变频器的诊断和保护功能包括：失压检测与脱扣；过压检测与脱扣；过流检测与脱扣；温度过高检测与脱扣；外部脱扣信号检测与脱扣；变频器输出端短路检测与脱扣；接地故障检测与脱扣；漏电闭锁保护；电动机失速保护；电子式 12 t 电动机保护；32 条故障信息缓冲区。32 条报警信息缓冲区。

（7）与防爆变频器配套的进线电抗器、输出电抗滤波器和自耦变压器。

保证电机反馈的再生能量接近正弦波，不会污染电网和干扰其他设备的正常工作。

2. 隔爆兼本质安全型电源控制箱

1）电源控制箱基本配置和主要功能

KXJD1-127 型矿用隔爆兼本质安全型电源控制箱，由西门子 PLC、显示屏、本质安全型电源和继电器及防爆外壳等组成。

主要功能如下。

（1）完成无极绳绞车所有控制功能。

（2）可提供五路本安电源，供操作台、信号、继电器及现场仪表用。

（3）可实现 PROFIBUS-DP 通信组网。

（4）PLC 承担着对各个输入、输出量的数据采集、程序控制和信息交换的任务。

2）电控箱中显示屏的主要内容

（1）读取变频器参数，如频率、速度、转矩、电流、电压、功率、直流母线电压等。

（2）运行时间显示、打点信号显示、本班提升钩数、总提升钩数显示。

（3）电机各测点的温度显示。

（4）安全回路工况监视。如电源、制动闸工况等状态。

（5）位置显示。其显示形式可以是数字的、模拟的、图形和曲线等。

（6）速度显示。其显示形式同上。

（7）故障报警和记忆。如故障发生时间及发生时的位置、速度等。

3. CXH-1/9.5 本质安全型操作台

CXH-1/9.5 本质安全型操作台的主要元器件包括如下：

（1）主令手柄，用于手动速度和方向给定。

（2）自动、手动、检修方式转换选择开关。

（3）启停及转换选择开关。

（4）故障复位和电源控制按钮。

（5）自动开车确认按钮、带方向记忆。

（6）电源电压显示表。

（7）指针式电流表。

（8）数字或视图式位置指示表。

（9）设置按钮，作为变频器故障时，旁路启停控制。

31.6 架空乘人装置主要技术参数

以石家庄煤矿机械有限责任公司生产的架空乘人装置为例，型号分为三大系列：RJHY 活动吊椅系列（适用于 18°以下坡道）；RJKY 可摘挂吊椅系列（适用于 35°以下坡道）和 RJY 固定吊椅系列（适用于 35°以下坡道）。

产品类型及主要技术参数见表 31-1。

表 31-1 RJHY、RJKY、RJY 系列架空乘人装置主要技术参数

型号	额定牵引力/kN	电机功率/kW	运行速度/(m·s⁻¹)	乘人间距/m	运输能力/(人·h⁻¹)	运送距离/m
RJY37	20	37	$1 \sim 1.2$	$8 \sim 12$	$300 \sim 540$	$\leqslant 1500$
RJY45	20	45	$1 \sim 1.2$	$8 \sim 12$	$300 \sim 540$	$\leqslant 1500$
RJY55	30	55	$1.2 \sim (2)$	$8 \sim 12$	$360 \sim 600$	$\leqslant 1500$
RJY75	30	75	$1.2 \sim (2)$	$8 \sim 12$	$360 \sim 600$	$\leqslant 1500$
RJY90	40	90	$1.2 \sim (2.5)$	$10 \sim 12$	$360 \sim 750$	$\leqslant 2300$
RJY110	50	110	$1.2 \sim (2.5)$	$10 \sim 12$	$360 \sim 750$	$\leqslant 3800$
RJHY37	20	37	$1 \sim 1.2$	$8 \sim 12$	$300 \sim 540$	$\leqslant 1500$
RJHY45	20	45	$1 \sim 1.2$	$8 \sim 12$	$300 \sim 540$	$\leqslant 1500$
RJHY55	30	55	$1.2 \sim (2)$	$8 \sim 12$	$360 \sim 600$	$\leqslant 1500$
RJHY75	30	75	$1.2 \sim (2)$	$8 \sim 12$	$360 \sim 600$	$\leqslant 1500$
RJHY90	40	90	$1.2 \sim (2.5)$	$10 \sim 12$	$360 \sim 750$	$\leqslant 2300$
RJHY110	50	110	$1.2 \sim (2.5)$	$10 \sim 12$	$360 \sim 750$	$\leqslant 3800$
RJHY132	50	132	$1.2 \sim (2.5)$	$10 \sim 12$	$360 \sim 750$	$\leqslant 3800$
RJKY37	20	37	$1 \sim 1.2$	$8 \sim 12$	$300 \sim 540$	$\leqslant 1500$
RJKY45	20	45	$1 \sim 1.2$	$8 \sim 12$	$300 \sim 540$	$\leqslant 1500$
RJKY55	30	55	$1.2 \sim (2)$	$8 \sim 12$	$360 \sim 600$	$\leqslant 1500$
RJKY75	30	75	$1.2 \sim (2)$	$8 \sim 12$	$360 \sim 600$	$\leqslant 1500$
RJKY90	40	90	$1.2 \sim (2.5)$	$10 \sim 12$	$360 \sim 750$	$\leqslant 2300$
RJKY110	50	110	$1.2 \sim (2.5)$	$10 \sim 12$	$360 \sim 750$	$\leqslant 3800$
RJKY132	50	132	$1.2 \sim (2.5)$	$10 \sim 12$	$360 \sim 750$	$\leqslant 3800$

主要产品部件尺寸及布置尺寸见表 31-2。

表 31-2 主要产品部件尺寸及布置尺寸

项 目	型 号			
	RJHY37 RJY37 RJKY37 RJHY45 RJY45 RJKY45	RJHY55 RJY55 RJKY55 RJHY75 RJY75 RJHY75	RJHY90 RJY90 RJKY90	RJHY110 RJY110 RJKY110 RJHY132 RJKY132
驱动轮直径/mm	$900 \sim 1500$	$1200 \sim 1500$	$1500 \sim 1800$	$1500 \sim 1800$
回绳轮直径/mm	$900 \sim 1500$	$1200 \sim 1500$	1200	1200
绳间距/mm	$900 \sim 1500$	$1200 \sim 1500$	$\geqslant 800$	$\geqslant 800$
托绳轮间距/m	$6 \sim 10$	$8 \sim 10$	$8 \sim 12$	$10 \sim 12$

31.7 架空乘人装置选型计算

架空乘人装置选用原则是：有专用行人巷道的，可优先选用专用架空乘人装置；回风巷道条件许可的，可安装在回风巷道内；对巷道断面较大，可选用轨道合一的混合架空乘人装置；根据巷道长度、坡度、运送人员多少对架空乘人装置的牵引能力按验算程序计算确定，根据运行坡度对牵引能力进行计算，选择不同功率的架空乘人装置。

31.7.1 钢丝绳选择计算

钢丝绳每米质量（kg/m）的计算式为

$$P_k = \frac{ZG_d(\sin\beta + \omega\cos\beta) + S_{min}}{\dfrac{110\delta_B}{m} - L(\sin\beta + \omega\cos\beta)} \tag{31-1}$$

式中　Z——沿线长度每侧挂吊椅数量；

　　　G_d——吊椅包括所乘人员的质量（吊椅质量一般不大于 10 kg），kg；

　　　δ_B——钢丝绳抗拉强度，kg/mm²；

　　　m——钢丝绳安全系数，《煤矿安全规程》规定不小于 6；

　　　L——运输线路长度，m；

　　　S_{min}——钢丝绳最小张力，kg；

　　　ω——拖绳轮转动阻力系数；

　　　β——运行线路倾角，当线路发生变化时，用其加权平均值。

β 按下式计算：

$$\beta = \frac{\beta_1 l_l + \beta_2 l_2 + \cdots + \beta_n l_n}{l_1 + l_2 + \cdots + l_n} \tag{31-2}$$

式中　β_n、l_n——第 n 段线路的倾角和长度。

31.7.2 运行阻力和电动机功率的计算

架空乘人装置驱动装置无论布置在斜巷上部或下部，运行阻力（单位为 kg）和电动机功率均按如下方法计算。

1. 上运行侧运行阻力（N）

重载时：

$$W_{sh} = (ZG_d + P_k L)(\omega\cos\beta + \sin\beta)g \tag{31-3}$$

空载时：

$$W'_{sh} = (ZG'_d + P_k L)(\omega\cos\beta + \sin\beta)g \tag{31-4}$$

上两式中　G'_d——吊椅自重，kg。

2. 下运行侧运行阻力（N）

重载时：

$$W_x = (ZG_d + P_k L)(\omega\cos\beta - \sin\beta)g \tag{31-5}$$

空载时：

$$W'_x = (ZG'_d + P_k L)(\omega\cos\beta - \sin\beta)g \tag{31-6}$$

3. 设备牵引力和电动机功率

一般来说，当上运行侧重载，下运行侧空载时，设备牵引力最大，设备总牵引力的计算式为

$$W = 1.1(W_{sh} + W'_x) \tag{31-7}$$

电动机功率（kW）为

$$N = (1.15 \sim 1.20)Wv/102\eta \tag{31-8}$$

式中　v——吊椅运行速度，m/s；

　　　η——机械传动效率，取 0.8~0.85。

31.7.3 架空乘人装置运输能力计算

单侧最大小时运输能力 Q（人/h）为

$$Q = \frac{3600v - L}{l_d} \tag{31-9}$$

式中　v——吊椅运行速度，m/s；

L——巷道斜长，m；

l_d——吊椅敷设间距，m。

31.7.4 人员运输时间计算

人员运送时间计算为运送一定数量人员所用的时间 T 是指从第一人上车至最后一人下车的一段时间，可按下式计算：

$$T = \frac{Knl_d + L}{60v} \qquad\qquad (31-10)$$

式中 T——人员运送时间，min；

K——乘车延误系数，取 $1.1 \sim 1.2$；

n——乘车人数，$n = L/l_d$。

32 胶套轮机车

胶套轮机车系统（图32-1）是在使用普通钢轨的基础上，将机车的钢轮套上一个胶质圈套作为轮缘踏面，这样可以显著增加车轮与钢轨间黏着系数，同时在机车制动系统中加装新型制动闸。机车除安装有工作、紧急和停车三套制动系统并在车轮上装有闸瓦外，还在直流电动机传动系统中装有一套电磁弹簧动作的盘形闸。

图32-1 胶套轮机车

闸瓦可由连杆机构或压风机构操作，还可以通过压风管路操作所牵引列车上的制动闸。工作闸常用可控硅脉冲控制直流电动机调速和制动，以有效地加大机车牵引能力和制动能力，使之能安全可靠地在起伏不平的巷道中运行。

胶套轮机车是靠自重与胶轮的黏着力牵引和制动的。要求胶轮圈既有很高的摩擦因数（一般干净轨道应大于0.45），又有较大比压（不小于50 MPa），并具有阻燃抗静电性能，还要耐磨耐用，并在结构上要求与钢轮毂既能牢固联结又便于拆装。

胶套轮机车由于受到机车自重和胶轮圈摩擦因数的制约，再加上普通钢轨面较窄，胶轮比压有限，因而这种机车只能适用5°左右的坡度较小的斜巷轨道（没有胶套轮的普通电机车只适用于平巷轨道）。但由于结构紧凑，尺寸较小，无须改装普通轨道，可以机动灵活地使用在沿煤层掘进的起伏不平的巷道，是比较理想的掘进配套运输设备。也可以作为大巷和上下坡齿轨机车系统的接力延伸系统。

32.1 防爆特殊型胶套轮电机车

防爆特殊型胶套轮电机车（图32-2）是一种以特殊型防爆蓄电池为动力的胶套轮机车。

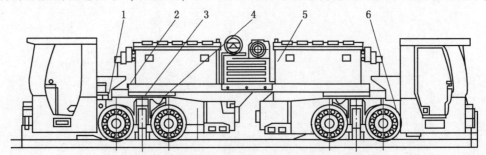

1—行走系统；2—车体；3—工作制动；4—停车紧急制动；6—电控系统；6—撒砂装置

图32-2 防爆特殊型胶套轮电机车总体结构示意图

防爆特殊型胶套轮电机车主要用于大巷或采区牵引矿车或编组列车使用，用来完成井下原煤、矸石、材料、设备及人员等的辅助运输，能实现 6°（1∶10）坡度以下地面或井底车场至采区工作面不经转载的直达运输。

机车适用于有瓦斯及煤尘爆炸危险的矿井中，转弯和爬坡能力较强，操作简单方便，无污染，噪声低。机车充分利用现有轨道、车辆，降低投资。

整个机车由车体、行走系统、制动系统和电控系统、撒砂装置五大部分组成。

32.1.1 车体

防爆特殊型胶套轮电机车车体主要由两个小车体（包括驾驶室）、主梁及两个万向节组成。电机车的所有机械、电气部件均装置在车体上，车体除承受垂直载荷外，还承受振动和冲击时的附加垂直力、纵向水平力和横向水平力的作用。因此，车体是一个受力复杂、承受载荷很大的部件。小车体装在轮对的内侧，以方便更换胶套轮。主梁为结构件焊接成整体，其主要功能是传递牵引力和配置电源箱，其设计依据主要是抗弯强度和 10 倍额定牵引力的抗拉强度验算。

机车整体外形为"三段式"铰接，整机结构紧凑；设有双驾驶室，司机正向驾驶；通过弯道半径也较小，机车外形尺寸小，以适应采区巷道断面的需要。小车体带有弹簧安装架，采用了板弹簧减振悬挂系统，机车振动小，人员乘坐舒适，仪器仪表振动小，有效提高了电器元器件的可靠性及寿命。减振系统同时均匀车轮负重，以适应一般条件下不良的巷道轨道。转向架重心低，在制动时能降低转向架的倾覆力矩，且能改善牵引性能及高速转向。

32.1.2 行走系统

防爆特殊型胶套轮电机车行走系统由传动轴、传动部等组成，其作用是将电动机输出转化为牵引力。机车的牵引力特征是双电动机（卧式直流隔爆型）全主动轮牵引，为克服运行中各主动轮相对轨道，特别是通过水平弯道时内侧轮子的打滑现象，减少胶套轮的磨损，机车在传动机构中安装有 CA10 汽车用差速器。为满足胶套轮表面所能承受比压的限制。在此系统中，电动机通过传动轴输入扭矩，经一对伞齿轮减速后传到差速器上，由差速器输出再经两极齿轮减速驱动胶套轮，转化为牵引力。由于采用了差速器，机车在通过弯道时，左、右两侧车轮以不同速度行驶。这样，既减少了胶套轮的磨损，又可防止机车掉道。机车采用双电动机八轮驱动，以降低单个车轮所承受的比压，延长胶套轮的维护周期；胶套轮安装在与减速箱焊在一起的轮轴上，通过心轴获得扭矩与转速，心轴只传递扭矩而不承受弯矩。胶套轮用 ZG35 支承圈并热胶胶套而成，这种结构的优点是胶套磨损后可以更换而不致使整个支承圈和轮对报废。

32.1.3 制动系统

防爆特殊型胶套轮电机车分别在不同部位装设了四套相互独立的制动装置。包括：工作制动装置、停车制动装置、紧急制动装置和能耗制动装置。

根据《煤矿安全规程》和有关技术规范规定，对于胶套轮机车，其制动系统应由三部分组成，即工作制动，紧急制动和停车制动。对于紧急制动和停车制动还规定了其制动力至少为额定牵引力的 1.5~2 倍，还规定了紧急制动应既能手动也能自动实施制动。

防爆特殊型胶套轮电机车工作制动机构直接连接在制动汽缸上，当司机脚踩操纵阀时制动汽缸活塞推动制动杆，带动闸块对制动轮边缘进行制动和松开；机车的停车制动装置布置在电动机与传动轴连接的制动盘上，工作时压力油压缩活塞使闸块脱离制动盘。当司机操作控制阀，油压释放靠弹簧力使闸块抱紧制动盘实施停车制动；紧急制动闸为新型实效安全型轨道制动器，采用油压松闸。弹簧力制动的原理是利用机车自重，通过上摩擦闸块作用在轨面上带动两侧面摩擦闸块作用在轨头两侧面，实施"三面抱轨"制动。机车配备超速自动控制装置，实施机车保险制动。同时本机车在非制动状态下，闸靴离开轨道上平面，使机车能顺利通过轨道的普通道岔，可减少轨道改造量和简化运输环节。上述三套系统相互独立，互不干扰。

对于爬坡机车来说，下坡时稳速运行是必须解决的问题，即：保证胶套轮机车安全运行的工作制动中是否含有动力制动是评价机车性能的关键参数。防爆特殊型胶套轮电机车采用电阻能耗制动，利用直流电机的可逆原理，在制动工况时，使牵引电动机变为发电机工况，并通过轮对将机车的动能变为电能，消耗于制动电阻，电阻能耗制动不能完全使机车制动，还需配有机械制动方式才能使机车完全停住。

32.1.4 电控系统

防爆特殊型胶套轮电机车电控系统主要由电源装置、电动机、控制器、电阻器、电气元件箱等组成。上述各部件均采用12 t电机车成熟部件及新研制成功的8~12 t蓄电池机车斩波调节器，以满足机车总体对启动调速、换向制动的要求。

机车电控系统主电路采用晶闸管斩波调速技术，通过斩波器正常工作，将蓄电池直流192 V电压变换成平滑可调电压加在牵引电动机上，电动机在可调电压作用下，得到不同速度，从而达到调节机车启动和运行速度的目的。这种调速方式具有很多优点，装置体积小，调速平稳，机车启动黏着力强，与电阻调速相比节约电能等。调速控制器控制电路采用数字电路构成的程序控制器，速度的递增或递减是逐级进行的，不受手柄位置的影响，能够有目的地限制启动和速度，避免大电流对主电路的冲击；采用主硅电压检测作失控保护，特点是可靠性好，灵敏度高；换向接触器无电火花断电。此外，控制电路还包括两司机室闭锁电路，两司机室闭锁采用先操作有效方式，如改换司机室操作，必须将原司机室手柄回零位；换向控制和调速控制都是通过光电编码实现的；换向手柄与调速手柄在同一主轴上，能耗制动的实现靠主轴在返回零位后再向反方向扳动一角度，使凸轮触压制动行程开关，接通制动接触器箱内的两只接触器，一只断开电源，另一只接通电阻，使电动机在下坡运行时处于发电状态的电能通过电阻变换成热能消耗掉，转换成制动力矩。控制电路由于全部采用集成数字电路构成、功能齐全、抗干扰能力强、工作可靠，脉冲移相准确、调速平稳。整个调速控制器使用效果良好。

32.1.5 撒砂装置

防爆特殊型胶套轮电机车撒砂装置的作用是增大机车的黏着系数，确保机车在启动、加速、制动时有足够的黏着力，防止空转，保证机车正常、安全运行，在机车向前、向后驾驶时，均可分别通过前后驾驶室的撒砂按钮点动撒砂，撒砂量可以调节。

32.1.6 防爆特殊型胶套轮电机车主要技术参数

以CXJ-10/6防爆特殊型胶套轮电机车为例，主要技术参数如下：

黏着重量	10 t
最大牵引力	30 kN
电动机功率	21×21 kW
机车总电压	192 V
轨距	600 mm
水平转弯半径	6 m
小时牵引力	20 kN
小时速度	7.2 km/h
蓄电池容量	560 A·h
爬坡能力	≤1:10
牵引高度	320/430 mm
垂直转弯半径	15 m

32.2 防爆胶套轮齿轨机车

防爆胶套轮齿轨机车是指以防爆柴油机为动力的由胶套轮黏着牵引，坡道上由齿轨齿条牵引的牵引机车。它适于在有瓦斯或煤尘爆炸危险的矿井中使用。其结构特点是：

（1）与架线机车或蓄电池机车相比较，不需要复杂的供充电设备。

（2）与普通防爆特殊型胶套轮电机车比较，采用胶套轮、齿轨两种驱动行驶方式，胶套轮适于在小于6°坡道上使用；齿轨适于在6°～18°坡道上使用。

（3）与绳牵引辅助运输设备相比较，具有机动灵活、连续运输距离长、可同时为多个端头服务的优点。

（4）与单轨吊相比较，对巷道支护没有特殊要求。由于它牵引力大、运输速度高、承载能力强，能满足煤矿如液压支架之类大件的整体运输要求。

防爆胶套轮齿轨机车主要技术参数如下。

CK66型柴油机胶套轮齿轨机车技术参数如下：

功率	66 kW
黏着最大牵引力	45 kN
齿条最大牵引力	100 kN
最大速度	3.5 m/s
黏着最大爬坡能力	6°
齿条最大爬坡能力	18°
列车最大总重	35 t
机车自重（包括制动车）	（12+2）t
专用轨制动力	150 kN
普通轨制动力	60 kN
弯道半径：水平	≥6 m
垂直	≥12 m
轨距	600、900 mm
外形尺寸（长×宽×高）	9400 mm×1100 mm×1600 mm

CK112型柴油机胶套轮齿轨机车技术参数如下：

最大牵引力	80 kN
牵引速度Ⅰ挡	0～5.5 m/s
Ⅱ挡	0～3.5 m/s
Ⅲ挡	0～1.5 m/s
紧急安全制动力	120 kN
最大爬坡角度	10°
轨距	600 mm
适用轨型	4、30 kg普通轨
车轮配置方式	B
黏着轮直径（新型）	630 mm
通过轨道曲率半径：水平	15 m
垂直	20 m
机车自重（无油）	11000 kg
牵引中心高	360 mm
最大外形尺寸（长×宽×高）	5600 mm×1050 mm×1650 mm

33　无极绳连续牵引车操作及维护

33.1　安装与调试

33.1.1　安装

用户在牵引车设备安装之前必须熟悉制造厂家提供的无极绳绞车牵引系统布置设计图，在井下安装时必须严格按照系统布置设计图的要求进行安装施工。在井下安装时必须注意以下几点。

（1）绞车和张紧装置安装位置需要扩巷时，设备安装先按设计要求扩巷。有时尾轮处需布置车场时，也要扩巷。

（2）根据基础图进行基础施工，一般绞车、张紧装置和尾轮需打基础固定。基础要与巷道底部连接牢固，尽可能选择平巷或坡度较小的巷道处布置基础，但在坡道上打基础时，基础上表面应水平。绞车和张紧装置安装于混凝土基础上，使工作时减少振动，以保证稳定。混凝土基础尺寸可参照绞车基础布置图施工，基础应独立，不可与其他基础相连，以保证安全。地脚螺栓孔应在浇筑基础时留出，等设备就位后放入地脚螺栓再用二次灌浆法将水泥浆灌入。但须注意：在浇灌基础时要预先留出准备二次灌浆的槽，以便两次灌浆。混凝土凝固后方可紧固绞车和张紧装置等。

注意：在运输支架时，须浇灌水泥基础固定尾轮，其他情况可用锚杆或其他方法固定尾轮，但必须牢固可靠。

（3）轨道铺设时枕木间距一般为500~600 mm，枕木要垫实，轨道接头鱼尾板扣件齐全，轨道接头高低和左右误差不大于2 mm。

注意：绞车基础可高于张紧装置50~100 mm，不允许绞车基础低于张紧装置基础。

33.1.2　安装方法及注意事项

无极绳绞车牵引系统下井后可分部件依次安装，安装方法及注意事项如下。

（1）绞车安装。绞车尽量整体下井，如需解体下井，解体时须做好记号，便于安装，绞车固定混凝土基础上后应注意调整绞车整体的水平，必要时需加垫铁调整后用螺帽把地脚螺栓拧紧。

（2）张紧装置安装。张紧装置可把上、下箱体解体后下井（解体时须做好记号），下井后应在安装地点进行组装，然后利用手拉葫芦等工具将设备移动到基础上，再固定地脚螺栓。

（3）水平弯道护轨的安装。安装水平弯道护轨前应把以前的轨道拿走，先把水平弯道护轨安装好，再把钢轨固定在水平弯道护轨的横梁上，然后根据钢丝绳的走向安装弯道导绳轮组。当水平弯道角度较大时，可通过打地锚固定轨道。

（4）尾轮的安装。在运输支架时，须浇灌水泥基础固定尾轮，其他情况可用锚杆或其他方法固定尾轮，但必须固定牢靠。

（5）压绳轮组的安装。压绳轮组用压板固定在钢轨的下沿上。一般主压绳轮组的安装数量要多于副压绳轮组，在下列地点应考虑安装压绳轮组。

①在巷道垂直弯道的下凹变坡角较大时，主压绳轮组应保证安装数量，否则易发生跳绳现象。

②在水平弯道的前后，尤其当弯道处的位置较低时须布置压绳轮组。

③当钢丝绳偏离轨道中心较多时应布置压绳轮组。

（6）平托轮的安装。平托轮用压板固定在钢轨的下沿上。在平道或坡道上每隔一定的间距安装托绳轮组，在轨道的上凸处即坡顶前后间距要缩小。

（7）钢丝绳的安装布置。把梭车尽可能靠近绞车，先把钢丝绳放置在梭车附近，梭车上卷绳筒应转动灵活，以便拉绳时易转动，然后拉钢丝绳（轨道中间绳）至尾轮，穿过尾轮后再拉到绞车处，钢丝绳头穿过张紧装置及绞车卷绳筒后，经梭车牵引板到锲块固定装置固定。

如运输距离不太长时，尽可能选用一根钢丝绳，当一根钢丝绳不能满足要求时，钢丝绳之间要进行插接，插接要由熟练工人完成，插接长度不得小于钢丝绳直径的1000倍，插接后钢丝绳的直径误差部分中不得大于绳径的5%。

（8）钢丝绳的预紧力。以运输最大重物时张紧装置上配重块不落地为宜。张紧钢丝绳前先检查钢丝绳固定部件中位置是否正确。

钢丝绳的预紧方法如下。

①固定钢丝绳一个绳头。将钢丝绳一个绳头穿过梭车牵引板和制动爪吊圈，固定在梭车的锲块固定装置中。

②拉紧钢丝绳。电动绞车将巷道中多余的钢丝绳存在梭车上，将绳头穿过梭车牵引板和制动爪后固定于储绳筒收紧钢丝绳，再用电葫芦（一端固定在梭车上，另一端固定在钢丝绳上）拉紧钢丝绳，当达到要求的预紧力时，把钢丝绳在梭车上固定牢固。

33.1.3　调整

张紧钢丝绳后，根据钢丝绳的具体走向调整张紧装置上轮系、压绳轮组的位置，使轮系起较好的导向作用，但受力不要太大。

注意：钢丝绳不要与轮架、钢轨等发生摩擦。

33.1.4　试运行

1. 试运行前的准备

（1）检查制动是否正常，手制动闸是否在松闸位置。

（2）减速器润滑油是否符合要求，减速器挡位是否到位。

（3）检查电器连接是否正常，紧急停止按钮是否符合要求。

（4）轨道上是否有影响车辆运行的杂物。

（5）车辆之间的接连是否牢固，各连接处螺栓螺母是否紧固。

在检查各处正常后方可让电动机进行空运转，在检查电力液压快式制动器和手动带式制动器正常及绞车无异常声响后方可进行负荷试运行。

2. 试运行启动及试运行

试运行启动后开始先试验低速运行，然后再试验高速运行，在试运行时发现异常情况要及时停车处理。另外，试运行期间逐渐加大载重量，直到到达最大载荷为止，如张紧装置的吸收量不够，可再次用葫芦收绳。

33.2　使用与操作

33.2.1　使用前的准备和检查

各矿使用绞车时应根据使用要求、巷道条件及设备布置特点制定井下使用安全规程：绞车司机、跟车司机等有关人员要进行培训，考试合格后方能上岗操作。

绞车使用前应做如下检查。

（1）检查制动是否正常，手制动闸是否在松闸位置。

（2）减速器润滑油面是否符合要求，减速器挡位是否到位。

（3）检查电控设备、通信系统是否正常，检查小绞车控制开关、操纵按钮、电机、电铃等应无失爆现象，信号必须声光兼备，声音清晰、准确可靠。

（4）轨道上是否有影响车辆运行的杂物。

（5）车辆之间的连接是否牢固，载重车是否过载或偏载，各连接处螺栓螺母是否紧固。

（6）通信信号的发射接收是否正常。

（7）检查梭车上固定钢丝绳的两套楔块固定装置是否有松动情况，如有松动应立即加以紧固；检查钢丝绳无弯折、无严重锈蚀，断丝不超限，钢丝绳插接处不露丝，钢丝绳与梭车要连接牢固，余绳盘紧在梭车滚筒上，保险绳直径要与主绳直径相同，机尾滑轮固定钢丝绳要固定牢固。

33.2.2　启动

跟车司机确定具备开车条件后，再发送开车启动信号，发送信号不得少于两次，绞车司机接到第二次信号后再启动开车。跟车司机和绞车司机一定要熟记信号的使用规定。运行过程中跟车司机要注意车辆运行是否正常，绞车司机要注意绞车、张紧装置工作是否正常。

33.2.3　使用时安全注意事项

（1）绞车变速时必须停车后换挡换向，在运行中严禁换挡换向。换挡手柄必须在慢速位置或快速位置，严禁挂空挡开车。换挡时如不能顺利挂挡，允许盘转电机联轴器。

（2）手制动闸的使用必须是在关闭电机电源后方可进行，一般不允许在电动机通电期间进行刹车，以免损坏绞车主要部件和电动机。

（3）在检查电液制动器正常和绞车无异声后方可加上负荷运行。

（4）跟车司机在车辆行走过程中应时刻注意车辆行走前方轨道是否正常，轨道中有无影响车辆运行的杂物。信号发射机应随身携带。有条件的煤矿可规定车辆运行时应有禁止行人、并有声光警示的报警器。

（5）运行时须注意张紧装置的动轮和配重块是否上下移动自如，不得有卡滞现象。

（6）司机在开车后不允许离开岗位并随时观察绞车和张紧装置配重块的运行情况，出现特殊情况变化应立即停车检查。

33.2.4　运行中的监测和记录

每班都应对运输货物种类、运输量、系统的运行情况及发生的故障进行记录。

33.2.5　停车的操作程序、方法及注意事项

一般跟车司机待车辆即将运行至道位时发送停车信号，绞车司机接到停车信号后马上操纵停车按钮停车，另外，跟车司机应注意绞车制动器制动是否可靠，避免发生意外。

33.2.6　其他注意事项

除上面提到的注意事项外，以下内容用户也必须引起重视和防范。

（1）梭车掉道复位，必须用葫芦拉住梭车掉道的同方向钢丝绳，防止车辆掉道时钢丝绳回缩而伤人。

（2）运送较重重物及长料时必须使用保险绳，且仅只允许挂一个车，同时使用三环链或连杆连接。

（3）车辆运行时不允许人员在车辆周围行走，更不允许碰、拉钢丝绳。

（4）每班运行前必须清理轨道杂物。

（5）绞车周围有积水时必须不定时地抽水。

（6）尾轮处须设一名专职副司机，时刻注意观察尾轮的固定情况，发现异常立即通知司机停机，并进行检修或加固。

33.3　维修保养

在绞车前期使用时应每班有1~2名维护保养人员，发现异常立即通知司机停机，并进行检修或加固。

33.3.1　绞车维护

（1）要经常观察绳衬的磨损情况，绳衬绳槽磨损到固定螺栓后要及时更换。

（2）轴承的润滑油使用钙基润滑脂，三个月清洗一次轴承，但在新绞车第一次运转后10天即应

清洗一次，轴承温升超过 70 ℃立即停车查明原因，并检查其磨损情况，如发现磨损过甚，则应查明原因进行修理或更换。

（3）绞车的减速器的润滑油，推荐用 6 号齿轮油，油面的高低须经常进行检查，油量不足时应随时补充，每 6 个月换油一次。

（4）渐开式大小齿轮可以从齿轮罩处加入钙基润滑剂，经常保持其润滑良好。

（5）电液制动器在出厂前已加好液压油，可直接使用，在维护时，可加注磷酸酯燃油 4613 或（加注 20 号）机械油，并且加满。电液制动器中制动器的制动闸瓦磨损严重要及时更换。制动闸间隙过大或过小时，可以旋转调整螺栓来进行调整，手制动器的石棉带磨损后应及时更换新的。

（6）机房内应保持整洁，整个绞车应保持清洁不积尘污，易被锈蚀的金属表面应保持完整的油漆面。

33.3.2 张紧装置的维护

（1）所有静轮和动轮的轴端均有油杯，每周须用黄油枪注钙基润滑脂一次。

（2）两端导向轮的方向应与钢丝绳的方向一致，导向轮磨损时，应及时调整方向或调换前后（左右）导轮使用，严重时须更换。

33.3.3 尾轮维护

（1）尾轮中间轴端上有注油杯，每周须用黄油枪注该基润滑脂一次。

（2）固定尾轮用钢丝绳直径不得小于 ϕ21.5，须缠绕至少 3 圈，紧固绳卡不得少于 6 只，并经常检查是否有松动的状况。

33.3.4 压绳轮组维护

（1）经常检查各轮组的运转情况，及时清理影响轮子转动的杂物。轮子转动不灵活时应及时处理，必要时须更换轮子。

（2）定期给各轮组加注钙基润滑脂。

（3）定期检查各轮组的磨损情况，磨损厉害时须更换轮组或调换方向使用。

33.3.5 电气系统的维护

连续牵引车可根据用户要求配备普通防爆电动机、双速防爆电动机或变频防爆电动机，根据电动机型号配备相应控制按钮和启动器，使用时要注意如下事项。

（1）控制系统所用的控制开关及电气设备的安装使用和接线，要严格按照控制开关及电气设备产品说明书要求进行。

（2）控制系统所用的控制开关及电气设备的局部改动部分必须经过设备厂家的同意后，才可以改动。改动线路时要严格按照标准接线。

（3）控制系统所用的控制开关及电气设备不再使用时，应恢复原来的接线。

（4）经常检查电缆线、控制电线等有无破损漏电现象、使用时的发热老化情况，必要时及时更换，以保证牵引车安全运行。

33.4 故障分析及排除

常见的故障分析及排除方法见表 33-1。

表 33-1 常见故障分析及排除方法

故障现象	原因分析	排除方法
绞车通电后电动机不转，发出"嗡嗡"声	电机缺相运行 1. 检查电源线是否有某一相断开，接线端子松 2. 检查电机是否内部断线 3. 检查电机控制装置内有无故障	1. 换线或拧紧接线柱 2. 更新防爆电动机并升井修理 3. 检修电动机控制装置

表 33-1（续）

故障现象	原因分析	排除方法
电力液压制动器失灵	1. 接线松或断 2. 制动器坏	1. 紧线、换线 2. 换制动器
钢丝绳打滑	1. 张紧装置配重落地	1. 收绳，增大钢丝绳预紧力
	2. 因潮湿煤泥等使绳衬摩擦因数变小	2. 排除积水，并在绳衬上撒些吸水物质
	3. 张紧装置配重不足	3. 加大配重
	4. 重物超重	4. 减轻重量
	5. 坡度超出设计范围	5. 修正变坡点的坡度
梭车运行过程中易掉道	1. 车轮卡制不灵活	1. 修理车辆
	2. 轨道质量较差	2. 调整轨轮
	3. 坡度变换急	3. 调整低洼高度
压绳轮撞开阻力大	杂物阻碍轮体摆动	及时清理杂物
压绳轮跳绳	1. 安装数量小	1. 增加压绳轮组
	2. 弹簧受力超限	2. 增加弹簧
	3. 弹簧损坏	3. 更换

33.5　运输、储存

本设备的远距离运输可通过铁路货车、大型平板载重汽车或轮船载运。除应遵守运输部门规定外，还应做好以下工作：外露的活动部位涂上防锈油，防锈蚀。

吊装时要注意选择合适的吊挂点，防止损坏设备，在汽车上设备要固定牢固，避免在运输途中碰撞。运输途中要采取防雨措施；绞车、张紧装置等大件设备一般下井需解体运输，小件设备可装矿车或材料车运输。

34 防爆柴油机车操作使用及维护维修

34.1 机车的操作及使用

34.1.1 机车启动前的准备

1. 柴油的选用

柴油的选用标准见表34-1。

表34-1 柴油的选用标准

环境温度/℃	柴油牌号	柴油标准
−29~−14	−35号轻柴油	
−14~−5	−20号轻柴油	
−5以上	−10号轻柴油	GB 252—2015
4以上	0号轻柴油	
20以上	10号轻柴油	

（1）打开油箱盖，将预先经过充分沉淀和过滤的清洁柴油注入油箱。使用的加油器具应确保清洁。

（2）打开油箱开关，使柴油经过柴油滤清器流至喷油泵。

（3）用开口扳手将喷油器上的放气螺钉或输入油管的管接螺栓旋松，使混杂在燃油管道中的空气放出，等到流出的柴油不带气泡时，再旋紧螺栓。

（4）将油门置于转速指示牌"开始"位置，把油泵扳手轴往复扳动，直到听见喷油器喷油的"啪啪"声为止。

2. 机油的选用

机油的选用参照表34-2。

表34-2 机油选用对照表

环境温度/℃	柴油牌号	柴油标准
20以上	40号机油	
20以下	20号或30号机油	GB 5323—1985

注：用于变速箱、防爆柴油机、空气滤清器和空气压缩机（气泵）等。

机油应存放在干净密封的容器内，以防杂质混入。加油时，拔出机油标尺，将清洁的机油注入。防爆柴油机加入的机油量约2.8 kg、变速箱约12 kg、空气滤清器和空气压缩机约0.25 kg。

3. 冷却水

冷却要用清洁的软水（雨水、雪水和河水）注入水箱。柴油机直到水箱红浮子升到最高位置为止、尾气处理水箱直到与加水口平行为止。切勿使用污水或硬水（如井水等）。若限于条件有限不得不使用硬水时，应经过软化处理，最简单的处理方法是将水烧开后经过沉淀，除去杂质后使用，否则会造成水道的堵塞或水箱的腐蚀。水箱内冷却水应经常更换，去除杂质、污垢。

34.1.2 柴油机的启动

做好上述准备工作，须仔细检查一遍，然后按下列步骤启动。

（1）将油门控制到指示牌的"开始"位置。

（2）将启动手柄插入启动轴孔，左手提起减压手柄后，右手摇动摇把，直到听到正常的柴油喷射声。

（3）快速摇动，当飞轮已获得足够的能量时，迅速放开减压手柄，并继续用力摇转，柴油机即能启动。

（4）柴油机一经启动，启动手柄凭借启动轴后孔螺旋斜面之推力自动脱开滑出；这时启动手柄仍需握紧，并顺势抽回，以免发生事故。

34.1.3 机车的运转

（1）机车启动后，观察机油指示阀红色标志是否升起，如不升起或突然下降，应立即停机，加足机油或排除故障。

（2）柴油机启动后，必须空车运转3~5 min，待水箱温度较高时逐渐提高转速加上负荷，严禁启动后立即高速或高负荷运转。

（3）柴油机工作时冷却水应处于沸腾状态，当红色浮子头降至水箱加水口时，则需及时加水补充。

（4）机车不允许在冒黑烟的情况下工作。在运转时，机手应随时观察柴油机的排气烟色，如果柴油机各部分工作正常，发现冒黑烟时，应及时减小工作负荷或排除故障。

（5）机车不允许在超负荷工况下工作，严禁为了增加柴油机的功率而拆下油量校正器。

（6）机车在运转中若有异常声音；随时观察仪表排气温度超过69 ℃或气压小于0.2 MPa时应立即停机并仔细检查排除，以免发生事故。

（7）新机车在最初使用的50 h内，不得投入最大负荷运行，50 h之后须检查和复紧所有螺母、螺栓。

34.1.4 机车的停车

（1）停车前先逐渐卸去负荷，低速空车运转几分钟，将油门调于"停止"位置，即可停车。

（2）在特殊情况下需要紧急停车时，可迅速松开高压油管任一管接螺母；用衣服或手巾包住空气滤清器的进气口，打开减压机构停车。

34.1.5 停车后的注意事项

（1）关闭柴油机油箱开关。

（2）冬季或较长时间的停车，应打开柴油机气缸盖下的放水开关和尾气处理水箱底部的放水开关，放尽冷却水，特别是冬天，停车后，应立即放尽水，以免冻裂机体等零部件。

（3）定期拆下放水开关，疏通水道，清除水垢。

（4）用手盘动柴油机的飞轮到转不动为止，打开减压器，继续盘动飞轮，使其"上止点"对准水箱。

34.2 机车的技术保养

为使机车能经常处于完好状态和延长使用寿命，用户必须按规定的程序经常检查机车技术状况和落实技术保养。

机车的技术保养，按机车的累计负荷工作小时数来定期进行，根据周期长短可分下列几级，参见表34-3。

表34-3 保养级别与负荷工作时间对应表

保养级别	负荷工作时间/h	保养级别	负荷工作时间/h
班次技术保养	每班工作后或10~12	三号技术保养	500
一号技术保养	50	四号技术保养	1000
二号技术保养	200		

34.2.1 班次技术保养

（1）清理机车外表，检查并拧紧所有外部螺母、螺栓。

（2）将机车开至水平面的道轨上，待柴油机熄火 10 min 后，检查柴油机油底壳和空气压缩机曲轴箱内的油面高度，不足时添加机油。

（3）检查水箱内的冷却水，不足时加软水或冷却液。

（4）检查油箱内的油量，不足时加入柴油。

（5）检查机车各连接部位是否有漏气、漏水、漏油现象。有"三漏现象"必须及时查处故障原因并排除。

（6）按附录规定对机车进行润滑。

（7）检查气筒安全阀开启压力是否正常。

（8）检查并更换尾气处理箱内的水，清洗防爆栅栏。

34.2.2 一号技术保养

（1）完成班次技术保养的各项工作。

（2）打开柴油机空气滤清器，清洗滤网，清洗油底壳更换机油。

（注意：机油量不可超过规定）

（3）打开气筒上的开关，放出积油和水。

（4）清洗尾气处理箱内的积炭。

34.2.3 二号技术保养

（1）完成一号技术保养的各项工作。

（2）清洗燃油滤清器、机油滤清器和空气压缩机的空气滤清器滤芯及滤网。

（3）更换柴油机润滑系统中的柴油机油。

（4）检查并调整气门间隙。（详见柴油机使用说明书）

（5）调整离合器三角带张紧度。

（6）检查变速箱内的机油，不足时添加机油。

（7）清洗防爆栅栏，保证各片之间的间隙畅通。

34.2.4 三号技术保养

（1）完成二号技术保养的各项工作。

（2）清洗柴油箱及燃油管路，润滑油管路。

（3）清洗喷油器针阀偶件积炭，并检查喷油情况，调整喷油压力（不宜拆开针阀偶件）。

（4）检查气门密封情况，如果发现"麻点、烧伤"等异常情况，在气门锥面上涂以研磨膏（凡尔沙）进行研磨。

（5）清除、清洗柴油机活塞、活塞环、汽缸及汽缸盖的积炭和结焦。

（6）清洗水箱里的积垢。

（7）用柴油清洗变速箱，并按要求更换机油。

（8）清洗空气压缩机，按要求更换机油。

（9）清除发电机内部油污和尘土，并清除定子和转子上的锈斑。

34.2.5 四号技术保养

（1）完成三号技术保养的各项工作。

（2）彻底清洗机车的外表，放出各部位的油、水，并按要求更换。

（3）调整检查喷油泵。

（4）检查柴油机的连杆、飞轮与曲轴、汽缸盖等重要连接零件，按柴油机使用保养说明书规定扭矩拧紧连接零件。

（5）清洗空气压缩机各个零件；修复或更换失效的零件。

34.2.6　冬季使用技术保养

当气温低于 5 ℃时，除完成"班次技术保养"外，还应遵守以下规定。

（1）为了便于启动，可向冷却系统注入 60~80 ℃的热水，预热发动机。

（2）冷车启动后，先使柴油机空负荷运转一段时间，待水温达到 60 ℃以上时，再驾驶机车工作。

（3）机车作业结束后，若长期停车，应将冷却水放掉。

（4）机车在高寒地区工作时，建议使用防冻冷却液（除进行技术保养外，不必经常放水）。

（5）根据气温和季节选用燃油和机油的型号。

（6）为保证柴油机易于启动，建议将机车放在保温的场所。

34.2.7　技术保养注意事项

（1）技术保养规程是根据机车在使用过程中零件技术状态的变化规律而拟定的驾驶员应当遵照技术保养规程，按级、按项、按质地保养机车。不得借口任务紧张而任意消减保养项目或任意延长保养周期。

（2）技术保养规程是根据机车一般运用条件制定的，当运用条件特殊时，机车技术状态受其影响很明显。此时，可根据情况适当变动技术保养内容或周期。例如在工作面灰尘较大的区域工作，空气滤清器的保养周期要缩短，而在无灰尘的巷道工作时，可适当延长。

（3）进行高号级别保养最好在室内进行，特别是保养柴油机内部时，必须防止环境对其污染。

（4）对一些技术要求较高及复杂的保养或调整，应当请专业技术人员或送往专业维修单位进行。

34.3　机车的故障与排除方法

34.3.1　排除故障要领

（1）观察机车的外部特征。如声音、气味、排气烟色、接触印痕、段痕、温度、油压、气压、磨损量、工作环境、保养状况；感受摇转柴油机曲轴和感受操纵机车时的阻力等。这些都是分析判断故障的主要依据。

（2）在观察感受机车外部特征的基础上根据机车的结构、工作原理，分析判断故障发生的位置和原因。

（3）排除故障的方法要由表及里，由简及繁，切忌盲目大拆大卸。

34.3.2　故障与排除方法

1. 离合器

离合器常见故障及排除方法详见表34-4。

表34-4　离合器常见故障与排除

故障特征及原因	排除方法
离合器打滑 1. 摩擦片沾油 2. 踏板自由行程太小，或3个分离杠杆不在同一平面 3. 从动盘翘曲 4. 压紧弹簧过软或折断	1. 用煤油清洗 2. 按要求调整 3. 校平或更换 4. 更换
离合器分离不彻底 1. 踏板自由行程太大 2. 三个分离杠杆不在同一平面 3. 从动盘翘曲	1. 要求调整 2. 要求调整 3. 校正或更换

2. 制动失灵

制动失灵原因及排除方法详见表34-5。

表34-5 制动失灵原因及排除方法

故障特征及原因	排 除 方 法
制动系统 1. 手轮行程过大 2. 刹车块沾油 3. 刹车块过度磨损	1. 按要求调整 2. 清洗刹车块和轮对 3. 更换刹车块

3. 气刹车系统

气刹车系统故障及排除方法详见表34-6。

表34-6 气刹车系统故障及排除

故障特征及原因	排 除 方 法
气压不足 1. 传动三角带松弛 2. 管路漏气 3. 气泵进排气阀片磨损或弹簧损坏 4. 气泵活塞坏、缸套磨损严重 5. 气压表失灵 6. 安全阀关闭不灵	1. 调整三角带张紧度或更换三角带 2. 检查漏气处并排除 3. 更换 4. 更换活塞环、缸套 5. 修理或更换气压表 6. 检查或更换安全阀
制动控制阀不回位 1. 控制阀内进入灰尘 2. 控制阀内进入油或水，制动控制阀不排气 3. 挺杆卡死 4. 回位弹簧断裂或弹力减弱	1. 清洗控制阀 2. 放掉气筒内油、水，擦洗控制阀 3. 检修，使挺杆移动灵活，无卡阻现象 4. 更换新件

4. 变速箱

变速箱故障及排除方法详见表34-7。

表34-7 变速箱故障及排除方法

故障特征及原因	排 除 方 法
挂挡困难 1. 离合器分离不彻底 2. 齿轮磨损严重或齿轮端面打坏	1. 检修离合器 2. 修复或更换齿轮
变速箱自动脱挡 1. 变速杆未扳到位 2. 自锁弹簧变软或折断 3. 齿轮或拨叉严重磨损	1. 将变速杆扳到挂挡位置 2. 更换 3. 更换
变速箱有异常响声 1. 轴承严重磨损 2. 齿轮严重磨损或打坏	1. 更换损坏轴承，注意按时更换机油 2. 更换齿轮

34.4　防爆柴油机车司机操作规程

（1）只有经过培训，并经考试合格，持有操作证的司机才允许驾驶机车，严禁非专职司机操作机车。

（2）机车操作司机必须随身携带瓦斯检测仪，当瓦斯浓度超过 0.5% 时禁止发动机车。

（3）发动机车前应先检查柴油机的水箱水位（包括尾气净化装置水箱）和机油。当班加柴油油量严禁超过本班的实际耗油量。

（4）严禁离合器与制动同时刹车，停车必须将手制动刹车。

（5）经过急弯或岔道口时必须鸣笛、减速慢行，注意道岔的位置是否正确，岔件是否紧贴，否则立即停车。

（6）机车有下列情况之一时禁止运行：

①缺少碰头或碰头严重损坏。

②连接装置不可靠。

③柴油机缺水、缺机油。

④制动装置失灵或不全。

（7）行车中司机不准将身体各部伸出车外，以免碰伤。

（8）随时注意机车的运行状况，发现有特殊声响、气味等应及时停车检查。司机必须了解本列车拉运数量，改变行车方向时，必须等机车完全停止，才能换挡。

（9）矿车掉道，必须立即停车用起道机或木杠使矿车上轨道，不准将掉道矿车拉到岔道处复轨。

35 齿轨牵引车操作与维护

35.1 电气系统

系统采用隔爆直流 24 V 发电机供电。电源电压：DC24 V/240 W（隔爆直流发电机），照明：DC24 V（35 W/两只）；信号灯：DC24 V（5 W/两只）；柴油机启动分为气马达启动和电动机启动两种。

（1）气马达启动时，电气系统主要用于照明，柴油机工作时，发电机发出 DC24 V 电经开关与灯相连，开关接通灯亮，断开灯灭。两司机室分别装有照明灯、信号灯，用户可根据需要进行组合。如前照明后信号等。

（2）电动机启动时，发电机除照明（同上）外，还向电瓶充电。以备柴油机启动之用。电源箱内有电池，如长期不用（5 个月以上），应将电池从箱中取出，充放电两次后保存。注意：该电池不能过充电或过放电，否则电池寿命会下降以至损坏。

35.2 操作使用

35.2.1 开机准备

（1）在平直轨道段将机车装入轨道，并视所运货物的情况按列车编组形式用拉杆及销轴将各部连接成一体。

（2）按要求向容器内加足工作液体与润滑剂，所有液体必须经过滤后再加入容器内。

（3）按照柴油机使用维护说明书检查调整各部，使柴油机系统处于正常状态，气源压力在规定范围内，锁开关置于开启状态。

（4）按照气动控制保护系统和电气系统要求检查各部是否处于启动前的准备状态。

（5）检查机车各操作机构是否连接可靠，工作是否良好，变速杆应放在空挡挡位上，两司机室手动换向阀手柄放在制动的位置，油门手把应放在中间位置，阀板上的截止阀应关闭。

（6）给制动车打压至指定压力，使闸松开提起。

35.2.2 柴油机的启动

（1）在确认各部正常及各检测结果正常后，按下启动按钮 1~5 s，柴油机将会正常启动，每次启动时间不超过 30 s，每两次启动间隔 2 min。

（2）观察主副司机室仪表盘，检查各温度、压力表是否正常，特别要注意柴油机机油压力表的数值，在柴油机启动 1 min 内达不到额定值时，应立即停柴油机。仪表盘各表数据按表 35-1 检查，达不到要求时，应调试处理。

表 35-1 各仪表盘标定值

序号	仪表名称	标定数值	备注
1	柴油机机油压力表	0.1~0.6 MPa	
2	柴油机机油温度表	<110 ℃	
3	柴油机冷却水温度表	≤90 ℃	
4	液压制动控制系统压力表	4.5 MPa	
5	速度表	0~3 m/s	

（3）发动机启动后，使其维持在怠速状态运行 3~5 min，逐渐升温至 50~60 ℃，检查发动机有无异样响声：有无较臭气味和漏油、漏水情况，一切正常后方可进入运行工作，新机和刚加冷却液的柴油机运行 10 min 后需停机重新检查冷却液体和机油位置，不足的应补加。

35.2.3 机车起步

（1）机车起步前，须先将不操纵端司机室的手动换向阀手把置于中位，并检查车旁和车下有无人和障碍物等。

（2）踏下离合器踏板。

（3）将变速杆推入适当的挡位。（要根据道路及牵引负荷情况选挡）

（4）将手动换向阀手把拉到"松开"位置，松开制动器。

（5）缓松离合器踏板，同时逐渐压下油门加速手把，使机车平稳起步。

（6）起步后逐渐将离合器完全放松，然后试运行一段距离，并检查确认工作制动的可靠性。

（7）在坡道起步时，完成上面（2）、（3）、（4）后，缓松离合器踏板，当感到机车将开始前进时，加油门同时松开离合器，如已感到机车后退时，应立即制动停车，重新起步，严禁在机车后退时猛加油门向前起步。

35.2.4 机车运行

1. 换挡

机车在运行过程中，由于道路、地形变化要经常变换挡位，能否及时、正确、敏捷地换挡，对维护机车传动件、节约行车燃料和保持平稳行驶，都有很大关系，因此要熟练掌握换挡操作。

1）挡位的区分和使用

机车变速机构选用了汽车变速箱。它有五个前进挡，一个后退挡，一、二挡为低速，三挡为中速，四、五挡为高速挡。挡位低，车速低，但驱动轮扭矩大，因此在起步上坡时应选用低速挡，弯道和坡速小时用中速挡，道路平坦、长距离时使用高速挡。低速挡发动机转速高、声响大、温升高、耗油量大，因此在使用中要合理选用低速挡，另外，还需要根据所运货物情况选挡。严禁超速或超载运行。

2）换挡操作的一般要求

掌握换挡时机，操作迅速准确，采用两脚离合，经济、平稳、合理。

（1）在行驶中应及时换挡，不得以高速挡勉强行驶，也不宜使用低速挡时间过长。

（2）正常行驶时，换挡应逐渐进行。

（3）换挡时不得强推硬拉，如遇某挡位不能顺利挂入时：如起步时，可将变速杆挂入其他挡位后随即摘下，再挂入一挡起步；如在行驶中，可放置空挡略停或略加油门然后再挂挡。

在行驶中禁止变速反向挡位。如需变速必须在机车停稳后再挂反向挡。

（4）禁止不踏离合器就进行换挡

3）低速挡换高速挡

（1）适当加油门提高车速。

（2）放松油门，踏下离合器踏板，摘下挡位，置于空挡。

（3）放松离合器，再踏下离合器，将变速杆推入高一挡位。

（4）放松离合器，同时加油门。

（5）为了换挡及时准确应注意掌握以下要领：

①放松离合器踏板时，并不完全松到头，脚不离踏板，感到能传递动力而产生足够的结合作用就行，当踏下离合器踏板时，并不踏到底，踏到适当位置，感到已切断了动力传递而易于摘挡就行。

②在由二挡换到三挡过程的加速时，油门手把要给得较少，在以后的各个换挡过程的加速时，油门手把要逐渐给得多些，但也不可以过量。总之要使机车达到具有一定的惯性动力，再换挡能维持平稳行驶。

③配合两脚离合器的动作，变速杆的脱挡和挂挡也分为两个阶段，但动作要快，在空挡位置停留的时间要短。

但是在寒冷天气开始运行时，要采用一脚离合，快速换挡或采用高速挡换低速挡的两脚离合器的方法。

4）高速挡换低速挡

由高速挡换低速挡，应在感到发动机动力不足，车速降低，原挡位已不适应继续行驶时进行，迅速由高速挡换入低一级挡位。

（1）放松油门。

（2）踩下离合器踏板，摘掉挡，置于空挡位置。

（3）放松离合器踏板，用油门手把加油。

（4）迅速踩下离合器踏板，将变速杆推入低一级挡位。

（5）松开离合器踏板，同时用油门手把加油。

5）坡道上换挡

在上下坡途中一般不允许换挡，尤其是在长距离坡度段，应根据此段坡道的最大角度及列车总重量，选好挡位，在进入坡道前换好挡位，在坡道途中严禁换挡。如有特殊情况需换挡时，应先制动机车减速，搬动制动手柄，当感到制动起作用时，迅速换挡，换挡后再松开制动器。严禁在坡道上直接踩离合器换挡。

6）离合器和油门的操作

（1）踩下离合器踏板时应迅速，分离要彻底。

（2）松离合器应平稳。

（3）离合器完全结合后，脚应立即离开踏板，放在踏板右下方。

（4）不得以离合器半联动的方法降低车速。

（5）在行驶或冲坡时，油门操作手柄不得完全拉到底。

（6）在平道上行驶时，如已拉下油门3/4，发动机转速还不能相应增加时，就应换低速挡。

2. 黏着运行与齿轮运行的转换

机车的黏着运行与齿轮运行可通过齿轨导入装置直接在运行过程中转换，但在齿轨导入装置附近应以慢速运行，以便顺利实现黏着运行与齿轨运行的转换。

3. 倒车及换向运行

机车设主副两司机室，两室操纵系统联动，实现同一动作操纵。区别在于主司机室有分动箱换向手柄，短距离倒车时，可利用变速箱挂倒挡倒车，长距离倒车或反向牵引时，可操作分动箱换向手柄，使机车逆向行驶。驾驶员在副司机室操作，注意分动箱换向时，一定要在机车停止状态下进行，配合使用变速箱使分动箱接合后再做运行。

35.2.5 机车的制动及停机

机车制动系统包括装在变速箱后部的高速制动器，装在差速箱输入端的片式制动器和装在机架上的主制动器。这些制动器均为失效安全型弹簧式常闭制动器，由液压系统操作解除制动。

1. 预见性制动

（1）放松油门手把（向上拉），利用发动机压缩时的反作用力降低车速。

（2）当机车的速度已降到很低时，用手推动手动换向阀手柄缓慢制动，使机车平稳地安全停住。

2. 安全制动

（1）迅速按下停车按钮 1~3 s。

（2）迅速松开油门手把（向上拉）。

（3）将手动换向阀手把置于制动位置。

3. 下坡制动

放松油门手把（向上拉），利用发动机制动，手推手动换向阀手柄制动。

4. 发动机停机

发动机需要停机时，按下停机按钮 1~3 s，使油门关闭停机。注意停机前不应猛加速油门轰车。发动机经大负荷运行后或温度过高时，熄灭前应使发动机怠速运行 3~5 min，使机件均匀冷却，然后再关闭油门停机。停机后，应把变速杆挂入一挡或倒挡，以防止机车出现滑移的现象。

35.3　日常维护保养

（1）机车表面应清洁，无油污、粉尘。

（2）每班检查各连接件的紧固情况，特别是两驱动箱体、差速箱与机架、传动轴与箱体的连接情况，若发现松动及时处理。

（3）每班检查柴油机散热器、补水箱、燃油箱、柴油机油池、液压油箱等容量，液量不足时应及时补充。

（4）检查各油路、水路、气路，如有渗漏应及时排除。

（5）检查各仪表、灯光是否正常。

（6）检查各操纵系统是否灵活、可靠，必要时应予调整，每班向离合器踏板轴等转动、移动件处加 30 号机油。

（7）定期检查柴油机风扇、发电机输送带的张紧程度是否合适，输送带是否完好。必要时应予调整、更换。

（8）每班检查各车辆轮系及其他运动零部件的润滑情况，并加入适量的润滑脂。

（9）每星期向传动轴中部伸缩叉及驱动齿轮处加钙基润滑脂，加至润滑脂挤出为止。

（10）每星期向传动轴两端滚针轴承处加变速箱用齿轮油。

（11）每 24 h 原地搬动离心释放拨干，打开释放阀，制动一次，检查制动情况。

（12）每班开车前，安全制动车原地打开释放阀制动一次，检查制动情况。应经常检查安全制动车系统压力及闸块磨损情况。

（13）环境温度较低时，应注意防冻。

35.4　定期保养、检修

（1）最初开机的 200 h 应更换一次液压油，并更换或清洗各个过滤器，以后每 1000 h 重复一次。

（2）变速箱、分动箱、差速箱、驱动箱的润滑油每 800 h 更换一次。

（3）定期检查制动闸块、制动摩擦片的磨损情况，磨损严重的应予更换。

（4）每月用专用测速装置检查机车及安全制动车的离心释放速度及制动情况，使之处于正常状态。

（5）每 3 个月分别在齿轨段和无齿轨段测量制动力，若达不到规定值时，应予调整或更换制动元件，直到完全达到规定值方可使用。

（6）机车及车辆每运行 3000 h 进行一次中修，每 6000 h 进行一次大修。

（7）柴油机系统、电气系统的维护保养按相应的维护说明书进行。

（8）设备出厂前或在使用单位较长时间停机，需放净柴油机及废气净化箱中的冷却水，以免冻坏。

36　卡轨车操作及维护

36.1　操作使用

（1）开机前，应首先检查停车制动闸、紧急制动闸、油箱油位、液压管路、电气系统及声光信号系统是否正常。

（2）开机前，检查牵引绞车上的钢丝绳缠绕以及轮衬是否正常。

（3）依次开启紧绳器泵站电动机和牵引绞车泵站电动机，观察泵站工作是否正常，液压管路是否泄漏。

（4）利用手动功能检查停车制动闸和紧急停车制动闸制动动作是否正常。此项工作应在卡轨车的列车停车位置允许的情况下进行检查。

（5）在检查并确认车房各个部分工作正常后方允许准备开车。

（6）行车前，检查、确认安全制动车是否松闸（详见其使用说明书）。

（7）行车前，检查、确认各个车辆之间的连接拉杆及连接销轴是否连接可靠。

（8）行车前，检查、确认牵引车钢丝绳头固定是否牢固可靠。

（9）行车前，检查、确认卡轨运输列车是否超载；运送货物捆扎是否可靠，防止运送货物从列车上掉落，造成运输线路出现故障。

（10）行车前，检查、确认运行线路上各种绳轮有无损伤或易位，有无影响列车运行的杂物。检查、确认卡轨车轨道内有无影响列车牵引臂和卡轨轮通过的杂物。

（11）行车前，司机应当明确本次卡轨车的具体工作内容及信号联络方法。

（12）给绞车泵站电磁换向阀通电，此时紧急制动闸会在最短 $1\sim2$ s 内松开。

（13）给停车制动闸送电，使停车制动闸松闸。

（14）在停车制动闸制动力减少后，再启动主电动机。主电动机的启动应从低转速逐渐向预定转速加速。

在停车制动闸开始松闸多长时间应启动主电机，这要根据实际调整状况确定，判别标准以卡轨车在坡道上停车后再运行时，卡轨车不至溜车为宜。

（15）卡轨车额定运行速度应以卡轨车牵引吨位来确定。

（16）卡轨车在通过变坡点和水平转弯时，应减速慢行。

（17）当需要停车时，应利用主电动机逐渐降低卡轨车运行速度，当其速度降至接近零时，再使用停车制动闸制动。一般情况不使用紧急制动闸，当卡轨车间隔较长时间不需要被使用时，可使用紧急制动闸制动。

（18）绞车司机在卡轨车辆运行过程中应密切注意卡轨车的工作状况，发现问题应先停车，然后查明原因，排除故障后再开车。

（19）紧急制动时，卡轨车主电动机断电，同时停车制动闸和紧急制动闸实施制动工作。在实际操作中，紧急制动动作是一种非常规的保护卡轨车运行安全的手段，应尽量减少使用。

36.2　电气控制

绞车采用 QJZ-200/660（380）型矿用隔爆兼本质安全型真空电磁启动器（以下简称启动器）来控制。可控制绞车的正转、反转和制动，并可显示绞车运行速度和位置。

系统的正常工作条件：

(1) 周围环境温度：-5~40 ℃；

(2) 海拔不超过 2000 m，气压为 $0.8\times10^5 \sim 1.1\times10^5$ Pa；

(3) 周围空气相对湿度：≤95%（+25 ℃时）；

(4) 在有瓦斯和煤尘爆炸性气体混合物的环境中；

(5) 在无破坏绝缘的气体或蒸汽的环境中；

(6) 真空电磁启动器与水平面的安装倾斜角一般不超过 15°；

(7) 能防止滴水的地方；

(8) 污染等级为三级；

(9) 安装类别为三类。

36.2.1 主要功能

本控制系统具有近控和远控两种控制方式，通过启动器内的"近控/远控"开关转换。将"前进/后退"旋钮开关旋转至"前进"位置，绞车前进（下行）；将"前进/后退"旋钮开关旋转至"后退"位置，绞车后退（上行）。安装在巷道中的磁性接近开关，一方面监测绞车的位置（机头和机尾）；另一方面自动校准绞车在屏上的位置显示数据。通过速度传感器检测绞车的运行速度，经过 PLC 运算，对系统进行超速保护。同时显示绞车的运行速度和位置。启动器对泵站电机、制动闸电机具有过载保护；对主电动机具有过压、欠压、缺相、过载、过流、漏电闭锁等保护。

1. 启动准备

送电前确认：电源为 660 V 供电，控制变压器一次侧接 1~4 绕组。操作者用一只手按住连锁按钮，另一只手搬动隔离开关手柄，将隔离换向开关置于闭合位置后（然后将连锁按钮释放），使电磁启动器得电。

如需近控操作，请将启动器内的"近控/远控"旋钮开关旋至"近控"位置，用启动器门上的操作钮进行操作；如需远控操作，请将启动器内的"近控/远控"旋钮开关旋至"远控"位置，用本安操作箱上的操作钮进行操作；远控操作箱上有"前进/后退"旋钮、"运行/暂停"旋钮、"停止"按钮和"急停"按钮。

2. 启动（近控）

将启动器门上的"前进/后退"旋转开关旋至"前进"位置，泵站启动，建立油压；随后电液制动闸松开，紧接着主电机得电启动；此时，升闸电磁阀得电，处于松开状态，抱闸电磁阀不得电，仍处于抱紧状态；绞车处于启动阶段。

3. 运行

将"运行/暂停"旋钮开关旋至"运行"位置，升闸电磁阀得电，升闸缓慢抱紧（快慢由液压调节），使主电动机电流缓慢上升；当电流上升到额定电流的 50% 左右，抱闸电磁阀得电，抱闸缓慢松开（快慢由液压调节），将主电动机力矩传递到绳轮上，绞车开始前进（下行）运动。

当绞车将要前进（下行）到机尾位置，绞车经过安装在机尾的磁性接近开关，会发出停机提示信号，电铃预警，显示屏上显示过卷，绞车司机应及时按停止钮，使绞车停车；当绞车需要后退（上行）时，将启动器门上的"前进/后退"旋转开关旋至"后退"位置，待绞车完成启动过程后，将"运行/暂停"旋钮开关旋至"运行"位置，绞车开始后退（上行）。当绞车将要后退（上行）到机头位置，经过安装在机头的磁性开关，会发出停机信号，绞车司机应及时按停止钮，使绞车停车。

4. 运行/暂停

当绞车在运行过程中需要短暂的临时停车时，可将"运行/暂停"旋钮开关旋至"暂停"位置，此时，抱闸电磁阀失电，抱闸缓慢抱紧，使绞车缓慢停止运行；同时，升闸电磁阀得电，升闸缓慢松开，使主电动机负荷缓慢降低，直至完全释放。在该状态下，主电动机处于空转，泵站、电液制动器仍处于正常工作状态。

5. 停止

绞车司机按"停止"钮后，抱闸断电，抱闸缓慢抱紧，延时约 0.5 s，停主电动机，稍微延时，停电液制动闸电动机，最后停泵站电动机。系统停止工作。系统停止工作后，确认将"前进/后退"旋钮手柄置于中间位置，将"运行/暂停"旋钮手柄置于暂停位置。

6. 急停

按启动器上的急停按钮，可使整个系统立即停止工作；在本安操作箱上也设有急停按钮，按急停按钮停车后，再开车时必须按复位钮后，才能开车。

36.2.2　使用与维护

（1）启动器使用前应检查是否有防爆合格证、煤安标志证、产品合格证，并检查在运输或存放过程中有无损坏，发现问题应及时处理，否则不准使用。

（2）在使用过程中应定期检查真空管的真空度，粗略考核真空度的方法是将真空触头单独进行工频耐压值的测定。工频电压施加在分断状态下的真空触头动、静导电杆之间（动导电杆接地），将测量的工频耐压值与产品出厂的试验电压（10 kV/min）相比较，如低于 7 kV，则不允许使用。

（3）应注意启动器电源电压是否为 660 V。

（4）用户如进行耐压试验，注意一定要将阻容吸收装置和控制变压器输出端拆除，否则会造成元件损坏。

（5）使用过程中不得随意更改控制系统和保护系统。

（6）启动器接线腔两侧的进出线引入装置及控制回路进出线引入装置暂不使用的均应用压盘、金属堵板和密封圈进行可靠密封，防爆接合面在使用中严禁碰伤，注意表面清洁，定期薄薄地涂上一层防锈油。

（7）启动器在井下装卸及搬运过程中，应避免强烈振动，严禁翻滚。

36.2.3　常见故障现象及处理方法

主要电气控制常见故障及处理方法见表 36-1。

表 36-1　电气控制常见故障及处理方法

常见故障现象	产生原因	处理方法
电压显示正常，指示灯全部不亮，启动器不能启动	F1、F2 熔断	换熔断器芯
电源灯亮，运行灯不亮，启动器不能启动	1. F3 熔断 2. 本安电源故障 3. 继电器 KA2、KA3、KA4 坏 4. 漏电板故障	1. 换熔断器芯 2. 换本安电源 3. 换继电器 4. 换漏电板
运行灯亮，启动器不能启动	真空接触器故障	修复或更换

36.3　维护保养

36.3.1　总则

卡轨车的使用寿命及工作的可靠性、安全性在很大程度上取决于对卡轨车的维护和保养以及对轨道系统的日常维护。应严格遵守下列规定：

（1）参照执行《煤矿安全规程》的有关规定。

（2）对电气系统的检修应符合其使用说明书的有关规定。

（3）对安全制动车检修应符合其使用说明书的有关规定。

（4）对停车制动闸的检修应符合制动器使用说明书的有关规定。

（5）对主电动机的检修应符合电动机使用说明书的有关规定。

（6）对减速器的检修应符合使用说明书的有关规定。

（7）对液压系统的检修应符合《液压传动系统的安装、使用和维护》的有关规定。

（8）对钢丝绳的维护和保养应符合《煤矿安全规程》的有关规定。

（9）卡轨车的使用与维护除应遵照本说明书的要求外，还应符合矿方的有关规定。

36.3.2 牵引绞车日常维护保养

（1）牵引绞车表面应清洁，无油污、粉尘。

（2）注意检查工作制动闸的制动缸是否漏油。

（3）注意检查牵引绞车各部位连接螺栓是否牢固，及时更换失效的连接螺栓。

（4）每班检查制动闸的工作状况，检查其拉杆、销轴及其他构件有无裂纹、弯曲、显著磨损等现象，发现问题及时处理，不可让制动闸带病工作。

（5）检查紧急制动闸与制动轮间隙是否合适，应尽量调整其两侧间隙相等，此时，两侧间隙应为 1 mm 左右。

（6）检查制动闸制动衬垫的磨损情况，当制动衬垫的厚度磨损到 6 mm 时，必须更换制动衬垫。

（7）检查制动闸摩擦表面有无油腻脏物痕迹，制动衬垫是否有剥落、损伤等，必要时应更换衬垫。

（8）紧急制动闸的 ED 推动器在出厂前已加好液压油。

（9）注意检查液压管路是否漏油，检查管接头是否松动。

（10）经常检查牵引绞车轮衬的磨损状况。轮衬绳槽底径磨损至 R900 mm 时，应及时更换轮衬。牵引绞车轮衬应成组更换。

（11）根据实际使用情况，应定期向牵引绞车的主、副绳轮轴的轴承加适量的润滑油。

（12）绞车正常运转时，一般不会造成紧急制动闸衬垫的磨损，但也应定期检查其衬垫的实际状况是否能继续使用，当发现有剥落、显著磨损和损伤时应及时进行更换。

（13）每个工作制动闸的工作行程为 6 mm，通过测量工作制动闸制动与松开的行程可以判断其是否正常工作。必要时，应更换或定期更换工作制动闸的衬垫。

（14）应检查主电动机与减速机联轴器工作是否正常，联轴器上的尼龙棒是否变形老化，必要时，应该及时更换。

（15）至少每星期检查绞车轮衬的螺钉紧固是否牢固。在运送大载荷或连续运送较大载荷时，应每天检查牵引绞车轮衬紧固情况。

（16）定期检查液压泵站的精滤芯是否清洁，及时清理或更换。

（17）液压泵站使用 L-HM68 抗磨液压油，液压油箱的液压油位不要太低，防止油泵吸不上油，造成油泵损坏。

（18）液压泵站的液压油正常使用油温不应超过 65 ℃。

（19）液压泵站禁止超压使用。

（20）减速机按油尺加油，油加过多会造成减速机发热。

36.3.3 车辆的日常维护保养

（1）每班都应认真检查牵引车钢丝绳在牵引车上紧固是否牢固可靠。尤其是在运输大负荷和连续运输较大负荷之前，更应认真检查绳头的固定情况。

（2）每班检查牵引臂紧固是否牢固可靠，定期检查牵引臂的磨损情况，磨损严重应及时更换。

（3）每次开车前，应检查牵引车、安全制动车、载重车所组成的卡轨列车各部连接拉杆、销轴是否连接可靠，各车制动是否处于松闸状态。

（4）每日应检查车辆间的连接拉杆、销轴是否有较严重的碰伤或变形，并及时更换损伤的部件。

（5）每日检查各车辆制动闸、油箱油位、液压管路及系统密封是否正常，发现问题及时处理。

（6）车辆油箱中加注 L-HM46 抗磨液压油至油标上部 2/3 刻度处，用户可根据实际情况选用油质接近的液压油代替，但必须使用同一种油，绝对禁止两种以上不同油质的油混合使用。

（7）严格保持液压用油的清洁。

①加新油必须经过滤机过滤，再经油箱上空气过滤器过滤网加入。

②组装及维修液压系统时，应将各元件清洗干净后，方可组装。清洗时不可用纤维物擦拭。

③搬运或存放时，各外接油口及油管两端都必须加堵封好。

④换油时须将油箱内的旧油液全部放完，并冲洗合格。

（8）利用手动功能检查制动闸动作是否正常，每周应手动释放阀使制动车制动一次，再用手压泵解除制动，检查制动系统是否工作。

（9）每次刹车制动后都应检查制动闸块磨损情况，磨损严重时应及时更换。

（10）每周做一次保压试验，保压 24 h，制动爪仍处于开启位置，各部无泄漏。

（11）定期给各轮系的滚动轴承与滑动轴承以及转盘减磨片加润滑油脂。

36.3.4 轨道系统日常维护保养

（1）经常检查钢轨枕和道夹板上的螺栓是否松动。

经常检查锚杆固定的轨道是否牢固，尤其应注意检查坡道上的轨道固定情况。经常检查并调整轨道，使之达到两节轨道之间接缝不大于 5 mm，高度差不大于 2 mm，两节轨道的左右差不大于 2 mm 的要求。

（2）经常检查并垫实卡轨车运行车辆运行的轨道。

（3）及时清理从运输车辆或巷道顶棚上掉在轨道间的杂物，确保运输车辆正常运行。

（4）每班检查压绳轮、托绳轮、导绳轮组等轨道上安装的轮系工作是否可靠，发现有变形、损伤或易位等异常情况及时更换修理。

（5）定期给各绳轮的滚动轴承加注润滑油，回绳站至少每月进行一次加油工作。

（6）每班检查回绳轮底座上是否有影响回绳轮运行的杂物并及时清理。

（7）每天检查回绳站尾轮的固定链条工作是否可靠，有无变形、损伤等异常形象，并做到发现问题及时更换解决。

（8）每天检查回绳站上的安全绳是否受到损伤，长度是否过长（应与固定链条的使用长度一样），发现问题及时处理。

（9）定期检查回绳站与底板固定是否牢固。

36.4 安全事项

（1）绞车司机必须经培训合格后持证上岗。

（2）注意检查钢丝绳的磨损情况，及时替换下不符合《煤矿安全规程》和用户有关规定要求的钢丝绳段，并按有关规定插接好钢丝绳。

（3）注意检查钢丝绳接头处是否完好。

（4）每天检查轨道系统磨损钢丝绳处是否正常磨损，并及时处理不正常磨损钢丝绳处，延长钢丝绳的使用寿命。

（5）严禁碰伤钢丝绳。在使用电、气焊时，若有可能伤到钢丝绳时，必须采取有效措施保护好钢丝绳。

（6）本机所使用的钢丝绳属少油芯钢丝绳，如钢丝绳上有油腻会影响绞车的牵引力。

（7）绞车紧急制动闸的制动缸及安全制动车的制动缸内装有压缩弹簧，该弹簧产生的正压力较大，在维护时注意安全，防止因弹簧弹出零件造成伤人事故。

（8）在维修液压泵站时，应先将截止阀打开，待 5 min 后再拆卸液压泵站管路，防止液压油喷出。

（9）严禁使用未经检验合格的物品替换车辆间的拉杆和销轴。

（10）在列车编组中，要求安全制动车布置在坡道的下方。

（11）重载列车运行时，车辆间应加挂保险链。

（12）严禁车辆超载运行。

（13）乘坐人车时应注意：

①听从司机及乘务人员的指挥，开车前必须将车体两侧挡杆放下。

②人体及所携带工具和零件严禁露出车外。

③列车行驶中和尚未停稳时，严禁上下车。

④严禁在机车上或任何两车间搭乘。

⑤严禁超员乘坐。

（14）绞车房应有足够的散热空间和良好的通风设施，保证减速器和主电动机有良好的散热条件，当减速器和电动机温升过高时，须采取必要的散热措施。

（15）绞车房最好配备起吊装置。

（16）用户应认真阅读厂家提供的所有技术资料。

36.5　操作规程

本说明书提供某单位的变频卡轨车绞车司机操作规程范例，仅供用户在制定本单位的有关变频卡轨车使用、操作规程时参考。

36.5.1　一般规定

（1）卡轨车司机必须经过专门技术培训，经考试合格后，持有效合格证上岗，任何人严禁无证上岗操作。

（2）卡轨车司机必须熟悉并掌握变频卡轨车的有关应知应会知识，熟悉本设备的性能、结构、工作原理，并会一般的维修保养，会处理一般故障，确保卡轨车正常运行。

（3）熟悉信号的规定（并能准确使用信号），有一定的应变能力。

（4）司机上岗必须精力充沛，思想集中，酒后不得上岗。

（5）拒绝任何违章指挥，杜绝违章作业。

36.5.2　开车前的准备

（1）先合上变频柜的电源，然后检查驱动滚筒两侧的制动轮缘表面是否有油渍、水渍等污物，否则必须清除干净，保证轮缘清洁。

（2）检查泵站管路是否有渗漏，泵站油位是否合适。

（3）检查绞车各部紧固螺栓是否有松动、损坏等。

（4）检查各仪表指示是否正常。

（5）检查轮衬是否磨损严重。

（6）检查安全制动闸、工作闸是否正常，检查紧急制动闸、制动缸、电液推动器和减速器是否漏油。

（7）检查工作闸拉杆销子及其他构件有无裂纹、显著磨损和弯曲等现象，检查制动闸与制动轮间隙是否合适（间隙为 1 mm 左右），检查制动轮表面是否有油渍等污物，检查制动闸皮是否有剥落、显著磨损和损伤等，必要时进行检修和更换。

（8）检查泵站的液压油温是否合适（不超过 65 ℃）。

（9）检查张紧系统是否正常，绳卡是否紧固。

（10）检查轴编码器皮带轮松紧是否合适，磨损是否超限。

（11）准备开车前，先检查泵站压力、各仪表指示是否正常。各手柄位置是否合适。

（12）送电后，观察各指示仪表及屏幕显示是否正常。

（13）检查过程中，严禁开车，必须专人联系开、停车。

36.5.3　开车

1. 采用手动开车

（1）将"自动、手动"手柄打在手动位置，将"运行、停车、检修"开关打在运行位置。"上行、下行"开关打在信号要求的位置，检查泵站压力是否合适，观察故障显示是否正常，具备运行条件后，等待开车信号。

（2）司机接到开车信号（一声停、二声下行、三声上行）首先把"上行、下行"开关置于所需要的位置。

（3）按下启动按钮，待变频器启动后，发出开车信号，通知各岗位准备开车。

（4）发完信号后，司机手握开车手柄，缓慢推动开车手柄，停车制动闸开始松闸，当工作闸完全松开后，方可继续推动手柄，绞车开始启动，提速缓慢平稳，当速度提到规定速度后停止推动手柄。

（5）操作过程中，司机必须精力集中，认真监视各仪表和显示屏显示的情况，发现异常情况及时停车。

（6）绞车启动后，司机必须严密监视各仪表和显示屏显示情况，听各设备运转的声音，发现异常情况及时停车。

2. 采用自动运行时。

（1）将"自动、手动"手柄打在自动位置，将"运行、停车、检修"开关打在运行位置。"上行、下行"开关打在信号要求的位置。检查泵站压力是否合适，打开急停按钮锁，急停按钮弹起，按复位按钮，故障灯灭，具备运行条件后，等待开车信号。

（2）司机接到开车信号（一声停、二声下行、三声上行）首先把"上行、下行"开关置于所需要的位置。

（3）按一下启动按钮，变频器开始启动，当变频器启动后，发出开车信号，再按一次启动按钮，绞车按按钮程序，开始自动松闸、加速，直至正常运行，运行中司机要严密监视各仪表和显示屏显示的情况，发现异常情况及时停车。

（4）列车在车场中运行时，其速度不得大于 0.5 m/s。

（5）列车在运行中，司机必须严格监视显示屏显示的距离读数，列车位置、越位开关是否正常，正确实施加、减速操作或停车。

（6）列车运行限速。小型物料 1.7 m/s，大型设备 1.0 m/s，验绳速度 0.3 m/s。

（7）轨道系统中设置的越位开关是安全保护措施，严禁把越位开关当作控制台使用。车场的位置开关是提醒司机：列车已到车场，须减速运行。司机必须时刻注意，及时减速，发现越位开关出现故障要及时停车。

（8）列车运行到车场后的距离与显示屏的位置有误差时，要及时校正。

（9）列车到车场后，如果位置不当，可通过点动开车。

（10）按规定要求，认真做好各种记录。

（11）当班司机要按巡回检查制度进行巡检，发现异常要停车处理。

（12）当卡轨车自动停车后，严禁再次启动，必须等查明事故原因并处理后方可再次启动。

（13）启动过程中，如出现负载过大启动不了，必须等查明原因并处理后方可再次启动。

36.5.4　停车

（1）手动操作时，当接到停车信号后，司机要缓慢将操作手柄拉回，减速停车，操作必须平稳，不得过快。

（2）采用自动操作时，按停车按钮即可。

（3）无特殊情况，严禁使用急停按钮停车。

（4）运输完毕后，把"运行、停车、检修"开关打在"停车"位置，按下急停按钮并锁好，此时故障指示显示红灯，不运行时，要切断电源。

36.5.5 交接班

（1）交接班要认真清扫室内设备卫生。

（2）交接班要现场交接，交班司机要向接班司机交清当班设备运行及故障情况，遗留问题，设备完好、齐全等情况。

（3）交接班双方要在交接簿上签字。

（4）交班后，要到队部填写当班运行情况以及存在问题。

37　单轨吊车操作与维护

37.1　安全制动车

安全制动车是一种将机械能转换为液压能。然后再转换为机械能的一种安全制动设备，其传动类型属于机械——液压传动。

37.1.1　工作过程

（1）预备过程。即释放顶杆，关闭释放阀，为下一步的充液、加压、松闸做准备。

（2）加油松闸。即摇动手压泵的手柄，使液压油进入制动油缸压缩弹簧，通过复位弹簧的作用，使闸块脱离悬吊轨道，实现松闸。

（3）释放制动过程。离心释放器拨动释放顶杆（或手动释放顶杆），释放阀的钢球开启，液压油回液压油箱，制动油缸动作，使闸块抱住吊轨，实现制动。

37.1.2　装卸、调试与注意事项

（1）制动油缸的装卸，必须由压力机构辅助。

（2）所有有密封要求的管接头、油箱盖等，在装配时应使用密封胶带。

（3）所有有润滑要求的部位，视需要定期检查是否加注润滑油。

（4）加注液压油时，须用 120~160 目的滤油网过滤清洁。

（5）液压管路中，安全溢流阀调到规定的压力。

（6）离心限速器动作时的线速度，可根据需要来调整，由于该限速器是借用 66 kW 单轨吊主机的元件，其动作时机车的线速度为 2.6 m/s，如果适当地增加砝码的质量，或在平衡弹簧的座下加上一个或几个调整垫圈，即可使该限速器控制的车速大于 2.5 m/s。

（7）工作油的运动黏度为 20~80 cst，加 20 号机械油或 20 号液压油，也可与主机控制系统的油液一致，严禁使用酒精、水、甘油、麻油、刹车油、普通发动机油等工作液。

（8）工作时必须将卸荷阀关死。

（9）工作时，应稳稳地摇动手柄，不得使油路有冲动现象。

（10）在制动闸松开状态下，不得随意拉动手动绳或转动卸荷手轮，以免发生危险。

（11）空车调试时，必须在两闸块间加垫一层皮革之类的隔离片，以防两质硬的闸块直接撞击。

（12）库存期间，应装入木箱，在干燥、温度适宜的地方存放。

37.2　吊挂人车

吊挂人车是与单轨吊车连接后，在单轨吊牵引下，实现运送人员的一种新型设备。其特点是重量轻、结构简单、安全可靠。

使用说明如下：

（1）拖挂一辆或几辆人车时，在此列车的最尾部必须挂有制动车。

（2）在运人列车中，如夹有起吊梁，则必须把吊钩固定在梁上，严禁客货混装。

（3）每 3 个月应做一次全面检修。

（4）如要使用已有一个月没有使用的人车，在使用之前做一次全面检修。

（5）每天使用前要对吊挂承载车等部件进行一次检查，在确认安全可靠后方可使用。

37.3 轨道系统使用与维护保养

（1）轨道安装时应使其整个线路过渡平滑，不要出现突变。

（2）终端轨要尽可能保持小坡度，最后一节轨可上跷到巷道顶板上去。

（3）对于小于7°的坡度可以通过两连接轨道之间的间隙调整，坡度比较大时不要在一个或两个连接点处来实现，要用多节轨道逐渐过渡以防轨道出现突变。

（4）轨道悬吊高度一般为从巷道顶面到轨道上面之间距离为0.3 m左右，但可根据巷道的现场情况有所变化。

（5）U形支架的巷道悬吊轨道时要进行加固，以保证每个悬吊点在承受大于30 kN的力时，不至于出现使支架发生错动、拉倒现象。

（6）轨道系统上的连接螺栓一定要拧紧可靠，不允许私自采用其他连接螺栓。

（7）道岔搬动后一定将锁紧装置锁死。

（8）根据不同规格U形支架的巷道选择不同的装置。

（9）裸体巷道用固定在顶板上的锚杆悬吊时，锚杆一定要能承受大于150 kN的力，单根锚杆不能达到时可以采用双根锚杆。

（10）注意清理轨道，避免在轨道上沾污油、水等杂物。

37.4 单轨吊车电气概述

本系统专为FND-90柴油机单轨机车配套使用，使其适应煤矿井下防爆与安全的要求，系统功能分为照明、音响、主运回路报警与联动三部分。

主要设备为：

隔爆型ZF-240发电机；

隔爆型CJX蓄电池箱；

隔爆兼本安型CJDy电源箱；

本安型CJJK检控箱及附属电磁阀、速度等传感器；

本安型CJJX端子箱；

本安型CJC操作箱及附属；

KBD60-8 W防爆照明灯；

YHD5W-8 Ω警报扬声器；

本安型MJC-100 A瓦斯报警仪。

37.5 电气技术要求

（1）使用环境：在有CH_4与煤尘爆炸危险的矿井中；

海拔高度：-100~1000 m；

环境温度：-10~40 ℃；

空气相对湿度：不大于96%（25 ℃时）。

（2）各分设备与整体均应按GB 3836.1—2010《爆炸性环境用防爆电气设备通用标准》及GB 3836.4—2010《爆炸性环境用防爆电气设备本质安全型电路和电气设备"i"》规定的检验程序申请批准制造，并应符合各自的技术条件，整机应符合《煤矿用防爆柴油机制造检验暂行规程》的有关规定。

（3）电气设备均应安装牢固，电缆长度超过0.6 m须就近设固定装置，并应避免接触油类并离柴油发动机一定距离，电缆在芯线载流、热源辐射、传导等综合作用下，温度不超过85 ℃。

（4）所有电气设备（电缆除外）只能安装在具有防止滴水的地方。

37.6　电气使用

（1）请按电路图安装与连接各电气设备。由图 37-1 可以看到单轨吊车控制系统的不同组成部分，为我们进一步研究吊车控制系统功能做铺垫。

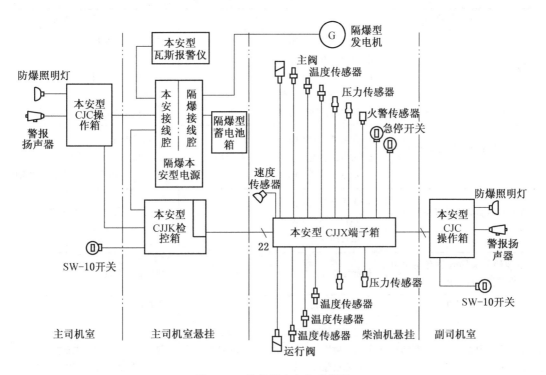

图 37-1　单轨吊车电气控制图

（2）检控箱。共使用 14 路保护，灯共设 18 个，全部为发光二级灯管。

（3）警报器的引线应压紧在底座上。

（4）蓄电池第一次使用需做恢复容量处理。

（5）操作。全部电气设备安装接妥后方可操作。

①接通蓄电池开关，按检控箱启动钮则电源箱相应三组输出灯亮，检控箱送电工作灯亮，可以启动柴油机。

②启车后只有当操作箱制动压力灯亮方可行驶，停车可断开运行急停开关，关机可断开急停开关。

③运行中出事故，相应灯亮，只有事故排除后，才容许继续开车，开车继续按启动钮，所有事故点均自动记忆，事故消除后仍记忆，只有按启动钮才能解锁。

④电源箱插板出事故，相应电源箱内的灯灭，若是过流或短路保护，事故排除后需按复位按钮断蓄电池开关才能解锁。

⑤蓄电池电压过低，则按启动钮后，送不出电须拿下蓄电池充电，拿下蓄电池前必须停止柴油机运行并切断蓄电池的开关。

⑥发电机输出电压低，则显示箱相应灯亮，此时不得长期运行，应排除故障后，再运行。

37.7　电气维护

（1）定期检查各电气设备的完好与防爆性能参数，严格按照各设备使用说明进行操作与维护

（2）更换插件，传感器与电缆均需在断电的情况下进行。

（3）所有电气设备及内部元件型号、规格、参数在使用维修中均不得改变。

37.8 电气故障与处理

单轨吊车常见电气故障与处理详见表37-1。

表37-1 电气故障与处理

序号	故障现象	主要原因	处理与判断
1	按下检控箱启动按钮后工作灯不亮	a. 蓄电池开关未闭合 b. 蓄电池电压不足 c. 工作显示灯损坏 d. 检控箱电源插件问题 e. 检控时标插件问题	检控送不上电时： a. 给电池箱充电； b. 更换电源插件； c. 更换时标插件； d. 更换工作显示灯
2	柴油机启动后发电机运行灯不亮	a. 发电机皮带松脱 b. 发电机、电缆、发电调节器损坏 c. 发电显示灯损坏	a. 更换皮带 b. 更换备件（调节器） c. 检查电源箱中发电端子是否有电
3	柴油机启动后电控维持不住运行阀灯不亮	a. 无发电信号返回 b. 运行回路保护动作 c. 运行阀显示灯坏了	a. 更换7号（时标）插件 b. 查传感器及相应显示灯
4	电池箱开关闭合后有输出电压，电源指示灯不亮	指示灯坏	更换新指示灯
5	电源箱欠压指示灯亮	发电机电压低	皮带松
6	机车运行中整机停车（柴油机亦停）排气温度灯亮	这是主保护回路运行，根据故障显示灯亮即可知故障原因，排气温度灯亮说明柴油机排气口温度超限，原因是水箱缺水，栅栏堵塞，另外传感器误动或断线松动等	停机降温，加水清洗栅栏 更换传感器或检控箱中相关插件
7	整机停车，发动机润滑油压力指示灯亮	发动机润滑油欠压，传感器误动	查润滑油泵运转状况，缺油时加油，误动作更换插件或传感器
8	整机停车，过电压指示灯亮	发电机过电压	闭合蓄电池开关，发电机调节器出问题
9	整机停车后事故指示灯不亮	主保护回路保护动作但灯损坏	在检控箱传感器接口端子排上用短路法查出事故部位
10	副司机室照明灯不亮	灯具闭锁开关故障； 操作箱插件故障； 灯开关故障； 灯泡损坏； 从主机来电缆是否连接良好	将灯具闭锁螺栓旋出些试试、灯插件损坏就更换之，另外用电压表测操作箱端子是否有电压
11	主司机室照明灯不亮	灯具闭锁开关故障； 操作箱插件故障； 灯开关故障； 灯泡损坏； 从主机来电缆是否连接良好； 从电源箱来电是否良好	将灯具闭锁螺栓旋出些试试、灯插件损坏就更换之，另外用电压表测操作箱端子是否有电压
12	副司机室喇叭无声	鸣笛按钮接触不上，喇叭断线； 操作箱音响插件故障	查操作箱端子间是否有电压
13	主司机室喇叭无声	鸣笛按钮接触不上，喇叭断线； 操作箱音响插件故障	查操作箱端子间是否有电压

38　架空乘人装置操作与维护

38.1　电控系统

架空乘人装置电气系统（以下简称"系统"），主要控制架空乘人装置的主电机、电力液压推动器电机、泵站电机运行和停止；系统中的可编程控制器（PLC）是核心控制部件；在遇有绳索超速，或在巷道中遇有紧急情况，可使架空乘人装置立即停车，从而保证架空乘人装置在运行使用中人员和设备的安全。

该系统中的所有控制部件和元器件完全按照国家有关规定和《煤矿安全标准》设计、制造，均符合《煤矿安全规程》中的有关规定。可用于含有爆炸性气体（甲烷）和煤尘的矿井中。

38.1.1　工作原理

（1）准备。按照图38-1正确完成所有电气接线的连接，并检查无误。完成上述工作后，即可给控制装置380V（或660V。注意：隔爆腔内给本安腔供电的控制变压器，原边应接在660V端子上）50Hz的三相交流电源。此时，操作台面板上电源指示灯LP3点亮，表明系统供电正常。

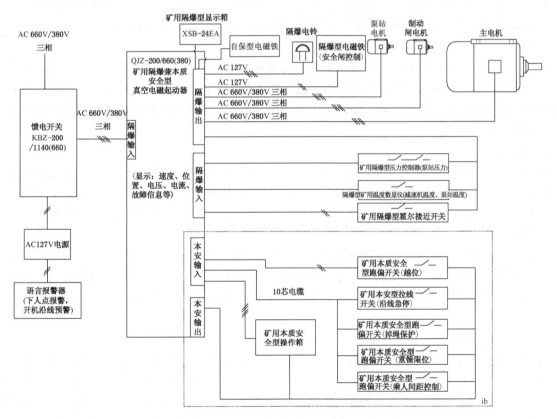

图38-1　活动抱索器架空乘人装置电气系统图

（2）远控启动（本安操作箱控制）。将近/远开关置于"远控"位置，按下操作箱上的启动按钮，通过PLC给出指令，泵站电机、电力液压推动器电机得电运行，制动闸打开；给PLC一个输入信号，则主电机得电运行，系统此时即投入正常工作状态。

（3）近控启动：将近/远控开关置于"近控"位置，利用启动器自身启动按钮，可进行就地启动，动作过程与远控相同。

（4）停止。

①远控停止。按操作箱上的停止钮，通过 PLC 给出信号，主电机断电停止工作；工作闸电机停止工作，系统停止运行。此时操作者可按住连锁按钮，将隔离开关手柄扳回到停止位置，切断电磁启动器箱内电源。

②近控停止。按启动器上的停止按钮，停止过程与远控停止相同。

若遇有超速（失速）的情况，接近开关检测到超速（失速）信号，或沿途急停开关动作，信号转送给相应的处理电路，使系统即刻停车。

系统需再次投入运行时，在故障排除后，按复位按钮，待"停止"指示灯熄灭后，即可依照上述开机程序操作，使运人车重新投入运行中。

38.1.2　安全保护

该系统具有沿线开机预警，机头机尾越位保护，机头机尾最小乘坐间距保护，过速、欠速保护，重锤下限位保护，全程急停保护等紧急停车功能，设有减速器润滑油和泵站液压油油温检测装置。在任意一种保护动作发生后系统都将停止运行，同时因故障而将电控系统闭锁并发出警报声。在出现故障报警时，只有在维修人员到现场查清故障原因且处理故障，并确保设备正常后，才能按下"故障复位"，再重新启动设备。

为防止由于减速器润滑油缺少造成减速器事故，每班开机前必须检查减速器油位，确保油位在油位计上下限刻度线的中间位置。只有减速器润滑油油位正常方可开机。当发现减速器润滑油油位不正常时，必须查找原因，处理相关问题后，才能添加足量润滑油，正常使用设备。

1. 机头机尾上车点最小乘坐间距保护

两端上下站滑道上设限位控制装置，限位控制装置由电磁阀、跑偏传感器和汽缸组成，通过电控箱控制电磁阀的开、合，切断气路实现汽缸的伸、缩，当汽缸伸出时，抬起阻尼块，吊椅通过；当汽缸收缩时，阻尼块落下，阻挡吊椅，使吊椅不能通过，通过设定电控箱控制电磁阀两次打开的时间间隔，从而控制乘人间距。

2. 速度保护

由接近开关和支架组成，当系统运行中接近开关检测到的运行速度低于或超过设定的速度时，控制系统接收信号，自动将控制系统停止运行，并发出故障报警声，同时显示窗口显示相应的"欠速保护"或"过速保护"，从而避免飞车时对乘坐人员造成的伤害和打滑时对设备造成的损坏。

3. 重锤下限位保护

由跑偏传感器和吊架组成，当重锤因牵引钢丝绳的伸长而下降，当下降到离地面 200 mm 时，此限位保护装置将给控制系统一个限位信号，控制系统将会自动停止运行，并发出故障报警。同时显示窗口将显示相应的"重锤下限位"，从而避免了因重锤落地而造成的牵引钢丝绳无张紧力而打滑的现象。

4. 全程急停保护

由紧急闭锁开关（矿用本安型拉线开关）钢丝绳及吊架组成，在乘人装置沿线的两钢丝绳中间距地面1.2 m高的地方，紧急闭锁开关装置安装间距应不大于50 m，并与直径为3 mm的钢丝绳相连，在沿线的任意一个地方只要拉动该钢丝绳，相应的紧急闭锁开关将给系统一个急停信号，控制系统将自动停止运行，并发出故障报警，同时显示窗将显示"急停故障"（在检修挡时该功能作"启动"和"停止"用）。

5. 掉绳保护

掉绳保护装置由跑偏传感器和连接架组成，当牵引钢丝绳脱绳后触动跑偏传感器，跑偏传感器动作，发出信号，控制系统接到信号自动停止运行，并发出故障报警，同时显示窗将显示"脱绳故障"。

6. 减速器润滑油和泵站液压油油温检测装置

当减速器润滑油和泵站液压油油温超过设定温度时，系统将发出报警信号。

38.2 运行

38.2.1 一般要求

（1）驱动装置工作环境温度为 0~25 ℃，周围环境温度低于 0 ℃时应采取保温措施。

（2）巷道内上下人点设有照明设施，地面应硬化处理，下车点前 20 m 要设置到站警示牌。

（3）应设有专人管理的吊椅存放地点，吊椅按顺序挂在吊椅架上，不得随地乱扔。

（4）开机前检查驱动装置减速机的润滑油量，确保油位在油标上、下限刻度线中部位置。

38.2.2 操作

1. 正常启动

（1）开机前检查驱动装置减速器的润滑油量，确保油位在油标上、下限刻度线中部位置。

（2）开机前按有关规定发出开机信号。

（3）按下电控箱上的"启动"按钮，系统进入正常运行状态。

2. 正常停止

按下电控箱上的"停机"按钮，系统停车。如需要关闭电控箱内控制回路电源，可按下电控箱上的电气连锁按钮。

3. 急停

按下电控箱上的"急停"按钮或连锁按钮，可使整个系统立即停车，再开车时必须按"复位"钮后，才能开车。

4. 故障停车及启动

当系统中任一保护（超速保护、拉线开关、跑偏传感器）发生作用，系统立即停车。控制箱显示屏上显示报警，查明故障原因并处理后，按下"复位"按钮，显示屏显示正常，按下"启动"按钮，重新开车。

5. 检修功能

故障停车后，长按"停止"按钮约 8 s，系统进入检修状态，在检修状态下，开车后所有保护均不起作用。系统恢复正常后，按"复位"钮，即可回到正常使用状态。注意：只允许操作人员在检修时使用此功能。

38.2.3 安全运行规范

（1）驱动装置应设专门司机，培训后持证上岗。

（2）听到开车预警铃声后，乘人装置即将启动运行；乘人装置启动后，将吊椅挂在限位控制装置的后方，乘员坐稳，双手握住吊椅吊杆的合适位置，拉动控制电磁阀的跑偏传感器，此时汽缸打开，吊椅沿上下站滑道自由滑行到和钢丝绳接触。乘员运行时，保持正确坐姿，集中精力注意前方。

（3）乘坐时应保证设计要求的乘人间距，不得两人共用一个吊椅。

（4）乘员携带物品长度不得超过 1.5 m，重量不得超过 20 kg，且必须顺前进方向放置，每个吊椅的运送总重量以不超过 95 kg 为限。

（5）严禁携带雷管、炸药等易燃易爆危险物品人员乘坐本产品。

（6）所有乘员携带的物品不得拖地。

（7）乘坐时双手扶握吊椅杆，集中精力注意前方。

（8）乘员不得故意左右摆动吊椅，中途相遇不得嬉闹、握手等，以免发生危险。

（9）乘员不得在中途随意上下车。

（10）乘员接近下车点听到报警提示后准备下车；当吊椅进入下站滑道并滑行通过逆止器后停下

时，乘员伸腿下车，手扶吊椅杆摘下吊椅。下车后，快速离开下人点，并将吊椅放置在规定位置，以免发生意外。

（11）乘坐中途发现脱绳或其他紧急情况，应及时拉动急停开关。

（12）所有人员不得用手触摸运行中的钢丝绳和绳轮。

（13）牵引钢丝绳及所有与牵引钢丝绳接触的零件表面不得粘敷任何油脂。

（14）运行中减速箱内油温温度应不超过 70 ℃，各主要部件壳体最高温度应不超过 75 ℃。

（15）架空乘人装置系统的运行应严格执行《煤矿安全规程》有关规定。

38.3 维护保养与故障排除

38.3.1 日常维护保养

（1）每日检查所有紧固件是否松动，特别是驱动装置、制动器连接螺栓、各种"U"型螺栓，发现问题及时处理。

（2）每日检查各绳轮转动灵活情况，发现异常及时处理。

（3）每日定期清理电动机、减速器外壳的尘土和杂物，但不得用水冲洗。

（4）每日检查轮衬和吊椅抱索器胶垫的磨损情况，磨损量超过 5 mm 的予以更换。

（5）每日检查钢丝绳磨损情况，钢丝绳的检查、试验、更换必须按《煤矿安全规程》有关钢丝绳的规定执行。

（6）每班开机前检查减速器润滑油量，确保油位在油位计上、下限刻度线的中间位置，润滑油量符合要求。

（7）每班开机后检查减速器运行工况。发现减速器油温报警或有漏油、产生不正常噪声、轴承处异常温升等现象时，应停止使用，检查原因，与减速器客户服务部门联系。

注意：减速器的维修需要由经过培训的素质合格的人员谨慎地进行。减速器出现问题后，用户应首先与减速器客户服务部门联系。

（8）每班开机前检查泵站油位是否正常，发现油位不足，应检查原因，进行处理。

（9）每班开机后检查泵站电机是否有异常噪声和震动，发现问题应停止使用，检查原因，进行处理。

（10）每日检查泵站系统压力是否正常，防爆压力控制器工作是否正常。如发现问题，按照本说明书中泵站常见故障处理内容查找原因，进行处理。

（11）每班检查泵站滤油器是否堵塞，发现滤油器堵塞（污染指示显示）后，及时更换滤芯。

（12）每班检查工作制动器、安全制动器动作是否正常，制动是否灵敏、可靠；推动器和安全制动器油缸、接头有无泄漏和渗油现象；制动闸瓦表面的状态是否完好，制动盘有无油腻、脏物痕迹；各铰接处是否磨损，销轴的磨损量超过原直径的5%或椭圆度超过 0.5 mm，应更新。当制动器闸瓦厚度 δ_{min} =4 mm 时，必须更换。

（13）每班开机后，检查越位保护、沿途急停闭锁开关（矿用本安型拉线开关）、重锤限位等各种保护是否灵敏、可靠，电控箱显示屏显示是否正常，发现问题及时处理。

38.3.2 定期维护保养

（1）定期更换驱动装置减速器润滑油，保证润滑油牌号、黏度一致。减速器初次换油时间为运行 400 h 以内，其后的换油时间间隔为 12 个月或运行 3600 h（以先到为准）。换油时需将齿轮箱内的旧油液全部放完，并用同牌号新油冲洗干净。

（2）减速器换油时，要检查减速器齿轮和轴承的状态，齿轮是否有明显增加的磨损或点蚀。

（3）所有绳轮轴承每月加注一次润滑脂，电机、驱动装置主轴轴承至少每两月加注一次润滑脂。

（4）每 6 个月检查一次电力液压推动器的油液，当油液变质或混入杂物时应该换油，油液不足时应补充油液。

（5）每月检查清洗泵站空气滤清器、过滤器。

（6）每月紧固一次泵站液压阀的紧固螺钉及管接头。

（7）每月一次检查电气接线是否牢固，以免振动出现的松动引起故障。

38.3.3　常见故障及处理方法

机器故障有机械元部件故障和电控系统故障。机械元部件故障一般比较直观，容易查找；电控系统故障不易查找，应根据电控系统原理图依次检查。

1. 电控系统常见故障、原因以及处理方法

注意：开盖前必须断电。

（1）给电后驱动电机和电力液压推动器均不能启动。

首先检查电源供电是否正常，如操作台面板上电源指示灯亮，则说明供电电源正常；然后观看停止指示灯是否亮，如亮，先按"复位"钮，停止灯应熄灭然后再次启动。

如此时电动机仍不能启动，应断电后，打开控制箱隔爆腔端盖，检查交流接触器和时间继电器是否完好；如有损坏，应更换；否则，应检查或更换主电路板。

（2）主电动机不能启动。

操作者按照正常操作程序操作主电动机不能启动，应检查固态继电器 A23、A25，光耦 A18、A21 及指示灯 LP2、LP5，如有损坏，应更换。

操作者按照正常操作程序操作，电力液压推动器打开后，运行灯亮，主电动机仍不能启动，检查控制主电动机的启动器，是否操作不当或存在故障，如有故障应排除或更换。

2. 泵站主要故障及处理

泵站常见故障及处理见表 38-1。

表 38-1　泵站常见故障及处理

序号	故障现象	处理方法
1	耐震压力表没有显示压力（没有系统压力）	检查机械部分是否有损坏； 将板式球阀（KHP-10-PN315）打开，启动泵站电动机，排出管路内的气体； 检查溢流阀； 检查单向阀； 检查泵站内部的吸油滤油器
2	安全制动器不能打开	检查系统压力； 检查防爆压力控制器
3	制动器打开后，上下间隙不一致	调节制动器处的螺杆
4	泵站电动机不能自动停机	检查防爆压力控制器； 检查溢流阀的设定压力是否太低
5	泵站电动机频繁启动	检查板式球阀； 检查防爆压力控制器； 检查管路是否漏油； 更换隔爆电磁换向阀
6	按下停止按钮后，安全制动器不能制动	检查防爆电磁阀是否动作； 检查油路是否有堵塞

参 考 文 献

［1］ Pang, Y. Knowledge-based maintenance decision-making for large-scale belt conveyor systems ［J］. Bulk Solids Handling, 2006, 26（1）：32-39.

［2］ Steven R B. Belting the worlds' longest single flight conventional overland belt conveyor ［J］. Bulk Solids Handling, 2008, 28（3）：172-181.

［3］ Harrison A. Non-linear belt transient analysis-A hybrid model for numerical belt conveyor simulation ［J］. Bulk Solids Handling, 2008, 28（4）：242-247.

［4］ Wheeler C. Indentation rolling resistance of belt conveyors-A finite element solution ［J］. Bulk Solids Handling, 2006, 26（1）：40-43.

［5］ Bierie Greg. Leading edge conveyor technologies to improve coal handling ［J］. Proceedings of the ASME Power Conference, 2007：421-430.

［6］ Lucas Jason. A VR-based training program for conveyor belt safety ［J］. Electronic Journal of Information Technology in Construction, 2008, 13（7）：381-417.

［7］ Knippertz Peter. A Pacific moisture conveyor belt and its relationship to a significant precipitation event in t he semiarid southwestern United States ［J］. Weather and Forecasting, 2007, 22（1）：125-144.

［8］ XI Ping-yuan, ZHANG Hai-tao, LIU Jun. Dynamics simulation of the belt conveyor possessing feedback loop during starting ［J］. Journal of Coal Science & Engineering（China）. 2005（1）：83-85.

［9］ Harrison A. Belt Conveyor Research 1980-2000 ［J］. Bulk Solids Handing, 2001, 21（2）：159-164.

［10］ 毛君, 等. 带式输送机动态设计理论及应用 ［M］. 沈阳：辽宁科学技术出版社, 1996.

［11］ 毛君, 李贵轩. 刮板输送机动力学行为分析与控制理论研究 ［M］. 沈阳：辽宁大学出版社, 2006.

［12］ 毛君, 张东升. 刮板输送机张力自动控制系统的仿真研究 ［J］. 系统仿真学报, 2008,（16）：4474-4484.

［13］ 张东升, 毛君, 张礼才. 带式输送机拉紧装置设计及特性分析 ［J］. 辽宁工程技术大学学报, 2008,（5）：751-753.

［14］ Ravikumar M, Avijit Chattopadhyay. Integral analysis of conveyor pulley using finite element method ［J］. Computers and Structures. 1999, 71：303-332.

［15］ Harrision A. Transient stresses in long conveyor belts ［G］. symposium on belt conveying of bulk solids. Newcastle, 1992, 4：91-98.

［16］ Siva Prasad N. Sarma Radha. A Finite element analysis for the design of a conveyor pulley shell ［J］. Comp Struct. 1990, 35：267-277.

［17］ Anthony M N. Stability：the common thread in the evolution offeedback control ［J］. IEEE Control Systems, 1996, 16（3）：50-60.

［18］ Fu K S. Learning control systems and intelligent control sys-tems：An intersection of artificial intelligence and automatic-control ［J］. IEEE Trans. on Automatic Control, 1971, 16（1）：70-72.

［19］ Arthur B E Jr. Optimal control-1950 to 1985 ［J］. IEEE Control Systems, 1996, 16（3）：26-33.

［20］ Nordell L K, Ciozda Z P. Transient belt stress during starting and stopping：Elastic response simulated by finite element methods ［J］. Bulk Solids Handling, 1984.

［21］ 张东升, 毛君. 蛇形移动输送机纵向动力学建模分析 ［J］. 辽宁工程技术大学学报, 2008,（6）：918-920.

［22］ 张东升. 基于有限元分析装载机前车架的改进 ［J］. 辽宁工程技术大学学报, 2007, 26（增刊）：920.

［23］ 毛君, 张东升. 抗撕裂输送带的性能测试 ［J］. 起重运输机械, 2004,（1）：45-46.

［24］ 毛君, 师建国, 张东升. 重型刮板输送机动力建模与仿真 ［J］. 煤炭学报, 2008, 33（1）：104-105.

［25］ 毛君, 吴平稳, 张东升. 刮板输送机机尾伸缩装置的理论研究 ［J］. 起重运输机械, 2004, 11：41-42.

［26］ 侯友夫, 刘肖健. 矿用钢绳芯带式输送机动态特性仿真研究 ［J］. 煤炭科学技术, 2000,（1）：32-36.

［27］ 李辉, 赵娟. 带式输送机断带过程计算机仿真 ［J］. 煤矿机电, 2007,（6）：47-51.

［28］ 邹慧君, 张青. 计算机辅助机械产品概念设计中几个关键问题 ［J］. 上海交通大学学报, 2005, 39（7）：1145-1149, 1154.

［29］ 徐翠萍, 赵灿, 何凡. 现代机械设计方法与应用 ［M］. 北京：高等教育出版社, 2004.

［30］ 李玉瑾, 刘宏斌. 限制带式输送机变速动力冲击的研究 ［J］. 矿山机械, 2000,（06）：48-49.

[31] 马辉．大型带式输送机动态仿真模型研究与系统开发 [D]．阜新：辽宁工程技术大学，2007.

[32] 刘俊，等．移动机器人平台的运动学分析 [J]．机械工程师，2007 (6)：41-44.

[33] 于学谦，等．矿山运输机械 [M]．北京：中国矿业大学出版社，1997.

[34] Wynne Hsu, Irene M Y Woon. Current research in the conceptual design of mechanical products [J]. Computer—Aided Design, 1998, 30 (5)：377-389.

[35] 战悦晖．平面转弯带式输送机变坡转弯理论的研究 [D]．长春：东北大学，2006.

[36] 李永华．带式输送机动态分析的自动建模与程序开发 [D]．阜新：辽宁工程技术大学，2002.

[37] 张国胜．大型可弯曲带式输送机静态设计理论研究 [D]．阜新：辽宁工程技术大学，2001.

[38] 赵娜．带式输送机的动态研究与仿真 [D]．太原：太原理工大学，2002.

[39] 李辉．带式输送机断带及其捕捉系统的研究 [D]．青岛：山东科技大学，2006.

[40] 张媛，周满山，于岩，等．带式输送机动态分析连续模型振动解法及计算机仿真 [J]．力学与实践，1999 (4)：42-46.

[41] 杨秀芳．带式输送机的动态研究与仿真 [D]．太原：太原理工大学，2005.

[42] 杨秀芳，张峰．输送带传动的受力分析 [J]．应用技术，2003 (12)：11-12.

[43] 徐锁庚，刘斌坤，汪天祥．JMZ型机载锚杆钻机研制及其应用 [J]．建井技术，1999 (8)：35-36.

[44] 宋伟刚，战悦晖．平面转弯带式输送机结构参数计算方法 [J] 中国工程机械学报，2005 (1)：37-40.

[45] 曲辉，毛君．T形带式输送机水平转弯半径的计算 [J]．煤矿机械，2008 (7)：20-21.

[46] 周晓明，于新峰．一种新型水平转弯胶带输送机的原理分析 [J]．煤炭技术，1998 (1)：27-28.

[47] 曲辉，毛君．可水平转弯的T型带输送机 [J]．煤炭技术，2008 (7)：1-2.

[48] 建信．矿井水平转弯架空乘人装置问世 [J]．建井技术，2007 (6)：21.

[49] 包继华，张建武．大角度水平转弯带式输送机的设计理论 [J] 起重运输机械，2001 (12)：10-13.

[50] 杨达文，鲍师云．常用带式输送机的现状 [J]．起重运输机械，2003 (1)：4-6.

[51] 战悦晖．平面转弯带式输送机变坡转弯理论的研究 [D]．长春：东北大学，2006.

[52] 贾兰辉．大型带式输送机通用设计系统研究 [D]．北京：华北电力大学 (北京)，2006.

[53] 许丹．带式输送机动态分析软件开发 [D]．阜新：辽宁工程技术大学，2004.

[54] 张媛，等．输送带张力的在线动态测试 [J]．起重运输机械，2006 (4)：82-84.

[55] 韩东劲，梁平，蒋卫良．带式输送机差动液黏调速器多机功率平衡的研究 [J]．煤炭学报，2006 (6)：829-831.

[56] 冯开平，唐兵．带式输送机托辊的发展趋势 [J]．矿山机械，2000 (5)：51-52.

[57] 杨达文，庞禹东，赵玉顺，国内外煤矿带式输送机的现状及发展 [J]．煤矿机械，2002 (1)：1-2.

[58] 王伟京，雷贤卿．平面转弯带式输送机转弯处机身设计改进 [J]．煤矿机械，2008 (4)：141-142.

[59] 任保才，王智，樊长录．下运带式输送机制动装置自动补偿问题研究 [J]．河南理工大学学报 (自然科学版)，2008，(2)：200-205.

[60] 侯友夫．带式输送机动态特性及控制策略研究 [D]．徐州：中国矿业大学，2001.

[61] 尚欣．基于虚拟样机的带式输送机动态特性研究 [D]．西安：西安科技大学，2004.

[62] 瞿家芸，张榆平．高速输送带的动力学模型 [J]．机械管理开发，2001 (S2)：1-3.

[63] 李玉瑾．胶带输送机弹性振动特性及软起动理论研究 [J]．煤矿设计，2000，(6).

[64] 董大仟．大型带式输送机动态特性研究及其应用 [D]．保定：华北电力大学，2008.

[65] 王繁生．带式输送机柔性多体动力学分析方法研究 [D]．徐州：中国矿业大学，2010.

[66] 朴香兰．长距离平面转弯带式输送机关键技术研究 [D]．长春：吉林大学，2010.

[67] 王鹰，等．长距离大运量带式输送机关键技术及国内发展现状 [J]．起重运输机械，2005 (11)：1-5.

[68] 肖占方．基于AMESim的带式输送机动态特性研究与分析 [D]．太原：太原科技大学，2013.

[69] 沈卫娜．长距离大运量胶带输送机动态特性研究 [D]．唐山：河北理工大学，2009.

[70] 杨振兴．带式输送机及其自动拉紧装置的仿真分析研究 [D]．太原：太原理工大学，2013.

[71] 朱春水．基于虚拟样机技术的火电厂带式输送机动态特性研究 [D]．保定：华北电力大学，2012.

[72] 韦贞乾．带式输送机典型故障的分析及处理 [J]．电力安全技术，2005，7 (1)：42-43.

[73] 聂志萍，韩刚．带式输送机动态分析方法综述 [J]．矿山机械，2002 (9)：26-27.

[74] 王繁生，侯友夫，蒋幻旗．带式输送机动态分析方法研究进展 [J]．矿山机械，2009，37 (9)：65-69.

[75] 侯友夫. 带式输送机动态特性及控制策略研究 [D]. 徐州：中国矿业大学，2001.

[76] 李玉瑾. 带式输送机动态分析及软启动设计 [J]. 煤炭学报，2002. 27（3）：294-299.

[77] 毛华晋. 带式输送机输送带的动态仿真及驱动滚筒的有限元分析 [D]. 太原：太原理工大学，2011.

[78] 李光布，曹椋焱，韦家增. 基于几何非线性大型带式输送机动力学仿真 [J]. 中国机械工程，2007，18（1）：23-26.

[79] 董大仟. 大型带式输送机动态特性研究及其应用 [D]. 保定：华北电力大学，2008.

[80] 梁兆正. 带式输送机胶带横向振动的理论分析、试验和应用 [J]. 振动与冲击，1996，15（1）：33-40.

[81] 张媛，周满山，于岩. 带式输送机动态分析纵向振动连续模型解法及计算机仿真 [J]. 力学与实践，1999（21）：42-46.

[82] 尚欣. 基于虚拟样机的带式输送机动态特性研究 [D]. 西安：西安科技大学，2004.

[83] 朴香兰，王国强，等. 基于重级数的输送带横向振动频率计算方法 [J]. 矿山机械，2009，37（21）：39-42.

[84] 曾长操，张建武，等. 轨道巡检车侧向动力学建模与仿真 [J]. 上海交通大学学报，2005，39（9）：1461-1464.

[85] 庄德军. 主动油气悬架车辆垂向与侧向动力学性能研究 [D]. 上海：上海交通大学，2006.

[86] 晁黎波. 混合动力轿车驱动工况下防滑与侧向稳定性控制算法研究 [D]. 长春：吉林大学，2012.

[87] 王前. 基于非线性动力学的 FSAE 赛车侧向动力学稳定性研究 [D]. 广州：华南理工大学，2013.

[88] 朱文祥. 带式输送机张力控制系统的鲁棒控制器研究 [D]. 合肥：合肥工业大学，2013.

[89] 张旭. 大功率长距离带式输送机智能控制方法研究 [D]. 沈阳：沈阳工业大学，2007.

[90] 冯伟杰. 变分李雅普诺夫方法和稳定性理论 [D]. 济南：山东师范大学，2000.

[91] 张来斌. 机械设备故障信号的李雅普诺夫指数识别 [J]. 石油矿场机械，2004，33（2）：5-7.

[92] 丛爽. 基于李雅普诺夫量子系统控制方法的状态调控 [J]. 控制理论与应用，2012，29（3）：272-274.

[93] 曹淼龙. 基于李雅普诺夫稳定性的 PID 控制器参数整定与应用比较 [J]. 机床与液压，2013，41（5）：142-144.

[94] 刘训涛，李光煜. 带式输送机跑偏原因分析及调偏托辊的研究 [J]. 煤矿机械，2008，29（6）：67-69.

[95] 王廷进. 带式输送机防跑偏托辊的设计 [J]. 煤矿机械，2009，30（4）：4-5.

[96] 姚宝骥，赵磊. 带式输送机跑偏的解决对策 [J]. 科技向导，2012（24）：240.

图书在版编目（CIP）数据

矿井运输设备系统特性及关键技术研究/张东升，师建国
著．--北京：煤炭工业出版社，2019
ISBN 978-7-5020-6038-1

Ⅰ．①矿… Ⅱ．①张… ②师… Ⅲ．①井下运输—运输
机械—研究 Ⅳ．①TD52

中国版本图书馆 CIP 数据核字（2017）第 179001 号

矿井运输设备系统特性及关键技术研究

著　　者	张东升　师建国
责任编辑	刘永兴　尹燕华
责任校对	李新荣　陈　慧
封面设计	于春颖

出版发行　煤炭工业出版社（北京市朝阳区芍药居 35 号　100029）
电　　话　010-84657898（总编室）　010-84657880（读者服务部）
网　　址　www.cciph.com.cn
印　　刷　北京建宏印刷有限公司
经　　销　全国新华书店

开　　本　880mm×1230mm$^1/_{16}$　**印张**　$31^3/_4$　**字数**　956 千字
版　　次　2019 年 3 月第 1 版　2019 年 3 月第 1 次印刷
社内编号　20180567　　　　　　　**定价**　150.00 元